NOUVEAU COURS

COMPLET

D'AGRICULTURE

THÉORIQUE ET PRATIQUE.

CAB $=$ CHE.

———

TOME TROISIÈME.

NOMS DES AUTEURS.

Messieurs :

THOUIN, Professeur d'Agriculture au Muséum d'Histoire Naturelle.

PARMENTIER, Inspecteur général du Service de Santé.

TESSIER, Inspecteur des Établissemens ruraux appartenant au Gouvernement.

HUZARD, Inspecteur des Écoles Vétérinaires de France.

SILVESTRE, Chef du Bureau d'Agriculture au Ministère de l'Intérieur.

BOSC, Inspecteur des Pépinières Impériales et de celles du Gouvernement.

Composant la Section d'Agriculture de l'Institut de France.

CHASSIRON, Président de la Société d'Agriculture de Paris.

CHAPTAL, Membre de la Section de Chimie de l'Institut.

LACROIX, Membre de la Section de Géométrie de l'Institut.

DE PERTHUIS, Membre de la Société d'Agriculture de Paris.

YVART, Professeur d'Agriculture et d'Économie rurale à l'École Impériale d'Alfort ; Membre de la Société d'Agriculture ; etc.

DÉCANDOLLE, Professeur de Botanique et Membre de la Société d'Agriculture.

DU TOUR, Propriétaire-Cultivateur à Saint-Domingue, et l'un des auteurs du Nouveau Dictionnaire d'Histoire Naturelle.

DE L'IMPRIMERIE DE MAME FRÈRES.

Cet Ouvrage se trouve aussi,

A PARIS, chez Le Normant, libraire, rue des Prêtres Saint-Germain-l'Auxerrois, n° 17.

A BRESLAU, chez G. Théophile Korn, imprimeur-libraire.

A BRUXELLES, chez Lecharlier, libraire.

A LIÉGE, chez Desoer, imprimeur-libraire.

A LYON, chez Yvernault et Carin, libraires.

A MANHEIM, chez Fontaine, libraire.

NOUVEAU COURS

COMPLET

D'AGRICULTURE

THÉORIQUE ET PRATIQUE,

Contenant la grande et la petite Culture, l'Économie Rurale
et Domestique, la Médecine vétérinaire, etc.;

OU

DICTIONNAIRE RAISONNÉ

ET UNIVERSEL

D'AGRICULTURE.

Ouvrage rédigé sur le plan de celui de feu l'abbé Rozier, duquel on a conservé
tous les articles dont la bonté a été prouvée par l'expérience;

PAR LES MEMBRES DE LA SECTION D'AGRICULTURE
DE L'INSTITUT DE FRANCE, etc.

AVEC DES FIGURES EN TAILLE-DOUCE.

A PARIS,

CHEZ DETERVILLE, LIBRAIRE ET ÉDITEUR,

RUE HAUTEFEUILLE, N° 8.

M. DCCC. IX.

NOUVEAU

COURS COMPLET

D'AGRICULTURE.

C A B

CABAL. Bestiaux, ustensiles de culture de tous genres, et sémences que le propriétaire fournit à son métayer, dans le département de Lot-et-Garonne, et que ce dernier est tenu de rendre lorsqu'il quitte. (B.)

CABANE. On donne ce nom, dans quelques lieux, aux maisons des plus pauvres cultivateurs qui sont bâties avec des pierres grossièrement disposées, ou avec des branches d'arbres couvertes de bauge. Une cabane ne diffère d'une chaumière que parcequ'elle n'a presque jamais qu'une seule pièce, et qu'elle est censée ne servir d'habitation que pendant un temps très circonstrit. Ainsi les charbonniers, les sabotiers, etc., se bâtissent, au milieu des forêts, des cabanes dans lesquelles ils logent tant qu'ils trouvent de l'ouvrage dans les environs, et qu'ils transportent ailleurs lorsqu'ils n'en ont plus à espérer. (B.)

CABANE DE BERGER. Il y en a de deux sortes; l'une portative et l'autre fixe. La première est une espèce de très petite chambre faite avec des planches, portée sur un chariot à quatre roues (et communément à deux) dans laquelle le berger couche à côté du parc où le troupeau est renfermé. Cette demeure mobile change de place et suit le parc. On la maintient parallèlement au moyen de deux piquets, l'un placé sur le devant, et l'autre sur le derrière; ils tiennent au chariot à l'aide d'une cheville et d'une boucle de fer. Celui de devant sert à tirer et à faire rouler la cabane, et l'autre la suit.

La cabane fixe est également en planches, et le plus souvent en pierres. On peut la considérer plutôt comme un abri pour garantir les bergers des pluies ou des vents froids. Elles sont assez communes sur les montagnes où les troupeaux sont stationnaires pendant la belle saison. *Voyez* au mot Chalet. (R.)

On appelle encore quelquefois cabanes des petites constructions qui se font dans les jardins paysagers, et qui servent à se mettre momentanément à l'abri de la pluie. (B.)

CABANE DE VERS A SOIE. Logement dans lequel les vers à soie fixent leurs cocons. Il est fait avec de la bruyère, ou de la fougère, ou avec le gramen, enfin avec toute espèce de plante rameuse dont on peut plier les petites branches en forme de voûte. *Voyez* le mot Ver a soie. (R.)

CABARET. *Asarum.* Plante à racine épaisse, rampante, vivace, à tige courte, supportant à son sommet deux feuilles pétiolées, réniformes, luisantes, de trois pouces de diamètre, à fleur d'un rouge terne, grande, solitaire dans la bifurcation des feuilles, qu'on trouve en Europe dans les bois ombragés des montagnes, et qui forme, avec deux ou trois autres propres à l'Amérique septentrionale, un genre dans la dodécandrie monogynie et dans la famille des asaroïdes.

Toutes les parties du cabaret, qu'on appelle aussi *asaret* et *oreille d'homme*, sont amères, âcres et aromatiques. Elles passent pour résolutives, emménagogues, errhines, et purgatives par haut et par bas. Ses racines sur-tout ont ces propriétés à un haut degré. On les emploie aussi réduites en poudre comme sternutatoires. On en faisoit autrefois un grand usage; mais depuis la découverte de l'émétique et de l'ipécacuanha, on les a abandonnées. Elles demandent à être dosées par une main exercée; car leur usage n'est pas sans danger. (B.)

CABAS. On donne ce nom, dans les environs de Dijon, à un panier oblong qui a deux prolongemens en bois, par le moyen desquels on le porte à deux mains. Ce panier est généralement fait avec de la viorne mancienne refendue. Il est très commode pour porter des choses pesantes sous un petit volume. Ce nom appartient encore à une mesure de grains. (B.)

CABAT. Charrue employée dans le Médoc pour déchausser le pied de la vigne.

CABBAGE. Nom d'une des variétés du chou.

CABINET DE VERDURE. Endroit régulier renfermé, soit par des arbres, soit par des plantes grimpantes, qu'on pratique dans les jardins. Il diffère du berceau par une moindre étendue, et parcequ'il n'est pas couvert. On trouvera au mot Berceau les principes de sa construction.

Le goût moderne repousse de plus en plus les berceaux et les cabinets de verdure. On n'en voit plus qu'en petit nombre dans les jardins plantés depuis trente ans, tandis qu'auparavant on les y rencontroit à chaque pas. En effet, toujours établis sûr des principes uniformes, ils n'offrent pas cette variété sans laquelle tout jardin devient un objet d'ennui. (B.)

CABOT. Nom des crocettes de vignes dans le Médoc.

CABRI. Nom du jeune *bouc*. Dans les colonies françaises c'est l'espèce même, ou mieux une de ses variétés à poil ras et sans cornes. (B.)

CABU. Chou cabu. Variété du chou. (B.)

CACAOTIER, CACAOYER, CACAO. Arbre dont les graines pilées servent de base au chocolat.

Quoique cet arbre ne puisse pas être conservé en Europe autrement que dans les serres chaudes, comme il est un des objets de la culture de quelques unes de nos colonies, et qu'il peut le devenir de toutes, je crois devoir entrer dans quelques détails sur ce qui le concerne.

C'est à la polyadelphie pentandrie et à la famille des malvacées qu'appartient le cacaoyer. Il a le port et il atteint à la hauteur de nos cerisiers. Son bois est poreux et léger. Ses feuilles sont alternes, pétiolées, coriaces, très-entières, grandes, lisses et luisantes en dessus, veinées en dessous, pendantes et persistantes. Ses fleurs sont petites, blanches, sans odeur, et disposées en faisceaux ou bouquets sur le tronc et les grosses branches. On en voit en tout temps d'épanouies; mais c'est aux approches des solstices qu'il y en a le plus. Les fruits sont des capsules raboteuses, cannelées, rougeâtres ou jaunâtres, ayant la grosseur et la forme des concombres, divisées intérieurement en cinq loges remplies d'une pulpe gélatineuse et acide, et de graines de la grosseur et de la forme d'une olive, attachées à un placenta central. Ce sont ces graines qu'on appelle *cacao*.

La pulpe des fruits du cacaoyer est agréable au goût, et on en fait des liqueurs rafraîchissantes.

Une bonne terre légère, ni trop sèche, ni trop humide, une exposition abritée des grands vents, est ce que demande le cacaoyer. On lui consacre ordinairement les nouveaux défrichemens, et on plante dans ses intervalles des bananiers. Les labours doivent être aussi profonds que possible.

Les cacaoyers exigent d'être semés sur place, parceque le pivot leur est absolument nécessaire pour résister aux grands vents et aux grandes sécheresses, dont les contrées intertropicales, les seules où il puisse être cultivé utilement, sont si souvent affligées. On doit mettre en terre ses graines aussitôt qu'elles sont récoltées, et les placer à vingt ou trente pieds les unes des autres, en quinconce. Ordinairement on en place trois à un pied l'une de l'autre, afin de couvrir les chances de leur non germination. C'est un temps pluvieux qu'il faut choisir pour cette opération, afin qu'elles germent plus promptement.

Les pieds levés reçoivent deux binages la première année, et au second on arrache les deux pieds les plus foibles. Il est bon de planter dans leurs intervalles, outre les bananiers, des légumes propres à les ombrager, sans cependant les étouffer. A deux ans, quelques uns ont trois ou quatre pieds de haut, et commencent à fleurir; mais on ne leur laisse porter de fruits qu'à la quatrième année. A huit ans, ils n'en donnent encore qu'une trentaine par an; mais quand ils sont en pleine vigueur, la récolte est communément de deux à trois cents. Ces fruits, qu'on appelle *cabosses*, parviennent à maturité en quatre mois. Il y en a toujours sur l'arbre à différens degrés de grosseur; mais on en fait deux principales récoltes, au milieu de l'été et au milieu de l'hiver. Cette dernière est la plus considérable. Placés dans un bon terrain, et soignés convenablement, les cacaoyers produisent avec abondance pendant vingt-cinq à trente ans. Les soins qu'on leur donne pendant tout ce temps se réduisent à un labour annuel à leur pied, et au retranchement de l'extrémité des branches qui s'étendent le plus, ou mieux, végètent avec trop de force comparativement aux autres. Les intervalles continuent à être plantés en patates et autres légumes. J'ai oublié de dire qu'on arrête leur croissance en hauteur par la suppression de leur flèche, qu'on les tient seulement à la hauteur de douze à quinze pieds, pour faciliter la récolte des fruits.

Les fruits du cacaoyer, cueillis, sont laissés en tas sur le sol pendant quelques jours, pour qu'ils complètent leur maturité. Ensuite on en extrait les amandes, lesquelles sont mises dans des tonneaux, où elles ressuient et noircissent, puis on les fait sécher rapidement au soleil, et on les met dans le commerce.

Une cacaoyère bien tenue est d'un excellent produit, attendu que ses frais sont payés par la culture des plantes qu'on met dans ses intervalles, et que sa récolte manque rarement.

Les amandes du cacaoyer (c'est-à-dire le cacao) sont l'objet d'un commerce de grande importance. On en retire une huile qui s'épaissit naturellement, et qui porte alors le nom de *beurre*. La meilleure huile s'obtient en les pilant et en les jetant dans un grand vase plein d'eau bouillante; la seconde en mettant en presse le marc déjà épuisé par cette première opération. En Europe, on est obligé de les torréfier avant d'en tirer l'huile, parcequ'elles n'y arrivent que desséchées. Le bon cacao ne doit avoir aucune odeur. Il est très nourrissant. Les naturels du Mexique en faisoient leur principale nourriture lors de l'arrivée des Européens. Tout le monde connoît le chocolat, qui n'est autre chose que le cacao pilé, broyé aussi fin que possible, et uni au sucre; plus, quelquefois à un peu de cannelle ou de vanille; mais cette nourriture, ou cette boisson, dont on fait une si grande consommation dans les villes, ne doit pas être l'objet de la convoitise des cultivateurs, à raison de son haut prix, et parcequ'ils doivent toujours faire valoir les produits de leur sol, en les préférant aux articles de consommation qui viennent du dehors. (B.)

CACHEXIE. Maladie qui est caractérisée dans les animaux par une foiblesse générale des organes, et sur-tout par l'altération des fonctions de l'estomac. Les individus qui en sont atteints sont tristes, peuvent à peine marcher, ont les lèvres pâles, les yeux éteints, deviennent extrêmement maigres. Souvent ils offrent des bouffissures et autres irruptions passagères, une toux permanente, un flux visqueux par les naseaux et par l'anus.

Cette maladie est souvent symptomatique, c'est-à-dire précède ou accompagne les autres; mais souvent aussi elle est due à l'excès d'humidité ou de la saison, ou des pâturages, ou des écuries, à l'altération de l'air dans les marécages ou les écuries, aux alimens gâtés ou de mauvaise nature, ou pas assez nourrissans. Elle est en général fort difficile à traiter. Il vaut toujours mieux avoir à la prévenir qu'à la guérir. (B.)

CADELLE. On donne ce nom, dans les parties méridionales de la France, à la larve de la TROGOSSITE DE MAURITANIE, qui mange le blé.

CADEOU. Petit chien dans le département du Var. (B.)

CADET. Variété de POIRE.

CADRAN. CADRANURE. Maladie des arbres, principalement remarquable dans les vieux chênes, et dans lesquels le bois offre des fentes circulaires et des fentes rayonnantes. Elle réunit ainsi les inconvéniens de la ROULURE et de la GÉLIVURE. (*Voyez* ces deux mots.)

On attribue généralement la cadranure aux gelées, et il est probable qu'elle y concourt souvent; mais la grande sécheresse peut aussi y contribuer. L'observation qu'elle n'existe jamais dans les jeunes arbres peut faire supposer, avec vraisemblance, qu'elle est le plus souvent l'effet de la débilité. Au reste, quelle qu'en soit la cause, il n'y a pas moyen de lui appliquer des remèdes, puisqu'on ne connoît son existence que lorsque l'arbre est abattu.

Un arbre attaqué de cadranure est impropre à des objets de haut service; mais il peut être employé à faire des lattes, du merrain, etc. (*Voyez* COUCHES LIGNEUSES et BOIS. (B.)

CADUC. (MAL) *Voyez* EPILEPSIE.

CAFERAIN. Engrais en usage dans le nord de la France, et qui est composé de cendre, de boue des chemins, de curage des rivières, etc.

CAFEYER ou CAFIER, *Coffea*, Lin. Genre de plantes exotiques ligneuses, de la pentandrie monogynie et de la famille des RUBIACÉES, qui comprend environ vingt espèces connues, dont la plus célèbre est le CAFEYER ARABIQUE, *coffea arabica*, Lin. C'est la seule dont il sera question dans cet article.

Les cafeyers sont de petits arbres ou des arbrisseaux qui croissent naturellement dans les pays situés sous les tropiques ou dans leur voisinage. Ils ont des feuilles simples et opposées, avec des stipules opposées aussi placées entre les pétioles des feuilles sur la face nue des rameaux. Leurs fleurs axillaires ou terminales donnent naissance à une baie plus ou moins grosse, contenant ordinairement deux semences dont un des côtés est convexe, et l'autre plane et marqué d'un sillon.

Le *Cafeyer arabique*, cultivé aujourd'hui pour sa graine dans les deux continens, tire son nom de la contrée qu'on soupçonne être son pays natal ; quelques personnes le croient cependant originaire de la haute Éthiopie. Il est toujours vert, croît assez vite et s'élève à la hauteur de quinze à vingt - cinq pieds. Sa racine est pivotante, son tronc droit et revêtu d'une écorce fine et grisâtre ainsi que les branches. Celles-ci présentent des nœuds de distance en distance : elles sont souples, très ouvertes, presque cylindriques, et toujours opposées deux à deux ; les inférieures prennent une direction plus horizontale que les supérieures ; toutes se garnissent de belles feuilles entières, portées par de très courts pétioles et qui ressemblent beaucoup à celles du laurier commun ; mais moins épaisses, moins sèches et ordinairement plus larges et plus pointues à leur extrémité. Des aisselles des feuilles, et sur de courts pédoncules, naissent en petits groupes de charmantes fleurs blanches et odorantes, qui ont à peu près la grandeur et la figure de celles du jasmin d'Espagne. Au lieu d'avoir deux étamines comme les jasmins, elles en contiennent cinq, au milieu desquelles s'élève un style fourchu. Ces fleurs passent vite et sont remplacées par une baie qui a l'apparence d'une cerise, et que, par cette raison, on nomme *cerise du café*. Elle est plus ou moins ronde ou ovale, d'abord verte, puis d'un rouge brillant et qui devient obscur à l'époque de sa parfaite maturité ; elle a un petit ombilic à son sommet ; et elle contient une pulpe glaireuse et douceâtre, laquelle enveloppe deux petites graines ou fèves, d'une nature cornée, accolées l'une à l'autre et entourées chacune d'une membrane mince et coriace ; ce sont ces graines qu'on appelle *café* : elles présentent de légères différences dans leur forme et couleur, suivant les variétés.

Histoire *du Café et du Cafeyer.*

On ignore la cause qui fit connoître aux Arabes la propriété de la boisson que donne le fruit du cafeyer. On a débité à ce sujet beaucoup de fables. Ce qui paroît certain, c'est qu'au quinzième siècle cette boisson étoit commune à toute l'Arabie, et qu'au seizième, les pèlerins qui revenoient de la Mecque ou de Médine en avoient déjà répandu l'usage dans toutes les contrées mahométanes, malgré la décision du muphti, qui avoit prononcé que c'étoit une des liqueurs proscrites par la religion de Mahomet. Les Européens qui voyagèrent dans le Levant apprirent à la connoître. En 1615, Pietro della Valle écrivoit de Constantinople qu'il enseigneroit avant peu à l'Europe comment on prenoit le *cahué*; car c'est ainsi que les Turcs nommoient ce breuvage. Trente ans après, quelques négocians marseillais en rapportèrent l'usage dans leur patrie. Thevenot prenoit du café à Paris au retour de ses voyages, et il en régaloit ses amis toutes les fois qu'il leur donnoit à dîner. Mais c'étoit là une fantaisie de voyageur qui vraisemblablement n'eût pas été sitôt imitée, sans une circonstance extraordinaire qui contribua beaucoup à accréditer cette boisson.

En 1669, le grand-seigneur Mahomet IV envoya une ambassade à Louis XIV. Soliman aga en étoit le chef. Il fit à Paris un séjour de dix mois, pendant lequel son esprit et sa galanterie lui attirèrent l'attention de tout ce qu'il y avoit de distingué dans cette capitale. Chacun s'empressa de le visiter. Les femmes sur-tout eurent la curiosité d'aller le voir chez lui. Il leur faisoit servir du café selon la coutume de son pays. Si c'eût été un Français qui eût présenté aux dames, comme une nouveauté, cette liqueur noire et amère, elles l'eussent sans doute dédaignée; mais elle étoit offerte par un Turc et par un Turc galant. Des esclaves richement vêtus la versoient dans de superbes tasses de porcelaine entourées de serviettes à franges d'or. Un air d'élégance et de propreté accompagnoit ce service, rendu plus piquant encore par l'aspect étranger des meubles et des habillemens, et par la singularité d'être assis sur des carreaux et de parler au maître du logis par interprète. Tout cela étoit bien fait pour tourner la tête à des Françaises. Elles sortoient de chez l'ambassadeur ravies de sa politesse, et préconisoient par-tout le café qu'elles avoient pris. On commença à s'y habituer. Les personnes qui en avoient goûté chez Soliman voulurent continuer d'en prendre chez elles; d'autres, par faste, en firent servir sur leur table. Il n'étoit pourtant pas aisé de se procurer la fève précieuse avec laquelle se faisoit cette liqueur; c'étoit alors une marchandise inconnue dans le commerce. On ne pouvoit en trouver qu'à Marseille, et Marseille même en avoit fort peu. Labat assure que dans ces commencemens la livre de café se vendit jusqu'à quarante écus.

Cependant en 1672, un Arménien nommé Pascal, établi à Paris, ouvrit à la foire Saint-Germain, et ensuite sur le quai de l'Ecole, une boutique de café pareille à celles qu'il avoit vues à Constantinople ou dans le Levant. On la nomma *Café*.

Après lui, et à son exemple, d'autres Levantins en établirent de semblables. Quelques uns de ces étrangers, au lieu d'attendre le consommateur chez eux, alloient le chercher par les rues ; mais ils n'eurent aucun succès, parceque les bourgeois et le peuple n'avoient point encore appris à connoître et à aimer le café. Les boutiquiers ne réussirent pas davantage ; mais ce fut leur faute. Au lieu de se procurer un lieu d'assemblée décent où pussent se réunir les personnes aisées, les seules alors qui fissent usage du café, ils n'eurent que de vraies tavernes où l'on fumoit, où l'on buvoit de la bière, et dont par conséquent la bonne compagnie n'osa jamais approcher. Etienne d'Alep et le Florentin Procope furent les premiers à Paris qui imaginèrent de décorer avec goût les salles où se distribuoit cette liqueur. En peu de temps ils eurent une foule d'imitateurs. Déjà, en 1676, leur nombre étoit si grand qu'il fallut les réunir en communauté et leur donner des statuts.

Le goût du café se répandit bientôt à Londres et dans le reste de l'Europe. Les peuples du nord et du midi s'y accoutumèrent également ; mais on étoit toujours obligé de tirer cette graine d'Arabie. Les Hollandais, spéculateurs habiles, cherchèrent à introduire le caféyer dans leurs colonies. Malheureusement de toutes les fèves qu'ils semèrent aucune ne leva ; car ce grain est un de ceux qui pour germer demande à être mis en terre à l'instant qu'il est cueilli. On l'ignoroit alors ; ce qui fit croire que les Arabes, avant de vendre leur café, le faisoient passer au four, afin d'en dessécher le germe. Les Hollandais, sans se décourager, allèrent à Moka chercher des plants de caféyer, qu'ils transplantèrent à Batavia, où ils réussirent très bien. De Batavia ils en transportèrent à Surinam et à Berbiche, sur la côte de la Guïane, et la chaleur du climat les y fit prospérer également. Un tel succès devoit ouvrir les yeux au gouvernement français, ou réveiller l'industrie de nos colons. Ni l'un ni l'autre n'arriva, et Paris eut des caféyers avant nos îles. Les Hollandais en avoient élevé quelques uns à Amsterdam par curiosité. En 1714 le bourguemestre-régent de cette ville en envoya deux pieds à Louis XIV, qui furent déposés au jardin royal des plantes. Bientôt on les remit à M. Desclieux qui alloit à la Martinique en qualité de lieutenant de roi. Il fut chargé de porter ces arbustes dans cette île. L'eau ayant manqué dans la traversée et ne se distribuant plus que par mesure, Desclieux, pour arroser les deux plants qui lui étoient confiés, eut la générosité de se priver chaque jour d'une partie de celle qu'on lui livroit. Son sacrifice fut récompensé par le succès. Les jeunes caféyers arrivèrent en bon état, et il eut la consolation de voir leurs fruits se multiplier assez pour procurer à la Martinique une nouvelle source de richesses. En 1726, l'intendant de cette île dressa un procès-verbal de ce qu'avoient produit les deux arbres apportés par Desclieux. Il résulta de l'enquête que l'île alors possédoit déjà deux cents cafeyers assez forts et produisant du fruit, deux mille plants moins avancés, et un nombre infini d'autres dont les graines commençoient à pousser et à sortir de terre. Quelques années après, des plants de cafeyer furent transportés de la Martinique à Saint-Domingue, à la Guadeloupe et dans plusieurs autres Antilles.

Dans le même temps à peu près la culture du cafeyer fut introduite aussi à Cayenne par un Français nommé Mourgues, qui, au péril de sa vie, en apporta des graines fraîches de la Guianne hollandaise. Mais l'île ci-devant Bourbon est la première de nos colonies qui ait cultivé le cafeyer, et la première aussi qui ait envoyé du café dans nos ports. Dès 1717, la compagnie française des Indes y avoit fait passer des plants de cafeyer arabique, et c'est de ces plants que descendent tous les cafeyers cultivés aujourd'hui dans cette île, et qui donnoit le café connu dans le commerce sous le nom de *café Bourbon*. Cependant il en existe une espèce ou une variété indigène à ce pays; du moins le fait suivant consigné dans les mémoires de l'académie des sciences de Paris, année 1715, semble le prouver. Un vaisseau, y est-il dit, qui venoit de Moka, et qui mouilloit à l'île Bourbon, y avoit apporté comme curiosité une branche de cafeyer chargée de fleurs et de fruits. Les habitans à qui on la montra furent fort étonnés d'y reconnoître un des arbres de leurs montagnes. Ils allèrent chercher des branches de ceux-ci, dont la comparaison avec celles qui avoient été apportées se trouva exacte, tant pour la feuille que pour le fruit; seulement le café de l'île fut trouvé plus long, plus menu que celui d'Arabie. C'est vraisemblablement cette différence réunie à quelques autres très légères qui a décidé l'illustre botaniste Lamarck à faire de ce cafeyer une espèce particulière et distincte du cafeyer arabique.

CULTURE *du Cafeyer.*

On cultive le cafeyer avec succès dans toutes les Antilles, dans les Guiannes française et hollandaise, aux îles de France et de la Réunion, à Batavia et sur-tout en Arabie. C'est ce dernier pays qui fournit le meilleur café connu; il porte le nom de *café Moka*, et surpasse en qualité tous les autres que le commerce débite dans les deux continens. Cette supériorité est-elle due au climat et au sol de l'Arabie? ou le cafeyer de ce pays transplanté depuis long-temps ailleurs a-t-il dégénéré? C'est ce qu'il seroit utile de rechercher. Mais je crois que la médiocre qualité du café de nos colonies, comparé à celui des Arabes, est l'effet de plusieurs circonstances dont je parlerai tout à l'heure, et ne sauroit être attribuée à la nature du sol qui le produit.

C'est principalement dans le royaume d'Yemen, vers les cantons d'Aden et de Bender-Abassy que se trouvent en Arabie les plantations considérables de cafeyers. La température de ce pays est très chaude; mais les montagnes qui s'y trouvent sont froides au sommet, et c'est ordinairement à mi-côte que les Arabes cultivent le cafeyer, au pied duquel ils ont soin de faire passer un filet d'eau. Ils sont aussi dans l'usage de garnir de pierres les fosses qu'ils creusent pour le planter. Dans la plaine et dans tous les lieux exposés au midi ou trop découverts on l'abrite par d'autres arbres placés dans son voisinage : sans cette précaution, la chaleur excessive dessé: heroit ses fruits avant la récolte. Les soins donnés ensuite à cette culture consistent à détourner l'eau des sources, pour la conduire auprès des cafeyers. Afin d'en écarter les insectes, on attache à leurs pieds une petite bande de toile large de deux ou trois doigts, imbibée d'une huile particulière. La récolte du fruit se fait à trois époques; la plus grande a lieu en mai. On étend des pièces de toile sous les cafeyers qu'on secoue. Jamais la main de l'Arabe ne se porte sur l'arbre pour y cueillir une graine de café; quelque apparence qu'elle donne de sa maturité, il ne regarde comme mûr que ce qui tombe par les secousses légères données à l'arbre. Ce café est jeté dans des sacs, transporté ailleurs et mis à sécher sur des nattes. Au bout de quelques jours on passe par-dessus les baies un cylindre de pierres ou de bois fort pesant, afin de dépouiller les graines de leur enveloppe. On vanne ensuite ces graines ou fèves, on les monde, et on les fait sécher de nouveau.

Telle est la méthode simple et facile que suivent les Arabes dans la culture de cet arbre intéressant et dans la récolte et la préparation de son fruit. En Amérique on emploie d'autres procédés plus compliqués, et qui, sans l'avidité des propriétaires de caféteries, auroient d'heureux résultats ; mais pour obtenir un grain plus gros et plus pesant, on y recueille trop tôt le café et on le fait mal sécher, de sorte qu'il perd nécessairement en qualité ce qu'il gagne en volume; c'est une des causes de son infériorité. Sa saveur ne peut être aussi exaltée, ni sa sève aussi élaborée que dans le café arabique : il a moins de dureté que ce dernier, moins de parfum, et il conserve toujours une certaine verdeur qui lui fait prendre plus aisément l'odeur de toutes les substances environnantes.

Une autre cause de la médiocre qualité du café de nos colonies est le choix souvent mal entendu des lieux où se font les établissemens de cafeyers. Ces arbres n'aiment point une terre substantielle et forte ou trop humide ; ils se plaisent de préférence dans un sol rocailleux, médiocrement léger et suffisamment arrosé. Ils exigent aussi des abris , soit contre les grands vents, soit contre l'excessive ardeur du soleil ; et ces abris doivent être tels que cependant l'air puisse frapper librement leurs branches , et le soleil mûrir promptement leurs fruits. Si les cafeyers croissent dans un lieu étouffé sur un sol marneux ou argileux, ou même dans une terre trop légère, qui se dessèche trop vite et prive leurs pieds de la fraîcheur qui leur est nécessaire , alors leurs feuilles jauniront , et ils donneront des fruits à moitié mûrs ou avortés. S'ils sont plantés au contraire sur un sol trop riche et trop souvent arrosé, leur croissance sera vigoureuse et rapide , mais leurs fruits, quoique plus gros, manqueront d'arome et de saveur, parcequ'ils auront été formés par un suc crû et mal préparé.

L'usage d'étêter les cafeyers, qui est presque généralement adopté dans les Antilles, et même aux îles de France et de la Réunion, peut aussi contribuer à altérer la bonté naturelle du fruit ; les branches contraintes alors de se diriger de côté sont sujettes à s'entremêler et à se coucher ; se trouvant plus près du sol , elles restent plus long-temps plongées dans les vapeurs qui s'en exhalent , et les fruits sont en partie privés des influences salutaires de l'atmosphère supérieure et du soleil.

Joignez à toutes ces causes l'impatience de jouir chez les propriétaires, qui, pour vendre plus tôt leur café , s'empressent de le mettre en barils ou dans des sacs avant sa parfaite dessiccation , et la négligence des capitaines de navire qui placent à leur bord cette denrée au milieu d'une foule d'autres capables de lui communiquer une odeur étrangère et désagréable , et vous ne serez plus surpris de trouver dans le commerce tant de mauvais cafés , que l'on débite pourtant, parceque les connoisseurs sont rares, quoique cette boisson soit aujourd'hui très commune.

Pour savoir si la supériorité , beaucoup trop vantée, du café moka sur celui de nos îles étoit due à la nature de la fève arabique, et si la médiocrité prétendue du café américain devoit être attribuée à la constitution du pays plutôt qu'aux circonstances dont je viens de parler, j'ai fait à Saint-Domingue et répété plusieurs fois l'essai suivant. J'ai cueilli moi-même des cerises de café qui avoient crû et mûri à une belle exposition. Pour m'assurer qu'elles étoient arrivées à un degré de maturité complète , je me contentois de les toucher avec la paume de la main tenue ouverte , et celles que ce léger contact détachoit du rameau étoient les seules que je choisissois. Je les ai dépouillées de leur pulpe, et j'en ai fait sécher très promptement les graîns sur des toiles exposées au grand air et au soleil. Lorsque ces grains cessoient de diminuer de volume et de poids, et lorsque j'avois de la peine à les briser entre les dents, je les jugeois (sans compter les jours) parvenus à leur entière dessiccation. Alors, c'est-à-dire six semaines environ après les avoir cueillis, je les ai torréfiés, et j'en ai fait du café, trouvé chaque fois aussi bon, sinon meilleur, que celui fait avec du vieux moka qu'on servoit en même temps. Il est donc très vraisemblable qu'on recueilleroit d'excellent café à Saint-Domingue et dans toutes les contrées chaudes de l'Amérique, si sa récolte dans ces pays n'étoit pas aussi prématurée. Pour la production de bons fruits, le sol et le climat demandent par-tout le concours des soins de l'homme. Le café de l'île ci-devant Bourbon qui se débite aujourd'hui en offre la preuve; il n'est pas à beaucoup près d'une aussi bonne qualité qu'avant la révolution, parceque les Anglo-Américains, étant depuis long-temps en possession de faire presque seuls le commerce de cette île, mettent à cette graine le prix qu'ils veulent, découragent les planteurs, qui n'entretiennent plus leurs caféteries avec le même soin qu'autrefois.

Il existe encore sur le café un préjugé contre lequel il importe de prémunir le lecteur. On pense communément que le vieux café est le meilleur. C'est une erreur; le nouveau au contraire l'emporte de beaucoup en qualité sur l'autre : l'expérience dont il vient d'être question le démontre. En effet le café nouveau doit avoir et a réellement plus de parfum, plus de saveur; il contient une plus grande quantité d'huile. On suppose qu'il soit venu dans un sol plutôt sec qu'humide, et qu'il ait été recolté et séché à la manière des Arabes. Si dans le commerce on préfère toujours le vieux café, c'est parceque la plupart de ceux qu'on nous apporte des Indes occidentales, ayant été recoltés verts, ont besoin que le temps achève leur dessiccation.

Le cafeyer n'est pas cultivé de la même manière dans tous les pays. Les cultivateurs de cet arbre, dans les deux Indes, ne sont pas même d'accord entre eux sur des points très essentiels. Ils est d'ailleurs impossible de présenter ici toutes les méthodes locales et particulières. Je dois donc me borner à exposer des principes généraux applicables dans tous les lieux où peut croître ce végétal précieux.

Le cafeyer est originaire des parties chaudes de l'Asie et de l'Afrique. Son climat propre est la zone torride ; cependant il vient avec succès dans toutes les contrées situées jusqu'au trentième ou trente-deuxième degré de latitude, et il seroit peutêtre possible de le naturaliser dans les parties australes de l'Europe où le thermomètre de Réaumur ne descend pas en hiver au-dessous de douze ou dix degrés. M. Jean-Laurent Tells a réussi il y a quelques années à faire prendre racine à cet arbre dans le jardin botanique de Pise. D'un seul individu qu'il avoit dans le principe, et qui chaque année a donné des fruits parfaitement mûrs, il a obtenu successivement et en très peu de temps jusqu'à vingt plantes qu'il a envoyées à différentes villes d'Italie.

Une terre neuve et franche et tant soit peu légère est celle qui convient le plus au cafeyer. Il se plaît sur les coteaux, sur les montagnes même, et dans tous les lieux où la trop grande ardeur du soleil peut être tempérée par les pluies ou par des abris naturels. Il craint le voisinage de la mer, dont l'air salin dessèche sa fleur et son fruit. L'exposition au nord lui est contraire aussi, beaucoup moins cependant sous la ligne qu'aux environs des tropiques.

Quand on établit une *cafèterie* (c'est le nom qu'on donne aux plantations du cafeyer), on doit commencer par faire disparoître du terrain tous les arbres, arbustes et buissons qui le couvrent. Si le sol est uni ou en pente douce, après avoir brûlé tout ce que la hache a pu atteindre, il faut enlever jusqu'aux souches et racines; s'il est escarpé et inégal, la conservation des souches est nécessaire pour retenir les terres et prévenir ainsi les ravages des averses qui, sans cette précaution, en entraîneroient chaque fois avec elles une portion considérable.

On peut ou planter le cafeyer, ou en semer la graine, soit à demeure, soit en pépinière. Dans quelques pays, pour former une cafèterie, on prend les jeunes plants qui naissent des fruits tombés. Cette pratique est défectueuse; elle ne donne que des sujets foibles, qui, n'ayant point vu le soleil dans leur enfance, languissent long-temps après leur transplantation. Il vaut mieux semer le café. En semant à demeure, on s'épargne beaucoup de peine, l'établissement est plus tôt formé, et les premiers arbres, non transplantés, conservent leurs pivots et résistent mieux aux efforts des vents. Cette méthode doit sur-tout être adoptée dans les quartiers pluvieux; elle est simple. On plante des piquets en quinconce ou de toute autre manière : on les espace convenablement, plus ou moins, selon la qualité du sol, et au pied de chaque piquet on fait un trou dans lequel on jette plusieurs graines de café. Quand les plants ont pris douze à quinze pouces de hauteur, on n'en laisse qu'un dans chaque trou, et toujours le plus fort.

Dans les endroits où il pleut rarement, il est plus avantageux de semer d'abord en pépinière. On choisit pour cela un lieu assez découvert, et un sol médiocrement bon, non fumé, mais préparé par plusieurs labours. On le dispose en planches et par rayons profonds d'un demi-pouce et distans entre eux de sept à huit. On y sème à trois ou quatre pouces d'intervalle, non la baie du café, mais sa graine ou fève. L'époque la plus

favorable à ce semis est l'équinoxe, c'est-à-dire l'équinoxe de
septembre, dans les pays situés en-deçà de l'équateur, comme
la Martinique et Saint-Domingue ; et celle de mars, dans les
contrées qui sont au-delà de la ligne, comme les îles de France,
de Madagascar et de la Réunion. Les jeunes plants supporteront
aisément la chaleur du soleil d'hiver de ces climats, et auront
déjà acquis une certaine force lorsque celle de l'été se fera
sentir. Si on semoit dans une saison opposée, on les exposeroit
à périr dès leur naissance. Les semis ne doivent point être faits
près des haies, dont les racines dévorent la substance de la terre,
et dont l'ombrage, sur-tout des haies de campêche, arrête la
croissance des jeunes caféyers. La pépinière demande à être arrosée, soit à la main, soit par filtration ou par irrigation. Cependant on ne doit pas répéter cette opération trop souvent, car
les jeunes arbres trop arrosés n'ont point à la transplantation la
vigueur des autres. Il faut sur-tout avoir attention que les plants
ne soient point submergés.

On doit transplanter les caféyers pendant l'hiver des pays où
on les cultive ; dans cette saison ils ont moins de sève. On les
enlève avec leur motte de terre ou sans leur motte. Cette dernière
méthode est la plus suivie ; mais l'autre, quoique plus longue,
est plus sûre et préférable ; en l'employant, on peut se dispenser
de consulter la saison, pourvu que la transplantation se fasse
dans un temps pluvieux. On coupe ou on ne coupe pas le pivot
du jeune plant, suivant la nature du sol préparé pour le recevoir. Si ce sol a de la profondeur, le pivot doit être conservé ;
dans le cas contraire, on le coupe au moment et dans le lieu de
la transplantation. S'il n'étoit pas coupé, ne pouvant percer le
tuf ou la pierre qu'il rencontreroit, il se rouleroit en vis, et
seroit sujet à être attaqué par les vers. La profondeur et la largeur des trous, la distance des plants entre eux et leur disposition
sur le terrain, doivent aussi être subordonnées non seulement à sa
qualité, mais encore à sa pente plus ou moins grande ou nulle,
à son exposition, et même aux variations de l'atmosphère auxquelles est sujet le lieu où est établie la caféterie. Il est clair
qu'on doit espacer davantage les plants et faire des trous plus
larges dans les lieux humides ou souvent arrosés, sur-tout si
le sol est plus riche et plus profond. Dans les endroits secs ou
disposés en pente, les jeunes caféyers doivent être plus rapprochés, et les trous avoir une largeur et une profondeur relatives.
On ne peut prescrire à cet égard aucune règle générale. Cependant, dans les terrains nouvellement défrichés, les trous doivent
toujours être plutôt larges qu'étroits, parceque ces terrains sont
ordinairement remplis d'une multitude de petites racines d'arbres qu'il importe d'enlever : elles servent de retraite et de pâture à des vers blancs qui attaquent ensuite celles du caféyer,

sur-tout le pivot, et font périr l'arbre. La hauteur des jeunes
plants qu'on enlève de la pépinière doit être de quinze à dix-
huit pouces. On les couvre de terre jusqu'à deux pouces au-
dessus du collet de la racine, et on les coupe à dix ou douze
pouces au-dessus de la surface du sol, ne leur laissant que la
tige. On peut quelquefois employer de très-petits plants; mais
lorsqu'ils sont plus forts, ils réussissent mieux; ce succès dépend
beaucoup de la saison où se fait la transplantation, des précautions dont on l'accompagne et du temps qui l'a précédée ou
suivie. Quand elle est achevée, pour abriter les jeunes cafeyers
et favoriser leur reprise, on les entoure de branches garnies de
feuilles qu'on retire au bout de quinze ou vingt jours; on doit
laisser les feuilles au pied du plant; elles le maintiennent dans
un état de fraîcheur. On produit le même effet et d'une manière
plus sûre, en y amoncelant des cailloux; mais il faut pour cela
que le sol en fournisse une suffisante quantité. On ne doit rien
planter entre les cafeyers, si ce n'est du maïs ou des pois, et pendant les deux premières années seulement. Un bon cultivateur
doit faire tous les ans des semis de café pour pouvoir remplacer
au besoin les sujets ou vieux ou nouvellement transplantés qui
périssent par l'effet des sécheresses, des coups de soleil et des
ouragans, ou par toute autre cause.

Les cafeyers n'ont besoin d'être sarclés que deux ou trois fois
seulement; car à mesure que leurs ramifications s'étendent, ils
couvrent assez la terre pour étouffer les mauvaises herbes. Il est
plus convenable d'arracher les herbes avec la main, quand la
moiteur du sol le permet, que de sarcler à la houe; leur reproduction est alors plus difficile, et le sol, étant moins remué,
n'est pas aussi exposé à être détérioré. On peut ou les brûler ou
en entourer par petits monceaux les pieds de cafeyers; ainsi
entassées elles ne repoussent pas de sitôt, et elles étouffent
celles de dessous. Dans beaucoup de caféteries on laisse aussi
sur le sol les tiges sèches et les productions mortes des plantes
herbacées qu'on y a cultivées. Tout cela forme en peu de temps
un excellent terreau.

On est par-tout dans l'usage d'étêter les cafeyers, comme je
l'ai dit plus haut. Quoique cette opération contrarie la nature,
elle est pourtant fondée sur de bonnes raisons. Par ce moyen
on rend la récolte plus facile, on donne plus de développement
aux branches latérales, et les arbres sont mieux garantis de la
violence des vents. C'est la qualité du sol qui doit déterminer
la hauteur à laquelle il faut les étêter; dans les plus mauvais
terrains on les arrête à deux pieds et demi, et dans les meilleurs à quatre ou cinq pieds. Les habitans de la terre ferme, dit
M. de Pons, ne laissent communément à leurs cafeyers qu'une
hauteur de quatre pieds; beaucoup d'entre eux cependant ne

les étêtent pas du tout et leur laissent prendre toute leur croissance que la nature a fixée de vingt-quatre à vingt-six pieds.
Comme ces arbres sont communément plantés en ligne droite ,
peut-être seroit-il avantageux d'en étêter la moitié et de laisser
l'autre moitié parvenir à toute sa hauteur , de manière qu'un
arbre étêté se trouvât entre deux qui ne le seroient pas , et *vice
versâ ;* disposés ainsi , ils ne pourroient pas se nuire en s'entre-
laçant, et les individus livrés à eux-mêmes, étant plus précoces,
donneroient leurs fruits pendant que ceux des arbres étêtés
achèveroient de mûrir.

Dans les cantons sujets aux sécheresses , on doit retrancher
avec soin toutes les branches gourmandes à mesure qu'elles se
montrent ; mais dans les quartiers très pluvieux , il est utile de
les conserver, parcequ'elles servent d'écoulement à la surabondance de la sève Les branches mortes ou demi-rompues doivent
être taillées dans le vif, et la place recouverte de terre humectée. Il ne faut pas négliger de rasseoir ou de relever sur-le-champ
les arbres qui ont été fortement ébranlés ou renversés par un
ouragan, et alors on a soin de les rechausser. Lorsque les cafeyers, dans leur extrême vieillesse, portent du bois mort ou ne
fructifient que peu, on les recèpe le plus près de terre possible, et au moment où ils sont le moins en sève, c'est-à-dire à l'un
des deux solstices suivant le pays; on laboure ensuite la terre à
leur pied , et on y jette de l'engrais. A moins de grandes con-
trariétés de la part des saisons ou du sol , ces arbres donnent à
la seconde année une légère récolte; ils sont en plein rapport à la
troisième ou quatrième, et ils fructifient pendant environ trente
ou quarante ans ; ils produisent plus ou moins selon la nature
du terrain : on peut retirer de chaque pied depuis une jusqu'à
deux livres de café sec.

Nous avons vu que les Arabes suivent dans la récolte du café
les procédés de la nature, c'est-à-dire qu'ils attendent que sa
maturité complète le fasse tomber; seulement ils accélèrent de
quelques instans cette chute en secouant l'arbre. Dans les colonies européennes, soit orientales , soit occidentales , on est plus
impatient, et rarement y cueille-t-on ce grain parfaitement mûr.
La récolte s'y fait à la main et à deux ou trois époques. Aussitôt que la cerise du café a pris une couleur de rouge foncé, on
la suppose assez mûre pour être cueillie. Les nègres ont un sac
de grosse toile , qui reste ouvert à l'aide d'un cercle disposé à
son embouchure; ce sac est suspendu au cou de celui qui cueille
le café, et il le vide dans un panier. Dans le cours de cette opération, il a soin de ne point effeuiller les extrémités des branches ,
et de ne point endommager les bourgeons qui s'y trouvent et
qui doivent bientôt fleurir. Il enlève les cerises par chaque anneau séparément, en tournant et retournant la main droite sur

elle-même, tandis que la main gauche contient la branche. Ceci n'est applicable qu'à la grande récolte ; dans les autres on ne trouve de grains mûrs que çà et là, et l'on est obligé de les cueillir un à un. Pour peu qu'un nègre soit actif, il peut ramasser trois boisseaux de cerises par jour. Mais il convient de ne point le presser, de crainte que, pour accélérer la besogne, il ne mêle des baies vertes avec celles qui sont mûres. Cent boisseaux de ces baies, sortant de l'arbre, doivent donner environ mille livres de café.

Je crois devoir renouveler ici un vœu que j'ai déjà exprimé dans le nouveau Dictionnaire d'Histoire Naturelle. Il seroit à désirer, y ai-je dit, que, pour la santé des noirs, on pût toujours faire la récolte du café dans un temps sec, après que la rosée est passée, et au moment de la plus grande force du soleil. Malheureusement, dans la plupart des Antilles, presque toutes les caféteries sont établies dans les mornes où il pleut très fréquemment ; on ne veut pas attendre l'instant favorable, ou on ne le peut pas ; on cueille la cerise encore toute humide ; les cultivateurs chargés de ce soin sont exposés à la pluie ou à la rosée ; ils sont vêtus, il est vrai ; mais l'humidité échauffée par les habits est plus funeste que celle qui est reçue à nu sur le corps ; de là naissent beaucoup de maladies. Aussi, toutes choses égales d'ailleurs, périt-il proportionnellement plus de nègres dans les établissemens en caféyers que dans les autres, quoique le contraire dût arriver, puisque dans nos îles, comme dans tout pays, l'air de la montagne est ordinairement plus vif et plus sain que celui des plaines et des bords de la mer.

Après sa récolte, on s'occupe de la dessiccation du café. Pour y parvenir, on étend les cerises par couches de trois pouces au plus d'épaisseur, sur des aires spacieuses, exposées à l'air et au soleil, et préparées de différentes manières, soit pavées, soit revêtues d'un bon ciment. Il est bon que ces aires aient une légère pente qui puisse faciliter l'écoulement des eaux. Au moyen de cette disposition, les cerises, qu'on a soin d'ailleurs de retourner souvent dans la journée, sont échauffées à la fois dans toutes leurs surfaces par les rayons directs ou réfléchis du soleil. On veille à ce qu'elles n'entrent point en fermentation, ce qui nuiroit à la qualité du café, parcequ'alors le suc de la pulpe, devenant volatil et spiritueux, communiqueroit à la fève un goût d'aigre et une odeur désagréable. On laisse ainsi les cerises sur l'aire pendant trois semaines au moins. Quand elles sont desséchées et que leur peau est devenue cassante, on sépare cette peau du grain à des moulins faits exprès ; à défaut de moulins on se sert de mortiers. Dans les lieux où les pluies sont très fréquentes, la méthode de sécher la cerise à l'étuve doit

être préférée; elle exige moins de main-d'œuvre, et le desséchement s'opère plus promptement sans crainte de fermentation. Il y a beaucoup de pays où, à l'aide de machines ingé-
nieuses qu'il seroit trop long de décrire, on dépouille tout de
suite le café de sa pulpe pendant que la cerise est rouge.

Les différentes manières de préparer le café ont chacune
leurs partisans. La dernière est plus expéditive; mais les autres
lui conservent mieux sa saveur. La pulpe étant enlevée, il reste à
dépouiller le grain de la pellicule qui le couvre immédiatement
et qu'on nomme parchemin. On fait usage pour cela de moulins
que l'art, dirigé par l'intérêt, simplifie et perfectionne tous les
jours. On vanne ensuite le café, et on le fait sécher de nouveau,
soit à l'air libre, soit à l'étuve ou au four; l'étuve lui ôte sa verdeur sur-le-champ; il est enfin mis dans des sacs ou des barils,
et livré au commerce. Si au lieu de le dessécher quand il a été
mondé, on l'enferme aussitôt, on altère sa qualité. Les sacs et
les barils de café doivent être placés dans un lieu couvert et
aéré, à une certaine élévation au-dessus du sol ou du plancher,
et loin de tous les corps qui pourroient lui communiquer une
odeur étrangère. Cette disposition ne peut avoir lieu que chez
le propriétaire ou le marchand de cette denrée; elle est impraticable dans son transport en Europe; et cet inconvénient,
ajouté à tous les procédés défectueux de sa récolte, contribue
beaucoup à la détériorer. Miller raconte qu'une cargaison entière de café, apportée des Indes en Angleterre, fut perdue,
parcequ'on avoit mis dans le vaisseau plusieurs sacs de poivre.

COMMERCE, PROPRIÉTÉS, USAGE et PRÉPARATION DU *café*.

De toutes les denrées qui ne sont point de première nécessité, il en est peu dont le commerce se soit accru avec autant
de rapidité que celle-ci. Les premiers navigateurs français qui
soient allés directement à Moka pour acheter du café sont les
Malouins. En 1709, pendant la guerre de la succession, ils armè-
rent deux vaisseaux pour ce port, qui revinrent chargés d'une
quantité considérable de cette marchandise. Dans les années
1732, 33 et 34, la compagnie des Indes vendit six et sept cent
cinquante milliers de café moka; et il ne fut vendu que de 26
à 30 sous la livre. En 1748, 49 et 50, elle en mit en vente autant avec dix-huit ou dix-neuf cents milliers de café bourbon ;
mais le premier monta jusqu'à 40 et 45 sous, et le second se
vendit vingt et vingt-deux. Depuis 1750, malgré la grande
multiplication des caféyers dans nos colonies occidentales, ces
prix se sont maintenus assez constamment jusqu'à l'époque de
la révolution. Mais depuis ce temps aussi la consommation du
café en France a au moins triplé. La faveur dont il a joui tout à
coup n'a pas manqué d'exciter dans les commencemens l'animad-

version des médecins. Plusieurs, tant à Paris que dans les provinces, écrivirent et firent soutenir des thèses contre la nouvelle boisson. En Orient elle avoit été aussi l'objet de discussions ridicules et de défenses sévères; mais ses détracteurs n'ont fait fortune nulle part. On s'est toujours moqué de leurs observations; et par-tout l'habitude et le goût de cette liqueur ont prévalu.

Le café contient une grande portion d'acide, un extrait gommeux, résineux et astringent, beaucoup d'huile, du sel fixe et du sel volatil. Le feu détruit son goût de crudité et la partie aqueuse de son mucilage; il le dépouille de ses propriétés salines, et rend son huile empyreumatique, d'où lui vient cette odeur piquante qui réveille et fait plaisir.

Le café pur, c'est-à-dire infusé dans de l'eau bouillante, aide à la digestion, tient éveillé, et fortifie l'estomac. Son usage ordinaire peut prévenir l'apoplexie et toutes les maladies soporeuses. Il ne convient point aux personnes d'un tempérament sec, ardent et sanguin, ou qui ont le genre nerveux très irritable; mais les gens phlegmatiques, ceux qui ont beaucoup d'embonpoint ou qui mènent une vie sédentaire, peuvent sans crainte en prendre tous les jours. Les Orientaux en boivent beaucoup, quelquefois jusqu'à trois ou quatre onces en vingt-quatre heures. Ils retirent d'abord une décoction du café cru; ensuite ils le font sécher, le torréfient légèrement, et le pilent en une poudre très fine qu'ils jettent dans cette décoction tenue bouillante. Les Turcs font avec la pulpe de la cerise desséchée une boisson agréable et très rafraîchissante; c'est le *café à la sultane*. On donne le même nom à la décoction légère du grain non rôti prise avec un peu de sucre. Cette boisson est très propre à rétablir l'appétit. Quelques personnes font leur café avec le grain entier ou seulement concassé, mais qui a été auparavant torréfié.

La torréfaction du café, sa réduction en poudre plus ou moins fine, et son infusion à l'eau froide ou bouillante, sont les préparations communément adoptées aujourd'hui pour la composition de cette liqueur; mais chacune d'elles exige beaucoup de précautions et de petits soins, qu'il ne faut pas négliger si l'on veut conserver au café son parfum et son goût propre; il perd en partie l'un et l'autre, et n'a plus la même vertu lorsqu'on le mêle avec du lait. Cependant le café à la crème est une boisson très agréable. Quand la mode de le prendre ainsi s'établit, on le fit d'abord au lait pur. Cette méthode a duré fort long-temps. Maintenant on le fait d'abord à l'eau, et on y ajoute ensuite plus ou moins de crème ou de lait.

Pour faire de bon café, la qualité du grain est la première chose à considérer. Il doit être parfaitement sec, difficile à casser sous la dent, d'une couleur légèrement jaunâtre, parfumé et sans odeur étrangère quelconque. Pour sa torréfaction, on a employé successivement divers procédés. D'abord on se servit d'une poêle de fer ou d'un poêlon de terre vernissée; mais cette méthode avoit le désavantage d'exiger beaucoup de temps et de ne jamais rôtir également le grain. D'ailleurs l'usage des vaisseaux de terre vernissée peut être pernicieux, parceque l'émail ou vernis de la terre s'éclate par la chaleur, tombe et se mêle quelquefois au café. On leur substitua donc le cylindre ou tambour de tôle, qu'on fit tourner sur un fourneau de même matière. Le premier grain brûlé dans le tambour prend, il est vrai, une odeur désagréable; mais quand cet ustensile a servi pendant quelque temps, il n'en communique plus aucune au café. Cette manière de le rôtir est moins fatigante que la torréfaction à la poêle. Pendant l'opération il faut entretenir dans le fourneau un feu égal et doux, et tourner continuellement la manivelle du tambour. On doit retirer le grain aussitôt qu'il a pris une couleur cannelle. Si l'action du feu étoit portée plus loin, le principe huileux du café deviendroit empyreumatique, et rendroit cette boisson plus nuisible que salutaire. Après avoir tourné le tambour à l'air pendant deux ou trois minutes, on verse le grain sur un corps froid, tel que la pierre ou le marbre, afin de concentrer en lui-même ses principes; et quand il est entièrement refroidi, on le met dans un vase quelconque qu'on tient exactement fermé. L'usage de l'étouffer dans une serviette ou dans du papier est mauvais, parceque ces corps lui enlèvent sa partie huileuse, qu'on ne retrouve plus dans la liqueur.

Il ne faut jamais moudre le café avant son entier refroidissement. Tant qu'il conserve un reste de chaleur, il est un peu gras et pâteux. Dans cet état il embarrasseroit la noix du moulin et ne passeroit pas. Cependant on doit mettre le moins d'intervalle possible entre sa torréfaction et son infusion. Les Arabes préparent ainsi le leur. L'infusion de café peut se faire à l'eau froide ou à l'eau bouillante, chacune de ces deux méthodes présente un avantage et un inconvénient. Infusé à l'eau froide il perd moins de son arome et de ses principes huileux par l'évaporation; mais il en retient beaucoup qui restent dans sa poudre ou son marc, et dont la liqueur se trouve privée. L'infusion à l'eau bouillante lui enlève au contraire tout ce qu'il a de parfum et d'esprit, mais en laisse échapper une partie. Ainsi des deux côtés il y a perte et gain, et, tout bien considéré, la méthode d'infuser à l'eau bouillante est préférable, pourvu qu'on retire la cafetière du feu aussitôt après y avoir jeté la poudre, et qu'on la tienne ensuite exactement couverte. Nos ferblantiers ont imaginé depuis quelque temps un ustensile très ingénieux pour faire sur-le-champ d'excellent café; c'est une espèce de grecque dans laquelle les parties balsamiques et spiritueuses de cette substance, détachées et entraînées par l'eau bouillante, passent avec elle à travers une grille de fer-blanc ou de porcelaine, percée d'une infinité de petits trous. La liqueur tombe dans un vase disposé au fond de la cafetière et on peut la verser sur-le-champ par le moyen d'un robinet ; elle a tous les indices d'un café bien préparé et naturel ; elle est claire et limpide, nullement chargée ni rendue trouble par les plus petites particules de la substance dissoute, et elle offre dans la tasse une couleur à peu près noire avec une bordure de couleur marron. Chez la plupart des limonadiers de Paris, on clarifie le café avec la colle de poisson pour le rendre brillant ; mais on lui ôte ainsi une grande partie de son parfum. (D.)

CAGE. Enceinte à claire-voie mobile ou fixe, de bois, de fer ou d'autres matières, dans laquelle on enferme constamment des oiseaux destinés à l'agrément, et circonstanciellement ceux qu'on élève pour l'usage de la table.

On peut varier de mille manières différentes la forme des cages ; mais cependant il est quelques unes de ces formes qui sont préférables aux autres, soit pour l'élégance, la solidité, la commodité, l'économie, etc. Entrer dans le détail de toutes ces formes seroit superflu ; mais il convient cependant de parler de quelques unes, principalement appropriées à un but particulier.

Les cages destinées à recevoir des oiseaux qui par leur nature tendent à s'élever perpendiculairement doivent avoir leur partie supérieure molle ou flexible, pour que ces oiseaux ne s'y cassent pas la tête ; telles sont celles des alouettes. Les perdrix et les cailles, qui sautent toujours lorsqu'elles trouvent un obstacle à leur marche, doivent les avoir disposées de même. Ordinairement on ferme la partie supérieure de leur cage avec une grosse toile.

Lorsqu'on veut garantir le manger des poulets, des dindonneaux, des oisons, des canardeaux, etc., de la voracité des autres volailles, on le place sous une cage mobile qui représente un cône tronqué et surbaissé ; cage non fermée à sa partie inférieure, et qu'on relève seulement assez pour que les petits puissent entrer dessous, ou dont on a écarté les barreaux de manière qu'ils puissent passer seuls à travers.

Les volailles qu'on destine à l'engrais sont utilement placées dans des cages où elles ne peuvent pas se retourner et où elles n'ont de jour que par le trou dans lequel elles passent la tête pour aller chercher leur manger placé dans une petite auge en avant. Ces cages, qui sont ordinairement réunies plusieurs à côté les unes des autres, sont élevées à un ou deux pieds du sol, et à claire-voie dans leur partie inférieure, afin que les excrémens des volailles qui y sont renfermées ne nuisent pas à leur propreté et à leur santé.

En France, les cages de basse-cour de la première sorte sont faites par les vanniers ; telles de la seconde le sont assez généralement par les menuisiers. Par-tout j'ai vu que les unes et les autres, dès qu'elles ne servoient plus, étoient abandonnées dans un coin de la grange, et même de la cour, à toute l'action destructive des enfans et des bestiaux, d'où il résultoit que chaque année il falloit les renouveler. Sans doute leur acquisition n'oblige pas à une grande dépense, mais il n'est pas de petites économies en agriculture.

Il y a aussi des cages à poisson, destinées à conserver, à sa disposition, le poisson qu'on ne veut pas consommer au moment de sa pêche. Ce sont des coffres en planches percées de trous et fermant avec un cadenas. Rarement on en fabrique à claire-voie pour cet objet. (B.)

CAGNOTTE. Petit cuvier qui sert à fouler la vendange dans le département de Lot-et-Garonne.

CAHUTE. On donne ce nom, dans les départemens de l'est de la France, à une petite cabane où logent les plus pauvres familles, sur-tout celles qui, comme les charbonniers, sont souvent dans le cas d'en construire de nouvelles. Dans les cantons de vignobles de ces départemens il y a souvent des cahutes dans les vignes, uniquement pour pouvoir s'y retirer au moment de l'orage. Elles sont en pierres sèches recouvertes de terre, et souvent des arbustes couvrent toute leur surface. (B.)

CAILLE. Oiseau du genre des PERDRIX (voyez ce mot), que les cultivateurs sont souvent dans le cas de voir et encore plus souvent d'entendre, et auquel ils sont aussi quelquefois dans le cas de faire la chasse.

Quelque grand rapport qu'il y ait entre la caille et la perdrix, on peut toujours facilement la distinguer à sa grosseur moitié moindre et à ses habitudes. En effet elle ne vit jamais en troupes comme cette dernière, et n'est pas permanente dans nos campagnes. Elle arrive au printemps des déserts de l'Afrique, et y retourne en automne lorsque la récolte des céréales est complètement effectuée. Son cri ou chant de rappel est fort différent. Elle niche chez nous. Les mâles se battent souvent pour les femelles. La ponte est de douze à vingt œufs.

Toutes sortes de grains et même d'insectes servent de nourriture aux cailles. Elles font une consommation considérable de blé, sur-tout à l'époque de la moisson. Elles savent casser les chaumes pour mettre les épis à leur portée, ainsi que j'ai eu occasion de le voir. Cependant comme avant la maturité du blé et après sa récolte elles mangent aussi les graines de plantes qui infestent les champs, il est encore incertain si on doit les mettre au rang des animaux plus nuisibles qu'utiles.

La chair des cailles, lorsqu'elles sont jeunes et grasses, est fort estimée.

On chasse les cailles au fusil et avec des filets.

La chasse au fusil est difficile : premièrement parcequ'elles n'aiment point voler et qu'il faut un bon chien pour les trouver ; secondement parceque leur vol est extrêmement rapide et très bas.

Les filets employés pour la chasse des cailles se réduisent à deux, au *hallier* ou *tramail* et à la *tirasse*.

Le hallier est composé de trois filets réunis par le haut et par le bas, de moins d'un pied de hauteur, mais longs de vingt, trente et même quarante pieds. Celui du milieu, qu'on appelle toile ou nappe, a des mailles d'un pouce seulement de largeur, et il se tend très lâche. Ceux extérieurs, qui s'appellent aumées, ont des mailles jusqu'à deux pouces et demi de large, et ils se tendent tirés. Ce sont beaucoup de baguettes d'un pied et demi de long et aiguisées par un bout, qui servent à fixer droit le hallier autour des blés dans lesquels on sait qu'il y a des cailles : plus il y a d'espace entouré par ce filet, et plus on est certain de faire une chasse avantageuse.

Au printemps on fait venir les cailles dans le hallier au moyen d'un appeau qui imite leur cri ; on ne prend guère que des mâles. En automne on est obligé de faire faire des battues, soit par des hommes, soit par des chiens. Les cailles voulant passer à travers le hallier, soit pour venir au son de l'appeau, soit pour fuir les hommes ou les chiens, s'embarrassent le cou dans le filet du milieu, et les ailes dans l'extérieur du côté où elles se trouvent, et donnent le temps au chasseur de venir les prendre.

La tirasse est un grand filet à mailles carrées de quinze à vingt lignes de large, que deux personnes promènent sur les champs et les prés, lorsqu'ils sont dépouillés, et dont on couvre les cailles qu'un chien d'arrêt indique.

Il est des pays où on engraisse les cailles du printemps, qui sont toujours maigres, avant de les manger. Pour cela on les renferme en un lieu obscur dans des cages très basses et disposées comme celles destinées aux poulets, et on les gorge de nourriture. (B.)

CAILLÉ (LAIT). En s'aigrissant, le lait de toutes les femelles laisse séparer une matière plus ou moins abondante, d'un blanc mat, appelée vulgairement *caillé*, et *matière caseuse* par les chimistes. Elle est ordinairement épaisse, tremblante et comme gélatineuse ; lorsqu'elle est nouvellement séparée, sa saveur est agréable. Avec le temps elle passe à la fermentation acide, et finit par se putréfier. Elle forme la base des fromages ; et sans son concours on ne peut, quoi qu'on en dise, obtenir cette matière si usitée, connue dans le commerce sous le nom générique de *fromage*.

De toutes les parties constituantes du lait, la plus alimentaire est la matière caseuse ; elle seule, à défaut de toute autre nourriture, suffiroit pour soutenir en bon état pendant quelque temps l'individu qui en feroit usage.

Plusieurs médecins célèbres, Cullen entre autres, recommandent l'usage du caillé, même acide, dans certaines cachexies, dans le scorbut, et dans quelques affections de l'estomac accompagnées de vomissement ; mais cet usage paroît plus répandu dans les campagnes que dans les villes. Il est vraisemblable qu'il pourroit servir efficacement dans toutes les circonstances où les acides doux, associés avec les alimens, sont jugés nécessaires ; mais jusqu'ici l'emploi de cette matière n'a pas été assez étendu dans le traitement des maladies, soit internes, soit externes. L'usage le plus commun du caillé consiste à le manger seul. On l'emploie assez habituellement à Amiens et à Rouen sous le nom de *matte*. Souvent on le mêle avec du sucre ou des aromates ; alors il présente un mets agréable, rafraîchissant, et ordinairement de facile digestion.

M. Bosc pendant son séjour en Caroline faisoit un usage fréquent du lait caillé ; tous les soirs, pendant l'été, il en mangeoit une terrine, et par ce régime il croit avoir évité la fièvre jaune, que des courses journalières dans les marais et sous les rayons d'un soleil brûlant l'exposoient à attraper plutôt que la plupart des habitans, qui cependant mouroient par centaines autour de lui. (Par.)

CAILLELAIT, *Gallium*. Genre de plantes de la tétrandrie monogynie et de la famille des rubiacées, qui renferme des herbes vivaces à racines traçantes, rouges ; à tiges grêles, quadrangulaires ; à feuilles linéaires disposées en verticilles, et à fleurs petites et disposées en panicules terminales, dont quelques espèces sont trop communes pour ne pas intéresser les cultivateurs, qui peuvent d'ailleurs en tirer quelque utilité.

Les espèces de caillelait qu'il convient de citer ici sont,

Le CAILLELAIT JAUNE, *Gallium verum*, Lin. Il a les verticilles de huit feuilles linéaires, les rameaux florifères très courts, et les fruits glabres. On le trouve très communément dans les bois, les haies, les prés, où il s'élève d'un à deux pieds et plus, au moyen des branches sur lesquelles il s'appuie. C'est à la fin du printemps qu'il se fait sur-tout remarquer par ses nombreuses fleurs jaunes légèrement odorantes. Tous les bestiaux le mangent quand il est jeune. Sa saveur est astringente. On le regarde comme céphalique, anti-épileptique. Dans quelques cantons on l'emploie pour faire cailler le lait ; mais il jouit de cette propriété à un très foible degré. Les fermiers du comté de Chester,

en Angleterre, mêlent cependant avec de la présure ses som-
mitées fleuries, et prétendent qu'ils lui doivent la supériorité
de leurs fromages. Ses racines sont propres à teindre en rouge
ou en jaune, selon la nature des ingrédiens salins qu'on emploie
pour mordans. Mêlées en poudre à la nourriture d'une lapine,
elles ont coloré son lait et les os de ses petits en rouge, sans co-
lorer les siens.

Le CAILLELAIT BLANC, *Gallium mollugo*, Lin. Il a les verticilles de huit feuilles ovales, linéaires, légèrement dentées et
mucronées, les rameaux florifères écartés, et les fruits glabres.
Il se trouve dans les mêmes lieux que le précédent, et est encore plus commun. Ses propriétés sont absolument semblables.
Ses touffes ont un aspect si agréable qu'elles méritent d'être
placées dans les jardins paysagers parmi les buissons de l'avant-
dernier rang des massifs.

Le CAILLELAIT ULIGINEUX. Il a les verticilles de six feuilles
lancéolées, roides, mucronées, épineuses en leurs bords, les
grappes de fleurs peu nombreuses, et les fruits velus. On le
trouve très abondamment dans les marais, sur le bord des
étangs, dans les bois humides, et il s'y fait remarquer, pendant
tout l'été, par ses fleurs blanches et assez grandes. Tous les bestiaux le mangent. Il seroit peut-être possible d'en tirer parti
comme fourrage; car en général les plantes des lieux où il se
plaît le plus ne sont pas du goût des bestiaux.

Le CAILLELAIT ACCROCHANT, *Gallium aparine*, Lin. Il a les
verticilles de huit feuilles lancéolées, carinées, hérissées de
pointes, les articulations velues, et les fruits hérissés de pointes
recourbées. On le trouve le long des haies, des bois, dans les
lieux secs et incultes. Il est annuel, et passe pour apéritif et
diurétique. Lorsque ses fruits sont mûrs ils se détachent et s'accrochent aux habits des passans, aux poils des animaux. C'est
le moyen que la nature lui a donné pour envoyer au loin sa
progéniture. Quelquefois les moutons en sont si couverts qu'il
devient très long et très pénible de les en débarrasser. (B.)

Observations sur le caille lait. Cette plante, à laquelle tous
les auteurs ont attribué la propriété qui lui a donné son nom,
essayée comme ils le recommandent, n'a pu opérer l'effet coa-
gulant, quoique nous ayons apporté dans cette expérience,
mon collègue *Deyeux* et moi, toute l'attention dont nous
sommes capables.

D'abord nous avons commencé par opérer sur du caillelait
séché, ayant cette odeur de miel qui annonce sa bonne qualité.
Au retour du printemps, nous avons répété sur le caillelait
nouveau les expériences que nous avions faites en automne avec
le caillelait desséché; et comme les principes des plantes varient
à raison de l'âge, du sol et des expositions, nous avons eu l'at-

tention de recueillir, sur des terrains et à des aspects différens, le caillelait à son premier début de végétation, à l'époque de la floraison, et quand il étoit prêt de grainer. L'infusion, la décoction, l'eau distillée, le végétal lui-même en substance appliqué dans ces divers états au lait froid ou en ébullition, n'ont déterminé aucune coagulation ; ce qui nous autorise à prononcer affirmativement que la faculté de coaguler le lait n'appartient pas plus au caillelait jaune qu'au caillelait blanc, qui a été pareillement essayé.

On sait qu'en été et lorsque le temps est orageux, le lait acquiert souvent la propriété de se coaguler spontanément en moins de six heures, lorsqu'on l'expose au feu. On connoît d'après cela que, si on opéroit sur du lait de cette espèce, il ne faudroit plus attribuer la coagulation à l'influence du caillelait qu'on y auroit mêlé.

Ce qu'il y a de remarquable, c'est que depuis Dioscoride jusqu'à nous il ne se soit pas trouvé un seul auteur qui ait même osé élever un doute sur la propriété du caillelait. Aussi est-on en droit d'en conclure que tous les écrivains se sont copiés servilement, et que c'est ainsi qu'ils ont transmis une erreur qu'une seule expérience auroit pu si facilement détruire. Que d'exemples en physique et en chimie ne pourroit-on pas citer de pareilles fautes qui tiennent à la même cause. (Par.)

CAILLOT ROSAT. Variété de Poire.

CAILLOU. Le caillou répandu si généralement sur la surface de la terre, et qui, dans certains cantons, semble la recouvrir complètement, est une substance pierreuse extrêmement dure, faisant feu avec le briquet, d'un grain si fin qu'il échappe à la vue. En général le caillou est d'une couleur brune, quelquefois noire ; mais on en trouve aussi de différentes couleurs. Sa transparence ne s'aperçoit que lorsqu'il est réduit à une très mince épaisseur, et cette transparence est toujours obscure. Sur la surface de la terre on le trouve isolé et par morceaux, qui approchent plus ou moins de la figure ronde ; ils paroissent en général avoir été roulés ou par les eaux de la mer, ou par celles des fleuves et des rivières. Ceux que l'on rencontre dans l'intérieur de la terre y sont par bancs parsemés dans du sable, du gravier ou de la craie ; souvent dans cette dernière substance ils forment des couches considérables, continues, et peu distantes les unes des autres. L'épaissseur de ces couches ne va guère au-delà de dix à douze pouces, et plusieurs n'ont que quelques lignes. C'est dans les falaises qui bordent les côtes de la mer qui baigne la Normandie, dans celles qui, partant de la Champagne, vont à travers l'Ile de France, la Normandie et la Picardie gagner les provinces de l'Angleterre qui font face aux nôtres ; dans toute cette éten-

dont le caillou est blanc, ne forme qu'une masse raboteuse à l'extérieur, et annonce à chaque pas l'ouvrage de la mer, par la forme des madrépores et des polypiers qu'il renferme dans quantité d'endroits. Ces observations peuvent conduire à l'explication de l'origine du caillou; mais nous en parlerons plus particulièrement au mot PIERRE A FUSIL, QUARTZ et SILEX.

Quelque dur que paroisse le caillou, quoique les acides, ces agens si puissans, ne paroissent avoir aucune prise sur lui, que le feu ne puisse le réduire en chaux, et qu'il ne le fonde et ne le vitrifie qu'à l'aide d'un alkali, le temps, ce destructeur puissant, qui développe sans cesse le germe de la décomposition dans tous les êtres, n'épargne pas les corps les plus durs, et le caillou n'est point à l'abri de ses effets. Exposé à l'air il se décompose par des nuances insensibles à la vérité, mais qui n'en sont pas moins réelles; alors la surface extérieure devient blanchâtre, farineuse; elle happe la langue à la façon des argiles: si on le casse dans cet état, on remarquera facilement que cette blancheur pénètre plus ou moins avant dans l'épaisseur de sa substance suivant la longueur du temps qu'il est resté exposé à l'air.

La chimie et l'histoire naturelle offrent à l'envi une infinité de détails sur la nature et la variété qui se rencontrent dans les cailloux; mais le plan que nous nous sommes proposé dans cet ouvrage ne nous permet pas de les exposer ici; nous renvoyons donc ceux de nos lecteurs, qui seroient curieux de s'en instruire, aux livres qui les renferment.

Le caillou, lorsqu'il est en trop grande masse et en trop grande quantité, nuit beaucoup à l'agriculture; non seulement il oppose une difficulté et une gêne perpétuelles au laboureur, mais encore il dessèche les racines et les empêche de pomper les sucs nécessaires à la nourriture de la plante. Dans les terrains à vignes il n'est pas aussi incommode ni aussi dangereux; les racines de la vigne étant plus fortes, elles s'étendent et pénètrent à travers les cailloux avec plus de facilité. (R.).

Mais ce caillou est celui avec lequel, en le cassant en lames minces, on obtient ces pierres si nécessaires pour avoir du feu en tous les instans, au moyen d'un briquet, d'un morceau d'amadou et d'une allumette. C'est le SILEX des minéralogistes, lequel forme une sorte particulière de pierre. Il en est d'autres qui sont d'une nature fort différente. Les uns sont des morceaux de granit, de porphyre, de gneis, de trap, de grès, de marbre et autres, anciennement détachés des montagnes primitives, roulés pendant des milliers d'années par des torrens, et enfin fixés en grandes masses dans des plaines ou des vallées. Toutes les hautes chaînes de l'Europe en sont entourées à des distances très considérables. La plaine qui s'étend depuis Lyon jusqu'à l'embouchure du Rhône, celle de la Lom-

bardie, toutes les vallées des Alpes en sont formées et couvertes.
Il en est de même des plaines du bord de la Seine. Les autres
sont des morceaux de pierre calcaire, de productions volcaniques, également roulés, qui sont descendus des montagnes de
formation postérieure. Je puis dire que les cailloux servent de
base au dixième des terres cultivables de l'Europe. Ils doivent
donc beaucoup intéresser le cultivateur.

Le sol qu'indiquent les premiers de ces cailloux est presque
toujours une argile sèche, profonde, provenant de leur décomposition même ou de celle des schistes, à côté ou au milieu
desquels ils ont été d'abord placés. Leur grosseur et leur nombre
varient à chaque pas. Plus ils sont près des montagnes d'où ils
sortent et plus ils sont gros. Ceux des vallées des Alpes, des
hautes montagnes de l'Espagne sont comme des rochers dévas-
tateurs qui entraînent tout avec eux ; mais ils s'useront par la
suite des siècles et deviendront petits comme ceux de la plaine
du Dauphiné. Je cite ces lieux parceque je les ai vus et qu'ils
sont présens à ma mémoire ; mais toute l'Europe, mais tout
l'univers présentent des exemples semblables.

Comme l'homme est petit devant ces grands phénomènes de
la nature ! comme sa vie est courte en comparaison du temps
qu'il a fallu pour diminuer de moitié la hauteur du Mont-Blanc
et en amener les débris jusque dans la Méditerranée ! Quels
sont les moyens employés pour rendre fertiles ceux de ces débris
qui se sont arrêtés en route, près du faubourg de Lyon, qu'on
appelle de la Guilliotière, par exemple ? Hélas ! ils sont bien
foibles ces moyens, puisque depuis l'établissement de cette an-
tique cité, et malgré le besoin qu'en avoient ses habitans, ces
débris forment encore un sol aride et inculte.

Cependant les terrains les plus cailloutcux peuvent être utilement semés en seigle, en sainfoin, plantés en vignes, en bois,
peuvent être améliorés par des irrigations bien entendues, par
des défoncemens profonds, par des enlèvemens des plus grosses
pierres. C'est dans les vallées des Alpes qu'il faut admirer l'industrie des cultivateurs. Là on construit des digues, on élève
des monceaux de cailloux pour se garantir des effets des torrens
et donner plus de terre aux plantes, etc. etc.

Quant à la nature du sol produit par les débris des pierres calcaires et des productions volcaniques elle est toujours excellente, parceque ces pierres se décomposent rapidement et donnent une terre perméable aux racines des plantes et susceptible
de recevoir toutes les espèces d'amendemens. Aussi combien
sont fertiles les vallées des montagnes calcaires, celles des montagnes volcaniques ! Qui ne connoît l'extrême richesse de la li-
magne d'Auvergne ! Mais il faut s'arrêter. Je reviendrai autre
part sur ces objets.

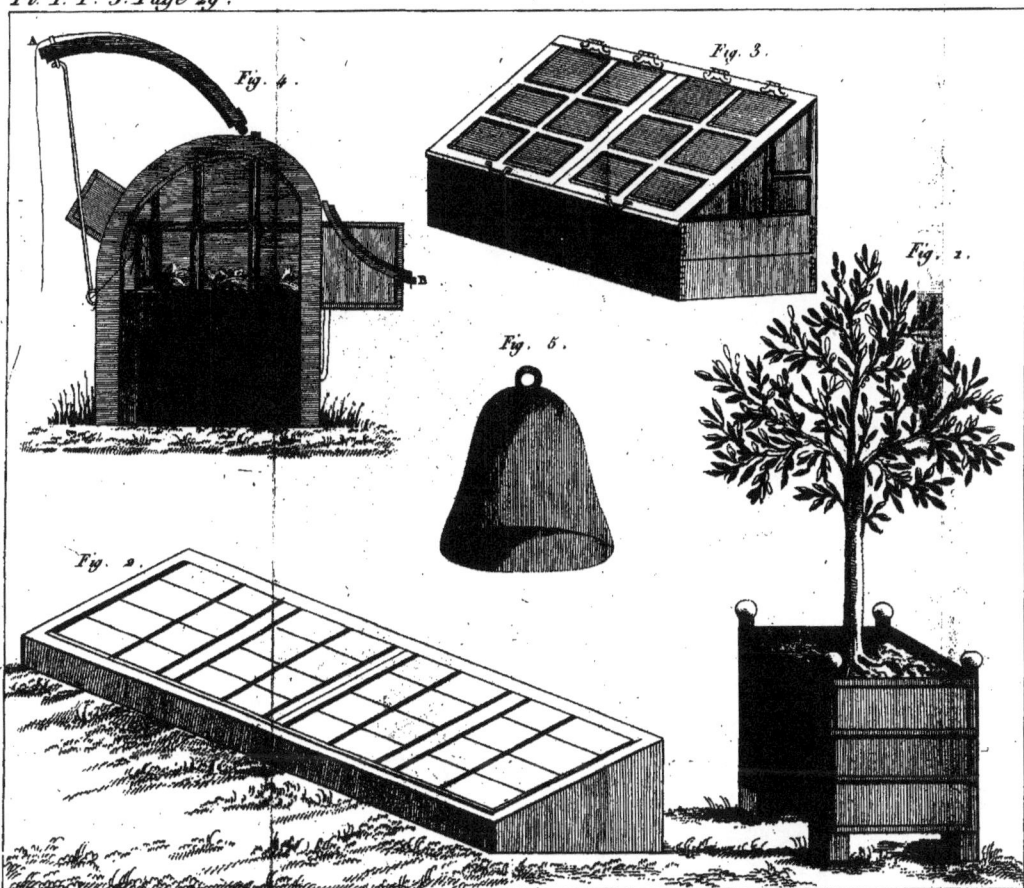

Pl. I. T. 3. Page 29.

Fig. 4.

Fig. 3.

Fig. 1.

Fig. 5.

Fig. 2.

Desove del. et dir.!

Fig. 1. Caisse. Fig. 2. 3 et 4. Chassis. Fig. 5. Cloche.

Quelques personnes appellent caillou toute pierre qui n'est pas plus grosse que la tête; mais ici je le considère sous un point de vue plus restreint.

Le caillou, dont il a été parlé au commencement de l'article, se trouve tout arrondi dans la terre, c'est-à-dire qu'il a naturellement cette forme. Il est beaucoup plus tendre au sortir de la terre que lorsqu'il a été quelques jours à l'air, aussi est-ce cet instant qu'il faut choisir pour l'éclater. On le croit formé par la composition ou la décomposition de la craie, de l'argile dans laquelle il se trouve, et cela est plus que probable à mes yeux, quoiqu'on ne puisse en expliquer le mode dans l'état actuel de la chimie. (B.)

CAIMITIER, *Chrysophillum*, Lin., Arbre fruitier qui croît entre les tropiques, et dont on connoît trois ou quatre espèces, formant un genre de la famille des SAPOTILLIERS dans la pentandrie monogynie. Il s'élève à différentes hauteurs selon l'espèce, a des feuilles alternes, entières, communément soyeuses, et des fleurs disposées en faisceaux. Son fruit, qui varie de grosseur et de couleur, est bon à manger; on le sert sur toutes les tables; mais sa chair gluante et laiteuse a un goût fade et une odeur qui approche de celle de la fleur du châtaignier. On emploie le bois du caimitier dans les ouvrages de charpente, aux Antilles et dans d'autres parties de l'Amérique méridionale. Cet arbre est cultivé dans les jardins. On le multiplie de graines; il demande une terre substantielle et médiocrement légère. (D.)

CAISSES. Les caisses qui servent au jardinage sont de plusieurs sortes: on les distingue en caisses de jardin proprement dites, en caisses à semis, et en caisses destinées au transport des plantes vivantes.

Les caisses de jardin sont de toutes les dimensions, depuis un pied carré jusqu'à cinq pieds. Elles sont composées de quatre pieds droits, équarris dans toute leur longueur, excepté par la partie supérieure qui se termine en pomme ou en olive; de quatre panneaux assujettis aux quatre pieds, soit par des clous, des mortaises ou des équerres de fer; d'un fond percé, supporté par des traverses de bois ou de fer, et placé à trois ou à huit pouces de l'extrémité inférieure des pieds; la partie supérieure reste découverte.

Ces caisses sont faites le plus ordinairement en bois de chêne bien sain et bien sec. Les plus petites, telles que celles d'un pied à dix-huit pouces, sont construites en douves de tonneau. Celles de vingt-six pouces sont fabriquées en merrain, et les autres en fortes planches de bois dur, plus ou moins épaisses, en raison de l'étendue des caisses.

Les panneaux des petites caisses sont cloués sur leurs pieds, et leur fond est soutenu par deux traverses de bois. Ceux des caisses de moyenne grandeur sont assujettis par des équerres de fer, et leur fond est supporté par deux barres de fer carrées, fixées par de grands clous ou des chevilles dans les pieds. Les panneaux des grandes caisses devant s'ouvrir à volonté pour donner la facilité d'examiner de temps à autre l'état dans lequel se trouve la motte des arbres et pour renouveler la terre, doivent être assujettis à des châssis de fer qui s'adaptent au moyen de crochets à leur bâtis.

Les orangers demandent des caisses construites dans ce dernier mode, et même plus solidement s'il se peut. On trouvera pl. Ire, *fig.* 1, la figure d'une de ces caisses munie de ses crochets de fer.

Ces caisses doivent être couvertes à l'extérieur de trois couches de peinture à l'huile, et goudronnées à l'intérieur. Il est essentiel, pour la solidité de la peinture et la durée des caisses, d'examiner l'état du bois avant de le peindre, de choisir de bonnes couleurs, et de les faire employer à propos. Il n'est pas moins avantageux que les ferrures qu'on met à ces caisses soient fortes et solides ; elles exigent moins de réparations, et peuvent servir ensuite à différentes caisses. Toutes ces attentions produisent une économie assez considérable dans les grands jardins pour ne pas être négligées.

Les caisses de jardin servent à placer les arbres ou arbrisseaux étrangers, d'orangerie et de serre, devenus trop forts pour être contenus dans des pots d'un pied de diamètre. Nous disons d'un pied de diamètre, parceque les vases de terre d'une dimension plus grande sont peu maniables, se cassent aisément, et deviennent plus chers que des caisses de pareille étendue.

Les caisses à semences et à semis sont des boîtes de quinze à dix-huit pouces de large, sur deux à deux pieds et demi de long, et de huit à dix pouces de profondeur. Elles sont formées de quatre panneaux, d'un fond, et de quatre montans carrés, auxquels sont attachés et le fond et les panneaux. Ces caisses doivent être faites en bois de chêne, ferrées avec des équerres, goudronnées intérieurement, et peintes en dehors comme les précédentes; mais il est inutile qu'elles soient ornées de pommes comme les autres, il suffit qu'elles aient à chaque extrémité une poignée de fer pour les transporter avec facilité.

Ces caisses sont employées plus particulièrement pour les semis de graines d'arbres étrangers, qui ne peuvent être faits avec succès dans des terrines ou en pleine terre. La facilité qu'elles offrent de transporter en tout temps les semis d'un lieu à un autre pour les préserver du froid, de l'humidité, de la grande chaleur et des rayons brûlans du soleil, les rend très utiles à la culture des plantes étrangères.

Les caisses destinées au transport des plantes en nature n'ont point de forme déterminée. On leur donne les dimensions nécessaires pour contenir le volume qu'on doit envoyer. Mais cependant, lorsqu'il s'agit de faire voyager, pendant deux ou trois mois, des plantes dont la végétation a un temps de repos, il est bon que les caisses, dans lesquelles on les renferme, soient partagées dans leur longueur par un grillage en bois, qui fixe les racines avec leur emballage, à une des extrémités, tandis que les tiges et les branches sont libres dans la partie supérieure. Toute la circonférence de cette partie supérieure doit être percée d'un grand nombre de trous, pour que l'air puisse se renouveler, et pour que, si les plantes viennent à pousser, leurs bourgeons ne s'étiolent pas trop. *Voyez* au mot EMBALLAGE.

Quant aux caisses destinées à faire voyager des plantes, dont la végétation n'a pas de repos marqué, et à les transporter à des distances qui exigent cinq ou six mois et même plusieurs années de voyage, il en sera parlé à l'article SERRE PORTATIVE. *Voyez* ce mot.

On donne encore le nom de caisse à la partie de menuiserie ou au coffre sur lequel on place des panneaux de verre pour former les châssis des couches. (TH.)

CALABRE. Brebis qui a perdu ses dents et qui n'est plus bonne qu'à tuer. (B.)

CALADION. Genre de plantes séparé des GOUETS, par Ventenat, et qui renferme les espèces dont on mange les feuilles et les racines. Je devrois donc traiter ici de ces espèces; mais comme ce mot est encore peu connu, je préfère renvoyer au mot GOUET les détails qu'elles nécessiteront. (B.)

CALAMENT, *Melissa calamentha*, Lin. Plante vivace, à racine fibreuse, à tiges carrées, rameuses, hautes de plus d'un pied; à feuilles opposées, presque sessiles, ovales, dentées, velues, longues d'un pouce; à fleurs violettes ou purpurines, naissant deux par deux, sur un pédoncule commun, dans les aisselles des feuilles supérieures, qui fait partie du genre des MÉLISSES. (*Voyez* ce mot.)

Cette plante, qu'on trouve dans les bois, les haies, dans tous les lieux secs et pierreux, sur-tout des parties méridionales de l'Europe, fleurit pendant tout l'été. Ses feuilles ont une odeur agréable, une saveur aromatique, âcre et amère. On les emploie en médecine comme stomachiques, incisives, résolutives, carminatives, etc. Leur usage est assez fréquent.

Il est quelques endroits où le calament est si abondant qu'il nuit aux pâturages, car non seulement les bestiaux ne le mangent pas, mais encore ne mangent pas l'herbe qui est imprégnée de son odeur, ou du moins craignent d'en manger en allant brouter celle qui se trouve sous son feuillage. Il est donc bon de l'arracher.

CALANDRE. Nom de la larve du Charançon du blé. (*Voyez* ce mot.) (B.)

CALCAIRE. On donne ce nom à une espèce de pierre qui a pour caractères principaux de se dissoudre dans les acides et de se calciner au feu. Elle est composée d'une matière simple qu'on appelle chaux et d'acide carbonique. Rarement elle se trouve parfaitement pure dans la nature; elle est presque toujours mêlée, et souvent intimement, avec de l'argile, du quartz, du fer, etc.

On distingue en géologie trois sortes de pierres calcaires: 1° la pierre calcaire primitive qu'on trouve dans le voisinage du granit, dont les bancs ne sont jamais horizontaux et même sont quelquefois perpendiculaires; c'est la plus pure, cependant elle abonde en quartz; 2° la pierre calcaire secondaire, ou calcaire ancienne qui renferme des coquilles particulières, telles que les ammonites, les bilemnites, le térébratules, etc., et qu'on rencontre à quelque distance des granits, ou sur les flancs des chaînes qui en sont composées. Elle contient toujours de l'argile et du fer en abondance; 3° le calcaire tertiaire ou coquillier qui forme le plus communément le noyau des montagnes qui s'éloignent le plus des granits. Il est presque entièrement composé de coquilles marines d'espèces différentes de celles citées plus haut, et dont plusieurs vivent encore aujourd'hui dans les mers. Il doit évidemment son existence à la destruction de ces coquilles, et ses couches, toujours ou presque toujours horizontales et intercallées avec des couches d'argile, de sable, etc., indiquent encore plus cette origine. Rarement il est pur, c'est-à-dire qu'il contient de l'argile, du sable quartzeux et du fer en grande quantité. Quelquefois ses molécules sont si peu liées qu'on peut les séparer avec l'ongle.

Le calcaire de la première sorte a été formé par la même cause et peu après le granit. C'est le marbre blanc, le marbre statuaire. Il est rare. Les plantes qui croissent sur lui sont particulières, d'après l'observation de Décandolle.

Le calcaire de la seconde sorte a été formé en partie des élémens du premier, et en partie par la destruction de coquillages qui vivoient dans une mer antérieure peut-être de plusieurs millions d'années à celle qui existe en ce moment.

La Craie, (*voyez* ce mot) appartient à cette sorte, d'après les faits cités par Cuvier et Brongniard, dans leur mémoire sur la géologie des environs de Paris.

Le calcaire de la troisième sorte a été formé dans la mer actuelle, mais à une époque où ses eaux étoient deux fois plus élevées et où les climats n'étoient pas les mêmes qu'aujourd'hui, puisque le sol de la France ne renferme que des coquilles dont les analogues n'habitent plus que dans les mers intertropicales.

Les deux derniers calcaires sont les seuls qui intéressent les cultivateurs, parceque ce sont eux qui forment la matière des montagnes qui influent sur la nature du sol ; et quoiqu'ils aient un aspect et des propriétés physiques différentes, ils se lient par un si grand nombre de points, qu'il est impossible de fixer leur ligne de démarcation. Tous deux sont très abondans en France et servent à différens usages.

Généralement on appelle *marbre commun* le calcaire secondaire.

Il s'emploie, lorsqu'il a le grain très homogène, c'est-à-dire qu'il est susceptible d'un beau poli, à faire des dessus de tables, des chambranles de cheminées, etc. (*Voyez* au mot Marbre), et lorsqu'il n'a pas ces qualités, ou à bâtir ou à faire de la chaux.

Le calcaire tertiaire se nomme proprement *pierre à bâtir*, *pierre à chaux*, lorsqu'il est dur, et même lorsqu'il est mêlé avec une grande quantité d'argile.

C'est principalement celui-ci dont il va être ici question sous les rapports agricoles, car les précédens, à raison de l'homogénéité ou de la dureté de leurs molécules et par suite de leur difficile décomposition, ont peu d'influence sur la nature du sol qui les recouvre, quoique leurs fragmens y soient souvent dispersés en abondance.

Les pays de calcaire tertiaire sont en général fertiles, parceque presque toujours l'argile recouvre la roche ou sépare ses couches. C'est le cas d'une grande partie des plaines de la France ; mais lorsque cette pierre se présente sans cette dernière substance, alors le sol est des plus impropres à la culture.

Il est des plantes qui affectionnent les sols calcaires, il en est d'autres qui ne peuvent y croître. La vue du lin strié, de la brunelle à grande fleur, de la scabieuse colombaire, de l'euphorbe esule, etc., suffit pour les indiquer. Inutilement cherchera-t-on à y planter des châtaigners, ils y languiront pendant deux ou trois ans, et finiront par y périr. Toutes les plantes d'usage dans la grande culture s'y plaisent beaucoup.

Il est des pierres calcaires qui ne sont point altérées par leur exposition à l'air. Il en est d'autres qui ne tardent pas à s'y décomposer, c'est-à-dire à s'y réduire en fragmens plus ou moins gros, même en poussière. Ces dernières sont ordinairement les plus chargées d'argile et de sable : tantôt l'alternative du chaud ou du froid, du sec ou de l'humide suffit pour produire cet effet ; tantôt il faut des gelées rigoureuses, tantôt une production de salpêtre, etc. Dans tous les cas, le résultat de la décomposition est un excellent amendement pour les terres argileuses, c'est une véritable Marne. (*Voyez* ce mot.)

On peut amener toutes les pierres calcaires à l'état propre à servir d'amendement en les faisant calciner dans le feu, c'est-à-dire en les transformant en chaux, seulement celles qui ne contiennent que peu d'argile et de sable produisent plus d'effet sous le même volume que les autres. (*Voyez* le mot CHAUX.)

Les pierres calcaires tertiaires étant le résultat de la destruction des animaux marins conchylifères, contiennent encore souvent une petite partie de la matière animale et du sel marin qui ont dû entrer en quantité dans leur composition lors de leur formation; dans ce cas elles agissent, lorsqu'elles se sont décomposées spontanément, non seulement comme amendement, mais encore comme engrais. Elles sont donc très précieuses pour les cultivateurs; mais malheureusement peu d'entre eux savent les distinguer. On les reconnoît à l'odeur qu'elles donnent lorsqu'on les calcine, et à la saveur qu'elles impriment sur la langue lorsqu'on les y porte. La chaîne de rochers qui est sur la rive droite de la rivière d'Oise, entre Pontoise et Pont - Sainte-Maxence, est dans ce cas. J'ai lieu de soupçonner que toutes les chaînes semblables qui se salpêtrent naturellement le sont aussi plus ou moins. Il seroit à désirer que les minéralogistes et les chimistes fissent, dans leurs voyages ou dans les cantons qu'ils habitent, des recherches propres à éclairer les cultivateurs sur cet objet qui peut un jour devenir fort important.

Il est des lieux qui ont été recouverts par la mer à une époque très moderne en comparaison de celle où les pierres calcaires, même de la troisième sorte, ont été formées, et où il se trouve des dépôts énormes de coquilles ou de fragmens de coquilles, sans cohérence, mêlées avec des sables argileux. On peut employer également ces dépôts à l'amendement des terres, et on les y emploie dans quelques lieux. Un des plus célèbres sous ce rapport est celui de la Touraine. (*Voyez* au mot FALHUN.) On pourroit également employer au même usage les sables coquillers de Grignon, de Courtagnon et autres lieux.

Les amis de l'agriculture peuvent se plaindre avec raison qu'on ne fait pas assez usage des amendemens calcaires, certainement les meilleurs, sous tous les rapports pour les terres argileuses. La cause en est, 1° l'ignorance où sont la plupart des cultivateurs de ses excellens effets; 2° la grande dépense à laquelle ils entraînent ordinairement.

Je parlerai au mot PIERRE de l'utilité de la pierre calcaire sous les rapports physiques ou économiques, aux mots MARNE et CHAUX, de l'utilité de la pierre calcaire comme amendement, et au mot CRAIE, de la culture propre aux sols calcaires en excès.

Il est possible de tirer directement quelque utilité, en agriculture, du calcaire. Par exemple, lorsqu'on veut établir une allée sablée dans un jardin, il est avantageux de la fonder sur un lit de recoupes résultat de la taille des pierres calcaires, ou de pierres calcaires réduites en petits fragmens, afin de la faire durer plus long-temps, soit en empêchant les eaux pluviales de la dégrader, soit en opposant un obstacle à ce que les pieds des promeneurs y enfoncent. Ces recoupes calcaires sont bien préférables aux gravois de plâtre qu'on emploie habituellement à cet objet aux environs de Paris, ainsi que j'en ai l'expérience. (B.)

CALCUL. Les animaux domestiques, sur-tout le cheval et le bœuf, sont exposés comme l'homme à former des concrétions pierreuses dans leur vessie, leurs reins, etc., concrétions qui causent leur mort.

Il est superflu de développer ici les causes de la formation des calculs. Tous les régimes possibles ne peuvent les empêcher de naître. Aucun remède n'a pu jusqu'à présent les dissoudre. L'opération peut débarrasser les animaux de ceux de la vessie, mais non des autres.

On reconnoît qu'un cheval, un bœuf sont attaqués de la pierre aux douleurs qu'ils éprouvent en urinant et au peu d'urine qu'ils rendent, souvent au sang qui accompagne cette urine; mais pour s'en assurer d'une manière positive, il faut renverser l'animal sur le dos, introduire la main dans le rectum, et appliquer les doigts contre la vessie.

Pour disposer l'animal à l'opération, on le fait jeûner deux ou trois jours auparavant et on le saigne. Ensuite on le renverse sur le dos, et on rapproche ses pieds de derrière de ceux de devant, en les écartant un peu et les assujettissant fortement. Puis on fend, avec un bistouri de la longueur d'un pouce et demi ou environ, le canal de l'urètre longitudinalement, vers le bas de la symphise des os pubis. On introduit ensuite une sonde cannelée et courbée pour pénétrer dans la vessie, et on insinue sur cette cannelure le col de la vessie, en évitant de toucher le rectum. La vessie étant ouverte, on enlève la pierre avec des tenettes plates, si elle est unique, ou avec une curette si ce sont des graviers.

L'opération doit être prompte; elle se termine par une injection de décoction de graine de lin dans la vessie. On ne met aucun appareil sur la blessure, mais on continue d'entretenir l'animal dans un état de foiblesse permanent, au moyen d'une petite quantité de nourriture et de saignées plus ou moins abondantes, afin d'éviter les inflammations. De temps en temps on bassine cependant cette blessure avec des lotions adoucissantes. Au bout d'un mois l'animal peut ordinairement être remis au travail. (B.)

CALEBASSE. On donne ce nom aux prunes qui grossissent beaucoup plus rapidement et plus considérablement que les autres et qui tombent avant leur maturité. Il paroît certain que cet état de maladie est produit par la larve d'un insecte, peut-être du CHARANÇON DU PRUNIER.

CALEBASSE, *Cucurbita leucantha*. Espèce de courge, ou, si l'on veut, genre subalterne qui renferme trois espèces ou races, savoir : la *cougourde*, la *gourde*, la *trompette*, toutes originaires de la zone torride, et délicates à élever dans les régions médiales et septentrionales de la zone tempérée ; toutes trois caractérisées comme on l'a vu au mot COURGE, et qui sont au nombre des cucurbitacées qui grimpent le mieux.

La COUGOURDE, *Cucurbita leucantha lagenaria*, a son fruit en forme de bouteille, mais souvent la partie voisine de la queue ou pédoncule ; au lieu de s'allonger en goulot, elle est elle-même renflée, imitant en plus petit le renflement du ventre, dont elle n'est séparée que par un étranglement. C'est une variété souvent constante ; il en est de même des tâches foncées, mais sales et peu régulières, dont la peau est quelquefois marquée. Sa graine est en général plus brune que celle des deux autres races ; ses feuilles sont presque entières.

La GOURDE et la TROMPETTE sont toutes deux à feuilles dentelées ; le fruit est à très gros ventre dans la gourde, et fort allongé dans la trompette. Il seroit peut-être plus exact de considérer la solidité de l'écorce du fruit ; car, parmi celles qu'on nomme trompettes, on en voit à coques dures comme la gourde et la cougourde ; d'autres à écorce tendre, et ce sont les meilleures à manger, pourvu qu'on les cueille, comme les concombres, avant leur entier accroissement ; la pulpe mûre seroit filandreuse.

La gourde est employée, par les nageurs novices, pour se soutenir la tête hors de l'eau.

La coque de la cougourde sert de bouteille aux pèlerins ; quelques jardiniers font usage des petites pour serrer des graines : elles s'y conservent très bien.

La graine de calebasse est une des *quatre semences froides* de la pharmacie.

Dans les parties méridionales de la France, les calebasses n'exigent qu'un terrain léger et assez amendé. A Paris il est nécessaire de hâter leur végétation, en les semant dans le courant de mars, sur couche et sous cloche, et dans des petits pots à semer, pour être dispensé, lors de la replantation, de les garantir du soleil. On doit les placer dans des expositions chaudes, et ne pas leur épargner le fumier. Aussi les met-on volontiers le long des enceintes des couches, la plante grimpant facilement, et le fruit réussissant mieux suspendu que portant à terre. (DUCH.)

CALEBASSIER, *Crescentia*, Lin. Arbre fruitier des Antilles, de la troisième grandeur, dont on connoît au moins deux espèces formant un genre dans la didynamie angiospermie, dans la famille des solanées.

L'une de ces espèces, le CALEBASSIER A FEUILLES LONGUES, *C. cujete*, Lin., est un petit arbre dont le tronc tortueux se divise en plusieurs branches disposées horizontalement, et garnies de feuilles oblongues et entières, rassemblées en faisceaux. Les fleurs naissent sur les côtés des branches, quelquefois sur le tronc. Les fruits, d'un jaune verdâtre, varient de grosseur et de forme; ils sont recouverts d'une peau lisse et mince, sous laquelle est une coque dure qui contient une pulpe jaunâtre et molle. C'est avec cette pulpe qu'on fait le sirop de calebasse, renommé pour son efficacité dans les maux de poitrine. La coque est employée par les nègres à divers usages domestiques; ils en forment des seaux, des bouteilles, des verres, etc. Le bois de ce calebassier est blanc et assez dur; il peut être poli; on en fait des sièges, des selles et d'autres meubles de ce genre. A Saint-Domingue on cultive cet arbre dans les jardins et autour des habitations; il croît aisément dans tous les sols.

La seconde espèce est le CALEBASSIER A PETIT FRUIT, *C. fructu minori ovato*, Plum., dont la coque est mince et très fragile. Ses feuilles ne sont point réunies en paquets. Cette espèce demanderoit à être cultivée pour son bois qui, réunissant la dureté à la blancheur, pourroit être d'une assez grande utilité dans les arts. (D.)

CALENDRIER DE FLORE. Linnæus a donné ce nom à un de ses ouvrages, qui a pour objet d'indiquer les plantes qui fleurissent dans les différentes saisons et dans les différens mois de l'année. Quoiqu'il soit très difficile d'indiquer précisément l'époque à laquelle chaque plante fleurit, à cause de la variété des saisons et de leur degré de chaleur, cependant cet ouvrage est très intéressant pour les agriculteurs, en leur indiquant les fleurs qui viennent ensemble dans chaque saison, et celles qui se succèdent les unes aux autres; il leur fournit les moyens d'entretenir leurs jardins fleuris pendant une grande partie de l'année. — Miller, à la fin de son Dictionnaire des jardiniers, donne des tables des plantes qui fleurissent dans les différens mois de l'année, et qui peuvent remplir le même but.

Le calendrier de Flore n'est, pour ainsi dire, que la première partie d'un ouvrage dont l'Horloge de Flore, du même auteur, fait la seconde. Celle-ci a pour but d'indiquer les fleurs qui s'ouvrent ou s'épanouissent dans les différentes heures du jour et de la nuit. Ces ouvrages sont le fruit des distractions d'un homme de génie, qui a passé sa vie à étudier la nature, à la décrire et à l'admirer. *Voyez* HORLOGE DE FLORE. (TH.)

CALENDRIER RUSTIQUE. Almanach à la suite duquel sont indiquées, mois par mois, toutes les opérations de l'agriculture. On inonde chaque année les campagnes de calendriers de cette sorte, plus mauvais les uns que les autres.

En faire un bon est chose fort difficile. Les prix proposés sur cet objet par la Société d'agriculture de la Seine n'ont rien produit de satisfaisant. Cependant les amis de l'agriculture, loin de se décourager, doivent redoubler de zèle pour provoquer la composition d'un ouvrage aussi utile. *Voyez* ALMANACH. (B.)

CALICARPE, *Calicarpa*. Genre de plantes de la tétrandrie monogynie et de la famille des pyrénacées, qui renferme une douzaine d'espèces d'arbustes, dont un se cultive dans les jardins d'agrément des environs de Paris, et doit par conséquent être mentionné ici.

Cette espèce est le CALICARPE D'AMÉRIQUE, dont les feuilles sont opposées, presque sessiles, ovales, oblongues, dentées, velues en dessous, longues de plus de deux pouces; les fleurs rougeâtres, et disposées en petits paquets, presque verticillées dans les aisselles des feuilles supérieures, et les fruits rouges de près de deux lignes de diamètre. On la trouve dans toutes les parties méridionales de l'Amérique septentrionale aux lieux humides. J'en ai observé d'immenses quantités aux environs de Charleston, où elle s'élève à cinq à six pieds, et où ses fruits servent de nourriture principale aux jeunes dindons sauvages. Toujours elle forme buisson.

Dans le climat de Paris le calicarpe craint les hivers rigoureux et demande à être couvert de paille ou de fougère pendant les fortes gelées. Un sol très léger et humide lui est absolument nécessaire; en conséquence on ne le place que dans des plates-bandes de terre de bruyère, exposées au nord ou ombragées par de grands arbres. Là il produit un assez joli effet lorsqu'il est en fleur, c'est-à-dire au milieu du printemps, et lorsque ses fruits sont mûrs, c'est-à-dire à la fin de l'automne, leur couleur contrastant avec celle des feuilles. On le multiplie de semence, de rejetons, de marcottes et de boutures.

Les semences peuvent, avec avantage, être laissées sur l'arbre pendant tout l'hiver, si on peut les défendre contre les attaques des oiseaux; mais sitôt qu'elles sont cueillies, à quelque époque que ce soit, il faut les semer dans des terrines de terre de bruyère qu'on place au printemps sur couches et sous châssis. Ce moyen des semis n'est guère employé, attendu qu'il est long et que les autres fournissent plus de sujets que le besoin du commerce ne l'exige.

Les rejetons sont toujours nombreux chaque année, lorsque l'arbuste est dans un sol et une exposition convenable. On les lève en automne, pour les planter en pot et leur faire passer l'hiver dans l'orangerie, ou au printemps, pour les mettre sur-le-champ en place. En général, ils sont assez forts pour n'avoir pas essentiellement besoin de l'intermédiaire de la pépinière.

On fait les marcottes au printemps, avec des rameaux de tous les âges, et ordinairement, sur-tout quand le terrain est frais, ou que l'année a été pluvieuse, elles prennent assez de racines, dans le courant de l'été, pour être levées et mises en place au printemps suivant. Pour plus de sûreté, on peut lever un anneau de l'écorce ou ligaturer les branches.

Les boutures se font au premier printemps lorsque la sève commence à monter, et avec les rameaux de la dernière pousse, ou au milieu de l'été avec les bourgeons encore poussans. Dans l'un et l'autre cas, on les place dans des pots sur couche et sous châssis, ou dans une terre de bruyère en plein nord, selon la latitude qu'on habite. L'année suivante on peut toutes les relever et les planter seule à seule dans des pots, ou les repiquer en pépinière jusqu'à ce qu'elles aient acquis assez de force pour être mises en place.

Il est toujours bon de conserver en pot, dans l'orangerie, quelques pieds de calicarpe, en cas que l'hiver fasse périr tous ceux qu'on a en pleine terre ; mais cela arrive assez rarement dans les climats de Paris lorsqu'on a pris les précautions convenables. Souvent les tiges meurent sans que les racines aient été attaquées, et alors elles repoussent au printemps des jets très vigoureux qui remplacent les anciens avec avantage dès l'année suivante. Ce n'est qu'en pleine terre que cet arbuste jouit de tous ses agrémens : il est toujours chétif et maigre dans les pots. (B.)

CALICE. Enveloppe extérieure des fleurs, le plus souvent verte et de la nature des feuilles, quelquefois colorée. Il est d'une seule ou de plusieurs pièces, entier ou divisé, persistant ou caduc. Il est inférieur ou supérieur au germe. Il manque dans beaucoup de plantes. Dans ce dernier cas les botanistes ne sont pas d'accord : les uns, comme M. de Jussieu, appellent toujours calice l'enveloppe extérieure, qu'elle soit colorée ou non ; les autres la regardent comme une corolle lorsqu'elle est colorée. Décandolle croit que le calice existe toujours, mais qu'il est, dans le cas précédent, intérieurement soudé à la corolle. Pour éviter toute équivoque, il propose de substituer aux mots calice et corolle la dénomination de périgone, et d'appeler périgone simple les enveloppes qui n'ont point de calice, et périgone double celles qui ont un calice et une corolle. Voyez aux mots PLANTE et BOTANIQUE. (B.)

CALICULÉ, BOTANIQUE. On désigne sous ce nom le calice commun simple, dont la base extérieure se trouve garnie de petites écailles qui forment presque un second calice, mais qui est beaucoup plus court que l'autre, dont il n'égale jamais la moitié. Les calices de la cacalia, du séneçon, de la lampsane, sont de ce genre. Voyez au mot CALICE. (R.)

CALLA. C'est le brou de la noix dans le département des Deux-Sèvres. Dans celui de la Côte-d'Or on l'appelle la CALLE ou l'ÉCALLE. (B.)

CALLITRICHE, *Callitriche.* Genre de plantes de la monandrie digynie, renfermant cinq espèces qui croissent dans les eaux stagnantes quelquefois avec tant d'abondance, qu'elles en couvrent complètement la surface. Je les cite pour que ceux des agriculteurs qui ne négligent rien de ce qui peut leur porter profit les arrachent au commencement de l'automne avec des râteaux à dents de fer, ou même à la main, et les portent sur leurs fumiers, dont elles augmenteront la masse, ou les déposent sur le bord de l'eau, où elles se décomposeront et produiront un excellent terreau.

On les reconnoît à leurs feuilles ovales, d'un beau vert, disposées en rosette, et nageant à la surface de l'eau. (B.)

CALLOSITÉ. MÉDÉDINE VÉTÉRINAIRE. Nous donnons ce nom aux chairs dures, sèches, blanches et insensibles, qui couvrent les bords des plaies ou des ulcères.

Pour obtenir la guérison des plaies ou des ulcères calleux, il faut avoir recours aux caustiques, tels que la poudre d'alun calciné, le précipité rouge, etc.; mais l'instrument tranchant et le feu, selon nous, sont à préférer, parceque les callosités étant détruites plus promptement, on les fait suppurer et on les conduit à la cicatrisation par la voie ordinaire. *Voyez* ULCÈRE. (R.)

CALORIQUE. Nom introduit par la nouvelle chimie pour désigner le principe de la chaleur et par conséquent du feu, principe qui se trouve dans tous les corps de la nature, mais qui paroît augmenté ou mis en mouvement par les rayons solaires ou par d'autres causes moins générales.

Je dis paroît augmenté ou mis en mouvement, parceque quelques physiciens soutiennent que tout le calorique vient immédiatement du soleil, qu'il ne diffère pas de la lumière, tandis que d'autres prétendent que les rayons de cet astre, c'est-à-dire sa lumière, ne servent qu'à développer ses propriétés.

L'opinion que le calorique n'est pas une émanation du soleil ou des corps actuellement en combustion, mais une matière propre dont les propriétés se développent par différentes causes, semble prévaloir aujourd'hui parmi les physiciens. Elle est surtout prouvée par le grand développement de calorique qui résulte du frottement rapide ou long-temps continué de deux corps durs l'un contre l'autre. On sait que les sauvages allument du feu seulement avec deux morceaux de bois secs, d'inégale dureté; qu'on fait bouillir de l'eau avec deux morceaux de fer qu'on frotte l'un contre l'autre dans cette eau, etc. Qui n'a pas enfin battu le briquet?

Comme les cultivateurs confondent le calorique avec la chaleur, et que réellement il n'y a entre eux qu'une différence d'état peu sensible, je renverrai le lecteur à ce dernier mot. (B.)

CALUS. Jardinage. Excroissance saillante et solide, occasionnée par la soudure d'une branche rompue, d'une écorce déchirée, ou d'une incision faite à dessein.

Lorsqu'une branche a été éclatée, si l'on s'en aperçoit promptement, et qu'on ait l'attention de rapprocher les parties disjointes aussi exactement qu'il est possible, de les abriter du contact de l'air, et de les assujettir solidement, il s'opère une prompte réunion; mais il s'établit en même temps une excroissance à l'endroit de la fracture; c'est ce qu'on nomme un calus.

Si l'on incise les branches d'un arbre, soit perpendiculairement, soit horizontalement, il se forme d'abord deux bourrelets des deux côtés de l'incision, et ces bourrelets grossissant, et se confondant ensemble, forment une excroissance ou un calus.

Quant au parti qu'on peut tirer des bourrelets et des calus pour accélérer la maturité des fruits, augmenter leur grosseur, ou pour multiplier les arbres, *voyez* l'article Bourrelets.(Th.)

CALUS. Médecine vétérinaire. Moyen de réunion des deux portions d'un os fracturé. *Voyez* Fracture.

CALVANIER. On donne ce nom, dans quelques cantons, à des hommes qu'on loue pendant le temps de la moisson, uniquement pour décharger les gerbes qui arrivent des champs, et les arranger dans la grange, le grenier, ou en meule. Il semble à beaucoup de personnes que ranger des gerbes est une chose si facile que tout le monde peut le faire. Sans doute; mais le bien faire, c'est autre chose. Il faut que les cultivateurs soient bien persuadés de l'avantage qu'il y a d'avoir l'habitude de ce genre de travail, puisqu'ils paient plus cher l'ouvrier qu'ils appellent pour le faire. Effectivement il y a une manière de placer les gerbes qui leur fait tenir moins de place, qui ne laisse point de passage aux fouines, aux rats, etc.; il y a un tour de main en les maniant qui fait qu'elles s'égrainent moins, etc. La chose est encore bien plus importante quand c'est une meule, puisqu'il faut lui donner une forme régulière, une situation exactement perpendiculaire, une inclinaison telle que les eaux pluviales coulent aisément. Il est très difficile à une personne qui n'a pas d'expérience de bien faire une meule, même une meule de foin. J'ai vu bien souvent des hommes très intelligens les manquer, c'est-à-dire distribuer les gerbes avec assez d'irrégularité pour qu'elles penchent d'un côté par leur propre poids, s'éboulent tôt ou tard. (B.)

CALVILLE. Nom commun à plusieurs espèces de pommes. *Voyez* au mot Pommier.

CALYCANT , *Calycanthus*. Genre de plantes de l'icosandrie polygynie et de la famille des rosacées, qui renferme quatre espèces d'arbustes susceptibles de croître en pleine terre dans le climat de Paris, et intéressans par la beauté ou l'odeur de leurs fleurs.

La première, le CALYCANT DE LA FLORIDE, a les feuilles ovales, d'un vert foncé, velues en dessous, les fleurs grandes, odorantes, les rameaux écartés et velus. Elle porte très rarement des fruits.

La seconde, le CALYCANT FERTILE, a les feuilles ovales, lancéolées, glauques et glabres en dessous, les fleurs petites, inodores, les rameaux rapprochés et glabres. Peu de ses fruits avortent.

La troisième, le CALYCANT NAIN, a les feuilles lancéolées, glabres en dessous, les fleurs petites, odorantes, les rameaux courts et légèrement velus.

Ces trois espèces ont été long-temps confondues, mais sont bien distinctes. Toutes trois ont les feuilles opposées, les fleurs d'un rouge brun ; mais la dernière les a plus petites et moins foncées. Elles sont originaires des parties méridionales de l'Amérique septentrionale, où elles croissent dans les lieux humides, et où elles fleurissent au milieu du printemps.

L'odeur des fleurs du *calycant de la Floride* le fit remarquer dès les premiers temps de l'établissement des Européens dans la Caroline ; cependant cette odeur, qu'on peut comparer à celle de certains melons, ou de certaines pommes reinettes, ne plaît pas à tout le monde. Son écorce a une saveur aromatique, piquante, qui la rend propre à l'assaisonnement des mets et à la fabrication des liqueurs de table ; aussi l'appelle-t-on *toute épice* dans le pays. Ses fruits passent pour empoisonner les loups, les renards et les chiens ; mais ils sont si rares, que j'en ai à peine vu, en Caroline, une demi-douzaine sur des centaines de pieds. Il parvient rarement à plus de sept à huit pieds, et forme une touffe ordinairement d'une forme peu agréable, parceque ses branches tendent toujours à s'écarter du tronc : aussi vaut-il toujours mieux le tenir en buisson, en le recépant par parties tous les trois ou quatre ans, que de chercher à en faire un arbre ; on y gagne de plus des fleurs plus grandes de près du double, et plus odorantes. Il exige la terre de bruyère, et une exposition ombragée, ou au moins une terre très légère et humide. Du reste, il ne craint point les froids ordinaires du climat de Paris, et si les grandes gelées l'attaquent ce n'est jamais que dans ses branches. Sa place, dans les bosquets d'agrément, est au second rang du côté du nord. Il fait bien aussi contre une fabrique, dans l'angle d'un rocher.

On ne multiplie point cet arbuste par graines, puisqu'il n'en produit pas du tout dans notre climat ; mais la nature lui a donné une grande disposition à pousser des rejetons, et ses marcottes prennent racine assez facilement lorsqu'il est dans un terrain convenable.

Les rejetons se lèvent à la fin de l'hiver, et se mettent sur-le-champ en place ; car ils risquent toujours dans la transplantation, et ce seroit multiplier les chances désavantageuses que de les faire passer par l'intermédiaire de la pépinière. Les vieux pieds ne reprennent presque jamais, quelque soin qu'on mette à leur transplantation.

Les marcottes se font en automne et au printemps, et donnent souvent quelques racines dans la première année ; mais, pour plus de sûreté, on doit attendre deux ans avant de les lever. Les observations ci-dessus leur sont complètement applicables.

Lorsque la saison est sèche, il faut de toute nécessité arroser de temps en temps les plants nouvellement mis en terre, mais leur donner peu d'eau à la fois, car ils en craignent la surabondance.

D'Ambournay a obtenu des rameaux de cet arbuste, qu'il appelle, avec quelques jardiniers, *l'arbre aux anémones*, parcequ'en effet ses fleurs ont la disposition des anémones semi-doubles, une couleur jonquille très solide. Voici la recette que donne le même chimiste pour faire de la liqueur avec les mêmes rameaux : coupez-les en petits morceaux, et lorsqu'ils seront secs réduisez-les en poudre ; mettez un gros de cette poudre dans une pinte de bonne eau-de-vie, et laissez-l'y infuser au soleil pendant un mois. Ensuite distillez et ajoutez du sucre fin autant qu'il peut s'en dissoudre à froid. Cette liqueur est des plus suaves, et peut être comparée aux meilleures d'Amérique.

Le *calycant fertile* demande à être multiplié et conduit comme le précédent ; mais comme il lui est inférieur en agrémens, il doit être laissé dans les jardins de botanique, ou dans ceux des amateurs. Cependant il a l'avantage de fleurir presque toujours une seconde fois en automne.

La quatrième espèce de ce genre est le CALYCANT DU JAPON, *Calycanthus præcox*, Lin. Ses feuilles sont opposées, lancéolées, d'un vert jaune luisant, mais rudes au toucher, ses fleurs jaunâtres, parsemées de points rouges et extrêmement odorantes. Il est originaire du Japon, s'élève à trois à quatre pieds, et passe fort bien l'hiver en pleine terre dans le climat de Paris ; mais comme il fleurit de très bonne heure, au mois de janvier ou de février, il vaut mieux le tenir dans l'orangerie pour que ses fleurs s'épanouissent et qu'on puisse en jouir. Ses fleurs paroissent avant les feuilles.

On multiplie le calycant du Japon comme le précédent, c'est-à-dire par rejetons et par marcottes. Thouin a réussi, lorsqu'il étoit encore fort rare, à le greffer sur lui : aujourd'hui il n'est plus nécessaire de recourir à ce moyen hardi, mais incertain par la différence de l'époque d'entrée en sève des deux arbustes; puisqu'il n'est point de pépiniériste qui n'en ait une ou deux mères qui lui fournissent un grand nombre de pieds tous les ans. Il paroît moins exiger la terre de bruyère et l'ombre; aussi en voit-on de bien portans dans des sols et à des expositions où les autres réussiroient difficilement.

Les boutures de calycant, faites par les moyens ordinaires, ne reprennent pas, et on n'a pas tenté d'en essayer de forcées, c'est-à-dire d'en faire sous des cloches, sur couche et sous châssis, parceque les autres moyens de multiplication sont suffisans pour les besoins du commerce. On n'a pas non plus essayé, du moins à ma connoissance, la multiplication par racines; mais j'ai tout lieu de croire, par leur inspection, qu'elle réussiroit très bien. (B.)

CAMBIUM. Matière qui tient le milieu au premier aspect entre le mucilage et la gomme, et qu'on remarque entre les mailles et sous le liber de beaucoup d'arbres aux époques de leur sève. Elle est fort abondante dans le chêne et dans le sophora, moins dans les peupliers et les saules. On ne la retrouve pas dans la plupart des plantes annuelles.

On est aujourd'hui généralement persuadé que le cambium est un produit de la sève ellaborée dans les vaisseaux des plantes, et que c'est lui qui forme, par sa solidification, les couches annuelles du bois. On le voit en effet, de fluide qu'il étoit, devenir petit à petit granuleux ou amilacé, puis parenchimateux, puis fibreux, ensuite d'un côté se fixer sur la dernière couche de l'aubier, et de l'autre former un nouveau liber, l'ancien devenant couche corticale. C'est certainement lui qui, d'après les expériences de Duhamel, vérifiées par beaucoup de personnes, rétablit l'écorce lorsqu'on l'a mutilée, fournit aux greffes les moyens de se souder au sujet, qui produit les racines des marcottes et des boutures, etc., etc.

Il y a lieu de croire que le cambium existe dans toutes les plantes, et que s'il n'est pas visible dans beaucoup, c'est qu'il y est en si petite quantité qu'il ne se distingue pas de la sève. A quoi sa surabondance seroit-elle nécessaire dans les plantes annuelles, par exemple, puisqu'elles ne doivent pas augmenter en grosseur dès que leur action végétative a cessé?

Cet article est court, sans doute, mais il aura de nouveaux développemens aux mots PLANTES, PARENCHYME, LIBER, AUBIER, SÈVE, COUCHES CORTICALES, COUCHES LIGNEUSES, etc. (B.)

CAMÉLÉON BLANC. C'est la CARLINE SANS TIGE.

CAMÉLÉON NOIR. C'est la CARLINE CAULESCENTE.

CAMELINE, CAMOMILLE. Plante du genre des *myagres*, qui croît naturellement dans les champs par toute l'Europe, et qu'on cultive dans quelques parties de la France, pour l'huile que produisent ses semences. *Voy.* au mot MYAGRE.

La racine de la cameline est annuelle, fusiforme et blanche; sa tige cylindrique, rameuse, très velue, haute d'un à deux pieds; ses feuilles sont également très velues, alternes, et de deux sortes; savoir, les inférieures oblongues, obtuses, presque spatulées, longues de trois à quatre pouces; les caulinaires semi-amplexicaules, auriculées, et fortement ciliées en leurs bords. Ses fleurs sont jaunes.

Cette plante n'exigeant que trois mois au plus pour amener ses graines à maturité, dit mon célèbre confrère Parmentier, à qui on doit un excellent article sur sa culture, article dont celui-ci n'est que l'extrait, est très précieuse pour les cultivateurs, aux récoltes desquels il est arrivé quelque accident pendant l'hiver ou au commencement du printemps. Aussi, dans les environs de Béthune et de Saint-Omer, est-elle destinée à remplacer les lins, les colsats, les pavots, qui ont manqué par quelque cause que ce soit. Il en est de même dans les environs de Mondidier, relativement au blé. Dans la ci-devant Bourgogne, où on la cultive aussi, mais où l'agriculture n'est rien moins que parfaite, on ne lui connoît pas ce précieux avantage.

Une terre de médiocre qualité suffit à la cameline. Je puis même dire une mauvaise, puisque j'en ai vu de passablement belles dans des terres calcaires à seigle, qui n'avoient pas plus de six pouces de profondeur. Cette circonstance devroit être prise en grande considération, y ayant peu de plantes à graines huileuses qui soient dans ce cas; et tel propriétaire pourroit faire de brillantes affaires, dans certains pays, en la faisant entrer dans la série de ses assolemens. Elle n'a besoin d'eau que pendant la moitié de la durée de son existence; car dès qu'elle a acquis toute sa hauteur elle peut s'en passer; aussi vient-elle fort bien dans les champs des parties méridionales de la France, où on ne sait cependant pas la cultiver.

La graine de la cameline est si fine qu'il faut la mélanger avec du sable pour que ses productions ne soient pas trop rapprochées; deux livres suffisent pour ensemencer un arpent. On la répand après deux labours et un hersage.

Le seul soin que demande la cameline après qu'elle est levée, c'est d'éclaircir les places où elle a crû trop épaisse; car quand il n'y a pas six pouces de distance entre les pieds ils fournissent peu de graines.

Comme je l'ai déjà observé, il ne faut que trois mois pour que la cameline amène sa graine à maturité; on la récolte avant que les silicules soient complètement sèches, parceque si on attendoit on en perdroit une grande quantité. Il suffit qu'elles commencent à jaunir.

Les circonstances qui accompagnent la récolte de la cameline varient. Dans quelques cantons on l'arrache et on la laisse en tas sur le champ même, dans une place bien nettoyée et bien battue. Dans d'autres, on la met sur des toiles et on la transporte à la maison, où elle est déposée dans la grange. Au bout de quelques jours, lorsqu'on juge que sa maturité s'est complétée, on bat avec un bâton ou un fléau. La graine qui est jaune a une odeur d'ail qu'elle perd à la longue. Sa faculté germinative ne dure qu'un an.

Comme toutes les graines huileuses, celle de la cameline ne doit pas être portée au moulin immédiatement après la récolte. Il faut donner le temps aux principes mucilagineux qu'elle contient de se transformer en huile par suite de l'espèce de végétation qui s'y entretient encore. Pendant ce temps, qui, à raison de sa finesse, ne doit pas être de plus d'un mois, il faut la conserver dans un lieu ni trop sec ni trop humide.

Quelques cultivateurs déposent cette graine dans des tonneaux défoncés d'un côté, après l'avoir fait vanner et ressuyer pendant quelques jours à l'air. Cette méthode n'est bonne qu'autant qu'on peut la transvaser de temps en temps, et juger si elle n'a pas de disposition à s'échauffer ou à se moisir. La mettre en petits tas dans un grenier est presque toujours plus sûr.

L'extraction de l'huile de cameline ne diffère pas de celle des graines du pavot, du lin, du colsat, etc.; ainsi je n'en parlerai pas particulièrement. *Voy.* au mot HUILE.

L'huile de cameline, que par corruption on appelle *huile de camomille*, *huile de Sesanne d'Allemagne*, est très bonne à brûler. Elle a moins d'odeur et donne moins de fumée que le colsat, ce qui doit lui mériter la préférence; cependant elle se soutient à un prix inférieur à celui de cette dernière, parcequ'elle n'est pas aussi propre au dégraissage des laines. On l'emploie aussi à la peinture et à la fabrication des savons noirs.

Les tiges de cameline servent, après qu'elles ont fourni leurs graines, soit pour chauffer le four, soit pour couvrir les maisons. On pourroit aussi en tirer une filasse utile, c'est-à-dire propre à fabriquer du linge; mais il y a beaucoup d'autres plantes qui lui sont préférables sous ce rapport. On appelle *moie*, dans la ci-devant Picardie, les tas de ces tiges qu'on conserve pour l'hiver.

Quand on considère que la cameline vient dans des terres sur lesquelles les autres plantes à graines huileuses ne peuvent réussir, qu'elle peut, dans un cas urgent, donner deux récoltes par an, on a lieu d'être étonné, formalisé même, observe Parmentier, qu'elle ne soit pas plus généralement cultivée. Je fais, avec ce célèbre agronome, des vœux pour que les agriculteurs français ouvrent enfin les yeux sur ses nombreux avantages. (B.)

CAMELLI, *Camellia*. Arbrisseau de la Chine et du Japon, que la beauté de ses feuilles et de ses fleurs fait généralement cultiver dans son pays natal et dans toutes les parties de l'Europe qui en sont susceptibles. Il demande l'orangerie dans le climat de Paris.

Les feuilles du camelli sont alternes, ovales, pointues, dentées, coriaces, luisantes, persistantes, et d'un vert des plus agréables. Ses fleurs sont grandes, d'un rouge vif, sessiles, solitaires dans les aisselles des feuilles, ou réunies trois ou quatre ensemble au sommet des rameaux.

On connoît plusieurs variétés de camelli. 1° A fleurs blanches; 2° à fleurs panachées de rouge et de blanc; 3 à fleurs semi-doubles dans l'espèce et les variétés précédentes; 4° à fleurs doubles.

Comme cet arbuste ne donne jamais de fruit dans le climat de Paris, on ne peut le multiplier que par marcottes et par boutures. Ces dernières réussissent rarement. C'est au printemps, à la sortie de l'orangerie, qu'on fait les premières. Le mieux est d'enterrer le pot dans une couche tiède, et faire entrer chaque jeune rameau dans d'autres petits pots après les avoir bouclés avec du fil de laiton, ou incisé à la manière des œillets, ou enfin leur avoir enlevé un anneau d'écorce. Les arrosemens doivent être fréquens, mais proportionnés à la chaleur de la couche ou de la saison. Ordinairement il y a assez de racines, vers le milieu de l'automne, pour pouvoir sevrer les nouveaux pieds et les mettre dans des pots plus grands, pour, après les avoir laissés se fortifier sur une couche un peu chaude jusqu'aux premières gelées, les rentrer dans l'orangerie.

Quelques cultivateurs conservent les camellis en pleine terre, et à l'air dans une bonne exposition; mais, malgré le soin avec lequel ils les couvrent pendant l'hiver, ils finissent tôt ou tard par les perdre. C'est sous une bache, bien défendue des fortes gelées par des feuilles, de la fougère ou autres moyens, qu'il faut les planter si on ne veut pas les tenir en pot.

Je ne sais par quelle cause les pieds de camelli sont toujours rares et chers dans les jardins de Paris, malgré les efforts qu'on fait pour les multiplier. Ses fleurs se développent le plus ordinairement au printemps.

La terre des pots où on tient le camelli doit être un peu forte et renouvelée tous les ans pour la plus grande partie.

Pour réussir à obtenir des pieds de camelli par boutures il faut les placer dans des pots sur une couche fort chaude, les couvrir d'une et même de plusieurs cloches superposées.

Cette belle plante est souvent représentée sur les papiers de tenture qui nous viennent de la Chine. (B.)

CAMENINE. C'est la CAMELINE.

CAMERINE. Nom qu'on donne à la CAMELINE dans quelques cantons.

CAMERISIER ou CAMECERISIER, *Xylosteon*. Genre de plantes de la pentandrie monogynie et de la famille des chèvre-feuilles, très voisin de ce dernier genre auquel même il a été réuni par Linnæus, et qui renferme plusieurs arbustes qui se trouvent abondamment dans certains cantons, et qu'on cultive fréquemment dans les jardins paysagers, parcequ'ils y apportent la variété.

Des neuf espèces de ce genre il ne convient de citer que les six suivantes, qui toutes ont les feuilles opposées, et les fleurs géminées dans les aisselles des feuilles supérieures.

Le CAMERISIER DES HAIES, *Lonicera xylosteon*, Lin., qui a les feuilles ovales, entières, velues, longues d'un pouce et demi et larges d'un pouce; les fleurs d'un blanc jaunâtre; les baies distinctes et rouges. Il se trouve très abondamment dans les haies, les friches et autres endroits incultes des pays de montagnes, où il forme des buissons touffus qui s'élèvent rarement à plus de six pieds. On le cultive fréquemment dans les jardins d'agrément, où il produit un assez bel effet en tout temps, mais sur-tout quand il est en fleurs et en fruits, et où on le place au second rang des massifs ou en buissons isolés : mais nulle part on ne le cultive en grand pour le produit de son bois, on se contente de le couper tous les trois ou quatre ans là où il a crû naturellement, quoique sa propriété de s'accommoder des terrains les plus secs et les plus pierreux semblât devoir engager à le multiplier dans ces sortes de terrains lorsqu'on n'a rien de meilleur à y mettre. J'ai vu un cultivateur en planter sur les tas de pierres dont ses propriétés étoient surchargées, et s'en former un taillis en coupes réglées qui lui rapportoit tous les ans un revenu : ce n'étoit que des fagots, il est vrai; mais les fagots sont quelque chose, sur-tout à la campagne. Les chèvres et les moutons mangent les feuilles de cet arbuste, mais les autres bestiaux n'y touchent pas.

Le CAMERISIER DE TARTARIE a les feuilles en cœur, aiguës, très entières, glabres, d'un vert blanchâtre, longues de deux pouces et larges d'un, les fleurs roses, et les baies distinctes et rouges. Il est originaire de la Tartarie. On le cultive fréquemment dans les jardins d'agrément, où il produit un effet encore plus agréable que le précédent par le beau vert de son feuillage et l'élégance de son port. Il s'élève à sept ou huit pieds de haut, et ses rameaux sont très rapprochés des tiges principales. Quoique susceptible d'être mis sur un brin, pour me servir de l'expression technique, il vaut mieux le laisser en touffe. Il se place dans les jardins positivement comme le précédent, et contraste avec lui, de sorte qu'ils peuvent être mis à côté l'un de l'autre avec avantage.

Le CAMERISIER DES ALPES a les feuilles ovales, acuminées, très entières, d'un vert foncé en dessus, longues de trois pouces sur un et demi de large; les fleurs purpurines en dehors, jaunes en dedans; les baies rouges, réunies, et de la grosseur d'une petite cerise. Il croît naturellement dans les Alpes. Son aspect est fort agréable, sur-tout quand il est en fruit.

Le CAMERISIER DES PYRÉNÉES a les feuilles presque sessiles, oblongues, glabres, très entières, d'un vert glauque, d'un pouce et demi de long sur cinq à six lignes de large; les fleurs blanches, les baies rougeâtres et distinctes. On le trouve sur les Pyrénées.

Le CAMERISIER A FRUITS BLEUS a les feuilles ovales, obtuses, très entières, glabres, plus pâles en dessous, longues d'un pouce sur six lignes de large; les fleurs blanches, les baies bleues et réunies. Il croît sur les Alpes.

Le CAMERISIER A FRUITS NOIRS a les feuilles ovales, entières, glabres et un peu molles, longues d'un pouce sur six lignes de large. Ses fleurs sont blanchâtres, ses baies noires et distinctes. On le rencontre dans les parties méridionales de la France.

Ces quatre dernières espèces sont des arbustes de deux à trois pieds de haut au plus, qui forment des buissons propres à être placés sur le premier rang des bosquets, et dont l'aspect est agréable par les différentes nuances de la couleur de leurs feuilles, de leurs fleurs et de leurs fruits.

Tous les camerisiers fleurissent au milieu du printemps, et amènent leurs fruits en maturité à la fin de l'été. On les multiplie de semences qui, lorsqu'elles ne sont pas semées au moment même de leur chute de l'arbre, restent quelquefois deux ans dans la terre avant de lever. C'est dans une terre légère et à une exposition chaude qu'on doit faire le semis des deux premières espèces; dans une terre de bruyère, privée du soleil du midi, qu'il convient d'effectuer celui des autres. On les arrose dans les grandes chaleurs seulement. La seconde année on peut les lever pour les repiquer en pépinière, où ils restent jusqu'à plantation définitive, c'est-à-dire deux ou trois ans au plus.

Comme ce moyen ne laisse pas que d'être long, on préfère

se procurer de nouveaux pieds des deux premières espèces par le déchirement des anciens, déchirement qui s'effectue en automne ou au printemps. Une partie de son produit peut être planté sur-le-champ en place, et l'autre, composée des plus petits pieds, est mise, pendant un an, en pépinière pour se fortifier. On remplit aussi le même but, pour toutes les espèces, par le moyen des marcottes, qui, lorsque sur-tout elles ont été faites avant l'hiver, prennent racines dans l'année. On transplante ces marcottes au printemps de l'année suivante, soit en place, soit en pépinière, selon l'objet qu'on a en vue.

Les gelées tardives du printemps nuisent quelquefois au camerisier de Tartarie. (Th.)

CAMION, ustensile de jardinage ou petit tombereau à deux roues, avec un timon traversé par un bâton qui sert à le conduire. Cette voiture est employée de préférence aux brouettes dans les grands jardins de plaisance pour le charroi des feuilles, des litières et de toutes les matières volumineuses et peu pesantes. Elle accélère le travail et le rend moins dispendieux. (Th.)

CAMOMILLE. On donne quelquefois ce nom à la CAMELINE.

CAMOMILLE, anthemis. Genre de plantes de la syngénésie superflue et de la famille des corymbifères, qui renferme une quarantaine d'espèces, la plupart propres à l'Europe, sur-tout à l'Europe méridionale, dont plusieurs se cultivent dans les jardins d'ornement, ou sont utiles en médecine ou dans les arts, et intéressent les agronomes non seulement sous ce rapport, mais encore parcequ'elles croissent presque toutes dans les champs cultivés, et nuisent quelquefois aux moissons par leur grande abondance.

Les camomilles sont des plantes peu élevées, à feuilles alternes très découpées, à fleurs grandes, ordinairement solitaires à l'extrémité des rameaux ; tantôt jaunes avec les rayons blancs, tantôt toutes jaunes.

Les espèces le plus dans le cas d'être citées ici sont,

La CAMOMILLE ODORANTE, OU CAMOMILLE ROMAINE, OU CAMOMILLE DES BOUTIQUES, anthemis nobilis, L., qui a une racine vivace, fibreuse, des tiges nombreuses, foibles, couchées et rameuses à leur base, les feuilles bipinnées à folioles divisées en trois parties et légèrement velues, les fleurs jaunes et blanches. On la trouve dans les champs incultes, le long des chemins, dans les parties méridionales de l'Europe, principalement aux environs de Rome. Elle fleurit au milieu de l'été. Elle est amère et très aromatique. On la regarde comme résolutive, fébrifuge, stomachique, carminative, vermifuge. On en fait un très fréquent usage en médecine ; aussi la cultive-t-on en grand pour cet unique objet dans les environs de Paris et autres principales villes, ainsi qu'il sera dit plus bas. On les cultive aussi pour l'agrément des plates-bandes des jardins, principalement dans ses variétés semi-double et double, *jaunes, jaunes et blanches, toutes blanches*. (Il y en a une autre où les demi-fleurons ont disparu et qui est entièrement jaune.) Toutes trois ont des agrémens particuliers, qui les font préférer par tel ou tel amateur. On les multiplie presque exclusivement par le déchirement des vieux pieds, déchirement qui s'opère au commencement de l'automne. Les éclats reprennent en très peu de temps, et ne craignent point les froids de l'hiver. Autrefois on en couvroit des plates-bandes en entier, ce qui produisoit un fort bel effet quand elles étoient en fleur, et elles y sont tout l'été et l'automne; mais la difficulté de tenir ces espèces de tapis bien garnis y a fait renoncer. On ne voit plus guère cette plante qu'en touffes ou en bordures, qu'on doit relever tous les deux ou trois ans si on désire qu'elles se conservent dans un bel état de vigueur.

Lorsqu'on veut cultiver la *camomille romaine* en grand, pour l'usage de la médecine, on plante au printemps et au cordeau, à un pied et demi de distance, les éclats qu'on a enlevés aux vieux pieds, comme il a été dit plus haut, et on choisit pour cette opération un temps un peu humide. Pour faciliter la récolte, il faut espacer chaque rangée au moins de trois pieds.

Les principaux soins qu'exige cette culture, dit mon savant confrère Parmentier, sont des sarclages qu'il faut répéter souvent et un léger buttage. En la plantant de bonne heure la récolte de ses fleurs peut commencer dès les premiers jours de juin, et ne se terminer qu'au commencement de septembre. Les premières ont ordinairement les demi-fleurons jaunes, mais ensuite elles deviennent entièrement blanches.

C'est lorsque les fleurs sont au trois quarts épanouies qu'il convient le mieux de les cueillir. On ne peut donc avoir trop de femmes et d'enfans au moment du fort de la récolte. L'important est de les dessécher le plus promptement possible pour qu'elles conservent leur belle couleur. Ordinairement pour cela on les étend simplement au soleil sur des toiles, mais M. Decroisilles, de Dieppe, a trouvé plus avantageux d'avoir des châssis garnis en toile et couverts de papier gris, qu'on tient élevés de terre. Dans les deux cas, il faut remuer souvent les fleurs pour qu'elles présentent toutes leurs faces au soleil.

Après que la dessiccation des fleurs de camomille est terminée, on les met dans des sacs qu'on suspend dans une chambre bien aérée, ou dans des barils garnis de papier.

Le commerce recherche les fleurs doubles de camomille;

mais M. Parmentier s'est assuré qu'elles donnoient moins d'huile essentielle que les semi-doubles qui sont jaunâtres. Ce n'est plus à la Suisse ou à l'Italie qu'il faut les demander, mais à M. Decroisilles.

On distingue les fleurs de la Camomille romaine de celles de la commune, à la belle couleur bleue que prend l'huile volatile qu'on en obtient par la distillation.

La CAMOMILLE PUANTE, *anthemis cotula*, Lin., qu'on appelle aussi *maroute*, a les feuilles bipinnées, à folioles subulées et divisées en trois parties, les fleurs jaunes et blanches, le réceptacle conique, les paillettes sétacées, les semences nues. Elle est annuelle et se trouve dans les moissons, auxquelles son abondance nuit souvent. Les bestiaux n'en mangent point, car son odeur est forte et infecte. Comme elle entre en fleur de bonne heure, et qu'elle repousse et fleurit encore après la moisson, elle répand presque toutes ses graines, aussi est-il extrêmement difficile de la détruire dans les pays assujettis à l'absurde système des jachères ; les sarclages et les labours d'été ne produisent que des effets momentanés. C'est par la culture des plantes vivaces, telles que la luzerne, le sainfoin, ou des plantes étouffantes, telles que les pois gris, la vesce, ou des plantes qui demandent plusieurs binages dans l'année, telles que les pommes de terre, le maïs, etc. qu'on peut espérer de la détruire ; or toutes ces cultures sont celles qui entrent le plus communément dans le système des assolemens.

La CAMOMILLE DES CHAMPS a les feuilles bipinnées, à découpures lancéolées et linéaires, le réceptacle conique, les paillettes lancéolées, les semences couronnées d'une membrane et les fleurs jaunes et blanches. Elle est annuelle et se trouve dans les blés avec la précédente, de laquelle elle se distingue difficilement autrement que par son défaut d'odeur. Tous les bestiaux la mangent, excepté les cochons ; aussi nuit-elle rarement aux récoltes par son abondance.

La CAMOMILLE PYRETHRE a les feuilles trois fois pinnées, à folioles linéaires, les tiges couchées et les fleurs jaunes et blanches portées sur de longs pédoncules axillaires. Elle est vivace, et se trouve dans les parties méridionales de l'Europe, dans les champs incultes, le long des chemins, etc. Sa racine a une saveur piquante et poivrée. On en fait fréquemment usage en médecine comme salivaire et sternutatoire. Elle entre dans plusieurs préparations pharmaceutiques.

La CAMOMILLE DES TEINTURIERS a les feuilles bipinnées, à folioles dentées et pubescentes en dessous, la tige droite, rameuse, les fleurs toutes jaunes, et les semences bordées d'une membrane entière. Elle est vivace et croît en Europe dans les lieux arides, dans les pâturages des montagnes. Les chevaux l'aiment beaucoup, et les moutons ainsi que les chèvres en mangent volontiers. Ses feuilles donnent une teinture jaune dont on fait peu usage en France, mais qui, dit-on, est très estimée dans le nord, quoique, d'après d'Ambournay, elle soit peu solide.

Cette plante, qui s'élève d'un à deux pieds, qui se garnit pendant l'été et l'automne de nombreuses fleurs jaunes de plusieurs nuances, et même quelquefois blanchâtres, est propre à la décoration des jardins ; aussi l'y voit-on figurer souvent. On la multiplie de graines qu'on sème au printemps dans une terre légère et bien abritée, ou, comme la camomille romaine, par séparation des vieux pieds ; mais ici l'opération est plus difficile et moins fructueuse. (B.)

CAMPAGNE. Ce mot s'applique principalement par les habitans des villes aux terres qui sont hors de l'enceinte de ces villes. Ils disent aller à la campagne, avoir des biens de campagne. La campagne est, dans ce cas, plus ou moins étendue selon l'intention de celui qui parle. Voilà une belle campagne, ne s'entend que de celle et même une partie de celle qu'on a sous les yeux. J'irai à ma campagne, la circonscrit dans les bornes de telle propriété.

Les cultivateurs prononcent rarement entre eux le mot de campagne. Ils lui substituent les mots terres, champs, prés, vignes, bois, coteaux, marais, etc., qui fixent plus précisément leurs idées.

Il est cependant quelques cantons où ils emploient ce mot, mais dans une acception tout-à-fait différente, c'est-à-dire comme synonyme d'année, de saison, etc. Ainsi ils disent j'ai défriché ce terrain la dernière campagne. Je compte semer, la campagne prochaine, du blé dans tel champ. Je remets la fin de ces travaux à l'autre campagne.

C'est dans les ouvrages des littérateurs et des poëtes qu'il faut chercher la *description de la campagne*, *le tableau de la vie de la campagne*, etc., etc. Dans celui-ci l'imagination doit rester froide afin de ne montrer que la vérité. (B.)

CAMPAGNOL, *Mus arvalis*, Lin. Petit quadrupède du genre des RATS, que les cultivateurs confondent généralement avec le mulot, mais qui s'en distingue fort bien et par ses caractères spécifiques et par la nature de ses ravages.

C'est du campagnol, et non du mulot, de l'abondance duquel on s'est si généralement plaint en Europe dans ces dernières années ; car ce dernier habite plus volontiers les bois et les lieux couverts, où il trouve des glands et des noisettes qu'il aime de passion ; au lieu que le premier, vivant principalement de blé et d'autres graines analogues, ne quitte les lieux cultivés que lorsqu'il y est forcé par la faim.

La longueur du campagnol est d'un peu plus de trois pouces. Sa tête est grosse, son museau obtus, ses oreilles petites, presque entièrement cachées par les poils, ses yeux saillans, sa queue courte, terminée par une touffe de poils plus longs; sa couleur en dessus est un brun de diverses nuances mêlé de roux, et en dessous d'un cendré foncé.

Le mulot profite en général des trous qu'il rencontre. Le campagnol ne cesse d'en faire, aussi en trouve-t-on souvent la terre toute criblée. Ils sont ordinairement peu profonds et terminés par deux ou trois loges; mais quelquefois les femelles, lorsqu'elles veulent mettre bas, les prolongent jusqu'à deux pieds, et les terminent par une excavation de trois à quatre pouces de diamètre, qu'elles remplissent d'herbes hachées ou de mousse; excavation où elles allaitent leurs petits. Les femelles font au plus deux portées par an et non six à huit, comme l'ont dit quelques écrivains trompés par leur grande multiplication. Chacune de ces portées étant au moins de cinq et quelquefois de douze petits, fournissent, lorsque le nombre des mères est déjà considérable, assez d'individus pour qu'on ne soit pas obligé de faire des suppositions pour expliquer l'énorme quantité qui se montre certaines années.

Lorsqu'on trouve plusieurs campagnols dans le même trou on peut être certain qu'ils appartiennent à la même famille; ils sont naturellement ennemis les uns des autres, car ils se mangent réciproquement dans la disette, et se craignent si fort qu'ils n'entrent jamais dans un trou étranger que lorsqu'ils y sont forcés par un danger imminent. Ils préfèrent creuser un nouveau trou plutôt que de profiter de ceux qui sont abandonnés.

Cette disposition, la nature l'a donnée aux campagnols, afin d'arrêter leur trop grande multiplication; car tout est balancé dans le monde. Quoique vivant principalement de blé, d'orge, d'avoine, etc., ils se répandent souvent dans les prairies hautes et y vivent de racines; dans les jardins et dans les bois où ils dévorent les fruits, les noix, les noisettes, les glands, etc. Ils sont obligés de voyager souvent, parcequ'ils ne font jamais de provisions, au contraire des mulots, qui pensent à l'avenir et établissent dans leurs terriers des magasins toujours plus considérables que leur consommation ne le comporte. Ainsi on les voit abandonner les chaumes au moment des semailles pour se jeter sur les champs ensemencés, les quitter lorsque le blé est levé pour gagner les bois, et revenir dans les mêmes lieux lorsque le blé commence à mûrir. Je parle comme si tous suivoient la même marche; mais on sent bien que ceci ne peut être et n'est en effet rien moins que régulier et qu'il en reste toujours. Ils savent couper le chaume pour faire tomber l'épi et le dévorer. Ils savent se cacher au centre des gerbes et se faire porter dans la grange, sur les meules où ils exercent leurs rapines avec sécurité pendant tout l'hiver, malgré les chats qui ne peuvent pas pénétrer jusqu'à eux.

Les ennemis des campagnols sont nombreux et en font de grands massacres, mais ils ne le sont pas encore assez, ou, mieux, l'homme se plaît à les détruire contre ses intérêts. Ainsi les oiseaux de proie diurnes, sur-tout les buses, les tiercelets, les émouchets en détruisent beaucoup. Ainsi les ducs, les chats-huants, les orfrayes et autres oiseaux de proie nocturnes en font la base de leur subsistance. Les renards, les chats, les fouines, les belettes leur font avec succès une guerre perpétuelle. J'ai vu des chiens même qui les chassoient avec une espèce de fureur et qui en tuoient beaucoup. Il est très facile de les dresser à ce genre d'utilité.

L'homme a beaucoup de moyens d'en diminuer le nombre. Ainsi un cultivateur soigneux fera suivre la charrue, au second labour d'automne, par des enfans qui, avec un faisceau de baguettes, tueront tous ceux que le soc amènera au jour. Ainsi il fera faire la même opération lorsqu'il videra sa grange, démolira ses meules. Dans les jardins il enterrera des pots ventrus, faits exprès, de manière que tombant dedans ils ne pourront plus sortir. On peut encore les empoisonner, non avec de l'arsenic ou du sublimé corrosif, moyens très dangereux, mais avec de la noix vomique, du garou, de l'euphorbe, etc., dans la décoction desquels on fait tremper des grains de blé.

Mais c'est la nature qui est la plus grande destructrice de ses œuvres. En effet les campagnols périssent par milliers, par millions peut-être, dans les inondations, à la suite des longues pluies, des froids permanens, des neiges durables, etc. Enfin le manque de nourriture les fait mourir d'inanition et les force à se dévorer eux-mêmes.

O éternelle providence !

On trouve dans les neuvième et dixième volumes des Annales d'agriculture de Tessier, des mémoires sur les ravages des campagnols, qui font voir combien ils peuvent être considérables. Dans un de ces mémoires, M. Thieffries indique des trous ou fosses comme un excellent moyen de prendre de grandes quantités de ces animaux; et en effet lorsque ces fosses sont creusées jusqu'au dessous de la couche de la terre végétale et que leurs parois sont perpendiculaires et bien unies, les campagnols qui y tombent ne peuvent pas en sortir et y meurent de faim. Ils remplacent les pots dont j'ai parlé plus haut. Mais comme ces trous ou fosses faits avec la bêche deviennent coûteux, le même M. Thieffries a imaginé une tarière ou vrille de fer de deux décimètres de diamètre et de trois de longueur, terminée par une tige de cinq, et mue au moyen d'une traverse de même longueur. En trois tours et en deux minutes un homme de moyenne force peut faire un de ces trous. (B.)

CAMPANE. On donne quelquefois ce nom aux CAMPANULES et au BULBOCODE PRINTANIER. L'inule campane est une AUNÉE.

CAMPANIFORME. Sorte de fleur monopétale qui représente une cloche découpée en ses bords en trois, quatre, cinq ou six parties. La campanule en offre un exemple. (B.)

CAMPANILE. *Voyez* CAMPANULE.

CAMPANULE, *Campanula*. Genre de plantes de la pentandrie monogynie et de la famille des campanulacées, qui renferme plus de cent espèces, parmi lesquelles il en est quelques unes qui intéressent le cultivateur comme aliment et beaucoup comme objet d'agrément.

Les espèces de ce genre sont la plupart herbacées et lactescentes. Elles ont une odeur et une saveur qui leur sont particulières. Leurs feuilles sont alternes, leurs fleurs généralement remarquables par leur grandeur.

Les espèces les plus importantes à connoître sont les suivantes ;

La CAMPANULE RAIPONCE ou simplement la *raiponce*, qui a les feuilles ondulées, les radicales ovales, lancéolées, et les rameaux de la panicule, qui est toujours terminale, très rapprochés. Elle est bisannuelle, et se trouve dans tous les pays montagneux de l'Europe, aux lieux secs et incultes, dans les pâturages élevés, le long des chemins, etc. Sa racine est épaisse, fusiforme, très blanche, ses tiges anguleuses, ses fleurs bleues, et de près de six lignes de diamètre. Toutes ses parties sont d'une saveur agréable. Les hommes et les bestiaux la mangent avec plaisir. Dans les parties moyennes de la France, on va l'arracher sur les collines dès les premiers jours du printemps, lorsque ses nouvelles feuilles commencent à se développer, pour la manger en salade. Autour de Paris et autres grandes villes, on la cultive pour le même objet. Cet aliment passe pour très rafraîchissant à raison de son mucilage abondant. C'est toujours le plant de l'année précédente qu'il faut choisir, parceque celui qui va fleurir est trop coriace. Cette circonstance, encore plus que la grosseur, fait que quelques personnes préfèrent la raiponce cultivée à la sauvage, quoique cette dernière soit bien plus savoureuse.

Lorsqu'on veut cultiver cette plante, on en sème la graine à la volée et fort clair aussitôt qu'elle est mûre. Si on la gardoit seulement jusqu'au printemps, elle ne lèveroit pas. Pour le climat de Paris, c'est au milieu de juin. Une terre bien préparée et ombragée est celle qu'il lui faut. On enterre à peine cette graine, car elle est très fine. Le mieux même est de ne la pas enterrer du tout, les pluies et les arrosemens, car l'eau lui est nécessaire, remplissant suffisamment cet objet. On éclaircit et sarcle la planche une ou deux fois en automne, et on la bine autant de fois dans le courant de l'hiver. Le plant, si l'année a été favorable, peut être arraché dès le mois de décembre, mais ordinairement on attend février et mars. Il n'est pas rare de voir des racines, à cette époque, qui ont la grosseur du pouce, tandis qu'à la campagne elles surpassent rarement celle d'une plume à écrire. On réserve, comme on le pense bien, un certain nombre de pieds pour la graine.

La CAMPANULE A FEUILLES RONDES est glabre, a les feuilles radicales réniformes, dentées, et les caulinaires linéaires et entières. Elle est vivace, et se trouve très abondamment dans toute l'Europe sur les montagnes, dans les bois, le long des chemins, et sur les vieux murs. On peut la manger comme la précédente, mais ses racines sont très peu charnues. Les bestiaux la recherchent beaucoup. Ses tiges grêles et ses grandes fleurs bleues, que leur poids fait pencher, lui donnent un aspect très élégant. On la cultive quelquefois dans les jardins d'agrément, où elle varie en blanc.

La CAMPANULE A FEUILLES DE PÊCHER a les feuilles radicales ovales; les caulinaires linéaires, lancéolées, dentées, sessiles et écartées. Elle est vivace, et originaire des parties montagneuses de l'Amérique septentrionale. Sa hauteur est de deux pieds au plus. On la cultive fréquemment dans les jardins d'agrément, où elle produit un très bel effet par ses épis de fleurs bleues, larges de six à huit lignes. On en a des variétés roses et blanches, des semi-doubles et des doubles. On multiplie les simples et semi-doubles de graines qu'on sème en automne dans un terrain bien préparé. Les autres se multiplient par séparation des tiges des vieux pieds au printemps, ou par des éclats qu'on enlève autour d'eux, ou par boutures qu'on fait pendant tout le cours de l'été.

Cette plante se place dans les plates-bandes des parterres, ou au pied des buissons dans les jardins paysagers, et par-tout elle se fait remarquer par ses belles fleurs et par son beau port.

La CAMPANULE PYRAMIDALE a les feuilles radicales en cœur, dentées, glabres; les caulinaires ovales, dentées; les fleurs disposées en petits bouquets le long de la tige. Elle est bisannuelle, et se trouve dans les Basses-Alpes, du côté de l'Italie. Ses tiges sont ordinairement droites, simples, hautes de trois à quatre pieds. On la cultive très fréquemment dans les jardins d'agrément, qu'elle embellit pendant tout l'été par ses beaux et longs épis de fleurs bleues. La meilleure manière de la multiplier, c'est de semer ses graines aussitôt qu'elles sont récoltées dans un terrain bien labouré, mais non fumé, sans les enterrer, et de leur donner de l'eau souvent, mais en petite quantité. Quelques personnes font ces semis en pot pour pouvoir séparer plus facilement les jeunes plants avec la motte, ce qui assure leur reprise et la beauté des tiges qu'ils doivent produire. D'autres les placent sur des couches à châssis; mais cela est superflu dans le climat de Paris, où souvent les pyramidales croissent d'elles-mêmes sur les murs et parmi les décombres, ainsi que je l'ai observé. L'automne de l'année suivante on met en place le plant le plus fort, c'est-à-dire au milieu des parterres, ou entre les arbustes du second rang dans les jardins paysagers. On en conserve quelques pieds en pot pour mettre sur des gradins, sur les terrasses, sur les marches d'escaliers, où l'on jouit de toute leur beauté. Ces pots demandent à être fortement arrosés pendant l'été, au moment de la floraison, et mieux à être mis sur une assiette pleine d'eau. En hiver il faut la leur refuser presque entièrement. Quoique bisannuelle, il est facile de la perpétuer pendant long-temps en coupant les tiges avant que la totalité de leurs fleurs soit épanouie.

On peut aussi multiplier la *campanule pyramidale*, au moyen des éclats qu'on sépare des vieux pieds au printemps et qu'on met en pépinière. On la rend par-là pour ainsi dire éternelle. Les pieds ainsi produits ne donnent jamais d'aussi belles tiges que ceux provenus de graines, et Miller a observé qu'ils devenoient stériles à la longue. On pourroit sans doute aussi les multiplier de boutures, mais je ne sache pas qu'on l'ait fait.

Le plus important pour conserver les pyramidales en plein air dans le climat de Paris, c'est de les mettre dans un terrain sec et chaud, quoiqu'un peu ombragé. L'exposition du levant est la plus convenable. Ce qui les fait si souvent périr pendant l'hiver est moins le froid que l'humidité surabondante, ou la pourriture, qui en est la suite. Je m'en suis assuré d'une manière positive.

La CAMPANULE A GROSSES FLEURS, *Campanula medium*, Lin., a les feuilles oblongues, sessiles, légèrement crénelées; les fleurs bleues et d'un pouce de diamètre, portées sur des pédoncules droits; les fruits à cinq loges. On la trouve dans les montagnes des Apennins. On la cultive fréquemment dans les jardins d'ornement, à raison de la grosseur de ses fleurs. Elle s'élève de deux pieds et est bisannuelle. Toutes ses parties sont très velues et très rudes au toucher. On la multiplie, comme la précédente, de graines, et quelquefois d'éclats enlevés aux racines. Elle est moins difficile qu'elle sur le choix du terrain et supporte les engrais, aussi ne voit-on qu'elle presque par-tout. C'est sur les côtés des plates-bandes et dans les corbeilles des jardins paysagers qu'il convient de la placer.

La CAMPANULE GANTELÉE, *Campanula trachelium*, Lin., vulgairement connue sous le nom de *gant de notre-dame*, a les feuilles en cœur, pointues, dentées, velues; la tige anguleuse, velue, haute de deux à trois pieds; les fleurs axillaires et de huit à dix lignes de diamètre. On la trouve dans les bois de presque toute l'Europe, où elle se fait remarquer par la beauté de ses fleurs qui s'épanouissent au milieu de l'été. Elle est vivace. Les vaches, les chèvres et les moutons la mangent. Quelques habitans des campagnes mangent aussi ses jeunes racines en salade comme la raiponce. Elle est estimée en médecine comme astringente et vulnéraire. On la cultive quelquefois dans les jardins, où elle double et produit une variété blanche.

La CAMPANULE CONGLOMÉRÉE a les feuilles lancéolées, cordiformes, crénelées, velues et rudes au toucher; les fleurs bleues, de trois à quatre lignes de diamètre, sessiles, et réunies en faisceau à l'extrémité des tiges. Elle est vivace; croît dans les bois montueux, aux lieux secs et arides, et fleurit pendant tout l'été. Je l'ai vue quelquefois très abondante.

Il est encore un grand nombre de campanules qu'on pourroit citer comme plantes d'ornement; mais leur culture étant absolument la même que celle des espèces que je viens de mentionner, je renvoie ceux qui voudroient les connoître aux ouvrages des botanistes.

Il en est cependant quelques unes des Hautes-Alpes qui ont pour caractères communs d'être très peu élevées et uniflores, qui en demandent une particulière. On doit les semer en pot et les garantir de la gelée, car elles la craignent beaucoup, quoique sous la neige pendant cinq à six mois. Lorsqu'elles sont levées, il faut les placer à l'ombre et leur donner de fréquens arrosemens, mais très modérés. Rarement on conserve ces plantes long-temps, quelques soins qu'on leur donne.

Quant aux campanules d'orangerie, il n'en doit pas être fait mention ici. Leur nombre est au reste peu considérable.

Je termine cet article par la CAMPANULE MIROIR DE VÉNUS, *Campanula speculum*, Lin., jolie petite espèce annuelle qu'on trouve si abondamment dans les moissons, et qui s'éloigne des autres par sa corolle en roue. On en a fait un genre sous le nom de PRISMATOCARPE. Ses tiges sont anguleuses et flexueuses, ses feuilles oblongues et crénelées, ses fleurs violettes, et portées sur des pédoncules solitaires et axillaires. Ses fleurs se ferment ordinairement le soir, et présentent alors un pentagone à angles saillans. Les capsules sont prismatiques.

Dans quelques endroits on mange cette plante en salade,

dans d'autres on la cultive pour ornement. Elle aime une terre sèche et sablonneuse, une exposition chaude. On la sème en place, pour faire des bordures ou des petites touffes, en automne ou au printemps. La transplantation lui est toujours nuisible. Elle commence à donner ses fleurs au milieu de l'été, et en fournit jusqu'aux gelées, sur-tout si on a soin de couper la tête à quelques pieds pour les forcer de pousser des rejetons latéraux.

Quoique la campanule miroir de Vénus nuise peu aux blés, son abondance est toujours une preuve de mauvaise culture, et un agronome jaloux de sa réputation doit l'en proscrire, comme toutes les autres, malgré son air aimable et son *humilité*. (B.)

CAMPÊCHE, BOIS DE CAMPÊCHE, *Hæmatoxylum campechianum*. Lin. Arbre exotique de la décandrie monogynie et de la famille des LÉGUMINEUSES, qui croît naturellement dans la baie de Campêche, d'où lui vient son nom. On le cultive aux Antilles, où il a été transporté de la terre ferme de l'Amérique, et où il est depuis long-temps naturalisé. C'est un arbre épineux, toujours vert, qui croît rapidement, et qui acquiert la hauteur de trente ou quarante pieds. Sa tige est à côtes, assez droite et d'une grosseur médiocre proportionnellement à son élévation; elle est revêtue d'une écorce d'un brun gris qui recouvre un aubier d'un blanc jaunâtre. Le cœur du bois est rouge; c'est cette partie de l'arbre qui entre dans le commerce. On en transporte une grande quantité en Europe pour les teintures en noir, pourpre ou violet. Les feuilles du campêche sont ailées sans impaire, et les fleurs disposées en grappes.

Le campêche s'est prodigieusement multiplié aux Antilles. Sa croissance est si rapide, qu'après dix ou douze ans on peut mettre en œuvre le bois d'un arbre venu de semence. Mais on n'a point encore songé dans nos colonies à en tirer ce parti; tout le bois de campêche du commerce vient de la baie de Honduras. Les habitans de la Jamaïque et de Saint-Domingue se sont jusqu'à présent contentés de cultiver cet arbre pour enclore leurs possessions. Il est en effet très propre à cet usage; les haies qu'il forme sont défensives, d'un vert agréable, et faciles à tailler. Mais elles présentent plusieurs inconvéniens; il faut les tailler trois ou quatre fois chaque année, sans quoi elles s'éclairciroient bien vite, et pourroient produire des graines qui infecteroient le voisinage de jeunes plants. Ensuite rien ne peut croître auprès de ces haies, et par cette raison on est obligé de laisser un grand espace inculte entre leur lisière intérieure et les plantes utiles qu'elles entourent. Enfin, comme le campêche trace beaucoup, le grand nombre de pieds dont se compose nécessairement une haie, donne naissance à une multitude infinie de rejetons qu'on a beaucoup de peine à détruire.

C'est avec ces rejetons qu'on forme de nouvelles haies. Après avoir arraché et enlevé toutes les souches et toutes les mauvaises herbes qui sont sur le terrain, on trace à la houe trois sillons parallèles et tirés au cordeau, et l'on y place, assez près les uns des autres, les jeunes plants de campêche dont on chausse et couvre les pieds avec la terre enlevée du sillon. On doit choisir de préférence les plants de quinze à dix-huit pouces de hauteur; quelquefois on les prend ou plus petits ou plus forts. Cette opération ne peut se faire que dans un temps pluvieux. La première année de sa plantation, la jeune haie exige deux ou trois sarclaisons; les deux années suivantes une seule suffit; quand elle est parvenue à une certaine hauteur, on la rabat pour la fortifier, et dans la suite on la taille avec soin tous les ans, comme il a été dit. (D.)

CAMPHRE. Huile essentielle concrète, de couleur blanche, demi-transparente, très volatile, très inflammable, très aromatique, d'une saveur âcre et légèrement amère, se dissolvant dans l'alcohol ou les huiles, mais non dans l'eau, dont on fait un fréquent usage dans la médecine vétérinaire, sur-tout dans les épizooties, soit inflammatoires, soit putrides. En effet, c'est le meilleur antispasmodique et le meilleur antiputride. On le donne aux chevaux à la dose de quinze à vingt-cinq grains.

Le camphre se retire du tronc d'un arbre du genre des lauriers, arbre qui croît dans les Indes et dans les îles qui en dépendent. Le docteur Chèze l'a préconisé, dans ces derniers temps, comme remède contre les rhumatismes.

Proust a prouvé que les huiles essentielles du romarin, de la lavande, de la marjolaine, de la sauge, et autres plantes de la famille des labiées, en contenoient beaucoup, et qu'on pouvoit même l'en extraire avec profit.

Dernièrement on a reconnu qu'en faisant passer du gaz oxygène dans de l'huile essentielle de térébenthine, on la convertissoit toute en camphre. (B.)

CAMPHRÉE, *Camphorosma*. Petite plante vivace, à racine ligneuse, à tiges frutescentes, velues, nombreuses; longues d'un pied; à feuilles alternes, sessiles, linéaires, velues; à fleurs blanchâtres, petites, solitaires et sessiles dans les aisselles des feuilles, qui forme un genre dans la tétrandrie monogynie et dans la famille des chénopodées.

La CAMPHRÉE DE MONTPELLIER croît dans les parties méridionales de l'Europe, aux lieux arides et incultes. Elle fleurit au milieu de l'été. Ses feuilles, froissées, exhalent une odeur de camphre, et, mâchées, indiquent beaucoup d'âcreté. On la re= garde en médecine, comme expectorante, incisive, sudori- fique et apéritive. Son usage est assez fréquent. B.)

CAN. Nom du chien dans le département du Var.

CANADA. On donne ce nom au TOPINAMBOUR dans quel- ques cantons.

CANAL. On appelle ainsi toute excavation de terre de plus de deux pieds de large et de douze pieds de long, faite de main d'homme, pour retenir les eaux stagnantes ou pour leur donner un cours forcé.

Lorsqu'un canal a moins de deux pieds de large, on l'appelle RIGOLE, FOSSÉ, SAIGNÉE, etc. Lorsqu'il a moins de douze pieds de long, c'est un BASSIN, une PIÈCE D'EAU, un VIVIER, etc. *Voy.* ces mots.

Les canaux, relativement à l'agriculture, peuvent se diviser en *canaux de navigation*, en *canaux d'arrosement*, en *canaux de dessèchement*, et en *canaux d'ornement. Voy.*, pour les premiers, l'article NAVIGATION INTÉRIEURE.

Mais ces canaux, lorsque l'eau qu'ils contiennent est trop stagnante, portent autour d'eux, pendant les chaleurs de l'été, des miasmes dangereux. Il faut donc ne les pas mul- tiplier dans les lieux déjà mal-sains par leur position, tels que les contrées marécageuses, les vallées étroites et sans courant d'air, le milieu des forêts, etc. Des plantations de végétaux en général, et de certains en particulier, peuvent diminuer les inconvéniens du voisinage des canaux et des étangs. Les *galé d'Europe* et *cérifère* produisent spécialement cet effet.

Tout canal doit être de temps en temps nettoyé des herbes et de la vase qui s'y sont accumulées. Cette opération aura moins d'inconvéniens au printemps qu'en été et en automne pour la santé des travailleurs et des habitans du voisinage. Ses résul- tats, transportés sur les carreaux des jardins, les engraisseront autant que le meilleur fumier, et n'auront pas l'inconvénient de donner un mauvais goût aux légumes.

Jamais il ne faut manquer d'empoissonner les eaux d'un ca- nal, car non seulement il en résulte du profit et de l'agrément, mais encore une diminution d'insalubrité, les poissons se nour- rissant des vermisseaux et des larves d'insectes qui, en se pour- rissant, auroient puissamment concourru à l'altération putride de ces eaux. Les carpes, les tanches, les perches, les gardons, les carassins, les cyprins dorés, ou dorades de la Chine, sont ceux qu'il convient d'y placer de préférence. Les anguilles, les écrevisses et autres poissons qui se font des trous dans le rivage, doivent en être écartés. Il en est de même du brochet dévas- tateur. Ces poissons, étant nourris avec les restes de la cuisine, pourront grossir autant que s'ils étoient dans de vastes étangs.

Souvent on se contente de mettre dans les canaux des carpes déjà grosses, pour les y trouver au besoin. (B)

CANAL D'ARROSEMENT, *Voyez* IRRIGATION. Pour établir un tel canal, il faut supposer une rivière plus élevée que les campagnes que l'on veut arroser, sans se mettre en peine de la distance, pourvu qu'elle ne soit point excessive, et qu'il ne se rencontre point en chemin d'obstacle insurmontable pour la conduite des eaux qu'on veut dériver. Après avoir levé une carte du terrain avec les nivellemens nécessaires, on choisira, en remontant le fleuve, le point d'élévation le plus propre pour la naissance du canal, afin de conduire les eaux au terme le plus éloigné du précédent, en donnant à ce canal une pente et une largeur proportionnées à son usage. Comme ce canal doit être accompagné de plusieurs branches qui fourniront de l'eau à des rigoles d'arrosage, on lui fait suivre les coteaux par lesquels on peut en soutenir la hauteur, en lui donnant une pente qui maintienne toujours les eaux à une élévation plus grande que celle qu'aura le fleuve, à mesure qu'il s'éloigne de l'endroit où se fera la prise des eaux; c'est-à-dire que si le fleuve a une ligne ou deux de pente par toise courante (les rivières qui ont plus de deux lignes par toise de pente, ce qui fait seize pouces huit lignes par cent toises, sont regardées comme des torrens), on n'en donnera que la moitié au lit du canal, en observant de l'élargir à proportion du chemin qu'on lui fera faire, et de la pente qu'on lui donnera, parceque l'eau augmente de volume et de hauteur en raison de la pente qu'on lui ôte.

Après avoir déterminé la quantité de pays qui peut profiter du *canal d'arrosage*, on fait convenir les particuliers de ce que chacun d'eux doit contribuer pour le dédommagement des terres qu'occupera le canal, à proportion de l'avantage qu'ils en peuvent tirer, ce que l'on saura en réglant le prix de l'arrosage sur celui de la dépense totale de l'entreprise. On doit préparer ensuite la superficie du terrain qu'on veut arroser, et s'accommoder à la figure du pays, et aux sinuosités où il faudra assujettir le canal, de manière que les eaux puissent se répandre par-tout dans les branches nécessaires aux héritages. On ouvre et ferme ces branches ou canaux particuliers par de petites écluses à vannes, qu'on place aussi d'espace en espace, pour faciliter les distributions qu'on fait le plus souvent par de petites buses, où il ne peut passer que la quantité d'eau qui doit appartenir à chacun, comme cela se pratique en Suisse et en Provence. Il faut, sur toutes choses, donner aux branches que l'on tirera du grand canal, et aux rigoles qui partiront de ces branches, des largeurs et profondeurs proportionnées à la quantité d'eau qu'on y fera passer, relativement à la vitesse et au trajet qu'elle sera obligée de faire. Il y a plus d'art qu'on ne pense à faire équitablement cette distribution, pour qu'un héritage ne soit point favorisé au préjudice d'un autre. Il est essentiel d'établir une bonne police, afin de régler le temps où il faudra donner des eaux, celui qn'on pourra les garder; etc., etc. On doit se conformer pour cet objet à ce qui s'observe dans la plupart des lieux où il se fait des arrosemens publics, en ajoutant ou retranchant ce que l'on trouvera convenable aux circonstances.

S'il arrivoit qu'il n'y eût point de rivière dans un pays que l'on veut arroser, mais qu'il se rencontrât dans le voisinage une quantité de sources qu'on pût rassembler dans un réservoir, comme on a fait à celui de Saint-Férreol, il faudroit de même en soutenir les eaux par une digue, et faire un canal pour les conduire dans les temps de sécheresse au terme de leur destination. Enfin, si l'on en étoit réduit aux eaux de pluie qui tombent annuellement sur la surface de la terre, il faudroit pratiquer sur les hauteurs, et à mi-côte, des réservoirs, mares et étangs, pour en tirer des rigoles d'arrosage, comme on l'a fait à Versailles. (Th.)

CANAL DE DESSÈCHEMENT. *Voyez* Dessèchement. Lorsque, par la négligence des principes établis sur la navigation des rivières, et par l'ignorance des règles de l'hydraulique, les débordemens successifs des fleuves et des rivières qu'on n'a pas eu soin de diguer ont amassé des flaques d'eau dans les lieux bas où elles n'ont pas d'écoulement ; alors le mal va toujours en augmentant, le pays devient à la longue aquatique, marécageux et inhabitable. Je pourrois citer une infinité de bons terrains qui sont dans ce cas; je ne fais qu'indiquer cette partie du Dijonnais noyée par les débordemens de la Saône, de l'Ouche et de l'Estille, comme on le voit dans la description des rivières de cette province. On ne peut rendre à la société ces terrains perdus que par des dépenses énormes pour les dessécher et les mettre en état d'être cultivés ; dépenses qu'on auroit pu prévenir par les précautions ci-devant indiquées.

Une des principales causes qui donnent lieu à rendre marécageux un bon terrain vient souvent des moulins sur les petites rivières, par la négligence des propriétaires voisins, et principalement des meuniers, qui laissent élever le lit de ces rivières sans les nettoyer, ni fournir d'écoulement aux eaux qui s'amassent ailleurs dans les saisons pluvieuses ; le seul moyen d'y remédier est de baisser les eaux de ces petites rivières en approfondissant leur lit, auquel on donnera plus de largeur, et en même temps de faire baisser à proportion le seuil et et le radier des écluses de tous les moulins.

On améliore un terrain aquatique de deux manières, par *assèchement* ou par *accoulin*. Dans le premier cas, on tâche de faire prendre aux eaux un cours réglé, moyennant des rigoles et canaux qui suivent des pentes plus basses que ne le sont les endroits les plus profonds du terrain qu'on veut mettre à sec, et qu'on fait aboutir à un terme où ils ne peuvent porter de préjudice, ou en retenant les eaux dans leur propre lit pour empêcher qu'elles ne se répandent dans la campagne comme auparavant ; ce qui se fait le plus souvent en fortifiant par de fortes digues les bords du lit dans lequel les eaux ont leur cours ordinaire ; et si cela ne suffit pas, on leur prescrit une autre route.

Les plaines ont ordinairement une pente si insensible, et leur surface est si inégale, que les eaux de pluie ne manqueroient pas de causer le dépérissement des récoltes, si, au lieu d'y séjourner, elles ne venoient se rendre dans des fossés creusés exprès pour les recevoir ; et c'est ce qui fait la différence d'un pays cultivé à un autre qu'on néglige. Si de là ces eaux viennent à se réunir dans des lieux bas entourés de hauteurs qui empêchent qu'elles ne puissent s'évacuer, ou qu'il s'y rencontre des sources, elles formeront nécessairement des marais, à moins qu'on ne leur fasse des canaux pour les conduire dans le fleuve le plus prochain, ou à la mer si on en est à portée ; mais il faut que le fond d'où elles partiront pour s'y rendre soit plus élevé que le niveau de leur lit, et qu'il n'y ait point de montagnes intermédiaires formant un trop grand obstacle.

Lorsque les eaux d'un canal de décharge peuvent être rendues supérieures au niveau des plus grandes crues du fleuve où elles doivent entrer, rien ne s'opposant à leur libre écoulement, on sera assuré du succès de l'entreprise. Si, au contraire, dans le temps des grandes crues, le fleuve s'élève plus que le niveau du canal de décharge (ce qui ne manquera pas d'arriver quand ses bords seront digués), alors le canal pourroit devenir plus nuisible qu'avantageux, en fournissant au même fleuve un débouché pour inonder le pays voisin.

Cependant comme il y a des cas où cette disposition est inévitable, le seul moyen d'y remédier est de faire une écluse à l'embouchure du canal, pour soutenir les eaux du fleuve quand elles sont plus élevées que celles d'écoulement, écluse que l'on ouvrira dès que les premières seront devenues plus basses ; mais comme les eaux du canal accroîtront de leur côté, quand de part et d'autre elles proviendront des pluies abondantes, il faut que ce canal soit assez large et ses bords digués, de manière qu'il puisse contenir, pendant la grande crue du fleuve, toutes les eaux que les fosses ou rigoles recevront, jusqu'au temps où leur niveau aura acquis la supériorité qu'il leur faut pour s'épancher ; mais si elles s'amassoient en si grande quantité qu'il y eût à craindre qu'elles surmontassent les bords du canal, pour inonder les cantons voisins, il faudroit y faire un déchargeoir répondant à une rigole le long du bord de la rivière, en la descendant assez bas pour faire une rentrée. On peut aussi faire la même rigole par-tout ailleurs où le terrain offriroit assez de supériorité pour répondre au dessein que l'on a ; et si les canaux d'écoulement ont leur embouchure dans la mer, il faut prendre d'autres précautions, que je ne puis développer ici, comme sortant de mon objet.

Quand on entreprend de dessécher une grande étendue de terrain, il faut voir si le canal principal qui recevra les eaux de toutes les rigoles qui viendront y aboutir ne pourra point être tourné à l'usage de la navigation, et agir en conséquence pour son exécution. C'est la propriété qu'ont presque tous les canaux d'écoulement qu'on voit en Hollande ; qui, après avoir formé autant de branches pour le commerce de l'intérieur du pays, se réunissent ensuite à celui que les villes maritimes font avec le dehors ; mais ces grands objets appartiennent moins aux particuliers qu'au gouvernement, de même que la manière qui suit de dessécher par accoulins ou attérissemens.

Lorsqu'on veut améliorer des situations qui sont si basses qu'elles ne peuvent avoir d'écoulement par aucun endroit, il faut se servir de la nature même pour les élever, en faisant en sorte que les eaux troubles des rivières, des ravins ou autres courans à portée de là, y forment des dépôts de limon et des attérissemens. Pour empêcher que les eaux chargées de limon ne s'étendent trop, il faut les retenir par des digues dont on bordera le marais aux endroits où elles pourroient s'épancher ; on leur ménage des rigoles accompagnées de petites écluses pour la décharge de la superficie de celles qui se sont clarifiées. De même l'on pratique des écluses sur les bords du courant d'eau limoneuse où l'on aura fait des canaux pour en dériver les eaux, afin d'être le maître de n'en tirer que la quantité qu'on voudra et quand on le voudra. Au reste, quand on ne trouveroit pas d'endroit pour faire écouler les eaux clarifiées après leur dépôt, l'évaporation journalière suffiroit, etc.

C'est en s'y prenant de ces diverses manières qu'on est parvenu en Italie à rendre fertile une partie du Mantouan, du Ferrarais et de la Lombardie, qui ne l'étoient pas auparavant. Ce que les Romains ont fait de plus mémorable en ce genre est d'avoir entrepris, du temps de Claudius, de dessécher le lac Fucin, où ils ont employé trente mille hommes pendant douze ans à percer une montagne de rochers pour y faire passer un canal de trois mille pas de longueur, qui devoit conduire les eaux de ce lac dans le Tibre. (Th.)

CANAL. Jardinage. Longue pièce d'eau pratiquée pour l'ornement des jardins ou pour leur utilité.

Les canaux étant de leur nature beaucoup plus longs que larges, sont plus propres à figurer dans les parcs symétriques que dans les jardins proprement dits. Lorsqu'on en a le choix, on les place en face des châteaux, au milieu ou à la suite de longues pièces de gazon, et on les accompagne de lignes de grands arbres; quelquefois aussi on les fait servir de clôture à des jardins. Cette destination n'est pas la moins importante, puisqu'en assurant les possessions elle les rend plus agréables et plus productives.

Les canaux sont tantôt à bords simples, tantôt à bords revêtus de maçonnerie. Les premiers ne sont praticables que dans les sols argileux. On est forcé de préférer les seconds, quoique très couteux, dans les terres légères et perméables à l'eau. Souvent même il faut corroyer leur fond et le derrière des murs avec de l'argile; ce qui augmente encore la dépense. *Voyez* au mot Bassin.

On peut tirer un revenu des canaux par le moyen des carpes, des tanches, des perches, etc. qu'on y dépose. Leur petite étendue ne permet pas d'y mettre des brochets, qui les auroient bientôt dépeuplés. On ne peut que rarement y souffrir des anguilles et des écrevisses qui, faisant des trous dans les bords, peuvent occasionner des pertes d'eau.

Toutes les fois qu'un canal n'est pas formé par une rivière, il faut le nettoyer souvent pour que son voisinage ne soit pas malsain. La vase qu'il fournit est un excellent Engrais. *Voyez* ce mot (Th.)

CANAL ARTIFICIEL. (Architecture hydraulique et rurale.) Dans son expression générique, un canal artificiel est un lieu creusé pour recevoir les eaux de la mer, d'un fleuve, d'une ou plusieurs rivières, d'un ou plusieurs ruisseaux, etc.; et, suivant le motif qui en a occasionné l'établissement, on lui ajoute un adjectif qui en caractérise l'espèce.

On connoît sept espèces de canaux artificiels: 1° les canaux de navigation, 2° ceux de dérivation, 3° ceux de desséchement, 4° les canaux souterrains, 5° les canaux-aqueducs, 6° ceux des jardins, 7° ceux des cascades.

1° *Canaux de navigation.* Cette dénomination indique suffisamment leur destination. La France en possède plusieurs remarquables; et bientôt elle n'aura plus rien à envier aux états les plus célèbres par les chefs-d'œuvres de l'esprit humain, et les monumens de la grandeur et de la constance des souverains qui les ont fait exécuter. Bientôt le commerce de la France trouvera, dans l'achèvement de tous ceux qui sont entrepris, les facilités les plus grandes pour le transport de ses marchandisces, et l'agriculture de puissans moyens d'amélioration et des débouchés avantageux pour toutes ses productions.

L'établissement des canaux de navigation, sagement combiné avec celui d'un nombre suffisant de grandes routes, est un des plus grands encouragemens que les souverains puissent offrir au commerce et à l'agriculture.

La construction de ces canaux est très dispendieuse, et généralement il n'y a que les gouvernemens des états les plus riches qui puissent en supporter les frais. Nous n'entrerons donc ici dans aucuns détails sur ce sujet ; ils seroient d'ailleurs superflus, parceque la direction de ces travaux importans est confiée au corps impérial des ponts et chaussées.

2° *Canaux de dérivation.* On nomme ainsi un canal artificiel établi sur une rivière ou sur un ruisseau, dans lequel on fait entrer naturellement, ou par une retenue, une partie de ses eaux pour les amener à une usine, ou pour les répandre à volonté sur les terrains de niveau inférieur à celui de la prise d'eau, ou à les conduire dans des jardins, etc. On trouvera les détails de leur construction au mot Irrigation.

3° *Canaux de dessèchement.* On appelle ainsi des canaux destinés à recueillir toutes les eaux des marais que l'on veut dessécher, et à leur procurer un écoulement assuré. (*Voyez* le mot Dessèchement.)

4° *Canaux souterrains.* Ils sont enfoncés en terre. Ces canaux peuvent être des canaux de navigation, ou des canaux de dessèchement, ou simplement des *aqueducs.* Il en sera question au mot Dessèchement.

5° *Canaux - aqueducs.* Ce sont, à proprement parler, les canaux, souvent élevés au-dessus du terrain, qui sont destinés à amener dans les villes les eaux des sources voisines pour l'aliment des fontaines publiques. Ces canaux font quelquefois partie des canaux de dérivation. Nous en parlerons au mot Irrigation.

6° *Canal de jardin.* C'est ordinairement une longue pièce d'eau pratiquée dans un jardin pour son ornement et sa clôture.

7° *Canal en cascades.* Ornement des jardins. On l'appelle ainsi lorsqu'il est interrompu par plusieurs chutes qui suivent l'inégalité du terrain. (De Per.)

CANAL DE CHALEUR. *Voyez* Serre et Bache.

CANAL DE LA SÈVE. On donne ce nom aux vaisseaux dans lesquels circule la sève. On se figure ordinairement que ces vaisseaux sont d'une substance solide, mais il n'en est rien : leur nature est membraneuse ou cellulaire ; seulement leur tissu est plus ferme et moins susceptible d'altération que le parenchyme *Voyez* aux mots Tissu tubulaire, Tissu cellulaire, Vaisseaux des plantes, Parenchyme, Sève et Circulation. (B).

CANALICULÉ. (Botanique.) C'est une petite rainure ou sillon que l'on remarque quelquefois sur les pétioles et les feuilles. Le pétiole est canaliculé ou cannelé, lorsque sa surface est creusée par un sillon ou une gouttière profonde et longitudinale. Lorsqu'une pareille gouttière ou sillon règne sur la surface des feuilles, elle porte le même nom. *Voyez* Feuille et Pétiole. (R.)

CANANG, *Uvaria*, L., Plante exotique ligneuse, dont on connoît dix à douze espèces formant un genre dans la polyandrie polygynie dans la famille des anones. Les canangs sont des arbres ou arbrisseaux aromatiques, qui ont des feuilles ovales ou oblongues, ordinairement entières; des fleurs à plusieurs pétales, et des fruits formés d'un certain nombre de capsules ou de baies distinctes attachées à un placenta. Le canang odorant est cultivé aux Moluques pour ses fleurs d'une odeur très agréable. Les fruits du canang aromatique, qui croît dans l'Amérique méridionale, sont employés comme épicerie, sous les noms de *maniguette* ou de *poivre d'Ethiopie.* Celui du canang sarmenteux se mange et a un goût d'abricot. Le canang a trois pétales donne une gomme odorante. Les autres espèces sont peu remarquables. (D.)

CANAPÉ DE GAZON. Espèce de banc de gazon plus large que les autres, qu'on pratique dans les jardins. *Voyez* Banc.

CANARD. Genre d'oiseaux des plus nombreux en espèces, puisqu'on en connoît au moins une centaine, la plupart recherchées pour la nourriture de l'homme, et parmi lesquelles il en est quatre qui ont été réduites en domesticité, et sont ainsi devenues partie du domaine de la culture. Ces espèces sont le Canard commun, *Anas boscas*, Lin., qui fera l'objet de cet article; le Canard de Barbarie ou Canard musqué, *Anas moscata*, dont je dirai un mot à la suite; le Canard oie, *Anas anser*, Lin.; et le Canard cygne, *Anas olor*, Lin., dont il sera question aux mots Oie et Cygne.

Toutes les espèces de canards vivent sur les eaux ou sur les bords des eaux; leur nourriture est en même temps animale et végétale; la plupart sont excellents à manger et fournissent à l'homme, outre leur chair, les plumes sur lesquelles il se couche, et celles qui lui servent à communiquer ses pensées par l'écriture.

Le canard commun se distingue des autres à son bec droit et à son collier blanc; mais le mâle et la femelle diffèrent tant par leurs couleurs dans l'état sauvage, qu'il faut les décrire séparément, et dans l'état domestique ils varient à un tel point qu'il est rare d'en voir deux semblables.

Le mâle du canard sauvage a la tête et la partie supérieure du cou d'un vert brillant, le dos fauve, le croupion vert et noir, la

poitrine châtain, le ventre gris, le dessus des ailes a une large
plaque d'un violet changeant en vert, bordé de deux bandes
moitié noires et moitié blanches. On remarque à son croupion deux plumes qui se relèvent et se recourbent en demi-
cercle.

La femelle est d'un brun fauve, avec des taches noires plus ou
moins grandes par-tout le corps, excepté à la base des ailes où
elle est grise, et la tache d'un violet changeant, et des bandes
noires et blanches qu'elle a comme le mâle, mais moins vivement colorées. Elle n'a jamais de plumes recourbées au croupion, de sorte que ce caractère fait toujours reconnoître les
mâles dans le canard domestique, dont les couleurs sont les
plus hétérogènes.

Le canard sauvage se trouve abondamment dans tout le nord
de l'Europe, de l'Asie et de l'Amérique. Il quitte les marais
dans lesquels il vit lorsque l'hiver commence à les glacer, et
il émigre du côté du midi. Au printemps il retourne dans ses
solitaires demeures, pour y faire sa ponte ; cependant un grand
nombre d'individus restent en France toute l'année et y font
leur nichée. Il n'est point d'habitant de campagne qui n'ait observé des volées de canards qui se font remarquer par l'ordre
avec lequel ils se suivent, et par l'angle qu'ils forment le plus
souvent, représentant un $>$. L'individu qui est à la pointe
passe à la queue lorsqu'il est fatigué d'ouvrir le vol. Ces oiseaux
sont très défians. Ils ne s'abattent jamais sans s'être assurés, par
un examen prolongé, de l'absence de tout danger. Lorsqu'ils
sont sur les eaux ou à terre, il en est toujours quelques uns qui
veillent et qui avertissent les autres de l'approche de l'homme
ou de l'animal qui peut leur nuire.

Pendant six mois de l'année les canards sauvages vivent en
troupes plus ou moins nombreuses. Quelquefois ils couvrent des
étangs d'une grande largeur ; mais dès que les glaces sont fon-
dues ; c'est-à-dire pour le climat de Paris, au milieu de mars,
ils se séparent par paire, et s'occupent de la propagation de
leur espèce. C'est au bord des grands étangs, dans les petits
buissons ou les roseaux qui se trouvent au milieu des marais les
plus impraticables, qu'ils construisent leurs nids, dans lesquels
la femelle fait entrer une partie des plumes de son ventre. Ses
œufs, ordinairement au nombre de seize, sont d'un blanc sale.
La femelle les couvre seule pendant trente jours. Lorsqu'elle
quitte pour aller chercher sa nourriture elle les couvre de
plumes.

A peine les petits sont-ils nés que la mère les conduit à
l'eau, et ils n'en sortent plus que lorsqu'ils peuvent voler. Elle
les conduit pendant le jour à la chasse des insectes et à la pêche
des vermisseaux. Le soir elle les rassemble et les couvre de ses

ailes pour les échauffer. Les petits sont couverts d'un duvet jaunâtre, qui n'est remplacé par des plumes que deux ou trois mois après. Il leur faut six mois pour parvenir à tout leur accroissement. Dans cet intervalle on les appelle *hallebrans*. On les prend difficilement, et on les conserve encore plus difficilement, lorsqu'ils sont devenus en état de se sauver; aussi n'est-il jamais sûr ni avantageux, sous aucun rapport, d'en monter la basse-cour. Lorsque le hasard en procure, on doit leur casser ou brûler le fouet de l'aile, et les manger dès qu'ils sont en état de l'être.

Comme tous les autres oiseaux, les canards sont sujets à la mue. C'est après la pariade qu'elle a lieu dans les mâles, et après la nichée dans les femelles; alors, souvent ils ne peuvent plus voler, aussi alors ne sortent-ils plus que forcément de leurs retraites.

On connoît la voix rauque et bruyante des canards : c'est principalement aux approches de la pluie qu'ils la font entendre ; elle est un des pronostics qui l'annoncent aux habitans des campagnes; leur marcher dandinant et sans grace est remplacé par une natation vive et aisée.

La chair des canards sauvages est une des plus savoureuses et des plus fines qu'on connoisse en Europe. Elle est de beaucoup supérieure à celle des canards domestiques; aussi est-elle fort recherchée des gourmets; aussi la chasse aux canards est-elle très fructueuse.

M. Gouffier a proposé, dans la Feuille du Cultivateur du 14 mars 1792, de renouveler de loin en loin la race des canards domestiques par des œufs de canards sauvages ramassés autour des étangs, afin que leur chair se rapprochât de celle de ces derniers pour le fumet. Cela se fait assez souvent dans certains cantons marécageux, où les canards sauvages couvent. Des hommes riches peuvent l'entreprendre pour leur agrément ; mais il ne me paroît pas que cela puisse devenir une pratique générale, parceque ces canards sont plus petits que les variétés domestiques, et parcequ'ils conservent une telle tendance à reprendre leur liberté, qu'on en a vu se sauver à la troisième génération. J'en ai acquis la preuve dans des nichées prises par moi dans ma jeunesse.

Par-tout où il y a abondance d'eau, on chasse les canards au fusil, soit avec des chiens qui les font partir d'entre les roseaux, soit en les attendant la nuit sur le bord des étangs, des sources non geléables, cachés dans une hutte à ce disposée. On peut encore les surprendre sur les petites rivières, en se couvrant soit d'une peau de veau préparée, et en marchant à eux en zigzag comme une vache qui paît, soit d'une hutte d'ozier recouverte de bouse de vache et de quelques branches sèches.

Souvent on se sert d'*appelans*, c'est-à-dire de canards domestiques qu'on attache par une patte dans le lieu où l'on veut attirer les sauvages.

On prend aussi les canards avec des cordes engluées, avec des hameçons garnis de morceaux de chair, avec des lacets de crin fixé dans une eau peu profonde, au fond de laquelle on a jeté du grain, des pois, du gland, etc.

Il est une sorte de chasse aux canards qui est la plus fructueuse de toutes, mais qui ne peut se pratiquer que sur les grands étangs qui gèlent rarement et dont on est complètement le maître. Elle consiste, 1° à pratiquer au bord le plus solitaire une petite flaque qui communique avec lui, et à l'ouverture de laquelle, sur une traverse en grillage cachée d'un pied sous l'eau, on établit un grand filet à poche ou verveux, dont l'ouverture est tenue ouverte par un grand demi-cercle de bois, et dont la queue est attachée sans être tendue au bord le plus éloigné de la flaque; 2° à avoir des canards privés sur l'étang, et à les accoutumer à venir, à certaines heures ou à certain signal, chercher leur nourriture. Lorsque la saison du passage est arrivée, les canards sauvages de toutes les espèces, qui sont mêlés avec les privés sur l'étang, accompagnent ceux-ci lorsqu'ils se mettent en route pour la flaque (alors seulement garnie de son filet), et y entrent avec eux. Lorsqu'ils sont occupés à manger, un homme caché en avant dans un trou fait en terre et couvert de roseaux, paroît subitement à l'entrée, et fait sauver les sauvages vers le fond, où la poche s'ouvre pour les recevoir, mais s'oppose à leur sortie, et où on les prend à la main. Les privés accoutumés à cette manœuvre ne s'en inquiètent pas, et continuent deux fois par jour de la favoriser. On prend ainsi des milliers de canards par saison, sans autre dépense que celle du filet, d'un peu de mauvais grain, et des gages du chasseur. Pour mieux réussir il est bon que les bords de l'étang, des deux côtés de la flaque, soient garnis de roseaux, ce qui est toujours facile. On disoit que la *canardière* de l'étang d'Arminvillers, près Paris, canardière que j'ai vue, et qui est établie sur les mêmes principes, quoiqu'un peu différente de celle que je viens de décrire, rapportoit anciennement, tous frais faits, huit à dix mille livres de rente à son propriétaire. Il est des milliers d'endroits en France où on pourroit former de semblables établissemens!

Malgré qu'il soit dans mon plan de parler d'abord des animaux domestiques, j'ai commencé cet article par le canard sauvage, parceque j'y ai été entraîné par la nature même des choses. Je reviens à mon objet principal.

J'ai déjà observé que les canards privés, c'est-à-dire ceux qui proviennent d'une longue suite de générations dans nos basses-cours, varient beaucoup en couleur. Le dernier degré de leur altération, sous ce rapport, celui qui indique le plus positivement l'épuisement de l'influence de l'homme, c'est la couleur blanche après laquelle il n'y en a plus d'autre. On les distingue aussi d'après leur grosseur. Ceux qu'on nourrit dans les plaines de la ci-devant Normandie ont, à cet égard, l'avantage sur tous les autres, et ce sont eux que doit préférer tout cultivateur jaloux de se monter d'une manière distinguée. Quelques uns d'eux pèsent jusqu'à sept à huit livres. Une autre race qui est principalement répandue dans la ci-devant Picardie, et qui y est connue sous le nom de *canards barboteux*, mérite aussi d'être mentionnée, parcequ'elle est plus féconde, moins exigeante, et plus attachée à la cour qui l'a vue naître.

De tous les animaux domestiques, le canard est celui qui coûte le moins et qui procure des bénéfices les plus assurés. Pourvu qu'il ait de l'eau à sa disposition et une retraite pendant la nuit, il ne demande plus rien à son maître. Tout lui est bon pour nourriture, substances animales comme substances végétales. Il est si glouton qu'il avale des objets incapables de le nourrir, ou qui ne peuvent passer par son gosier. Sa digestion se fait avec une si incroyable rapidité, qu'il semble qu'il n'a jamais assez mangé. Les eaux qu'il fréquente sont bientôt dépeuplées de tous êtres vivans. On doit donc soigneusement lui interdire les viviers, les canaux, les étangs et autres lieux où on veut conserver du petit poisson. S'il mange beaucoup, il engraisse vite, ainsi il peut être tué plus tôt, ce qui fait compensation. Généralement on n'accorde que six à huit mois de vie aux individus qui ne sont pas destinés à la reproduction, parcequ'après cette époque ils ne croissent plus et deviennent plus durs. C'est peut-être cette circonstance, soit dit ici en passant, qui fait que les canards domestiques n'ont pas la chair aussi savoureuse que les sauvages, car il est de fait que celle des animaux trop jeunes n'a jamais le bon goût de ceux chez qui la faculté reproductive s'est développée, chez qui l'esprit séminal s'est épanché dans les muscles, etc. Mais pourquoi un vieux canard sauvage est-il presque toujours tendre et presque jamais un vieux canard privé? c'est ce que je ne puis dire.

Quoique le plus souvent les canards puissent se passer d'être nourris par leur maître, cependant il est bon, pour accélérer leur croissance et les engraisser, de leur donner à manger. Les plus mauvais grains sont toujours bons pour eux. Les restes de la cuisine font leurs délices. Le son, les racines de toutes les sortes cuites, la salade, les choux, etc. Ils ne refusent rien. Dans les fermes qui ont de l'eau, on peut en élever des milliers avec des pommes de terre.

Non seulement les canards privés produisent un revenu par la vente de leur chair, mais encore par celle de leurs plumes. Dans les pays éloignés des grandes villes et où ces oiseaux se plaisent, on en élève avec avantage uniquement pour cet objet. Alors on gagne a les laisser vieillir. Leurs œufs ne sont pas non plus à dédaigner. Ils sont plus gros que ceux de la poule, mais moins agréables au goût. Une cane peut en pondre de suite cinquante ou soixante, si on les enlève à mesure et avec prudence; je dis avec prudence, car si on ne lui en laisse pas toujours plusieurs, elle abandonne la place et va pondre ailleurs. Le blanc de ces œufs ne devient pas aussi solide par la cuisson et leur jaune est plus rouge que ceux des œufs de poule. On les recherche cependant dans quelques pays pour faire de la pâtisserie qu'on croit qu'ils améliorent. Employés dans les sauces, on ne les distingue pas. En général il vaut toujours mieux faire des canetons que de manger les œufs.

Dans l'état de nature, le canard est toujours monogame, mais dans celui de domesticité, il est polygame, c'est-à-dire qu'un mâle peut suffire à huit à dix femelles. Il entre en amour dès les premiers jours de mars dans le climat de Paris, même plus tôt quand la saison est douce et qu'il est bien nourri. La femelle aime à aller déposer ses œufs dans les buissons, sur le bord des eaux, dans les lieux écartés; il faut la veiller à cette époque pour découvrir sa cachette. Souvent elle sait en imposer assez pour qu'on ne puisse pas la suivre. Alors elle couve, et si ses œufs ne deviennent pas la proie des fouines, des belettes, etc., elle amène ses petits dans la cour le jour même de leur naissance, pour demander à manger. Comme ceux de la cane sauvage, ces œufs n'éclosent que le trentième jour.

Pendant la ponte et la couvée, il est bon de donner à manger aux canards un peu plus abondamment que de coutume, mais pas cependant avec excès.

Le nombre des œufs que peuvent couver les canes est de huit à douze seulement.

Il est des canes bonnes couveuses, il en est de mauvaises, mais je dois dire qu'il s'en trouve plus de cette dernière classe que parmi les poules. Elles sont difficiles sur le choix des œufs au point qu'on dit qu'elles ne veulent pas ceux des autres. Pour peu qu'on aille trop souvent les visiter, qu'elles soient tourmentées par des chiens ou autres animaux, elles les abandonnent presque toujours. S'il en est un qui, par hasard, naisse un jour avant les autres, elle le conduit de suite à l'eau et ne veut plus revenir sur son nid. Il faut, autant que possible, les isoler des autres volailles pendant ce temps.

Les poules et les dindonnes couvant toutes sortes d'œufs, et en couvant plus que les canes, il est beaucoup de fermes où on leur donne tous les œufs de ces dernières. Cette pratique a de plus deux avantages. Le premier, que les canes auxquelles alors on ne craint plus d'enlever la totalité de leurs œufs, en pondent un plus grand nombre; le second, que les petits n'étant pas conduits à l'eau dès le jour de leur naissance, évitent les accidens qui sont la suite de cette habitude lorsque le temps est froid, ou que les eaux sont peuplées de reptiles ou de brochets. Ces mères d'emprunt leur témoignent la même affection et en prennent autant de soin que s'ils étoient de leur espèce. Qui n'a pas vu avec attendrissement la vive sollicitude de la poule, lorsque les canetons qu'elle conduit se jettent à l'eau pour la première fois? On met ordinairement douze ou quinze œufs sous chaque poule, et jusqu'à vingt-quatre sous chaque dinde.

On dit qu'en Chine on fait éclore beaucoup de canards par des moyens artificiels semblables à peu près à ceux dont on fait usage en Egypte, pour se procurer une grande quantité de poulets. Il est probable que si on pouvoit réunir assez d'œufs pour y appliquer les méthodes que j'expliquerai à l'article de la poule, il seroit avantageux de le faire, car les canetons sont plus vivaces et beaucoup moins difficiles à élever que les poulets.

La meilleure nourriture pour les canetons, les premiers jours de leur naissance, est de la mie de pain, des légumes cuits, de l'orge bouillie, etc. Le son qu'on leur offre souvent est justement ce qu'il y a de plus mauvais; car étant pour tous les animaux complètement indigestible, on peut juger de ses effets sur des estomacs encore si foibles. Je suis persuadé qu'on doit à cette malheureuse habitude, produit de l'ignorance et de l'avarice, la perte annuelle de milliers de canards. Au bout de huit jours ils peuvent se passer de tous soins particuliers, quoiqu'il soit toujours bon de les surveiller. Ils suivent au reste les mêmes règles dans leur accroissement que les canetons sauvages.

Les secondes couvées des canards, pour peu qu'elles soient tardives, ne sont jamais d'un produit aussi certain que celles des premières, en conséquence il ne faut pas les provoquer.

A six mois, ainsi que je l'ai dit plus haut, les canetons ont pris tout ou presque tout leur accroissement; c'est alors seulement qu'on doit commencer à les manger; plus tôt, leur chair est molle et sans saveur. Pour les engraisser on leur donne une nourriture plus abondante et plus choisie, soit en les laissant en liberté, soit en les renfermant sous une mue. Leur gloutonnerie fait qu'il n'est jamais nécessaire de les chaponner. *Voyez* POULE. D'ailleurs la plupart sont mangés avant l'époque où ils doivent, pour la première fois, ressentir les feux de l'amour.

Dans les pays où on fabrique beaucoup de bière on engraisse les canards avec de la drèche. La plupart de ceux qui garnissent les marchés de Paris le sont avec de la farine d'orge ou de sarrasin. Au midi, c'est avec du maïs ou du mil. Lorsqu'ils sont renfermés dans un endroit chaud et obscur, qu'on les emboque trois fois par jour, et qu'on ne leur donne d'eau que ce qu'il leur en faut pour tremper le bout de leur bec, dix à quinze jours suffisent pour les mettre en état d'être mangés. On reconnoît qu'ils sont gras, sans les toucher, par l'écartement des plumes de la queue qui font l'éventail. Il arrive souvent qu'ils étouffent dans l'opération même de l'emboquement, mais ils n'en sont, dit-on, que meilleurs; seulement on doit les saigner avant qu'ils ne soient refroidis. D'autres fois il semble que l'emboquement, loin de remplir son but, les maigrit; mais c'est que la graisse se porte sur le foie, qui grossit à un point prodigieux, ce qui leur donne la maladie appelée *cachexie hépatique*. Il faut alors les tuer, car, dans cet état, ils ne se vendent pas; les gourmets ne connoissant que les OIES susceptibles de leur procurer des jouissances par ce moyen. *Voyez* ce mot.

En général, les canards, ainsi engraissés, sont moins savoureux que ceux auxquels on a laissé la liberté. Il y a quelques motifs de croire, comme je l'ai déjà fait entendre, que plus ils mangent de matières animales, et plus leur chair a de fumet, et se rapproche de celle des canards sauvages.

On apporte à Paris des canards de fort loin, et ils y arrivent tout plumés, les marchands ayant remarqué qu'ils se conservoient mieux en cet état. Peut-être aussi est-ce pour profiter de la plume, qui n'est jamais comptée pour quelque chose dans la vente en détail. C'est depuis le mois de novembre jusqu'en février que les marchés en sont le plus garnis. Ceux des environs de Rouen, comme les plus gros, y sont les plus recherchés.

Dans quelques pays on sale les canards. Pour cela, on les fend par le ventre dans toute leur longueur, on leur coupe le cou, les pattes et le bout des ailes; on enlève tous leurs intestins, on les lave à plusieurs eaux, et on les met dans un saloir alternativement avec une couche de sel. Au bout de quinze à vingt jours on les retire pour les piquer de quelques clous de girofle et autres épices, et pour leur donner de nouveau sel. Ainsi préparés, ils peuvent se garder bons une année.

C'est au mois de mai et au mois de septembre qu'on plume les canards vivans pour avoir leurs plumes. On se contente ordinairement de celles du ventre et du cou comme les meilleures. Cette opération, faite avec prudence, n'a jamais d'inconvéniens graves. On doit faire sécher ces plumes au four, de suite, sur-tout celles de septembre, qui proviennent principalement de canards de l'année, afin qu'elles puissent se conserver. Elles ne sont pas, à beaucoup près, aussi estimées que celles de l'oie, mais elles n'en ont pas moins une valeur telle, ainsi que je l'ai dit plus haut, que dans les pays où les canards ne coûtent que des soins, ils peuvent être élevés uniquement sous ce rapport.

Il résulte de ce que je viens de dire que tout cultivateur qui a une mare à sa portée doit avoir des canards, et que celui qui a beaucoup d'eau agit contre ses intérêts, s'il n'en a pas en quantité. On se plaint qu'ils tourmentent les autres volailles, principalement les poules et les pigeons, qu'ils les déplument, et les chassent de tous les lieux où il y a de la nourriture; mais n'est-il donc pas de moyens de les en empêcher? D'ailleurs il m'a paru qu'il n'y avoit jamais que quelques individus, d'un naturel hargneux, qui courussent ainsi après les autres oiseaux de la basse-cour; et ne peut-on pas s'en défaire?

Le CANARD DE BARBARIE, ou DE GUINÉE, la CANE D'INDE, ou CANE MUSQUÉE, dont il me reste à parler, est originaire de l'Amérique méridionale. Il est deux fois plus gros que celui dont il vient d'être question, et se fait remarquer par sa tête couverte de caroncules d'un rouge vif, plus nombreuses et plus colorées dans le mâle. Dans l'état sauvage, le mâle est d'un brun noir lustré de vert sur le dos, avec une large tache blanche transverse sur les ailes. La femelle est brune et grise. Dans l'état domestique, tous deux varient beaucoup dans leurs couleurs; et il y en a de tout blancs, dernière alternation à laquelle leur plumage puisse parvenir. L'épithète de musqué lui a été donné, parcequ'il exhale une assez forte odeur de musc, odeur due à une humeur qui filtre de glandes placées près du croupion. Cette odeur qui se communique à la chair par la cuisson peut être beaucoup diminuée, et même totalement enlevée, en coupant sa tête et son croupion au moment même de sa mort.

C'est principalement dans les pays chauds que le canard musqué jouit de tous les avantages dont il est susceptible. Les basses-cours de nos colonies en sont peuplées. On l'a apporté dans les nôtres, où il est d'un bon rapport par sa grosseur, sa fécondité, et la facilité avec laquelle il s'engraisse; mais il est d'une grande dépense, parcequ'il demande à être nourri largement, et qu'il n'est pas industrieux pour aller chercher à vivre hors de la cour.

Le mâle de cette espèce s'apparie avec la cane commune; mais le canard commun refuse sa femelle. Les résultats sont des mulets, le plus souvent inaptes à la reproduction entre eux, mais qui s'accouplent avec l'espèce commune, et qui ont presque la grosseur du père sans en avoir l'odeur. On les appelle *mulards*. Dans beaucoup de fermes on se contente d'une femelle de race pure pour la propager, et on conserve les mâles pour les donner aux canes communes. C'est cette méthode que je crois la plus conforme à l'intérêt des cultivateurs du climat de Paris, par exemple ; car, dans ce climat, cette sorte de canard pond souvent fort peu, c'est-à-dire quand l'hiver se prolonge très tard, et périt quelquefois quand l'hiver est très rigoureux. Du reste, sa conduite ne diffère pas de celle du canard commun.

Les cultivateurs des Cévennes se livrent à l'engrais des mulets de cette espèce, qui y sont, après avoir été salés, l'objet d'un commerce de quelque importance pour eux.

Dans ces montagnes on fait couver les œufs par des poules ou des dindes, et les petits qui en proviennent sont élevés à l'ordinaire. Au mois de novembre on commence à leur donner de l'orge, du millet ou autres graines, ou des pommes de terre cuites ; et lorsqu'ils commencent à prendre du corps on les enferme huit par huit, dans un endroit obscur. Là, deux fois par jour, on les bourre, par force, de boulettes de maïs bouilli. Leur foie est souvent énorme. *Voyez*, pour la salaison de ces canards, le mot Oie, attendu qu'on y procède de la même manière que pour ce dernier.

On doit à M. Parmentier un excellent travail sur l'éducation des canards, travail qu'on trouve dans la Feuille du Cultivateur des 17 et 20 avril 1793. J'y renvoie le lecteur pour compléter ce qu'il peut désirer savoir de plus sur ce sujet. (B.)

CANARDIÈRE. Lieu où on élève des canards domestiques en grand nombre, ou lieu qu'on a disposé pour prendre des canards sauvages. *Voyez* au mot Canard. (B.)

CANARI, *Canarium*, Lin. Arbre des Indes appelé Pimèle par Loureiro, qui appartient à la diœcie pentandrie et à la famille des térébinthacées. Il forme un genre qui comprend trois espèces, savoir : le canari blanc, ainsi nommé parce que ses vieux pieds donnent une résine blanche propre à faire des chandelles ; le canari noir et le canari oléifère. Les fruits des trois espèces fournissent une huile comestible ; et le canari oléifère produit en outre une résine huileuse et odorante, qui découle des entailles faites à sa tige. Avec cette résine mêlée à l'écorce de bambou réduite en poudre et à un peu de chaux, on compose dans l'Inde une substance qui sert à calfater les vaisseaux. Cette substance, par sa ténacité et sa durée, est préférable à toutes celles qu'on emploie en Europe pour le même objet. Par cette raison la culture du canari oléi-

...ère devroit être établie et encouragée dans nos possessions d'Asie et d'Amérique. (D.)

CANARIE. (Graine de) *Voyez* au mot ALPISTE.

CANCER. Quelques personnes donnent ce nom aux ULCÈRES des arbres. *Voyez* ce mot.

CANCHE, *Aira*. Genre de plantes de la triandrie digynie et de la famille des graminées, qui renferme une vingtaine d'espèces presque toutes propres à la nourriture des bestiaux, et dont quelques unes sont dans le cas de mériter l'attention particulière des cultivateurs.

Les espèces les plus communes ou les plus remarquables parmi les canches sont,

La CANCHE AQUATIQUE. Elle a la panicule ouverte, les fleurs sans arêtes, aussi longues que les valves du calice, et les feuilles aplaties. Elle est vivace et se trouve dans les marais, sur les bords des étangs et des fossés, souvent même dans l'eau. Elle est très précoce, et s'élève rarement à un pied. Les bestiaux l'aimant beaucoup, s'enfoncent et même périssent souvent dans les fondrières pour l'aller chercher. J'ai vu une de ces fondrières qu'on avoit été obligé d'entourer d'une barrière pour empêcher les vaches du village d'y aller dans ce but. Nulle part, que je sache, on n'a cherché à la cultiver, et cependant l'excellence de son fourrage et l'époque où il pousse devroit faire essayer de la semer dans les terrains marécageux, terrains où il ne vient le plus souvent que des herbes aigres repoussées par les bestiaux. Je recommande spécialement cette graminée aux cultivateurs jaloux de se rendre utiles. J'avoue que ne l'ayant jamais vue que dans des lieux boueux, j'ignore si elle viendroit dans ceux qui sont desséchés pendant la plus grande partie de l'année.

La CANCHE FLEXUEUSE a la panicule écartée, les pédoncules tortueux, le chaume presque nu, les feuilles sétacées. Elle est vivace et se trouve très abondamment dans les lieux arides et sablonneux, où elle forme des touffes très denses que tous les bestiaux et sur-tout les moutons recherchent beaucoup. Elle fait souvent une partie considérable du fond des prés élevés. Je ne crois pas qu'on l'ait jamais semée seule pour en faire des prairies artificielles, cependant elle mérite cet honneur. On peut aussi utilement l'employer pour composer les gazons des jardins situés en sol aride. Le seul inconvénient qu'elle peut avoir, dans ce cas, c'est sa disposition à former touffe, disposition qui suppose des vides toujours désagréables, mais qu'il est possible, sans doute, de remplir avec une autre graminée, une fétuque par exemple.

La CANCHE ÉLEVÉE, *Aira cespitosa*, a la panicule très ample, les balles lisses, luisantes; les feuilles longues, striées et rudes· Elle est vivace et se trouve dans les bois et les pâturages un peu humides. Tous les bestiaux la mangent au printemps et la dédaignent en automne. Toujours elle forme des touffes qui s'élèvent au-dessus du sol et dans lesquelles les fourmis aiment à se nicher. Il est en général bon d'enlever ces touffes des prairies pour égaliser le sol. J'en ai vu qui avoient près d'un pied de haut.

La CANCHE BLANCHATRE a la base de la panicule engaînée et les feuilles sétacées. Elle croît dans les lieux sablonneux. On en fait dans les jardins des bordures fort agréables, quoique sujettes à de fréquentes interruptions. Elle est vivace. *Voyez* FÉTUQUE GLAUQUE.

La CANCHE ŒUILLÉE a la panicule écartée, les fleurs pourvues d'une arête et les feuilles sétacées. Elle croît dans les lieux secs, sur le bord des bois, le long des chemins des montagnes. Elle est annuelle. Les bestiaux la mangent.

La CANCHE PRÉCOCE a les fleurs en épis paniculés et la base des balles pourvue d'une arête ; ses feuilles sont sétacées et entourées à leur base d'une gaîne anguleuse. On la trouve dans les lieux sablonneux et humides des bois, dans ceux où l'eau a séjourné pendant l'hiver. Elle est annuelle. C'est une des premières plantes qui fleurissent au printemps. Sa hauteur surpasse rarement trois à quatre pouces. (B)

CANCOELLE. Nom du hanneton dans quelques endroits.

CANE. Ancienne mesure de longueur. *Voyez* au mot MESURE. (B.)

CANE. Femelle du CANARD.

CANEBA. Chenevière dans le département de Lot-et-Garonne. (B.)

CANEBIER. Chenevière dans le département du Var.

CANEBON. CHENEVI.

CANETON. Jeune CANARD.

CANNE A SUCRE, *Sacharum officinale*, Lin. Plante vivace du genre CANAMELLE, qui est cultivée dans les deux Indes et en Afrique pour sa moelle précieuse, dont on retire, par expression, une liqueur douce avec laquelle se fait le sucre ; on la cultive aussi dans quelques parties australes de l'Europe. Elle appartient à la famille des graminées ; et de toutes les plantes de cette famille, c'est, après le ris et le froment, la plus intéressante et la plus utile. De sa racine genouillée et fibreuse sortent plusieurs tiges qui s'élèvent de sept à douze pieds avec un diamètre de quinze à vingt lignes ; elles sont lisses, articulées et garnies de nœuds plus ou moins rapprochés. Il y en a de quarante à soixante sur la même tige ; chaque nœud à une cloison intérieure qui sépare les articulations ; au dehors il présente de petits points disposés circulairement en quinconce, et un bouton terminé en pointe qui renferme le germe d'une canne nouvelle. De tous ces nœuds partent des feuilles qui tombent à mesure que la canne mûrit; elles embrassent la tige à leur naissance, et dans leur partie supérieure elles forment comme une espèce d'éventail : leurs bords sont rudes, leurs surfaces lisses et striées avec une nervure moyenne longitudinale. Lorsque la canne fleurit, elle pousse à son sommet un jet sans nœuds nommé flèche, qui porte une large panicule de petites fleurs soyeuses et blanchâtres. Chaque fleur a une balle à deux valves, trois étamines et deux styles avec des stigmates simples et plumeux. Le fruit est une semence oblongue enveloppée par les valves.

La canne à sucre dans sa maturité est pesante, facile à casser et d'une couleur jaunâtre ou violette, ou quelquefois blanchâtre, selon les variétés. Elle contient une moelle fibreuse et spongieuse pleine d'un suc abondant et doux, qui, étant exprimé, porte le nom de *vin de canne*. C'est de cette liqueur qu'on extrait le sucre.

Cette plante offre dans sa croissance trois circonstances remarquables; savoir, la génération des *nœuds-cannes* (1) qui naissent les uns des autres, leur maturité successive, et la propriété qu'a chacun d'eux d'élaborer en lui-même son suc, à la mode d'un fruit isolé et indépendamment des *nœuds-cannes* voisins.

On doit distinguer dans la tige de la canne, 1° l'ensemble des sections articulées qui la composent depuis la racine jusqu'à la naissance de la flèche, c'est ce qu'on appelle la canne à sucre; 2° la partie supérieure de la tige dont les entre-nœuds, étant toujours en relation avec la racine par leurs feuilles, continuent à végéter; 3° l'ensemble des nœuds-cannes inférieurs qui, parvenus au terme de leur accroissement, contiennent le sucre tout formé et n'ont plus besoin du bénéfice de la végétation : ils peuvent être regardés comme autant de fruits mûrs, dont le degré de maturité est relatif à la distance où chacun d'eux est de la racine; c'est la partie de la canne qu'on passe au moulin et qui compose la récolte.

Envisagée sous le rapport de sa reproduction, la canne à sucre se distingue en *canne plantée* et en *canne rejeton*. La première, qu'on appelle communément *grande canne*, est produite par le développement d'un plançon mis en terre. La seconde, qui porte le seul nom de *rejeton*, sort des nœuds de la vieille souche.

_____

(1) Par *nœud-canne* on doit entendre l'entre-nœud joint au nœud proprement dit.

I. Histoire du sucre et de la canne a sucre.

Plusieurs auteurs grecs ou latins ont parlé du sucre; mais ils n'ont point fait connoître d'une manière précise la substance à laquelle ils donnoient ce nom. Elle est appelée par eux tantôt miel des roseaux, tantôt sel, tantôt sucre. Dioscoride, en faisant l'énumération des différens genres de miel, dit qu'il en existe un qu'on nomme sucre; qu'on le trouve dans l'Inde ou l'Arabie heureuse, dans des roseaux; qu'il se congèle à la façon du sel et qu'il est friable comme lui. Galien dit à peu près la même chose. Pline rapporte également que le sucre vient d'Arabie, mais que celui des Indes est meilleur et plus estimé; que c'est un miel ramassé ou tiré de certains roseaux, friable sous les dents, et réservé pour la médecine.

Ainsi les anciens connoissoient certains roseaux donnant un suc mielleux qui souvent s'extravase et se congèle sur la plante en larmes dures et friables. C'est le sucre naturel. Mais l'art d'exprimer cette substance, de l'épurer, de la blanchir et de lui donner la forme et la consistance d'un sel, n'avoit pas encore été trouvé, du moins en Europe; car on assure qu'il existoit chez les Chinois dès la plus haute antiquité. Après eux les Arabes furent les premiers qui le connurent. Il ne passa en Europe que dans des temps très postérieurs. On ne peut guère assigner l'époque à laquelle cet art y fut introduit. Quoi qu'il en soit, il est certain que nous avions en France du sucre raffiné au commencement du quatorzième siècle. Dans un compte de l'an 1333, pour la maison d'Humbert, dauphin de Viennois, il est parlé de sucre blanc. Il en est question aussi dans une ordonnance du roi Jean, année 1353. Eustache Deschamps, poëte mort vers 1420, et dont il nous reste des poésies manuscrites, en faisant mention du sucre, le met au nombre des plus fortes dépenses d'un ménage. Cette denrée étoit alors fort chère. On la tiroit d'Orient par la voie d'Alexandrie, et elle nous étoit apportée en très grande partie par les Italiens, qui faisoient presque seuls le commerce de la Méditerranée.

On a fait beaucoup de recherches pour savoir quel étoit le pays natal du roseau qui produit le sucre; mais jusqu'à présent cette plante n'a été trouvée indigène nulle part. On la croit originaire des Indes orientales. C'est des Indes qu'elle fut transportée en Arabie, à peu près vers la fin du treizième siècle. On la cultiva d'abord dans l'Arabie heureuse. De là elle passa en Nubie, en Égypte et en Éthiopie, où l'on fit beaucoup de sucre. Le siècle suivant elle fut portée en Syrie, en Chypre, en Sicile. En 1420 le prince Henri de Portugal, voulant cultiver l'île de Madère que ses vaisseaux avoient découverte, y fit planter des cannes tirées de Sicile. Elles y furent cultivées avec succès, et produisirent du sucre en abondance, et supérieur à tous ceux de ce temps-là. Les habitans en employoient une partie à confire leurs fruits dont ils faisoient commerce. La plupart des fruits confits et bonbons étrangers qui se consommoient en France au quinzième siècle, dit Champier, nous arrivoient de Madère. L'Espagne suivit l'exemple du Portugal. Elle introduisit la canne à sucre dans les royaumes d'Andalousie, de Grenade, de Valence, etc. et aux Canaries. A cette époque cette sorte de culture devint tout à coup, pour l'Europe méridionale, une espèce d'engouement général. Par-tout on voulut élever des cannes. On en planta même en Provence, mais elles ne purent y réussir, et on étoit toujours obligé de tirer des pays étrangers tout le sucre qui se consommoit dans le royaume. Charles-Etienne nous donne sur cela des détails curieux. « Les sucres les plus estimés, dit-il, sont ceux que nous fournissent l'Espagne, Alexandrie et les îles de Malte, de Chypre, de Rhodes et de Candie. Ils nous arrivent de tous ces pays moulés en gros pains. Ceux au contraire qui nous viennent de Valence sont en pains plus petits. Celui de Malte est plus dur, mais il n'est pas aussi blanc, quoiqu'il ait du brillant et de la transparence. Au reste le sucre n'est autre chose que le jus d'un roseau qu'on exprime au moyen d'une presse ou d'un moulin, qu'on blanchit ensuite en le faisant cuire trois ou quatre fois, et qu'on jette enfin dans des moules où il se durcit. » Il résulte de ce passage que les procédés pour faire le sucre étoient alors, en 1550, les mêmes à peu près que ceux dont nous nous servons aujourd'hui. Mais la France ne possédoit point encore l'art de le raffiner.

Au dix-septième siècle ce n'étoit plus le sucre d'Alexandrie, de Chypre et de Rhodes qu'elle consommoit, c'étoit seulement celui de Madère et des Canaries. Il nous en arrivoit aussi beaucoup par la voie des Hollandais, qui, depuis qu'ils s'étoient emparés de la plupart des établissemens portugais dans les Indes, avoient succédé au commerce de ceux-ci. Le sucre de Hollande étoit en pains de dix-huit à vingt livres. On le nommoit sucre de palme, parceque les pains étoient enveloppés dans des feuilles de palmier. Les Anglais s'approprièrent bientôt ce commerce; vers 1660 ils étoient presque les seuls qui fournissoient de sucre tout le nord de la France.

Cependant peu de temps après la découverte du nouveau monde la canne à sucre avoit été transportée des îles Canaries à Saint-Domingue; c'est au moins ce qu'assurent les plus anciens auteurs espagnols qui ont parlé de cette plante. Le rédacteur d'un mémoire sur sa culture, lu à l'institut le 26 thermidor an 7, semble croire pourtant que la canne existoit en

Amérique antérieurement à sa découverte. « On lit, dit-il, dans la correspondance de Cortès avec Charles-Quint, que les cannes à sucre et l'art d'en extraire leur sel-sucre, étoient connus au Mexique à l'époque de sa conquête en 1551. » Je suis étonné que sur un fait naturel aussi important à vérifier, l'auteur du mémoire n'ait pas cité la date et le passage même de la lettre de Cortès. Je pense que si la canne à sucre avoit été trouvée au Mexique lors de sa découverte, tous les historiens de cet empire en eussent fait mention. Il est vraisemblable sans doute que plusieurs espèces ou plusieurs variétés de cannes croissent sans culture dans divers pays. Mais comment savoir si elles sont indigènes de ces pays, ou si elles s'y sont seulement naturalisées ? Celles qu'on voit à Madagascar sur les côtes de Coromandel et de Malabar, à Ceylan, à Manille, au Japon, à la Cochinchine, et même à Otaïti, viennent peut-être originairement de cette partie de l'Asie située au-delà du Gange, qu'on regarde comme la patrie exclusive de ce précieux roseau. Dans plusieurs des pays dont je viens de parler, la canne se propage de graines.

Parmi les espèces ou variétés connues de cette plante, on doit distinguer les suivantes ; d'abord celle qui, depuis très long-temps, forme une des richesses de nos Colonies ; ensuite la canne d'Otaïti, introduite, il y a peu d'années, dans quelques Antilles, et dont je parlerai plus bas ; deux variétés dites de Batavia, l'une rouge ou violette, l'autre verte ; enfin, trois espèces cultivées aux Moluques, et dont Rumphius fait mention : la première de celles-ci, selon cet auteur, est blanche, avec une écorce mince et des nœuds espacés de cinq doigts ; elle rend beaucoup de jus et de sucre ; la seconde est rougeâtre, a ses nœuds plus rapprochés, une écorce dure, et produit moins de sucre, mais plus doux ; dans la troisième espèce, la tige n'a que la grosseur du pouce ; l'écorce est mince, les cannelures sont vertes, les nœuds très espacés ; cette dernière a une saveur très douce, et donne une grande quantité de sucre ; les Javans la cultivent beaucoup. Toutes les trois mûrissent vers le neuvième ou dixième mois.

On voit que la canne à sucre varie beaucoup, comme toutes les plantes qui sont soumises à la culture. Cependant l'espèce qu'on cultive à Saint-Domingue depuis trois siècles (1) n'y a subi pendant ce temps aucune altération, du moins sensible. Elle n'a ni dégénéré, ni été perfectionnée. Elle n'y est jamais venue de semences répandues par la main de l'homme ou par la nature. Mais elle se reproduit de bouture, et se multiplie

_____

(1) C'est en 1506 que la canne à sucre fut introduite dans cette île.

ainsi avec une merveilleuse fécondité. C'est cette île qui a fourni aux autres Antilles les premiers plants de canne à sucre.

II. Climat propre a la culture de la canne a sucre.

Quoique le climat de la zone torride soit celui que la canne préfère et qui favorise le plus sa croissance, on peut néanmoins la cultiver avec succès sous les zones tempérées, jusqu'au quarantième ou quarante-deuxième degré de latitude. Au-delà, j'ose assurer qu'on feroit d'inutiles efforts pour l'élever en pleine terre, ou du moins pour en former des établissemens en grand et qui fussent productifs, ce qui doit être l'objet de toute agriculture : car dans cet art il ne s'agit pas d'obtenir, par des moyens artificiels, quelques échantillons d'une plante utile pour les montrer comme une curiosité ; il faut avoir des produits abondans et renouvelés chaque année, qui soient le fruit d'un travail ordinaire, et dont la valeur et le débit puissent rembourser les frais d'avance et donner des bénéfices réels. Tout essai qui ne tend pas à ce but ou qui ne peut évidemment l'atteindre est un jeu d'enfant ou plutôt de dupe. Les écrivains de nos jours, qui se plaignent de l'obstination de la plupart des cultivateurs à suivre les vieilles pratiques, ne réfléchissent peut-être pas assez aux causes de cet entêtement prétendu. Il est l'effet, non de la paresse ou de l'ignorance du peuple, mais de sa défiance naturelle fondée sur l'insuffisance de ses moyens, et souvent sur la tradition d'erreurs commises. Le peuple ne tient aux anciennes routines que parcequ'il craint le mauvais succès des méthodes nouvelles qui lui sont proposées. Démontrez-lui jusqu'à l'évidence, non par des écrits ou des discours, mais par des faits mis sous ses yeux, que telle ou telle méthode d'engrais, de labour, de récolte, etc., substituée à une autre, lui sera plus profitable, et il l'adoptera bien vite. Prouvez-lui que l'éducation de telle plante étrangère l'enrichira, et vous le verrez abandonner pour elle ses blés, ses vignes et ses oliviers. L'extension prodigieuse donnée depuis quelques années en France à la culture du tabac prouve assez ce que je dis. Le tabac est une plante annuelle qui se sème et se récolte entre les deux équinoxes : le cultivateur le plus ignorant le sait ; aussi le voit-on renoncer à ses anciennes habitudes, pour cultiver cette feuille d'un produit assuré.

Mais la canne à sucre est une plante vivace qui a besoin de dix ou douze mois de végétation active. Comment se faire illusion au point de croire que cette plante peut être naturalisée même dans le midi de la France, où la courte durée de la belle saison, les variations de l'atmosphère et la température froide des hivers s'opposeroient à son entier développement, et arrêteroient nécessairement sa croissance avant l'époque de sa maturité ? En conseillant sa culture parmi nous, on propose, je le sais, comme moyens de succès, les labours multipliés, l'abondance des engrais, les sarclaisons fréquentes, l'arrosage des champs par irrigation, le dépouillement des feuilles les plus basses des cannes afin de hâter leur maturité, la coupe de leurs têtes pour faire refluer la sève dans les nœuds inférieurs et y accélérer l'élaboration du suc sucré. On propose encore de butter les souches, après la récolte, avec une quantité de terre suffisante pour les garantir de la gelée, ou d'enfouir en hiver, dans un lieu clos, des plançons de canne, afin d'entretenir leur végétation et d'avancer au printemps suivant le moment de la reproduction. Ces moyens sont ingénieux sans doute, mais sujets à plusieurs inconvéniens, difficiles à exécuter et dispendieux ; leur succès est très éventuel, pour ne pas dire impossible à espérer ; et, quand on en obtiendroit quelques effets, on ne donnera jamais à la Provence ni au Languedoc le soleil des Antilles et de l'Afrique. C'est le soleil seul qui mûrit, colore et rend sapides ou sucrés les végétaux. Plus son influence est directe, active et prolongée, plus les sucs des plantes et des fruits sont élaborés, plus leur saveur et leur odeur sont exaltées. La plupart des gommes et des résines, les parfums les plus exquis, nous viennent de l'Orient, c'est-à-dire des contrées chaudes de l'Asie.

D'ailleurs, suffiroit-il de faire croître des cannes pour avoir du sucre ? Plusieurs peuples qui cultivent ce roseau se contentent d'en sucer la moelle. Ce n'est pas l'objet sans doute qu'ont en vue ceux qui proposent son introduction en France. Il s'agit donc d'extraire de cette moelle le sel essentiel qu'elle contient. Mais pour cela il faut des usines, un grand nombre de chevaux ou de mulets de trait, des chariots, des moulins, des chaudières, une foule d'autres ustensiles, et sur-tout des gens tellement exercés à ce genre de travail, qu'il ne puisse plus être interrompu quand il a été commencé ; car la canne, séparée de sa souche, fermente ou se dessèche promptement si elle n'est écrasée, et son suc exprimé s'aigrit aussi bien vite lorsqu'on ne s'empresse pas de le cuire. Que de soins donc au moment de la récolte ! Il n'en est point qui exige autant de monde et plus de travaux réunis. Que de dépenses avant la plantation et dans l'incertitude du succès ! Je le demande ; trouveroit-on en France beaucoup de propriétaires disposés à placer leurs fonds dans une telle entreprise, sur-tout se voyant chaque jour menacés de la paix ?

J'ajouterai à ce qui vient d'être dit une dernière considération. Quoique la plus importante de nos colonies soit aujourd'hui dans un état de désordre affreux, elle n'est pas perdue pour nous ; le gouvernement songe à son rétablissement. D'ailleurs nous avons d'autres colonies qui ont conservé ou recouvré leur tranquillité et où l'agriculture prospère. Le nombre peut en être augmenté à la paix. Mais comment se soutiendroient-elles, comment les conserverions-nous, si nos rêves sur la naturalisation en France de la canne à sucre pouvoient s'accomplir, et si nous parvenions ainsi à leur ôter le plus fort objet d'échange avec nous qu'elles peuvent avoir ? Le sucre, et sur-tout le sucre brut, est d'un grand encombrement. Son transport d'Amérique en Europe fournit au commerce une grande quantité de fret, et alimente une marine marchande considérable. Or la marine est le nerf de toute puissance maritime, et je ne sache pas que nous ayons renoncé à être une de ces puissances.

En l'an 8 il fut adressé au ministre de la marine et des colonies un mémoire contenant des observations sur les cannes à sucre de différens pays, et dans lequel on proposoit l'introduction de leur culture dans nos départemens méridionaux. Voici ce que le ministre répondit à l'auteur du mémoire :

« En adhérant, monsieur, à votre opinion sur l'utilité de la culture des diverses espèces de cannes à sucre de l'île de Java dans les Antilles, je ne puis être de votre avis sur la nécessité de les introduire dans nos départemens méridionaux. Il importe infiniment, pour nos relations commerciales, que nos colonies cultivent exclusivement les cannes à sucre ; et l'on devroit même regarder la réussite en France de cette plante économique comme un moyen de paralyser le commerce et de diminuer nos exportations et nos importations. Le jour où nos colonies se passeront de la métropole, et *vice versá*, notre navigation se réduira à un simple cabotage. »

Le lecteur me pardonnera cette digression, qui m'a paru nécessaire dans un moment où un patriotisme très louable sans doute, mais mal entendu, cherche à diriger une partie de notre industrie vers un genre d'agriculture tout-à-fait étranger à notre climat (1). Si l'on doit encourager les cultures nouvelles qui sont raisonnables et qui présentent quelques avantages, même éloignés, on doit aussi mettre en garde le public contre celles qui n'offrent aucune chance de succès, dont on ne peut attendre qu'une perte de temps et d'argent, et qui d'ailleurs seroient préjudiciables aux véritables intérêts de l'état.

_____

(1) Pour prévenir les réflexions malignes de quelques lecteurs, j'observe qu'il n'est ici question que de la canne à sucre et non du *cotonnier* ni de *l'indigotier*, qu'il est très possible et qu'il seroit avantageux de cultiver dans quelques parties de l'empire français, comme je le dis à leurs articles.

Je passe à la culture de la canne à sucre dans les pays qui lui conviennent.

III. Culture de la canne a sucre.

La canne ne croît pas également bien par-tout, et toutes les cannes ne donnent pas la même quantité ou qualité de sucre. Pour être très productive, cette plante demande une terre substantielle, médiocrement légère, un peu limoneuse, très divisée ou facile à diviser. Dans un sol sans fond elle est presque toujours avortée. Une terre forte est contraire aussi à sa végétation. Dans les terrains gras, humides ou bas, dans ceux qui ont été nouvellement défrichés, elle pousse rapidement et parvient à une grande hauteur ; mais son suc est aqueux, d'une mauvaise qualité, et difficile à cuire et à purifier. Quelquefois une exposition très favorable et la fréquence des pluies compensent l'infériorité du sol. Ainsi, les sucreries (1) situées sur le penchant ou au pied des montagnes, même dans un terrain médiocre, peuvent prospérer jusqu'à un certain point, parcequ'elles sont arrosées souvent. Les établissemens qui sont dans les plaines et aux environs de la mer ont moins besoin d'eau, parceque le sol y est communément meilleur et a plus de fond. On sait que, dans tous les pays, la terre et les débris des montagnes entraînés par les eaux pluviales vont enrichir les plaines. C'est ce qui arrive aux Antilles. Les rivières de ces îles sont de vrais torrens qui, grossissant fréquemment, versent dans les campagnes voisines un limon productif qui convient parfaitement à la canne. C'est pour elle un engrais naturel et le meilleur de tous. Les feuilles des cannes, après leur coupe, qu'on laisse et qui pourrissent sur le sol, en forment un très bon aussi. Quelquefois on les enterre, d'autres fois on les brûle ; leurs cendres, mêlées à celles des vieilles souches, sont très propres à durcir et fertiliser le terrain. Les engrais artificiels sont peu en usage dans nos colonies ; le fumier y est rarement employé. Cependant il n'est point d'établissement agricole qui pût en fournir autant qu'une sucrerie, à cause du grand nombre d'animaux nécessaires à son exploitation.

En général, dans nos colonies, toutes les grandes cultures, j'entends celles de la *canne*, du *cafeyer*, de l'*indigo*, etc., sont réciproquement exclusives, parceque chacune d'elles exige des soins et des bâtimens particuliers étrangers et inutiles aux autres cultures. Cependant j'ai vu cultiver à Saint-Domingue,

---

(1) On donne ce nom à toute habitation établie en cannes, pour la distinguer des établissemens appelés *indigoterie, cafèterie*, etc. On nomme aussi *sucrerie* le bâtiment dans lequel se fait le travail du sucre.

sur le même bien, le cotonnier et l'indigotier ; mais la canne ne souffre aucun mélange, et les travaux d'une sucrerie sont trop multipliés et trop dispendieux pour permettre qu'on s'y occupe à faire autre chose que du sucre. Que le sol soit bon, médiocre ou mauvais, ces travaux et les frais qu'ils entraînent sont les mêmes : d'où résulte la nécessité de ne former ces sortes d'établissemens que dans un bon fonds, si l'on ne veut pas que le produit soit au-dessous de la dépense ; car il n'est pas de bien plus productif quand le sol est riche ; il n'en est pas de plus ruineux lorsqu'il est mauvais.

Par les raisons que je viens de dire la méthode d'*alterner*, si commune et si utile en Europe, ne peut être mise en pratique dans les cultures coloniales. Comment pourroit-on, à des époques marquées, substituer le caféyer à la canne et la canne au caféyer sans bouleverser à la fois deux établissemens ? Il faudroit alors échanger aussi les ustensiles, les bâtimens et une partie des cultivateurs, ce qui est évidemment impossible. En Europe même voit-on le froment et la vigne se remplacer alternativement ? L'usage des assolemens n'y a lieu qu'entre les plantes céréales, légumineuses, ou propres au fourrage. Un taillis reste tel jusqu'à ce qu'il soit défriché ? Une bonne prairie naturelle est rarement défoncée ; enfin, on n'arrache les vignes que dans leur extrême vieillesse, et lorsqu'on n'a pas jugé à propos de les rajeunir par des provins.

L'espèce de préparation qu'exige la terre destinée à recevoir des cannes, l'époque et le mode de leur plantation dépendent de la nature du sol, des saisons et du climat. Chaque pays a ses méthodes particulières, bonnes ou mauvaises. Dans les Antilles, la charrue est peu connue, on y travaille et dispose le terrain avec la houe ; tout s'y fait à force de bras. Le besoin de rétablir promptement les cultures à Saint-Domingue engagera vraisemblablement les colons à y introduire les instrumens aratoires de l'Europe ; on y gagneroit sans doute beaucoup. Cependant il ne faut pas croire que la charrue puisse être, avec profit, mise en usage par-tout sous la zone torride comme en France. Dans ces climats brûlans une terre trop ameublie est exposée à perdre plus tôt les sels et les principes qui la fécondent. On ne doit donc y ouvrir son sein qu'à propos, et consulter à cet égard les saisons, les localités et le sol.

Dans toute l'Amérique la canne se multiplie de bouture. On distingue deux parties dans sa tige lorsqu'on la coupe ; savoir, une inférieure, qui est dépouillée en grande partie de ses feuilles, et qui a environ quarante articulations dans lesquelles le sucre est tout formé ; et une partie supérieure plus courte, appelée *tête de canne*. Celle-ci est garnie d'un petit nombre de feuilles vertes, et formée d'entre-nœuds plus rapprochés que les inférieurs, et qui sont à divers degrés d'accroissement et de maturité. Ces têtes donnent les boutures. Cette partie étant plus tendre que le corps de la canne est plutôt pénétrée par la pluie ou par l'humidité de l'atmosphère, et pousse plus aisément des racines.

§. Ier *Plantation des cannes.* Tout terrain destiné à être planté en cannes est partagé en carrés à peu près égaux, séparés entre eux par une allée qu'on nomme *division*, et dans laquelle on cultive des pois ou des patates pour la nourriture des noirs. Par ce moyen il n'y a pas de surface perdue ; d'ailleurs, ces espaces vides favorisent la circulation de l'air autour des cannes, et servent de voie pour leur transport à l'époque de la récolte. Chaque carré, qu'on nomme *pièce de canne*, a communément deux cents pas d'étendue sur toutes les faces, et le pas est de trois pieds et demi. On plante les cannes en rayons parallèles ou en quinconce, et à la distance de deux, trois ou quatre pieds, suivant la qualité du sol. C'est aussi la nature du terrain qui détermine la largeur et la profondeur des trous ; ils doivent avoir au moins sept à dix pouces de profondeur, et quinze à dix-huit pouces carrés. On les fait la veille, ou pendant les jours qui précèdent celui de la plantation, et on les fouille de manière qu'ils se terminent en plant incliné. On y place deux ou trois boutures ou plançons qu'on recouvre avec une partie de la terre qu'on a tirée ; l'autre est destinée à chausser les jeunes plants à la première sarclaison. La fosse est alors dans la disposition la plus favorable pour recevoir et conserver l'eau, soit de pluie, soit d'arrosage, et l'état de division où est la terre permet aisément aux racines de la pénétrer et de s'étendre. Trois semaines ou un mois après la plantation, on voit poindre les jeunes cannes ; leur croissance ensuite est favorisée par les sarclaisons : cependant, quand elles sont attaquées par les chenilles, il faut différer de sarcler, parceque cet insecte paroît préférer les autres herbes, dont la substance est moins dure. Deux ou trois sarclaisons suffisent ; à la première, on remplit de terre les trous, et on chausse les pieds de cannes. Tous les plants ne réussissent pas ; ceux qui manquent, et ceux qui sont pourris ou desséchés, doivent être aussitôt remplacés. Cela s'appelle *recourir.*

Lorsque les cannes ont cinq à six mois, il convient d'extirper les bourgeons qui croissent à leur pied, parcequ'ils donneroient, lors de la récolte, un suc imparfait, capable d'altérer celui des bonnes tiges. Il est aussi quelquefois utile d'épailler les cannes, qui, recevant mieux alors les impressions de l'air, deviennent plus grosses et parviennent plus tôt à leur maturité. Cependant, dans un sol léger et sablonneux, cette opération seroit désavantageuse, sur-tout l'été, parceque les excessives chaleurs de cette saison dessècheroient trop les racines des cannes, et même la terre. Dans un tel sol on doit planter les cannes à des distances plus rapprochées, afin qu'elles se défendent mutuellement des trop grandes ardeurs du soleil.

Toutes choses égales, les cannes plantées viennent toujours plus hautes et plus belles que les rejetons ; mais elles donnent proportionnellement moins de sucre, un sucre moins beau, et dont l'extraction d'ailleurs exige plus de soin. On donne aux Antilles le nom de *rotins* aux cannes petites et minces qui viennent dans les mauvais terrains. Celles que produisent les terres vierges acquièrent une hauteur et une grosseur démesurées, mais mûrissent difficilement ; on n'en obtient qu'un sucre imparfait qui manque de grain et qui garde la consistance de sirop. Pour domter la terre où croissent ces cannes, on les coupe trois ou quatre fois à l'âge de huit à neuf mois : elles sont ou abandonnées en vert aux animaux, ou brûlées quand elles sont sèches ; par ce moyen celles qui repoussent après des mêmes souches peuvent donner un sucre passable. Dans de semblables terres les cannes sont quelquefois productives pendant quinze et vingt ans. J'ai vu chez moi des pièces de cannes produire, à leur dix-huitième rejeton, de vingt à trente milliers de sucre terré.

Il n'est pas aisé de déterminer, même d'une manière générale, l'époque à laquelle doit se faire la plantation des cannes. Cette époque varie nécessairement suivant les climats, les saisons, les expositions et les terrains différens. La canne, étant un roseau, a besoin d'eau pour croître, sur-tout dans les premiers six mois de son développement. On doit donc la planter à la veille ou dans le temps des pluies ; mais il faut des pluies modérées, parceque trop d'eau pourriroit le plant. De toutes les opérations agricoles qui ont lieu dans un établissement en sucrerie, c'est la plus importante, et celle pourtant dont le succès est le plus éventuel, parcequ'il dépend en grande partie de l'état du ciel dans les jours qui précèdent ou suivent la plantation. Quand on a assez de bras, on est maître de choisir le moment, on plante alors en deux ou trois jours, et l'opération réussit ; mais lorsqu'on a peu de noirs, pour ne pas manquer l'occasion, on se presse de planter dès que la pluie tombe, et la plantation traîne ensuite en longueur ; il en résulte souvent deux effets contraires, également nuisibles au plant. Le premier mis en terre pourrit, parcequ'il a été trop arrosé ; le dernier planté, trouvant une terre déjà desséchée, ne pousse qu'aux nouvelles pluies, qui sont quelquefois tardives. Quand la pièce commence à verdir, et que le moment où le dernier plant devroit paroître est arrivé, au lieu d'un champ couvert de jeunes cannes, on voit alors un terrain à moitié nu, qui ne laisse aucune espérance, et qu'on est bientôt obligé de re-planter. Pour n'être pas exposé à l'incertitude du succès dans la plantation, peut-être seroit-il avantageux de former des pépinières de cannes : on pourroit aussi les multiplier quelque-fois de drageons euracinés. Il seroit à désirer qu'on fît l'essai de ces méthodes dans une possession bornée ; si elles réussis-soient, elles auroient encore l'avantage d'avancer le moment de la récolte.

A Saint-Domingue, on est assez dans l'usage de semer du maïs entre les plants de cannes. Ce grain étant récolté au bout de quatre mois ne nuit point à leur croissance ; au contraire, leur enfance est protégée par l'ombre légère des tiges et des feuilles du blé de Turquie.

§. II. *Coupe des cannes.* La canne à sucre mûrit plus tôt ou plus tard, selon le temps qu'elle a éprouvé et selon la qualité du sol. La chute de ses feuilles inférieures, la couleur jaune et dorée de sa tige et l'éloignement des nœuds, sont d'assez bons indices de sa maturité. Une canne qui n'est pas bien mûre donne beaucoup d'eau et peu de sucre ; passée et trop mûre, elle donne moins de sucre qu'elle n'en eût donné si elle eût été prise à temps, et il est d'une qualité inférieure et d'une fabrication plus difficile. Ainsi, pour couper ce roseau, on doit choisir le moment où le sucre y est le plus abondant, et où il a acquis toute sa perfection. Ce moment, suivant M. de Caseaux, est celui où les vingt-deux nœuds inférieurs de la tige sont dépouillés de leurs feuilles. Cette règle est trop géné-rale. J'ai fait souvent couper des cannes venues sur le même sol, qui avoient un plus petit ou un plus grand nombre de tels nœuds, et qui ont donné également de très beau sucre et en même quantité. Tant de causes concourent à la croissance de la canne et à l'élaboration de son suc, qu'il faudroit les com-biner toutes pour déterminer d'une manière invariable l'épo-que précise où il est le plus avantageux de la couper. Tout ce qu'on peut dire à cet égard de certain, c'est que ses entre-nœuds ne mûrissant pas à la fois, mais successivement comme les fruits d'un même arbre, laissent toujours une latitude de deux ou trois mois pour la récolte, avantage inappréciable dans un établissement où les travaux sont si multipliés, et où il est essentiel d'en savoir faire une juste distribution pour qu'aucun ne soit omis ou perdu ; car voilà ce qui importe le plus. Si l'on est obligé de hâter ou de différer la récolte, la perte qui en résulte est ordinairement compensée par quelque avantage. Une coupe anticipée donne plus de vigueur aux rejetons, et rapproche l'époque où ils doivent être coupés à leur tour ; une coupe tardive a laissé au propriétaire le temps d'assurer les plantations commencées, soit en cannes, soit en vivres (1).

Dans les divers établissemens des Européens en Amérique, et souvent dans la même île, la récolte des cannes se fait dans les saisons différentes : elle est nécessairement subordonnée à l'époque des plantations, qui varient beaucoup, ainsi qu'il a été dit. Dans quelques pays et dans certains cantons on coupe les cannes en hiver ; dans d'autres, en été. A la Grenade et dans la partie du nord de Saint-Domingue, on récolte dans tous les temps de l'année, mais particulièrement pendant les quatre mois de la plus belle saison, savoir, février, mars, avril et mai. Chaque année on coupe ordinairement les trois quarts des pièces de cannes ; souvent on en coupe les quatre cinquièmes, et quelquefois la totalité ; cela dépend des saisons, du point de maturité de la plante, et sur-tout de l'ordre qui a été suivi dans les travaux. Les cannes qui viennent de boutures ne sont, en général, bonnes à couper qu'à quatorze ou quinze mois ; les cannes-rejetons peuvent être coupées à onze et douze mois. Ainsi, sur les habitations où on replante souvent, on a dans le cercle d'une année moins de pièces de cannes à récolter. Sur un établissement où on les laisseroit toujours repousser de leurs souches, il est clair qu'on les récolteroit nécessairement toutes dans la même année.

§. III. *Accidens et maladies auxquelles les cannes sont sujettes. Ennemis qu'elles ont à redouter.* Une sécheresse trop prolongée arrête la croissance de la canne, et la tient long-temps rabougrie. L'excès d'humidité lui est contraire aussi, en s'opposant à l'élaboration et à la concentration de ses sucs. Cependant, dans les lieux élevés ou disposés en pente, elle a besoin de beaucoup d'eau ; mais dans les terrains bas où l'eau peut séjourner, dans ceux sur-tout qui sont de nature argileuse, de très fortes pluies noient sa racine et la pourrissent. Il faut à cette plante un ordre de saisons tel que, dans le cours de son développement, des pluies d'une courte durée succèdent à de longs intervalles de chaleur ; alors elle devient vigoureuse et produit beaucoup de sucre.

Les ouragans qui sont assez fréquens dans les Antilles renversent beaucoup de cannes à sucre que leur pesanteur empêche de se relever. Dans cet état elles pourrissent ou sont dévorées par les rats. Le feu de ciel tombe aussi quelquefois sur ces plantes ; mais il y est mis le plus souvent par l'imprudence des noirs. On l'arrête en lui faisant une part, et en cou-

(1) C'est le nom général qu'on donne dans nos colonies aux légumes, racines et fruits destinés à nourrir les nègres.

pant toutes les cannes qui entourent immédiatemeut celles qui brûlent. Lorsque les cannes éprouvent cet accident à une époque assez voisine de leur maturité, on les passe au moulin et on en obtient encore un peu de mauvais sucre ou du sirop.

Les feuilles des cannes, comme celles de beaucoup d'autres plantes, sont sujettes à la rouille, sur-tout dans les années pluvieuses et dans les terres grasses et humides. On prévient en partie les effets de cette maladie, en donnant de l'écoulemént aux eaux et en ameublissant avec soin le sol lorsqu'il est préparé. Ces feuilles sont attaquées aussi par de certains pucerons qui, en les dévorant, ralentissent la végétation de la canne.

Les tiges des cannes sont, ainsi que nos fruits, quelquefois piquées par de petits vers qui désorganisent leur intérieur et altèrent la qualité du sucre. Aussi à l'époque de la plantation doit-on choisir avec soin les boutures, et s'assurer qu'elles n'ont aucun indice de vermoulure.

Les rats aiment beaucoup la canne à sucre; ils la rongent par le bas et font quelquefois un tel dégât que le colon en reçoit un préjudice considérable. Il n'y a qu'un moyen de détruire ces animaux, et il ne peut être employé qu'au moment où on renouvelle la plantation. Alors on brûle les pailles de la pièce de canne que l'on coupe; mais, en y mettant la serpe, on prend quelques mesures. On entame la pièce par les quatre coins à la fois; on avance en proportion égale jusqu'au milieu, où on laisse un bouquet considérable pour servir de retraite et de nourriture aux rats. On met ensuite le feu aux quatre angles et autour de la pièce dans un temps calme; par ce moyen ils sont surpris et brûlés.

§. IV. *Produits de la canne à sucre.* Ils sont immenses et très variés. Le principal objet de la culture de la canne est l'extraction du sucre, qu'elle contient en plus grande abondance que toute autre plante. Mais indépendamment du sucre les cannes fournissent à peu près un douzième de sirop. On distingue les *gros sirops*, les *sirops fins*, les *sirops bâtards* et les *sirops amers*.

Le gros sirop est celui qui sort immédiatement du sucre de cannes avant le terrage. On nomme sirop fin celui qui s'écoule après le terrage, et sirops bâtards ceux qui proviennent des sirops mêmes, c'est-à-dire du sucre fait avec des sirops. Enfin les sirops amers sont ceux qui résultent de la cuite et purification des gros sirops.

On compose avec les sirops amers une espèce d'eau-de-vie, appelée *rhum* chez les Anglais et *tafia* dans nos colonies. Cette liqueur est très recherchée et très répandue dans le commerce. On peut encore obtenir une autre sorte d'eau-de-vie avec le suc même de la canne soumis à la distillation, et ce suc, mis à fermenter dans des tonneaux, donne un vin agréable qu'on parfume avec le suc d'ananas, d'orange ou d'abricot.

Le propriétaire d'une sucrerie trouve dans la canne beaucoup de ressources pour la facile exploitation de son bien. Elle donne le plant qui sert à la multiplier, la paille ou le fumier qui fertilise le sol où elle croît, et le chauffage nécessaire aux fourneaux de la sucrerie et à l'étuve. Ses sommités desséchées servent à couvrir les cases des nègres, et les têtes de cannes vertes sont données aux mulets et aux bœufs, qui les aiment beaucoup. On nourrit aussi ces animaux avec de la bagasse hachée qu'on trempe dans de mauvais sirops, ou dans les écumes retirées des chaudières au moment de la fabrication du sucre.

Pendant mon séjour à St.-Domingue j'ai cherché à savoir quel pouvoit être le produit net d'un établissement planté en cannes, auquel il ne manque ni bras, ni ustensiles, ni bâtimens. Après avoir comparé, pendant quelques années de suite, les produits de plusieurs sucreries placées à diverses expositions et dans des terrains différens, j'ai trouvé que celles qui avoient un bon fonds produisoient année commune de huit à dix pour cent. Les établissemens de ce genre dont le sol est médiocre rendent beaucoup moins; et quand ils sont assis dans un mauvais fonds ils ruinent leur propriétaire.

§. V. *Culture des cannes à sucre au Tonquin, à la Cochinchine, en Egypte, à Batavia et en Espagne.* D'après l'opinion générale des naturalistes, j'ai dit que la canne à sucre étoit originaire des Indes orientales. On la cultive dans toutes les provinces méridionales du Tonquin et de la Cochinchine. Les Tonquinois la multiplient, comme nous, de bouture dans la saison des pluies; et la méthode qu'ils suivent dans sa culture et dans l'extraction du sucre a beaucoup de rapport avec celle qui est en usage dans nos colonies.

En Egypte cette culture est assez considérable. Les plantations des cannes s'y renouvellent tous les ans. Elles exigent des levées et des fossés. C'est dans les terrains formés par les dépôts du Nil qu'elles réussissent le mieux. On les plante à la mi-mars, après trois labours, dans des rigoles peu profondes faites avec la charrue. Dans le Saïd, où s'en fait la plus grande culture, elles s'élèvent de neuf à dix pieds, tandis qu'au Caire elles parviennent à peine à six pieds. Une partie du sucre qu'on en retire est consommée dans le pays; on exporte le reste en Turquie, dans l'Archipel, à Venise. Les cannes cultivées aux environs des villes se mangent encore vertes: les marchés en sont remplis. Dans la Haute-Egypte les habitans les coupent par tronçons de trois pouces de longueur, et après les avoir fendues, ils en composent une boisson agréable, en les faisant macérer dans l'eau.

J'ai parlé au commencement de cet article de deux espèces de cannes qui croissent à Batavia, l'une rouge ou violette, l'autre verte. La première se plaît dans les terres vieilles et un peu sèches, et l'autre préfère les terrains neufs et humides.

« Dans ce pays, dit l'auteur d'un mémoire inséré par extrait dans la *Feuille du Cultivateur*, tome 7, un propriétaire riche divise ses biens par plantations de trois cents arpens; sur chaque plantation il fait construire des bâtimens solides Il loue ensuite chacune de ces divisions à des Chinois qui les habitent à titre de fermiers, et les sous-afferment à des personnes libres, par parties de cinquante arpens, sous la condition de les planter en cannes à sucre, et sous la redevance de tant par chaque pécule de sucre de produit. Le pécule pèse 133 livres et demie.

« Le principal fermier fait ensuite venir pour la récolte des ouvriers des villages voisins. Aux uns il confie la coupe des cannes et leur transport au moulin; les autres sont chargés de faire bouillir le jus qui en provient; d'autres le couvrent d'argile pour le purifier, etc. Ces différens ouvriers sont payés à tant par pécule. Chaque fermier ne fait que les dépenses indispensables. La récolte finie, les ouvriers qui y ont été employés s'en retournent chez eux, et il ne reste sur le terrain que les sous-fermiers ou planteurs qui le préparent pour la récolte prochaine. L'ouvrage ainsi divisé est mieux fait et à meilleur marché. Le sucre terré n'est vendu que douze livres le pécule, un peu plus de sept liards la livre. Le prix commun d'une journée est de 18 à 20 sous.

« Il n'y a aucune distillation sur les plantations à sucre; les écumes et les mélasses sont vendues au marché, où un distillateur peut acheter, pour la distillation, le produit de cent plantations ou de trente mille arpens. Le rhum vaut à Batavia 4 sous le gallon. Le gallon contient quatre pintes de Paris.

« Tandis qu'aux Antilles la houe est presque le seul instrument connu pour cultiver la canne à sucre, on se sert à Batavia, avec un grand succès, d'une charrue légère, traînée par un seul buffle, après laquelle on fait passer un cylindre. Une personne, avec deux paniers suspendus à chacun des bouts d'un bâton porté sur l'épaule d'une autre personne, fait tomber alternativement de chaque panier un plançon de canne dans des trous faits exprès, et à la même distance que se trouvent les deux paniers. La même personne pousse avec son pied de la terre pour couvrir le plant. »

C'est M. de Cossigny qui, le premier, a multiplié sur sa terre, à l'Ile-de-France, la canne de Batavia, dont il avoit reçu des plants dès 1782. Il en a fait passer dans nos îles de l'Amérique, notamment à la Guadeloupe. M. Martin, botaniste à Cayenne, a propagé aussi dans cette dernière colonie la canne rouge et verte de Batavia.

« La culture de la canne à sucre, dit M. Delaborde (*Itinéraire d'Espagne*), étoit en vigueur dans l'Andalousie avant la découverte du nouveau monde, principalement sous les Maures. Elle s'est perpétuée jusqu'à nos jours sur la côte de Grenade, dont le terrain est excellent et dont la température invite à y transporter les plantes de l'Amérique. Depuis Malaga jusqu'à Gibraltar il existe encore quelques établissemens de ce genre ; et les cannes qu'on y fait venir y sont aussi abondantes en sucre que celles de l'Amérique.

§. VI. *De la canne à sucre d'Otaïti, et s'il est avantageux d'en introduire la culture dans les colonies occidentales.* Une espèce particulière de canne à sucre très belle et plus hâtive que celle des Antilles a été trouvée à Otaïti, île de la mer du sud où elle croît spontanément. Les Anglais l'ont transportée à Antigoa, où elle s'est naturalisée, et de ce pays elle a été envoyée par ordre du gouvernement britannique dans d'autres colonies anglaises. Avant la révolution on commençoit à la cultiver à la Guadeloupe et à la Martinique.

Cette espèce réunit, dit-on, beaucoup d'avantages que n'a pas la canne de nos îles. Elle réussit dans des terres médiocres et dans des temps contraires à celle-ci ; elle est toujours mûre à un an, souvent à neuf mois ; et elle donne quatre récoltes pendant le temps que la canne des Antilles n'en donne que trois. Elle fournit un cinquième de vin de canne de plus, et, à quantité de jus égale, un sixième de sucre de plus ; de manière que ses différens produits donneroient un produit total qui, comparé à celui de la canne créole, seroit dans le rapport de cinq à trois ; ce qui me semble très exagéré. Selon M. Lachenaie, la canne d'Otaïti a moins de parties extractives que l'autre, moins de fécule et moins de principe colorant ; son sucre est plus facile à faire et plus beau. De sa cristallisation plus régulière résultent de grands vides entre les cristaux, d'où il a une légèreté spécifique plus grande. Aussi il porte plus d'encombrement, par conséquent plus de frêt. Les procédés pour l'extraire sont les mêmes que ceux déjà connus.

Certes si la canne d'Otaïti possédoit tous les avantages qui viennent d'être décrits, sans avoir aucun défaut dans sa constitution et sans présenter dans sa culture ou ses produits aucun inconvénient majeur, nul doute que son introduction dans nos colonies ne fût très avantageuse ; mais les leçons de l'expérience ont appris que le sucre provenu de cette canne contient infiniment moins de sel essentiel que celui de l'au-

cienne canne. Trois livres du premier sucrent à peine autant que
deux livres du second. Il y a donc une perte réelle de trente-
trois un tiers pour cent que le commerce en Europe ne tarderoit
pas de déduire du prix, en n'offrant que 60 fr., par exemple,
du quintal de sucre de la canne d'Otaïti, lorsqu'il en donneroit quatre-vingt-dix pour le sucre de la canne créole. A cette
perte il faut ajouter celle qu'occasionnent les charrois, le frêt
et les magasinages d'un quintal de ce sucre qui ne représente,
pour la valeur, que soixante-six livres deux tiers de sucre ordinaire. Ce n'est pas tout ; ce sucre, plus abondant en mucilage
qu'en sel essentiel, ne peut acquérir qu'une foible consistance ;
il est difficile de le garantir de la décomposition pendant le
transport en Europe et dans le magasinage jusqu'à l'époque
de la vente, ou jusqu'aux lieux d'une seconde exportation. Il
ne peut donc pas être regardé comme une denrée vraiment
commerciale. Il est propre, tout au plus, à être consommé
dans les pays où il se fabrique ; et sa valeur diminuera nécessairement à mesure que l'usage s'en propagera et le fera mieux
connoître. Toutes ces raisons ont déterminé, dit-on, plusieurs habitans de l'île de Cuba, qui avoient adopté la canne
d'Otaïti à reprendre la culture de la canne créole.

Il y a quelques années que M. Lachenaie annonça à la société d'agriculture de Paris qu'il avoit trouvé le moyen de
donner au sucre provenant de la canne d'Otaïti la consistance nécessaire pour prévenir la décomposition à laquelle il
est sujet. Il n'indique pas ce moyen. Le plus naturel est d'augmenter son degré de cuite. Mais ce moyen n'agit qu'aux
dépens de la quantité et de la qualité du sucre ; car la concentration en diminue nécessairement la quantité, et le rend
moins propre à recevoir les bienfaits du terrage. Si c'est un
autre moyen qui ne produise point ces effets, cette découverte
est précieuse.

IV FABRICATION DU SUCRE.

Les cannes coupées sont portées au moulin. Le moulin est
formé de trois gros rouleaux de bois dur, presque contigus
l'un à l'autre et élevés perpendiculairement sur un plan horizontal qu'on appelle *table*. Celui du milieu mû sur son axe
par une puissance quelconque communique aux deux autres
le mouvement qui lui est comprimé. Ils présentent ensemble
deux faces opposées ; vis-à-vis de chaque face est une négresse ; l'une d'elles engage d'abord les cannes entre le rouleau
du milieu et l'un des deux autres à droite ou à gauche. Ces
cannes prises, tirées et comprimées fortement dans toute leur
longueur, sont reçues par la seconde négresse qui les engage
à son tour entre le même rouleau central et l'autre rouleau

latéral, afin qu'elles soient exprimées de nouveau. Après avoir subi deux expressions, la canne reparaît sur la première face entièrement aplatie, toute désorganisée et privée de ses sucs qui, dans l'une et l'autre expression, tombent sur la table, se confondent dans la gouttière pratiquée à une des extrémités, et coulent dans les réservoirs nommés *bassins à vin de canne*. Ces bassins sont ordinairement au nombre de deux, et placés au dehors ou au dedans de la sucrerie ; quand ils sont en dehors on les couvre d'un appentis. Ce sont les négresses qui font ordinairement le service du moulin. Un jeune nègre veille à ce que les débris des cannes tombant sur la table ne s'opposent à l'écoulement du suc exprimé ; et on lave cette table deux fois par jour ainsi que les rouleaux. La canne exprimée deux fois prend le nom de *bagasse*. On en fait de gros paquets qu'on porte sous des hangars appelés *cases à bagasse*. Quelquefois on en forme de grandes piles à l'air libre. Quand elle est desséchée, on l'emploie à chauffer les fourneaux de la sucrerie.

Les puissances qui mettent les moulins en mouvement sont les animaux, l'air ou l'eau. On pourroit employer la pompe à feu. Un moulin à bêtes est mû par deux attelages de mulets relayés toutes les deux heures, temps qu'on appelle *quart*. Si l'on veut maintenir en vigueur ces animaux, il ne faut les faire travailler qu'une fois par jour. On doit par conséquent en avoir cinquante à soixante destinés seulement au moulin qui, dans un grand établissement, va nuit et jour tant qu'il y a des cannes à récolter. D'autres mulets, au nombre au moins de dix-huit à vingt, sont réservés pour les charrois de toute espèce qui se font aussi avec des bœufs. Les moulins à eau sont plus commodes et moins dispendieux. Leur mouvement étant plus uniforme et la puissance qui leur est appliquée étant plus forte, les cannes y sont mieux comprimées et plus également. A ces avantages ils réunissent encore celui de la célérité. Un moulin à eau construit avec les dimensions précises, donne dans vingt-quatre heures assez de jus de cannes pour cent soixante formes de sucre brut de cinquante-quatre livres chacune, tandis qu'on n'obtient guère qu'un peu plus de la moitié de cette quantité avec un moulin à mulets quelque bien servi qu'il soit. Il est étonnant que dans les Antilles, où les vents sont constans et réglés, on n'ait pas généralement adopté l'usage des moulins à vent. J'en ai vu deux à Saint-Domingue. Il y en a plusieurs à la Guadeloupe et dans quelques îles anglaises. Ils coûteroient moins à établir que les moulins à eau, et conviendroient sur-tout aux établissemens situés loin des rivières. Les moulins sont ordinairement couverts et renfermés dans des bâtimens qu'on appelle *cases à moulins*.

§. I. *Disposition des bâtimens, fourneaux et chaudières né-*

cessaires pour extraire le sucre du jus de la canne. Le premier travail du sucre se fait dans la *sucrerie* (1). Pour le retirer du jus de la canne, on a besoin de feu, de fourneaux et de chaudières. On se servoit autrefois de chaudières de cuivre, et les Anglais en font encore usage ; mais dans nos colonies on leur a substitué celles de fer fondu. Elles composent avec le fourneau un laboratoire appelé *équipage.* Quelquefois il y a deux laboratoires dans la même sucrerie ; l'un pour cuire le vin de canne, l'autre pour cuire les sirops. Le premier est composé ordinairement de cinq chaudières disposées sur la même ligne et sur le même foyer, presque contiguës les unes aux autres, et enchâssées dans la voûte du fourneau de manière que l'action du feu puisse frapper les deux tiers de chaque chaudière. Le fourneau est commun à toutes les chaudières. C'est un canal dont l'ouverture est en dehors de la sucrerie, pratiqué dans la muraille presque vis-à-vis de la dernière chaudière, et qui se termine par une cheminée placée un peu au-dessus de la première, c'est-à-dire de celle qui est la plus voisine du bassin. On chauffe communément le fourneau avec de la bagasse et des feuilles de cannes qui ont séché dans le champ. Ces combustibles sont préférables au bois ; distribués par un bon chauffeur, ils procurent un feu plus violent et plus égal et dont on peut à volonté modérer l'action. Au moment même où l'on cesse de mettre du chauffage dans le fourneau, la violence de la chaleur doit nécessairement diminuer, ce qui est fort utile au juste degré de la cuite du sucre. Dès qu'on le juge cuit, on fait arrêter le feu, pour avoir le temps de le retirer, sans qu'il cuise davantage aux dépens de sa qualité. On ne peut pas se promettre le même résultat avec le bois, de quelque espèce qu'il soit, parcequ'il dépose dans le fourneau une couche de charbons ardens qui maintient la violence du feu plus long-temps qu'il ne faut, et réduit en caramel la partie du sucre qui touche au fond de la chaudière.

Les cinq chaudières dont un *équipage* est composé ont chacune un nom particulier. La première se nomme *grande*, parcequ'elle est d'une plus grande capacité que les autres ; la seconde *propre*, parceque dans celle-ci le suc doit être dépuré et amené au plus haut degré de propreté ; on nomme la troisième le *flambeau*, parceque le suc ou vin de canne y présente des signes auxquels on reconnoît la proportion et le degré de lessive qu'il exige ; la quatrième le *sirop*, à cause de la consistance qu'y prend le *veson* ; c'est le nom qu'on donne au sucre dépuré de la canne, lorsque les fécules qu'il contenoit en ont été séparées ; enfin la cinquième chaudière est la *batterie*,

---

(1) Voyez plus haut l'acception qu'on doit donner à ce mot.

ainsi nommée parceque la dernière action du feu qu'y reçoit le veson occasionne quelquefois un boursoufflement considérable, qu'on arrête en battant fortement la matière avec une écumoire. Ces chaudières sont soutenues par de la maçonnerie, qui s'élève au-dessus de leurs bords, en suivant leur évasement, et forme un glacis plus ou moins haut, qui augmente d'autant leur contenance. Près de la batterie se trouvent deux autres chaudières nommées *rafraîchissoirs*; on y transvase successivement le veson quand il est cuit au degré convenable. A la surface du bord de l'équipage, entre chaque chaudière, est un petit bassin où l'on verse les écumes qui sont portées par une gouttière dans la *grande*. Les grosses écumes sont jetées dans une chaudière particulière, placée hors de la ligne du laboratoire.

La disposition du fourneau principal procure à la batterie un feu vif qui perd insensiblement de sa force en montant le canal pour sortir par la cheminée. Ainsi les chaudières bouillent suivant les proportions convenables à l'évaporation lente et graduée que demande la fabrication du sucre. La galerie du fourneau est en dehors du bâtiment; son service est entièrement séparé de celui de l'intérieur de la sucrerie. Il a pour objet le transport du chauffage, son introduction dans le foyer, l'extraction et le transport des cendres. Cette galerie répond à toute l'étendue du fourneau; elle est ouverte presque de tous côtés, et couverte par un appentis qui garantit le chauffage et les chauffeurs.

§. II. *Travail général du suc exprimé pour en retirer le sucre ou du sucre de canne brut.* Dès qu'un des bassins dont il a été parlé est rempli de suc exprimé, on le fait couler dans la grande chaudière, qu'on charge à un point déterminé, et on y met de la chaux vive en substance, dont la proportion doit être relative à son degré de pureté et à l'état des cannes qui ont fourni le suc. La charge de cette grande ainsi lessivée est transvasée dans les chaudières suivantes, et partagée entre le sirop et le flambeau. Chargée de nouveau au même point, on y jette la quantité convenable de chaux, et on la transvase en entier dans la propre. Enfin remplie une troisième fois à sa mesure, et ayant reçu la chaleur nécessaire, on la laisse en cet état, et l'on commence à chauffer le fourneau, la batterie étant pleine d'eau. Le sirop et le flambeau sont, après la batterie, celles des chaudières qui s'échauffent le plus et le plus promptement. Les matières féculentes du suc exprimé se séparent et se présentent à la surface sous la forme d'écumes, qu'on enlève. Le suc entre en ébullition; toutes les écumes étant enlevées, on vide la batterie, et on la charge avec moitié du produit de la chaudière sirop. Alors, s'il est nécessaire, on ajoute aux chaudières sirop, flambeau et batterie, un peu de chaux vive ou d'eau de chaux, ou de dissolution d'alcali. La propre et la grande s'échauffent successivement; on en ôte les écumes à mesure. L'évaporation étant très rapide dans la batterie, on la charge du surplus du produit du sirop; on passe celui du flambeau dans le sirop, et on transvase moitié de la propre dans le flambeau, ayant soin, pendant le cours du travail, d'ajouter dans ces deux dernières la chaux ou les dissolutions alcalines lorsque cela est nécessaire. La batterie reçoit partiellement la charge de deux, trois ou quatre grandes, plus ou moins, suivant le degré de richesse et la qualité qu'a le suc exprimé après avoir passé dans les autres chaudières, et après y avoir été lessivé et écumé.

Lorsqu'on a rassemblé dans la batterie la quantité suffisante de veson on continue le feu pour opérer sa cuite; ensuite, et dès que le veson est cuit au point convenable, on le transvase en entier dans le premier rafraîchissoir après avoir suspendu toutefois l'action du feu. On remplit de nouveau la batterie avec le produit du sirop; le feu reprend, et on poursuit le même travail sur le suc exprimé, à mesure qu'il arrive du moulin.

Le veson de la batterie reçu dans le rafraîchissoir est nommé *cuite* ou *batterie*; une demi-heure après qu'il y a été mis, on le remue pour que le grain se répartisse également. Bientôt il est transvasé dans le second rafraîchissoir, où on le laisse jusqu'à ce qu'on ait obtenu une seconde batterie. Celle-ci reçoit un degré de cuite un peu plus fort que la première à laquelle on la réunit. Leur réunion se nomme *empli*; on mêle bien le veson. Au bout de quelque temps il se forme à la surface de l'empli une glace de l'épaisseur d'une ligne, qui indique la qualité du sucre et son degré de cuite. Selon que cette glace est trop ou trop peu friable, elle annonce que le sucre a été trop ou trop peu cuit. Le juste point de cuite fait qu'en appuyant légèrement la main sur la glace elle obéit et reprend son niveau : si elle ne se relève pas, la cuite est trop foible.

Pendant que le sucre est dans le second rafraîchissoir, on dispose les vaisseaux ou vases destinés à le recevoir. Si le degré de cuite a été donné avec l'intention de laisser le sucre dans un état brut ce qui s'appelle *cuite en brut*, on porte l'empli dans un canot, où il cristallise aussitôt, et on charge le canot de quatre à cinq emplis successifs. Si on veut terser le sucre, ce qu'on appelle *cuite en blanc*, le degré de cuite étant moins fort, l'empli est partagé entre plusieurs cônes de terre creux appelés *formes*, dont le sommet est percé d'un trou.

Avant de se servir de ces formes on a soin de les tenir deux ou trois heures dans l'eau et de les bien laver. Elles sont ensuite rangées dans la sucrerie, le sommet renversé et garni d'un bouchon de paille qui en ferme exactement le trou. On place le nombre de formes proportionné à la quantité de matière qu'on vient de cuire; puis on y verse le sucre encore liquide, au moyen d'une espèce de casserole de cuivre à deux anses appelée *bec à corbin*, et qui contient à peu près quatre pots. Le nègre chargé de cela a l'attention de ne pas mettre dans la même forme tout le liquide que contient le bec à corbin, mais de le répartir entre plusieurs, de manière qu'elles se remplissent en même temps. Par ce moyen, le grain de sucre se trouve mêlé à sa partie liquide en proportion égale dans tous les cônes; mais bientôt il se réunit, par son propre poids, soit aux parois, soit au fond de la forme : on est donc obligé de le relever; cela s'appelle *mouver le sucre*. Le succès de cette opération dépend du moment où on la fait; si le sucre est trop chaud, on trouble sa formation : s'il est trop froid, il a déjà acquis trop de densité pour obéir au mouveron. L'habitude a appris à connoître l'instant favorable. On prend le mouveron : on le plonge au fond de la forme, et on le laisse se relever. S'il remonte avec vitesse, il n'est pas encore temps d'en faire usage; s'il se relève lentement, ce temps est passé. Le juste milieu entre ces deux mouvemens indique le moment précis de l'opération; et ce moment est toujours celui où le refroidissement prochain de la matière va donner au sucre la consistance nécessaire pour empêcher le grain de s'écarter et de se précipiter de nouveau.

Le refroidissement du sucre produit toujours à la surface de la forme une croûte plus ou moins épaisse, dont le milieu s'affaisse bientôt, laissant tout autour une espèce de cercle qui adhère aux parois du vase. Ce cercle s'appelle *collet*; il doit avoir à peu près trois pouces de largeur; s'il est plus étroit ou plus large, il annonce alors ou le défaut ou l'excès de cuite du sucre. Cette même croûte, qu'on nomme *fontaine*, parcequ'au centre où se fait la crevasse il reste toujours un peu de sirop qui n'a pas pu se cristalliser, donne aussi des indices sur la lessive, que l'on juge avoir été ou trop forte ou trop foible, selon que la croûte est sèche et cassante, ou grasse et visqueuse. Sa couleur remplit à la fois deux indications, celles de la cuite et de la lessive. La belle couleur d'or annonce que le sucre a été bien fabriqué et bien cuit : le jaune pâle décèle le défaut de lessive et de cuite; le jaune noirâtre, l'excès de l'une et de l'autre.

Le sucre qui a cristallisé, ou dans les canots ou dans les formes, est encore brut. Soit qu'on veuille le vendre en cet état; soit qu'on se propose de le terrer, il est essentiel de le purger auparavant, c'est-à-dire de lui enlever son sirop. On donne le nom de *purgeries* aux bâtimens destinés à ce travail ; ils doivent être adjacens à la sucrerie. Celui où l'on purge le sucre brut a communément de soixante à quatre-vingts pieds de long sur vingt à vingt-quatre de large. Dans toute son étendue est une espèce de réservoir appelé *bassin à mélasse*, creusé à six pieds de profondeur au-dessous du sol, et recouvert par un plancher. On place debout, sur ce plancher, des barriques dont le fond est percé de trois à quatre trous d'un pouce à peu près d'ouverture, et on y porte le sucre des canots quand il est cristallisé et refroidi à un certain degré. Le sirop qui s'en sépare s'échappe par les trous et les fentes des barriques et tombe dans le bassin à mélasse. Après avoir subi cette dé-puration, qui n'est jamais complète, le sucre brut est mis dans le commerce.

§. III. *Observations importantes sur la lessive, la cuite et la cristallisation du sucre.* Le sucre de canne brut est le produit du vin de canne, après qu'il a été lessivé, cuit et cristallisé.

De la lessive. Elle a pour objet d'enlever au vin de canne toutes les parties solides, grasses et visqueuses qui s'opposent à la cristallisation du sucre. On y parvient en employant la chaux, ou tout autre corps de nature alcaline. La chaux agit comme absorbant ; elle se combine avec les parties étrangères au sucre, et les rassemble sous la forme d'écumes, avec les-quelles elle fait une espèce de savon. Autrefois on lessivoit beaucoup avec de différentes cendres. On a renoncé à cette méthode, parceque la cendre rendoit le sucre gris. La soude a le même inconvénient. Quand un vin de canne n'a pas été lessivé, il en résulte un sucre gras : c'est le plus grand défaut qu'il puisse avoir ; quand il a été trop lessivé, il en provient un sucre gris : c'est le plus grand vice après le sucre gras.

La précision de la lessive est une des principales parties du travail du sucre ; mais ce point capital est difficile à saisir. Le vin de canne varie non seulement à raison du sol et de l'an-cienneté de la culture, mais encore à raison des saisons et de l'âge des cannes. Il y a des vins de canne terreux. Outre qu'ils contiennent peu de sucre, celui qui en provient est presque toujours gris, par la quantité de parties terreuses qu'ils tien-nent en dissolution et qui entrent dans la combinaison des cristaux ; le sirop en est amer. Les cannes qui poussent dans des terres grasses et argileuses donnent ces vins de canne qu'on doit très peu lessiver. Il y a des vins de canne visqueux : ils produisent peu de sucre, et d'une cristallisation difficile, par l'obstacle qu'y apporte l'abondance du mucilage. Ce sont des cannes venues dans de mauvaises terres, ou des terres neuves

trop vigoureuses qui donnent un pareil vin. Leur sirop est
d'une douceur fade et mielleuse. Il y a des vins de canne
aqueux : ils sont plats au goût ; le sucre n'y est pas abondant, mais assez bon. L'excès d'eau rend l'évaporation très
longue. Ceux-ci sortent de cannes venues dans des terres humides, ou ont pour cause des saisons trop pluvieuses. Le
meilleur vin de canne est celui qui contient le plus abondamment de sucre. Il est agréable au goût. Son sirop a une douceur fine et relevée : c'est le plus facile de tous à traiter. Les
terres de rapport, profondes, légères et anciennement cultivées, ont l'avantage de le produire. Les cannes dont le point
de maturité est passé donnent un vin de canne fermenté.
Celles qui ont beaucoup souffert de la sécheresse, qui ont été
entamées par les rats, ou piquées par les insectes, sont sujettes
au même défaut.

Comme il n'est pas possible de connoître la quantité de
parties étrangères au sucre que contient chaque espèce de vin
de canne, on ne peut, par la seule inspection, apprécier la
lessive ou la quantité de chaux qu'il demande. On la met donc
nécessairement la première fois à tâtons, par approximation.
Alors on doit risquer plutôt moins de chaux que plus. Il y a
beaucoup de remarques sur la lessive, quelquefois bonnes,
quelquefois défectueuses. Il est nécessaire de les connoître
toutes, et, dans certain cas, il faut en comparer plusieurs ensemble. Voici les six indications les plus généralement suivies,
dont deux sont tirées du vin de canne, deux des écumes, et
deux du sucre.

PREMIÈRE INDICATION. *Couleur du vin de canne.* En général,
un vin de canne d'une couleur louche, d'un jaune pâle ou
trop légèrement ombré, manque de lessive, tandis que celui
qui est noir ou d'un vert noirâtre en a ordinairement trop.
Cette indication n'est pas toujours sûre, parceque la couleur
varie, dans le vin de canne, suivant le plus ou moins d'eau, de
terre, d'huile, de mucilage qu'il contient ; elle varie encore à
raison de l'évaporation et de l'écumage. Enfin, le rapport d'une
couleur présente à une couleur passée n'est qu'une affaire de
mémoire, et par conséquent sujet à tromper.

SECONDE INDICATION. *Bouillon de vin de canne.* Quand ce
bouillon est sec, menu et vif, il prouve que le vin de canne
ne manque pas de chaux. Un bouillon gros, lourd et lent
annonce au contraire qu'il en manque. Mais un vin de canne
peut être trop lessivé avec un bouillon sec, et un vin de canne
très aqueux et très abondant en mucilage aura nécessairement un plus gros bouillon, quoique bien lessivé, qu'un bon
vin de canne.

TROISIÈME INDICATION. *Couleur des écumes.* Elle varie comme celle du vin de canne. En général, elle prouve un défaut de lessive quand elle est blanche, et un excès lorsqu'elle est trop foncée ou noire.

QUATRIÈME INDICATION. *Cordon que les écumes font au bord de la chaudière.* Les écumes poussées en haut par l'action du feu s'amassent pour l'ordinaire autour des chaudières dans le flambeau et le sirop : c'est ce qu'on appelle le *cordon.* Il n'existe pas quand la lessive est très foible. Il est au contraire abondant quand elle est forte.

CINQUIÈME INDICATION. *Sucre dégouttant de l'écumoire.* On croit communément que le sucre qui se détache avec facilité et netteté de l'écumoire et qui est cassant est assez lessivé, et qu'il manque de chaux quand il est mou et filant ; mais cette preuve est plus propre à connoître le corps du sucre que la lessive ; car un sucre abondant en mucilage, quoique bien lessivé, sera toujours filant, et celui abondant en parties salines cassera bien, quoique foible de lessive.

SIXIÈME INDICATION. *Fleurs blanchâtres dans le rafraîchissoir et sur le mouveron.* Il est ordinaire que le bon sucre bien lessivé forme promptement et abondamment des fleurs dans le rafraîchissoir et sur le mouveron. Le sucre gras au contraire en forme difficilement. Mais quand cette remarque indiqueroit avec certitude un sucre bien ou mal lessivé, elle ne pourroit servir que pour le sucre fait et non pour celui à faire.

D'après ce qui vient d'être dit, on voit que les indications ordinaires sur la lessive sont séparément peu sûres, souvent trompeuses ; qu'elles annoncent plutôt le trop ou le trop peu que le juste point. Cependant, quand elles se réunissent toutes, on peut être à peu près certain que le sucre ne pèche pas par la lessive.

Le moyen le plus prompt et le plus sûr de trouver le juste degré de lessive, est d'observer la manière dont les écumes se détachent du vin de canne, et la facilité plus ou moins grande avec laquelle s'opère cette séparation. Quand la lessive est parfaite, les écumes sont alors épaisses et gluantes ; elles s'attachent à l'écumoire dans la grande et la propre ; elles s'échappent avec rapidité du bouillon qu'on entrevoit bouillant et transparent : dans le flambeau et le sirop, le vin de canne se gonfle aisément ; les écumes s'élèvent de même, et se réunissent en flocons séparés.

On remédie au défaut de lessive par une addition de chaux ; mais lorsque cette substance se trouve avec excès dans le veson, il est impossible de la retirer. Il faut alors recourir à des corps ou à des ingrédiens qui en diminuent l'effet, soit en ajoutant du vin de canne, soit (ce qui est plus ordinaire et préférable) en passant de l'eau dans les chaudières. L'eau affoiblit d'un côté la chaux et de l'autre facilite l'écumage. On ne peut plus corriger la lessive dans la batterie, parceque la matière a pris alors trop d'épaississement. C'est dans les premières chaudières qu'il faut tâcher de la perfectionner.

Quoique l'écumage soit une opération purement mécanique et qui n'exige que les bras du nègre, on doit pourtant y veiller. Anciennement, pour plus de commodité, on écumoit d'une chaudière dans l'autre ; mais cette façon étoit vicieuse, en ce qu'elle augmentoit les écumes des premières chaudières, et qu'il falloit toujours les extraire du vin de canne. Aujourd'hui on écume chaque chaudière dans des bailles. Les grosses ou premières écumes se donnent ordinairement aux animaux. Celles de la propre, du sirop et du flambeau, se mettent dans des barriques à déposer. Après sept à huit heures, temps suffisant pour éclaircir le vin de canne qu'elles contiennent, on les soutire et on les passe dans la grande ou la propre, suivant leur netteté ; par ce moyen l'écumage a lieu sans aucune perte de matière. Les écumes de la batterie étant abondantes en sucre, on les passe sans inconvénient dans les autres chaudières.

De la cuite. La cuite est le degré d'épaississement du veson, convenable pour opérer la cristallisation du sucre. Il est impossible de déterminer au juste quel doit être cet épaississement. Il dépend de la qualité de la matière, qui contient plus ou moins de parties salines. On juge de la cuite par un fil que l'on fait former à une goutte de matière entre deux doigts : en général, plus il se retire lentement, plus il y a d'épaississement ou de cuite.

. On cuit communément à deux batteries ; mais quand la matière est maigre et le sucre difficile à faire, il faut cuire à trois, quatre ou cinq batteries, suivant l'exigence des cas ; la première doit être plus foible, la seconde plus forte, ainsi des autres graduellement, à raison du nombre des batteries.

Le fil qui sert d'épreuve se diversifie, non seulement suivant le degré d'épaississement, mais encore suivant la quantité de la matière, la quantité de lessive et le degré de chaud ou de froid. Si le sucre est gras ou sans corps, le fil est gros, mou et filant. Quand on laisse trop refroidir la goutte de matière, le fil se rend plus ferme, toutes choses égales, et fait croire sa cuite plus forte ; ce qui trompe souvent les gens peu attentifs. Il faut donc éviter le vent en prenant la preuve, former son fil le plus promptement possible, le rapprocher de la qualité de la matière, et le combiner sur le nombre des batteries. Si la cuite est beaucoup trop foible, on peut repasser la batterie dans le veson ; on peut encore dans ce cas diminuer le volume de la batterie, en ôtant un ou deux corbins de sucre. Enfin on peut alors tirer l'*empli* à trois batteries, et suppléer par les deux dernières au défaut de la première. Si la cuite est trop forte, on la diminue en mêlant dans la batterie tirée un peu de veson-sirop.

De la cristallisation. La cristallisation est l'arrangement régulier des parties constituantes de certains corps. Ce mot s'applique particulièrement aux sels qui, par leur transparence, leur blancheur et le coup-d'œil, ressemblent assez au cristal.

Le sucre est un des sels dont la cristallisation s'opère par refroidissement insensible. Le suc de canne a cela de particulier, qu'il contient beaucoup plus de parties grasses et mucilagineuses que le suc des plantes dont on extrait d'autres sels. C'est ce mucilage surabondant qui forme le principal obstacle à la cristallisation du sucre. Cependant le mucilage est une partie constituante du sucre, et le fluide où s'opère la cristallisation ; mais quand il est trop abondant, il y nuit autant qu'il la favorise lorsqu'il se trouve dans une juste proportion. C'est encore ce mucilage surabondant, après qu'on en a séparé toutes les parties saccharoïdes le plus qu'il est possible, qui forme ce qu'on appelle le *sirop amer*, lequel est d'autant plus propre au *rhum* ou *tafia* (*noms donnés à l'eau-de-vie de sucre*), qu'il contient moins d'eau et de sucre.

La cristallisation a lieu naturellement de la manière la plus parfaite, quand rien ne s'y oppose, par la tendance que les parties similaires de la matière ont les unes vers les autres. Mais elle est trop rapide quand l'épaississement du veson est trop grand ou la cuite trop forte ; dans ce cas les parties salines étant trop subitement rapprochées, s'accrochent indistinctement par toutes les faces ou points de contact dont elles sont susceptibles, et leur arrangement devient très irrégulier. C'est une masse saline qu'on obtient alors au lieu de cristaux. Il en résulte un autre inconvénient. Le mucilage étant trop épaissi, et se trouvant interposé entre les parties salines, ne peut être séparé facilement par le terrage, soit par le défaut de fluidité, soit par le vice des couloirs ; ce qui s'oppose à la blancheur naturelle du sucre, dont les cristaux sont ternis par ce mucilage. Par un effet contraire au précédent, lorsque la matière n'est pas suffisamment épaissie ou que la cuite est trop foible, les parties salines étant trop divisées, trop éloignées les unes des autres, se réunissent avec difficulté. Une certaine quantité de ces parties est mêlée intimement avec le mucilage en état de dissolution, d'où résulte une mauvaise cristallisation, c'est-à-dire des cristaux petits, mous, plus susceptibles de prendre l'humidité, de se décomposer et tomber en poussière. Dans ce cas, le mucilage ayant une grande fluidité s'échappe aisément. Le sucre est facile à blanchir sous le terrage ; mais comme il manque de solidité ou de corps, sa blan-cheur est terne.

La cristallisation du sucre commence dans les rafraîchissoirs et s'achève dans les formes ; on doit garantir les uns et les autres du vent, parcequ'un froid trop subit, épaississant le mucilage ou sirop, s'oppose au rapprochement des parties salines. Ce n'est plus une cristallisation, mais une véritable congélation. Voilà pourquoi un rafraîchissoir froid produit plus de grain, mais bien moins cristallisé qu'un rafraîchissoir échauffé.

§. IV. *Terrage du sucre, ou du sucre de canne terré.* On appelle ainsi le sucre qui, après avoir été retiré du jus de la canne et après avoir été purgé, a encore été terré, puis séché à l'étuve, opérations qui ont pour objet de le purifier entière-ment et de le blanchir.

Les purgeries où l'on terre le sucre sont composées ordinai-rement d'un corps principal de bâtimens et de deux ailes, ayant ensemble deux cent cinquante à trois cents pieds de lon-gueur et quelquefois davantage. Elles sont presque toutes cons-truites en pierre. Leur intérieur est divisé en compartimens, nommés *cabanes*, par le moyen de traverses mobiles placées à des distances égales.

Quand le sucre qui a cristallisé est entièrement refroidi, on transporte les formes qui le contiennent de la sucrerie à la purgerie, et on les place dans les cabanes sur de grands pots de terre à ouverture étroite nommés *canaris*. Mais aupara-vant on débouche chaque forme, et on enfonce aussitôt dans son intérieur, et de bas en haut, une cheville longue d'un pied et demi qu'on retire sur-le-champ ; cela s'appelle *percer la forme* ; le trou qu'on y fait doit être dirigé vers le centre et perpendiculairement au sommet de la forme, afin que l'eau du terrage puisse filtrer également de toutes ses parties ; s'il en fait obliquement, ou d'un seul côté, l'eau s'écoulera toute entière par ce vide, y fera des crevasses, entraînera même avec elle quelques portions de sucre ; tandis que celui du côté opposé, se trouvant privé de ce véhicule, n'éprouvera qu'une dépuration imparfaite. Les mêmes inconvéniens auront lieu si la forme n'a pas été placée d'aplomb sur le canari ; alors le côté qui penche reçoit toute l'eau, et le côté opposé reste avec sa mélasse.

Pendant cinq à six jours on laisse s'écouler dans les pots le sirop qui se sépare naturellement du sucre ; après cela on en substitue d'autres sous les formes, et on dispose celles-ci avec ordre pour recevoir le terrage.

Du terrage. Son objet est d'enlever à la faveur de l'eau la portion de sirop qui reste à la surface des petits cristaux de sucre. Pour cet effet, on unit bien la base du pain de sucre, et on verse dessus une terre argileuse délayée dans l'eau à consistance de bouillie. Cette terre fait fonction d'éponge; l'eau emportée par son poids dissout le sirop, qui, devenu plus fluide, est entraîné vers la partie inférieure de la forme, et découle dans le pot sur lequel elle est placée. Toute terre argileuse peut être employée au terrage, pourvu qu'elle soit bien battue et bien délayée.

Lorsque la première terre dont on a couvert la base du pain est desséchée, on l'enlève et on la remplace par une seconde, qui, devenue sèche, est remplacée à son tour par une troisième. Celle-ci est pareillement enlevée après sa dessiccation. On laisse alors le pain dans sa forme pendant environ trois semaines, afin que le sirop puisse s'écouler entièrement. Après ce temps on retire le sucre des formes, et, après l'avoir exposé au soleil pendant quelques heures, on le met à l'étuve.

De l'étuve. C'est un bâtiment adossé aux purgeries, très élevé, et ayant à peu près la forme d'une tour carrée. Il est toujours construit en pierre. En dedans sont plusieurs étages formés chacun de quelques planches légèrement espacées entre elles, et sur lesquelles on dispose les pains de sucre. L'air intérieur est échauffé par un très grand poéle, dont le foyer est en dehors. Le feu est rarement bien gradué; il doit être modéré dans le commencement. Au haut de l'étuve est une fenêtre qu'on laisse ouverte cinq ou six jours. Après ce temps on la ferme, et on chauffe alors fortement le poêle. On doit entretenir dans l'étuve une chaleur de quarante à cinquante degrés du thermomètre de Réaumur. Ordinairement le sucre sèche en trois semaines, si toutefois le feu a été conduit également; quand il est trop fort le sucre roussit et l'étuvée est imparfaite. On appelle *étuvée* la quantité de pains mis dans l'étuve; elle en peut contenir communément de cinq à sept cents, c'est-à-dire vingt à trente milliers de sucre, car chaque pain quand il est sec pèse environ quarante livres.

Après dix-huit à vingt-un jours d'étuve, on retire le sucre, on le pile, et on le met en barrique pour le livrer au commerce. (D.)

CANNE D'INDE. On donne ce nom au BALISIER.

CANNE ROSEAU. *Voyez* ROSEAU CULTIVÉ.

CANNEBERGE. Espèce du genre des AIRELLES.

CANNELLE. Seconde écorce d'une espèce de laurier, *Laurus cinnamomum*, Lin., qui croît dans les îles de l'Inde, et qu'on emploie dans l'assaisonnement des mets et dans la médecine. Son prix permet rarement de l'employer dans l'art vétérinaire, où sa qualité excitante et échauffante seroit souvent utile. (B.)

CANON. Partie inférieure de la jambe du cheval en dessus du boulet.

Un canon trop gros ou trop petit, relativement à la grosseur le l'animal, sont des défectuosités. Dans le dernier cas il annonce la foiblesse.

Les principales maladies du canon sont les Suros, les Osselets, les Fusées. *Voyez* ces mots. (B.)

CANTALOUP, *Cucumis melo suavissimus.* Melon bien préférable aux anciennnes races de melons. Les *cantaloups* ont gardé en France le nom de la bourgade d'Italie, où les premiers furent, dit-on cultivés, ce qui ne nous apprend point de quelle contrée des pays chauds ces melons peuvent être originaires, et s'ils sont venus en Europe aussi améliorés que nous les possédons. Il y a des cantaloups très variés par leur grosseur, leur forme, leurs couleurs et autres accidens. La qualité qui leur est commune est la fermeté de leur chair ou pulpe; la finesse est l'extrême suavité de leur parfum. Les proverbes fondés sur la rareté des bons melons ne semblent pas s'étendre sur les cantaloups. *Voyez* les détails au mot Melon. (Duch.)

CANTHARIDE, *Litta*, Fab. Genre d'insectes de l'ordre des coléoptères, renfermant une trentaine d'espèces qui intéressent, et comme très utiles à la médecine, et comme dangereuses pour l'homme et les animaux qui les avalent et même les touchent, et comme destructives des feuilles de quelques arbres.

La seule espèce de cantharide qui soit dans le cas d'être citée ici est la vésicatoire, qui est d'un vert doréé clatant, et dont les antennes sont noires. Sa longueur est de six à dix lignes. On la trouve en Europe, sur-tout dans la partie méridionale, sur les frênes, les chèvrefeuilles, les lilas, les troènes, les rosiers, les peupliers, les noyers et les ormes, qu'elle dépouille souvent en peu de jours de la totalité de leurs feuilles, événement qui retarde d'autant plus leur croissance que c'est au milieu de l'été qu'il a lieu, c'est-à-dire à l'époque où les feuilles sont le plus nécessaires.

La larve des cantharides vit dans la terre, et se nourrit de racines. Elle est blanche et composée de treize anneaux, avec six pattes et une tête organisée presque comme celle de l'insecte parfait. Il y a lieu de croire qu'elle ne se transforme que la seconde ou la troisième année.

Cet insecte est un des plus anciennement mentionnés dans les auteurs et des plus généralement connus; mais ce n'est pas celui que les Grecs et les Romains employoient pour établir leurs vésicatoires. Ce dernier est le *mylabre de la chicorée.*

On ignore encore le mode d'action des cantharides, mais les effets qu'elles produisent sur l'économie animale sont très connus. Extérieurement elles enflamment les tégumens, y font naître des vessies remplies d'humeur séreuse qui sont suivies d'une suppuration de nature particulière. Elles agissent en même temps, et encore plus violemment lorsqu'on les prend intérieurement, sur tous les sphincters, principalement ceux de la vessie et des vésicules séminales, les irritent ou les crispent avec une violence proportionnée à la quantité prise et à la chaleur de la saison. Il suffit de s'arrêter un instant, dans l'été, sous un arbre qui recèle de ces insectes pour éprouver ces effets. Pour en avoir mis une douzaine, pour ma collection, dans une boîte de fer blanc, et les avoir apportées à la maison, j'ai eu une ardeur d'urine pendant deux jours. Elles ont aussi une action marquée sur les nerfs et sur le cerveau. Un homme ou un animal qui en avaleroit une entière, éprouveroit certainement des accidens très graves qui le conduiroient immanquablement à la mort, si des secours prompts ne lui étaient pas administrés. Les remèdes à employer sont le camphre, des boissons acidulées et mucilagineuses, ensuite les bains.

Comme les cantharides sont l'objet d'un commerce assez étendu, il est, dans les parties méridionales de l'Europe, des personnes qui se consacrent à leur recherche, et il paroît que chez eux l'habitude a diminué les inconvéniens de leurs émanations. Ces personnes vont donc secouer, ou battre avec de grandes perches, les arbres qui sont couverts de cantharides; je dis couverts et je n'exagère pas, car elles s'y voient quelquefois en immense quantité, et les font tomber sur de grands draps qu'ils ont étendus sur la terre. Aussitôt que cette opération est faite, ils relèvent le drap et plongent les insectes dans des baquets de vinaigre qui ont été disposés exprès. Cette immersion les fait mourir et affoiblit leurs qualités délétères. Ensuite on les emporte et on les fait sécher au soleil, ou mieux, dans un grenier bien aéré, en les remuant de temps en temps avec un long bâton. Les difficultés et les dangers de leur récolte font que les cantharides sont toujours chères. Il n'y a pas de doute que celles des pays chauds ne soient meilleures que celles du climat de Paris, par exemple; mais la différence n'est pas assez considérable pour qu'on ne puisse la compenser par une dose un peu plus forte. Il seroit donc bon que les habitans des campagnes se livrassent un peu plus généralement à leur recherche et à leur dessiccation.

Autrefois on croyoit que les cantharides devoient être tuées par la vapeur du vinaigre; en conséquence, on employoit des tamis de crin ou des cribles qu'on remplissoit de ces insectes, et qu'on plaçoit sur des chaudières où il y en avoit en ébullition. Aujourd'hui on a renoncé à ce procédé aussi long que coûteux et embarrassant.

Il n'y a pas d'autre moyen de détruire les cantharides que de les faire tomber de l'arbre et de les écraser; mais on juge, d'après ce que je viens de dire, que lorsque l'année leur a été favorable cela devient impossible : au reste, elles ne paroissent pas toutes les années en même quantité, leur arrivée étant soumise à des périodes comme celle des hannetons. (B.)

CAOUQUA. C'est battre le blé par le moyen des animaux dans le département du Var.

CAOURET. Dans le département du Var, c'est le chou.

CAOUSSANE. Licol de corde dans le département du Var.

CAPALLA. Nom d'une masse de gerbes qu'on entasse dans les champs aux environs de Toulouse : chaque capalla doit fournir trois mines de blé.

CAPELET ou PASSE-CAMPANE. MÉDECINE VÉTÉRINAIRE. Nous nommons ainsi une tumeur mouvante et plus ou moins volumineuse, située sur la pointe du jarret du cheval, et qui n'intéresse que l'épaisseur de la peau.

Cette tumeur ne porte pas absolument préjudice à l'animal. Elle l'oblige rarement de boiter, à moins qu'elle n'accroisse en volume et en consistance; pour lors elle gêne les mouvemens des parties où elle siège, et le cheval boite.

Causes. Le travail forcé, les frottemens de la pointe du jarret contre un corps dur, les coups, en sont les causes ordinaires.

Traitement. Le vin aromatique chaud, l'eau-de-vie camphrée, employés en friction, guérissent le capelet dans le commencement; mais si la ressorption de la lymphe se fait difficilement malgré ces remèdes, le moyen le plus sûr alors est d'en venir à l'application du feu, sur-tout lorsque la tumeur a acquis un gros volume et qu'elle est ancienne.

Le capelet vient quelquefois au jarret des chevaux et des mules qui n'ont pas jeté ou ont mal jeté leur gourme. Dans ce cas, on ne peut remédier à ce mal qu'en combattant la cause par les remèdes propres à la GOURME. *Voyez* ce mot. (R.)

CAPENDU ou COURT PENDU. Espèce de poire.

CAPERONNIER ou CAPERON. Sorte de fraisier à gros fruit, rond comme la tête, dont la pulpe est compacte et le goût assez fort. C'est le *hautboy stwawberry* des Anglais. *Voyez* FRAISIER. (DUCH.)

CAPILLAIRE. Plusieurs espèces de fougères des genres ADIANTE et DORADILLE portent ce nom. (*Voyez* ces deux genres.) L'ADIANTE A FEUILLES DE CORIANDRE, *Adiantum capillus veneris*, Lin, le porte cependant plus particulièrement. (B.)

CAPITON. Dans Tournefort, et précédemment dans le Catalogue du jardin des plantes, ce nom a été donné à la grosse fraise, *fragaria parvi pruni magnitudina* : la figure de Besler ne laisse pas de doute que ce soit le caperonnier dioïque seul connu alors. On prononce *caperon* à Paris, et par fausse orthographe *capron*; mais ce nom est appliqué particulièrement à toutes les fraises plus grosses que celles du fraisier de bois cultivé. (Duch.)

CAPOTS. On appelle ainsi, dans quelques cantons, des élévations de terre de quatre à cinq pouces, sur lesquelles on cultive les courges. (B.)

CAPOTTE. Sac de toile grossière, mais fort épaisse, de grandeur suffisante pour qu'on puisse y faire entrer très facilement la tête du plus fort cheval. Au fond de ce sac il y a une ouverture suffisante pour passer le bout du museau, et sur ses bords sont attachées trois longues ficelles.

La capotte sert à ôter au cheval les moyens de mordre et de voir lorsqu'on veut le ferrer ou lui faire subir quelque opération douloureuse. Elle remplit souvent très bien son objet. (B).

CAPRIER, *Capparis.* Genre de plantes de la polyandrie monogynie, et de la famille des capparidées, qui renferme une trentaine d'espèces, dont la seule qui soit naturalisée en Europe est l'objet d'une culture de quelque importance pour les parties méridionales de la France.

Cette espèce, appelée CAPRIER ÉPINEUX, ou tout simplement le *caprier*, est un arbuste qui paroît originaire du Levant, et avoit été apporté à Marseille par la colonie grecque qui a fondé cette ville. Il s'élève à quatre ou cinq pieds ; sa racine est grosse, ligneuse, recouverte d'une écorce épaisse ; ses tiges cylindriques, souvent rougeâtres, hautes de deux à trois pieds ; ses feuilles alternes, pétiolées, réniformes, épaisses, très entières, très glabres et très luisantes, d'environ deux pouces de diamètre, sont toutes accompagnées de deux grosses épines recourbées ; ses fleurs, de deux ou trois pouces de diamètre, sont blanches, avec une légère teinte de rose sur les étamines, et solitaires sur de longs pédoncules axillaires.

Olivier observe que le caprier croît naturellement dans les îles de l'Archipel et sur les côtes occidentales de l'Asie mineure. Il vient dans les plaines et sur les fentes des rochers qui se trouvent à peu de distance de la mer. Le caprier sans épines croît dans les mêmes terrains. Le même naturaliste croit cette dernière une espèce particulière et plus délicate que l'autre : elle ne commence à se trouver qu'à Myconie ; elle s'étend en Chypre, en Crète, en Egypte. L'autre vient aux environs de l'Hellespont, à Scio, à Lesbos, et ne se trouve ni en Egypte, ni en Syrie. *Voyez* son voyage dans l'empire othoman.

C'est pour ses boutons qu'on cultive le caprier. Ces boutons, confits dans le vinaigre, sont les capres du commerce dont on fait une consommation assez étendue, dans les villes, pour l'assaisonnement des mets. Leur préparation est fort simple, puisqu'il ne s'agit que de les mettre dans un tonneau avec assez de bon vinaigre, un peu salé, pour qu'il y en ait toujours un ou deux pouces au-dessus d'eux. Chaque soir on augmente la masse de ces capres de la récolte du jour, et ce pendant six mois de l'année. On doit préférer ajouter le vinaigre à mesure du besoin plutôt que de mettre le tout à la fois, parceque les premières capres l'affoibliroient au détriment des dernières. Lorsque le tonneau est plein, le propriétaire le vend à des personnes, qui, par le moyen de cribles de cuivre, séparent les différentes grosseurs de capres, mettent ce triage dans des barils avec du nouveau vinaigre, et les expédient à leurs correspondans.

Cette dernière opération est fondée sur l'opinion que les plus petites capres sont les meilleures, et en effet elles sont plus fermes parceque leurs parties internes sont moins développées, mais du reste elles n'ont pas plus de qualités réelles que les autres ; cependant, comme elles se vendent plus du double des communes, et plus du triple des grosses, il y a raison suffisante pour engager à les séparer.

Lorsque l'on confit les capres dans un vinaigre foible elles deviennent molles et pâles, et cependant on veut toujours économiser sur l'acquisition de ce vinaigre, ce qui fait que les capres ne sont pas toujours aussi belles qu'elles devroient l'être. C'est pour remédier aux suites de ce mauvais calcul que non seulement on cherche à tromper le consommateur en leur donnant artificiellement une couleur verte, mais qu'on ne craint pas de lui occasionner des coliques douloureuses, de ruiner son estomac, de l'empoisonner enfin. En effet, les cribles de cuivre dont on se sert exprès pour donner cette couleur, ne le font qu'en portant dans les capres une portion de leur substance au moyen de leur dissolution par le vinaigre, c'est-à-dire un véritable vert-de-gris dont on connoît l'action délétère, action qui, quoiqu'affoiblie par le vinaigre, véritable antidote de ce poison, n'en est pas moins réelle. Il est donc de la sollicitude du gouvernement d'employer l'autorité pour défendre l'usage des cribles de ce métal, cribles des inconvéniens desquels on ne peut calculer les suites, et dont les prépareurs de capres ne connoissent pas tout le danger.

Des capres bien préparées peuvent rester bonnes cinq à six ans lorsqu'on les garde dans un endroit frais, et pour les conserver encore plus long-temps il suffit de renouveler leur vinaigre. On les estime antiscorbutiques et rafraîchissantes. Il est certain qu'elles excitent l'appétit ; mais plusieurs médecins prétendent qu'elles ne doivent toutes leurs propriétés qu'au vinaigre.

On connoît dans le commerce cinq sortes de capres relatives à leurs qualités ; on les appelle, dans l'ordre de l'estime qu'on en fait, la *nompareille*, la *capucine*, la *capotte*, la *seconde*, et la *troisième*.

Il y a plusieurs manières de cultiver le caprier.

La plus rustique est de le planter dans des murs à une bonne exposition. On n'a plus alors d'autres soucis que celui de la récolte de ses boutons.

La plus profitable est de le planter, en quinconce, dans une terre légère, profonde et sur-tout bien abritée des vents du nord, et de le traiter comme tous les autres arbres à fruit.

La culture des capriers, dans les murs, a l'inconvénient de les faire crouler par suite de la croissance des racines, et de ne pas donner des récoltes aussi abondantes, soit parceque leurs branches supérieures, retombant sur les inférieures, enlèvent à ces dernières les bénignes influences du soleil, soit parceque leurs racines ne trouvent pas entre les pierres une nourriture suffisante ; de plus elle oblige à des réparations fréquentes dans les murs et à des remplacemens fréquens dans les pieds. Tout calculé elle est définitivement plus coûteuse que l'autre manière, quoiqu'elle n'exige presque aucune dépense annuelle. Il est remarquable que, malgré l'ancienneté de ce genre de culture, on ne se soit pas avisé de palissader les capriers, d'en faire enfin de véritables espaliers comme on en agit à l'égard des pieds qu'on élève dans les jardins de Paris. Rozier insiste avec raison sur cette pratique qui offre des avantages nombreux et n'a d'autres inconvéniens qu'une dépense un peu plus considérable.

Les capriers qu'on plante en quinconce sont espacés de dix pieds les uns des autres. Ils craignent la sécheresse pendant l'été et l'humidité pendant l'hiver. Dans cette dernière saison ils perdent généralement leurs tiges. En automne on coupe les tiges à cinq à six pouces de la racine, et on recouvre cette dernière d'une butte de terre de six à huit pouces de haut. Au printemps on la découvre, on coupe les restes des tiges, et on donne à tout le terrain un labour à la houe ou à la charrue. C'est la seule façon qu'il a dans l'année.

Au commencement de l'été les capriers commencent à fleurir. Depuis cette époque jusqu'aux premiers froids les femmes et les enfans vont tous les matins cueillir les boutons et les apportent à la maison pour les jeter immédiatement dans le vinaigre. Si on manquoit un seul jour à faire cette opération, on éprouveroit une perte considérable, puisque les boutons seroient devenus plus gros et auroient beaucoup diminué de valeur comme je l'ai dit plus haut. Quelques précautions qu'on prenne, il y en a toujours quelques uns qui échappent ; on les laisse fleurir, et les fruits se cueillent avant leur maturité pour être également confits dans le vinaigre : c'est ce qu'on appelle *cornichons de capre*. Leur vente est peu fructueuse.

Quoique le caprier vienne dans les sols les plus arides, il est plus avantageux de le cultiver dans ceux qui sont gras et susceptibles d'être arrosés quelquefois pendant l'été ; ce qui fait qu'il réussit mieux dans les murs qu'au pied des mêmes murs, c'est qu'il y a moins d'évaporation pendant les chaleurs de l'été. Cette observation conduit à croire qu'on rempliroit les mêmes données si on couvroit le sol des caprières de larges pierres, si on le pavoit enfin. Il est probable qu'il résulteroit de l'exécution de cette idée dans les terrains les plus secs, des récoltes aussi abondantes que celles qu'on fait, les années chaudes, dans les sols arrosables. Ce qu'il faut principalement éviter, ce sont des terres compactes et susceptibles de retenir l'eau en hiver.

Tout ce que j'ai dit jusqu'à présent prouve que le caprier est un arbuste de montagne, un arbuste qui a besoin de puissans abris ; aussi sa culture dans les plaines, même les plus garanties des gelées, a-t-elle des désavantages marqués. Il y pousse plus tard, y cesse plus tôt de donner des boutons, et y périt plus fréquemment.

On multiplie le caprier de graines, de boutures et d'éclats des racines.

Les graines ont l'inconvénient de faire attendre six à huit ans un produit de quelque valeur, aussi n'en sème-t-on que rarement. C'est au printemps, dans une terre bien préparée et bien exposée, qu'on les place. On met le plant qui en résulte en pépinière à la seconde année, et en place à la quatrième.

Pour faire des boutures on coupe les plus belles tiges en automne ; on les partage en tronçons d'un pied, on les met en pépinière dans un sol semblable à celui des semis, à quatre ou cinq pouces de distance, et de manière qu'il n'y ait que deux ou trois pouces hors de terre et on recouvre le tout, pendant l'hiver, avec de la paille ou de la fougère, à l'effet d'empêcher l'action des gelées.

On se demande pourquoi, au lieu de couper les boutures en automne, on ne les coupe pas au printemps ? En effet, puisqu'on peut les garantir de la gelée étant séparées de la racine, on peut également les en garantir sur pied. Il semble qu'il ne s'agiroit que de butter les pieds un peu plus haut qu'on ne le fait ordinairement ; la base des tiges pousseroit alors quelques racines pendant l'hiver, et leur reprise seroit et plus prompte et plus assurée.

Quoi qu'il en soit, les boutures reprises ne restent pas plus de deux ans dans la pépinière et souvent même seulement un an. On les place à demeure, et elles donnent des produits notables la quatrième ou cinquième année.

Il arrive quelquefois que les boutures les mieux reprises périssent à la transplantation. Pour rendre ces inconvéniens plus rares, on conseille de mettre deux pieds dans le même trou. S'ils ne meurent ni l'un ni l'autre, ils se grefferont par approche et feront des pieds extrêmement vigoureux. Cette méthode est donc bonne.

Lorsqu'on veut multiplier les capriers par éclats, on découvre au printemps, avant la pousse, la partie supérieure des racines, celle d'où doivent sortir les bourgeons, et avec une petite hache on en sépare quelques morceaux latéraux, sur-tout ceux qui font saillie, en ayant le soin de n'endommager l'écorce que le moins possible. Ces morceaux, qui doivent avoir au moins un pouce carré de surface, se mettent en pépinière, et la même année fournissent des plants d'une certaine force, c'est-à-dire qu'on peut mettre en place dès l'année suivante, et qui fournissent des récoltes abondantes la troisième ou quatrième année.

Cette méthode est donc plus avantageuse que celle des boutures, cependant elle se pratique moins, parceque souvent on fait périr le vieux pied en prenant ses éclats; mais ce cas n'arrive jamais que lorsqu'on ne procède pas avec précaution. Si on ne fait pas des plaies trop larges aux racines et si on les recouvre sur-le-champ de terre, ces plaies se refermeront dans l'année, et on ne s'apercevra pas, même aux produits, de l'enlèvement qui a eu lieu.

On cultive quelquefois des capriers dans le climat de Paris, et ils s'y conservent souvent un grand nombre d'années sans que leurs racines soient tuées par les gelées, quoiqu'elles en éprouvent de très fortes, preuve de plus que ce ne sont pas les gelées, mais l'humidité qui en fait tant périr, dans les hivers froids, sur les bords de la Méditerranée. On les place toujours en espalier contre un mur à l'exposition du levant ou du midi, et on les couvre de fougère ou de paille; ils fleurissent fort bien. Lorsqu'on veut les multiplier on s'y prend par les moyens indiqués plus haut, excepté qu'on les pratique sur couche et sous châssis. Au reste, ils y sont rares, parcequ'ils ne peuvent y être d'aucun produit, et que les terres qui leur conviennent ne sont pas toujours à la disposition de ceux qui en désirent.

La variété ou l'espèce de caprier sans épine, dont il est question au commencement de cet article, mériteroit d'être cultivée de préférence, car la cueillette des capres est un cruel tourment pour les femmes et les enfans qui en sont chargés.

puisque, quelques précautions qu'on prenne, on n'en revient jamais sans avoir les mains écorchées et les habits déchirés. Cette variété ou espèce n'est pas connue en France. Celles qu'on y trouve sont très peu saillantes et sont établies sur des feuilles plus rondes ou plus longues, sur des fleurs pourvues d'un moins ou plus grand nombre d'étamines. Ces dernières sont les plus intéressantes aux yeux des cultivateurs, car plus les boutons contiennent d'étamines et plus ils sont fermes. Or, la fermeté des capres est une des principales qualités qu'on désire en elles.

C'est aux environs de Toulon qu'est établie en France la plus grande culture du caprier. On en voit aussi quelques pieds aux environs de Marseille. Dans ces endroits mêmes il n'y a que peu de terrains qui leur soient exclusivement consacrés. Pour l'ordinaire ces arbustes sont placés sur la limite des champs, le long des chemins, et jamais loin des habitations, à raison des soins journaliers qu'exige leur récolte. Dans les autres endroits des parties méridionales de la France, on ne trouve plus de capriers que dans les jardins des gens riches, soit pour l'agrément, soit afin d'en faire ramasser les boutons pour leur usage personnel, le plus souvent pour l'un et l'autre objet en même temps.

Il paroît qu'il y a aux environs de Tunis une culture assez soignée de capriers, car le commerce de cette ville en fournit beaucoup, à qui il ne manque que la préparation pour être aussi bonnes que les nôtres. Je n'en ai vu que quelques pieds épars dans les parties de l'Espagne et de l'Italie que j'ai visitées.

L'écorce de la racine du caprier est regardée en médecine comme apéritive, résolutive et tonique; mais son emploi est aujourd'hui très peu fréquent.

On doit à M. Beraud un mémoire très bien fait sur le caprier, que M. Bernard a fait imprimer dans son recueil. (B.)

CAPRIFICATION. Opération qu'on pratiquoit autrefois presque généralement dans le Levant, et qu'on pratique peut-être encore dans quelques uns de ces cantons où les hommes répondent à tout en disant : *nous faisons comme nos pères.* Elle consistoit à placer des figues sur les figuiers, desquels on vouloit avancer la maturité, des figues sauvages ou des figues fleurs, afin que les *cynips*, Fab. (ou *diplolepes*, Latreille) qui en sortent chargés de poussière séminale, s'introduisant dans les fruits de ce figuier, les fécondent et en hâtent la maturité.

Je ne puis mieux faire que de citer ce que dit Olivier l'entomologiste sur ce sujet :

« Cette opération, dont quelques auteurs anciens et quelques modernes ont parlé avec admiration, ne m'a paru autre chose, dans un long séjour que j'ai fait aux îles de l'Archipel, qu'un tribut que l'homme payoit à l'ignorance et aux préjugés. En effet, dans beaucoup de contrées du Levant on ne connoît pas la caprification; on ne s'en sert pas en France, en Italie, en Espagne (j'ajouterai en Amérique); on la néglige depuis peu dans quelques îles de l'Archipel où on la pratiquoit autrefois, et cependant on obtient par-tout des figues très bonnes à manger. Si cette opération étoit nécessaire, soit que la fécondation dût s'opérer par la poussière séminale qui se répandroit ou s'introduiroit seule par l'œil de la figue, soit que la nature se fût servie pour la transmettre d'une figue à l'autre d'un petit insecte, comme on l'a cru communément, on sent bien que ces premières figues en fleurs ne pourroient féconder en même temps celles qui sont parvenues à une certaine grosseur, et celles qui paroissent à peine ou ne paroissent pas encore et qui ne mûrissent que deux mois après les autres. » *Nouveau Dict. d'hist. nat.* Déterville, 1803.

A ces excellentes observations j'ajouterai que toutes les graines des figues provenant de pieds cultivés sont infécondes; qu'ainsi la théorie au moins est en défaut. Si la caprification est réellement propre à accélérer la maturité de ces figues, c'est comme la chenille de la *teigne de la pomme* fait mûrir plus tôt la pomme, c'est comme la larve du *charançon de la noisette* fait tomber plus tôt la noisette. Aussi opère-t-on le même effet en piquant les figues avec une aiguille enduite d'huile, ou même, comme nous l'a appris La Billardière, simplement en mettant une goutte d'huile sur l'œil. L'effet de ce dernier procédé a été expliqué par la rancidité qui est la suite de l'exposition de cette huile à l'air, rancidité qui développe un acide qui détruit le germe; mais cela ne me paroît rien moins que satisfaisant. Les Egyptiens, pour obtenir le même résultat, cernent l'œil de la figue. (B.)

CAPRIFIGUIER. On donne ce nom dans le Levant au figuier sauvage dont les fruits servent à la caprification. *Voyez* CAPRIFICATION et FIGUIER. (B.)

CAPRON ou CAPERON. Fruit du caperonnier. *Voyez* CAPITON.

CAPSULE. On désigne sous ce nom les fruits secs qui s'ouvrent d'eux-mêmes, qui renferment plusieurs semences, et qui ne peuvent pas être regardés comme des SILIQUES ni comme des LÉGUMES ou GOUSSES (*voyez* ces mots). Il existe un grand nombre de modes d'ouverture des capsules, et les graines qu'elles contiennent sont attachées de diverses manières. *Voyez* aux mots FRUIT et PLANTE. (B.)

CAPUCHON. *Voyez* COIFFE.

CAPUCINE, *Tropeolum*. Genre de plantes dont la famille n'est pas encore fixée, et qui renferme une douzaine d'espèces dont trois sont cultivées dans nos jardins ou nos serres.

La GRANDE CAPUCINE, *Tropeolum majus*, Lin., a les feuilles arrondies, peltées, anguleuses, mucronées ; les pétales obtus, orangés, et les deux supérieurs rayés de rouge à leur base. Elle s'élève à six pieds.

La PETITE CAPUCINE, *Tropeolum minus*, Lin., a les feuilles oblongues, peltées, presque entières ; les pétales aigus, jaunes, et les deux inférieurs tachés de rouge. Elle ne s'élève qu'à deux ou trois pieds.

Toutes deux ont des tiges charnues, grimpantes ; des pétioles fort longs, s'entortillant autour des branches des arbustes, et fleurissent presque tout l'été et l'automne. Toutes deux sont originaires du Pérou, d'où elles ont été apportées, la dernière en 1580, et la première en 1684.

La grandeur, la forme singulière et l'éclat de la couleur des fleurs des capucines les rendent extrêmement remarquables ; aussi leur culture s'est-elle étendue très rapidement et est-il peu de jardins en Europe dont elles n'embellissent quelques parties. Ses fleurs sont axillaires, portées sur de longs pédoncules, et se succèdent chaque jour. Leur grand nombre compense leur peu de durée. Elles ont une odeur particulière qui ne plaît pas à tout le monde, et, ainsi que les feuilles, la saveur et les propriétés du cresson. Elles sont mangées en salade. On confit leurs boutons et leurs jeunes fruits dans le vinaigre. La chenille verte du chou les dévore ; ce qui annonce une conformité avec ce légume.

On a dit que les capucines étoient vivaces dans leur pays natal ; mais, comme leurs racines ont la forme de celles des plantes annuelles, on doit croire que si ce fait est vrai, c'est parceque leurs tiges (couchées) poussent de nouvelles racines qui suppléent les anciennes. Ce moyen de conservation ne peut pas avoir lieu dans le climat de Paris, à raison de ce qu'elles sont extrêmement sensibles à la gelée, et que leurs premières atteintes les font toujours immanquablement périr.

La graine de capucine se sème dans des pots sur couche dès le mois de mars, ou en pleine terre lorsque les gelées ne sont plus à craindre, c'est-à-dire en avril. Elle doit être enterrée de six à huit lignes et abondamment arrosée. Les plants venus sur couche se repiquent en avril. Il faudroit les ombrager rigoureusement les premiers jours de leur transplantation, si leurs racines n'étoient pas bien en motte et si le soleil étoit chaud. Les uns et les autres commencent à fleurir à la fin de mai, pour continuer jusqu'aux gelées, comme je l'ai déjà dit.

Une terre légère et bien fumée est celle qui convient le

mieux aux capucines, c'est-à-dire celle où elles donnent le plus
de fleurs ; car, en général, elles s'accommodent de toutes,
excepté de celles qui sont trop sèches et trop tenaces, ou de
celles qui sont trop aquatiques. Toutes les expositions leur sont
bonnes ; cependant elles se plaisent mieux à celle du midi,
lorsque les arrosemens ne leur manquent pas ; du moins elles y
fleurissent plus tôt et y subsistent plus long-temps.

Il faut nécessairement donner un support aux capucines,
pour jouir, dans toute sa latitude, du genre de beauté qui leur
est propre. Elles se placent avec avantage contre les murs à
treillage, contre les berceaux, les palissades, etc. J'en ai vu
former des masses d'un grand éclat au milieu d'un parterre,
parcequ'on les avoit fait monter sur des branches sèches disposées en buisson, et qu'on avoit dirigé leurs tiges avec intelligence à travers les rameaux de ces branches. J'en ai vu produire
des effets très pittoresques sur des rochers factices contre les
saillies desquels elles rampoient. Les fenêtres qui en sont garnies des deux côtés offrent une décoration quelquefois très
brillante. Enfin elles se prêtent à tous les goûts et à tous les
caprices du jardinier. Des supports et de l'eau sont ce qui leur
est le plus nécessaire.

La fille de Linnæus avoit cru voir des éclairs sortir du centre
des pétales de la grande capucine, mais peu de personnes ont
réussi à en voir comme elle. J'ai fait autrefois des efforts inutiles dans le même but, et je suis resté persuadé que ce prétendu phénomène est une simple illusion produite par l'éclat
de la couleur de la fleur et la fatigue des yeux.

Lorsqu'on veut cultiver la capucine pour le produit de ses
boutons et de ses fruits, c'est-à-dire dans l'intention de confire
les uns ou les autres, il faut préférer la petite comme fournissant davantage.

Ces boutons et ces fruits doivent être cueillis tous les deux ou
trois jours, et mis immédiatement dans le vinaigre, en séparant
les grosseurs. A la fin de la récolte on change le vinaigre. *Voyez*
au mot CAPRIER.

Les premières graines des capucines sont celles qui doivent
être gardées pour la semence. Comme elles se dispersent avec
explosion au moment de leur maturité, on est exposé à en
perdre beaucoup si on ne les cueille pas immédiatement avant,
c'est-à-dire quand elles commencent à perdre leur couleur, à
blanchir. Lorsqu'on coupe leurs pétioles près de la tige, et qu'on
les laisse dessus, cette anticipation est sans inconvénient pour
leur perfection.

La CAPUCINE A FLEURS DOUBLES. Elle est regardée comme une
variété de la grande capucine ; mais il y a quelque raison de
croire qu'elle appartient à une espèce distincte, comme elle,

originaire du Pérou. En effet, ses racines paroissent vivaces par leur organisation, comme elles le sont en effet. Sa tige n'est presque pas grimpante. Ses sommités sont couvertes de duvet. Son seul avantage est d'être toujours en fleurs, car d'ailleurs elle est plus délicate et moins belle que les précédentes. L'orangerie pendant la moitié de l'année lui est nécessaire dans le climat de Paris; et elle la supporte même difficilement, car elle craint autant l'humidité que le froid. Quelques précautions qu'on prenne, il faut s'attendre à en perdre par la première de ces causes tous les hivers. On la multiplie de boutures qui réussissent assez bien lorsqu'on prend une tige un peu consolidée pour les faire. (Th.)

CAPVIRADE. C'est, dans le Médoc, les extrémités du champ où ont tourné les bœufs, et qu'on laboure perpendiculairement aux raies. (B.)

CARABE, *Carabus.* Genre d'insectes de l'ordre des coléoptères, appelé *bupreste* par Geoffroi, que je mentionne pour engager les cultivateurs à ne pas faire une guerre aussi cruelle aux espèces qui le composent, attendu qu'elles ne nuisent en aucune manière aux récoltes, et qu'elles détruisent, soit sous l'état de larves, soit sous celui d'insecte parfait, ceux de leur ordre qui causent réellement des dégâts, telles que les larves des hannetons, les chenilles, les lombrics, etc., etc. Les cas d'accidens arrivés aux animaux domestiques pour en avoir avalé, en broutant, sont si rares, qu'à mes yeux ils ne sont pas suffisans pour motiver leur proscription.

Le nombre des carabes décrits par les entomologistes étoit de plus de trois cents; mais ils viennent d'être divisés par Fabricius et Latreille en neuf ou dix genres, qui réduisent à un peu moins de deux cents ceux à qui ce nom a été conservé, et c'est parmi ces derniers que sont restés les insectes qu'il est le plus important au cultivateur de connoître, deux ou trois exceptés. La plupart n'ont point d'ailes, mais courent sur la terre avec une grande vélocité, à raison de la grandeur de leurs pattes et de la force de leurs muscles. En général ils se cachent sous les pierres, dans les fentes de la terre pendant le jour; cependant beaucoup sont continuellement en chasse, comme les habitans des campagnes ont à chaque instant l'occasion de le voir. Plusieurs d'entre eux exhalent une odeur très forte et très désagréable, approchant de celle du tabac, et font sortir, de leur bouche et de leur anus, lorsqu'on les touche, une liqueur noirâtre très âcre et très caustique, dont l'odeur est encore plus pénétrante. Ils possèdent à un haut degré la propriété vésicatoire des cantharides, et même les anciens les employoient en médecine sous ce rapport: c'est à dire que si un animal en avale, il est exposé à des accidens graves, et même à la mort. Il est arrivé quelquefois que les bœufs se mettent dans ce cas, de là le nom de *bupreste* (*enfle-bœuf*) qui a été donné à ces insectes. Les remèdes contre cet accident, si réellement il est causé par ces insectes, sont des boissons acidulées par du vinaigre, des boissons mucilagineuses, les unes et les autres en grandes doses; enfin le camphre.

Les larves des carabes vivent dans la terre, et sont exclusivement carnassières comme les insectes parfaits; ce sont de longs vers mous, à six pattes écailleuses, dont la tête est armée de deux fortes mâchoires avec lesquelles elles saisissent les larves de hannetons, les vers de terre ou lombrics, et autres animaux qui vivent dans ce ténébreux séjour.

Les espèces les plus communes et les plus remarquables de ce genre sont,

Le CARABE CORIACE. Il est noir, aptère, rugueux, long de quinze à seize lignes. C'est le plus gros de ceux qu'on trouve en France. Il n'est pas rare; mais comme il sort rarement de sa retraite pendant le jour, on ne le connoît pas beaucoup dans les campagnes.

Le CARABE DORÉ. Il est noir en dessous, d'un vert doré très brillant en dessus; ses élytres sont pourvus de larges sillons lisses; il n'a point d'ailes; sa longueur est de huit à dix lignes. C'est le plus commun de tous les gros. On le rencontre pendant tout l'été dans les champs, les jardins, courant légèrement après sa proie. Il met dans ses mouvemens une sorte de grace qui, jointe à la richesse de sa parure, le font remarquer des plus indifférens. C'est lui aussi qui est accusé le plus souvent de faire enfler les bœufs, et à qui principalement on a déclaré une guerre à mort dans quelques pays.

Le CARABE GRANULAIRE est noir en dessous, d'un vert bronzé en dessus; ses élytres sont pourvus de stries saillantes, entre lesquelles se voit une rangée de tubercules; il n'a point d'ailes; sa longueur est d'un pouce. Il n'est guère moins commun que le précédent, et même il l'est généralement plus en automne. S'il est moins remarquable par son éclat lorsqu'on le regarde de loin, il est plus intéressant par ses ornemens lorsqu'on le considère de près. Ce que j'ai dit plus haut lui convient complètement.

Les *carabes violet*, *purpurescent*, *à chaînette*, *bleuâtre*, *des jardins*, *des champs*, *convexe*, se rangent à côté de ceux-ci, et se rencontrent dans les mêmes endroits, mais moins souvent.

Je ne citerai point les petites espèces, par l'embarras de choisir dans le grand nombre; mais je dois encore parler du CARABE SYCOPHANTE, dont on fait aujourd'hui un COLOSSOME, et du CARABE PETARD, *Carabus crepitans*, Fab., qui fait actuellement partie des BRACHYNUS.

Le premier est d'un noir bronzé, excepté sur les élytres qu'il a d'un vert doré très brillant; ses élytres sont striés; son corps est presqu'aussi large que long, d'où le nom *de bupreste carré couleur d'or* que lui a donné Geoffroy. Il a souvent plus d'un pouce de long; sa larve se trouve dans le nid des chenilles processionnaires du chêne. (*Voyez* BOMBICE), aux dépens desquelles elle vit. L'insecte parfait se rencontre sur les arbres, principalement sur les chênes, où il dévore les chenilles qui en mangent les feuilles, principalement celle du bombice dispar. Il est en général assez rare; mais je l'ai vu une certaine année si commun aux environs de Paris, principalement au bois de Vincennes, que j'en faisois tomber des douzaines en secouant les arbres. Il est à remarquer que, cette année, ce bois fut entièrement dépouillé de feuilles par la chenille ci-dessus.

La seconde espèce est d'une couleur fauve, un peu rougeâtre, avec des élytres striés et d'un bleu noirâtre. Sa longueur est de trois lignes; on la trouve sous les pierres, souvent en grand nombre à la fois. Lorsqu'on la touche, elle lance, par son anus, et en petant, une liqueur acide, très âcre qui, introduite dans une plaie ou dans l'œil, cause des douleurs aiguës et peut amener des accidens graves. Cette singulière manière de se défendre contre ses ennemis amuse beaucoup les enfans; et c'est pour les mettre en garde contre les suites des provocations qu'ils se plaisent à faire à cet insecte que je l'ai cité. (B.)

CARABIN, CARABO. Noms du sarrasin dans quelques endroits.

CARACTÈRE DES PLANTES. *Voyez* PLANTES.

CARAGAN, *Caragana*. Genre de plantes de la diadelphie décandrie, et de la famille des légumineuses, qui a les plus grands rapports avec celui des robiniers auxquels Linnæus l'avoit réuni, mais dont on distingue très facilement les espèces à la simple inspection. Ces espèces, au nombre d'une douzaine, sont des arbrisseaux le plus souvent épineux, qui croissent tous dans la Sibérie, et qu'on cultive en pleine terre dans les jardins d'agrément, où ils produisent des effets par un port qui leur est propre, et par la différente couleur de leurs feuilles et de leurs fleurs.

La plus commune et la plus grande est le CARAGAN ARBO-RESCENT, *Robinia caragana*, Lin., vulgairement appelé l'*arbre aux pois*, qui a les feuilles fasciculées, (accompagnées d'une épine stipulaire) a quatre ou cinq paires de folioles ovales; les fleurs jaunâtres solitaires sur des pédoncules axillaires, mais réunies plusieurs ensemble ; les rameaux grêles. Il s'élève à huit à dix pieds et fleurit en mai. C'est un arbrisseau très rustique qui vient dans toute espèce de terrain et à toutes les expositions. On le place sur le second rang des massifs dans les jardins paysagers. Il produit un plus bel effet en touffes, qui lorsqu'elles n'ont pas été contrariées par la serpette, sont toujours formées de tiges très droites qui ne se branchent qu'à leur sommet, et qui portent des fleurs dans presque toute leur longueur.

On le multiplie de graines et par séparation des vieux pieds seulement ; car ses boutures et ses marcottes prennent difficilement racine. Ses graines se sèment au printemps dans un sol convenablement préparé, et, autant que possible, à une exposition fraîche. On les arrose si le printemps est sec. Ordinairement ce plant es. de trois à quatre pouces de haut à la fin de l'année, et on peut le lever pour le mettre en pépinière, à six ou huit pouces de distance, au printemps suivant. L'hiver d'ensuite on enlèvera tous les pieds intermédiaires pour laisser plus d'espace aux autres. Il sera propre à être mis en place à la quatrième année. Pendant tout ce temps il ne demande d'autres soins que ceux communs à toute pépinière.

Un établissement de ce genre, bien monté, doit toujours avoir un certain nombre de pieds de cet arbuste de deux à trois ans, uniquement destinés à recevoir la greffe des autres espèces, qui donnant plus rarement des graines dans le climat de Paris, ne peuvent être multipliées que par ce moyen.

Il est surprenant que depuis près de quarante ans que cet arbre est pour ainsi dire naturalisé dans nos jardins, on ne l'ait encore employé qu'à l'ornement. Il semble que la grande agriculture ne peut pas faire une meilleure acquisition. En effet, il vient et vient bien dans les plus mauvaises terres ; il croît rapidement, et présente des moyens de produits très multipliés. 1° Sa disposition à se mettre en touffes impénétrables aux plus petits animaux domestiques le rend extrêmement propre à faire ces haies ; 2° ses feuilles sont une excellente nourriture pour es bestiaux, principalement pour les moutons ; 3° ses semences se mangent comme nos pois, et sont, dit-on, moins indigestes et plus nourrissantes ; toutes les volailles les recherchent avec passion ; 4° on fait des cordes avec son écorce ; 5° sa racine, qui est sucrée, est très fort du goût des cochons ; 6° on peut tirer de toutes ses parties une couleur jaune assez belle ; 7° ses tiges, coupées tous les quatre à cinq ans, donnent considérablement de bois.

Ces avantages doivent engager les propriétaires, jaloux d'augmenter leur bien-être et celui de leur famille, d'en faire des plantations en grand Il est probable que l'exemple, une fois donné, sa culture s'étendra avec une grande rapidité.

Quand on ne tireroit parti que de ses graines pour la nourriture de la volaille et de son bois pour le chauffage, ce seroit
déjà beaucoup.

On objectera peut-être que cette graine ayant besoin d'être
cueillie à la main, et étant défendue par des épines, consom-
mera des journées de femmes et d'enfans qui auroient pu être
mieux employées ailleurs, et j'en conviendrai ; mais il est
moyen d'en tirer parti sans l'apporter à la maison, c'est lorsqu'elle est mûre (et elle reste longtemps sur la tige, et la tige
en est quelquefois couverte presque dans toute sa hauteur)
de la faire tomber en frappant avec un bâton et de laisser
aux volailles, aux moutons et aux cochons le soin de la ramasser, et de répéter cette opération tous les deux ou trois
jours. Ce n'est que quand on coupera les tiges qu'on pourra
les battre à la maison avec le fléau pour en faire une provision. J'observe, à cette occasion, qu'une bonne manière de cultiver cet arbuste sera probablement de couper tous les ans une
partie des vieilles tiges de chaque pied, parceque quand on en
coupe une il en repousse quatre ; et qu'ainsi on aura annuellement de quoi fournir à la nourriture des hommes et des animaux et au chauffage.

Si on préfère le cultiver pour le fourrage, soit dans l'intention de le faire consommer en vert, soit dans celle de le
faire sécher, il faudra au contraire couper au milieu de l'été,
ou les sommets de toutes les tiges, ou la totalité des tiges de
l'année.

Je ne fais qu'indiquer tous ces objets, parceque je n'en ai
point l'expérience ; mais les faits sont certifiés par l'autorité
de Gemlin, de Pallas et autres savans voyageurs qui ont parcouru la Sibérie, et il suffit de considérer un pied de caragan
pour être convaincu de leur sincérité.

Le CARAGAN FÉROCE, *Robinia spinosa*, Lin., a quatre à cinq
paires de folioles terminées par une pointe à chaque feuille
dont le pétiole persiste et se change en une épine roide. Ses
stipules sont, de plus, épineuses. Il a les fleurs jaunes, solitaires
ou géminées dans les aisselles des feuilles. Sa hauteur est de
trois à quatre pieds.

Le CARAGAN FUTESCENT a quatre paires de folioles oblongues,
étroites à chaque feuille, qui est légèrement pétiolée, et se
termine par une épine ; ses fleurs sont jaunes et axillaires. Il
s'élève de trois pieds.

Le CARAGAN PYGMÉ a quatre paires de folioles, oblongues,
étroites à chaque feuille, qui est sessile et qui se termine par
une épine ; les fleurs sont jaunes et axillaires. Il s'élève rarement à un pied.

Le CARAGAN DE LA CHINE, *Robinia chamlagu*, Wild., a les

feuilles composées de deux paires de folioles oblongues, obtuses
et distantes ; le pétiole commun terminé par une pointe et non
persistant; les rameaux anguleux, les fleurs grandes, jaunâtres et presque solitaires dans les aisselles des feuilles. Il s'élève
à trois ou quatre pieds. Son aspect est différent des précédens.
Il est sensible aux grandes gelées, et doit être couvert pendant
l'hiver.

Toutes ces espèces se multiplient de graines ; mais elles en
donnent rarement dans le climat de Paris, quoiqu'elles fleurissent souvent. On ne les y multiplie guère, en conséquence,
que par la greffe en fente, au printemps, entre deux terres
sur la première. Cette greffe manque rarement, et fournit
dès la première année de très beaux jets. Au reste, elles sont
rarement dans le cas d'être cultivées dans les jardins autres que
ceux de botanique, ayant peu d'agrément et étant repous-
santes par leurs nombreuses épines.

Le CARAGAN ARGENTÉ, *Robinia halodendron*, Lin., a les
feuilles composées de deux paires de folioles ovales, allongées et
soyeuses; le pétiole persistant et épineux; les stipules également épineuses ; les fleurs d'un rose pâle et portées trois par
trois sur des pédoncules axillaires. Il s'élève à quatre ou cinq
pieds et fleurit au milieu de l'été. Je l'ai séparé des autres,
parceque la couleur blanche de ses feuilles, et rouge de ses
fleurs, produit un contraste fort agréable, soit entre eux,
soit avec les feuilles des autres arbres. Aussi mérite-t-il une place,
et une place distinguée, dans les jardins paysagers, et elle sera
sur les premiers rangs des massifs. On le multiplie par la greffe
seulement, car je ne sache pas qu'il ait encore produit de
graines dans le climat de Paris. (B.)

CARAGUE. C'est la CLAVELÉE.

CARAICHE. C'est la LAICHE. *Voyez* ce mot.

CARALINE. On donne ce nom dans les Alpes à la RENON-
CULE GLACIALE. (B.)

CARAMBOLIER, *Averrhoa*, Lin. Genre de plantes exotiques, de la décandrie pentagynie, et de la famille des térébinthacées, dont on connoît trois ou quatre espèces. Ce sont
des arbres de moyenne grandeur, originaires des Indes orientales, qui ont des feuilles ailées avec impaire, et des fleurs
disposées en grappes.

Les fruits des caramboliers sont des baies charnues de diverses grosseurs, d'une acidité agréable, bonnes à manger crues
ou cuites. On en fait des confitures et des sirops rafraîchissans.

Aux Indes on cultive dans les jardins le CARAMBOLIER
AXILLAIRE, *A. Carambola*, Lin., qui fructifie deux ou trois
fois l'année. (D.)

CARASSIN. Poisson du genre cyprin, peu connu en France,

mais fort multiplié en Allemagne, attendu qu'il réussit dans les plus petites mares, c'est-à-dire dans les eaux où la carpe même ne se conserve pas. Il croît plus lentement que cette dernière et atteint rarement plus d'un pied de long, ce qui ne permet pas de le nourrir avec avantage dans les étangs ; mais il devroit y en avoir dans toutes les mares des fermes. Sa chair est très délicate. On le reconnoît aux dix rayons de sa nageoire anale, à ses mâchoires armées de cinq dents, à son large dos brun et à son ventre blanc, un peu rosé. (B.)

CARASSON. Petits échalas de deux pieds de long qu'on emploie dans la culture de la vigne du Médoc. C'est sur eux que sont attachées les traverses. (B.)

CARBÉ. Dans le département du Var. C'est le chanvre.

CARBONE. Substance simple que son avidité pour l'oxigène n'a pas encore permis d'avoir isolément. Elle est très commune, dans la nature, combinée avec différens corps, principalement par l'intermède de l'acide que, de son nom, on appelle Acide carbonique; *voyez* ce mot. C'est elle qui forme la presque totalité des végétaux et des animaux, car le charbon qu'ils produisent par leur combustion n'est que le carbone uni à un peu d'hydrogène, d'oxigène, de chaux, de silice, de potasse et de fer. On a conclu d'expériences, déjà anciennes, que le diamant n'étoit que du carbone pur; mais quelques considérations dernièrement émises en font aujourd'hui douter.

Tous les phénomènes concourent à faire penser que le carbone est l'élément principal de la vie des plantes. Ingenhouze, Sennebier, Th. de Saussure et autres ont mis ce fait en évidence par un grand nombre d'observations plus positives les unes que les autres ; mais quelque nécessaire qu'il soit à leur existence, son excès leur cause la mort.

Voici les résultats du travail entrepris à son sujet par le dernier de ces célèbres physiciens.

Le gaz acide carbonique pur s'oppose à la germination des graines.

Le même gaz, dissous dans l'eau, semble d'abord ne produire aucun effet sur les jeunes plantes ; mais, lorsqu'elles ont pris de la force, il accélère évidemment leur végétation.

L'air qui en contient un douzième est plus favorable à la végétation que l'air atmosphérique ordinaire ; mais celui qui en contient davantage est mortel pour les plantes.

Le terreau, qui contient toujours une certaine quantité de ce gaz, est donc utile à la végétation sous ce rapport, lorsque l'émanation ne passe pas un douzième ; mais quand elle est plus considérable elle fait FONDRE les semis, pour me servir de l'expression des jardiniers, c'est-à-dire qu'elle les fait périr.

Les plantes qui végètent au soleil dans une atmosphère artificielle, où l'acide carbonique est en excès, et dans des proportions connues, le décomposent, et donnent par leur combustion une quantité de charbon d'autant plus considérable que cet acide étoit plus abondant.

Des plantes élevées dans l'eau distillée, au soleil, ont donné par leur combustion, trois mois après, plus du double de charbon que la même quantité au moment de la mise en expérience. A l'ombre elles en ont moins fourni. Elles se sont donc assimilé le gaz acide carbonique de l'atmosphère.

Chaque espèce de plante décompose une quantité propre d'acide carbonique. Les feuilles minces et très découpées, ainsi que la plupart des plantes aquatiques, en décomposent généralement plus que les autres. La salicaire, par exemple, a pu en décomposer en un jour sept à huit fois son volume.

Le gaz acide carbonique en se décomposant dans les plantes, y dépose son carbone, et l'oxigène, qui faisoit une de ses parties constituantes, en sort, comme le prouvent les belles expériences des physiciens cités plus haut. *Voyez* OXIGÈNE et FEUILLES.

Il y a lieu de croire, ainsi que le remarque Sennebier, que les plantes font une absorption et une perte continuelle de carbone, et que leur santé dépend beaucoup de la proportion qu'elles en conservent ; mais nous n'avons sur ce sujet aucune expérience positive.

On peut supposer, avec quelque fondement, que le carbone joue dans la végétation le même rôle que l'oxigène dans l'animalisation, c'est-à-dire qu'il entretient la vie des plantes, en rendant leurs fluides plus coulans et leurs solides plus consistans. Les bois les plus durs sont ceux qui contiennent le plus de charbon.

Le carbone est, d'après tous les chimistes modernes, un des élémens des huiles, des résines, des gommes, des sels végétaux. Chaptal a prouvé qu'il étoit en plus grande quantité dans l'acide acéteux que dans l'acide acétique ; il paroît que c'est cependant dans le bois qu'il est le plus abondant.

Mais où les plantes prennent-elles donc le carbone qu'elles consomment ? Dans l'air et dans la terre. En effet, 1° il y a presque toujours deux centièmes d'acide carbonique dans l'air, et l'air se renouvelle perpétuellement autour des plantes ; 2° le terreau est du carbone presque pur qui devient acide carbonique en se combinant avec l'oxigène de l'atmosphère, selon les expériences d'Ingenhouze. *Voyez* au mot TERREAU. De plus, il est possible que l'azote, ou mieux l'hydrogène, le fournissent par leur décomposition ; car quoique ce soit une véritable hérésie en chimie que de ne pas regarder ces deux derniers gaz comme des corps simples (ou élémentaires) unis au calorique, quelques faits tendent à faire croire qu'ils sont susceptibles d'altération par la seule action de la force vitale, lorsqu'ils sont introduits dans la circulation des animaux et des végétaux

Au reste, quelque important qu'il soit d'approfondir ce sujet, je dois me borner aux seules considérations que je viens de développer, car tout ce qu'on sait de plus, à son égard, est encore ou très obscur, on très incertain, mon intention n'étant point de faire valoir, dans cet ouvrage, des opinions systématiques, lorsqu'elles ne me paroissent pas suffisamment appuyées sur des faits, seules bases de toute véritable connoissance. Je conseillerai à ceux qui voudroient tout expliquer d'attendre que la chimie vienne lever le voile qui couvre encore les lois fondamentales de la vie végétale. La marche de cette science est trop rapide en ce moment pour ne pas espérer que le temps où ils pourront être satisfaits n'est pas très éloigné.

En attendant, et dans l'état actuel de la science, les cultivateurs doivent être convaincus que tout ce qu'ils feront pour augmenter la quantité de carbone dans leurs terres concourra à augmenter la beauté de leurs récoltes. En conséquence je leur dirai que, 1° les LABOURS d'hiver ; 2° les FUMIERS bien consommés ; 3° les mélanges de terre ; 4° la MARNE ; 5° la CRAIE et les détritus des autres pierres CALCAIRES ; 6° la CHAUX vive, fixent l'acide carbonique dans la terre. *Voyez* ces différens mots, et les mots CHARBON, ACIDE CARBONIQUE, OXIGÈNE. (B.)

CARBONNAL. C'est le charbon ou la carie dans le département de Lot-et-Garonne.

CARBOUILLE. C'est un des noms de la CARIE du froment.

CARC-BŒUF. On appelle quelquefois ainsi la BUGRANE DES CHAMPS.

CARCHOUFFZIER. On appelle ainsi à Marseille l'ARTICHAUT VERT.

CARDAMOME. *Voyez* AMOME.

CARDASSE. C'est le CACTE RAQUETTE. C'est aussi une variété de FIGUE.

CARDE-POIRÉE. Espèce de BETTE. *Voyez* ce mot.

CARDERE, *Dipsacus.* Genre de plantes de la tétrandrie monogynie et de la famille des dipsacées, qui renferme quatre plantes bisannuelles dont une est cultivée, de toute ancienneté, pour l'usage des arts du drapier et du bonnetier, et les trois autres se trouvent plus ou moins fréquemment dans les champs et les bois. Toutes ont les racines fusiformes, épaisses ; les tiges creuses, cannelées et hérissées d'épines, et les feuilles opposées.

La CARDÈRE A FOULON, dont on ne connoît pas le pays natal,

mais qu'on doit supposer avoir été apportée de la haute Asie, comme la plupart de nos plantes économiques, est celle que l'on cultive. Ses caractères sont, feuilles connées, dentées et épineuses tant en leurs bords que sur leur nervure principale, longues souvent d'un pied et larges de trois à quatre pouces; paillettes du réceptacle recourbées en dessous à leur extrémité; folioles du calice commun peu allongées. On l'appelle *chardon à foulon*, *chardon à bonnetier*, *chardon à carder*, *chardon lainier*, etc., parceque les drapiers et les bonnetiers font usage de ses têtes pour peigner le produit de leur travail. Elle s'élève à quatre ou cinq pieds, et fleurit depuis le milieu du printemps jusqu'à la fin de l'été.

On ne cultive pas la cardère par-tout, parceque son emploi est borné. C'est dans le voisinage des manufactures de laine, comme on peut bien le penser, qu'elle a principalement lieu, et c'est auprès des plus considérables qu'elle est la plus étendue : aussi est ce à Louviers, à Elbeuf, à Sedan, à Carcassonne, etc., qu'il faut aller pour la voir couvrir de grands espaces; par-tout ailleurs elle n'est que disséminée çà et là, selon les besoins des petites fabriques.

Une terre un peu fraîche, profonde et bien meuble est celle qui convient le mieux à la cardère. Elle doit être fumée médiocrement à l'avance. Si on fumoit trop, et au moment du semis, toute la force de la végétation se porteroit sur les tiges et sur les feuilles, et le seul objet est d'avoir les têtes. Dans les petites cultures, ce sont toujours des chanvrières qu'on lui consacre, c'est-à-dire que c'est le meilleur terrain et le mieux cultivé.

Pour cette culture, comme pour toutes les autres, le nombre des labours doit être proportionné à la nature de la terre. Dans les argileuses ou fortes, il sera de trois et très profonds; dans les plus légères, de deux seulement. Il faut employer tous les moyens de faciliter aux grosses racines de cette plante les moyens de pénétrer profondément et d'étendre au loin leurs rameaux.

Dans les grandes cultures du nord de la France, on sème la graine de la cardère au printemps (en mars); mais la nature indique que l'époque où elle devroit l'être généralement est l'automne, comme on le fait dans les départemens méridionaux. Par cette dernière méthode on évite les sarclages, la plante se fortifiant assez avant l'hiver pour étouffer toutes les mauvaises herbes au printemps suivant.

On se sert toujours de la graine la plus nouvelle et provenant des premières têtes, soit qu'on en ait conservé sur pied un certain nombre à cet effet, soit qu'on la ramasse dans les greniers où on les fait sécher, celle des secondes têtes étant généralement moins grosse et plus souvent avortée. On la répand le plus également possible à la volée, et de manière que le plant soit à six ou huit pouces de distance.

Communément on sème la cardere seule, mais quelquefois on la mélange avec le seigle, le froment, les navets, les carottes, les haricots, la gaude, etc., dans l'intention de tirer parti du terrain la première année. On ne peut pas approuver cette dernière méthode en théorie ; mais dès qu'elle convient au cultivateur il n'y a pas d'objection fondée à lui faire. Le produit est son but, et, s'il en obtient un plus fort de deux cultures médiocres que d'une seule parfaite, il l'a rempli.

En quelques endroits on sème la cardère au plantoir. Par-là on épargne de la graine et on a plus de régularité, ce qui est toujours avantageux. Dans d'autres on la sème très épais, en automne, en pépinière, pour ensuite transplanter au printemps les plants en quinconce, dans les champs. On sent qu'on ne peut employer ces pratiques que dans de petites cultures, où on calcule moins l'emploi du temps.

Pendant la première année de sa végétation, la cardère demande plusieurs sarclages et binages, et d'être éclaircie de manière qu'au moment où elle monte en tige, il y ait toujours au moins un pied entre les tiges. Une partie des pieds qu'on arrache est employée à regarnir les places vides, au moyen du plantoir. Il faut, pour cette opération, choisir un jour frais et même pluvieux. Ordinairement, cette année, on fait trois binages ; l'année suivante, qui est celle où elle monte, on n'en fait qu'un, et ce dès que la terre peut être travaillée.

Dans les terres sèches et aérées la cardère souffre peu, ou point, des rigueurs de l'hiver ; mais dans les terres grasses et abritées, dans les vallons par exemple, elle gèle souvent. Elle périt aussi très fréquemment par excès d'humidité pendant cette saison. Dans les cultures en petit on la couvre de paille pendant les gelées ; mais dans la culture en grand cela devient impossible, aussi ne l'entreprend-on que dans des terres et dans des situations convenables. Une orobanche, probablement l'*orobanche rameuse*, lui fait souvent beaucoup de tort. On la connoît sous le nom de *gras* aux environs d'Elbeuf et de Louviers.

Dans les parties méridionales de la France il est très utile d'arroser la cardère pendant les chaleurs de l'été, avant qu'elle monte en tige, et on le fait toutes les fois que le terrain où elle est placée peut l'être par irrigation.

Comme plante bisannuelle la cardère ne doit monter en tige que la seconde année ; mais cependant, soit qu'on l'ait semée en automne, soit qu'on l'ait semée au printemps, il y a toujours des pieds qui montent dès la première. On récolte les têtes de ces pieds qui sont presque toujours aussi bonnes que les autres. Il arrive même quelquefois, par suite d'un été chaud et humide, que la majeure partie monte. Dans ce cas il est quelquefois avantageux de renverser le reste pour semer en place une autre espèce de graine; car la cardère effrite beaucoup la terre et nécessite rigoureusement l'application du système des assolemens.

La maturité des têtes de cardère se reconnoît à la chute de toutes leurs fleurs, et à la couleur blanchâtre qu'elles prennent. Dès que celles du centre des tiges ont acquis ce caractère, on commence la récolte qui dure pendant trois mois. En conséquence, tous les deux jours, on parcourt les champs et on coupe toutes celles qui sont mûres, ayant soin de leur laisser une queue d'au moins un pied; queue sans laquelle elles ne pourroient pas servir aux usages auxquels elles sont destinées. Ces têtes sont ensuite liées par paquets de cinquante, et portées au grenier ou autre endroit abrité pour qu'elles sèchent.

Quelquefois, au moment de la récolte, on est exposé à la perdre par des pluies continues qui font pourrir les têtes, ou au moins affoiblissent la force de leurs crochets, soit qu'on les laisse sur pied, soit qu'on les rentre mouillées.

Une dessiccation trop rapide au soleil nuit également aux têtes de cardères, en rendant leurs crochets trop cassans.

Souvent, dans les bons terrains et dans les années favorables, chaque tige de cardère donne sept ou neuf têtes et ordinairement elle en donne cinq. Dans le cas de forte végétation, on décolle celle du milieu qui deviendroit trop grosse et les autres y gagnent. Les meilleures sont appelées *mâles* par les fabricans et les inférieures *femelles*. Plus elles sont allongées, cylindriques et armées de crochets fins, et plus elles sont estimées. La longueur des têtes du centre, qui sont les plus grandes, est ordinairement de deux à trois pouces. Celles qu'on n'emploie qu'un an après leur récolte sont d'un meilleur service. On les transporte à la fabrique dans de grandes mannes d'osier, et c'est là qu'on en fait le triage et qu'on les dispose pour le travail. Chaque manne est composée de deux cents poignées, et chaque poignée, comme je l'ai déjà dit, de cinquante têtes, ce qui fait dix mille têtes.

Les tiges des cardères servent à chauffer le four ou à brûler dans le foyer. Elles ont l'inconvénient, dans ce dernier cas, de crépiter et de jeter des charbons sur les habits des chauffeurs et au milieu des appartemens.

La culture de la cardère est une des plus fructueuses; mais il est rare qu'un propriétaire qui en cultive pour la première fois trouve à s'en défaire avantageusement, les fabriques étant, pour ainsi dire, abonnées pour leur fourniture : car presque toujours il n'y a pas d'intermédiaire entre elles et le producteur, ce qui est un grand bien. Ce n'est que ceux qui font des expéditions à l'étranger qui sont dans le cas d'en demander certaines années une beaucoup plus grande quantité que certaines autres, et ces expéditions se bornent presque à la Hollande.

Les abeilles trouvent d'abondantes récoltes dans les champs de cardères, car chaque tête contient plus de six cents fleurs, et il y en a bien des milliers de tête dans un arpent. Elles trouvent de plus, dans la cavité que forme chaque feuille autour de la tige, long-temps après la pluie, l'eau nécessaire à leur boisson. Aussi devroit-on avoir beaucoup d'abeilles dans les pays à grande culture de cette plante ; aussi devroit-on toujours en placer quelques pieds autour des ruches.

La cardère des bois se trouve dans les bois, le long des chemins, autour des villages, dans tous les lieux incultes et ni trop secs ni trop humides. Elle ressemble beaucoup à la précédente qui même a été long-temps regardée comme sa variété. Ses différences les plus marquées consistent dans les écailles de son réceptacle, qui ne sont pas roides et recourbées, mais foibles et droites, et dans les folioles du calice commun, beaucoup plus longues. Ses têtes sont impropres au peignage des laines ; mais elles fournissent aussi beaucoup de miel aux abeilles. Ses racines sont amères et passent pour sudorifiques et diurétiques et sont assez souvent employées. Par sa grandeur et son port, cette plante est dans le cas de figurer avantageusement dans les jardins paysagers, autour des chaumières, des rochers, etc.

La cardère lacinée diffère de la précédente uniquement parceque ses feuilles sont profondément sinuées dans les deux tiers de leur étendue. Elle se trouve abondamment dans quelques pays, aux environs de Dijon par exemple ; mais elle est généralement peu commune.

La cardère velue, *Dipsacus pilosus*, Lin., a les feuilles pétiolées et les têtes sphériques à peine de six lignes de diamètre. Elle est velue dans toutes ses parties, et très rameuse. Sa hauteur égale celle des précédentes ; mais son aspect est fort différent. C'est dans les bois argileux, dans les vallées ombragées qu'elle croît presque exclusivement. On ne la trouve que dans peu d'endroits, mais elle y est toujours extrêmement abondante. (B.).

CARDIAQUE. *Voyez* Agripaume.

CARDINALE. Espèce de Pêche et de Lobelie. *Voyez* ces mots.

CARDON D'ESPAGNE. Variété de l'artichaut sauvage. (*voyez* Artichaut.) C'est la plus grande et la plus volumi-

neuse de nos plantes potagères : elle s'élève à la hauteur de six
à sept pieds, et ses feuilles occupent une circonférence souvent de plus de douze pieds.

Sa racine est épaisse, charnue, formée en pivot, tendre et
d'une saveur agréable quand elle est cuite; lorsque le terrain
est bon, sa feuille est longue de trois, quatre et cinq pieds :
elle est d'un vert d'eau divisée en lanières larges et découpées,
couverte d'un duvet blanchâtre, ayant des épines roides à tous
ses angles. Il y a pourtant une sous-variété qui n'en a pas. Sa
côte est large de trois doigts, épaisse et charnue, formée en
gouttière; sa tige est haute de quatre à cinq pieds jusqu'à six,
cannelée, cotonneuse, pleine, garnie de quelques rameaux, au
sommet desquels est une tête aplatie dans sa base, et terminée
en pointe, formée de grandes écailles qui sont armées d'épines
roides à leur extrémité, et dont la base, qui tient au corps de la
tête, est épaisse et charnue : cette tête s'ouvre et s'élargit peu à
peu, et enfin laisse paroître, dans son milieu, un grouppe de
fleurs bleuâtres qui sont composées chacune de cinq parties,
portées sur des embryons qui se changent ensuite en une semence oblongue, lisse et verdâtre, garnie d'aigrettes, de la
forme et de la grosseur à peu près d'un grain de froment.

C'est sa feuille, ou pour mieux dire sa côte et sa racine, qui
font tout son mérite : on mange sa racine au gras et au maigre,
et sur-tout au jus dans les entremets; on la sert aussi sous l'a-
loyau et le gigot, et c'est un mets très estimé des gens de goût :
le commun des hommes en fait peu d'usage, parceque l'assaisonnement en est trop coûteux.

Sa fleur a une vertu qui est de faire cailler le lait comme la
présure, et on la préfère quand on le sait, car la présure a
quelque chose en elle qui dégoûte. Cette fleur se détache des
pommes qu'on laisse venir pour graines; on la fait sécher à
l'ombre, et on en met une pincée plus ou moins forte, suivant
la quantité de lait : la fleur de l'artichaut sauvage, qu'on
nomme autrement la CARDONNETTE, a la même vertu ainsi que
beaucoup d'autres de la même famille.

Il y a deux sortes de cardons, le commun, qu'on nomme le
cardon d'Espagne, et le piquant, qu'on nomme le cardon de
Tours, parcequ'il en est venu originairement : on en envoyoit
beaucoup autrefois à Paris; mais aujourd'hui nos maraîchers
qui en élèvent les font venir aussi beaux et aussi bons qu'à
Tours.

Les deux sortes diffèrent en ce que le cardon de Tours est
armé de toutes parts d'aiguillons très pointus, que le cardon commun n'en a pas; sa côte est plus pleine, un peu rougeâtre, et
il est moins sujet à monter; il est même plus tendre et plus
délicat à manger, en sorte qu'il est préférable à l'autre. La

plupart des jardiniers évitent cependant d'en cultiver, parceque ses piquans leur en rendent les approches difficiles : c'est
aux maîtres de les encourager et de forcer un peu leur timidité.

L'une et l'autre espèce se multiplient de graines, et se cultivent de la même manière : les premiers, qui se mangent en
mai, s'élèvent sur couche ; on les sème sous cloche au mois de
janvier, et quand ils ont deux bonnes feuilles, on les repique
plus à l'aise sous d'autres cloches, et sur une couche neuve qui
ait huit à neuf pouces de terreau : si on veut les avancer, on
les laisse sous ces secondes cloches jusqu'à ce qu'ils soient bons
à replanter en place sur une troisième couche, à laquelle il
faut employer des fumiers courts et à demi consommés, tels
que ceux des fiacres ; on la charge d'un pied environ de terreau
mêlé d'un tiers de terre, et quand son plus grand feu est passé,
on y range le plant en échiquier, à deux pieds et demi ou trois
pieds de distance ; on met une cloche sur chaque pied, jusqu'à
ce qu'il soit bien repris, et on bâtit un petit treillage sur les
deux bords pour soutenir des paillassons dont on les couvre
pendant les nuits et les journées fâcheuses.

On observera de couvrir ces sortes de couches de manière
qu'il n'y ait rien derrière qui puisse être incommodé de l'ombrage de cette plante. On leur donnera quatre pieds et demi
de largeur sur deux pieds et demi de hauteur, et on aura soin
de les rechausser au besoin.

Pour tirer plus de profit de ces couches, on sème ordinairement entre les pieds des cardons, des raves, des radis, ou telle
autre plante qui n'est pas obligée d'y séjourner long-temps.

Le cardon demande beaucoup d'eau ; il faut être exact à lui
en donner ; et malgré même tous les soins qu'on peut prendre,
on ne sauroit guère éviter, dans cette première saison, qu'il n'en
monte toujours quelques uns. C'est un inconvénient auquel
il n'y a point de remède ; mais ceux qui viennent à bien dé-
dommagent amplement, car ces premiers sont précieux. Lorsqu'ils sont enfin venus au point qu'on leur demande, on les
lie dans un beau jour, quand les plantes sont bien sèches, avec
trois ou quatre liens de paille bien serrés, et on les empaille
avec de la grande litière secouée, qui vaut mieux que de la
paille neuve : on lie tout de même cette litière, et on la serre
le plus qu'on peut ; on laisse seulement à l'air l'extrémité des
feuilles.

Pour faire plus tôt blanchir, tant ces premiers, que ceux qui
leur succèdent, on leur donne quelque mouillure par-dessus,
c'est-à-dire qu'on verse de l'eau dans le cœur de la plante, au
milieu de l'empaillage. Trois semaines après ils sont blancs
et on les coupe ; on retire alors toute la paille qui sert à en
faire blanchir d'autres, après l'avoir fait sécher.

Pour en avoir qui succèdent à ces premiers, on replante, en pleine terre, au mois de mars, du même plant qu'on a élevé sur couche, et on choisit la terre qui a le plus de fond. Quand elle est nouvellement défoncée, ils en sont beaucoup mieux : on prépare la place en fouillant des trous d'un pied en tout sens, espacés de trois, qu'on remplit de fumier bien consommé et de quelques pouces de terreau par-dessus ; il suffit de mettre un seul pied dans chaque trou : on les arrose aussitôt qu'ils sont plantés, et on les couvre, soit avec des pots renversés, soit avec quelques feuillages, jusqu'à ce qu'ils soient bien repris ; on leur donne ensuite un petit binage au pied, et on les mouille de deux en deux jours plus ou moins, suivant leur force.

Il en monte toujours une partie sans qu'on puisse l'empêcher ; les autres, qui réussissent, sont bons à lier en juin et juillet. On s'y prend de la même manière que je l'ai dit ci-dessus ; j'y ajouterai cependant qu'il faut beaucoup d'adresse et de précaution pour cette opération, tant pour ne pas casser les feuilles que pour n'être pas maltraité des pointes aiguës don elles sont hérissées de toutes parts, si c'est de l'espèce de Tours. Il est à propos pour cela d'avoir des bas et des culottes de peau et des gants pareils, et quand les pieds sont forts il faut être placés vis-à-vis l'un de l'autre : chacun de son côté relève doucement les feuilles qui s'écartent tout au tour ; l'un des deux ensuite les embrasse toutes avec les bras, et l'autre les lie. Sans ces précautions on se déchire les mains, et on casse la moitié des feuilles, ce qui ôte la moitié du mérite de la plante.

Le second semis de cardons se fait à la mi-avril, et ceux-ci servent pour l'automne et l'hiver. On dresse des planches de six pieds de largeur, et on prépare des trous disposés et espacés comme je l'ai dit ci-dessus. On y met trois ou quatre graines à deux pouces de distance l'une de l'autre, qu'on enfonce un peu avec le doigt ; quinze jours ou trois semaines après ils lèvent, et quand ils sont un peu forts on choisit les plus vigoureux pour demeurer en place, et on arrache les autres. Quelques jardiniers en laissent deux ; mais ce sont gens mal entendus, car ils se nuisent l'un à l'autre et ne sont jamais de beaux pieds. Il est à propos cependant d'en réserver toujours quelques pieds, jusqu'à un certain temps, pour remplacer ceux qui viennent à périr ; car la fourmi rouge et le ver d'hanneton, dans certaines années, en détruisent beaucoup ; la mouche leur fait aussi quelquefois la guerre. Le seul remède contre ce dernier insecte, c'est de les arroser souvent à la fin du jour.

Il faut les serfouir et les arroser amplement pendant tout l'été, de la manière que je l'ai dit. On commence enfin au mois d'octobre d'en lier quelques uns des plus forts, qu'on empaille tout de suite pour les faire blanchir, et on continue de huit jours en huit jours, suivant son besoin, jusqu'aux approches des gelées; pour lors il les faut tous lier sans les empailler. On les butte un peu en même temps, pour que les vents ne les renversent pas, et on les laisse sur pied tant qu'on peut, en les entourant grossièrement de litière pendant les premières gelées; mais lorsqu'enfin on ne peut plus reculer à les mettre en sûreté, il faut les arracher en motte. Ceux qui n'ont pas des serres commodes, fouillent, dans le terrain le plus sec qu'ils peuvent avoir, une tranchée de trois pieds de profondeur sur quatre de largeur, et longue à proportion de la quantité qu'ils ont; ils élèvent ensuite un peu de paille longue au bout de la tranchée, c'est ce qu'on appelle un chevet de paille, et ils adossent trois ou quatre pieds de cardon; ils remettent par-dessus une autre épaisseur de paille, ensuite un rang de cardons, et ainsi du reste, tant qu'il y en a. Il faut laisser à l'air l'extrémité des feuilles autant qu'on le peut; mais quand la gelée devient un peu forte, on couvre alors toute la superficie de la tranchée avec de la grande litière ou des feuilles, si on n'a rien de mieux; et si on a des paillassons, on les met en talus par-dessus, pour empêcher que les pluies ne pénètrent le cœur des plantes et ne les fassent pourrir : ils se conservent dans cette situation jusqu'au carême, si on les préserve bien de la gelée et de l'humidité; mais c'est à quoi on ne réussit pas toujours.

A Tours, où on n'a pas l'abondance des fumiers que nous avons ici pour les empailler, on les fait blanchir dans la terre, et voici la méthode des jardiniers. Ils sèment leur graine comme nous, en mars ou en avril, et y apportent les mêmes soins; mais ils les disposent différemment. Ils donnent un intervalle de cinq pieds d'un rang à l'autre, et les placent à deux pieds l'un de l'autre; ils occupent les intervalles en laitues, chicorées ou autres plantes qui peuvent être levées avant la Toussaint, auquel temps, ayant besoin de la terre pour les enterrer, ils fouillent cet espace profondément, et adossent les terres contre les cardons, après les avoir liés jusqu'à l'extrémité des feuilles, c'est-à-dire à deux ou trois pieds de hauteur, suivant leur force. Au bout de trois semaines, ils se trouvent blancs, et dès-lors il faut les consommer, sans quoi ils pourrissent. C'est pourquoi chacun s'arrange pour n'en faire blanchir qu'à fur et à mesure de la consommation qu'il en peut faire, et de quinze jours en quinze jours ordinairement ils en enterrent une partie. A l'égard de ceux qu'ils veulent conserver pour l'hiver, ils les couvrent, ou ils les portent dans la serre à l'approche des grandes gelées. Tous ceux qui n'ont pas facilement des fumiers doivent suivre cette méthode.

Quand on a des serres à légumes, il faut les y enterrer en

motte dans du sable frais, sans les empailler, à moins qu'on en soit pressé, car ils blanchissent également sans paille, mais plus tard; ils se trouvent là à l'abri de tous les mauvais temps, et ils se conservent jusqu'à Pâques, si la serre est bonne, et qu'on ait soin de leur donner de l'air aussi souvent que le temps peut le permettre; cependant beaucoup de maraîchers ne les enterrent pas; ils les adossent seulement l'un sur l'autre, contre un mur, avec l'attention de les visiter souvent et de les nettoyer, je veux dire, d'ôter proprement toutes les feuilles qui pourrissent; ils connoissent ceux qui peuvent aller le plus loin, et ils les mettent à part; ceux qui pressent sont ceux qu'ils portent aux marchés.

Pour en recueillir de la graine, il faut en laisser quelques pieds en place, et aux approches des gelées les couper à quelques pouces de terre, et les couvrir comme les artichauts; ils passent fort bien l'hiver, pourvu qu'on leur donne un peu d'air quand il fait doux; au mois de mars on les découvre tout-à-fait, et ils commencent bientôt après de faire leur tige, qu'il faut renverser du côté du nord et lier à des échalas, comme je l'ai dit pour l'artichaut, afin que l'eau des pluies n'entre pas dans la pomme et ne fasse pas pourrir la graine; et pour l'avoir mieux nourrie, il ne faut laisser qu'une tête sur chaque rameau, et couper toutes les autres qui naissent en abondance. Lorsqu'enfin les têtes et la tige sont sèches, on les coupe et on les attache en paquets, qu'on accroche à un plancher jusqu'au besoin : la graine s'y conserve beaucoup plus long-temps que lorsqu'elle est vannée; elle est bonne jusqu'à dix ans. On observera que les mêmes pieds qui ont porté graine se conservent huit et dix ans, étant bien soignés l'hiver; et que des expériences m'ont assuré que plus le pied vieillissoit, plus la graine qu'il rapportoit avoit de qualité.

A l'égard du cardon piquant, je dois observer que le plant de la graine qu'on recueille ici dégénère considérablement; il faut la tirer de Tours, pour avoir la carde dans toute sa qualité. (TH.)

CARDONNETTE. C'est l'artichaut sauvage.

CARDURE. *Voyez* CARDÈRE.

CARÉMAGE, CAREME. On donne ce nom, dans l'est de la France, aux grains qu'on sème en mars, principalement aux AVOINES et aux ORGES. *Voyez* ces mots.

CARÈNE. BOTANIQUE. On a donné le nom de *carène* au pétale inférieur des fleurs papillonnacées; elle a la forme de l'avant d'une nacelle. La carène renferme presque toujours les étamines et le pistil; quelquefois elle est composée de deux pièces, comme dans la réglisse, l'ajonc d'Europe, et contournée comme dans le haricot. *Voyez* le mot COROLLE.

On dit d'une feuille qu'elle est *carénée* lorsqu'elle est faite en forme de carène, c'est-à-dire creusée dans le milieu, comme dans l'asphodèle rameux. On appelle aussi du même nom les saillies allongées qui se remarquent sur certains fruits. (R.)

CARGUE. Mesure du département du Var, qui contient dix panaux. (B.)

CARIE. Médecine vétérinaire. La *carie* est aux os ce que la gangrène est aux chairs. Nous pouvons donc la définir une solution de continuité dans un os, accompagnée de perte de substance, laquelle peut être occasionnée par une humeur âcre et rongeante.

Nous distinguons la carie en raboteuse et en vermoulue.

Dans la première, l'artiste vétérinaire ou le maréchal sent, au moyen de la sonde, des aspérités et des inégalités sur la surface de l'os. Dans la seconde, l'os est réduit en une espèce de poudre semblable à celle que l'on obtient du bois rongé par les vers, c'est pourquoi nous l'appelons vermoulue.

La carie provient de l'affluence continuelle d'une humeur viciée sur l'os, ou de l'acrimonie de cette même humeur, de fracture, de luxation, des fortes contusions, des ulcères morveux et farcineux, des médicamens corrosifs inconsidérément employés dans le traitement des plaies, et sur-tout de ce que l'os, dans une plaie qui le laisse à découvert, reste long-temps à nu et exposé au contact de l'air.

Dans le traitement de la carie il s'agit, 1° d'en empêcher les progrès; 2° de la détruire en séparant la partie cariée de la partie saine.

Dans le premier cas, les remèdes propres pour s'opposer aux progrès de la carie sont la teinture de myrrhe et d'aloès, l'eau-de-vie camphrée, l'essence de térébenthine, dont on imbibe de petits plumaceaux, et que l'on applique sur la partie cariée. La teinture d'aloès seule nous a suffi pour provoquer l'exfoliation des apophyses épineuses des vertèbres dorsales de deux chevaux, qui avoient été cariées par le séjour de la matière, à la suite d'un mal de garrot.

Il peut cependant arriver que ces topiques soient insuffisans. C'est ici le second cas, c'est-à-dire celui où il faut détruire la carie en séparant la partie gâtée de la partie saine. On y parviendra par le moyen du feu, ou du cautère actuel. La carie une fois desséchée par le feu, l'exfoliation se fait dans quelques jours, parceque le suc nourricier soutenant les lames osseuses dont l'organisation est détruite, les sépare de la partie de l'os; de manière qu'il ne reste plus alors qu'un ulcère simple, qui se déterge et se cicatrise comme une plaie ordinaire.

La carie attaque ordinairement le cartilage de l'os du pied dans le javart encorné. *Voyez* Javart. Le cartilage ne pouvant s'exfolier, le javart devient incurable, à moins de faire l'extirpation du cartilage en entier, parcequ'il est prouvé, par l'expérience, que le cartilage carié seulement dans un de ses points est peu à peu gagné par la carie : c'est aussi par la même raison que la carie de l'os de la noix, à la suite d'un clou de rue, est incurable, cet os étant couvert d'un cartilage dans toute sa surface : elle n'est curable que lorsque le cheval est vieux, parceque, dit le célèbre hippiatre français M. La Fosse, « il guérit alors aisément, le cartilage étant ossifié et usé par l'âge ». (R.)

CARIE. Jardinage. On appelle ainsi une maladie des arbres qu'on a comparée, et avec raison, à celle qui porte le même nom dans les animaux. C'est une altération du bois qui gagne, plus ou moins rapidement, de la circonférence, souvent insensiblement, au centre, ou du centre à la circonférence, et qui finit par le faire périr. Ses résultats ne diffèrent pas, en apparence, du bois pourri spontanément dans un lieu humide, c'est-à-dire que la fibre devient tendre au point de se réduire en parcelles au plus petit effort.

Les causes de la carie sont loin d'être toutes connues. Une blessure, un coup, la provoquent dans certains cas, et ne produisent qu'une plaie simple dans d'autres. Quelquefois elle se montre spontanément, c'est-à-dire sans qu'on puisse lui assigner une raison. La carie qui commence au centre est souvent l'effet de la vieillesse. Dans ce cas elle commence par le collet des racines et forme un cône qui s'allonge avec beaucoup de lenteur en montant. Souvent aussi elle est produite par une maîtresse branche morte naturellement ou coupée inconsidérément. Alors elle parcourt plus rapidement sa marche, sur-tout si les eaux pluviales, comme cela n'arrive que trop, peuvent s'introduire dans la plaie, y séjourner et s'y corrompre. Dans cette dernière circonstance, la carie peut être arrêtée, ou mieux, retardée en fermant le trou avec de l'argile, du plâtre, de la chaux, de l'onguent de S.-Fiacre, s'il est grand ; et avec de la cire, de la résine, etc., s'il est petit. Dans les deux premier cas il n'y a pas de remède, comme on peut bien le croire.

La carie superficielle est celle qui a lieu à l'extrémité du tronçon des branches cassées ou coupées. Elle peut être, le plus souvent, arrêtée par l'amputation jusqu'au vif de la partie malade. On pratique assez souvent cette opération sur les pêchers et les amandiers, rarement sur les autres arbres fruitiers, et presque jamais sur les arbres forestiers.

J'ai vu souvent des arbres où la carie de la surface du tronc s'étoit arrêtée d'elle-même, c'est-à-dire que la partie extérieure de la plaie s'étoit recouverte d'un nouveau bois, et qu'elle ne faisoit plus de progrès intérieurement. Les charpentiers et les menuisiers qui emploient de vieux pieds d'arbres doivent se trouver fréquemment dans le cas d'en voir aussi.

Au reste, cette matière auroit encore besoin d'être étudiée. Les hommes éclairés qui vivent sur leur propriété, et qui ont de l'aisance et du loisir, rendroient service à la science s'ils vouloient s'en occuper. (B.)

CARIE. Maladie des blés qui fait un tort considérable aux cultivateurs, et dont on n'a connu le remède que dans ces derniers temps. Il faut bien la distinguer du *charbon* ou *nielle*, autre maladie propre à toutes les graminées, et qu'on sait aujourd'hui être produite par une plante de la famille des champignons, la *réticulaire* des blés de Bulliard, l'*uredo segetum* de Persoon.

C'est à M. Tillet d'abord et ensuite à M. Parmentier qu'on doit les premières recherches satisfaisantes qui aient été entreprises sur la nature de la carie, et sur les moyens d'en préserver les récoltes, et c'est M. Tessier qui a fait le travail le plus complet que nous ayons sur le même objet.

La science agricole, et la société entière, doivent beaucoup de reconnoissance à ces trois savans des efforts qu'ils ont faits, des dépenses auxquelles ils n'ont pas craint de se livrer pour éclaircir cette importante matière. Le dernier sur-tout a multiplié ses expériences en grand sous toutes les formes, non seulement pour sa propre instruction, mais encore pour détruire les préjugés dont la fausseté lui étoit démontrée depuis long-temps.

Comme je ne puis mieux faire que lui, ce qu'on va lire ne sera qu'un extrait de l'article carie qu'il a inséré dans l'Encyclopédie méthodique, extrait auquel j'ajouterai quelques considérations nouvelles prises de différens auteurs, car beaucoup ont écrit sur la carie, et principalement de M. Bénédict Prévot, qui a jeté un nouveau jour sur la physiologie de la plante qui la produit, dans les mémoires qu'il a présentés à l'Institut en juin 1807.

On a donné à la carie un grand nombre de noms dont ceux qui sont parvenus à la connoissance de M. Tessier sont *noir*, *charbon*, *charbonette*, *nielle*, *carboucle*, *charbouille*, *chambucle*, *moucheture*, *moucheron*, *moucheté* (*blé*), *molage*, *machuré*, *broudure*, *brousure*, *pourriture*, *butz*, *foudré*, *bosse*, *cloque*, *ruble*, *nubli*, *bouté*, *faux blé*, *cloche*, *gras*.

Les grains de froment cariés diffèrent peu en apparence des grains sains, mais à une des extrémités on voit les restes des stigmates qui persistent ; leur écorce est finement ridée, très

mince et d'un gris obscur. Au lieu de farine ils renferment
une poussière d'un brun noir, grasse au toucher, sans saveur,
mais d'une odeur infecte, semblable à celle du poisson pourri.
Cette poussière, examinée au microscope, présente un amas
de globules à demi transparentes, très distinctes, d'un deux
centième de ligne, terme moyen.

Les grains cariés sont très légers à leur maturité. Ils nagent
toujours sur l'eau, et sont au froment sain comme deux sont
à cinq, c'est-à-dire que sur quatre onces il y a trois onces deux
gros de poudre et six gros d'écorce.

On peut reconnoître les pieds de blé qui doivent donner
des grains cariés dès le moment où ils lèvent; car leurs feuilles
sont d'un vert plus foncé que celles des autres. Plus tard les
tiges sont ternes. Si on examine un épi attaqué, avant qu'il sorte
de ses enveloppes, on trouve que les étamines sont flasques,
les stigmates sans barbes, et que l'embryon a déjà l'odeur de
la carie. Bénédict Prévot a observé les globules dans des épis
qui n'avoient que dix lignes de long. Quand les épis se montrent, c'est-à-dire vers le premier juin, époque moyenne pour
le climat de Paris, il est très facile de distinguer ceux qui sont
cariés de ceux qui sont sains. Ils sont bleuâtres, ils ont leurs
balles plus serrées. Le germe conserve ses stigmates, et les an-
thères collées contre lui sont flasques et privées de poussière.

Bientôt, par le progrès de la végétation, les épis cariés deviennent plus larges, s'ébouriffent, le grain grossit, la substance pulpeuse qu'il renferme prend une couleur d'abord cendrée, ensuite brune. L'odeur qu'ils répandent est sensible
(pour ceux qui la connoissent), lorsqu'ils passent à travers les
champs. Leur maturité est plus hâtive que celle des épis sains.

Il est à remarquer, observe M. Tessier, que les épis sains
sont moins chargés de grains que les épis malades. Ces derniers, comme peu pesans, restent toujours droits.

On trouve fréquemment des épis sains sur des pieds qui en
offrent de viciés, des grains sains mêlés avec des grains cariés
dans le même épi; enfin quelquefois des grains à moitié sains
et à moitié cariés. Ces derniers, lorsque le germe est resté
intact, lèvent comme les sains et ne donnent pas de productions cariées, d'après la remarque de B. Prévot.

Le seigle, l'orge et l'avoine ne paroissent pas susceptibles de
la carie, du moins M. Tillet n'a pas pu la leur inoculer; mais
l'ivraie y est sujette. *Voyez* au mot CHARBON et au mot UREDO.

On croit généralement que la carie est due aux brouillards,
ou à la nature du sol, ou à l'espèce des engrais. MM. Tillet et
Tessier ont fait de nombreuses observations qui toutes prouvent que c'est une erreur. Il n'est pas possible de se refuser
à l'évidence du résultat de leurs expériences; mais aujourd'hui

qu'on connoît la cause réelle de la carie, elles deviennent superflues pour ceux qui sont au courant de la science.

Les grands rapports qui existent entre le charbon ou l'*uredo des blés* et la carie avoient fait soupçonner, depuis quelques années, que c'étoit aussi à une plante de la famille des champignons que cette dernière maladie étoit due. M. Bénédict Prévôt, dans le mémoire cité plus haut, vient de fixer l'opinion à cet égard, et a accompagné ses preuves d'observations qui jettent un nouveau jour sur la génération des plantes de cette famille que Décandolle a appelées *vraies parasites*, et *parasites intestines*, parcequ'en effet les espèces qui la composent vivent dans l'intérieur et aux dépens des plantes.

M. Bénédict Prévôt a mis des globules de carie dans de l'eau distillée et à la température de seize degrés du thermomètre centigrade. Ces globules se sont d'abord gonflés du double et ensuite ont poussé un tubercule qui s'est plus ou moins allongé, c'est-à-dire jusqu'à cinq à six fois leur diamètre. Ce tubercule s'est ensuite divisé, à son extrémité, en cinq, six, huit, même dix branches; quelquefois ces subdivisions étoient sessiles sur les globules, d'autres fois elles étoient ramifiées. Ces branches ont présenté souvent (et lorsqu'elles sont dans des circonstances favorables elles doivent présenter toujours), au bout d'un certain nombre de jours, des articulations apparentes, ou mieux, des grains internes infiniment petits, et en même temps les globules ont paru affaissés, ont laissé voir des loges ou des réseaux qui, sans doute auparavant, renfermoient les grains, ou mieux, les bourgeons séminiformes qu'on ne peut guère se refuser à regarder autrement que comme les semences de la plante. *Voyez* au mot CHAMPIGNON.

Les globules qui forment la poussière de la carie sont donc, d'après ces faits, des champignons arrivés à moitié de leur croissance, et qui ont besoin de se trouver dans d'autres circonstances pour achever de se développer et pouvoir se propager.

Il est probable que les uredo, genre au reste auquel appartient certainement le champignon de la carie, les puccinies, les érinées, les æcidies, les érysiphés et autres de la division citée plus haut, sont dans le même cas. Alors l'opinion, renouvelée par Décandolle, que les bourgeons seminiformes des espèces de tous ces genres parviennent aux feuilles et aux fruits par les racines et par l'intermède de la sève circulante, seroit prouvée, puisqu'ils ne peuvent compléter leur croissance que dans un milieu surchargé d'humidité, et la terre est ou doit être plus souvent ce milieu qu'aucun autre endroit.

Je dois dire cependant qu'on a observé que la carie, le charbon, la rouille, etc., se développoient plus souvent et plus abondamment dans les terrains humides, dans les années pluvieuses, d'où vient sans doute le préjugé que ces maladies des plantes sont dues aux brouillards.

Mais M. Bénédict Prévôt ne considère pas la chose sous le même point de vue. Il croit qu'il n'y a qu'un seul bourgeon séminiforme dans chaque globule de carie, et que c'est par les branches radiciformes qu'il se multiplie sur les tiges, les feuilles et les fruits, c'est-à-dire qu'il seroit, pour me servir de son expression, une vraie hydre végétale, comparable aux polypes de Trembley. Alors il y auroit fort peu de différence entre la carie du blé et la mort du safran, *Sclerotium crocorum*, Persoon. Un petit nombre d'expériences peuvent éclaircir cette difficulté ; mais je préjuge, des détails mêmes présentés par M. Prévôt, que c'est l'opinion de M. Décandolle qui prévaudra.

On s'aperçoit à la simple vue qu'un grain de blé sain est entaché de carie ; sa couleur, sur-tout celle de l'extrémité opposée au germe, c'est-à-dire celle de la houppe de poils, est d'un gris brun. On s'en aperçoit encore plus à l'odeur. Les marchands de blés, les meuniers et les laboureurs exercés ne s'y trompent jamais. On peut artificiellement infecter le grain, qui ne l'est pas, en le frottant avec de la poussière de carie nouvelle ou humectée. M. Tessier a constaté que ce n'étoit pas les grains les plus chargés de carie à la houppe qui donnoient le plus d'épis cariés, mais ceux qui en avoient été infectés sur le germe. Ce qu'il pouvoit tenir de poudre de carie sur la pointe d'une épingle suffisoit pour infecter un de ces germes. La plus forte proportion que le mélange de la carie avec du blé sain ait donné dans le produit des épis cariés comparés aux épis sains a été des trois quarts. Deux onces de poudre de carie suffisent pour infecter trente ou quarante livres de blé nouveau. Plus la carie est vieille et moins elle a d'action sur le blé nouveau ou vieux. Plus le blé est vieux et moins la carie nouvelle ou vieille l'infecte facilement ou abondamment.

Des épis de blé formés ont été saupoudrés de carie à différentes époques, et il ne s'est pas développé de carie dans les grains qu'ils contenoient, ce qui appuie l'opinion de M. Décandolle.

Ce qu'il y a de remarquable, c'est que l'huile épaisse qu'on retire de la carie, par la distillation à feu nu, mise en contact avec du blé sain, lui a fait produire près d'un tiers d'épis cariés. Comment expliquer ce fait ?

La carie attaque plus facilement les fromens du nord que ceux du midi. Les blés durs, ou blés d'Afrique, n'en offrent point naturellement, mais la prennent par inoculation. Il en est de même des blés barbus, qu'ils soient dans la division des grains durs ou des grains tendres, excepté le barbu à épis blancs ou roux et à barbes divergentes, qui y est très sujet. Les épeautres en sont quelquefois perdus.

Il est des années, et ce sont celles où l'automne et le printemps ont été peu pluvieux, où les blés sont moins infestés de carie. Il est des terrains, et ce sont ceux qui sont secs et aérés, qui en offrent moins. Enfin, il est des cantons où elle est inconnue.

Aujourd'hui donc tous les agriculteurs physiciens sont convaincus que la carie ne peut se reproduire que par elle-même; mais plusieurs de ceux qui passent pour éclairés persistent à croire qu'elle peut naître spontanément et ensuite se propager. Ces derniers citent des expériences, dont on ne peut révoquer en doute l'authenticité, et qui semblent en effet prouver ce fait; mais il n'est pas difficile d'expliquer la cause de leur erreur. Les bourgeons séminiformes de la carie peuvent, d'une part, être emportés par le vent à des distances inconnues à raison de leur légèreté, et de l'autre se conserver intacts, dans la terre, pendant un temps indéterminé. De là vient qu'on en voit paroître dans un lieu où elle étoit inconnue, ou dans des champs où on avoit semé du blé bien chaulé.

On a remarqué qu'il se produisoit plus d'épis cariés dans un champ ensemencé sur un labour récent, ainsi que dans un champ où le grain avoit été profondément enterré. Il n'est pas facile d'expliquer ce fait, qui a été observé par Tillet, et régulièrement constaté par Tessier, autrement que par la plus grande humidité. *Voyez* Annales d'Agriculture, tome 6.

Voici comme, d'après Décandolle, je conçois la manière d'agir de la carie sur le grain auquel elle est attachée ou contre lequel elle se trouve placée dans la terre par le hasard du semis.

Le grain se gonfle d'autant plus promptement que la terre est plus humide et qu'il fait plus chaud. La carie se gonfle en même temps, pousse son tubercule, ses rameaux, achève enfin en peu de jours son évolution, c'est-à-dire avant que le grain ait été complètement privé, par la radicule, des sucs nutritifs qu'il est destiné à lui fournir. A cette époque, les bourgeons séminiformes qui ont enfilé les canaux des rameaux ou des branches, et dont la petitesse est extrême, s'élèvent dans la plantule avec la lenteur convenable au but de la nature, et se développent, chacun séparément, lorsqu'ils sont arrivés au germe, seul endroit où la nature a réuni les circonstances nécessaires à leur multiplication. La nourritue destinée à la formation de la substance du grain est absorbée par eux, ainsi qu'une partie de celle qui devoit faire croître les étamines et le pistil, qui, en conséquence, ne se développent qu'impafaitement; mais, chose singulière, celle qui sert à l'accroissement de l'écorce du grain et des balles qui l'entourent n'est point diminuée, au contraire elle est augmentée. Tous les germes des épis cariés grossissent donc par l'effet même de la carie, tandis qu'il en est toujours plusieurs dans les épis sains qui avortent. De là vient que les grains des premiers sont généralement plus nombreux que ceux des seconds. Dans tout le cours de la vie d'un pied de blé attaqué de carie, cette carie agit sur toutes ses parties d'une manière sensible à l'œil; elle en abrège l'évolution, et de plus, elle cause un retard dans la germination des grains, et accélère la dessiccation de la tige.

Si les blés restoient sur pied jusqu'à leur destruction naturelle, les grains cariés, gonflés par les pluies, se crèveroient, et la poussière seroit emportée par les eaux pluviales ou par les vents, selon les circonstances atmosphériques; mais rarement ce cas arrive. On coupe le blé avant que les grains cariés soient ouverts, et on le transporte dans la grange, où le battage disperse la carie sur les grains sains, et la perpétue ainsi avec plus de certitude et d'étendue que si on l'avoit laissé dans les champs.

On a attribué à la carie plusieurs maladies endémiques ou autres; et on étoit fondé à croire, sur sa simple odeur, qu'elle étoit malsaine. Mais il résulte, des belles expériences de M. Tessier, que si elle agit d'abord sur l'estomac, si elle cause du dégoût aux poules, ou autres animaux qu'on en nourrit presque exclusivement, il suffit d'en suspendre l'usage pour que ces poules reprennent leur état ordinaire.

On doit donc supposer, par analogie, qu'elle fait un mal d'autant moins durable aux hommes, que les opérations de la panification en affoiblissent beaucoup les qualités délétères. En effet, les habitans de certains pays mangent habituellement du pain dans lequel il entre de la poudre de carie dans une proportion souvent fort élevée; on donne aux bestiaux la longue paille et les balles des épis cariés, et on ne voit pas qu'ils en soient affectés. Il en est de même de la poussière qui s'élève pendant qu'on bat le blé qui en est infesté. Elle cause des démangeaisons aux yeux des batteurs, les fait tousser, diminue leur appétit; mais cessent-ils un jour de battre, ces accidens disparoissent complètement.

Le véritable tort que la carie fait aux cultivateurs consiste donc dans la diminution du produit de leur récolte. La perte qu'ils éprouvent par cette cause peut s'élever aux trois quarts d'après les expériences de Tillet, mais il est rare que, naturellement, elle s'élève au tiers et même au quart; il seroit impossible aux cultivateurs de supporter de semblables diminutions sur leurs revenus sans être ruinés. Mais ne fût-elle que d'un vingtième, d'un centième même, c'est toujours une perte, sous le double rapport de la diminution du produit en argent et en moyens de subsistance. Chaque cultivateur en

particulier, et la société en général, sont donc intéressés à chercher tous les moyens de l'empêcher d'avoir lieu.

La carie étant contagieuse et se communiquant principalement par l'opération du battage, on doit croire que lorsqu'on
choisit les épis sains un à un dans un champ, et qu'on les bat
séparément, on n'aura point ou peu de carie; et c'est ce que
l'expérience prouve. Il en est de même quand on sème du blé
provenant des glanages. Lorsqu'on fait sortir le grain le plus
gros des épis, en frappant les tiges contre les parois d'un tonneau, ou sur une perche à hauteur d'appui, etc., on ne brise
pas les enveloppes des grains cariés; aussi les blés provenus
de ces grains sont-ils moins infestés de carie que ceux provenant
du battage du même blé. On gagne de plus par ce procédé de la
plus belle semence; or, c'est de la belle semence que sortent
les beaux blés.

Plusieurs agronomes ont conseillé de faire enlever les épis
cariés des gerbes après la moisson, un à un, et de les brûler.
Ils assurent que cette opération n'est ni difficile ni coûteuse.
M. Tessier prouve très bien qu'elle ne peut jamais être parfaite, et qu'elle augmenteroit d'environ cent francs les dépenses d'un semis de cent arpens. Il me semble qu'en coupant
avec une serpette les épis les plus saillans des gerbes, on
produiroit le même effet avec une grande économie de temps
et d'argent. J'ai vu pratiquer cette méthode par mon père,
dans d'autres intentions, et il s'en trouvoit bien.

Lorsqu'on jette de la terre sèche sur les gerbes qu'on se
dispose de battre et qui sont infestées de carie, les globules de
la carie se déposent dans cette terre, et le grain en reste moins
chargé; mais il en conserve toujours, d'après les expériences
de Teisser, et de plus on perd la paille et les balles, ou du
moins on ne peut plus les employer qu'en litière. On doit préférer frotter le grain battu et vanné avec de la terre, des cendres, du sable, etc., pour produire le même effet.

Dans beaucoup d'endroits on diminue la quantité de carie
attachée aux grains sains en les criblant plusieurs fois, soit au
crible simple, soit au crible de fil d'archal en plan incliné,
soit encore mieux au crible cylindrique accompagné d'un ventilateur. Ici c'est le frottement seul qui agit, et il ne peut
produire qu'un résultat très incomplet pour l'objet qu'on se
propose.

Les lavages à grande eau ont été recommandés de tous
temps, et leurs effets sont réellement plus certains que les
moyens ci-dessus, sur-tout quand on frotte bien les grains,
soit seuls, soit mêlés avec du sable. M. Tessier a employé jusqu'à huit eaux pour purifier du froment entaché de carie, de
manière à ce que la dernière fût claire. L'eau tiède dépure

beaucoup plus promptement et mieux que l'eau froide. Il est bon d'aiguiser cette eau avec des alkalis, du vinaigre, ou même seulement du sel marin. Cette opération a l'avantage de faire reconnoître les grains cariés qui ne sont pas ouverts, ainsi que la plupart des grains gâtés par d'autres causes, lesquels montent à la surface de l'eau, et peuvent être facilement enlevés. Ces grains semés ont donné deux tiers d'épis cariés.

Mais tous ces moyens sont insuffisans. Il en faut de plus puissans pour garantir les récoltes futures de la carie. Puisque c'est une plante ou du moins l'origine d'une plante et d'une plante délicate, ce sont des substances propres à empêcher son développement qu'on doit préférer d'employer. Il en est de deux sortes. Les unes, telles que les corps gras (les huiles animales ou végétales) enveloppent les globules de carie, les privent du contact de l'humidité et de l'air, sans lesquels il n'y a pas de germination. Les autres, telles que les caustiques acides et alkalins, les désorganisent.

Le premier de ces moyens seroit généralement employé comme le meilleur et le moins sujet à inconvénient pour les semences, s'il n'étoit pas si coûteux ; mais cette circonstance fait qu'on ne peut le pratiquer que dans les pays où on fabrique des huiles, et où on est obligé de se défaire à bas prix des bassières, ou dépôts de ces huiles lors de leur transvasement. Il est cependant des lieux voisins de la mer où on pourroit faire usage des huiles de poisson avec économie. Peut-être seroit-il avantageux d'élever exprès des fabriques d'huile animale empyreumatique, une des substances les plus certainement propres à garantir de la carie, parcequ'elle jouit en même temps des propriétés des huiles et des caustiques ; mais il n'a pas encore été fait d'expériences qui prouvent les avantages de cette huile. On n'a pas essayé non plus, que je sache, les goudrons fluides, sur-tout le goudron qui provient de la distillation du charbon de terre, goudron qui a les propriétés de l'huile empyreumatique à un degré encore plus élevé. Il en est de même du pétrole, des trois espèces de térébenthine, du produit de la distillation à feu nu du bois vert, espèce de savon acide très actif, etc.

La suie produit également d'utiles effets lorsqu'elle n'est pas trop recuite.

Parmi les caustiques, tous les acides, ou sels avec excès d'acide, tous les alkalis, plusieurs oxides métalliques, sur-tout l'oxide de cuivre, ou vert-de-gris, dont il ne faut, d'après les expériences de M. B. Prévôt, qu'une très petite partie pour désinfecter une grande quantité de grains, détruisent la carie ; mais la plupart des articles précités sont trop chers pour être employés en grand. La substance qui convient le mieux à raison de son activité et de son bas prix est la chaux, et surtout la chaux pure et récente ; aussi est-ce celle dont on fait le plus généralement usage.

On doit à M. Tessier de nombreuses expériences sur la chaux comme moyen préservatif de la carie. Elles prouvent d'une manière indubitable ses utiles effets ; mais on est aujourd'hui si généralement convaincu de son efficacité, que je croirois faire injure au lecteur que de les rapporter. Il doit suffire d'en mentionner ici le résultat.

La chaux fait immanquablement périr tous les animaux et les végétaux qui sont soumis à son action, lorsque sa quantité est proportionnée à leur masse. Quand on jette sur celle qui est récente une petite quantité d'eau, cette dernière est absorbée avec un dégagement de chaleur tel que des copeaux de bois et autres portions de végétaux, des grains de blé, par exemple, se charbonnent et s'enflamment lorsqu'on les introduit dans les fissures qui se forment dans ses fragmens d'une certaine grosseur. Elle doit donc désorganiser, même complètement détruire, les globules de carie qui sont si petits et si huileux, et par conséquent les empêcher d'achever leur évolution et de se reproduire.

C'est sur ces bases qu'est fondée toute la théorie du CHAULAGE ; elles nous fournissent les moyens de choisir la meilleure méthode de le faire, et sur-tout d'écarter toutes les opérations accessoires, inutiles et coûteuses.

Si on emploie la chaux vive et au sortir du four, on risque de brûler le blé qu'on veut chauler, ou au moins de détruire sa faculté germinative.

Si on emploie la chaux éteinte depuis long-temps à l'air, on risque de manquer l'opération, parcequ'elle a perdu toute sa causticité.

Mais il n'est pas deux fours à chaux qui en fournissent d'exactement identique, soit à raison de la nature variable de la pierre calcaire employée à sa fabrication, soit à raison du mode de calcination. *Voyez* aux mots PIERRE CALCAIRE, CALCAIRE, CHAUX et FOUR A CHAUX. On ne peut donc donner des règles pour chauler, indiquer des proportions rigoureuses ; mais heureusement que cette exactitude est superflue. Il suffit d'éviter les deux inconvéniens rapportés ci-devant.

Les cultivateurs, d'après M. Tessier, emploient quatre sortes de chaulage ; savoir, le chaulage par aspersion, le chaulage par immersion, le chaulage par précipitation et le chaulage sec.

Le chaulage par aspersion consiste à mettre le blé en tas à jeter dessus de la chaux fondue dans l'eau, et à mêler le tout en le remuant avec la pelle. On le laisse ensuite en tas afin qu'il s'échauffe, c'est-à-dire qu'on ne sème le grain ainsi chaulé que deux, trois, quatre, six et même huit jours après l'opération. Quelques fermiers le laissent même sécher avant de le remettre au semeur.

Il est évident que par cette méthode, qui malheureusement est la plus usitée, on risque de ne remplir qu'imparfaitement son but. En effet, les globules de carie qui se trouvent sur certaines parties du grain peuvent très souvent n'être pas entourés de chaux, ou d'une assez grande quantité de chaux, et par conséquent conserver toute leur propriété délétère. Le meilleur ouvrier ne peut jamais assurer qu'il aura remué également toutes les parties d'un tas, que des grains de blés ne se seront pas collés les uns contre les autres, de manière à empêcher le lait de chaux (c'est le nom qu'on donne à l'eau chargée d'une assez grande quantité de chaux pour être opaque et cependant jouir de toute sa fluidité) de pénétrer dans leur rainure. Aussi si ce chaulage diminue beaucoup la carie, il ne la détruit pas complètement, ainsi que l'expérience ne le prouve que trop.

Dans le chaulage par immersion, on met le blé dans des corbeilles qu'on plonge une ou deux fois dans un lait de chaux, ensuite on le laisse égoutter et on l'étend sur le plancher, où il est remué jusqu'à ce qu'il soit sec. Ici une partie des inconvéniens précédens se renouvellent ; mais il y a l'avantage de fournir les moyens de pouvoir enlever, avec un écumoir, tous les grains légers qui ne servent pas à la reproduction ou qui nuisent aux récoltes. Cette méthode peu employée est donc préférable à la première.

Le chaulage par précipitation diffère du précédent en ce que le blé est mis dans le lait de chaux et y reste au moins vingt-quatre heures. On a soin de l'y jeter par petites portions et de le remuer avec activité, afin que tous les grains soient également mêlés avec la chaux, et que les grains légers montent plus facilement à la surface. On fait également sécher le grain en le remuant fréquemment après qu'on l'a retiré du lait de chaux.

Cette pratique est très bonne et devroit être préférée ; mais comme elle exige de grands cuviers et des soins embarrassans, elle est peu en usage. Il semble que dès qu'on veut arriver à un résultat, il ne faut pas en négliger les moyens ; cependant il est de fait que très souvent, en agriculture comme dans les arts, on risque de manquer une opération coûteuse pour ne pas vouloir porter la dépense au point nécessaire, c'est-à-dire qu'on perd cent francs par le désir d'en épargner un.

Le chaulage sec se pratique en mêlant le blé avec une portion plus ou moins considérable de chaux en poudre, soit qu'elle ait été mise en cet état par une opération manuelle ou par son exposition à un air humide. (Chaux éteinte à l'air.)

Beaucoup de cultivateurs croient rendre le chaulage plus actif en employant des sels concurremment avec la chaux ; mais la plupart augmentent leur dépense en pure perte. Le chaulage ayant pour objet, je le répète, de brûler les globules de la carie sans nuire au germe du blé, il est évident, pour tous ceux qui ont quelques notions de chimie, que le sel marin, le salpêtre, le sel de verre, le tartre vitriolé, l'alun et autres sels neutres ne servent absolument de rien dans ce cas ; que l'arsenic, le sublimé corrosif et la couperose verte ou la couperose bleue, qui, à raison de leur causticité propre, agissent sur les globules de la carie lorsqu'ils sont seuls, ne produisent plus cet effet lorsqu'ils sont mêlés avec la chaux, soit parcequ'elle s'interpose entre leurs molécules, soit parcequ'elle les décompose. De plus, ces sels métalliques, sur-tout les deux premiers, sont des poisons violens qu'on doit proscrire de toute opération agricole.

Ce qui réellement, dans la classe des sels, peut être utile dans ce cas, ce sont les alkalis fixes (soude et potasse) et l'alkali volatil, parcequ'ils ont la même nature d'action que la chaux ; mais comme ils ne sont pas indispensables et qu'ils coûtent cher, je ne crois pas qu'il faille les employer, à moins qu'ils ne soient contenus dans de l'eau de lessive, eau qui, étant ordinairement jetée, peut être regardée comme de nulle valeur. *Voyez* aux mots ALKALI, SOUDE et POTASSE.

Il est aussi beaucoup de cultivateurs qui, au lieu d'employer de l'eau pure pour éteindre la chaux, se servent d'eau de fumier, d'urine, d'eau dans laquelle on a mis en suspension de la fiente de poule, de pigeon, de bœuf, de cheval, etc. Tous ces ingrédiens sont bons à mettre sur les terres, en petite quantité à la fois cependant, mais ne servent de rien dans l'opération du chaulage. En effet, qu'est-ce qui se passe lorsqu'on les mêle à la chaux ? Il se forme un savon, et la chaux cesse d'être caustique. Or, comme je l'ai fait voir, c'est la causticité de la chaux qui agit.

Mais, dira-t-on, le savon ordinaire est un bon moyen de chaulage ? Oui, répondrai-je, mais c'est lorsqu'il est mal fait, c'est-à-dire lorsqu'il y a excès d'alkali ou excès d'huile. L'alkali agit comme caustique, et l'huile comme corps gras. Dans le cas précité, la chaux employée à faire le savon sera toujours perdue ; et quoique cette perte soit peu de chose, il faut l'éviter. Toute opération inutile est par cela seul nuisible.

Le chaulage le plus simple est certainement le meilleur sous tous les rapports. Ainsi je conseillerai toujours de dissoudre la chaux, positivement comme le font les maçons, c'est-à-dire dans un trou en terre, en la remuant continuellement, et en y ajoutant successivement de l'eau, jusqu'à ce qu'elle soit en consistance de bouillie épaisse; d'y jeter le blé, lorsqu'elle sera refroidie, et de l'y laisser de douze à vingt-quatre heures, selon la force de la chaux, en le remuant deux à trois fois pour que tous ses grains soient également exposés à son action. Il faut seulement éviter que la chaux soit trop caustique, c'est-à-dire qu'elle agisse sur le germe du grain; c'est pourquoi je dis d'attendre qu'elle soit refroidie, parcequ'alors il y a moins à craindre à cet égard. L'eau chaude qu'on emploieroit ne feroit pas plus d'effet en bien ou en mal que l'eau froide. La proportion de chaux est indifférente, il faut seulement qu'il y en ait assez pour que tout le blé soit recouvert. Le superflu de la chaux n'est pas perdu, puisqu'elle est un excellent amendement. *Voyez* au mot CHAUX.

Lorsque le grain sort du chaulage il est gonflé d'eau, et par conséquent plus près d'entrer en végétation qu'auparavant; cependant on est généralement dans l'usage de le faire sécher avant de le semer. Cela tient sans doute à la difficulté de le répandre sur la terre lorsqu'il est mouillé. Il me semble qu'un simple ressuyage devroit suffire, c'est-à-dire qu'on pourroit l'employer dès que les grains ne seroient plus collés les uns contre les autres. Leur grosseur plus considérable feroit qu'on sèmeroit plus clair, ce qui est souvent un avantage, et la poussière de la chaux ne fatigueroit pas les yeux et la gorge des semeurs, ce qui en est toujours un autre.

Dans aucun cas, il ne faut, comme on le fait dans quelques endroits, laver le blé qui a été chaulé pour en ôter la chaux, Bénédict Prévôt s'étant assuré que, dans ce cas, il paroissoit beaucoup plus de carie; et, en effet, on doit penser que tous les bourgeons séminiformes ne sont pas détruits au même moment, et que ceux qui ont d'abord échappé à l'action de la chaux auroient pu être également détruits si on les avoit laissés plus long-temps exposés à son action.

La pratique du chaulage commence à se répandre en France dans les pays de grande culture; mais elle n'est pas encore assez générale. Tous les cultivateurs devroient être persuadés de son importance et ne jamais la négliger dès qu'ils aperçoivent un seul épi carié dans leur récolte. Je fais des vœux pour que ce que je viens de mettre sous leurs yeux concoure à diminuer le nombre de ceux qui ne connoissent pas encore ses utiles résultats. (B.)

CARIÉ (Bois). C'est le bois qui a été affecté de la carie, et qui est par suite devenu impropre à beaucoup de services, même à brûler. (B.)

CARIOPHYLÉE, ou EN ŒILLETS, BOTANIQUE. C'est la

huitième classe des fleurs polypétales régulières de Tournefort. Le caractère propre à cette classe est d'avoir l'onglet, c'est-à-dire la partie inférieure du pétale, attaché au fond d'un calice d'une seule pièce cylindrique, et sur les bords duquel les lames des pétales s'évasent et se disposent en roue, comme dans l'œillet. *Voyez* COROLLE. (R.)

CARLINE, *Carlina.* Genre de plantes de la syngénésie égale et de la famille des cynarocéphales, qui renferme une douzaine d'espèces dont trois sont dans le cas d'être citées ici, à raison de leur abondance et de leur utilité.

La CARLINE SANS TIGE, connue dans quelques endroits sous le nom de *caméléon blanc, loque* et *artichaut sauvage*, est uniflore, presque sans tige, et a les feuilles pinnatifides, à découpures dentelées et épineuses. Elle croît naturellement sur les hautes montagnes de l'intérieur de la France et de l'Allemagne, et par-tout on en mange les réceptacles en guise d'artichauts, soit crus, soit cuits. Ses feuilles sont étalées sur la terre et couvrent quelquefois plus de deux pieds de diamètre. Ses fleurs ne sont jamais de moins de deux pouces de large, et souvent de près de quatre. Elle est bisannuelle comme l'artichaut, c'est-à-dire que la tige principale périt dès qu'elle a fleuri, et qu'il naît autour des rejetons qui la remplacent. La saveur de son réceptacle est à peu près celle d'une amande amère. Celle de sa racine est encore plus amère. Cette dernière est fréquemment employée en médecine pour ranimer les forces vitales et exciter le cours des urines. On les sèche, l'une pour manger pendant l'hiver, l'autre pour envoyer au loin; car, quelque abondante qu'elle soit dans les endroits qui lui conviennent (j'en ai vu la terre pour ainsi dire entièrement couverte dans les Cévennes et le Cantal), elle ne souffre pas la culture, et on a tenté inutilement de l'introduire dans les jardins même de son climat.

Il en est une autre espèce dans les Pyrénées et les Alpes, qui est encore plus grande dans toutes ses parties; c'est la CARLINE A FEUILLES D'ACANTHE, dont les feuilles sont velues en dessus. Je l'ai trouvée moins amère que la précédente sur les montagnes volcaniques du Vicentin, où elle est très abondante, et où on ne sait cependant pas en tirer parti.

La CARLINE VULGAIRE a les fleurs nombreuses et disposées en corymbe terminal. Elle est bisannuelle et se trouve très abondamment dans les lieux incultes et arides. Sa hauteur moyenne est d'un pied. Les chèvres et les moutons la mangent quand elle est jeune; mais tous les animaux la dédaignent quand elle est montée. Comme elle nuit quelquefois aux pâturages, il faut l'extirper en la coupant entre deux terres, avec une pioche, avant sa floraison. Ses tiges peuvent être utilement brûlées pour faire de la potasse, ou pour chauffer le four, ou pour augmenter la masse du fumier. (B.)

CARNOSITÉS. Médecine vétérinaire. Ce sont des excroissances charnues et fongueuses, qui se forment dans le canal de l'urètre des animaux.

Cette maladie est très rare. Nous avons seulement rencontré une fois des carnosités dans le canal de l'urètre d'un âne. Cet animal se campoit souvent pour uriner, le jet de l'urine étoit fort délié, fourchu et de travers. Une longue sonde de plomb que nous introduisîmes dans le canal nous assura de l'existence de ce mal.

Les carnosités peuvent devenir fâcheuses par l'augmentation de leur volume, et retenir entièrement l'urine en rétrécissant le diamètre du canal. Elles sont très difficiles à guérir, pour ne pas dire incurables. (R.)

CARODIS. Nom qu'on donne, dans le département des Ardennes, à un grenier sur perches, placé au-dessus d'une grange, et destiné à serrer des fourrages. Cette sorte de grenier jouit de l'avantage de favoriser le complet dessèchement des fourrages. (B.)

CARON. On donne ce nom, dans les départemens méridionaux, au mélange de l'orge et du froment dans le même champ, mélange qui a des avantages et des inconvéniens. *Voyez* au mot Mélange. (B.)

CARONCULE LACRYMALE. Médecine vétérinaire. Masse grenue, oblongue, noire et très dure, qui occupe le grand angle de l'œil des bestiaux.

Cette masse est garnie d'une multitude de petits points enduits d'une humeur d'une consistance épaisse et de couleur blanche, dont l'usage est de retenir les ordures de l'œil. Elle fait l'office d'une digue, en s'opposant à ce que la lymphe, trop abondante, ne franchisse l'obstacle qu'elle lui présente et ne coule le long du chanfrein, en la déterminant du côté des points lacrymaux.

La caroncule lacrymale est dans quelques chevaux naturellement plus considérable et plus saillante. Cette augmentation de volume l'a fait prendre par la plupart des maréchaux pour une maladie connue sous le nom d'Onglée. *Voyez* ce mot. (R.)

CAROTTE, *Daucus carotta*. Linnée la classe dans la pentandrie digynie. Son nom vulgaire dans les provinces méridionales est *pastenade* ou *pastonade*, expression qui, étant tirée du mot latin *pastenaca*, sembleroit plus propre au panais qu'à la carotte, comme l'observe avec raison l'abbé Rozier. Sa racine, grosse dans sa partie supérieure, diminue et se réduit à un filet à son extrémité. Elle est plus ou moins grosse suivant la qualité et la profondeur du terrain, et si elle y trouve une abondante nourriture, sans profondeur, sa partie infé-rieure grossit considérablement et s'arrondit à l'extrémité. Il part du collet de cette racine, dans toute sa circonférence, les feuilles composées, à découpures très fines et d'un beau vert foncé, du centre desquelles il s'élève une tige herbacée de trois à quatre pieds, rameuse, cannelée, velue, garnie de feuilles alternes et couronnées par des fleurs blanches, petites et disposées en ombelles; elle fleurit en juin et juillet dans le climat de Paris.

Il y a plusieurs espèces de carottes; mais comme, à l'excep-tion de la carotte commune et de ses variétés, toutes les autres ont été reléguées dans les jardins des botanistes, et ne sont d'aucun usage sous les rapports d'utilité ou d'agrément, je ne m'occuperai que de la première, qui mérite toute l'attention des cultivateurs, soit qu'on la considère comme un légume destiné à la nourriture de l'homme, soit qu'on l'envisage comme un fourrage propre aux bestiaux.

Culture de la carotte. La carotte, comme presque toutes les plantes à racine pivotante, demande une terre un peu légère et douce, mais sans cependant qu'elle soit trop sablon-neuse. Si le sable domine beaucoup, l'eau s'écoule avec trop de facilité, et on ne peut conserver la fraîcheur qu'au moyen de fumiers qui nuisent à sa qualité, parceque sa racine, la seule partie qui soit employée pour la nourriture de l'homme, se chargeant du suc de ces fumiers, en contracte un goût désagréable et perd une partie des propriétés qui la font considérer comme un des légumes les plus sains. On doit donc lui appliquer la règle générale pour les plantes à racines tubéreuses ou herbacées qui servent d'aliment à l'homme, qu'on ne doit employer que des engrais très consommés et en petite quantité lorsqu'on les sème. Les maraîchers des environs de Paris n'ont en général des légumes d'un aussi mauvais goût que parcequ'ils suivent la méthode contraire pour avancer la maturité de leurs plantes. Il faut donc à la carotte une terre ni sablonneuse ni argileuse, et non pierreuse. Si elle est maigre, on la fume à l'automne. Beaucoup de jardiniers n'emploient pour cette racine que les terres qui ont été fumées l'année précédente, et les cultivateurs qui la cultivent en grand pour la nourriture de leurs bestiaux peuvent suivre la même méthode. Il y a deux manières de cultiver la carotte; la première est celle des jardiniers, et la seconde celle des cultivateurs, qui doivent la considérer comme un des meilleurs fourrages d'hiver.

Les jardiniers en cultivent trois variétés, la blanche, la jaune orange et la rouge. La blanche est, dit-on, préférée en

Italie, la jaune en France et la rouge chez les Anglais. Les Anglais et les Italiens ont sans doute leurs raisons pour rejeter la jaune ; mais il est certain qu'en France elle est plus tendre, d'un meilleur goût, et plus facile à cuire. L'abbé Rozier prétend que la blanche craint moins l'humidité que les deux autres : ce n'est pas le motif qui la fait préférer en Italie, et elle conviendroit mieux par cette raison en Angleterre et sur les côtes de France. Il faut qu'il y ait d'autres motifs de cette préférence.

Plusieurs auteurs parlent d'une quatrième variété, la carotte ronde de Hollande ; mais l'abbé Rozier et M. Thouin ne la considèrent que comme une carotte qui n'a pu se développer par les obstacles qu'elle a rencontrés. L'abbé Rozier pense que cette forme est due à la qualité de la terre, qui est argileuse, et que les racines pénètrent difficilement; mais M. Thouin soutient, et avec raison, que les terres sont sablonneuses en Hollande, mais qu'ayant peu de fond, la racine est forcée de s'arrêter, et qu'elle prend en grosseur ce qu'elle auroit eu en longueur. Cette raison me paroît d'autant plus solide que la plupart des terres que j'ai vues en Hollande étoient très sablonneuses, et que si les carottes en France trouvent un obstacle qu'elles ne peuvent vaincre, elles forment la fourche ou s'arrondissent. C'est une expérience facile à vérifier dans les terres pierreuses. D'ailleurs j'ai dans ce moment des carottes de cette variété, dont j'ai tiré la graine de Hollande, la plupart sont déjà allongées, et je ne doute pas plus qu'en recueillant de leurs graines et en suivant l'expérience trois ou quatre ans, cette différence de forme n'existe plus.

Le jardinier qui veut se procurer de belles carottes, après avoir fait choix de belles graines et d'un bon terrain, doit lui donner un labour aussi profond que ses instrumens le lui permettent. Un seul labour suffit dans les jardins, parceque la terre y est remuée si souvent qu'elle y est en général fort meuble. On choisit, autant que la saison peut le permettre, un beau jour pour cette opération, et on sème ensuite, après avoir donné un coup de hersoir, si la terre n'est pas assez divisée, soit à demeure, en rayon ou à la volée, soit en pépinière. Les planches sont de six et quelquefois de cinq pieds, réduits à cinq ou quatre pieds par un sentier d'un pied. On donne un coup de râteau avec un instrument fort clair pour ne pas entraîner les graines. D'autres, au lieu du coup de râteau, marchent la planche ; et, dans les lieux exposés aux vents qui dessèchent promptement la terre, la couvrent avec du fumier court bien brisé, ou avec du terreau. On ne doit marcher la terre que lorsqu'elle est fort légère.

J'ai vu employer ces trois manières de semer les carottes ;

je les ai employées moi-même, et je crois pouvoir affirmer que la méthode de semer en place et à la volée est préférable aux deux autres. Les maraîchers des environs de Paris qui ont de l'expérience ne sèment pas autrement. En effet leur opération est plus prompte que par rayons, et leur terrain plus garni. Ils ne sont pas exposés, comme ceux qui sèment en pépinière, et qui repiquent le plant, à n'avoir que des carottes courtes et fourchées, parcequ'il est presqu'impossible de ne pas briser l'extrémité du pivot, qui est très délié et fort tendre, et une partie du chevelu. Ces motifs doivent déterminer à semer à la volée et en place. Ceux qui ne peuvent semer qu'en bordure, et qui sont forcés de semer en rayons, doivent avoir l'attention de semer fort clair. Mais cette méthode de bordure de carottes me paroît fort mauvaise, parceque le feuillage des carottes couvre une partie des allées ou sentiers et des planches; et je ne conçois pas qu'on ait pu l'adopter.

Le semis en pépinière m'a paru fondé sur le désir de placer les racines à des distances égales, et sans l'inconvénient ci-dessus et la perte d'un temps précieux à cette époque, nul doute qu'il ne faudroit le préférer. Voici la marche à suivre quand on veut replanter.

Lorsque les collets des racines sont gros comme un tuyau de plume, on les arrache avec beaucoup de précaution pour ménager le chevelu, et sur-tout le pivot, qu'il est essentiel de ne pas rompre; autrement, comme je l'ai déjà observé, les racines ne s'allongent plus. On laisse la terre qui les environne. On les place, à mesure qu'on les tire de terre, dans des paniers ou corbeilles qu'on a soin de couvrir, pour ne pas exposer à l'air le chevelu, qui seroit promptement desséché. La terre a été préparée d'avance; et pendant qu'un ouvrier les arrache, un autre les repique. Aussitôt qu'elles sont transplantées, ou une partie, si on en repique beaucoup, on les arrose légèrement, et si le temps est sec on renouvelle ces arrosemens suivant le besoin.

L'abbé Rozier conseille, au moment où on les sort de terre, de mettre leurs racines, et une partie de leurs pieds, dans un baquet plus ou moins profond, plus ou moins rempli d'eau, suivant la grosseur et la longueur de la plante que l'on tire de terre. Cette eau fait, suivant lui, que la terre se joint plus intimement à la racine, et elle empêche sur-tout que l'action de l'air n'agisse sur elle depuis qu'elle est hors de terre jusqu'à ce qu'elle y rentre; de manière que les feuilles ne sont point fanées et conservent leur fraîcheur.

Ce conseil est fort bon si le jardinier ne prend pas la précaution de placer le jeune plant dans des paniers couverts, et s'il retarde la transplantation; mais dans le cas contraire, je crois

qu'il est plus nuisible qu'utile, en ce que l'eau divise et sépare
la terre du chevelu qui se colle contre la racine, et devient
inutile à la plante.

On voit par cet exposé que le repiquage de la carotte emploie beaucoup de temps et expose à avoir des racines moins
belles, et fourchues; on ne doit donc l'employer que dans les cas
où le terrain destiné à cette racine n'est pas encore disponible
au moment de la semence, et dans les climats où on est forcé
de les semer tard en pleine terre, pour ne pas s'exposer à
les perdre. On a alors l'avantage de pouvoir garantir son
semis de l'intempérie de la saison et d'avancer sa jouissance.

Dans plusieurs jardins on sème le panais avec les carottes.
Cette méthode ne peut pas nuire aux carottes, parcequ'on ne
sème que la même quantité de graines. Cependant je pense
qu'il vaut mieux les semer séparément, parceque si une de
ces plantes vient à manquer on perd la moitié de son terrain, au
lieu que si on les avoit plantées séparément on auroit pu semer
de nouveau. D'autres jardiniers jettent un peu de graine de
radis ou de poireaux sur leurs planches; et comme ils enlèvent ces plantes de bonne heure, elles conservent la fraîcheur de la terre sans nuire aux carottes. Quant aux fèves que
j'y ai vu également mêler, elles produisent un mauvais effet;
elles effritent la terre et enlèvent une partie de la nourriture
des carottes qu'elles privent d'air par leur feuillage épais.

Le temps de la semence des carottes varie suivant la température, et on les sème depuis le mois de janvier jusqu'à celui
de septembre. Cette plante, sur-tout quand elle est jeune,
craint le froid et la grande humidité; je ne puis donc indiquer
d'époque fixe pour les semences. J'observerai seulement que
dans les lieux où l'on craint, à l'entrée du printemps, des pluies
froides et multipliées et de fréquentes gelées, il faut retarder les
semis des carottes jusqu'à la mi-avril ou le commencement de
mai, à moins qu'on n'ait de belles expositions bien abritées, ou
qu'on puisse les garantir au moyen de quelques couvertures.
Quelques auteurs néanmoins pensent que si on sème en mai
dans les terres sèches, les carottes montent à graine. Il faut
donc semer plus tôt dans ces terrains. D'autres prétendent,
et avec plus de raison, que si on sème de très bonne heure,
il arrive que plusieurs de ces plantes montent également;
mais cet inconvénient est peu à craindre. Lorsqu'on sème en
janvier ou février c'est pour jouir dans l'été et consommer
de suite; on en est quitte pour arracher les plantes qui
montent, ce qui n'a lieu qu'autant qu'on retarde trop à les
sortir de terre. Quant à la provision d'automne et d'hiver,

on ne doit pas se presser de semer, et il faut attendre un temps favorable.

Le semis fait, on arrose si le temps est trop sec; et lorsque le plant est levé on le visite le matin et le soir, sur-tout dans les terrains humides. Les auteurs qui parlent de la culture de cette plante se contentent d'inviter à les sarcler, et ne font mention que de deux ennemis à craindre, la courtilière et le ver blanc; mais les jardiniers qui cultivent cette plante dans les climats tempérés, et sur-tout dans les terrains frais, redoutent encore plus le limaçon, et sur-tout la limace. J'étois contraint, dans le département d'Ile-et-Vilaine, quand l'hiver avoit été doux, de répandre le double de semence, et de visiter mes planches matin et soir. Ces animaux les attaquoient peu de jours après leur germination; et j'en ai vu un de médiocre grandeur en détruire douze dans vingt-cinq minutes. On peut juger par-là de leurs ravages lorsqu'ils étoient nombreux. Si on négligeoit à cette époque les planches, tout étoit détruit et il falloit recommencer.

Ce motif et les variations de l'air à cette époque doivent déterminer à semer un peu plus épais qu'il ne faut. On en est quitte au premier sarclage pour en arracher quelques unes, s'il y en a trop. Quand on sarcle, on doit avoir l'attention d'arracher les racines des plantes parasites pour qu'elles ne repoussent pas, et pour ameublir la superficie de la terre qu'on ne peut pas biner lorsqu'on sème à la volée. Mais si on a semé par rayons, on peut sarcler et biner tout à la fois en employant une serfouette à deux dents. M. Trolli conseille d'employer pour le dernier sarclage un long crochet de fer tel que celui à fumier, dont les dents aient de quinze à seize pouces de longueur sur six à sept lignes de large. Il prétend que les carottes ainsi sarclées et binées en deviennent plus belles. Il est possible que cet instrument produise cet effet; mais il faut bien de l'adresse pour s'en servir sans blesser les racines. C'est un labour et non un binage. Quand les carottes ont pris de la force, elles étouffent par leurs feuilles une grande partie des plantes parasites qui poussent à cette époque, et conservent par le même moyen l'humidité suffisante à leur végétation. Elles n'ont alors à craindre que la COURTILIÈRE, et sur-tout le VER BLANC. (*Voy.* ces mots.) Beaucoup de jardiniers coupent les feuilles une ou deux fois jusqu'au moment de la récolte, persuadés que ce retranchement détermine la sève à rester dans la racine et à en augmenter le volume. Cette manière de raisonner et d'opérer seroit bonne si les feuilles tiroient leur nourriture de la racine sans lui en fournir, et si l'alternative du mouvement de la sève dans les deux sens n'étoit pas indispensable pour élaborer les sucs et les perfectionner. D'ailleurs le pampre n'est pas plus tôt coupé, que leur nécessité détermine la plante à en pousser de nouveau, et cette reproduction doit retarder les progrès des racines. Aussi tous les essais que j'ai faits dans ce genre ne m'ont-ils jamais réussi, et j'invite les amateurs et les jardiniers qui en cultivent pour leur usage ou les marchés, d'abandonner une méthode qui ne peut que nuire à la qualité des racines. Mais comme je n'ai jamais trouvé qu'une différence très légère dans le volume des racines dont on avoit coupé les feuilles, je pense que ceux qui cultivent cette plante comme fourrage peuvent en couper une fois les feuilles sans danger. Les bestiaux les mangent avec avidité, et cette ressource peut être précieuse dans les années sèches, parcequ'on se la procure dans le moment où les autres sont le plus rares.

La récolte des carottes a lieu en plusieurs temps, et les jardiniers instruits s'en procurent dans toutes les saisons; mais le moment de la plus grande récolte est aux approches de l'hiver, sur-tout dans les lieux où on craint les fortes gelées, et dans ceux où les mulots sont multipliés, parcequ'ils mangent cette racine avec avidité.

On emploie pour arracher les carottes les fourches ordinaires à trois dents, ou celles à dents plates; elles coupent moins de racines que les bêches. Avant de les arracher, on a l'attention de couper les fanes, opération très prompte quand on emploie la faux.

A mesure qu'on arrache les carottes, on rejette celles qui sont gâtées. On trie également toutes les petites qu'on donne aux bestiaux ou aux volailles, ou qu'on emploie sur-le-champ pour l'usage de la cuisine. Les belles sont portées dans la serre aux légumes, ou dans une cave ou caveau. On répand un peu de sable sur la terre, et on pose dessus un lit de carottes qu'on rapproche l'une de l'autre, toutes les têtes du même côté. Si on les appuie contre un mur, on ne dispose qu'un seul rang dont les racines sont contre le mur et les têtes de l'autre côté; mais dans le cas qu'on puisse s'éloigner du mur, on fait deux rangs de carottes dont les extrémités des racines se touchent, et les têtes sont exposées à l'air des deux côtés. On recouvre ce premier lit de sable et on en met un second, etc., et on les élève ainsi autant qu'on le désire, ou que la hauteur du lieu le permet. Les uns les lavent avant de les arranger; les autres, et c'est le plus grand nombre, les laissent telles qu'elles sont sorties de la terre. Elles se conservent ainsi jusqu'au mois d'avril.

Les jardiniers qui ont la facilité de ramasser des feuilles ou de la fougère, et qui n'ont pas des lieux commodes pour placer ces légumes, les couvrent dès que les gelées deviennent fortes, et redoublent au besoin les couvertures. Les carottes se conservent bien sous ces couvertures, et on peut les arracher en tout temps. Mais les cultivateurs qui sèment des arpens de cette plante et qui n'ont pas de serres et ne peuvent les couvrir, pourroient employer un autre moyen. En faisant leurs mulons de paille blanche, ils pourroient ménager dans le centre un vide de trois pieds de large sur quatre à cinq pieds d'élévation et une longueur indéterminée, mais proportionnée à la quantité des carottes ; ils auroient l'attention de donner au terrain, dans cette partie, un peu plus d'élévation pour que les eaux ne pussent pas y pénétrer. Le côté du midi, qu'ils laisseroient ouvert ou qu'ils fermeroient au besoin avec des bottes de paille, serviroit pour y entrer et sortir les plantes. Ce même moyen seroit également utile pour la conservation des pommes de terre, et la gelée ne pourroit y pénétrer.

Quelques jardiniers coupent la partie du collet d'où les feuilles sortent pour arrêter la végétation ; mais je crois qu'elles se gâtent plus facilement par cette méthode.

Dans quelques départemens on suit une autre méthode pour leur conservation. On creuse une fosse dont on garnit le fond et les côtés de paille. On y place les carottes par lits alternatifs avec de la paille. On met sur le tout un peu de paille qu'on recouvre avec une partie de la terre qu'on a tirée de la fosse, ou mieux, on établit une couche de paille assez épaisse pour que les eaux et la gelée n'y puissent pénétrer.

M. Gardner emploie, pour préserver ses carottes des gelées, un moyen singulier, dont je n'ai pas vu faire usage en France. Il consiste à tenir un tonneau plein d'eau dans le même endroit où sont ces carottes, et lorsqu'il gèle, à vider l'eau glacée, et à le remplir d'eau nouvelle. Tant qu'il y aura de l'eau dans le tonneau, les carottes, pommes de terre, etc., ne gèleront pas, d'après ce qu'il prétend avoir expérimenté.

Tels sont les soins que prennent les jardiniers dans les climats exposés aux fortes gelées pour avoir des carottes tout l'hiver et au commencement du printemps. Car dans les départemens du midi et sur les bords de la mer où il gèle rarement, les carottes restent en terre et s'y conservent bien ; mais comme au printemps elles montent et qu'alors les racines deviennent dures et ligneuses, on est obligé pour en avoir jusqu'au moment où celles semées en janvier puissent être récoltées, d'en faire quelques planches à la fin d'août ou au commencement de septembre. Ces jeunes plantes exigent des soins et des couvertures pendant l'hiver ; elles travaillent au printemps, mais elles ne montent à graine qu'après avoir pris de la force, et deux mois au plus après les autres ; et quand elles ont été bien soignées, elles prolongent la jouissance jusqu'au moment de la récolte des carottes semées de bonne heure, de manière qu'on en a toute l'année.

On sera peut-être surpris de tous les moyens que nous indiquons pour conserver un légume aussi commun et pour en avoir toute l'année. Mais l'étonnement cessera, si on réfléchit combien cette racine est saine, de facile digestion et propre à la nourriture de l'homme ainsi qu'à celle des animaux les plus utiles, comme les bœufs, les vaches, les chevaux, les moutons, les volailles même, et on reconnoîtra alors l'utilité d'en étendre la culture.

Cette utilité sera encore plus sentie, si on parvient à se convaincre que les carottes sont très recherchées par tous les bestiaux, qui, sans exception, paroissent les préférer à toute autre nourriture lorsqu'ils y sont habitués, qu'elles conservent leur santé, et que c'est après la chicorée sauvage leur aliment le plus sain et celui qu'on doit leur donner de préférence lorsqu'ils sont malades; qu'elles leur donnent des forces et peuvent remplacer l'orge et l'avoine lorsqu'ils travaillent, en doublant leur ration ; qu'elles les engraissent promptement; enfin qu'elles fournissent dans le même terrain autant et plus de nourriture que les fourrages les plus abondans, et que leur culture est une des meilleures méthodes à employer pour l'assolement des terres. Quelqu'abondante que soit leur récolte, les terres n'en paroissent jamais épuisées, et les récoltes de froment, ou autres graminées qui leur succèdent, sont toujours très abondantes. Cet avantage, dont je fournirai par suite plusieurs exemples, est inappréciable et doit déterminer les cultivateurs éclairés à s'occuper de cette racine, et à donner un exemple dont l'utilité sera bientôt reconnue par leurs voisins sur qui les conseils produisent peu d'effets, et qui ont besoin d'expériences faites sous leurs yeux. La destruction, ou au moins la diminution des plantes parasites seroit également une suite nécessaire de cette culture. Enfin, les bénéfices qu'elle procureroit aux cultivateurs par la facilité qu'elle leur donneroit d'élever un grand nombre de bestiaux et de les engraisser leur donneroit une aisance qui leur faciliteroit les moyens de faire des avances et d'améliorer leurs terres. Si on ajoute à tous ces avantages celui de l'économie des grains, et d'une augmentation considérable de bestiaux, on trouvera, dans cette culture, de grands moyens pour augmenter, la population et les richesses de l'état.

Beaucoup de cultivateurs, en considérant les avantages des carottes pour les assolemens, ont supposé que leurs racines, étant pivotantes, n'effritoient point les terres, et qu'en les pénétrant à une grande profondeur, elles laissoient les sucs nécessaires au froment et autres graminées à la superficie de la terre sans les consommer. Cette opinion est fondée sur des motifs raisonnés ; mais je crois que si la racine ne consomme pas tous les sucs qui se trouvent à la superficie, elle en attire une partie pour sa nourriture. J'ose ajouter que je ne crois pas cette raison la principale de celles qui rendent les carottes si précieuses pour les assolemens en ne nuisant pas aux graminées ; mais que chaque plante ayant besoin de tels ou tels sucs pour sa subsistance, ceux qui conviennent aux graminées peuvent être rejetés par les carottes et autres racines pivotantes, et qu'ils leur laissent toute la nourriture qui peut leur convenir.

Les jardiniers qui désirent avoir de belles carottes et empêcher leur dégénération ne manquent jamais, en les arrachant, de choisir un certain nombre des plus belles. Ils les ramassent dans la serre, ou mieux, ils les plantent dans une planche destinée à cet effet, et les couvrent l'hiver, s'il est nécessaire, avec de la paille, des feuilles ou de la fougère. On leur donne un binage au printemps et on les sarcle. Si on a eu la précaution d'en planter un assez grand nombre pour faire un choix, on ne prend que les graines de la circonférence de la principale ombelle et on rejette les autres. Ce motif doit déterminer tous les jardiniers à récolter eux-mêmes la graine, car ils doivent sentir que les jardiniers qui en vendent aux marchands récoltent la totalité.

La graine peut servir deux ans, mais elle vaut mieux la première, et on peut même la semer de suite. Après l'avoir récoltée, on la laisse huit ou quinze jours au soleil, ensuite on réunit un certain nombre de tiges qu'on attache, et qu'on suspend dans un lieu sec. Quand on veut s'en servir, on la met une heure ou deux au soleil et on la frotte ensuite avec les mains pour détacher les poils, qui, sans cette précaution, réuniroient plusieurs semences et empêcheroient de semer également.

M. Tessier, malgré le préjugé établi généralement en faveur de la graine nouvelle, penche pour celle de deux ans, et invite les agriculteurs à constater le fait par des expériences réitérées. Cet estimable et savant cultivateur donne pour motifs que les graines de choux-fleurs et de melons ne produisent de beaux fruits qu'autant qu'elles sont vieilles. Je pense qu'il changeroit d'avis et partageroit mon opinion, si ses travaux multipliés lui avoient laissé assez de temps pour réfléchir sur la différence qui se trouve entre la marche des fruits et du corps des plantes et de ses racines, lorsque l'homme s'écarte plus ou moins des lois générales de la nature pour modifier les plantes. Une culture et une nourriture différente, un retard d'une année pour la semence, produisent nécessairement quelques modifications. Il en est de même de la greffe, etc. Tantôt on augmente la vigueur des plantes sans changer la qualité des fruits, et alors il ne s'agit que de trouver un terrain plus approprié à la plante et plus chargé de nourriture. La plante dans ce cas ne fait qu'augmenter de volume. Quand, au contraire, on veut modifier la plante, augmenter le volume et la saveur de ses fruits, on y parvient souvent, mais presque toujours aux dépens de la plante, qui, par cette modification, perd de sa vigueur et de son étendue. Les graines conservées plusieurs années tendent à produire cet effet, et pour suivre la comparaison de M. Tessier, si la graine de melon de deux ou trois ans donne de plus beaux fruits, la plante est moins vigoureuse que celle de la graine d'un an. Mais dans la carotte, ce n'est pas le fruit ou la semence qu'on recherche, c'est la racine. Il faut donc pour lui faire prendre toute l'étendue dont elle est susceptible suivre les lois générales de la nature sans chercher à les modifier, et se contenter seulement de faciliter son développement, en lui fournissant une abondante nourriture et une terre douce dans laquelle elle puisse pénétrer et s'étendre sans obstacle. Je crois pouvoir en conclure que la graine d'un an est préférable, et que les expériences en ce genre ne feroient que confirmer mon opinion.

La graine de deux ans peut cependant mériter la préférence dans une circonstance particulière ; c'est lorsqu'on sème à l'automne pour avoir des carottes au printemps qui remplacent celles récoltées l'année précédente, et aux mois de janvier ou février, pour n'en pas manquer lorsque ces dernières sont consommées ou poussent leurs tiges. Comme l'expérience, d'accord avec ma théorie, a démontré que les plantes des vieilles graines montoient plus difficilement que celles des graines nouvelles, et que le défaut des semences d'automne et d'hiver est de pousser trop promptement leurs tiges, on doit préférer la graine de deux ans quand on sème à ces deux époques.

Le même auteur examinant le fait cité par les jardiniers, que les pieds des carottes qui montent y déterminent leurs voisins, et comparant ce fait avec ce qui arrive au froment, qui mûrit plus tôt lorsqu'il est mêlé avec du seigle, propose de semer alternativement dans une planche un rayon de graine nouvelle et un rayon de vieille graine, tandis que, dans une moitié de la planche voisine, on sèmeroit de la vieille graine, et dans l'autre moitié de la nouvelle.

Le fait relatif aux carottes et au froment étant un effet nécessaire des lois sur la végétation, il me paroît inutile de le confirmer par de nouvelles expériences. Ce n'est que lorsqu'on modifie les effets de ces lois qu'on a besoin de vérifier les résultats qu'on a obtenus par des expériences réitérées.

Quelques unes de ces lois sont maintenant connues. On sait que les plantes, gênées dans leur croissance verticale ou latérale par quelque cause accidentelle, s'étendent dans l'autre sens. On n'ignore pas que les plantes ont besoin d'air et de lumière, et que si elles en sont privées en partie, elles poussent de manière à se débarrasser des obstacles qui les en privent. Il est donc facile de démontrer, comme l'expérience le justifie, que lorsque des carottes viennent à monter elles privent les autres d'air et de lumière, et les déterminent également à monter ; que le seigle produit le même effet sur le froment, et précipite conséquemment sa maturité.

Quant à l'expérience que l'auteur propose, je pense qu'on peut lui en donner d'avance les résultats : la demi-planche de graine nouvelle monteroit la première, étant la plus vigoureuse ; la planche mêlée de graine d'un an et de deux ans suivroit de très près, et la demi-planche de graine de deux ans seroit la dernière à fournir des tiges.

Ces principes doivent déterminer les cultivateurs à ne pas trop serrer leurs carottes, sur-tout celles semées à l'automne et à la fin de l'hiver ; s'ils perdent en quantité, ils seront bien dédommagés par la beauté des racines.

La marche indiquée ci-dessus pour la culture de la carotte convient aux jardiniers ; mais les cultivateurs qui emploient cette racine comme fourrage doivent employer des moyens plus prompts et moins dispendieux. Les bonnes qualités de cette racine, sous ce rapport, ont déjà déterminé nos voisins à la cultiver en grand, et leurs méthodes citées par Rozier, Tessier et le Dictionnaire d'histoire naturelle, ne sont point à dédaigner ; mais je crois devoir y ajouter celle que j'ai vu pratiquer dans les environs du lieu de ma naissance, qui me paroît préférable aux autres quand on peut réunir assez de bras pour la pratiquer, non qu'on cultive beaucoup de carottes dans la Basse-Bretagne, les laboureurs préfèrent le panais, dont ils nourrissent leurs chevaux ; mais beaucoup d'entre eux y mêlent un peu de carottes, qu'ils augmentent insensiblement dans les environs des villes où la consommation des panais est foible, et où celle de la carotte augmente chaque jour ; et la culture des panais étant la même que pour les carottes, il est utile de la faire connoître.

Voici leur méthode : leurs terres étant généralement plus légères que fortes, ils choisissent dans leurs terres chaudes (expression usitée pour distinguer les terres que l'on fume de celles qu'on ÉCOBUE, voyez ce mot,) les pièces ou parcs les plus voisins de l'habitation ; ce sont celles où ils ont mis du froment ou de l'orge l'année précédente, et qu'ils ont fumées en proportion des deux récoltes qu'ils veulent en retirer, parcequ'en général ils ne fument pas en semant les carottes et les panais, sur-tout auprès des grandes villes, où ils vendent une portion de leur récolte, attendu que les racines contracteroient un goût désagréable qui les feroit rejeter.

Après la récolte du froment ou de l'orge, ils attendent jusqu'au mois de mars pour labourer leurs terres. Cette marche me parut singulière dans le principe, puisqu'un labour donné après la récolte du blé seroit essentiel à cette époque ; mais les cultivateurs trouvent un avantage à ne pas labourer. Comme l'automne est dans ce climat humide et rarement froide, la terre est promptement couverte de plantes qui deviennent à la fin de l'automne, et souvent une grande partie de l'hiver, une ressource précieuse à cette époque pour le pâturage. De plus, les graines de la plupart des plantes parasites germent ou servent de nourriture aux oiseaux, au lieu qu'un labour donné dans l'automne les enfouiroit dans la terre où elles se conserveroient saines. Je fais cette observation afin de mettre les cultivateurs à même de juger des avantages ou des inconvéniens suivant les climats qu'ils habitent.

Au mois de mars les fermiers s'entendent pour réunir un nombre suffisant d'ouvriers qui puissent faire dans un jour avec la bêche le même ouvrage que la charrue. Chaque ouvrier porte sa bêche. On commence par faire enlever le gazon par la charrue, à mesure qu'elle avance ; les ouvriers se mettent à l'ouvrage, bêchent la partie découverte par la charrue, et jettent la terre sur le gazon ; ils font, à ce moyen, une petite fosse. La charrue au retour jette dans cette fosse le gazon de la terre qu'elle découvre, et les ouvriers qui la suivent recouvrent ce gazon en bêchant la terre découverte. On continue ainsi jusqu'à ce que la pièce de terre soit entièrement labourée. Cette méthode a plusieurs avantages : elle accélère le travail des ouvriers, au moyen de la charrue qui fait la moitié de l'ouvrage ; elle labourre la terre aussi profondément qu'il est possible, puisqu'elle la défonce de dix-huit à vingt pouces, point essentiel pour les racines ; enfin toutes les mauvaises plantes sont enterrées à une grande profondeur ; et lorsque les racines y parviennent, comme ces plantes sont décomposées, elles leur fournissent de la nourriture.

A mesure que la charrue et les ouvriers avancent, d'autres ouvriers les suivent pour aplanir la terre et rompre les mottes, s'il s'en trouve encore. Ils se servent de marres. C'est un instrument emmanché comme la houe, dont on se sert aux environs de Paris, mais ayant un manche beaucoup plus long. Il diffère aussi par la forme ; il est plat et arrondi en cercle, au lieu que le tranchant de la houe est droit et qu'elle forme un carré long un peu arrondi auprès de la douille.

Le lendemain on sème et on herse. Dans les cantons où on craint la sécheresse au printemps, on fume un peu avant de semer. On sarcle et on bine deux fois, et si on a trop de plants on en arrache une partie. On coupe les feuilles à l'entrée de l'hiver, et on arrache les racines à mesure qu'on les consomme.

Telle est la méthode employée dans cette partie de la France pour la culture de la carotte et des panais; elle prouve et l'intelligence des cultivateurs et l'union qui règne entre eux. J'ignore si elle est adoptée dans quelques autres départemens que celui du Finistère, et si les Anglais cultivoient en grand la carotte avant les Bretons; mais je sais que cette méthode est suivie depuis plus d'un siècle dans ce département.

Les Anglais depuis un demi-siècle s'occupent de la culture de cette racine comme fourrage. Le mémoire de M. Robert Billing entre dans les plus grands détails à ce sujet. Tous les auteurs qui l'ont cité l'ayant copié mot pour mot, je suivrai leur exemple, dans la crainte que l'analyse ne présentât pas aux amateurs tous les détails qu'ils pourroient désirer.

« Ce fut en 1763 que j'ensemençai de carottes trente arpens et demi. Tout ce terrain étoit partagé en trois portions. La première pièce, de treize arpens, avoit porté, en 1762, du froment; la seconde, d'un demi-arpent seulement, du trèfle; et la troisième, de dix-sept arpens, avoit porté cette année des raves. Celle de treize arpens est une terre froide, tenace et mauvaise, qui repose sur une espèce d'argile. La seconde est une terre mêlée sur un fond de terre grasse et humide. Les dix-sept arpens peuvent être divisés en deux parties, l'une de quatorze, l'autre de trois arpens. L'une et l'autre forment une terre légère que j'avois tout récemment amendée avec de la marne. La première est un excellent sol bien tempéré, et qui porte sur un fond de marne. L'autre est un sable noir et stérile, qui porte sur un fond de mollasse imparfaite.

« Je labourai mon champ de froment et de trèfle dès le commencement de novembre; car une chose dont je suis convaincu par toutes les observations que j'ai faites depuis que j'ai entrepris cette culture, est que si on sème les carottes sur un champ de trèfle, de froment, et de ce que les Anglais nomment *reygras*, la terre ne peut jamais être labourée d'assez bonne heure, afin que le froid et la neige puissent la diviser et la rendre propre à recevoir une si petite graine. Plus la terre est dure et tenace, plus cette attention devient nécessaire. Pour ce qui est du champ qui n'avoit porté que des raves, je le laissai reposer jusque vers la fin de janvier. Je pensai qu'il seroit assez tôt de labourer alors, la terre ayant été entièrement nettoyée de toutes les mauvaises herbes, par la culture et les labours qu'elle avoit reçus avec la herse pendant l'été précédent.

« De treize arpens de champ de froment, six avoient été travaillés comme si le champ devoit être ensemencé de nouveau de froment et non pas de carottes. Sur quatre et demi, je ne mis aucun engrais, et deux arpens et demi furent simplement labourés comme pour porter des carottes. Le champ de trèfle fut travaillé de même; et des 17 arpens où j'avois recueilli des raves en 1762, une partie avoit servi de bergerie, et toute la récolte des raves y avoit été consommée par les brebis et le menu bétail.

« Je trouve que quatre livres de graines suffisent pour ensemencer un arpent; il faut avant de la semer avoir l'attention de la passer par un tamis fin et de la frotter entre les mains pour la dépouiller de tout ce qui est inutile.

« Il se passe ordinairement trois semaines, et quelquefois davantage, avant que les jeunes plantes paroissent, et c'est là le principal avantage, sans parler de la différence qu'il y a dans la dépense que les raves occasionnent en comparaison de celle que les carottes exigent. (Les carottes ont encore un autre avantage; elles sont plus saines et plus nutritives.) Les carottes que j'avois semées en avril sur le champ de trèfle furent les premières en état d'être sarclées, quoique semées les dernières. J'avois donné trois labours aux champs de froment et de trèfle, tandis que je n'en avois donné que deux au champ de raves; le premier fort léger, le second aussi profond que la nature du terroir pouvoit le permettre. Après ce labourage, je semai les carottes.

« Il est nécessaire de sarcler les jeunes carottes, et le sarclage ne les fait point souffrir, quoiqu'elles se trouvent en peu de temps couvertes de méchantes herbes avant d'être sarclées, et qu'elles soient couvertes de terres après cette opération. Il ne paroît cependant pas qu'elles en reçoivent aucun dommage après qu'elles ont été nettoyées de nouveau.

« Notre sarcloir a six pouces de longueur, et pourvu que les mauvaises herbes n'y soient pas à l'excès, il n'en coûte guère plus de six livres par arpent pour les faire sarcler la première fois. Si par hasard il survient beaucoup de pluie et que la terre soit humide avant d'avoir été ensemencée, ou qu'il se passe un long intervalle entre le temps de semer et celui de sarcler, ou si, par toutes ces raisons prises ensemble, la terre se trouve couverte de méchantes herbes, il en coûtera depuis 7 liv. jusqu'à 9 liv. par arpent. Dix ou quinze jours après avoir fait sarcler mes carottes, je fais passer la herse sur le semis, tant pour déplacer les mauvaises herbes que pour les empêcher de recroître; accident qui arriveroit vraisemblablement sans cela, sur-tout si le temps continuoit à être pluvieux. Bien loin que la herse endommage les jeunes plantes, elle leur fait beaucoup de bien, parcequ'elle leur procure de la terre fraîche en même temps qu'elle extermine les mauvaises herbes.

« Trois semaines après les avoir hersées, au cas que le champ ne soit pas bien net, qu'il y ait encore de mauvaises herbes, je sarcle mes carottes une seconde fois; travail qui coûte environ trois livres, et un peu plus, suivant que le champ est plus ou moins rempli de mauvaises herbes. Si après cela il en reste, ce qui peut aisément arriver; si, pendant le second sarclage, il pleut souvent, je fais passer par-dessus une seconde fois la herse; cependant j'ai remarqué plus d'une fois que, lorsque le temps a été favorable et que les ouvriers ont fait leur devoir, les carottes, seulement sarclées et hersées une fois, ont été aussi nettes que celles que j'ai fait sarcler deux fois et herser à plusieurs reprises.

« Je dois actuellement donner le détail des succès obtenus en 1763 sur les différentes parties du terrain dont je viens de parler. Les carottes qui réussirent le mieux furent celles du champ de deux arpens et demi qui avoient porté l'année précédente du froment. L'abbé Rozier donne les motifs de cette réussite dans ce terrain. Le froment, dit-il, n'avoit appauvri les sucs de la superficie du sol qu'à quelques pouces de profondeur, et la carotte, en pivotant, a profité de ceux de la couche inférieure, tandis que les raves et le trèfle avoient appauvri cette couche.

« Les carottes tirées du champ de froment avoient deux pieds de longueur et 12 à 14 pouces de circonférence à la partie supérieure. J'ai recueilli sur les deux arpens et demi 22 à 24 chars par arpent; en tout 55 à 56 chars. Le demi-arpent, semé auparavant en trèfle, donna 12 chars. Les six arpens et demi, fumés comme si on avoit voulu semer du froment, rendirent 18 à 24 chars par arpent. Enfin les quatre arpens non fumés produisirent depuis 12 jusqu'à 14 chars par arpent.

« Je n'avois fait qu'une chétive récolte de raves dans l'année précédente sur le champ de 17 arpens; cependant chacun de ces arpens produisit 16 à 18 chars. Je parle de 14 arpens, car les trois autres ne donnèrent qu'une pauvre récolte, en sorte que je calcule avoir recueilli sur les 17 arpens, qui avoient porté auparavant des raves, environ 270 chars de carottes, ce qui joint aux premiers forme un produit de 510 chars. Or, j'estime la valeur du produit des carottes à mille chars de raves ou 3oo chars de foin, et c'est d'après l'expérience que je parle.

« J'ai trouvé que la meilleure méthode de tirer les carottes de terre étoit une fourche à quatre branches. Un homme ouvre avec cet instrument la terre à la profondeur de 6 ou 8 pouces, sans endommager les carottes; un petit garçon le suit, les ramasse et les met en tas.

« Je remarquai que toute espèce de bestiaux mangeoient les choux avec autant d'avidité que les raves, et que, s'étant accoutumés insensiblement à manger les carottes, ils commençoient à les préférer aux choux. Je conduisis d'abord les choux et les carottes et ensuite les carottes et les raves, du champ où ils avoient crû, dans un enclos, et là, sans autre préparation que d'en secouer un peu la terre, je les dispersai sur le sol, afin que le bétail pût manger le tout ensemble.

« Le premier troupeau nourri de cette façon étoit de douze bœufs et de 4o moutons, qui n'avoient encore que deux ans, une vache et une génisse de trois ans. Enfin j'y ajoutai 17 bœufs venus d'Ecosse.

« Je dois observer ici qu'après avoir consommé ma provision de choux, j'employai pendant quelques jours une charge de raves, ce qui, avec trois charges de carottes, suffisoit pour nourrir tout ce bétail. De là je pouvois conclure avec raison qu'une charge de carottes équivaut à peu près à deux charges de raves, et aucun fourrage n'engraisse autant que les carottes. Cette nourriture leur répugne un peu dans le commencement, mais dès qu'ils y sont accoutumés ils la préfèrent à toute autre.

« La grande quantité de carottes que j'avois cultivées me fournit encore l'occasion d'essayer quel avantage on en retireroit si on les donnoit à manger aux vaches, brebis, chevaux et cochons que l'on garde dans les écuries.

« Ce fut alors (au mois d'avril) que je tâchai de trouver un moyen de tirer mes carottes de la terre avec moins d'embarras et plus de vitesse que je ne faisois auparavant; je me déterminai à me servir de la charrue à petit soc. Comme elle va doucement et que le soc ouvre la terre, il y a peu de racines endommagées. Le versoir fait sortir de la terre la plupart des carottes, et la herse finit par les enlever. Il est impossible qu'il ne reste pas toujours quelques carottes enfouies dans la terre; mais comme aussitôt que cette récolte est relevée, il faut labourer le champ et le herser, alors ce qui reste est ramené sur la terre, et on y conduit le bétail qui n'en laisse aucune. De cette manière rien n'est perdu.

« L'expérience m'a prouvé que les vaches donnent beaucoup plus de lait, un beurre de meilleure qualité, et qu'elles, ainsi que les brebis, se portent beaucoup mieux lorsqu'elles mangent des carrottes. Cet avantage est encore manifeste sur les agneaux qui naissent dans cette saison.

« En novembre 1763, je commençai à nourrir avec des carottes 16 chevaux qui faisoient tous mes ouvrages de la campagne. Je ne leur donnai ni foin ni graine, mais quelque peu de paille et des pois. Ils furent ainsi nourris jusqu'au mois d'avril. Comme ils travailloient beaucoup, ils eurent à cette époque un peu d'avoine, et les carottes ont été leur principale nourriture jusqu'à la fin de mai qu'ils furent mis au vert. Cependant mes chevaux ne se portèrent jamais mieux et ne firent jamais mieux leur ouvrage.

« Je donnai à ces seize chevaux deux charges de carottes par semaine, et, suivant mon calcul, ces deux charges m'épargnoient pour le moins un char de foin. Dans le commencement je faisois couper la tête et la queue de ces carottes avant de les donner aux chevaux, et ces rebuts servoient à la nourriture des cochons. Je m'aperçus bientôt que les chevaux mangeoient avec autant de plaisir les deux extrémités que le corps de la racine. Le cochon mange avec avidité cette plante, et elle l'engraisse beaucoup.

« Il en coûte plus pour mettre un champ en carottes qu'en raves, parcequ'il exige des labours plus profonds et plus de sarclage ; mais le bénéfice est beaucoup plus considérable ; les raves sont très sujettes à manquer et souvent elles pourrissent au premier printemps. La durée de la carotte est plus assurée et plus longue, objet très précieux dans cette saison où les fourrages sont épuisés.

« On doit ajouter à ces détails que ces trente arpens et demi donnèrent l'année suivante une récolte prodigieuse en grains. »

Ce rapport de M. Billing, qui a opéré par lui-même, mérite toute croyance et a d'ailleurs été depuis fréquemment renouvelé en Angleterre où cette culture s'étend chaque année.

M. Young, qui s'est également occupé de cette culture, fait aussi connoître la méthode qu'il a suivie. Voici les soins qu'il lui donnoit lorsqu'elles avoient acquis trois ou quatre pouces de longueur, c'est-à-dire lorsqu'on pouvoit les distinguer aisément. On donnoit alors le premier binage avec la houe ; on choisissoit un temps sec pour faire cette opération, et on employoit à la fois autant de bras qu'il étoit possible de s'en procurer, afin d'avoir fini avant que la pluie ne survienne. Lorsque les mauvaises herbes étoient très abondantes, les ouvriers employés à ce travail se traînoient sur leurs genoux pour apercevoir plus sûrement les carottes. Les houes qu'ils employoient avoient 4 pouces de large et le manche 18 de longueur. S'il y avoit peu de plantes parasites, ils travailloient debout et avec les instrumens ordinaires. Dans cette première façon on espaçoit de 5 à 6 pouces les carottes entre elles, et si on découvroit des plantes trop rapprochées, ou de mauvaises herbes trop près des carottes, on les éclaircissoit à la main.

Quinze jours ou trois semaines après cette première façon, suivant la saison, on choisissoit un temps sec pour passer la herse sur le champ. Cette opération étoit indispensable pour ameublir la terre, et détruire les mauvaises herbes qui avoient repoussé. La herse n'arrachoit presque point de carottes.

Dès que ces plantes avoient six pouces ou environ, on donnoit une seconde façon à la houe. On employoit cette fois des houes de neuf pouces de large, et on laissoit les carottes à la distance de seize à dix-huit pouces entre elles. Il vaut mieux les espacer plus que moins. Toutes les mauvaises herbes se trouvent détruites par cette opération, et la terre est ameublie. On arrache à la main toutes les mauvaises herbes qui se trouvent trop près des carottes ; on tâche de nettoyer le terrain autant qu'il est possible ; on remue même les places où il ne paroît pas de mauvaises herbes, afin de détruire celles qui pourroient repousser. S'il arrive par la suite qu'on voie encore paroître de mauvaises herbes, on emploie de temps en temps des enfans pour les arracher. Le succès de cette culture dépend sur-tout des sarclages et des binages. Il ne faut pas les négliger, même dans les temps où les cultivateurs sont le plus occupés, comme dans le temps de la fenaison ou à l'époque de la moisson.

A cette culture de M. Young, je pourrois en citer un grand nombre d'autres qui confirmeroient ce que j'ai déjà avancé sur les avantages de la culture de cette plante.

M. Gardner, en 1771, en cultiva plusieurs arpens avec la bêche au mois de mars. Il en donna à ses chevaux de labour au lieu d'avoine, en augmentant la mesure de moitié, et ils n'en étoient pas moins courageux.

M. Ray en a également semé en 1770 plusieurs arpens ; il obtint, comme M. Gardner, une récolte abondante, et parvint, au moyen de cette culture, à détruire les plantes parasites qui couvroient ce terrain. Ce particulier n'en fit pas une quantité assez considérable pour en nourrir tout l'hiver ses bestiaux, mais il pensa que si elle avoit été suffisante, il auroit pu se dispenser de leur donner de l'avoine et d'autres grains, et que la carotte auroit été suffisante pour engraisser jusqu'à ses cochons. Sa méthode de culture étoit de semer par rangées, méthode sur laquelle je ferai quelques observations.

M. Edward a fait les mêmes essais et a eu les mêmes résultats.

M. Heuwet les a également répétées, en semant par rangées comme M. Gardner ; mais en n'espaçant qu'à six pouces au

---

lieu d'un pied entre les rangs. Il a eu le plus grand succès, a engraissé plusieurs bestiaux, et particulièrement un cochon maigre qui en dix jours étoit assez gras pour être tué. Son lard en étoit très beau, blanc et ferme, et ne diminuoit point à la cuisson. M. Turner a obtenu le même résultat en engraissant des cochons avec des carottes crues. Il en est de même de MM. Scroppe, Wilkie et Mellish : ce dernier regarde cette culture comme la meilleure préparation pour celle de l'orge et des autres graminées.

M. Cope a cultivé de la manière suivante : en octobre il laboura deux fois dans le même sillon à la profondeur de douze pouces ; en novembre et en février, il répéta la même opération, ensuite il hersa une fois, et sema, par arpent, quatre livres de graines qu'il recouvrit par un second hersage. Il fuma avant le dernier labour avec de la suie, de la fiente de pigeon, du crotin de mouton et du fumier de sa cour bien consommé. On sarcla les carottes avec une houe triangulaire, instrument de l'invention de M. Cope, qui, comme tous les cultivateurs anglais qui sont instruits, s'occupent des moyens de perfectionner leurs instrumens aratoires, et ont de grands avantages sur les Français dans cette partie.

Pendant qu'il en a nourri ses bestiaux, ils ont été dans le meilleur état. Ses vaches lui ont fourni en abondance d'excellent lait, de belle crème et du beurre d'une qualité supérieure. Jamais il n'avoit engraissé ses cochons aussi promptement, ainsi que ses bœufs et ses vaches. La comparaison du lard et de la viande de ces animaux avec celle des cochons et bœufs nourris avec des grains n'a présenté aucune différence.

MM. Stovin, Cook, Moodi, Fellowes, Acton, Arbuthnot l'ont également cultivée en grand. M. Arbuthnot l'a replantée avec assez de succès dans des terres légères entre des rangées de froment. M. Acton a remarqué que pour les empêcher de pourrir dans la serre il falloit les laisser sécher avant de les ramasser.

Les cultivateurs de l'est de l'Angleterre donnent un labour très profond, en employant deux charrues qui se suivent dans le même sillon. Ils binent avec une houe de quatre pouces la première fois ; mais la seconde, ils espacent les carottes d'un pied, et ils les arrachent avec la fourche à trois dents. C'est suivant eux la meilleure nourriture du cheval.

MM. Fellove et John Mill ont calculé le produit d'un arpent. Le premier en a eu plus de 30,000, le second 21,000 seulement ; mais il observe que le produit eût été plus considérable si le dernier labour eût été donné par un temps sec. Les calculs de M. Young tendent à prouver que dix arpens de terre doivent suffire pour la nourriture de huit chevaux, soixante

moutons et douze bœufs par an. Comme en France, dans les
terres en jachères, ou calcule qu'il faut un arpent pour la pâture d'un bœuf ou d'une vache, on peut juger par ce rapprochement de l'avantage de remplacer les jachères par la culture de la carotte. Il paroît également constaté que les grains
semés à la suite des carottes sont plus beaux, plus nets, en
plus grande abondance. Cette culture présente un autre avantage inappréciable dans les campagnes éloignées des grandes
villes, où on ne peut se procurer d'autres engrais que ceux que
les bestiaux font dans la ferme. La culture des carottes, faci-
litant les moyens de nourrir un plus grand nombre de bestiaux,
procureroit également une augmentation considérable de fumiers. Les terres étant plus amendées fourniroient de plus
belles récoltes, et la première dépense une fois faite, la culture se porteroit au point de perfection à laquelle elle peut
atteindre.

J'ai dit, en parlant des diverses méthodes de semer les carottes, que je préférois celle à la volée. Cependant, en lisant
l'ouvrage de M. Young, je m'aperçus qu'il pouvoit y avoir des
avantages à espacer également les plantes. Mais comment le
faire à la main sans une perte de temps considérable, ou une
consommation très grande de graines, dont il faut ensuite arracher une grande partie des plantes? Ces inconvéniens feront
toujours donner la préférence aux semis à la volée, jusqu'à ce
qu'on ait adopté en France les instrumens dont les Anglais
se servent, tels que le semoir et autres. Encore paroît-il que
les Anglais eux-mêmes, après avoir semé par rangées, en reviennent à la première méthode, malgré leurs instrumens per-
fectionnés; d'où il s'ensuit que beaucoup de cultivateurs dou-
tent encore des avantages de semer par rangées.

Au surplus, il n'est pas surprenant de voir espacer les carottes de douze à quinze pouces dans un climat où l'on craint
plus l'humidité que la sécheresse, et où la température varie
peu. Mais dans les climats où on ne réunit pas ces avantages,
je pense que six pouces de distance entre les carottes doivent
suffire. Le feuillage couvre mieux la terre et en conserve l'humidité.

Dans le département de l'Escaut, où on cultive la carotte pour
la nourriture des bestiaux de temps immémorial, et où on la
regarde comme donnant des produits supérieurs à ceux de
toute autre culture, on est, au rapport de François (de Neufchâteau), dans l'usage d'en semer deux variétés, l'une en mars
et l'autre en mai; toutes deux sont jaunes. La première est
excellente à manger, mais moins productive. On en répand la
graine sur les champs de seigle ou de lin, et on lui donne un
léger hersage pour l'enterrer. La seconde, moins bonne, mais

plus profitable, se distingue, parceque sa partie supérieure sort toujours de terre. On la répand sur la terre nue, bien labourée et bien fumée.

Il est inutile d'entrer dans d'autres détails pour la culture de la carotte considérée comme fourrage. Les cultivateurs jugeront, d'après la qualité de leurs terres et la température, de la méthode à suivre. Les avantages de cette plante sont inappréciables sous ce rapport; et si, dans les pays où l'on laisse la terre reposer la troisième année, on remplaçoit les jachères par des carottes, qu'on juge de l'énorme proportion de produit on s'y procureroit, et de l'augmentation considérable de bestiaux et même d'hommes qu'on pourroit y nourrir. Mais objectera-t-on, dans ces contrées il y aura moins de terre pour la pâture. Qu'importe, si les cultivateurs ont, par ailleurs, des moyens décuples de nourrir leurs bestiaux. Il faudra une augmentation d'avances et d'ouvriers. Qu'importe encore, si les produits sont proportionnés, et au-delà, avec la recette. On aura plus d'occupation : tant mieux; plus vous augmenterez les ouvriers, plus vous nourrirez d'hommes sur le même terrain, plus vous élèverez de bestiaux, dont la vente doit vous rembourser de vos avances, et vous assurer un bénéfice certain, plus vous enrichirez l'état, qui n'est jamais plus puissant que lorsque les terres produisent : tout ce qu'on a droit d'en attendre est qu'elles fournissent une abondante nourriture pour un grand nombre de familles. Cette augmentation de bras reflue dans les manufactures, est employée utilement pour la marine et le recrutement de l'armée.

On doit à M. Tessier une exrêmement bonne instruction sur la culture en grand des carotes, instruction qui a été imprimée dans les Feuilles du Cultivateur, des 2, 16, 19 et 23 janvier 1793. Le lecteur y trouvera tout ce qui peut manquer pour compléter ses connoissances sur cette importante culture.

Les carottes ne fournissent pas seulement une nourriture abondante. On peut en retirer une liqueur spiritueuse au moins égale à l'eau-de-vie de grains, et beaucoup moins dispendieuse si on a égard à la quantité qu'on en tire de la récolte d'un arpent, comparée avec celle que produit un arpent ensemencé en orge.

Voici le procédé de M. Hornbi, d'York : «Le 18 octobre 1787, il prit 2240 livres de carottes qu'il avoit laissé sécher pendant quelques jours; il les nettoya, lava, et dans cet état elles pesoient 154 livres de moins. Il coupa alors ces racines par morceaux; et en mit un tiers dans un vaisseau de cuivre avec 96 pintes d'eau. Il couvrit soigneusement le vaisseau, et l'échauffa pendant trois heures. Au bout de ce temps, toutes les racines étoient réduites en une espèce de bouillie. Il traita de la même manière les deux tiers restans ; et à mesure que les carottes en bouillie étoient enlevées de la chaudière, on les passoit à la presse, et on en exprimoit aisément tout le suc. M. Hornbi obtint par ce moyen 800 pintes d'une liqueur très douce et semblable au moût. Il la versa dans une chaudière, en y ajoutant une livre de houblon. Au bout de quarante-huit heures, ou environ, la liqueur commença à bouillir. On la laissa en cet état pendant cinq heures ou environ ; après quoi on la mit dans le bassin, où elle demeura jusqu'à ce que le degré de chaleur fût au 66ᵉ degré du thermomètre de Fareinheit. Du bassin on versa la liqueur dans la cuve, et on y ajouta, comme cela se pratique ordinairement pour les autres liqueurs, six pintes de levure de bière. Le mélange fermenta pendant quarante-huit heures, et pendant ce temps la chaleur diminua ; ce qui est contraire à ce qui arrive dans les autres liqueurs. Lorsque la levure a commencé à tomber, le thermomètre, plongé dans la liqueur, a marqué 58 degrés. M. Hornbi fit chauffer alors quarante-huit pintes de suc de carottes qui n'avoient subi aucun degré de fermentation, et l'ayant versé dans la liqueur, le thermomètre monta de nouveau au 66ᵉ degré. Il laissa la fermentation s'établir derechef pendant vingt-quatre heures, au bout desquelles le mélange fit monter comme auparavant le thermomètre au 56ᵉ degré. La levure commençant à se précipiter, il remplit quatre barriques de cette liqueur, qui continua encore de travailler pendant trois jours. Pendant la fermentation, l'atmosphère de la brasserie étoit au 46ᵉ ou au 47ᵉ degré. Comme la liqueur perdoit dans la cuve d'heure en heure de sa chaleur, M. Hornbi crut qu'il étoit à propos d'avoir du feu dans l'atelier tant que dureroit la fermentation. Le tout étant resté trois jours dans les barriques, il le mit dans un alambic, et en retira par la distillation 200 pintes de liqueur qui, rectifiée le jour suivant, lui fournit, sans addition d'aucun liquide, 48 pintes d'eau-de-vie dont il a envoyé un échantillon à la société d'agriculture, à laquelle elle a paru d'un très bon goût et très limpide.

« Le marc des carottes a pesé 672 livres, ce qui joint aux issues, telles que les têtes et les queues des racines, a fourni une très bonne nourriture pour les cochons, meilleure même, suivant M. Hornbi, que celle qu'on obtient des grains brassés. On peut encore ajouter le résidu de l'alambic, qui a donné 456 pintes. Comme on le voit, un arpent de carottes ainsi traité fournit un résidu plus considérable que celui du produit d'un arpent d'orge ; ce qui est un objet important lorsqu'on nourrit des porcs. »

L'objet seroit encore plus important dans les pays à jachère,

puisque tout ce produit seroit donné par des terres qui n'auroient fourni que de mauvais pâturages.

M. Tessier ajoute que l'eau-de-vie de carottes peut devenir un article très utile en donnant lieu à une épargne de
grains très considérable. D'après l'expérience de M. Hornbi,
un acre produisant 20 tonnes de carottes doit donner 960 pintes
d'eau-de-vie de la force de celle qu'il a envoyée. C'est beaucoup plus que ce qu'on peut obtenir du meilleur produit d'un
acre de terrain semé en orge. M. Hornbi porte les frais de culture d'un acre de carottes à 200 francs, y compris le fermage,
les labours, les sarclages, etc. Autant qu'il peut croire, les frais
d'extraction de l'eau-de-vie doivent se monter à 360 francs.
Ainsi, évaluant cette eau-de-vie, non compris les droits, à 21 s.
la pinte, prix ordinaire de l'eau-de-vie de grains, on voit qu'un
acre doit donner 408 francs de profit, sans compter les issues
qui forment un article considérable dans de grands ateliers.

Quoique la fixation du prix ordinaire de l'eau-de-vie me
paroisse forcée en la portant, comme M. Tessier, à 21 sous,
néanmoins il ne s'écarte pas beaucoup de sa valeur en y joignant
celle des issues. Ainsi, indépendamment du bénéfice à faire
par les cultivateurs dans cette culture, on doit juger combien
la société en général y trouveroit d'avantages, combien même
cette culture dans les terres qu'on laisse reposer en France
pourroit influer sur la balance du commerce.

Mais c'est en vain que des particuliers vanteront les propriétés des carottes et les avantages de leur culture pour remplacer les jachères. Toutes leurs observations à cet égard
produiront peu d'effets, parceque les cultivateurs français
tiennent à leurs habitudes, qu'ils lisent peu, qu'ils ne sont
d'ailleurs pas riches, et qu'ils regardent à entreprendre une
culture dispendieuse quand des expériences réitérées ne les
ont pas convaincus des profits qu'ils doivent en retirer. Ce n'est
donc pas les particuliers, mais le gouvernement qu'il s'agiroit
de persuader des avantages de cette culture pour les assolemens, afin qu'il prît les mesures nécessaires pour la répandre
sur le sol de la France, et y faire connoître les instrumens aratoires de l'Angleterre. Il est malheureux que les circonstances
actuelles ne permettent pas de s'occuper de ces objets intéressans, et de sacrifier tous les ans deux ou trois millions pour
l'agriculture. On jugeroit en douze ou quinze ans des effets
heureux qui en résulteroient; les campagnes prendroient une
face nouvelle; les cultivateurs acquerroient de l'aisance, ils
augmenteroient leur consommation; les marchés et les contrats
seroient plus fréquens, et le gouvernement, par cette augmentation insensible des contributions indirectes et des droits de
timbre et d'enregistrement, auroit bientôt fait rentrer ses

avances. Si l'urgence des besoins forçoit à augmenter momentanément les contributions, tous les citoyens, jouissant d'une
plus grande aisance, supporteroient cette surcharge facilement
et sans plaintes. L'esprit national, qui n'est que l'amour du
pays où l'on jouit des avantages de la société et où l'on est heureux, prendroit de la force en raison du bonheur dont on joui-
roit, et les sacrifices ne coûteroient rien, dès qu'il seroit question
de maintenir l'ordre des choses contre les ennemis du pays et
de venir au secours d'un gouvernement qui ne s'occuperoit que
des moyens d'améliorer le sort des citoyens.

Propriétés de la carotte. Peu de racines sont plus saines, plus
nourrissantes et d'une digestion plus facile. L'homme et les animaux qui l'aident dans ses travaux, ainsi que ceux qu'il n'élève
que pour lui servir d'alimens, s'en nourrissent également. La plupart des quadrupèdes les mangent crues, les volailles les veulent
cuites. Tout le monde connoît les différentes manières de les préparer pour l'homme. Elles entrent dans la composition de la plupart des jus, des potages et des ragoûts. On les emploie aussi seules
au beurre roux et au beurre blanc, etc. Dans les années de disette
de grains, ou lorsque les vendanges viennent à manquer, les
carottes rendroient les plus grands services. Elles sont regardées comme apéritives, carminatives et diurétiques. La semence
est une des quatre semences chaudes mineures. Pour l'homme,
la dose des semences est depuis demi-drachme jusqu'à demi-
once, en macération au bain-marie, dans cinq onces d'eau; et
pour l'animal, à la dose de demi-once macérées dans du vin
blanc. Elle est employée pour provoquer les urines et les graviers. On emploie les racines avec succès dans les cancers pour
en retarder les progrès. On les pile et on les applique sur le
cancer, en les changeant deux fois par jour. Les personnes
attaquées de cette maladie doivent en faire leur principal aliment. On les confit au sucre en Europe, et au vinaigre en
Egypte. On les dessèche aussi, soit en morceaux, soit en poudre,
pour les usages de la marine. La facilité qu'on a de les conserver dans l'hiver devroit déterminer les marins qui partent à
la fin de l'automne ou au commencement de l'hiver, pour des
voyages de long cours, à en faire de fortes provisions. (FÉB.)

CAROUBIER ou CAROUGE, *Ceratonia.* Arbre très élevé,
très branchu, dont les feuilles sont persistantes, alternes, pétiolées, ailées sans impaire, ordinairement composées de six
folioles presque rondes, coriaces et entières, qui est indigène
aux parties méridionales de l'Europe, et en général à tout le
pourtour de la Méditerranée, et qui forme un genre dans la
polygamie triœcie et dans la famille des légumineuses.

On compare ordinairement le port du caroubier à celui du
pommier; mais il a les branches bien plus tortueuses, l'écorce

bien plus raboteuse, et la nature de son feuillage lui donne un aspect tout différent. Il étoit autrefois très commun aux environs de Marseille, de Toulon, etc. ; mais il devient rare, malgré qu'il s'accommode des plus mauvais terrains, parcequ'il tient la place d'articles d'agriculture plus utiles, et nuit par son ombrage. Il étoit aussi très commun dans les îles de l'Archipel de la Grèce ; mais aujourd'hui l'île de Crète seule en renferme encore des quantités considérables.

La pulpe du fruit du caroubier a la consistance d'un sirop. Elle est noirâtre, et d'une saveur mielleuse. Les enfans l'aiment beaucoup. Elle sert aux Musulmans à faire des sorbets, à confire les autres fruits ; mais elle possède une vertu laxative qui cause quelquefois des tranchées quand on en mange trop. En général on donne ces fruits aux bestiaux qu'ils engraissent rapidement, car il n'y a que les plus pauvres gens qui en mangent habituellement. On les emploie aussi en médecine comme purgatifs, unis à des sels ou autres drogues qui augmentent leur activité. Il est très facile d'en tirer une liqueur spiritueuse, comme il paroît que le faisoient les Grecs et les Romains, ainsi que Proust l'a prouvé ; mais l'abondance des vins dans le pays où croît cet arbre s'opposera à ce qu'on en fasse usage sous ce rapport.

Les feuilles de cet arbre sont quelquefois employées en guise de tan pour la préparation des cuirs, parcequ'elles contiennent beaucoup de principe astringent, et son bois, qui est extrêmement dur et presque inaltérable, est très recherché pour plusieurs ouvrages où ces qualités sont exigées. Il fait aussi un très bon feu.

En général, même dans son pays natal, on ne cultive pas le caroubier. On se contente de laisser en place ceux qui se sont semés naturellement dans les endroits incultes. Il est très lent à croître. Cette dernière circonstance, jointe à la facilité avec laquelle il se laisse frapper de la gelée, fait qu'on ne le voit point hors des jardins de botanique dans le climat de Paris, malgré la persistance et la beauté de sa verdure. Je me contenterai en conséquence de dire qu'on sème ses graines dans des pots sur couche et sous châssis, qu'on conserve le plant dans des pots pour pouvoir le rentrer chaque hiver dans l'orangerie pendant six à huit ans, et qu'ensuite on hasarde de le mettre en pleine terre à une bonne exposition. Quelquefois il passe plusieurs hivers sans accident, au moyen des couvertures qu'on lui donne ; mais il ne faut qu'une gelée extraordinaire pour faire perdre le fruit de quinze ans de soins. (B.)

CARPE. Espèce de poisson du genre des cyprins, un de ceux sur lequel je dois le plus m'étendre comme étant le fondement de la population des étangs et fournissant aux cultivateurs des moyens d'augmenter les produits de leurs domaines.

De tous les poissons connus, la carpe est celui qui se prête le plus facilement aux changemens de situation, dont la multiplication est la plus rapide et l'accroissement le plus accéléré ; aussi est-ce celui sur lequel l'homme a pris le plus d'empire, qu'il a pu presque rendre domestique, c'est-à-dire rapproché des moutons de sa bergerie et des poules de sa basse-cour.

Les couleurs des carpes sont sujettes à varier selon l'âge et la nature des eaux où elles vivent. Dans la jeunesse et dans les étangs vaseux elles sont plus brunes. Dans les rivières, leurs écailles sont dorées ; dans leur vieillesse, blanchâtres. Leur chair est d'autant meilleure qu'elles ont vécu dans des eaux plus limpides ; mais elles n'y trouvent pas toujours une subsistance assez abondante. Par la même raison ce n'est pas dans celles qui sont très rapides qu'elles se plaisent le plus. Il y en a bien plus dans la Saône que dans le Rhône, dans la Seine que dans le Rhin. C'est dans les lacs ou les grands étangs qu'elles parviennent à la grandeur la plus considérable, parce que là seulement elles trouvent en même temps, avec beaucoup d'animaux et beaucoup de végétaux pour leur nourriture, les moyens d'échapper aux filets des pêcheurs et aux autres causes de destruction. Elles vivent plusieurs siècles. On en a vu en Lusace qui avoient deux cents ans constatés. Il y en avoit avant la révolution à Pontchartrain de cent cinquante ans, à Fontainebleau et à Chantilly de cent ans. Il n'est pas rare d'en voir en France de douze à quinze livres ; mais c'est dans le nord de l'Allemagne que se pêchent les plus monstrueuses. Valmont de Bomare en cite une qui pesoit quarante-cinq livres, et Bloch, une autre qui pesoit soixante-dix livres. Ce n'est pas sur de telles carpes que les cultivateurs doivent spéculer, mais sur des individus de trois, quatre, cinq et six ans, c'est-à-dire qui pèsent au plus trois livres.

Les larves d'insectes, les insectes mêmes, les vers, les petits coquillages d'eau douce, les graines et les feuilles tendres sont la nourriture habituelle des carpes. Il paroît que la matière extractive, que les eaux se trouvent presque toujours tenir en dissolution, et qui est sur-tout si abondante dans celles qui sont stagnantes, dans celles où croissent des roseaux, des typhes, etc., les nourrit aussi. En général elles mangent toutes les matières animales ou végétales assez molles pour être digérées par elles.

Bloch a acquis la preuve qu'elles aiment beaucoup les feuilles de naïade, et que dans les étangs où il y a beaucoup de cette plante elles grossissoient plus rapidement. On sait aussi, par expérience, que celles de laitue, de chou et autres légumes sont extrêmement de leur goût. Il en est de même des pois, des haricots, des fèves, des pommes de terre, des courges, des raves cuites ou crues, du pain, des fruits pourris, du blé, de l'orge, et en général de presque tous les grains dont l'homme se nourrit. Elles se jettent avec ardeur sur les tripes de volailles, sur les lambeaux des cadavres, etc., etc. Elles sont susceptibles de supporter des jeûnes incroyables. Tous les hivers elles s'enfoncent dans la boue et n'y vivent que de ce que l'eau peut leur fournir. On en a vu rester des années entières dans de l'eau de fontaine sans manger de choses apparentes. Aussi, quand elles ne manquent pas de subsistances, elles s'en gorgent à en crever.

Ainsi que je l'ai dit plus haut, la fécondité de la carpe est prodigieuse. Une femelle d'une livre a offert deux cent trente-sept mille œufs, une autre d'une livre et demie en a montré trois cent quarante-deux mille ; une troisième de neuf livres six cent vingt-un mille. Ainsi leurs œufs augmentent avec l'âge. Sans doute on calculera le nombre de ceux qui ont été pondus par la carpe de soixante-dix livres dont il a été question plus haut, pendant tout le cours de sa vie ; mais qui pourra calculer ceux de ses enfans, de ses petits enfans et de leur progéniture pendant cet espace de temps, en comptant que chaque femelle a commencé à pondre à l'âge de trois ans, et qu'il y a autant de mâles que de femelles, quoique réellement il y ait plus de femelles que de mâles ?

Les eaux douces seroient bientôt comblées de carpes si tous ces œufs arrivoient à bien. Une très grande partie est mangée par les oiseaux d'eau et les poissons de toutes espèces ; plusieurs causes empêchent une autre partie d'éclore. Les petits qui éclosent sont exposés à des dangers sans nombre. Tous les êtres vivans dans, ou sur les eaux, en font leur nourriture ; le froid et le chaud leur sont également contraires, ils sont entraînés sur les plaines par les grandes eaux. Fort peu atteignent la fin du premier mois de la première année de leur naissance. Ce n'est guère qu'à deux ou trois ans que les carpes sont en état de braver leurs nombreux ennemis, de ne plus redouter que l'homme, les loutres et les gros brochets. Alors leur existence se consolide.

Lors du frai, c'est-à-dire au milieu du printemps, les carpes cherchent les endroits du rivage les plus couverts d'herbes ; celles qui habitent les rivières sont portées à entrer dans les étangs, les unes et les autres pour y déposer leurs œufs. L'instinct leur indique que c'est là où ils seront le mieux placés pour jouir du bienfait de la chaleur et pour échapper aux dangers. Dans ce cas les mâles suivent les femelles pour

féconder leurs œufs au moment même de leur sortie. Les uns
et les autres font grand bruit dans ce cas et se trahissent par-là.

. On n'a pas des renseignemens bien positifs sur la progression que suivent les carpes dans leur croissance ; mais tous les
pêcheurs et les propriétaires d'étangs s'accordent à dire que
cette progression est très rapide, et même d'autant plus rapide
qu'elles sont mieux nourries. Il y a cependant un fait connu à
cet égard. Une carpe pesée à six ans étoit de trois livres, et la
même pesée à dix ans étoit de six.

· La pêche des carpes dans les rivières et dans les lacs se fait
au moyen de la seine et autres grands filets, ou à la nasse,
ou à la ligne amorcée d'un gros ver, de quelque insecte ou
d'un pois cuit. En général elles ne se prennent pas aisément,
car lorsqu'elles voient ou sentent le filet, elles s'enfoncent
dans la boue et passent par dessous ; souvent aussi elles sautent
par-dessus. Lorsqu'on veut en prendre avec un épervier, il
faut les attirer dans un local donné, en leur fournissant de la
nourriture pendant plusieurs jours de suite ; j'ai pour moi
l'expérience qu'elles mordent plus tôt aux hameçons garnis
d'un grillon, d'une petite sauterelle, d'un papillon de nuit
en vie, qu'à ceux garnis de tous autres appâts. Les nasses et
les verveux en contiennent souvent de petites ; mais il semble
que les grosses savent les éviter. Quant à la pêche des carpes
d'étang, il en sera question au mot ETANG.

On peut transporter les carpes au loin avec succès lorsqu'on
prend les précautions convenables, c'est-à-dire qu'on ne voyage
que la nuit ou pendant les jours froids, et qu'on renouvelle
souvent l'eau des tonneaux. Celles qu'on apporte à Paris des
étangs de la Bresse, du Forez, de la Sologne, au nombre de
plus de cinquante mille, arrivent dans des bateaux séparés en
trois parties dans leur longueur, et dont la partie du milieu,
qui est la plus grande, communique avec l'eau par un grand
nombre de trous. C'est dans des bateaux à peu près semblables, ou même dans des caisses percées de trous et fermées
avec un cadenas, qu'on les conserve dans des rivières, des
réservoirs, etc., des années entières sans leur donner à manger. On peut aussi leur faire parcourir des espaces considé-
bles hors de l'eau en les enveloppant d'herbes ou de linges
mouillés, ou, si c'est dans l'hiver, de neige. On rapporte
même qu'en Hollande on les garde des mois entiers à la cave,
dans des paniers garnis de mousse, et qu'on les y engraisse
avec de la mie de pain. En Angleterre on les châtre pour les
rendre plus délicates, et cette cruelle opération cause rarement leur mort. La castration a même lieu par des causes naturelles ; car ces carpeaux du Rhône, si recherchés des gourmets, ne sont autre chose que des carpes dont les organes de

la génération se sont oblitérés par des causes accidentelles qui tiennent probablement à la grande rapidité de cette rivière.

Il y a une variété de carpe qui n'a que deux ou trois rangs de larges écailles sur le dos et sur le ventre. On l'appelle *roi des carpes*, ou *carpe à miroir*. Il y en a même une qui n'a point du tout d'écailles, et qui se nomme *carpe à cuir*. Ces variétés sont moins fécondes que l'espèce et ne méritent pas d'être multipliées pour le produit. La carpe saumonée a la chair rougeâtre.

Les vieilles carpes sont souvent couvertes de fongosités qui ont l'aspect de la mousse. Ces excroissances se voient aussi quelquefois sur les jeunes carpes; mais c'est chez elles une maladie mortelle. Elles sont aussi sujettes à avoir des boutons analogues à la petite vérole, et qui disparoissent au bout d'un certain temps.

La chair de la carpe est aussi saine qu'agréable au goût. La consommation qu'on en fait en France est considérable; mais cependant de beaucoup inférieure à celle qui a lieu en Allemagne. Elle est pour la Prusse, par exemple, l'objet d'un commerce important. J'expliquerai la manière de conduire les étangs employée dans cette contrée, manière bien supérieure à la nôtre pour le produit, à l'article qui les concerne.

Lorsque les carpes sortent d'un étang très vaseux, ce qu'on reconnoît, comme je l'ai déjà observé, à leur couleur noire, il est nécessaire, pour qu'elles perdent une partie de leur mauvais goût, de les mettre *dégorger*, pendant quelques jours, dans une eau limpide. On dit aussi qu'une cuillerée de vinaigre avalée par une telle carpe produit le même effet; mais l'expérience ne m'a pas réussi.

On recherche beaucoup plus les carpes mâles, fort mal à propos nommées *carpes laitées*, que les carpes femelles; cependant il ne m'a jamais paru que ces dernières leur fussent inférieures en goût. Les œufs sont certainement un manger sain et agréable. On en fait dans le nord un *caviar* dont le débit est toujours assuré. L'hiver est la saison où les carpes sont les meilleures.

On a tenté plusieurs fois de saler et de fumer des carpes; mais l'altération que leur chair éprouve par ces opérations est telle qu'on y a renoncé. Le meilleur moyen de prolonger l'usage de cette chair, c'est de la faire cuire et de la plonger dans du vinaigre chargé de sel, et assaisonné de poivre, de laurier, de thym, et autres aromates. J'en ai mangé, ainsi préparée, après trois mois, qui étoit encore très bonne; mais elle avoit été conservée dans un pot de faïence hermétiquement fermé, et tenue dans une cave très fraîche. (B.)

CARPIÈRE. On donne ce nom à un réservoir où on conserve des carpes pour la consommation journalière, et alors c'est un Vivier; où à un petit étang, où on conserve le frai des carpes pour peupler les étangs, et alors c'est une Alvinière. *Voyez* ces deux mots, et le mot Carpe. (B.)

CARRÉ, CARREAU. En terme de jardinage, ce mot signifie un espace de terre en carré, où l'on plante des légumes. Le mot *carreau* a une autre acception; il signifie plus particulièrement une portion de terre carrée ou figurée, qui fait une partie d'un parterre ordinairement bordé de buis et garni de fleurs ou de gazon; la grandeur des carrés ou des carreaux doit toujours être proportionnée à l'étendue du jardin ou du parterre. C'est le local qui doit la décider. (R.)

CARRIÈRE. Lieu où on tire de terre la pierre dont on se sert pour bâtir, pour ferrer les routes, ou pour faire de la chaux, du plâtre.

Presque par-tout les carrières sont perdues pour l'agriculture; cependant il en est beaucoup dans les déblais desquelles on pourroit semer ou planter des végétaux propres à la nourriture des bestiaux, au chauffage du four, ou autres objets. Les chardons, par exemple, qui s'y voient si souvent, peuvent servir à faire de la potasse, ou à augmenter la masse des fumiers. Beaucoup de petits arbustes indigènes et exotiques y croîtroient fort bien.

Il est avantageux à toute exploitation d'une certaine étendue, située en pays calcaire, d'avoir une carrière en propre pour fabriquer de la chaux et la répandre sur les terres. *Voyez* au mot Chaux et au mot Amendement.

On nomme aussi carrières certains fruits, principalement parmi les poires, qui renferment des tubercules qui ont l'apparence et la dureté de la pierre. *Voyez* au mot Fruit et au mot Poirier. (B.)

CARRIOLE. Nom de la brouette dans le département de Lot-et-Garonne.

C'est aussi une espèce de petite voiture légère, et non suspendue, dont les cultivateurs se servent pour aller à la ville, y porter et rapporter quelques petits objets. Les carrioles varient par leurs formes et leurs dimensions selon les pays. *Voyez* au mot Voiture.

CARTE. Ancienne mesure de terre usitée dans le Limousin.

CARTEL. Ancienne mesure des environs de Sédan.

CARTELADE. Ancienne mesure de terre employée à Nérac.

CARTERÉE. Nom d'une ancienne mesure de terre à Agen.

CARTERUDE. Ancienne mesure de grains à Agen.

CARTEYRADE. C'est une des mesures de terre dont on faisoit usage à Montpellier et contrées voisines.

Pour tous ces mots, *voyez* Mesure. (B.)

CARTHAME, *Carthamus*. Genre de plantes de la syngénésie polygamie égale, et de la famille des cinarocéphales, qui renferme une vingtaine d'espèces, dont une est l'objet d'une culture de quelque importance, soit sous le rapport du commerce, soit sous celui de simple agrément.

L'espèce qui est dans le cas d'être mentionnée ici est le CARTHAME OFFICINAL, *Carthamus tinctorius*, Lin., plus connu sous le nom de *safran bâtard*, de la couleur et des usages de ses fleurons. C'est une plante annuelle, de deux pieds de haut, très rameuse, à feuilles alternes, ovales, bordées de quelques dents épineuses, à fleurs d'un jaune rouge, solitaires à l'extrémité des rameaux; elle est originaire d'Egypte, mais est comme naturalisée dans les parties méridionales de l'Europe. Le climat de Paris même ne lui est pas contraire, et quoiqu'elle y périsse le plus souvent avant d'avoir donné toutes ses fleurs, par l'effet des gelées, elle y est fréquemment cultivée pour l'ornement des partères.

C'est comme donnant des fleurs propres à la teinture que le safran mérite principalement d'être cultivé en grand. Le Levant et l'Allemagne nous en fournissent annuellement pour des sommes considérables, dont il seroit facile d'empêcher la sortie si nous le voulions, la couleur de celui qui a crû dans le midi de la France étant aussi foncée que celle de celui du Levant, et plus que celle de celui qui provient de l'Allemagne. Ils sont donc coupables les propriétaires de cette si intéressante partie de l'empire, qui ne spéculent pas sur cette denrée, dont la production est si facile. Je fais des vœux pour que cet article leur fasse naître le désir et leur facilite les moyens de le faire.

La terre la plus légère et la plus exposée aux feux du soleil est la meilleure pour la culture du safran, pourvu qu'elle ne soit pas trop maigre; hors ce dernier cas on peut se dispenser de la fumer. Dans un sol très gras ou humide cette plante pousse avec plus de vigueur, donne un plus grand nombre de fleurs; mais les fleurons de ces fleurs, seule partie dont on fait usage, sont moins colorés, et d'une plus difficile conservation. Toujours ici c'est à la qualité, et non à la quantité, qu'il faut tendre.

Des labours profonds sont indispensables pour ramener à la surface les terres du fond; car le carthame ayant une racine pivotante et fort longue, est plus beau et meilleur dans une terre bien remuée que dans toute autre.

On sème la graine de carthame dès que les gelées ne sont plus à craindre. En Orient c'est dès le mois de mars; aux environs de Marseille en avril; dans le climat de Paris en mai. Généralement on la sème à la volée, en l'écartant beaucoup, car il doit y avoir au moins quinze à dix-huit pouces entre chaque pied. Il y auroit sans doute de l'avantage à la semer en rayons; mais dans tous les pays où cette plante est cultivée, les cultures de toutes sortes sont fort négligées. Le semis effectué, il faut herser le sol, le rendre aussi uni que possible.

La graine du carthame lève rapidement pour peu qu'elle soit favorisée par la pluie. Le plant qui en provient est éclairci et biné lorsqu'il a acquis quelques pouces de haut. Les places trop claires sont regarnies avec ce qu'on arrache dans les places trop serrées. Il faut cependant dire que cette dernière opération a peu d'utilité, le carthame transplanté réussissant rarement, et ne donnant jamais de belles tiges.

On devroit renouveler le binage tous les mois pour avoir une belle récolte; mais rarement on le fait plus d'une fois. En général les cultivateurs français, et ceux sur-tout des départemens méridionaux, en sont très économes, quoiqu'il soit démontré que les frais de chaque binage sont couverts, avec bénéfice, par le surcroît d'abondance de la récolte.

Ordinairement, lorsque la saison a été favorable, on commence vers la mi-juillet la récolte des fleurs de carthame. A cette époque toute culture doit cesser. Il faut cueillir ces fleurs le matin du jour où elles doivent s'épanouir, car trop d'épanouissement nuit à la beauté de la couleur; mais il faut aussi ne pas le faire les jours de pluie, car la fleur mouillée noircit à la dessiccation et perd toute sa valeur.

Aussitôt que les fleurs sont cueillies on enlève les fleurons à la main, et on les fait sécher à l'ombre dans un lieu aéré. Elles se mettent ensuite dans des sacs ou dans des caisses qu'on tient à l'abri de l'humidité.

La cueillette du carthame dure environ deux mois; c'est-à-dire que chaque jour de beau temps il faut aller dans les champs dès que la rosée est dissipée, et cueillir toutes les fleurs qui ont les conditions indiquées plus haut. Cette opération est généralement faite par des femmes et des enfans, et n'est pas coûteuse; mais sa longueur et la nécessité d'éplucher de suite ses résultats ne permettent guère de cultiver le carthame très en grand. Il doit donc être, et est en effet par-tout un objet de petite culture.

C'est l'Egypte, pays où la main-d'œuvre est presque pour rien, qui fournit les sept huitièmes du carthame qu'on consomme en Europe; aussi depuis que les communications avec ce pays sont devenues difficiles est-il monté à un prix excessif.

Il y a dans le carthame deux substances colorantes; l'une jaune, dissoluble dans l'eau; l'autre rouge, dissoluble dans l'alcohol et les alkalis. On les fixe sur les étoffes par des procédés fort exactement décrits par le célèbre Bertholet dans son traité des teintures ; et depuis, par le même savant, dans les Mémoires de l'Institut du Caire. Elles ne supportent ni le débouilli au savon, ni l'exposition prolongée au soleil. Ce sont donc des couleurs de petit teint ; mais comme la couleur moyenne qui en résulte est très brillante, on en fait malgré cela un fréquent usage dans la teinture.

C'est encore la partie colorante rouge du carthame qu'on emploie à la fabrication du plus beau rouge de toilette qu'on connoisse ; chaque fabricant fait un secret de ses procédés, qu'il annonce comme les plus parfaits. Le fond de tous ces procédés est de faire dissoudre cette partie colorante dans un alkali très pur, de la précipiter par un acide et de la laver avec soin.

Comme ces deux objets sortent du cercle des opérations agricoles, je ne crois pas devoir les développer plus longuement.

Les graines du carthame sont grosses, nombreuses et très abondantes en huile. Leur décoction purge vivement ; mais leur amande est un bon manger, et leur huile est excellente. On les vend à Paris sous le nom de *graines de perroquets*, parceque ces oiseaux en sont très friands. Il paroît, par les rapports des savans qui sont allés en Egypte, que, seulement sous le rapport de l'huile, cette plante mériteroit d'être cultivée en France ; mais elle ne peut donner en même temps ses fleurs et ses fruits au commerce. Les pieds destinés à la reproduction ne doivent pas être mutilés, ou, bien mieux, il faut, sur un certain nombre de pieds, réserver les trois ou quatre premières fleurs qui se développent pour avoir de la graine pour semer. Cette graine pour être bonne doit être noire. Aux environs de Paris elle prend cependant rarement cette couleur, à raison du défaut de chaleur ; celles fournies par les dernières fleurs sur-tout ne le sont jamais.

On cultive dans les jardins le carthame sous deux rapports, pour l'usage des pharmacies et pour la décoration. Dans le premier cas on le met en planches, dans le second on le disperse dans les plates-bandes des parterres ; mais sa culture est la même au fond. Cette culture consiste à faire un petit bassin d'un pied de diamètre dans le sol, préalablement bien labouré, et à y mettre, à distance égale, cinq à six graines de carthame. Dans les planches la distance entre ces bassins doit être au moins d'un pied. Le plant levé on arrache les deux ou trois pieds les plus foibles, et on les sarfouit. Comme ici il est plus avantageux d'avoir beaucoup de fleurs que des fleurs fortement chargées de parties colorantes, les engrais et les arrosemens peuvent être employés, et ces pieds ornent fort bien un parterre pendant les mois d'août et de septembre ; mais ils périssent aux premières gelées.

Les fleurs du carthame ainsi cultivé pour les usages médicinaux sont quelquefois employées sous le nom de *saffranum*, en place du véritable safran, dont on dit qu'elles ont les vertus à un plus foible degré. Les graines servent à purger, comme je l'ai déjà observé; mais il ne paroît pas que leur usage soit aussi étendu aujourd'hui qu'il l'étoit autrefois.

On trouve dans les campagnes arides une espèce de carthame, le CARTHAME LAINEUX, plus connu sous le nom de *chardon béni des Parisiens*. Il est employé en médecine; mais les bestiaux, même les ânes, le rebutent. Le seul service qu'il puisse rendre aux cultivateurs, c'est, jeune, pour fabriquer de la potasse, vieux, pour chauffer le four et augmenter la masse des fumiers. (TH.)

CARTILAGINEUSE se dit d'une feuille de consistance sèche et solide. *Voyez* FEUILLE.

CARTOU. Mesure de blé du département de Lot-et-Garonne, qui est la quatrième partie d'un sac. (B.)

CARTOUNAL. Huitième partie de la mesure appelée carterude dans le département de Lot-et-Garonne.

CARVÉ. Nom du chanvre dans le département de la Haute-Garonne.

CARVI, *Carum*. Plante bisannuelle, à racine fusiforme ; à tiges cannelées, rameuses, hautes de deux pieds ; à feuilles alternes, deux fois ailées, et dont les découpures sont linéaires, qui forme un genre dans la pentandrie digynie et dans la famille des ombellifères.

Cette plante qu'on trouve assez fréquemment dans les prairies des montagnes froides, sur le bord des bois, donne une semence très aromatique dont on fait usage en médecine et dont on tire une huile grasse qu'on peut employer dans les alimens. On la met aussi en nature dans le pain et le fromage. C'est l'ANIS des pays du nord, et elle a toutes les propriétés de ce dernier. *Voyez* ce mot. Sa tige s'élève à environ deux pieds; ses fleurs s'épanouissent au milieu du printemps et sont d'un blanc jaunâtre.

On cultivoit autrefois le carvi dans les jardins légumiers pour sa racine, qui est aromatique, et que l'on mangeoit frite ou dans les potages positivement comme le panais; mais aujourd'hui il se trouve rarement dans d'autres que dans ceux des apothicaires. Sa graine se sème à la fin de l'été ou au printemps dans une terre fraîche et bien labourée. Le plant qui en provient s'éclaircit et se sarcle deux ou trois fois dans le courant de l'été suivant. Ses racines peuvent s'arracher dès les premiers froids. Lorsqu'on le cultive pour la graine, il faut attendre six mois de plus, mais quelquefois cependant il monte dès la première année. Les vaches et les moutons mangent sa fane avec plaisir. (B.)

CARYOPHYLLÉE. Plantes en ŒUILLET. *Voyez* ce mot.

CAS RÉDHIBITOIRES. On entend par *cas rédhibitoires* certaines maladies ou certains vices que l'acheteur ignore, et qui, aux termes des lois, peuvent donner lieu à la rédhibition et rendre nul un marché consommé.

Les animaux domestiques sont sujets à des maladies et à des vices que le vendeur a toujours intérêt de cacher.

Avant l'usage du Code Napoléon, les défauts qui déterminoient la nullité des marchés varioient suivant les différentes juridictions. (*Voyez* les instructions sur les maladies des animaux domestiques, volume de 1791, pages 76 et suivantes.)

Depuis la mise en vigueur des nouvelles lois, ces variations et ces différences dans la jurisprudence vétérinaire ne peuvent plus avoir lieu; mais d'après ces mêmes lois, article 1648, le délai fixé pour la garantie variera suivant la nature des vices rédhibitoires et l'usage du lieu où la vente aura été faite.

Il est indispensable de rapporter ici les articles du Code Napoléon concernant la rédhibition.

Article 1641. « Le vendeur est tenu de la garantie à raison des défauts cachés de la chose vendue qui la rendent impropre à l'usage auquel on la destine, ou qui diminuent tellement cet objet, que l'acheteur ne l'auroit pas acquise, ou n'en auroit donné qu'un moindre prix, s'il les avoit connus.

Art. 1642. « Le vendeur n'est pas tenu des vices apparens dont l'acheteur a pu se convaincre lui-même.

D'après ces articles, les maladies dont les symptômes sont toujours évidens ne sont pas rédhibitoires.

Art. 1643. « Il est tenu des vices cachés quand même il ne les auroit pas connus, à moins que dans ce cas il n'ait stipulé qu'il ne sera obligé à aucune garantie; c'est ce qu'on appelle vendre sans garantie, ce qui doit être prouvé par écrit.

Art. 1644. « Dans le cas des articles 1641 et 1643, l'acheteur a le choix de rendre la chose, ou de se faire restituer le prix, ou de garder la chose, et de se faire rendre une partie du prix, telle qu'elle sera arbitrée par expert.

Art. 1645. « Si le vendeur connoissoit les vices de la chose, il est tenu, outre la restitution du prix qu'il en aura reçu, de tous les dommages et intérêts envers l'acheteur.

Art. 1646. « Si le vendeur ignoroit les vices de la chose, il ne sera tenu qu'à la restitution du prix, et à rembourser à l'acquéreur les frais occasionnés par la vente.

Art. 1647. « Si la chose qui avoit des vices a péri par suite de sa mauvaise qualité, la perte est pour le vendeur, qui sera tenu envers l'acheteur à la restitution du prix et aux autres dédommagemens expliqués dans les deux articles précédens. Mais la perte arrivée par cas fortuit sera pour le compte de l'acheteur.

Art. 1648. « L'action résultant des vices rédhibitoires doit être intentée par l'acquéreur dans un bref délai, suivant la nature des cas rédhibitoires et l'usage du lieu où la vente aura été faite.

Art. 1649. « Elle n'a pas lieu dans les ventes faites par autorité de justice. »

Le délai basé sur la nature de chaque maladie rédhibitoire n'est encore fixé par aucune loi.

On trouve dans le Projet de Code rural rédigé par MM. Huzard et Tessier, page 45, section 5, article maladies rédhibitoires, les propositions suivantes :

« Outre les maladies contagieuses, divisées en maladies contagieuses aiguës et en maladies contagieuses chroniques, qui sont pour les premières, le claveau et la rage, et pour les secondes, la morve, le farcin et la gale, sont réputées maladies rédhibitoires, aux termes de l'article 1641 du Code Napoléon, le cornage, l'immobilité, l'épilepsie ou mal caduc, la boiterie de vieux mal, la fluxion périodique, la phthisie pulmonaire connue vulgairement dans les chevaux sous le nom de vieille courbature, et dans les vaches sous le nom de pomelière, l'espèce de tic dans lequel les dents ne sont point usées, et les autres vices ou maladies dont les symptômes n'auroient pu être constatés lors de l'achat.

« Ne peuvent plus être réputées maladies rédhibitoires la pousse et la courbature, dont les symptômes sont toujours évidens.

« Conformément à l'article 1648 du Code Napoléon, qui veut que l'action rédhibitoire soit intentée dans un délai relatif à la nature des vices rédhibitoires, le délai ordinaire pour la garantie est fixé à neuf jours.

« Le délai pour la boiterie de vieux mal est fixé à vingt jours.

« Le délai pour la fluxion périodique et l'épilepsie est fixé à un mois.

« La garantie ne pourra avoir lieu pour les animaux dont la valeur n'excédera pas 50 fr. » (DESPLAS.)

CASCA. C'est, dans le département de Lot-et-Garonne, casser les mottes des champs avec un maillet.

CASCADE. Eau qui tombe d'une hauteur plus ou moins grande, soit d'un seul jet, soit de rochers en rochers.

Il y a des cascades naturelles et des cascades artificielles. Heureux le propriétaire qui peut faire entrer une des premières dans son jardin, et plus heureux encore celui qui sait se défendre du mauvais goût qui préside si souvent à la construction des dernières !

Le charme que tous les hommes éprouvent à la vue ou au bruit d'une cascade, tient au besoin de mouvement. Plus la cascade sera forte, tombera de haut, fera de fracas entre les rochers, et mieux elle remplira son objet. Cependant ces cascades, qu'on appelle chutes, formées par de grandes rivières, étonnent, mais fatiguent.

Il est deux manières de construire des cascades artificielles: l'une en faisant un plan incliné, interrompu par des aspérités qui brisent l'eau ; l'autre, en la faisant tomber verticalement d'une certaine hauteur. Ces deux genres de cascades peuvent être employés ensemble ou séparément. On a observé, en général, que les cascades qui tombent verticalement conviennent à un paysage dont le ton est sévère et où la masse d'eau est considérable. Celles qui roulent leurs eaux sont préférables, lorsque la masse d'eau est moins grande, et que le paysage est d'un genre plus adouci. Au reste, on n'est pas toujours le maître de choisir, puisque cela dépend de la localité et de la somme qu'on veut sacrifier à cet objet.

Pour qu'une cascade remplisse complètement son but, il faut que l'art ne soit pas visible, et qu'elle soit accompagnée de plantations en concordance avec elle. De grands arbres, des fougères, des mousses, un certain désordre de la nature, les embellissent beaucoup. Vouloir ici indiquer des règles pour leur construction, seroit trop entreprendre ; la disposition du terrain et le bon goût en apprendront plus que des volumes de préceptes.

Je ne parle ici que des cascades des jardins paysagers, car les véritables peuvent difficilement entrer dans la composition des jardins réguliers. C'est par abus qu'on donne le même nom à ces gradins exactement compassés, ornés de vases, de statues de marbres de toutes couleurs, etc., que nos pères construisoient à grands frais. Qui a vu comme moi les cascades de la Suisse appréciera certainement à sa juste valeur celle de Saint-Cloud, qui passe, avec raison, pour une des plus belles dans son genre. (B.)

CASE. Nom qu'on donne, dans les colonies françaises, aux habitations des nègres et autres bâtimens propres à conserver les productions de la terre. Elles sont généralement construites de la manière la plus vicieuse; mais elles suffisent pour mettre à l'abri de la pluie et des vents froids de la nuit, et c'est tout ce qu'on leur demande. Combien de pays en Europe où les maisons des habitans de la campagne sont aussi mal construites et bien plus malsaines ! (B.)

CASQUE (Fleur en). Sorte de fleur irrégulière, dont le pétale supérieur est relevé et disposé en voûte comme le casque

des anciens guerriers. L'aconit a les fleurs en casque. *Voyez*
Fleur. (B.)

CASQUET. Espèce de râteau de bois dont on se sert dans
le Médoc.

CASSAILLE. Le premier labour des terres, celui qui se fait
immédiatement après la moisson, se nomme ainsi dans quelques
endroits. (B.)

CASSAVE. Espèce de pain fabriqué avec la racine du MÉDI-
CINIER MANIHOT ou MANIOC. *Voyez* ce mot.

CASSE. C'est en quelques lieux la CLAVELÉE.

CASSE, *Cassia*, Lin. Genre de plantes de la décandrie monogynie et de la famille des LÉGUMINEUSES. Les casses sont
exotiques et des pays chauds. On en connoît un grand nombre
d'espèces, parmi lesquelles on compte quelques arbres, plusieurs herbes, et beaucoup plus d'arbrisseaux et d'arbustes.
Leurs feuilles sont ailées sans impaire, et disposées alternativement; leurs fleurs, ordinairement jaunes, naissent en épis
ou en grappes aux aisselles des feuilles et des rameaux. Les
fruits varient de forme et de grosseur.

La CASSE SOLUTIVE OU DES BOUTIQUES, *Cassia fistula*, Lin.,
est un arbre de la seconde grandeur, qui vient naturellement
dans l'Inde, et qu'on a transporté en Amérique où il s'est naturalisé. Il est très remarquable par ses fruits. Ce sont des
gousses ligneuses et cylindriques, longues d'un à deux pieds,
noirâtres et pendantes. Ces gousses sont divisées dans leur
longueur en plusieurs loges par des cloisons transversales et
parallèles, et chaque loge contient une ou deux semences
enveloppées d'une pulpe noire un peu sucrée. C'est cette pulpe
qu'on emploie si fréquemment en médecine sous le nom de
casse. Elle est un des meilleurs laxatifs connus, et purge doucement, sans causer d'irritation.

La CASSE LANCÉOLÉE OU SÉNÉ D'ALEXANDRIE, *Cassia acuti-
folia*, Lam., qui croît en Egypte, est une espèce très utile aussi,
et même d'un usage plus général en médecine que la précédente. Sa tige dure et comme ligneuse ne s'élève qu'à deux ou
trois pieds. Ses feuilles sont lancéolées et pointues; on les fait
sécher pour les mettre dans le commerce, où elles sont connues
sous le nom de *séné*; elles ont alors une couleur verdâtre tirant
sur le jaune, une odeur de drogue et un goût un peu âcre et
amer: elles servent à purger. On fait le même emploi des fruits
de la plante appelée *follicules de séné*, qui sont des gousses
membraneuses et comprimées, d'un vert roussâtre ou jaunâtre.

La CASSE D'ITALIE OU SÉNÉ D'ITALIE, *Cassia senna*, Lin., est
une plante annuelle, qui s'élève tout au plus à deux pieds. Elle
est aussi originaire d'Égypte. C'est parcequ'on la cultive en
Italie qu'on lui a donné le nom de ce pays, d'où ses feuilles et

ses follicules nous sont apportées. C'est le séné le plus répandu dans le commerce, et dont nous faisons communément usage ; il ne vaut pourtant pas celui d'Alexandrie, dont la vertu est plus efficace.

Puisque cette troisième espèce est cultivée avec succès en Italie, on pourroit sans doute la cultiver aussi dans le midi de la France, où la chaleur est à peu près la même. Ce seroit y introduire une nouvelle branche d'agriculture et de commerce. Voici les petits soins qu'exige l'éducation de cette plante. Vers le milieu ou la fin de février, on en sème la graine sur une couche chaude et dans un lieu abrité. On laisse la couche à découvert, si le temps le permet ; mais on la couvre de paillassons tous les soirs, et même pendant le jour, lorsqu'il fait un peu froid. Aussitôt que les jeunes plantes ont acquis une certaine force, on les transplante avec les précautions ordinaires, ayant soin de n'enlever de la couche que ce qui peut être planté dans une matinée. Le terrain qui leur est destiné doit avoir été préparé et labouré d'avance ; il faut qu'il soit rendu très meuble. On y met en place les plantes qui ne demandent plus d'autre soin que d'être sarclées en temps utile et tenues nettes de mauvaises herbes.

Il y a une jolie casse de l'Amérique septentrionale, *Cassia marylandica*, Lin., qu'on peut avoir en pleine terre dans nos climats comme plante d'ornement. Ses tiges meurent en automne ; mais sa racine, qui est vivace, en pousse de nouvelles chaque année. Cette casse demande qu'on la couvre en hiver pour la garantir de la gelée. Elle aime un demi-soleil, et se plaît dans la terre de bruyère un peu humide. On la multiplie par la séparation de ses racines. Elle fleurit en septembre, et produit une grande quantité de fleurs d'un très beau jaune.

On doit à M. Nectoux un très bel ouvrage sur les casses d'usage en médecine. (D.)

CASSÉ. Synonyme d'arbre, et plus particulièrement du chêne, dans le département de Lot-et-Garonne. (B.)

CASSE-LUNETTE. Nom vulgaire du BLEUET. *Voyez* ce mot.

CASSE-MOTTE. Instrument avec lequel on brise ou émiette les mottes de terre dans les champs ou les jardins. Il varie beaucoup pour la forme. Tantôt c'est un cône de bois à travers l'axe duquel passe un manche de trois pieds de long ; tantôt c'est un simple maillet, même l'extrémité noueuse d'un gros bâton. (TH.)

CASSER. On casse les branches des arbres pour les forcer à se mettre à fruit, d'après l'observation faite par Roger Schabol, que cette opération forçoit un bouton à bois de se transformer en bouton à fruit. *Voyez* au mot POIRIER, qui est le seul arbre sur lequel on pratique le cassement avec succès. (B.)

CASSER ou ROMPRE LA TERRE. On appelle ainsi, dans quelques cantons, le premier labour qu'on donne à une terre qui étoit en friche, et qui ne sert en effet qu'à la rompre en grosses mottes. C'est une mauvaise pratique que de rompre, puisqu'on peut parvenir plus promptement au même but, qui est de les rendre aussi meubles que possible, en faisant prendre au socle une très petite épaisseur de terre à la fois, ou en multipliant les coutres. *Voyez* au mot DÉFRICHEMENT. (B.)

CASSIDE, *Cassida*. Genre d'insectes de l'ordre des coléoptères qu'il est bon de mentionner, parcequ'une de ses espèces cause quelquefois de grands dommages aux artichauts, en mangeant l'épiderme de leurs feuilles.

Cette espèce est la CASSIDE VERTE, qu'on appelle aussi vulgairement la *tortue verte*, parcequ'elle est en dessus de cette couleur, et qu'elle a la forme d'une tortue, son corps étant ovale, bombé en dessus.

La larve de la casside verte a le corps mou, aplati, bordé d'appendices épineuses, la tête armée de dents, la queue fourchue et recourbée dessus le dos, et six pattes écailleuses. La nature lui a donné un singulier moyen de se garantir de l'impression desséchante des rayons du soleil et des recherches de ses ennemis, c'est de se recouvrir de ses excrémens qu'elle porte sur la fourche de sa queue. Personne ne peut se douter, en le voyant pour la première fois, que ce petit tas d'ordures recouvre un être vivant. Sa chrysalide n'est pas moins singulière; elle ressemble à un écusson d'armoiries couronné.

On ignore si la casside passe l'hiver ou si ce sont ses œufs. Quoi qu'il en soit, on en trouve de très bonne heure au printemps, et elle produit deux ou trois générations par an. Ce ne sont point les artichauts (plante étrangère) que la nature leur a donné pour nourriture dans nos climats; mais des plantes qui en sont extrêmement voisines dans l'ordre des rapports, telles que les oropondes et les chardons; cependant quand elles se sont accoutumées à en manger, elles semblent les préférer; aussi en ai-je vu des plantations tellement infestées, qu'on étoit obligé d'en couper les feuilles rez terre pour faire disparoître le hideux coup d'œil qu'elles présentoient. C'est, comme je l'ai déjà dit, l'épiderme seulement que mange la casside (ou mieux sa larve, car l'insecte parfait vit peu de jours), et en conséquence les feuilles d'artichauts sont percées de millions de trous, deviennent noires et incapables de remplir les fonctions que leur a attribuées la nature; aussi les pieds auxquels elles appartiennent ne poussent-ils point de tiges, ou s'ils en ont poussé auparavant, leurs têtes ne grossissent pas et perdent toute leur saveur.

Il est rare que les cassides poussent leurs ravages à ce degré ; mais il suffit d'un concours de circonstances pour que leur multiplication s'accélère, dans le seul intervalle d'un printemps, au point de les produire. Un agronome attentif doit donc veiller sur ses artichauts, faire écraser toutes les cassides et leurs larves qui s'y trouveront, pendant sur-tout les mois de mai et de juin. Tout autre moyen n'ira pas au but, car ces insectes sont, comme on l'a vu, fort bien défendus par la nature. Lorsque, par défaut de soin, le mal est arrivé à un certain degré, il n'y a plus qu'à faire ce que j'ai dit avoir vu, c'est-à-dire couper la totalité des feuilles et les apporter sur le fumier. Beaucoup de larves tombent à terre dans l'opération, il est vrai ; mais ne trouvant plus à manger, elles ne tardent pas à mourir.

Ce genre des cassides renferme plus de cent espèces dont une quinzaine seulement appartiennent à l'Europe. J'ignore si parmi les étrangères il y en a de nuisibles aux produits agricoles ; mais j'en possède dans ma collection d'une telle grosseur, que chacune doit faire dix fois plus de mal que celle dont il vient d'être question. (B.)

CASSIE. On donne ce nom à l'ACACIE FARNÈSE dans les parties méridionales de la France.

CASSIS. Espèce de GROSEILLER.

CASSOLETTE. Variété de POIRE.

CASSONADE. Sucre non raffiné. *Voyez* CANNE À SUCRE.

CASTELANE. Variété de PRUNE.

CASTOR. Animal qui vit d'écorces d'arbres et qui faisoit sans doute autrefois du tort aux cultivateurs des bords du Rhône, mais qui aujourd'hui est si rare que ses ravages sont insensibles. Il est prouvé que le castor de France est une espèce distincte du castor du Canada, que ses mœurs ont rendu si célèbre. Le premier vit tout le jour dans des terriers dont l'entrée est sous l'eau. C'est principalement l'écorce du saule qu'il mange. (B.)

CASTRATION. Opération par laquelle on prive un animal de la faculté de se reproduire. L'homme en s'assujettissant les animaux pour coopérer à ses travaux, ou pour satisfaire à ses besoins, n'a pas cherché à les élever et à les conserver dans leur état de nature. Il les a mutilés toutes les fois que leur mutilation lui a paru nécessaire pour remplir mieux l'usage auquel il les destinoit. Ayant remarqué que le cheval n'étoit fougueux, souvent indomtable, et quelquefois dangereux ; que le taureau ne pouvoit être soumis facilement au joug ; que la chair du belier n'étoit désagréable au goût ; que les coqs n'engraissoient jamais, etc., que parceque ces animaux étoient tourmentés par le désir de se reproduire, il a imaginé des moyens de les priver des organes principaux de la génération, sans intéresser leur vie. Cet art perfide et cruel pour les animaux ne s'est pas borné à châtrer les mâles ; on est parvenu encore à châtrer les femelles, quoique chez elles les organes de la génération soient placés plus profondément ; enfin, la castration des animaux domestiques est devenue une pratique habituelle.

Quoique la castration ne se fasse pas toujours en coupant avec un instrument tranchant, cependant l'action de *châtrer* s'appelle communément *couper;* dans quelques endroits on dit *affranchir.*

Dans un traité des haras de M. Jean-George Hartman, traduit de l'allemand, revu et publié par M. Huzard, on trouve sur la castration des chevaux des détails dont je vais donner un extrait.

En allemand on appelle *mœnch* (moine,) *walach* ou *valaque*, et en français *hongre*, un cheval châtré. L'étymologie de ces noms n'est pas difficile à trouver. Les Allemands ont sans doute appelé *moine* et valaque, et les Français *hongre*, le cheval incapable de produire, parcequ'il est dans le cas d'un moine engagé par des vœux de chasteté, et parceque les premiers chevaux ainsi mutilés sont venus en Allemagne de la Valachie, et en France de la Hongrie. Ces pays sont féconds en chevaux. Mais rien ne prouve que ce soit en Valachie et en Hongrie qu'on ait commencé à châtrer ou hongrer les chevaux.

Indépendamment de ce que la castration rend les chevaux plus doux, plus traitables et par conséquent plus susceptibles d'instruction, on peut, quand ils ont subi cette opération, les laisser paître et les faire travailler avec les jumens ; ils ne s'animent pas comme les chevaux entiers auprès des autres, et ne trahissent pas le cavalier par leur hennissement, qui d'ailleurs est toujours plus foible. Ces avantages compensent de beaucoup la diminution de forces que leur cause la castration.

M. Esprit-Paul Delafont-Pontoli, qui a donné un nouveau régime pour les haras, blâme l'usage où l'on est dans beaucoup de royaumes de châtrer les chevaux, sous le prétexte que cet usage leur ôte le courage, la fierté et la beauté. Il voudroit qu'à l'exemple des Arabes, des Perses, des autres peuples d'Orient et des Espagnols même, on ne se servît que de chevaux entiers. Mais les chevaux de ces pays ne sont-ils pas plus doux naturellement que les chevaux de ceux où on les hongre ? Est-ce à leur éducation seule qu'ils doivent la facilité qu'on a de les manier ? L'un et l'autre peut être vrai. Ce qu'il y a de certain, c'est que les Arabes s'occupent bien plus qu'on ne fait en Europe de l'éducation des chevaux, qui sont pour eux l'objet de la plus grande utilité. Au reste, si on ne pratique sur ces animaux la castration qu'à l'âge de trois ans, ils perdent très peu de leur beauté.

On châtre le cheval de cinq manières, 1° par les caustiques ou les corrosifs; 2° par le feu; 3° par la ligature; 4° en froissant les testicules; 5° en les bistournant.

Quelque méthode qu'on emploie, on commence à s'assurer du cheval, on lui ceint le corps avec une sangle, munie de deux anneaux de fer, fixés de chaque côté de la poitrine, à environ un pied et demi l'un de l'autre; on l'amène les yeux bandés sur un gazon jonché de paille ou sur du fumier; on lui met quatre entraves au pâturon. Une entrave, faite avec soin, est composée d'une bande de cuir, suffisamment large, doublée et rembourrée en dedans, garnie d'une boucle à un de ses bouts, pour y passer et arrêter l'autre, et garnie du côté opposé à la boucle d'un anneau de fer, qui sert à fixer et à passer les courroies. On a soin que chaque corde, fixée par un de ses bouts à un des anneaux, repasse dans l'anneau opposé, de manière que la corde fixée à un anneau de l'entrave du pied de derrière vienne repasser dans celui de l'entrave du pied de devant, qui le regarde et retourne de là entre les deux jarrets, pour être tirée par derrière; comme celle qui est fixée à l'anneau de l'entrave du pied de devant ira passer dans celui de l'entrave du pied de derrière, qui lui répond, et reviendra entre les jambes de devant, pour être tirée en devant.

Lorsqu'on a mis les entraves et passé les cordes, deux hommes forts, le premier placé en avant du cheval, tirant la corde qui doit ramener le pied de derrière avec celui de devant; et le second, placé derrière, tirant du côté opposé pour réunir les deux pieds que sa corde engage, le feront tomber, s'ils sont parfaitement d'accord; un troisième, tenant la tête de l'animal avec une longe ou un bridon, le soutient de manière à déterminer la chute sur le côté et non en devant.

Aussitôt que le cheval est abattu, on passe les cordes qui ont réuni les pieds dans les anneaux de la sangle, et on les y fixe par un nœud coulant, facile à défaire. Pendant tout le temps de l'opération, un ou deux hommes tiennent fermement la tête du cheval.

1° Pour châtrer par les caustiques, on se munit d'un bon bistouri, de forte ficelle et de quatre petits bâtons appelés *billots* ou *cassots*, longs de cinq à six pouces et larges d'un pouce au plus. Ces bâtons doivent être fermes pour ne pas plier, et excavés intérieurement à deux lignes de profondeur, de manière que cette excavation vienne jusqu'à une ligne près du bord tout le long du bâton. C'est pour cela qu'on choisit du bois de sureau, dont on ôte la moelle. On pratique à l'extrémité de chaque bâton une *coche* ou *collet*, pour y fixer un lien. Les bâtons doivent s'appliquer les uns sur les autres avec la plus grande justesse.

On remplit l'excavation ou gouttière de chaque cassot ou de sublimé corrosif, broyé dans de l'eau avec de la farine, pour en faire une sorte de pâte, ou bien on la remplit de levain, qu'on saupoudre de sublimé corrosif dans toutes ses parties.

L'opérateur ensuite lave les bourses avec de l'eau fraîche, saisit un testicule, incise la peau et fait sortir ce testicule; il repousse vers le ventre le corps appelé *épididyme* ou *amourette*, et le laisse en entier; il en emporte une partie, selon qu'on veut conserver à l'animal plus ou moins de vigueur. Alors il engage le cordon spermatique entre les deux cassots, le lie aussi serré qu'il est possible par les collets, coupe le testicule près des cassots, sans l'emporter totalement; il en laisse soit un tiers, soit un quart, afin que les cassots tiennent mieux.

Quand l'opération est faite de la même manière à l'autre testicule, on lave les bourses avec du vinaigre, dans lequel on a fait dissoudre un peu de sel marin; on les nettoie bien; on dégage le cheval de ses entraves et on le saigne, pour empêcher l'inflammation, en diminuant la masse du sang.

Il faut qu'il se repose vingt-quatre heures, après lesquelles le sublimé corrosif ayant produit son effet, on coupe les liens qui tiennent les cassots, et on achève la séparation des parties encore adhérentes, mais mortes; on lave de nouveau les bourses avec une eau aiguisée de sel et de vinaigre.

On est quelquefois obligé de mettre des morailles aux chevaux pour leur faire cette opération.

Tous les jours il faut faire faire au cheval un quart ou une demi-lieue, mais lentement, et lui laver les bourses avec l'eau aiguisée de vinaigre; en quinze jours il est guéri. Après sa guérison on le fait travailler modérément. Il peut dès-lors soutenir quelques journées de route, pourvu qu'on ne le presse pas.

2° La castration par le feu diffère peu de la castration par le caustique. Au lieu de cassots employés dans celle-ci, on fait usage d'une espèce de tenaille, de la forme des morailles, mais plus légère et plus petite, appelée *moraille à châtrer*. Elle est longue de cinq à six pouces; les deux pièces ne sont pas tranchantes du côté où elles se touchent, mais limées de manière cependant qu'elles se touchent dans tous les points; à l'une des branches est attachée une courroie pour les lier quand on s'en sert.

Après avoir mis le testicule à nu, l'opérateur saisit avec les morailles le cordon entre le testicule et l'épididyme, rapproche les branches et les lie fortement avec une courroie. Il prend alors un couteau de cuivre, rougi au feu dans un réchaud, et sépare tant en brûlant qu'en coupant le testicule de l'épididyme. Il jette aussitôt du sucre sur l'endroit de la section et y fait étendre de la cire jaune, au moyen d'un second couteau très chaud. Lorsqu'on ôte les morailles, ou lors de la chute de l'escarre, il n'y a pas d'hémorrhagie à craindre.

3° Dans la troisième méthode, on se contente, après avoir ouvert les bourses, de lier les vaisseaux spermatiques avec un fort fil de soie ou un fil de cordonnier, et l'on emporte le testicule par une section faite au-dessous de la ligature, c'est-à-dire du côté du testicule. On étend sur la surface de la section des vaisseaux un onguent chaud fait de suif et de térébenthine. On lave les bourses avec de l'huile et du vin, et on fait promener le cheval ainsi coupé dans un endroit poudreux.

4° Pour châtrer en contondant ou froissant les testicules, il suffit de saisir extérieurement le cordon spermatique, de comprimer fortement les testicules avec des tenailles à mors larges et plats, ou de les contondre avec deux marteaux de bois, en leur ôtant toute action vitale. En Russie on les froisse entre deux pierres. Un cheval châtré de cette manière s'appelle en France *cheval froissé.*

5° La cinquième méthode consiste à saisir les testicules du cheval, et à les tordre si fortement, qu'ils deviennent incapables de servir à la sécrétion de l'humeur séminale, et qu'ils se dessèchent. Cette opération s'appelle *bistourner.*

M. George Hartmann regarde la première méthode comme la plus sûre, et celle qui expose le cheval à moins de douleur et de danger. Celle qui est faite par le feu est sujette à causer des inflammations, et même un tétanos général, maladie convulsive; le procédé de la ligature ne convient guère qu'aux chevaux d'un an, qu'il seroit trop tôt de couper à cet âge. Dans les chevaux plus âgés, la masse à emporter seroit trop considérable, il faudroit resserrer la ligature à mesure qu'elle se relâcheroit par l'affaissement de la partie qu'elle engage, et abattre trop souvent l'animal. La castration par le froissement ou par le bistournage a l'inconvénient de ne point enlever les testicules, et de tromper ceux qui voudroient acheter des étalons, s'ils n'y apportoient toute l'attention possible.

La saison la plus convenable pour la castration du cheval est le printemps et l'automne. L'âge est trois ou quatre ans; alors il est bien formé, il a du feu et de la force. Il conserve après la castration une partie de ses qualités, qu'il n'auroit pas s'il étoit châtré plus jeune. Il faut auparavant qu'il n'ait monté aucune jument, et qu'il soit en bon état de santé.

Ce que je viens dire du cheval peut s'appliquer à l'âne, qui peut être châtré par les mêmes méthodes et qui exige les mêmes précautions. L'âge le plus convenable est à deux ans et demi ou trois ans. On châtre moins souvent les ânes parcequ'on ne veut pas les priver de leur force, et parcequ'il y a moins d'inconvéniens à ne pas les hongrer.

On châtre rarement les veaux lorsqu'ils sont bien jeunes. Cette opération en feroit mourir un grand nombre, et les bœufs qui résulteroient de ceux qui serviroient ne seroient pas assez forts; on attend que leurs membres et les autres parties de leur corps soient dans l'état de perfection ; c'est ordinairement à dix-huit mois ou à deux ans.

On n'emploie, en France, pour châtrer les taureaux, que trois des précédentes méthodes, ou la ligature, ou les froissemens des testicules, ou le bistournage. Cette dernière est la seule usitée pour les taureaux qui ont servi d'étalons pendant quelques années.

Le taureau coupé, c'est-à-dire le bœuf, est docile, et peut être employé ou à labourer ou à traîner des voitures. Il s'engraisse facilement, et sa chair, à choses égales, est d'autant meilleure qu'il a été châtré de bonne heure, ou avant d'avoir couvert des vaches.

On a pratiqué aussi la castration sur des vaches. Elle consiste à retrancher dans ces animaux les ovaires, sans toucher ni à la matrice, ni au vagin. Ce moyen de les rendre stériles est une preuve de l'influence des ovaires sur la génération. Les vaches châtrées engraissent plus facilement que les autres ; elles ont la chair plus agréable au goût si on les châtre jeunes. Cette pratique, si elle devenoit commune, nuiroit à la propagation de l'espèce.

Il ne paroît pas que les Espagnols fassent beaucoup d'usage de la castration sur les beliers transhumans. Ils n'en châtrent que quelques uns pour les mieux apprivoiser et en faire des conducteurs Ces animaux, qu'on appelle *manso* sont d'une grande utilité aux bergers, qui par leur moyen conduisent où ils veulent un troupeau entier, ou une division de troupeau, ou quelques bêtes seulement. Il suffit qu'ils leur donnent de temps en temps un peu de pain, et qu'ils les appellent quand ils veulent s'en servir. Les autres restent en état de belier et forment des troupes séparées. On croit qu'ils soutiennent mieux que les moutons la fatigue des voyages longs. Peut-être en châtre-t-on un plus grand nombre parmi les bêtes sédentaires.

On coupe les beliers depuis l'âge de huit jours jusqu'à un âge très avancé. Plus ils sont coupés jeunes, plus la chair est tendre, et moins il y a d'accidens ; mais les moutons en sont moins forts. On emploie la troisième et la cinquième méthode, quelquefois la quatrième. La troisième est celle qui convient aux beliers agneaux, et la cinquième aux beliers qui ont plus de trois ans. Après l'opération beaucoup de bergers se contentent de frotter les bourses avec du saindoux. Les uns les tiennent quelques jours en repos et les nourrissent mieux qu'à l'ordinaire ; d'autres les mènent aux champs dès le jour même ou le lendemain. Il y a des pays où des hommes font la profession de châtreurs d'agneaux. Ils parcourent les fermes peu de temps après l'agnelage. Le plus souvent, ce sont les bergers qui se chargent de l'opération et ils s'en acquittent bien.

M. Daubanton a donné la méthode de châtrer les brebis. Elle seroit la même pour les chèvres, si on y trouvoit quelque avantage.

C'est à l'âge de six semaines, et non plus tôt, parcequ'il faut que les ovaires aient acquis un peu de grosseur, pour qu'on puisse les saisir aisément.

On place l'agnelle sur une table ; un aide tient les deux jambes de devant et la jambe droite de derrière ; un autre écarte la jambe gauche de derrière ; l'opérateur soulève la peau du flanc gauche avec les deux premiers doigts de la main gauche, pour former un pli à égale distance de la partie la plus haute de l'os de la hanche et du nombril ; il coupe ce pli de manière que l'incision n'ait qu'un pouce et demi de longueur, et suive une ligne qui iroit de la partie la plus haute de l'os de la hanche jusqu'au nombril. L'ouverture étant faite, en coupant peu à peu toute l'épaisseur de la chair jusqu'à l'endroit des boyaux, sans les toucher, l'opérateur introduit le doigt *index* (second doigt dans le ventre de l'agnelle, pour chercher l'ovaire gauche. Lorsqu'il l'a senti, il l'attire doucement au dehors. Les deux ligamens larges, la matrice et l'ovaire droit sortent en même temps. On coupe les deux ovaires et on fait rentrer le reste ; ensuite on fait trois points de couture à l'endroit de l'ouverture, pour la fermer ; on ne passe l'aiguille que dans la peau et point dans la chair ; on laisse sortir au dehors les deux bouts du fil, et on met un peu de graisse sur la plaie. Après dix ou douze jours, la plaie étant cicatrisée, on coupe le fil au point de couture du milieu, et on tire les deux bouts pour l'enlever, et par ce moyen éviter de la suppuration. Quand cette opération est bien faite, l'agnelle ne souffre que le premier jour. Les femelles des beliers qui ont été châtrées s'appellent *brebis châtrices ;* il vaut mieux les appeler *moutonnes.*

Les cochons mâles sont châtrés depuis l'âge de quinze jours

jusqu'à six semaines, en employant seulement la troisième méthode. On châtre aussi les femelles des cochons de la même
manière que les agnelles.

On ne s'est pas borné à pratiquer la castration dans les seuls
quadrupèdes, on l'a étendue aux coqs et aux poules de nos
basses-cours. Les coqs châtrés ont le nom de *chapons*, et les
poules celui de *poulardes. Voyez* POULE.

Les poulets nés tard ne doivent pas être châtrés, parcequ'ils
ne deviendroient pas beaux. Pour qu'ils profitent bien, il
faut qu'ils soient en état de l'être avant la Saint-Jean, et qu'ils
aient trois mois. D'ailleurs il seroit dangereux d'attendre les
chaleurs, qui, causant la gangrène, en tueroient beaucoup.

L'opération est simple, et les femmes ou servantes des fermiers la pratiquent elles-mêmes. On fait une incision près
les parties de la génération; on enfonce le doigt par cette
ouverture, et on emporte les testicules, si ce sont des mâles,
et les ovaires, si ce sont des femelles. Le coq châtré ne chante
plus, s'il l'a bien été. Les poulardes engraissent plus aisément
que les chapons. Il y a des pays en France où cet art est très
en usage et d'un grand profit.

J'observerai que, sur quelque animal qu'on fasse la castration, il faut prendre de grandes précautions; comme on agit
sur des parties très délicates, si on n'y fait pas la plus grande
attention, on risque de perdre les animaux. (TES.)

CAT. C'est un des noms du CLAVEAU.

CATAIRE. *Voyez* CHATAIRE.

CATALEPSIE. Maladie nerveuse dont l'effet est d'ôter
subitement la faculté de faire les mouvemens qui dépendent
de la volonté. L'homme ou l'animal qui en est affecté reste
dans la position où il se trouve sans pouvoir la changer. Ses
membres gardent celle qu'on leur donne comme s'ils étoient
des objets inanimés. Les saignées, les vomitifs, le cautère
actuel, enfin les excitans les plus actifs sont les remèdes
qu'on emploie le plus souvent pour la combattre.

Cette maladie est si rare dans les animaux, qu'il devient
superflu d'entrer dans plus de détails à son égard. (B.)

CATALEPSIE. BOTANIQUE. Deux plantes de l'Amérique
septentrionale, une moldavie et un phrima, sont organisées
de manière à pouvoir se couder et à rester dans la même place.
On leur a appliqué le nom de la maladie précédente. J'ai fait
connoître mes observations sur ce phénomène au mot PHRIMA
du nouveau Dictionnaire d'histoire naturelle. (B.)

CATALEPTIQUE. Espèce de DRACOCÉPHALE.

CATALOGNE. Variété de PRUNE.

CATALPA, *Catalpa*. Arbre d'ornement qui faisoit partie

des BIGNONES, *Bignonia catalpa*, Lin.; mais que Jussieu a jugé devoir former un genre particulier.

Cet arbre, un des plus beaux que l'Amérique septentrionale ait donnés à nos jardins, s'élève de vingt à trente pieds, et présente toujours, par l'écartement de ses nombreux rameaux, une vaste cime arrondie et par conséquent d'une forme qui contraste avec celle de la plupart des autres arbres. Ses feuilles ont communément un demi-pied de diamètre, sont arrondies un peu en cœur, opposées ou ternées, et portées sur de longs pétioles; la nuance de leur vert est très agréable. Ses fleurs blanches et tachées de pourpre, de la grosseur du pouce, forment, à l'extrémité de ses branches, des girandoles un peu lâches peut-être, mais très élégantes et d'une odeur foible, mais agréable; elles se développent au milieu de l'été, c'est-à-dire à une époque où celles des autres arbres sont passées; ses fruits, de la grosseur d'une plume à écrire et de six à huit pouces de long, ajoutent à ses agrémens, parcequ'ils sont pendans et facilement agités par les vents, ce qu'on ne voit dans aucun autre arbre de France, ou acclimaté en France.

Tous ces avantages font rechercher le catalpa par tous les amateurs de jardins; aussi est-il l'objet d'un commerce de quelque étendue pour les pépiniéristes; aussi commence-t-il à devenir très commun autour de Paris et des autres grandes villes. C'est, isolé au milieu des gazons, ou groupé trois ou quatre ensemble à quelque distance des massifs ou au bord des massifs mêmes, qu'il produit le plus d'effets. On en forme des allées impénétrables aux rayons du soleil. Il lui faut toujours une bonne exposition et beaucoup d'air, sans cependant qu'il soit dans la direction des vents, car ses feuilles sont facilement déchirées par eux. Il devient hideux après un orage, ainsi que j'ai eu plusieurs fois occasion de l'observer. Toute terre, qui n'est pas trop sèche ou trop humide, lui convient; mais cependant il réussit mieux dans les terres franches et argileuses. En Caroline, où j'en ai vu d'immenses quantités, on le plante sur la berge des fossés pour qu'il en retienne les terres par ses racines nombreuses et traçantes, et ces terres sont cependant fort sablonneuses. Il pousse très vigoureusement dans sa jeunesse, et atteint presque toute sa croissance en quatre à cinq ans; mais il ne fleurit guère qu'à la septième ou huitième année. Malheureusement il est sujet à la gelée dans le climat de Paris, sur-tout dans sa jeunesse; souvent alors il perd en une nuit la moitié de la pousse d'une année, c'est-à-dire trois ou quatre pieds, mais cette perte se répare l'année suivante et au-delà, aussi ne les couvre-t-on plus dans les pépinières des environs de cette ville; mais plus au nord cela devient indispensable; même Dumont-Courset, dont on ne peut trop citer la pratique, conseille-t-il de les tenir en pot pendant quatre à cinq ans, c'est-à-dire juqu'à ce que son bois ait pris la consistance nécessaire pour résister aux gelées. En effet, lorsqu'il est parvenu à cet âge, dans le climat de Paris, les hivers les plus rigoureux n'ont plus d'action sur ses tiges ; il n'y a que l'extrémité de ses branche qui soient quelquefois *pincées*, pour me servir de l'expression technique, et, loin de lui faire du tort, cela détermine la sortie de rameaux latéraux qui rendent sa tête plus épaisse et par conséquent plus belle.

On multiplie le catalpa de graines, de rejetons, de marcottes et de boutures.

La multiplication par graines est la plus lente, mais la plus avantageuse sous tout autre rapport, aussi est-ce celle qu'on doit préférer ; mais souvent dans le climat de Paris, et encore plus souvent au nord de cette ville, les capsules de cet arbre sont frappées de la gelée avant la maturité des graines qu'elles renferment ; ainsi il faut, dans les années où cela arrive, en tirer des parties méridionales de l'Europe ou de l'Amérique même. Ces dernières valent toujours mieux à raison du grand nombre de graines fertiles que contient chaque capsule, mais elles sont inférieures comme provenant d'arbres non acclimatés ; aussi trouve-t-on que le plant, qui en provient est plus sensible à la gelée et en général plus délicat que celui résultant des capsules récoltées dans nos jardins. Les graines, soit dit en passant, doivent être conservées dans la capsule jusqu'au moment de leur mise en terre.

Le semis des graines de catalpa se fait dans des terrines sur couches et sous châssis, ou en pleine terre. Dans l'un et l'autre cas il s'effectue au printemps, lorsqu'il n'y a plus de gelées à craindre. Celui en terrine dans une terre composée de terre franche, de terre de bruyère et de terreau par parties égales. Celui en pleine terre à l'exposition du levant ou du midi dans un sol bien ameubli et même mélangé de terreau. Les graines ne doivent pas être recouvertes de plus d'une ligne de terre, et même ne devroient pas l'être s'il n'étoit à craindre que les vents les emportent. On les arrose légèrement, mais fréquemment. Le plant levé se sarcle et même se bine, s'il est possible, deux ou trois fois dans le courant de l'été. Si l'exposition est celle du midi, il est bon de le garantir des rayons directs du soleil, dans les jours les plus chauds, par des toiles s'il est sous châssis, et par des claies s'il est en pleine terre. Ordinairement ce plant a plus de six pouces de hauteur à la fin de la saison. Celui qui est sur couche se rentre dans la racine, et celui qui est en pleine terre est garanti des gelées de l'hiver par une couverture de fougère ou de paille de l'épaisseur d'un pied ; couverture qu'on soutiendra au-dessus de lui , pour qu'il n'en soit pas écrasé , par quelques perches croisées et fixées sur des fourches d'une hauteur convenable. Au printemps suivant, lorsqu'il n'y a plus de gelées à craindre , on repique , dans le climat de Paris , indifféremment ces plants en pleine terre, à l'exposition du levant ou du midi, à six pouces de distance dans un sol bien préparé et rendu plus meuble par de la terre de bruyère. Dans le courant de cette seconde année, il ne demande que des sarclages et binages ordinaires et quelques arrosemens dans les grandes chaleurs.

Si le terrain est bon et l'année favorable , il est déjà trop fort à la fin de cette seconde année pour rester si rapproché, et il faut ou enlever un pied entre deux , ou tout replanter dans un autre endroit à un pied de distance. La troisième année il faut encore faire la même opération pour la même cause, c'est-à-dire écarter les plants de deux pieds ; c'est à la quatrième année qu'il a acquis , lorsque les gelées ne lui ont pas nui, la hauteur convenable pour être mis en place ; mais il est bon de le laisser encore se fortifier un an dans la pépinière. En espaçant d'abord le plant de deux pieds on évite toutes ces transplantations.

Lorsque le plant de catalpa, dans sa troisième ou quatrième année, a été frappé de la gelée, il vaut mieux le rabattre rez terre qu'à la hauteur où il est mort, parcequ'il repoussera des jets parmi lesquels on en choisira un pour former une nouvelle tige qui surpassera, le plus souvent la même année, celle qu'on aura coupée, et qui sera au moins mieux filée. C'est alors que , si on veut prendre des précautions contre les gelées, on devra empailler de bonne heure les catalpas, afin que cette tige se conserve dans toute sa beauté, et puisse acquérir l'année suivante la force nécessaire pour résister aux hivers les plus rudes.

Au-delà de cet âge , les catalpas ne doivent plus être tourmentés par la serpette. Il faut laisser à la nature le soin de leur donner la forme, et elle ne se trompera pas. Un peu d'irrégularité lui est plus avantageux qu'une forme , visiblement le produit de l'art.

Il est rare que le catalpa produise une grande quantité de rejetons dans le climat de Paris ; en conséquence, il ne faut pas compter sur eux ; cependant en Amérique, quand on en arrache un pied, il en repousse des centaines, ce qui indique qu'il peut être multiplié par racines ; mais ce moyen n'est point pratiqué en France, du moins à ma connoissance.

Les marcottes de catalpa reprennent souvent dans la première année, et toujours, au moins, dans la seconde ; mais comme le bois de cet arbre est très cassant, il est difficile d'en faire. Il vaut mieux, quand on veut employer ce moyen de multiplication, couper un vieux pied par le bas, et l'année suivante couvrir ses jeunes pousses d'un pied de terre. L'année d'après, ces jeunes pousses auront acquis assez de racines pour être enlevées et placées en pépinière. Ce vieux pied résiste rarement long-temps à ce genre d'épreuve. Il périt presque toujours à la troisième ou quatrième année.

On fait toujours les boutures de catalpa avec des rameaux de l'année précédente. Elles doivent avoir environ un pied, et être enterrées au-delà de moitié, soit dans des pots qu'on place sur couche à châssis, soit en pleine terre. Celles sur couche sont enracinées au bout de deux mois, et celles en pleine terre au bout de trois ou quatre, lorsqu'elles ont été convenablement arrosées et mises à l'abri du soleil de midi pendant les jours chauds. Les premières se relèvent l'année suivante pour être mises en pépinière, et les autres la seconde année, pour y être également placées, ou être mises à demeure dans le lieu qui leur est destiné.

On a observé que le catalpa geloit plus rarement à l'exposition du nord qu'à toute autre ; mais il y pousse plus lentement, et y donne bien moins de fleurs. C'est aux convenances locales à décider. En général, il est toujours bon de varier les chances de conservation, et les effets produits par la différence des aspects.

Le bois du catalpa est poreux; sa couleur est verdâtre quand il est frais, et brune quand il est sec. Il pèse à raison de 32 livres 10 onces 6 gros par pied cube.

Le miel que les abeilles récoltent dans les fleurs du catalpa est très âcre. (B.)

CATAPLASME. Espèce d'emplâtre ou médicament mou, semblable à de la bouillie, qui s'applique à l'extérieur. Le nombre des cataplasmes est multiplié à l'excès, et cette multiplication prouve plus le charlatanisme que l'utilité. Les cataplasmes sont classés suivant la nature des substances qui entrent dans leur composition; les uns sont *adoucissans* ou *émolliens ;* d'autres *maturatifs* ou *suppuratifs ;* les autres *résolutifs*, etc.

Lorsqu'il y a inflammation, c'est le cas d'employer les cataplasmes de mie de pain bouillie dans l'eau commune, et c'est un cataplasme émollient.

Lorsqu'il faut attirer au dehors la suppuration, on y parvient par les cataplasmes maturatifs ou suppuratifs; le meilleur de tous, sans contredit, et le plus simple, est celui fait avec la bouillie, ou avec la mie de pain et de lait que l'on fait cuire avec une quantité proportionnée d'oignons de lis blanc, si on en a, ou simplement d'oignons de cuisine; on eut y ajouter quelques figues grasses. Suivant une coutume abusive, on emploie le lait, le beurre, les huiles; s'il a inflammation, le lait aigrit, le beurre et l'huile rancissent, et dans cet état ils deviennent épipastiques et causent les érysipèles sur la peau de l'endroit sur lequel le cataplasme est appliqué, et il en résulte souvent des désordres affreux pour le malade.

Lorsqu'il faut résoudre, on prend six onces de farine d'orge, deux onces de feuilles fraîches de ciguë écrasées, du vinaigre une quantité suffisante. Le tout doit bouillir pendant quelques minutes, et on ajoute ensuite deux gros de sucre de plomb.

Dans un grand nombre de maladies il est important de hâter la dérivation de l'humeur; on recourt alors au cataplasme vésicatoire ou épipastique. Prenez mouches CANTHARIDES (voy. ce mot), depuis une drachme jusqu'à une once sur quatre onces de levain ou de farine; mêlez avec suffisante quantité de vinaigre; le mélange doit être exact et d'une consistance telle: il restera pendant vingt-quatre heures sur la portion des tégumens où il est appliqué, à moins que les vessies ne soient formées avant ce temps.

Lorsque l'on craint que les voies urinaires ne soient trop fortement affectées par l'effet des cantharides, on emploie les sinapismes ou cataplasmes de moutarde. Prenez de la moutarde pulvérisée, et mêlez-la avec suffisante quantité de vinaigre, pour réduire le tout en consistance de cataplasme; s'il n'est pas assez actif, ajoutez-y de l'ail écrasé. (R.)

CATAPLASME. JARDINAGE. Quelques écrivains ont donné ce nom aux compositions qu'on met sur les plaies des arbres. Voyez ENGLUMEN et ONGUENT DE SAINT-FIACRE. (B.)

CATAPUCE. Nom vulgaire de l'EUPHORBE ÉSULE. Voyez ce mot.

CATARACTE. MÉDECINE VÉTÉRINAIRE. Maladie des yeux de l'animal, dans laquelle la pupille, qui paroît noire dans l'état naturel, perd sa transparence et prend une couleur tantôt jaune, tantôt cendrée, bleue ou de couleur de feuille morte. Dans le principe de la cataracte, la vue de l'animal n'est que troublée; mais elle se perd entièrement dans la suite. Le cheval est celui de tous les animaux le plus exposé à cette maladie: elle a des causes prochaines et éloignées. La cause prochaine est l'opacité du cristallin; les causes éloignées sont la stagnation des humeurs épaisses et gluantes dans le cristallin, après des violentes inflammations dans les yeux, des fluxions lunatiques, des coups donnés sur ces parties, des efforts qu'a faits l'animal, un reste de gourme, le virus du farcin et la morve. Le cristallin devient opaque, parceque, entre les différentes couches membraneuses qui le composent, il se

dépose des matières étrangères qui interceptent le passage
des rayons de la lumière, s'épanchent dans le tissu cellulaire
de cette partie, s'y épaississent, et font perdre à cet organe
la transparence qu'il avoit auparavant.

Il est aisé de reconnoître la cataracte, en examinant l'animal en face à la sortie d'une écurie, ou dessous une porte
cochère ; l'on voit un corps plus ou moins blanc, que nous
appelons *dragon*. Ce mal est presque toujours incurable à
cause de la difficulté de l'opération.

On a confondu jusqu'à présent cette maladie avec l'onglée
des animaux ; les ânes, les chevaux, les mulets, les moutons,
les chèvres y sont sujets. Cette prétendue cataracte est facile
à détruire ; ce n'est autre chose qu'un relâchement de la membrane clignotante, qui naît du côté du petit angle de l'œil qui
s'avance sur tout le globe, et le recouvre quelquefois en entier, si l'on ne s'oppose à ses progrès. Quant à la manière de
parer à cet inconvénient, *voyez* ONGLÉE. (R.)

CATARRHE. MÉDECINE VÉTÉRINAIRE. Ce n'est autre chose
qu'une inflammation fausse, avec fluxion et distillation d'humeur, qui peut attaquer toutes les parties du corps des animaux, mais qui se fixe le plus souvent au nez, au cou, ou
sur le poumon.

Les causes les plus communes du catarrhe sont les intempéries
de l'air, et la suppression de l'insensible transpiration de la
sueur, le peu de soins qu'ont les cultivateurs d'entretenir un
courant d'air dans les écuries et les étables ; le passage subit
de l'air échauffé, qui règne dans les lieux où sont enfermés
beaucoup d'animaux, à l'air libre et froid ; les eaux crues et
glacées qu'on leur laisse boire, sur-tout lorsqu'ils travaillent ;
la répercussion des maladies cutanées, telles que la gale, les
dartres, les eaux aux jambes, les solandres, les malandres, etc.

Le cheval, l'âne, le mulet, le bœuf, le mouton, la chèvre
et le cochon sont sujets au catarrhe ; mais comme cette maladie
est mieux connue, dans tous ces animaux, sous le nom de
morfondure, nous renvoyons à cet article. *Voyez* MORFONDURE.

Il nous reste seulement à parler du catarrhe qui a souvent
des suites funestes chez les chevaux, et qui, pour l'ordinaire,
est épizootique. Il se manifeste par les symptômes suivans,
1° les premiers jours un malaise et une foiblesse générale, quelques légers frissons, sur-tout le soir à la rentrée du travail ;
2° des ébrouemens fréquens, suivis de l'écoulement par les
naseaux d'une humeur limpide et âcre ; 3° Un mouvement
convulsif dans la lèvre antérieure ; 4° La perte de l'appétit
dans quelques chevaux ; 5° vers le quatrième jour ce dernier
symptôme est le plus général, et les ébrouemens moins fréquens ; 6° L'humeur devient verdâtre, et s'épaissit ; elle ne

oule alors que par un naseau ; les glandes lymphatiques de
lessous la ganache se tuméfient du côté du naseau qui flue ;
7° Les glandes ne sont entièrement engorgées que lorsque
le flux a lieu par les deux naseaux à la fois ; 8° les huitième,
neuvième, dixième et douzième jours, les ébrouemens cessent, l'humeur devient plus épaisse, jaunâtre, et successivement blanche ; elle coule en plus grande quantité et souvent
alors par les deux naseaux ; 9° la respiration se trouve gênée ;
10° quelques légers accès de toux qui n'ont le plus souvent
lieu que parceque l'humeur, devenue trop épaisse, engorge
les fosses nasales ; 11° Le flux et la tuméfaction cessent peu
à peu, et l'animal reprend sa gaieté et son appétit.

Dans quelques chevaux la maladie s'annonce par la prostration des forces, par une toux sèche, plus ou moins violente,
et beaucoup de sensibilité à la poitrine ; huit ou dix jours après
la toux commence à devenir grasse, et il se fait par les naseaux et quelquefois par la bouche une expectoration copieuse
de matière épaisse et jaunâtre ; l'insensible transpiration se
rétablit peu à peu ; elle est même quelquefois abondante, et
l'animal guérit.

Cette espèce de catarrhe attaquant ordinairement la poitrine
des chevaux, il est dangereux, et souvent funeste, pour ceux
qui ont essuyé des péripneumonies, pour ceux qui ont le poumon foible et délicat, et pour ceux qui ont la pousse ; quelques uns même succombent. La pousse est quelquefois augmentée, dans d'autres, au point qu'ils ne peuvent résister à la chaleur de l'été. En général, cette maladie est dangereuse, et se
termine au bout de quinze jours. Les chevaux qui ont des eaux
aux jambes, des javarts, ou d'autres accidens locaux, en sont
pour l'ordinaire exempts.

Traitement. Dans le premier cas les remèdes mucilagineux
et adoucissans, tels que la mauve, la guimauve, le bouillon
blanc, la graine de lin en boissons et fumigations, ensuite les
délayans légèrement incisifs, le kermès minéral donné avec
du miel, ou bien dans l'eau blanchie avec le son de froment,
sont les remèdes à employer. Mais dans le second, c'est-à-
dire dans celui où la prostration des forces est manifeste, les
infusions des plantes aromatiques, telles que l'absinthe, la
sauge, la lavande, l'iris de Florence, le kermès, sont à préférer. La nourriture doit être la paille et le son.

On doit bien sentir que la saignée n'est indiquée que dans
le premier cas, encore faut-il que la difficulté dans la respiration subsiste, et qu'elle soit faite dans les quarante-huit
heures de l'invasion du mal ; parceque, si on la pratiquoit le
troisième ou quatrième jour que la coction de l'humeur catarrhale commence à se faire, il seroit à craindre qu'elle ne se

fixât entièrement sur le poumon, et qu'elle n'y occasionnât des inflammations dont la plupart se termineroient par l'empyème et la mort. (R.)

CATARRHE DU CHIEN. Le chien est sujet au catarrhe du gosier. On connoît qu'il en est attaqué, lorsqu'il est triste, dégoûté, qu'il lui sort beaucoup de sérosités par le nez, par son gosier qui est douloureux et enflammé, et quelquefois par sa tuméfaction.

Ce mal cède facilement en tenant le chien chaudement, en faisant sur la partie tuméfiée des onctions avec l'huile de camomille, et des fumigations de cascarille. (R.)

CATILAC. Pêche et Poire. *Voyez* ces deux mots.

CAUCALIDE, *Caucalis.* Genre de plantes de la pentandrie digynie et de la famille des ombellifères, qui renferme une douzaine d'espèces la plupart propres à l'Europe, et croissant dans les champs cultivés, parmi les blés, auxquels elles nuisent quelquefois par leur abondance.

Les espèces les plus communes sont,

La CAUCALIDE A GRANDE FLEUR. Elle a les feuilles alternes, trois fois pinnées, et à folioles presque linéaires; les involucres de cinq folioles; un des pétales des fleurs extérieures deux fois plus grands que les autres, et toutes les parties rudes au toucher. C'est une plante annuelle, qui s'élève au plus à un pied de haut, et qui seroit propre à servir à l'ornement des jardins, si ses fleurs, qui sont d'un blanc éclatant, ne passoient pas si vite.

La CAUCALIDE DAUCOÏDE a les feuilles alternes, trois fois pinnées et à divisions linéaires; les involucres universels nuls, et les partiels de trois folioles; les fleurs presque égales et rougeâtres; toutes les parties rudes au toucher. Elle est annuelle.

La CAUCALIDE A LARGES FEUILLES, qui a les feuilles alternes, pinnées, à divisions lancéolées et dentées; les involucres universels de trois folioles; les partiels de cinq; les fleurs blanches, presque égales; toutes les parties âpres au toucher. Elle est annuelle.

Ces trois plantes se trouvent souvent dans les moissons, surtout du côté du midi de la France. Lorsque leurs graines, qui sont grosses et aplaties comme des lentilles, restent dans le blé, elles rendent le pain brun, amer et malsain, comme j'ai eu occasion de l'éprouver. Pour les en séparer, il faut de toute nécessité un crible à travers lequel le blé puisse passer : or, ces sortes de cribles sont rares dans les cantons de petite culture, tels que ceux dont je veux parler. Les sarclages ne font qu'en diminuer le nombre, parcequ'à l'époque où on peut le faire, ces plantes ne sont pas encore montées en fleurs, et qu'on les voit difficilement.

Une partie des graines mûrissent et tombent avant la coupe du blé et se conservent plusieurs années en terre. Ce n'est donc que par la culture en assolement qu'on peut les détruire, c'est-à-dire en faisant succéder au blé qui en étoit infesté, ou des plantes étouffantes, comme les pois, la vesce; ou des plantes qu'il faut sarfouir plusieurs fois, comme les pommes de terre et les betteraves, ou des prairies artificielles.

Quelques auteurs ont placé les caucalides dans le genre des CERFEUILS, d'autres en ont fait un particulier, uniquement pour elles.

La CAUCALIDE APRE, *Tordylium antriscus*, Lin., a les involucres polyphylles, les semences ovales, les feuilles deux fois pinnées, à folioles finement découpées, excepté celle du milieu qui est linéaire, lancéolée. Elle est bisannuelle.

La CAUCALIDE NODIFLORE, *Tordylium nodosum*, Lin., a les ombelles simples, presque sessiles, axillaires, et les feuilles trois fois décomposées. Elle est bisannuelle.

Ces deux plantes sont très communes dans toute l'Europe le long des chemins, dans les pâturages, les champs incultes, etc. Elles rampent sur la terre, et ne sont pas toujours faciles à voir, parcequ'elles sont cachées par les autres plantes. Il suffit de couper le sommet d'une tige pour déterminer le développement d'autant d'autres tiges qu'il y a de feuilles dans ce qui reste. Aussi quelques uns de leurs pieds, en automne, ont ils deux pieds de diamètre, et sont-ils si chargés de rameaux qu'ils étonnent ceux qui les voient. Tous les bestiaux les aiment avec passion et les chevaux sur-tout, de sorte que, quelque communes qu'elles soient, il seroit peut-être encore avantageux de les semer dans les pâturages, chose assez facile, puisqu'il ne s'agiroit que de faire arracher en automne un certain nombre de pieds pour en répandre au printemps la graine que les petits oiseaux, qui la recherchent beaucoup, auroient mangée pendant l'hiver. (B.)

CAULET. Chou dans le département de Lot-et-Garonne.

CAULINAIRE. Tout ce qui tient à la tige d'une plante. Il y a des feuilles caulinaires et des feuilles radicales *Voyez* PLANTE.

CAUSSA. Nom de la seconde façon qu'on donne aux terres dans le département de la Haute-Garonne.

CAUSSANEL. Une terre blanchâtre, marneuse, très propre au sainfoin, est ainsi appelée dans le département de la Haute-Garonne. (B.)

CAUSSERGUE. On nomme ainsi, dans le département de l'Aveyron, les terres calcaires légères et sèches remplies de pierres. Une portion de ce département est appelée la CAUSSE, parceque cette sorte de terre y domine. C'est un sol primitif, puisqu'on y trouve des bélemnites et des cornes d'ammon. La

roche sur laquelle il repose est feuilletée et très argileuse : c'es
la LAVE de quelques départemens. Ses productions sont généralement chétives; mais par une bonne culture on peut en tire
un produit avantageux. Ses enfoncemens, où la terre est meilleure, se nomment COURBES, (B.)

CAUSSI. C'est , aux environs de Vabres , une terre blanch
et calcaire.

CAUSTIQUE. Toute substance qui agit comme le feu, qu
détruit les parties sur laquelle on la pose , telles que le bois , l
coton , le chanvre , le duvet des feuilles de moléne , le moxa
allumé, le fer rouge, la chaux , la pierre à cautère, la pierre
infernale, etc. , est nommée *caustique*.

On emploie ces substances , ou pour brûler les chairs qu
croissent sur les vieux ulcères de mauvais genre , ou pour ouvrir des cautères, ou pour les douleurs de rhumatisme. (R.)

CAUTÈRE. Le cautère est une petite plaie ou un petit ulcère
que l'on fait à la peau, pour procurer la sortie d'une humeur
fixée dans un endroit quelconque. On ouvre un cautère à la
nuque , aux bras, aux jambes et aux cuisses.

On fait le cautère avec un instrument tranchant , ou avec la
pierre à cautère , ou la pierre infernale. Ces opérations doivent
être pratiquées par les gens de l'art. (R.)

CAUX. Mélange de feuilles de choux, de navets et de pommes
qu'on fait bouillir dans une certaine quantité d'eau, et qu'on
donne , aux environs de Boulogne , aux vaches et aux cochons. (B.)

CAVAILLON. On emploie ce mot dans le Médoc pour dé-
chaussement de la vigne. (B.)

CAVALE. On donne ce nom à la jument dans un grand
nombre de cantons. *Voyez* au mot CHEVAL.

CAVERNES. Excavations naturelles ou faites de main
d'homme, qu'on trouve dans les montagnes, et dont on tire
dans quelques endroits un parti utile pour des objets qui ont
rapport à l'agriculture.

Ainsi on fait d'excellentes caves dans les cavernes; on y conserve les légumes pendant l'hiver, la glace pendant l'été; on y
dépose le beurre, le fromage, etc. Celles de Roquefort sont
même regardées comme essentielles à la formation et à la bonne
qualité du fromage de ce nom.

Les cavernes ont été les premières habitations des hommes ,
et encore aujourd'hui elles lui servent de retraite dans quelques
pays. En France même, il est de pauvres cultivateurs qui
profitent de celles qu'ils trouvent, ou qui en creusent (dans
la craie principalement) pour s'y loger.

Certaines cavernes sont des glacières naturelles, c'est-à-dire qu'il s'y trouve toujours de la glace pendant l'été ; telle est celle qui se voit près de Besançon. (B.)

CAVES. ARCHITECTURE RURALE, ŒNOLOGIE. Lieux souterrains et voûtés destinés à resserrer et à conserver les vins.

De toutes les liqueurs fermentées le vin est la plus délicate, et pour pouvoir le conserver long-temps dans une cave, il faut qu'elle ait des qualités particulières qu'une construction convenable peut seule lui procurer.

Mais avant d'entrer dans les détails que comporte cette construction rurale, il est nécessaire de rappeler les principes et les causes de la fermentation du vin, car c'est par leur découverte que l'on a pu déterminer la meilleure construction d'une cave.

Rozier les a très bien développés dans son article cave, et nous n'aurions pas osé y toucher s'il avoit été plus complet. Mais cette raison et quelques longueurs nous ont déterminé à le refaire, en conservant toutefois les excellens principes que nous y avons trouvés.

« Les raisins rendus fluides par la pression immédiatement après leur cueillette, et rassemblés en masse dans la cuve, y éprouvent une fermentation que l'on reconnoît bientôt au bouillonnement du vin ; on l'appelle *fermentation vineuse.*

« L'effet de cette fermentation est de convertir le principe sucré et mucilagineux du raisin en liqueur spiritueuse. La *fermentation insensible* succède à la fermentation vineuse, ou plutôt elle en est la continuation. Elle est apparente pendant quelque temps après avoir entonné les vins nouveaux par un léger frémissement dans les tonneaux. Cette seconde fermentation raffine la liqueur, l'épure et la débarrasse des corps étrangers connus sous le nom de *lie,* qui se précipitent au fond du tonneau.

« Tant que les principes constituans de la liqueur conservent un parfait équilibre, elle forme une boisson agréable et salubre ; et c'est pour prolonger cet équilibre que l'on a imaginé la construction des caves.

« Si la cave n'a pas les qualités requises, la fermentation insensible passe promptement à la *fermentation acide,* qui annonce la désunion des principes ; et enfin à la *fermentation putride,* qui est l'effet de cette désunion lorsqu'elle est complète.

« Deux causes toujours agissantes, mais singulièrement variables dans leur action, l'exercent du plus au moins sur la liqueur spiritueuse, et tendent sans cesse à la désunion de ses principes, et conséquemment à leur décomposition. Ces deux causes sont l'air atmosphérique et la chaleur, ou plutôt l'air atmosphérique seul dont l'influence sur les liqueurs spiritueuses est plus ou moins funeste, selon qu'il est plus ou moins chaud, plus ou moins humide.

« Si le vent est au nord pendant quelques jours, ce qui influe nécessairement sur l'état de l'atmosphère, les vins s'éclair-cissent dans les tonneaux, et c'est le moment le plus favorable pour les soutirer, ou pour les tirer en bouteilles après les avoir soutirés. Si, au contraire, le vent du sud souffle, le vin perd une partie de sa transparence, et il se trouble.

« Il est donc démontré que l'air atmosphérique agit sur le vin dans les tonneaux, et que plus il est exposé à son action, plus il est sujet à se décomposer. Les vins de Champagne et de Bourgogne sont plus exposés à cet inconvénient que ceux de vignobles méridionaux, parceque ceux-ci, ayant plus de prin-cipes sucrés, contiennent moins de phlègme. »

Ainsi pour conserver les vins le plus long-temps possible, il faut les soustraire aux variations de l'atmosphère, afin d'em-pêcher leur fermentation insensible d'en être altérée, car c'est de son prolongement que dépend la bonté du vin.

Les caves doivent donc avoir la forme et la disposition con-venables pour obtenir cette propriété.

La meilleure cave est celle *qui est sèche, assez profonde en terre pour que la chaleur de son atmosphère s'y soutienne d'une manière invariable, pendant l'été comme pendant l'hiver, entre le dixième et le onzième degré au-dessus de zéro du thermo-mètre de RÉAUMUR, et que le baromètre n'y éprouve que très peu de variations.*

1° *Une cave doit être sèche.* Cette qualité est importante, non seulement pour la conservation des vins, mais encore pour celle des tonneaux.

Dans une cave humide, les cercles pourrissent en très peu de temps ainsi que les douves des tonneaux. On est obligé de les *relier* sans cesse pour ne pas être exposé à des pertes fré-quentes, et cet entretien devient quelquefois très coûteux.

Pour qu'une cave soit constamment sèche, il faut qu'elle soit creusée dans un terrain très sain par lui-même et impé-nétrable à l'eau. Cette nature de sol se rencontre très com-munément dans tous les vignobles.

Mais la cave du consommateur est dans son habitation, et sa bonté éventuelle n'entre jamais que comme motif très secon-daire dans le choix de son emplacement. C'est ce qui fait que l'on rencontre si souvent de mauvaises caves.

Il est cependant possible de s'en procurer d'assez saines, même dans les terrains les plus humides. Nous en avons vu qui étoient pour ainsi dire sous l'eau, et dans lesquelles le vin se conservoit bien pendant deux ou trois ans.

L'art indique deux moyens pour construire des caves dans les terrains humides.

Le premier consiste, 1° à garnir le pourtour extérieur des murs de la cave, depuis le pied de la fondation jusqu'au niveau du terrain environnant, d'un contre-mur, ou massif de glaise bien pilée, sur une épaisseur d'un demi à deux tiers de mètre ; 2° à paver son sol intérieur en dalles de pierre dure, ou avec des briques doubles, scellées en mortier de chaux et ciment, et assises sur un lit de glaise bien battue d'environ un demi-mètre d'épaisseur ; 3° à paver le pourtour extérieur de ses murs en pierres ordinaires, posées sur un mortier de chaux et ciment, dans une largeur d'un ou deux mètres, et en observant de donner à ce pavé extérieur une contre-pente suffisante pour éloigner des murs de la cave toutes les eaux pluviales.

Le second moyen est de construire les caves en *spirale*. Celle que nous avons citée avoit cette forme. Les murs extérieurs et le pavé en avoient été construits avec autant de soin que pour une *citerne*, afin d'empêcher les eaux extérieures et souterraines de s'y introduire par infiltration. Les tonneaux étoient placés dans le noyau de la spirale.

    2° *Les caves doivent être assez profondes pour, etc.* L'expérience a fait connoître qu'une cave voûtée en maçonnerie d'épaisseur convenable, et enfoncée en terre à une profondeur d'environ quatre mètres, conservoit en tout temps le degré prescrit de température, et que le baromètre n'y éprouvoit pas de variations sensibles, lorsque d'ailleurs elle étoit bien gouvernée. Au surplus, plus une cave est profonde, et mieux le vin s'y conserve.

La courbure que l'on doit préférer pour les voûtes des caves est celle en plein cintre. Elles sont plus solides que les voûtes surbaissées, et n'exigent pas une aussi grande épaisseur de pieds-droits pour pouvoir résister à leur poussée.

On est cependant obligé d'employer cette dernière courbure toutes les fois que la nature du sol ne permet pas d'enfoncer la cave assez avant pour que l'extrados de sa voûte se trouve au-dessous du niveau du terrain environnant.

La largeur des caves, ou plutôt le grand diamètre de leur cintre, est ordinairement fixé par la largeur des bâtimens que l'on élève au-dessus, déduction faite de la surépaisseur qu'il faut donner aux pieds-droits pour résister à la poussée de la voûte, et que l'on prend intérieurement. Dans les vignobles, au contraire, c'est la largeur qu'il faut donner à la cave qui détermine celle du bâtiment que l'on doit élever au-dessus.

Cette largeur se calcule d'après les dimensions locales des tonneaux, et les intervalles qu'il faut laisser entre les rangées pour la facilité de la surveillance et la commodité du service, et de manière qu'il n'y ait jamais de terrain de perdu.

La longueur des caves est ensuite relative à la consommation du ménage pour celles des maisons particulières, et subordonnée aux besoins de l'exploitation pour celles des vendangeoirs.

Dans l'un et l'autre cas, elles doivent être placées le plus avantageusement possible pour le service et la surveillance, et construites avec les meilleurs matériaux disponibles.

Voici les épaisseurs de maçonnerie qu'il faut donner aux voûtes des caves ainsi qu'à leurs pieds-droits, suivant les diamètres et la courbure que l'on aura adoptés pour leurs cintres.

Première table pour les voûtes en plein cintre.

DIAMÈTRES.	HAUTEUR des pieds-droits.	ÉPAISSEUR des voûtes à la clef.	ÉPAISSEUR des pieds-droits.	OBSERVATIONS.
to. pi. po.	pi. po. li.	pi. po. li.	pi. po.	
1 » »	4 » »	1 2 6	2 3 »	Les épaisseurs des
2 » »	3 » »	1 5 »	2 9 »	pieds-droits sont aug-
3 » »	3 » »	1 7 6	3 6 »	mentées pour être au-
3 3 »	1 6 »	1 9 »	4 » »	dessus de l'équilibre.

Seconde table pour les voûtes surbaissées au tiers.

DIAMÈTRES.	HAUTEUR des pieds-droits.	PETIT rayon.	GRAND rayon.	ÉPAISSEUR des voûtes à la clef.	ÉPAISSEUR des pieds-droits.
to. pi. po.	pi. po. li.	pi. po. li.	pi. po. li.	pi. po. li	pi.
2 » »	5 » »	3 3 2 $\frac{1}{2}$	8 8 9 $\frac{1}{2}$	1 7 4	4 » »
3 » »	5 » »	4 10 10	13 1 2	1 10 10	5 » »
4 » »	4 » »	6 6 5	17 5 7	2 2 7	6 » »

Même observation qu'à la première table.

Ces deux tables sont extraites d'un mémoire de feu M. *Perronet*, sur la poussée des voûtes.

Des caves construites avec les soins et de la manière que nous venons d'indiquer auroient toutes les qualités désirables, si elles n'avoient de communication avec l'air extérieur que par leur entrée; et encore seroit-il bon d'en diminuer l'influence par un tambour ou vestibule fermé. Mais le gouvernement des vins, la conservation des tonneaux, et la nécessité d'apercevoir le plus promptement possible et de prévenir les accidens qui peuvent leur arriver, exige que l'on introduise dans les caves une certaine quantité de lumière. A cet effet, on y établit des soupiraux, placés, autant qu'on le peut, à des aspects différens, afin qu'en tenant leurs volets ouverts ou fermés alternativement et suivant l'état de la température extérieure, au nord ou au sud, on puisse toujours maintenir celle des caves au degré constant et invariable exigé pour la meilleure conservation des vins.

Les caves sont ordinairement accompagnées de *caveaux*, ou *caverons*, ou petites caves, dans lesquelles on place les vins en bouteilles. La construction de ces caveaux exige les mêmes soins et les mêmes précautions que celle des caves; mais on ne leur procure pas de soupiraux. (DE PER.)

De la cave. Si elle ne fait pas le vin, elle le conserve et le bonifie; à la vérité, pour obtenir ce double avantage, il faut qu'il y règne un air frais et une température de dix degrés environ; quelquefois même, malgré ces deux conditions, on a de la peine à empêcher que les petits vins ne se détériorent.

Il existe des caves tellement humides, que les tonneaux ne tardent pas à se pourrir, et qu'on ne peut y garder que le vin en bouteilles; mais quelles que soient les localités et la nature des vaisseaux destinés à contenir le vin, on doit éviter de s'écarter des précautions suivantes.

L'entrée de la cave, placée soit à l'intérieur, soit à l'extérieur de la maison, doit être garnie de deux portes, l'une au haut de l'escalier, et l'autre au bas; il convient que les marches en soient droites et non tournantes, afin de faciliter la descente des tonneaux, et de ménager un repos ou paillier au milieu de l'escalier.

Quand les caves sont profondes, il faut que le sol soit recouvert d'un ciment composé de parties égales de chaux nouvellement éteinte, de cendres et de briques pilées; que les soupiraux soient petits, multipliés, placés à l'exposition du nord, et prennent naissance au sol de la cave, de manière à les ouvrir et à les fermer à volonté, selon le temps, pour entretenir des courans d'air frais, et une température égale dans toutes les saisons.

Il n'est pas moins essentiel que la cave soit garnie de tous les caveaux indispensables pour éviter la confusion des boissons; que l'air circule de l'un à l'autre, sur-tout pour ceux où l'on met des vins de liqueur.

Les tonneaux doivent être posés bien horizontalement, assujettis sur des chantiers de bois, préférables à ceux en maçonnerie, d'une épaisseur convenable, assez élevés au-dessus du sol pour établir un courant d'air frais, et favoriser le soutirage d'un vaisseau dans un autre. Il faut faire en sorte surtout qu'il n'y ait aucun vide entre eux, et ne pas perdre de vue que l'excès de l'humidité détermine la moisissure, que la réverbération du soleil dessèche les futailles, relâche les cerceaux, tourmente et fait transsuder le vin.

Quand les tonneaux ne sont plus employés il faut les retirer de la cave, n'y jamais laisser en dépôt les ustensiles, ni même les bouteilles vides; ceux qui sont de bois se pourrissent promptement; ceux de cuivre se recouvrent de vert de gris, et les vases de fer-blanc s'oxident; aucun de ces accidens n'a lieu dans le cellier, plus sec que la cave. Il faut encore remarquer que les bondons et les bouchons non employés contractent à la cave un goût de moisi qu'ils communiquent au vin quand on s'en sert.

Lorsqu'une cave est exposée au nord, la température est alors moins variable que lorsque les ouvertures sont tournées vers le midi; elle doit être creusée à quelques toises du sol et assez profonde; mais cependant au-dessus des plus grandes eaux des rivières ou ruisseaux s'il en existe près de l'établissement; qu'elle soit éloignée des rues, des chemins fréquentés, des ateliers, qui, pouvant occasionner des ébranlemens, des secousses au terrain, ne manqueroient pas d'imprimer du mouvement aux bouteilles, les déplaceroient, et remueroient la lie que le vin pourroit contenir.

Il est encore important qu'il n'y ait pas dans le voisinage d'égouts, de boucheries, de latrines, de trous à fumier, et d'autres matières fermentescibles; parceque ces foyers de putréfaction pourroient changer la nature de l'air, en y ajoutant d'autres fluides, qui, dans l'instant de leur mélange, donneroient à l'atmosphère de la cave une température différente, souvent très variable, susceptible de préjudicier à l'état du vin qui doit toujours rester en repos et dans le même milieu. On a remarqué que le vin de garde mis dans des caves où passoient des tuyaux de latrine change d'état.

Entretien de la cave. La propreté, la vigilance et l'économie que réclament tous les objets du ménage, ne doivent pas moins se porter sur ceux relatifs à la cave; il convient qu'une maîtresse de maison n'en confie jamais la clef qu'à la personne affidée qui a coutume de monter la boisson journalière, et que malgré sa sécurité elle ne dédaigne point d'y descendre de temps en temps, au moins à chaque renouvellement de saison, pour en connoître l'état, veiller à ce que les tonneaux ne transsudent ni ne pourrissent, ce qui occasionneroit une véritable perte, puisqu'ils ne peuvent servir plusieurs fois, et lorsque le vin travaille tirer la pluette de temps en temps pour lui donner de l'air.

Rien n'expose à plus d'inconvéniens , à la campagne sur-tout, que cette partie du ménage négligée. Que d'embarras et de chagrins s'il arrivoit que la boisson vînt à manquer ou à se répandre dans le temps que l'ouvrage donne ! les murmures des ouvriers, des domestiques , ne tardent point à se faire entendre ; de là les dégoûts , les reproches , la désertion , tout en un mot va moins bien.

La cave étant l'endroit le plus frais de la maison et le moins accessible à la voracité des insectes , la ménagère doit serrer les saloirs dans l'endroit qui en est le plus voisin. Les Champenois, dont la principale nourriture est le porc, placent leurs saloirs au grenier en hiver , et dans le cellier en été. Elle doit aussi placer près de la cave son huile, sa chandelle, sa viande de boucherie, quand il gèle ou qu'il fait excessivement chaud ; enfin , son miel, dont elle n'est jamais au dépourvu, à cause de la grande consommation qu'elle en fait journellement.

Il faut balayer souvent la cave, et faire en sorte que les ordures en soient enlevées chaque fois , et qu'il n'y reste ni paille, ni bois vert, ni toiles d'araignées ; que les rats et les souris n'y établissent pas leur demeure ; que le sol soit recouvert d'un pouce de sable, qui permettra aux bouteilles qu'on pose dessus de conserver leur aplomb. Enfin une cave est réputée saine pour ceux qui la fréquentent , lorsque la flamme s'y soutient avec la même vivacité qu'en plein air. (PARM.)

CAYEUX. On appelle ainsi, dans le jardinage, les petits bulbes ou oignons qui naissent autour des gros et qui servent à reproduire la plante. Quelquefois, mais mal à propos, on donne aussi le même nom aux petites racines tubéreuses.

Le plus souvent, comme dans la tulipe, les cayeux se forment aux dépens du bulbe ou oignon, qui se détruit par suite du développement de la fleur.

Les jardiniers préfèrent presque toujours multiplier les plantes bulbeuses par cayeux, parcequ'ils sont certains qu'ils rendent la variété par laquelle ils ont été produits, et qu'ils donnent des fleurs la seconde ou au plus tard la troisième année, tandis que par la voie des semences il faut attendre ces fleurs pendant cinq à six ans.

On sépare les cayeux de leur mère, lorsque la tige de cette dernière est complètement desséchée et après avoir arraché l'oignon. Cet instant varie selon les espèces. En général, ceux qui tiennent peu, et que le seul effort des doigts suffit pour détacher, sont les seuls qui sont parvenus à leur complet développement, et sur lesquels on peut compter pour la reproduction. C'est mal à propos que quelques jardiniers les éclatent immédiatement après leur sortie de terre, car, quoique arrachés, ils se perfectionnent toujours tant qu'ils restent unis à leur mère. Je conseille d'attendre le moment de leur replantation pour faire cette opération.

Il est des cayeux qui peuvent se garder une ou deux années hors de terre, non seulement sans en souffrir, mais même en y gagnant.

Comme les cayeux sont plus petits que les bulbes, ils se plantent moins profondément et moins écartés. *Voyez* pour le surplus aux mots BULBE, TULIPE, JACINTHE, NARCISSE, GALANTHINE, NIVÉOLE, PANCRATION, CRINOLE, AMARYLLIS, AIL, SCILLE, FRITILLAIRE, LIS, qui sont les genres de plantes dont les espèces se multiplient le plus fréquemment par cayeux. (B.)

CÉANOTHE, *Ceanothus*. Genre de plantes de la pentandrie monogynie, et de la famille des rhamnoïdes, qui renferme une douzaine d'espèces, parmi lesquelles il en est trois qui se cultivent en pleine terre dans les jardins des environs de Paris, et qui sont propres, par leurs jolis bouquets de fleurs blanches et légèrement odorantes, s'épanouissant successivement depuis le milieu de l'été jusqu'à la fin de l'automne, à orner les premiers rangs des bosquets ou à interrompre l'uniformité des gazons dans les jardins paysagers. Toutes trois sont de petits sous-arbrisseaux originaires de l'Amérique septentrionale, dont les feuilles sont alternes et les fleurs disposées en grappes sur de longs pédoncules axillaires.

Le CÉANOTHE D'AMÉRIQUE, qui a les feuilles ovales, aiguës, dentées, chargées de quelques poils, d'un vert noir, plus pâle en dessus, longues de trois pouces sur quinze à vingt lignes de large; les tiges droites, fort rameuses et hautes de deux à trois pieds. C'est le plus commun, le seul connu dans les pépinières marchandes. Il croît en Amérique, où j'en ai observé d'immenses quantités dans les sables les plus arides, et fleurit pendant tout l'été.

Le CÉANOTHE A DEMI COUCHÉ, *Ceanothus decumbens*, Bosc, qui a les feuilles ovales, obtuses, dentées, luisantes, d'un vert gai en dessus comme en dessous, de quinze à vingt pouces de long sur huit à neuf pouces de large; les tiges couchées à leur base, presque toujours simples, et d'un à deux pieds au plus de haut; les grappes de fleurs très denses.

Le CÉANOTHE A PETITES FEUILLES, *Ceanothus microphyllus*, Lezermes, a les feuilles ovales, aiguës, légèrement et largement dentées, avec une glande à chaque dent, glabres, à peine longues de deux ou trois lignes sur une de large; les tiges couchées à leur base, très rameuses, hautes d'un à deux pieds; les grappes de fleurs très lâches.

Cette dernière espèce, que Lezermes a cultivée pendant plusieurs années, et qu'il a décrite et figurée, n'existe plus dans les jardins de Paris. Elle a été remplacée par la seconde, qui usurpé son nom et qui est extrêmement différente, comme on peut en juger par la description.

Les céanothes demandent une terre de bruyère et une exosition ombragée. Ils craignent les gelées du climat de Paris, et en conséquence perdent leurs tiges presque tous les ans; mais leurs racines, qui en souffrent rarement, repoussent des ets qui fleurissent la même année. Il est d'autant plus inutile de chercher à conserver les anciennes, que les grappes de fleurs qu'elles donnent sont moins grosses et moins nombreuses. J'ai lieu de croire que la plus grande partie des tiges périt également en Caroline, où les gelées sont à peine sensibles, car je n'ai point vu de pieds, parmi des millions, qui eût plus de hauteur que celle indiquée.

On multiplie les céanothes par leurs graines, qui mûrissent fort bien dans le climat de Paris. Elles se sèment au printemps dans des terrines sur couche et sous châssis, ou en pleine terre dans une terre de bruyère exposée au nord ou au levant. Les arrosemens leur sont nécessaires. Le plant levé est sarclé, arrosé, et s'il est sur couche, abrité de la grande ardeur du soleil de midi. Ce dernier est rentré dans l'orangerie, et l'autre couvert de fougère ou de paille pendant l'hiver. Au printemps suivant on plante les uns et les autres en pépinière, à six pouces de distance, et pendant l'été on leur donne les sarclages et binages nécessaires. Ils doivent rester deux ans dans ce lieu, après quoi on peut les mettre en place.

On peut aussi multiplier ces arbustes par éclat de racines; mais comme ils sont d'autant plus beaux qu'ils forment des touffes plus considérables, on emploie rarement ce moyen.

En toute circonstance il est toujours prudent de couvrir les céanothes pendant l'hiver, et pour le faire plus facilement on peut, d'après ce que j'ai observé plus haut, leur couper toutes les tiges. (B.)

CEDRA ou CEDRAT. On appelle ainsi une des variétés du citron. *Voyez* au mot ORANGER.

CÈDRE ACAJOU, CÈDRE MAHAGONI. C'est le MAHAGONI.

CÈDRE BLANC. Les habitans du Canada appellent ainsi le CYPRÈS THUYOIDE. *Voyez* ce mot.

CÈDRE DU LIBAN, *Pinus cedrus*, Lin. Ce grand arbre, un des plus anciennement célèbres et un de ceux qu'il est le plus intéressant de multiplier en France, sous les rapports de l'utilité et de l'agrément, est d'autant plus dans le cas d'être l'objet d'un article particulier dans cet ouvrage, que son existence est pour ainsi dire à la discrétion des cultivateurs; car il est possible qu'en ce moment il n'y en ait plus sur le sommet du Liban, seul endroit du monde où il ait été trouvé un seul pied.

En effet, quelqu'abondant qu'il fût, sur cette chaîne, du temps de Salomon, qui en fit bâtir le temple de Jérusalem et cons-

truire ses flottes, il s'est successivement réduit au point que La
Billardière, le dernier des voyageurs botanistes qui les ait visitées, n'en a plus trouvé, il y une vingtaine d'années, que sept
gros, sans aucuns petits ; et depuis lors le Liban a été le théâtre
d'une cruelle guerre qu a fin par le dépeupler et l'assujettir
aux Turcs, qui, comme on sait, détruisent toujours et n'édi-
fient jamais.

Mais comment se fait-il, dira-t-on, que le cèdre ait ainsi
disparu de ces montagnes? Parceque, comme tous les arbres
résineux, il ne repousse pas de ses racines lorsqu'on le coupe ;
qu'il ne donne des graines qu'à un âge avancé, et que les seuls
gros pieds qu'on ait conservés par une sorte de respect reli-
gieux, pieds qui étoient encore au nombre de vings-six, suivant Rawolf, en 1574, sont situés dans une plaine qui sert de
lieu d'assemblée au peuple, et qui est couverte d'un gazon
continu.

La destinée du cèdre du Liban est donc en ce moment entre
les mains des cultivateurs européens, comme je l'ai dit plus
haut, et il est à croire qu'ils le conserveront sur le catalogue
des êtres, car la grosseur à laquelle il parvient, l'excellence de
son bois, la beauté de son port, etc., le leur rendent trop
précieux pour qu'ils ne continuent pas les efforts qu'il font depuis une cinquantaine d'années pour le multiplier. Aujourd'hui
ils ne sont plus obligés, comme dans les commencemens, de tirer
leurs graines du Liban, y ayant beaucoup de pieds en France et
en Angleterre qui en donnent annuellement de fort bonnes.

La tige d'un des seize cèdres que Maundrell trouva sur le
Liban, cent ans après Rawolf, avoit trente-six pieds et demi
de circonférence, et ses branches couvroient un espace de
cent-onze pieds de diamètre. Celui qui se voit au Jardin du
muséum d'histoire naturelle, et qui a été planté en 1754,
avoit à quatre pieds et demi au-dessus de terre, en 1786,
suivant Varennes de Fenilles, six pieds sept pouces ; et en
1802, suivant Dutour, sept pieds dix pouces de circonférence,
ce qui donne environ cinq lignes et demie de croissance en
épaisseur par an. Sa flèche a été cassée par accident, de sorte
qu'il a cessé de s'élever ; mais il ne se fait pas moins admirer
par la majesté de son port et la vaste étendue de ses rameaux.

Les branches du cèdre du Liban prennent toujours une direction horizontale, et forment différens étages de verdure
sur lesquels il semble qu'on pourroit se promener, quand on
le considère de loin. Ses cônes ovales, et de la grosseur du
poing, sont toujours fixés sur leur partie supérieure, et dirigés
vers le ciel. C'est sur-tout l'hiver, lorsque tous les autres arbres
ont perdu leurs feuilles, que celui-ci, qui les conserve, jouit
de tous ses avantages. Ces feuilles, quoique petites, sont si

nombreuses, qu'elles forment sous lui un ombrage impénétrable aux rayons du soleil pendant les jours les plus chauds de l'été. C'étoit donc avec raison que la réunion des naturalistes de Paris, qui m'avoit honoré du titre de son président, choisit en 1790, le pied du cèdre du Jardin du muséum pour placer le buste de Linnæus, car les idées de grandeur, de durée, d'utilité, d'agrémens, etc. qu'il présente, se réunissoient à tous les sentimens qui sont dus au puissant génie dont ce buste rappeloit les traits, pour élever l'ame des jeunes amans de la nature et la porter aux grandes choses. On voit, à la tête du premier volume des actes de la Société d'histoire naturelle de Paris, la gravure de ce monument, et la meilleure figure du port du cèdre qui ait jamais été gravée.

D'après ce que je viens de dire, on peut penser que le cèdre du Liban doit être un des plus beaux ornemens des jardins paysagers; et en effet, un seul pied suffit pour augmenter beaucoup l'intérêt qu'on trouve à les visiter; mais il demande à y être isolé; il perd tous ses avantages au milieu d'un massif, et devient irrégulier lorsqu'il en est trop près. Jamais la serpette ne doit le toucher, car sa forme naturelle est toujours la plus belle. Il se plaît dans les terrains maigres, sablonneux et pierreux, et redoute ceux qui sont argileux et marécageux. Les gelées lui nuisent, et même le font périr quand il est jeune, mais parvenu à vingt ou trente ans d'âge, il brave les plus rigoureuses, ou au moins elles ne frappent que l'extrémité de ses rameaux, et le mal n'est pas sensible.

Le bois du cèdre du Liban est résineux, odorant, rougeâtre et incorruptible. Suivant Varennes de Fenilles on le distingue assez difficilement de celui du pin sylvestre. Son grain est lâche; il est sujet à se fendre par l'effet de sa dessiccation. Sa pesanteur spécifique est d'environ vingt-neuf livres par pied cube; une substance résineuse, fort peu différente en apparence de celle du mélèze, découle de son écorce.

La multiplication du cèdre du Liban n'a lieu que par le semis de ses graines. Quelques jardiniers prétendent l'avoir obtenu de boutures; un essai ne m'a pas réussi, cependant je compte le répéter. Ces graines, qui restent deux ans sur l'arbre avant d'arriver à leur complète maturité, sont assez difficiles à ôter des cavités du cône dans lequel elles sont contenues, lorsqu'on ne les a pas laissé s'ouvrir naturellement sur l'arbre, moyen le meilleur, mais qui expose à des pertes. La méthode la plus sûre pour les obtenir sans perte, c'est, après avoir fait tremper le cône dans l'eau pendant deux jours, d'en percer l'axe aux deux tiers, et ensuite de le fendre avec un coin. Ordinairement plus de la moitié des graines est avortée, de sorte qu'on doit être satisfait quand on en peut semer une quinzaine par cône.

C'est au printemps, dans des terrines de terre de bruyère, mêlée d'un peu de terreau et de terre franche, que l'on doit mettre en terre les graines du cèdre du Liban. Ces terrines seront enterrées dans une couche à châssis médiocrement chaude, et arrosées modérément. Dès que les plants seront levés, et cela aura lieu au bout d'un mois, on redoublera d'attention pour les garantir de l'action des rayons directs du soleil, d'une trop grande humidité, et de l'effet d'un air stagnant, trois causes qui, simultanément ou séparément, les font périr dans les premiers mois de leur sortie de terre, les font fondre, comme disent les jardiniers. En conséquence il faudra couvrir les châssis de toiles ou de paillassons à l'heure de midi, ne donner que les arrosemens rigoureusment nécessaires, et renouveler l'air le plus souvent possible, même laisser les châssis entr'ouverts pendant toute la journée, si l'état de l'atmosphère le permet. Lorsque le plant a cinq à six feuilles, que sa tige n'est plus molle, ces accidens sont moins à craindre ; mais il ne faut pas pour cela cesser toute surveillance, car on pourroit perdre en une heure le fruit de plusieurs mois de soins assidus.

Il est quelques jardiniers qui enlèvent de la terrine, avec la motte, pour les planter séparément dans de petits pots, les cèdres du Liban lorsqu'ils ont trois à quatre feuilles (ces premières feuilles ressemblent à celles du sapin, mais sont plus longues). Ces pots, ils les enterrent seuls sur une couche tiède, où ils laissent les plants se fortifier tout doucement jusqu'en automne, époque où ils les rapportent sur une couche chaude. Cette méthode m'a paru préférable à l'autre.

Les plants de cèdres du Liban étant, comme je l'ai déjà dit, très sensibles à la gelée pendant les premières années de leur existence, il faut, de toute nécessité, les conserver en pots, dans le climat de Paris, deux ou trois ans au moins, afin de les rentrer pendant l'hiver dans l'orangerie. Il est également bon de les couvrir ensuite pendant le même nombre d'années, lors des grands froids, avec de la fougère ou de la paille.

Au moyen de ces soins, et et des labours ordinaires, on peut compter que les cèdres prospèreront pour peu que la terre où on les placera leur soit convenable. Moins on les tourmentera et plus tôt ils deviendront de beaux arbres. Il ne faut pas que la serpette en approche. Il n'est pas même nécessaire qu'un tuteur soutienne leur flèche ordinairement penchée, parcequ'elle se relèvera d'elle-même. J'en ai vu pousser de plus de quatre pieds par an, à l'âge ci-dessus, qui est celui de leur transplantation définitive.

En général, le cèdre du Liban, comme la plupart des arbres

résineux, reprend d'autant mieux qu'il est planté plus jeune ; mais les causes ci-dessus détaillées ne permettent cependant de le mettre en place que depuis trois ans révolus jusqu'à six, qu'il commence déjà à être trop fort pour ne pas faire craindre de le perdre par suite de cette opération. Cependant j'en ai vu réussir de plantés à dix et douze ans ; mais cela est si rare qu'il ne faut pas y compter. Le mode de la transplantation influe beaucoup dans ce cas, comme on peut bien le penser. Il faut l'effectuer au moment précis où la sève commence à indiquer son renouvellement par le grossissement des boutons, enlever le plus possible de terre autour des racines, et ne mettre que l'intervalle le plus strictement nécessaire entre l'arrachis et la plantation Une demi-heure d'exposition à un air sec suffit pour tuer toutes les racines qui ne sont pas couvertes. Le pied mis en terre sera largement arrosé, mais non trépigné, comme on ne le fait que trop souvent. Il sera bon de renouveler cet arrosement tous les trois ou quatre jours pendant le premier mois, après quoi le pied n'aura plus besoin que des binages ordinaires à tous les jardins.

Il est encore une autre manière de transplanter les cèdres du Liban d'une certaine taille, c'est de les cerner en automne, c'est-à-dire de faire autour de leurs racines un fossé assez profond pour atteindre à peu près l'extrémité des plus basses, et d'enlever cette grosse motte lorsqu'elle est gelée, par le moyen de coins et de grands leviers de bois, pour la porter sur-le-champ dans le trou qu'on lui a préparé à l'avance. Cette opération est coûteuse, il est vrai ; mais à Paris le prix d'un cèdre de plus de six ans n'est borné que par la fortune de celui qui le désire. (B.)

CÈDRE DE PHÉNICIE. *Voyez* Genevrier de Phénicie.

CÈDRE ROUGE DE VIRGINIE. *Voyez* Genevrier de Virginie.

CEDREL ODORANT, appelé aussi Cèdre acajou, acajou a planche, *Cedrela odorata*, Lin., arbre de la première grandeur qui croît dans l'Amérique méridionale et aux Antilles. Il est de la pentandrie monogynie et de la famille des azedaracs. Sa grosseur est énorme ; d'un seul tronc on fait quelquefois des canôts longs de quarante pieds et larges de six. Son bois est tendre, léger, facile à couper, sain, d'une longue durée. Les insectes le respectent, mais il est sujet à être attaqué par les vers à tuyaux. On l'emploie dans la construction des maisons et dans plusieurs ouvrages de menuiserie. On ne cultive point le cedrel dans nos colonies ; mais on l'élève en Europe dans les jardins des curieux. Il demande la serre chaude, et se multiplie par ses semences, qu'on fait venir des pays où il croît naturellement. (D.)

CELASTRE, *Celastrus*. Genre de plantes qui renferme le CELASTRE GRIMPANT et le CELASTRE DE VIRGINIE, *Celastrus bullatus*, Lin., lesquels se cultivent en pleine terre dans les jardins des environs de Paris, et dont par conséquent il doit être fait mention ici.

Le premier a une tige qui s'attache aux troncs des arbres et les serre si fort, qu'il finit par les faire périr. Ses rameaux s'élèvent au-dessus des branches. Ses feuilles sont alternes, ovales, pointues, dentelées, longues de deux à trois pouces sur un et demi de large, et ses fleurs herbacées sont disposées en grappes axillaires et terminales ; ses fruits sont d'un beau rouge. Il fleurit au commencement de l'été. Il est propre à faire des berceaux, des tonnelles, à garnir des murs, etc. Toutes sortes de terrains, excepté ceux qui sont trop secs, lui sont bons, ainsi que toute exposition. On le multiplie de graines qu'il fournit assez fréquemment en Europe, et qu'on sème au printemps dans un sol bien meuble et exposé au nord. Le plant qui en provient se relève la seconde année pour être placé en pépinière, où il reste encore deux ans ; après quoi on peut le planter à demeure. On le multiplie aussi de marcottes, qui s'enracinent ordinairement la seconde année, et qu'on peut mettre en place sur-le-champ.

Cet arbuste, quoique très anciennement apporté du Canada, où il s'appelle *bourreau des arbres*, n'est pas encore très commun, je ne sais pourquoi, car il ne manque pas d'agrément.

La seconde espèce a les feuilles alternes, ovales, arrondies, très entières ; les fleurs blanches et disposées en épis lâches et terminaux ; les fruits d'un beau rouge. C'est un arbrisseau de quatre à cinq pieds, qui se tient toujours en buisson. Il est encore plus rare que le précédent, parcequ'il ne donne presque jamais des fruits, et qu'il vient fort difficilement de marcottes. (B.)

CÉLERI, *Apium graveolens* de Linnée, qui le classe dans sa pentandrie digynie, *Apium dulce Italorum* de Tournefort.

Le céleri a une racine pivotante et fibreuse, rousse en dehors et blanche en dedans, dont il sort des feuilles divisées en trois folioles pinnatifides, soutenues par de longues côtes sillonnées, et une tige ou deux hautes de deux à trois pieds, cannelées et profondément noueuses ; ses feuilles inférieures sont pétiolées et opposées. Les supérieures sont sessiles, en forme de coin, et placées alternativement. Ses fleurs naissent aux aisselles des feuilles et quelquefois au sommet des rameaux. On le croit indigène dans les marais d'Italie, d'où on l'a tiré pour le cultiver dans nos jardins. On croit encore que c'est la même plante que l'ache, modifiée par la culture qui lui a fait perdre sa saveur désagréable et son odeur forte. Mais Miller prétend que l'ache est une espèce très distincte du céleri cultivé. Il a cultivé l'ache dans ses jardins pendant quarante années pour essayer, s'il étoit possible, au moyen de l'art, de lui donner le même goût qu'au céleri, et de lui ôter sa saveur âcre. Il n'a pu y réussir; il est seulement parvenu à augmenter son volume et à le blanchir en le couvrant de terre; mais il n'a jamais crû à la même hauteur, et sa tige étoit moins droite que celle du céleri. Il poussoit plusieurs rejetons auprès de sa racine : d'où il a conclu que c'étoit une espèce parfaitement distincte. Malgré cette assertion, on restera dans le doute jusqu'à ce que de nouvelles expériences aient constaté le fait de la manière la plus évidente.

Variétés du céleri. La culture du céleri et les nombreux semis ont procuré quelques variétés qui peuvent se réduire à quatre; savoir, le céleri long ou tendre ou grand céleri, car ces trois dénominations ont été données à la même variété, le céleri court ou dur ou petit; le céleri branchu ou fourchu; et le céleri à grosse racine ou rave ou navet.

Le céleri long a la racine grosse, charnue, chevelue et unique; les côtes sont également charnues, creuses, cylindriques, sillonnées. Les feuilles qui partent immédiatement du collet sont fort grandes et ont jusqu'à deux pieds de haut, y compris la côte qu'elles ne garnissent qu'à moitié; l'autre partie est nue. Il y en a depuis quatre jusqu'à huit sur chaque côte; elles y sont portées par de petites côtes, ou si l'on veut des pétioles. Chaque feuille est divisée en trois parties par deux profondes découpures. Leur couleur est d'un vert clair. Cette variété ou espèce, pour me servir de l'expression des jardiniers, en a fourni deux autres. La première n'en diffère qu'en ce que la partie charnue de la racine est plus ou moins rose; mais la seconde est plus petite et a les côtes pleines. Plus tendre et d'un meilleur goût que le céleri long et le rose, il a le défaut d'être délicat, et les moindres gelées le font souffrir; il dégénère aussi facilement. Ces causes font donner la préférence aux deux autres, dont la culture ne présente pas les mêmes désagrémens.

Le céleri court a les feuilles plus courtes que celles des précédens et d'un vert plus foncé. Sa chair, moins délicate et plus dure, l'auroit fait abandonner des jardiniers, s'il n'avoit pas eu des avantages qui le rendent précieux. Il est beaucoup moins sensible au froid et est plus hâtif, de manière qu'on l'emploie lorsque les autres viennent à manquer ou ne sont pas encore parvenus à maturité.

M. Rozier prétend que les variétés ci-dessus sont les seules cultivées dans l'intérieur et le nord de la France. En effet, j'ai parcouru beaucoup de jardins sans en voir d'autres. Mais il paroît que les maraîchers du midi donnent ainsi que les Italiens la préférence à la variété suivante.

Le CELERI BRANCHU tire son nom de sa forme. Il a un pivot gros et court, duquel partent plusieurs autres pivots plus petits qui forment chacun une plante. Il est moins haut que les précédens, d'une couleur foncée ; ses tiges nombreuses, ses feuilles larges, ses côtes plus creuses. Son odeur est forte, et son goût doux et parfumé.

Le CÉLERI A GROSSE RACINE. Deux caractères essentiels le distinguent des autres. Ses feuilles, au lieu d'être droites, sont couchées sur terre horizontalement et circulairement, et sa racine a tantôt la forme d'un navet, tantôt celle d'une rave. Il est très délicat, très parfumé, sur-tout après la cuisson. Il demande moins d'arrosemens que les autres, mais il n'acquiert de grosseur qu'autant que la terre est meuble. Cette espèce a produit une sous-variété veinée de rouge.

Culture du céleri. La culture du céleri exige beaucoup de soins. Elle doit être relative et à la qualité de la terre propre à la plante, et au but qu'on se propose, qui est d'avoir une racine et des côtes plus volumineuses, plus charnues, plus tendres et d'un goût plus fin et plus délicat que dans l'état sauvage. Pour connoître la qualité de terre propre aux plantes, il ne s'agit en général que d'examiner le sol des lieux où elles poussent naturellement, et quand on s'est procuré une terre pareille, soit naturelle, soit factice, de l'amender par des engrais. Le même examen fait également connoître si les plantes exigent beaucoup d'humidité. D'après cette observation générale, il est facile de juger que le céleri aime une terre potagère bien meuble, bien riche en sucs végétaux, et qu'il exige de fréquens arrosemens. On sème le céleri à diverses époques pour en jouir toute l'année, ou au moins la plus grande partie. Mais cette plante aimant la chaleur et étant fort sensible au froid, on ne peut semer de bonne heure et en pleine terre que dans les départemens méridionaux de la France, encore doit-on prendre des précautions dans les lieux où l'on craint des gelées, et faut-il choisir des plates-bandes bien abritées. On est même obligé quelquefois de garantir le jeune plant avec des paillassons. Quant à l'ouest et au nord de la France, on ne pourroit semer avant le mois d'avril, même avec de bons abris ; et, lorsqu'on n'a pas cette ressource, on seroit forcé d'attendre les premiers jours de mai, si l'art ne fournissoit les moyens de devancer l'époque fixée par la nature. Les jardiniers, en semant sur des couches chaudes, en recouvrant avec des châssis, des cloches et des verrines sur lesquels ils jettent des paillassons lorsqu'il gèle, avancent le temps des semences d'un à deux mois. Ils doivent employer alors le céleri court, et, comme il seroit sujet à monter après la transplantation, préférer à cette époque la graine de deux ou trois ans. L'abbé Rozier indique, d'après l'époque des semences, celle où on pourra récolter. Les semences faites en janvier et février fourniront du plant propre à être arraché et consommé en juin ; le semis fait en mars sera en état d'être levé en août, et de suite jusqu'à celui de juin qui fournira la provision d'hiver. Ces indications sont sujettes à une foule d'exceptions : la température, la qualité des terres et des engrais, la bonté des eaux, leur abondance et les soins de l'ouvrier peuvent avancer ou retarder le moment de la récolte d'un mois ou d'un mois et demi.

La terre bien ameublie et amendée, ou les couches préparées, on sème sa graine le plus clair qu'il est possible. Presque tous les jardiniers, dit l'abbé Rozier, ont la fureur de semer trop épais. Les plantes se pressent en grandissant ; elles s'allongent et s'effilent ; c'est un véritable étiolement dont elles auront beaucoup de peine à se rétablir. On peut dire que du semis dépend ordinairement le succès de la plante. Semez donc clair, et très clair, et vous vous éviterez la nécessité de replanter les jeunes céleris avant de les fixer à demeure. Toutes ces transplantations et déplantations endommagent et mutilent les racines ; et il faut compter pour beaucoup le temps que la plante perd avant de reprendre : elle l'auroit bien mieux employé à son profit.

Ces observations sont en général fondées, sur-tout lorsqu'on sème en pleine terre ; mais si on a fait des couches qui, ainsi que les châssis, les cloches, etc., sont fort dispendieuses, on est forcé de ménager le terrain. Le céleri deviendroit à un prix trop élevé, si on ne s'écartoit pas de ces principes. Les couches où l'on sème du céleri ont une autre destination, et il faut que le céleri soit enlevé en temps convenable, pour faire place aux melons, aux concombres, etc., ce qui seroit impossible si on ne le transplantoit pas de bonne heure ; et, comme il n'est pas encore assez fort pour être mis en place, on est forcé de le piquer en pépinière. Voilà les motifs qui déterminent à semer épais, et ils sont assez raisonnés pour déterminer à l'indulgence en faveur des jardiniers qui sèment épais.

Si on ne sème qu'au moment où l'on place la graine de melon, on ne peut semer le céleri dans les mêmes châssis, parceque l'humidité nécessaire au céleri feroit périr les plants de melon. On sème alors, dans quelques départemens de l'ouest, une bordure de céleri autour de la couche, et de cette manière il ne nuit pas aux melons. Cette méthode donne aux propriétaires qui ont peu de fumier le moyen d'avoir du céleri plus prime. Ils en sont quittes pour couvrir le soir avec des paillassons.

Après avoir répandu la semence, on la recouvre légèrement avec du terreau ou de la terre bien meuble. On doit arroser fréquemment ; et pour ne pas trop tasser la terre, après avoir recouvert, on jette un peu de fumier court à demi consommé. On soigne bien le semis lorsqu'il est levé, on le sarcle souvent, et on chasse les limaces et les insectes qui le détruisent. S'il est trop épais, et qu'on craigne qu'il n'étiole avant d'être repiqué, on l'éclaircit un peu.

Il y a deux époques pour transplanter le céleri : celle de le repiquer proprement dit, et celle de le mettre en place. Quand il a quatre ou cinq feuilles, on peut le repiquer en pépinière ; mais, lorsqu'on veut le mettre en place, il faut qu'il soit plus fort. L'abbé Rozier conseille d'enlever le plant de la manière suivante. Ouvrez une petite tranchée à une extrémité de la pépinière ; mettez les racines à découvert ; creusez au-dessous de manière que la plante n'ayant plus de soutien s'affaisse. C'est la méthode la plus sûre pour ne pas endommager les racines. Plus la plante sera en racine, plus la reprise sera prompte et sûre. Pour vous en convaincre, prenez un pied de céleri arraché par force à la manière des jardiniers ; plantez-le à côté de celui que vous aurez arraché, avec les précautions que j'indique, et vous jugerez de la différence de végétation : celui-ci sera plusieurs jours à reprendre, et l'autre sera bien repris dans les vingt-quatre heures.

M. Rozier a bien raison, quand il s'agit d'arracher en pleine terre ; toutes ces précautions sont alors indispensables ; mais si c'est sur couches elles sont inutiles, parceque le terreau n'opère aucune résistance, et que le jeune plant se lève avec sa motte, sur-tout si on en arrache plusieurs à la fois.

A mesure qu'on arrache le jeune plant, on doit le mettre dans un panier qu'on couvre pour que le soleil et l'air ne puissent pas le faner. Il ne faut l'arracher qu'au moment de la transplantation, et que la quantité suffisante pour qu'il ne reste pas plus d'une heure hors de terre ; s'il restoit davantage il seroit bon de mettre les racines jusqu'au collet dans un vase à demi plein d'eau pure, ou d'eau mêlée avec du crottin de cheval. Les plantes s'y conserveront fraîches, y trouveront une nourriture convenable, et au moment de la plantation la terre s'unira mieux.

Le céleri se plante de plusieurs manières. Dans les provinces méridionales, où on arrose par irrigation, on le plante sur de petits ados. Dans les environs de Paris on prépare des planches, on l'y place à six ou sept pouces de distance, dans les rangs entre lesquels on laisse un intervalle de trois pieds.

On pique dans cet intervalle des laitues, ou on y sème des raves et autres plantes qu'on a le temps d'enlever avant de butter le céleri. Dans plusieurs endroits, on ne laisse qu'un pied entre les rangs, et on fait alors cinq rangs dans une planche. On laisse la planche suivante sans la planter, afin d'y trouver la terre nécessaire pour butter le céleri. On se contente dans d'autres lieux de disposer deux rangs à dix-huit ou vingt pouces de distance.

Dans quelques départemens de l'ouest on emploie une méthode différente. Après avoir divisé sa terre en planches de quatre pieds, on fait au milieu de chaque planche un petit fossé qu'on y pratique avec la bêche. L'ouvrier, à mesure qu'il donne un coup de bêche pour ouvrir la terre, la jette à droite et à gauche sur la planche et y forme deux ados. Il donne au fossé huit pouces de profondeur. Il y jette du fumier consommé et en laboure le fond pour mêler ce fumier avec la terre et la rendre plus meuble. Cette opération terminée, il y place son céleri, qu'il arrose alors par irrigation. Il place une petite planche à l'entrée de la fosse et il l'incline. Il verse dessus l'eau de ses arrosoirs et il continue jusqu'à ce que l'eau ait atteint l'extrémité du fossé. Si la planche est longue, deux ouvriers arrosent la même planche de cette manière par les deux extrémités, jusqu'à ce que la terre en soit suffisamment imbibée. On doit juger que le fond du fossé qui a été bien fumé conserve facilement son humidité, qu'on renouvelle au besoin. Les ados augmentent la chaleur en la réfléchissant, et quand on a bien fumé la terre on a réuni par cette méthode les trois plus forts agens de la végétation, une grande abondance de sucs nourriciers, de l'humidité et de la chaleur. La plantation en table ou planche ne peut pas autant condenser la chaleur, les vents dessèchent aussi plus promptement la terre. Quand le céleri est planté, on travaille les ados et on y met deux rangs de laitues. Cette méthode a l'avantage de butter le céleri sans embarras, puisqu'il se trouve à huit pouces au-dessous du niveau de la terre, et si on ne vouloit pas tirer parti des ados on pourroit rapprocher les rangs. Dans quelques lieux on élargit plus le fossé pour y placer deux rangs.

On a l'attention de ne planter dans chaque rang que du plant d'égale force, et on trie à cet effet le céleri à mesure qu'on l'arrache. Ce triage est indispensable pour avoir du plant qu'on puisse butter à la fois dans le même rang. Il procure un autre avantage, c'est de mettre de l'intervalle dans la maturité du céleri et d'en prolonger la jouissance. Si cependant le plus petit poussoit de manière à faire craindre qu'on n'eût pas consommé le plus fort avant le moment de l'arracher, il suffiroit de diminuer les arrosemens.

On choisit, s'il est possible, un temps couvert pour cette plantation, et, à défaut, on recouvre avec un peu de courte paille ou une feuille de choux. On arrose fréquemment, et s'il pousse des plantes parasites avant l'époque de le butter, on les détruit.

Telles sont les méthodes employées lorsqu'il s'agit de butter le céleri. Mais les maraîchers des environs de Paris, qui font des couches à melon très considérables, emploient un autre moyen pour le céleri de la fin de l'automne et de l'hiver. Ils plantent leur céleri dans des planches et l'y placent à six et huit pouces de distance dans les rangs qu'ils espacent d'un pied. Ils l'y laissent jusqu'à ce qu'il ait acquis toute sa force ; alors ils le lient, ensuite l'arrachent et le plantent dans leurs couches, où ils l'enfoncent à dix pouces ou un pied de profondeur.

Quand le céleri est parvenu à toutes ses dimensions, on le fait blanchir ; mais la marche est différente pour le céleri de primeur et celui des autres saisons. Celui qui a été semé en janvier ou février doit être lié en juin. On choisit un jour chaud et un temps sec, et que la rosée et l'humidité soient dissipées. On réunit les feuilles avec des liens de paille ou de jonc ; on place un lien à leur base, un second au milieu, et un troisième au sommet des tiges. On garnit tous les vides qui se trouvent entre chaque pied avec de la litière sèche, de manière que toute la plante en soit couverte. On les arrose de deux jours l'un, et tous les trois jours si c'est par irrigation. Si les arrosemens affaissent la paille, on doit en mettre de nouvelle. Un mois suffit pour le blanchir de cette manière. Si on est pressé de jouir, on peut accélérer le moment en arrosant la litière de temps à autre. Quinze ou vingt jours suffisent alors pour que le céleri blanchisse, mais il en pourrit souvent quelques pieds.

Le céleri semé plus tard se blanchit en le buttant de terre. On relève les branches avec un seul lien, et on donne quatre ou cinq pouces de terre. Ceux qui ont piqué des laitues entre les rangs ou sur les ados doivent avoir l'attention d'en accélérer la maturité par des binages et des arrosemens fréquens, pour pouvoir les enlever au moment de butter le céleri. Ceux qui ont creusé et formé les ados les détruisent en rejetant la terre dans la fosse. Ils l'ameublissent bien avant de l'y jeter, et le céleri se trouve alors au niveau du terrain, ce qui leur donne la facilité de le butter de nouveau deux autres fois, jusqu'à ce que la terre atteigne à la hauteur de l'extrémité des feuilles ; ils mettent huit à dix jours d'intervalle entre chaque recharge de terre ; quelquefois ils lient le céleri à chaque recharge ; souvent , quand ils sont adroits, ils s'en dispensent , et la terre leur suffit pour resserrer les côtés sans en jeter dans le cœur.

Ceux qui ont planté en planche ne donnent ordinairement que deux charges de terre , et quelquefois une pour abréger. Ils buttent toute la plante à la fois ; mais l'expérience a démontré que le céleri ne blanchissoit pas si bien de cette manière.

M. Rozier cite une autre méthode pratiquée dans quelques cantons. On laboure et on ameublit bien profondément un coin de terre , et on y donne une mouillure assez forte pour pénétrer tout le labour. Vingt-quatre heures après on y fait avec un gros plantoir des trous, distans l'un de l'autre d'environ quatre pouces et de profondeur égale à la longueur du plant.

Le céleri qui aura été lié la veille sera arraché ; une partie des racines supprimées et chaque pied sera mis dans un trou sans resserrer la terre contre lui. Aussitôt après on donne un second arrosement. On peut se servir de cette méthode pour les céleris tardifs ; mais il faut avoir soin de les couvrir de grande litière, et de l'enlever lorsque le temps le permet.

On voit que cette méthode se rapproche beaucoup de celle des maraîchers qui les placent dans leurs couches pour les faire blanchir. Ils font une tranchée où ils placent leur céleri qu'ils buttent à moitié ; et huit jours après ils achèvent de le butter avec du terreau. S'ils en ont beaucoup , ils font plusieurs tranchées très rapprochées, et, par ce moyen, ils le garantissent facilement des gelées avec des paillassons.

Quant au céleri branchu , il ne sauroit entrer dans ces trous, puisque les branches partant de la racine ont très souvent plus de six pouces de diamètre. Je crois même qu'il pourriroit plutôt que de blanchir de cette manière. Le céleri navet n'exige aucun soin , puisque sa racine est la seule partie que l'on mange. Lorsqu'on l'a enlevé de terre , on tord ses feuilles pour les arracher , et la racine est mise dans la terre ou le sable, près à près, comme celle des CAROTTES. *Voyez* ce mot.

Il faut de grandes précautions pour conserver le céleri dans les départemens où le froid est rigoureux l'hiver et les pluies abondantes.

On le lie le plus tard qu'on peut dans ces climats, mais toujours avant les gelées, et on le couvre avant le froid avec de la grande litière, qu'on enlève toutes les fois que le temps est doux, et qu'on replace toutes les fois qu'on craint les gelées. Cette précaution est ordinairement suffisante jusqu'à l'époque où le froid commence réellement, et où il n'est guère possible de se flatter d'avoir de beaux jours. C'est le cas alors de butter par progression, et si la nécessité presse, de butter tout à la fois ; enfin de répandre abondamment de la litière. Cette méthode est sûre pour les terrains secs ; mais il est prudent de recourir à un autre expédient pour les terres humides.

Ceux qui ont des couches inutiles à cette époque peuvent suivre la méthode des maraîchers citée ci-dessus. Au cas qu'ils n'en aient pas, après avoir lié les plants un peu avant que les fortes gelées se fassent sentir, on les enlève de terre sans endommager les racines. On les porte dans une serre sur un lit de sable un peu humide, et on les enterre jusqu'au premier lien ; quelques jours après, jusqu'au second ; enfin, jusqu'à la sommité des feuilles. Mais comme tous les pieds blanchiroient à la fois, on ne les butte que successivement. La première opération suffit pour les conserver tout l'hiver, si on a soin de renouveler l'air de la serre, et si elle n'est pas trop humide.

Il est bon d'observer que le céleri prend très facilement le goût des fumiers qu'on lui a donnés, comme on ne s'en aperçoit que trop souvent sur les tables de Paris. On doit donc n'en employer que très peu ou de très consommé, et surtout éviter celui qui renferme des immondices des rues ou autres matières étrangères. En général, le céleri des pays méridionaux est trop savoureux, et celui des contrées septentrionales trop insipide : c'est à un juste milieu auquel on doit tendre. Ainsi, au midi on le placera à l'ombre et on l'arrosera abondamment, et au nord il sera mis en bonne exposition, et arrosé seulement dans les grandes chaleurs.

En faisant toutes ces opérations on ne doit pas oublier les années suivantes : il faut placer quelques beaux pieds en réserve dans un bout de planche. On ne les butte pas et on prend les précautions nécessaires pour les conserver sans les déplacer. Lorsque les froids ne sont plus à craindre, on enlève peu à peu les couvertures ; on les délie, si on les a liés, et on les accoutume insensiblement à l'air ; on leur donne un léger labour, et on les laisse monter. La graine parvient à sa maturité depuis le mois de juillet jusqu'à celui d'octobre, suivant la température. On la récolte à la rosée, et on la laisse ensuite au soleil pour se dessécher ; sans cette précaution on en perdroit beaucoup.

Ceux qui n'ont pas eu l'attention de conserver quelques pieds pour graine peuvent en trier quelques uns dans ceux ramassés dans la serre, et qu'ils n'ont buttés qu'à moitié. La graine se conserve plusieurs années ; mais elle exige d'être tenue dans un endroit sec. La nouvelle est préférable.

Propriétés et usages du céleri. La racine du céleri est une des cinq racines apéritives majeures : les autres sont celles de persil, de fenouil, d'asperge. On place sa graine parmi les quatre semences chaudes.

On fait usage de cette plante dans les potages, les ragoûts, en pâte et en salade. On confit ses sommités fleuries, et avec ses tiges on fait une conserve très bonne pour les maux de poitrine et les coliques venteuses. Ses semences fournissent peu d'huile essentielle. L'esprit de vin en sépare un principe aromatique vif. Sa racine, dit Vitet, est un principe urinaire plus actif que celle du persil; elle est utile dans l'embarras des uretères par des matières pituiteuses; dans la colique néphrétique, par des graviers et sans inflammation; dans l'intempérie froide du foie et de la rate; dans la jaunisse par l'obstruction des vaisseaux biliaires. On l'emploie sèche depuis une demi-once jusqu'à une once, en macération, au bain-marie, dans huit onces d'eau. Les bestiaux en mangent les issues avec avidité.

Le Dictionnaire d'histoire naturelle, d'où j'ai puisé les propriétés médicinales du céleri, se réunit à l'abbé Rozier pour se défier du céleri sauvage ou de l'ache cueilli dans les marais. L'odeur nauséabonde de sa racine rend cette plante suspecte, et plusieurs personnes en ont éprouvé de mauvais effets; cependant les chèvres, les moutons et quelquefois les vaches les mangent sans inconvénient; mais les chevaux n'y touchent pas. (FEB.)

CELESTINE. Variété de la chicorée des jardins.

CELLIER, Architecture rurale. Les celliers tiennent lieu de caves dans les localités naturellement trop humides, et dans celles où l'on enlève les boissons immédiatement après qu'elles ont été fabriquées.

Ces magasins doivent cependant être un peu enfoncés en terre, et plus ils le seront, mieux les boissons se conserveront; mais il faut les garantir de toute espèce d'humidité.

Dans les vignobles on se sert communément de celliers pour déposer les vins nouveaux, jusqu'à ce que leur fermentation vineuse ait totalement cessé, ou, suivant l'expression des vignerons, jusqu'à ce que les vins soient totalement *refroidis*. On n'ose pas les descendre dans les caves avant qu'ils soient tout-à-fait parvenus à la fermentation insensible, parcequ'il se dégageroit des tonneaux une quantité de gaz assez grande pour asphyxier les hommes et les animaux qui y entreroient.

On doit voûter les celliers lorsque les liqueurs fermentées que l'on y dépose doivent y rester à demeure, afin de les garantir, autant qu'il est possible, de l'influence des variations de l'atmosphère; dans ce cas, il faut les construire avec des soins à peu près semblables à ceux que nous avons prescrits pour les caves; autrement leur construction ne diffère pas de celle des magasins fermés ordinaires. On détermine leur largeur, comme pour les caves, d'après les dimensions locales des tonneaux; et leur longueur, d'après les besoins du propriétaire ou de l'exploitation. (DE PER.)

CELLULE. Loge d'une Capsule. *Voyez* ce mot.

CELLULES. On donne ce nom aux alvéoles des Abeilles. *Voyez* ce mot.

CENDRES. Matière pulvérulente, plus ou moins grise, qui résulte de la combustion des animaux et des végétaux, ou des produits des végétaux, tels que la Tourbe et la Houille. *Voyez* ces mots et le mot Bois.

L'analyse la plus exacte des cendres constate que celles provenant des animaux contiennent des phosphates terreux et du sel marin, et que celles résultant de la combustion des bois et des plantes offrent des phosphates, des carbonates de potasse ou de soude, des carbonates de magnésie et de chaux, de l'alumine et de la silice, des oxides de fer et de manganèse en petite quantité. Le charbon, qui s'y trouve toujours abondamment mêlé dans les foyers, ne leur est pas essentiel, puisqu'on peut le réduire en cendres par la combustion. Quant à celles de la tourbe et de la houille, on y trouve de plus de l'alun, des oxides de fer en abondance, et de la terre dans diverses proportions.

Je vais d'abord considérer l'influence des cendres ordinaires sur la végétation, et indiquer les moyens de les employer utilement à l'agriculture. Je dirai ensuite un mot de celles de tourbe et de houille; car pour celles des animaux, elles ne sont pas assez abondantes pour qu'on puisse en faire souvent usage sous ce rapport.

L'utilité des cendres comme Amendement, *voyez* ce mot, a été reconnue de tout temps. Les anciens agronomes les recommandent, et il n'est pas d'écrivains modernes sur l'agriculture qui ne s'efforcent de faire valoir leurs bons effets. On doit surtout au célèbre Parmentier d'excellentes indications sur les moyens d'en faire usage. *Voyez* Feuille du Cultivateur.

Tous les végétaux ne donnent pas, à poids égal, la même quantité de cendres, et chaque espèce en fournit dans des proportions différentes, selon l'âge, le sol, la saison, le mode employé pour les faire, etc. Théodore de Saussure a enrichi la science d'un précieux travail sur elles, dans ses recherches chimiques sur la végétation, Paris, 1804. Il résulte de ce travail que les plantes ligneuses contiennent moins de cendres que les herbacées, le tronc moins que les branches, les branches moins que les feuilles; qu'il y a un rapport évident entre la quantité de cendres produite et la plus grande transpiration des diverses parties de l'arbre, de sorte que l'écorce qu'on doit considérer comme le siège immédiat de la transpiration en produit beaucoup; que des feuilles ou du bois lavé donnent moins de cendres que lorsqu'ils ne l'ont pas été (ce qui explique l'observation faite à Paris que le bois flotté en fournissoit peu); qu'un végétal putréfié fournit, à poids égal, plus de cendres qu'un végétal sain ; que la nature du sol a une influence notable sur la production des cendres ; des fèves alimentées par de l'eau distillée ont produit 3, 9 parties de cendres ; d'autres plantées dans de la silice en ont fourni 7 ½ ; enfin d'autres cultivées en pleine terre en ont donné 12 parties ; que la proportion des composans des cendres a presque toujours des rapports avec la nature du sol, c'est-à-dire qu'elles sont plus siliceuses sur un terrain siliceux, plus calcaire sur un terrain calcaire, etc.

La potasse, d'après les expériences du même chimiste, forme quelquefois les trois quarts des cendres produites par de jeunes plantes, par des feuilles non entièrement développées. Ce fait important change entièrement la pratique de tout temps usitée pour obtenir la POTASSE et la SOUDE. *Voyez* ces deux mots.

Les phosphates terreux sont, après les sels alkalins, l'élément le plus abondant des cendres d'une plante herbacée. Ils augmentent au moment de la maturité des semences.

La chaux carbonatée est très abondante dans les écorces, et moins dans le bois.

La silice y augmente à mesure que la plante avance vers sa fin. Les cendres de la famille des graminées en fournissent plus que celles des autres.

Une amélioration à laquelle beaucoup de cultivateurs devroient penser, c'est de semer de grandes plantes vivaces, ou annuelles, dans des terrains de médiocre valeur, uniquement pour les brûler dans leur jeunesse et en obtenir la cendre, de laquelle ils extrairoient de la potasse propre au commerce. Je ne doute pas, d'après les données ci-dessus et le haut prix actuel de cette denrée, que ce ne fût une spéculation des plus lucratives. On a déjà indiqué le PHYTOLACA DÉCANDRE (*voyez* ce mot) comme réunissant, à un haut degré, les qualités nécessaires ; mais beaucoup d'autres plantes peuvent lui être assimilées. On sait le grand usage qu'on fait de la potasse pour lessiver le linge, fabriquer des savons, fondre le verre, teindre les étoffes, etc. La France n'en fournit pas la dixième partie de ce qui est nécessaire à sa consommation.

Tout cultivateur doit réserver avec soin toute la cendre produite par son foyer pour le premier de ces objets, et ensuite, lorsqu'elle est complètement privée des sels solubles qu'elle contenoit, l'employer à l'amendement de ses terres. Je lui conseille même d'en fabriquer avec les grandes plantes qui croissent naturellement sur sa propriété, et dont il ne tire aucun usage. J'ai eu soin d'indiquer ces plantes toutes les fois que l'occasion s'en est présentée.

Relativement à l'agriculture, les cendres agissent de deux manières ; mécaniquement, c'est-à-dire en augmentant par leur extrême division l'ameublissement de la terre ; physiquement ou chimiquement, c'est-à-dire en attirant ou conservant l'eau, en portant dans la terre des principes propres à fixer l'acide carbonique qui nage dans l'atmosphère, à rendre soluble le terreau; elles agissent comme la CHAUX (*voyez* ce mot), etc. Aussi, telles qu'elles sortent du foyer, les cendres, loin de porter la fertilité dans les terrains sur lesquels on les répand en certaine quantité, y portent-elles la mort. Elles brûlent, comme disent les cultivateurs, les plantes qu'elles touchent. *Voyez* au mot TERREAU.

Cependant, récentes et en petite quantité, elles produisent les meilleurs effets, au premier printemps, sur les prairies usées. On dit généralement que cet effet a lieu parcequ'elles détruisent directement la mousse qui s'opposoit à la croissance de l'herbe; mais je me suis assuré de l'inexactitude de ce fait. J'ai lieu de croire que, ranimant la force végétative de la terre, elle fait périr la mousse presque uniquement parceque les autres plantes poussent plus vigoureusement et l'étouffent. Dans ce cas, comme dans tous les autres, il faut que l'action des cendres soit aidée par l'eau des rosées, des pluies ou des irrigations bien ménagées. Je dis bien ménagées, car trop d'eau emporteroit toutes ces cendres, et rendroit par conséquent l'opération inutile.

On répand aussi les cendres nouvelles en petite quantité sur les chenevières, les champs de choux, de navettes, etc., en même temps que les graines, parcequ'on a remarqué qu'elles activoient la levée de ces graines, et les défendoient, ainsi que les jeunes pousses, contre les attaques des animaux destructeurs. *Voyez* aux mots LIMACE, ALTISE.

Il est de fait que les cendres attirent puissamment l'humidité et l'acide carbonique de l'air, et qu'elles les conservent avec force. Répandues en plus grande quantité lorsqu'elles ont cessé d'être aussi caustiques, elles produisent donc le double effet de conserver au sol lorsqu'il en manque, cette humidité sans laquelle il n'y a pas de végétation, et de tenir en réserve le carbone, que les chimistes modernes ont prouvé être un des principaux alimens des plantes.

Rozier a le premier établi, d'une manière positive, que la nutrition des plantes par les racines ne pouvoit s'opérer que lorsque la terre végétale, les engrais animaux ou végétaux avoient été mis sous forme savonneuse. Cette belle idée n'est pas rigoureusement vraie, ainsi que je le ferai voir au mot ENGRAIS; mais elle n'est pas non plus dénuée de fondement. En effet, Théodore de Saussure, Braconnot et autres, ont prouvé que le terreau pur se dissolvoit entièrement dans la potasse ou la soude caustique, étoit considérablement altéré par la chaux; que ce même terreau, après avoir été épuisé de toutes ses parties solubles par des lotions répetées, abandonné à l'air, pouvoit en fournir de nouvelles au bout d'un certain temps. Or, ici on trouve la potasse et la chaux. Donc les cendres sont le meilleur amendement, ou mieux, l'amendement le plus actif qu'on puisse donner, après la potasse et la soude, aux terres naturellement très chargées de terreau, ou sur lesquelles on a répandu beaucoup de FUMIER. Donc, toutes les fois que, par quelque cause que ce soit, on ne répand pas les cendres sur le sol, il faut les jeter sur le fumier, dont elles accélèrent la décomposition. Au reste, on peut les garder, à l'abri de la pluie, aussi long-temps qu'on veut sans qu'elles s'altèrent sensiblement; même, mais peut-être mal à propos, dit-on qu'elles s'améliorent par la vétusté.

Une expérience de M. Wedge, rapportée par Arthur Young, prouve que les cendres tirent quelque chose de l'atmosphère, lorsqu'on les emploie comme amendement. Ce cultivateur a fait lever les gazons, de trois parties égales du même terrain, et a fait brûler ceux de deux de ces parties, à des époques différentes. Les cendres de la première brûlée furent répandues immédiatement sur le terrain. Celles de la seconde, faites plus tard, furent conservées en tas jusqu'aux semailles. Les gazons de la troisième partie furent enterrés à la charrue. La première portion produisit incomparablement plus que la seconde; et la seconde plus que la troisième.

D'après cet utile emploi des cendres en agriculture, il y a lieu de paroître étonnant qu'on en perde autant dans diverses parties de la France. Ce fait s'explique par l'ignorance des cultivateurs, par les préjugés, peut-être même par l'intérêt dont elles sont pour les lessives et autres objets.

La quantité des cendres à répandre sur le sol ne peut être fixée ici; car elle dépend, et de la nature du terrain, et des articles de la culture, et de la saison, et encore plus de leur qualité. C'est par des essais pratiqués, ou par des raisonnemens appliqués à chaque localité qu'on peut l'établir. En général, la latitude dans laquelle on peut choisir est fort étendue, sur-tout si elles ne sont pas nouvelles.

Après les prairies basses, c'est sur les terres argileuses fort humides (TERRES FROIDES, comme on dit vulgairement) qu'elles conviennent le mieux. Leur effet sur les autres natures de sol n'est pas aussi marqué, même est quelquefois nuisible. On sent en effet que les terres calcaires ont plus d'alkali (ou des principes qui en tiennent lieu) qu'il n'est nécessaire.

D'après ce que je viens de dire, on doit penser que les cendres lessivées ou *charrées* n'ont pas au même degré les facultés des cendres neuves. Il ne faut cependant pas les perdre, car leur effet, pour être plus foible, n'en est pas moins réel.

Les cendres, comme l'a fait remarquer Fourcroy, quelque

bien lessivées qu'elles soient, conservent toujours des sels phos-
phoriques qui peuvent agir sur la végétation. Il est, de plus,
certain qu'il se forme dans les cendres les mieux lessivées, lorsqu'on les garde long-temps, outre des nitrates et des muriates,
des sulfates de plusieurs sortes. Comment ces derniers se forment-
ils ? La science est encore muette sur ce point.

Toujours quand on veut répandre les cendres sur une prairie, un champ, etc., il faut choisir un temps qui annonce la
pluie ; car, je le répète, leur action n'a lieu, sous quelques
rapports, que par l'intermède de l'eau ; c'est peut-être pourquoi elle est plus marquée dans les sols humides. Cela n'est pas
en contradiction, comme on pourroit le penser, avec ce que
j'ai dit plus haut, de l'attraction que la cendre exerce sur l'eau
dissoute dans l'atmosphère, parceque le plus ou le moins est
d'une grande influence dans ce cas, comme dans tant d'autres.

Malgré le cas que je fais des cendres, je pense que leur rareté, ou mieux, la difficulté de s'en procurer assez pour satisfaire aux besoins d'une grande exploitation, les rend d'une
petite importance pour l'agriculture. Il n'y a guère que les pays
granitiques et schisteux, les plaines dénuées de pierres calcaires
qui soient forcés de s'en contenter ; car la chaux remplit complètement leur objet, se produit aussi abondamment qu'on le
désire, et coûte par-tout moins cher.

Dans quelques endroits on emploie les cendres lessivées ou
charrées pour établir le sol des granges, des étables, même des
maisons d'habitation. Elles remplissent mieux cet objet que la
terre grasse (marne très argileuse et très ferrugineuse), parceque, bien corroyées et bien battues, elles se fendent moins.
Pour en fortifier la masse, on l'imbibe de quelque liqueur mucilagineuse ou huileuse. J'ai vu employer avec un avantage
bien marqué l'eau dans laquelle on avoit fait bouillir des tourteaux provenant de la fabrication des huiles de noix, de na-
vette, de colsat, etc. Une forte décoction de mauve ou autre
plante mucilagineuse produit aussi d'utiles effets, ainsi que le
sang de bœuf, la colle-forte, etc.

Les ménagères réservent avec soin les cendres de leur foyer
pour les employer à faire la lessive de leur linge. Plus ces cendres
sont restées long-temps au feu, c'est-à-dire plus les fragmens
de charbon qu'elles contenoient ont été exactement consumés,
et plus elles sont bonnes. On y met, pour les activer, les coquilles d'œufs, les petits os qui, après que leur partie animale
est brûlée, offrent une bonne chaux. En général, il est utile de
les passer au crible avant d'en faire usage, parcequ'outre le
charbon précité, qui donne une couleur rousse au linge, il
peut s'y trouver des morceaux de fer, qui, en s'oxidant dans le

avier, tacheroient ce linge d'une manière ineffaçable. *Voyez* au mot LESSIVE.

La régie des poudres et M. de Perthuis ont fait des expériences sur la quantité de cendres qu'on retire par quintal de différentes plantes herbacées ou de différens bois. J'en donne ci-dessous la note.

Régie des poudres.

	livres.	onces.	gros.	grains.
Tiges de maïs.	8	13	6	38
Tiges de tournesol.	5	11	4	28
Sarment.	3	2	0	41
Buis.	2	14	0	0
...ule.	2	13	4	50
Orme.	2	5	7	11
Chêne.	1	5	5	3
Tremble.	1	3	6	4
Charme.	1	2	0	33
Hêtre.	0	9	2	62
Sapin.	0	5	3	54

M. de Perthuis.

	en cendres.				en salin.		
	liv.	onces.	gros.	grains.	onces.	gros.	grains.
Ortie commune.	10	10	6	0	1	7	1
Chardon.	4	0	5	36	1	0	37
Fougère.	5	0	1	0	1	0	0
Chardon hémorrhoïdal.	10	8	0	0	1	3	71
Massette.	4	4	1	40	4	4	1
Roseau.	2	15	4	0	1	1	0
Scirpe des étangs.	3	13	5	24	1	4	0
Linaigrette.	4	5	3	0	0	7	36

(B.)

CENDRES GRAVELÉES ou CLAVELÉES. Nom vulgaire des cendres produites par la combustion des lies de vin desséchées, et qui contiennent un quart et quelquefois plus d'ALKALI VÉGÉTAL ou POTASSE. *Voyez* ces mots.

Au prix où est la potasse dans le commerce, il doit paroître étonnant que, dans tant de vignobles, on laisse perdre la totalité des lies, des marcs de raisins qui, brûlés, augmenteroient les bénéfices de la culture de la vigne. Je ne puis trop engager les cultivateurs, les brûleurs d'eau-de-vie, les tonneliers, de ne pas négliger de rassembler toutes les lies, soit pour cet objet, soit pour les vendre aux chapeliers à qui elles sont nécessaires pour le foulage de leurs chapeaux. L'opération de les brûler est si peu de chose, puisqu'il ne s'agit que de les calciner après leur dessiccation, sur un lit de bois d'unecertaine épaisseur, ou mieux, dans un four à pain. D'ailleurs, si on ne veut pas l'entreprendre, il se trouvera toujours des hommes industrieux qui viendront l'acheter en nature, quelque petite qu'en soit la quantité. (B.)

CENDRES DE TOURBE. On doit en distinguer de deux sortes. Celles provenant de la tourbe des marais de la vallée de la Somme, par exemple, celles résultant de la combustion spontanée de la tourbe pyriteuse des environs de Soissons, La-Fère, Laon, Noyon, etc.

La tourbe des marais donne, d'après Ribaucourt, dix livres par quintal de cendres, contenant deux onces de potasse; mais si cela est vrai à Amiens, cela ne l'est pas autre part, puisque la tourbe n'est presque jamais exempte d'un mélange de pyrite et de terre. J'en ai vu qui devoit fournir près de moitié de cette dernière; aussi elle varie en couleur et en composition selon la nature de ces terres. En effet la terre calcaire donne de la chaux, la terre argileuse de la brique plus ou moins rouge. Le sable seul reste sable. Cette sorte de cendre est extrêmement recherchée aux environs d'Amiens, en Hollande, et dans tous les pays où elle est connue. Son action sur la fertilité des terres est effectivement très marquée, mais il faut que les cultivateurs soient bien peu éclairés pour la payer au prix qu'ils y mettent. Je me suis assuré par l'examen qu'on auroit mille pour cent à gagner si on employoit à fabriquer de la chaux ou ou de la brique la somme qu'on y consacre. Je crois donc que les cultivateurs éloignés des villes où l'on brûle de la! tourbe doivent en abandonner l'usage à leurs confrères les plus voisins; mais tel est l'empire de l'ignorance et de l'habitude, que celui de ces cultivateurs qui paie un franc une mesure de cendre de tourbe, ne voudra pas dépenser cette somme pour avoir dix mesures de chaux qui lui feroient vingt fois plus de profit.

Les cendres que fournissent la *tourbe du haut pays*, la *tourbe profonde*, la *tourbe pyriteuse*, sont souvent appelées *cendres de houille*, *cendres rouges*, ou *cendres de baurain*, du nom du village qui les a le premier employées il y a cinquante ou soixante ans. Ces cendres, résultat d'une tourbe extrêmement pyriteuse, ne contiennent presque que des sels terreux et métalliques, le sulfate d'alumine, le sulfate de fer, l'oxide de fer à différens degrés d'oxidation.

Ces cendres semées à la main, dans les prairies humides, sur les terres argileuses, produisent des effets en apparence miraculeux, car elles en augmentent le produit de près d'un tiers; aussi leur emploi s'est-il étendu avec une incroyable rapidité, et l'exploitation des tourbes, pour cet unique objet, est-il devenu un objet de grande importance. Ces tourbes me sont très connues, pour avoir habité dans le centre du pays qui les fournit, et j'ai été à portée d'apprécier leurs avantages. Je dois dire cependant qu'on s'est aperçu que les terres sur lesquelles on en répandoit tous les ans ne tardoient pas non seulement à perdre cette fertilité extraordinaire, mais même à moins produire qu'avant l'usage des cendres. En conséquence l'emploi en est tombé de beaucoup, surtout dans le canton même. Il paroît que cette cessation de fertilité provient des oxides de fer, qui, pénétrant à quelques pouces sous terre, y forment une couche qui, quelque mince qu'elle soit, interrompt la végétation, soit en interceptant le passage aux racines, soit en empêchant l'eau de s'élever ou de s'enfoncer.

Comme cette tourbe n'est connue que dans le canton ci-dessus, que son emploi est par conséquent local, il est peu nécessaire que je m'étende plus au long sur la cendre qu'elle fournit.

La cendre de la houille véritable, c'est-à-dire du charbon de terre, est aussi employée comme amendement en Angleterre et dans les autres pays où on fait usage de ce combustible. Il paroît qu'elle produit aussi de fort bons effets sur les terres marécageuses ou argileuses. Elles sont très peu communes en France, et je ne puis rien en dire de plus. *Voyez* aux mots Charbon de terre et sels. (B.)

CENDRES VOLCANIQUES. Fragmens pulvérulens de diverses sortes de pierres que rejettent les volcans et qui couvrent quelquefois des étendues de terres considérables dans le voisinage de ces volcans, dans une plus ou moins grande épaisseur.

C'est toujours en forme de pluie que les cendres volcaniques sortent des cratères. En tombant elles tuent et même brûlent tous les végétaux, et s'opposent d'abord, pendant un plus ou moins long espace de temps, (pendant plusieurs siècles même) à toute culture; mais petit à petit elles se décomposent, se mélangent avec le sol qu'elles recouvrent, et alors le rendent d'une extrême fertilité. Dans le premier cas elles agissent à raison de leur homogénéité et du peu d'obstacle qu'elles apportent à l'écoulement des eaux; elles représentent les effets du verre ou de la brique pilée. Dans le second, elles sont devenues marnes, et se mêlent avec des argiles et alors les rendent plus légères, c'est-à-dire plus perméables à l'eau et aux racines des plantes.

Ce n'est pas seulement autour des volcans brûlans qu'on remarque ces effets, c'est aussi autour des volcans éteints depuis des milliers d'années.

Souvent les cendres volcaniques cessent d'être frayables, de ressembler à la cendre de nos foyers par suite de l'infiltration des eaux chargées de chaux, d'argile ou autres matières, et alors elles forment un tuf rarement dur, mais propre à la bâtisse, et dont il n'est pas donné à tout le monde de reconnoître l'origine.

La pouzolane ne diffère des cendres volcaniques que par la
plus grande grosseur de ses parties. Sa nature varie également
selon les lieux, et on peut les employer aux mêmes usages
économiques ou agricoles. (*Voyez* au mot VOLCAN, POUZOLANE,
ROCHES VOLCANIQUES et TERRES VOLCANIQUES. (B.)

CENS. Redevance que le propriétaire de beaucoup de fonds
payoit au seigneur du lieu, et dont il ne pouvoit pas se racheter.
Aujourd'hui la plupart des cens sont abolis ou au moins rache-
tables à la volonté du débiteur. C'est un grand bienfait pour
l'agriculture. (B.)

CENTAURÉE, *Centaurea*. Genre de plantes de la syngénésie frustranée, et de la famille des cinarocéphales, qui renferme plus de cent-vingt espèces, dont la moitié appartient à
l'Europe et principalement à l'Europe australe, et dont plusieurs intéressent la petite et la grande culture, et quelques unes
les deux ensemble.

Les anciens botanistes avoient formé plusieurs genres des espèces que Linnæus a réunis sous celui-ci, et Jussieu vient de les
rappeler. Comme l'usage des cultivateurs est en concordance
avec ces subdivisions, elles seront adoptées dans le cours de cet
ouvrage; en conséquence il ne sera question ici que des centaurées proprement dites, et on trouvera aux mots JACÉE,
BLEUET, RHAPONTIC, CHAUSSE-TRAPE et CROCODILION, les
autres espèces du genre de Linnæus qu'il convient de faire
connoître aux cultivateurs.

LA CENTAURÉE COMMUNE, OU GRANDE CENTAURÉE, *Centaurea
centaurium*, Lin., a les écailles du calice ovales, obtuses, les
feuilles alternes, pinnées, glabres, à folioles décurrentes et doublement dentées, la terminale lancéolée. C'est une plante vivace, à racine pivotante, à tige cylindrique, rameuse, haute
de trois ou quatre pieds, à fleurs grandes, rougeâtres, solitaires à l'extrémité des rameaux, qu'on trouve sur les hautes
montagnes du midi de la France. Sa racine a une saveur amère,
un peu âcre, et passe pour un très bon stomachique vulnéraire et apéritif. On en fait un fréquent usage.

Cette plante, par la beauté de son port et la grandeur de
toutes ses parties, est très propre à figurer dans les jardins
paysagers sur les premiers rangs, ou dans les sinuosités qui s'y
trouvent. Elle fait aussi fort bien sur le bord d'un ruisseau, à
côté d'un rocher ou d'une fabrique, contre lesquels elle se des-
sine. On la place également avec avantage dans les grands parterres des jardins ornés. Elle est en fleur pendant une partie de
l'année. Une terre substantielle et profonde est celle qu'il lui
faut. La sécheresse et l'humidité lui sont également nuisibles.
On la multiplie de graines et par séparation des racines. La
première de ces méthodes est lente, et en conséquence on ne

pratique presque généralement que la seconde. Pour cela, au milieu de l'automne, on arrache les vieux pieds, ou seulement on les déchausse, et on sépare avec la main toutes les têtes latérales auxquelles on croit pouvoir donner quelque chevelu. Ces œilletons sont mis en terre sur-le-champ et poussent ordinairement assez de racines pour passer l'hiver sans accidens. Ils fleurissent la première ou la seconde année, selon qu'ils étoient forts et qu'ils sont placés dans une bonne terre.

Les graines de cette plante se sèment au printemps dans une exposition chaude et dans une terre bien meuble; on les arrose convenablement. Lorsque le plant est levé on le sarcle, et à la fin de l'automne on le met en pépinière dans une autre place également bien labourée, à une distance de six à huit pouces, où il doit rester une année; après quoi il est bon à être placé à demeure. On doit couvrir ce plant pendant l'hiver, parcequ'il est sujet à être frappé par les gelées

La CENTAURÉE MUSQUÉE, l'*ambrette*, la *fleur du grand seigneur*, a les folioles du calice presque rondes, pubescentes; les feuilles glabres, pinnatifides, presque en lyre, à découpures dentées. Elle est annuelle, originaire de la Turquie, et haute d'un pied et demi. Ses fleurs, qui commencent à se développer au milieu de l'été et qui continuent à le faire jusqu'aux gelées, sont blanches ou purpurines, grandes, solitaires sur de longs pédoncules, et d'une odeur de musc, ou de fourmi, fort agréable. On la cultive fréquemment dans les jardins d'ornement où on la met au second rang des plates-bandes.

La CENTAURÉE ODORANTE, le *barbeau jaune*, l'*emberboi*, a les écailles du calice presque rondes, glabres, sphacelées à leur sommet; les feuilles pinnatifides, en lyre, à découpures dentées. Elle est annuelle, originaire de l'Asie mineure, et haute d'un pied. Ses fleurs paroissent en même temps que celles de la précédente, et sont également odorantes; mais elles sont plus grosses et leur couleur est un jaune brillant. On la voit également, et même plus fréquemment, dans les jardins d'agrément.

Ces deux plantes se multiplient par leurs graines, qu'on sème au printemps sur couche et sous châssis dans des terrines remplies d'une terre légère et bien amendée; mais comme on n'a pas de ces sortes de couches dans tous les jardins, on est obligé de les semer, à nu, sur des couches simples, et alors d'attendre que les gelées ne soient plus à craindre; c'est-à-dire à la fin du mois d'avril, car le jeune plant y est extrêmement sensible. Ce jeune plant se lève lorsqu'il a quelques feuilles et se met de suite en place, c'est-à-dire au second rang des plates-bandes, dans des petits bassins qu'on forme en creusant la terre et en la mélangeant avec quelques poignées de terreau; car il veut de l'amendement. On l'arrose souvent pendant le premier mois, après quoi il ne demande plus que les soins généraux à tout jardin.

Ce sont toujours les graines des premières fleurs qu'on doit recueillir pour les semis suivans, à raison de leur grosseur et de leur complète maturité.

Les fleurs de ces deux plantes entrent fréquemment dans la fabrication des bouquets, et on les cultive, dans quelques jardins autour des grandes villes, uniquement pour cet usage. Là, en conséquence, on varie les époques des semis, de manière à en avoir le plus promptement possible, et on les transplante au sortir de la couche en quinconce, à huit à dix pouces de distance, dans des plates-bandes bien exposées, bien travaillées, et bien amendées. (B.)

CENT DE TERRE. Mesure de terre en usage aux environs de Lille. *Voyez* MESURE.

CENTINODE. Nom vulgaire de la RENOUÉE AVICULAIRE.

CENTAURÉE (GRANDE). On donne ce nom à la GENTIANE JAUNE.

CENTAURÉE (PETITE). *Voyez* au mot CHIRONE.

CEP. On donne ce nom aux branches des vignes lorsqu'elles sont sur pied. Lorsqu'elles sont coupées on les appelle des sarmens. Souvent c'est le pied même. *Voyez* au mot VIGNE.

CEP ou CEPS. Nom vulgaire du BOLET ESCULENT.

CÉPÉES. Ce sont les jeunes tiges qui repoussent sur la tête des racines d'un arbre qui a été coupé rez terre. Lorsque les cépées ont acquis un certain âge ce sont des TROCHÉES. En général les cépées sont toujours plus garnies que les racines ne le comportent, et une partie de leurs pousses sont destinées à périr ; mais avant d'arriver là, elles épuisent le sol et nuisent à la croissance de celles qui doivent rester ; aussi est-ce une opération utile que de les débarrasser successivement des plus foibles de ces tiges, c'est-à-dire que la première année on en coupera avec la serpette, par exemple, la moitié, deux ans après la moitié du reste, six après encore la moitié, et on ne s'arrêtera que lorsqu'il n'y aura plus sur chaque souche que trois à quatre brins les plus beaux, qui profiteront d'autant plus qu'ils auront plus d'air autour d'eux et que leurs racines leur porteront une plus grande abondance de sève. Il faut avoir comparé, comme moi, des bois ainsi conduits à ceux qu'on abandonne à la nature pour apprécier les avantages de cette méthode. Les coupes qui suivent la première fournissent assez de bois pour payer la façon de toutes et donner encore un revenu. *Voyez* au mot FORÊT. (B.)

CEPHALANTHE, *Cèphalanthus.* Arbrisseau de six à huit pieds debout, à rameaux opposés très écartés ; à feuilles opposées, quelquefois ternées, pétiolées, ovales, lancéolées, très entières, glabres, longues de trois pouces sur un et demi de large; à leurs blanches disposées en boules de près d'un pouce de diamètre, solitaires à l'extrémité des rameaux, qui est originaire de l'Amérique septentrionale, qui, avec deux autres peu connus, forme un genre dans la tétrandrie monogynie et dans la famille des rubiacées. On le cultive fréquemment dans les jardins des curieux.

C'est en Caroline, où j'en ai observé de grandes quantités croissant dans les mares, les flaques d'eau, qu'on doit aller pour admirer la beauté du céphalante d'Amérique, *Cephalanthus occidentalis*, Lin., le *bois à bouton* des jardiniers, lorsqu'il est couvert de ses têtes de fleurs. Il fleurit au milieu de l'été. Sa manière d'être dans son pays indique que sa place dans les jardins paysagers est sur le bord des lacs, des rivières, dans l'eau même; mais je ne sache pas qu'on l'y ait jamais mis. C'est au premier ou second rang des massifs, à l'ombre des grands arbres, ou au nord d'une fabrique, d'un rocher, qu'on l'y voit ordinairement. Il demande une terre un peu forte et argileuse, selon Dumont Courset; cependant on le cultive généralement dans de la terre de bruyère aux environs de Paris. On peut en conclure que toute terre lui est bonne pourvu qu'elle ait de la fraîcheur. Il brave les plus fortes gelées.

On multiplie le céphalante par ses graines; mais elles mûrissent rarement dans le climat de Paris. On le multiplie encore, et plus rapidement, par ses rejetons et ses marcottes. Ces dernières s'enracinent au bout de deux ans. Presque toujours on peut les mettre, ainsi que les rejetons, directement en place; car elles poussent les premières années de très forts jets; aussi les fait-on rarement passer par l'intermédiaire de la pépinière, et les marchands se contentent-ils de sevrer les marcottes qu'ils n'ont point vendues. C'est au printemps qu'on effectue leur transplantation, opération qui doit être suivie d'arrosemens fréquens.

Lorsqu'on a de bonnes graines de céphalanthe, il est mieux de les semer dans des terrines sur couche et sous châssis qu'en pleine terre, car il leur faut un assez haut degré de chaleur pour lever. On leur donne fréquemment de l'eau. Le plant se repique l'hiver suivant en pépinière à six ou huit pouces de distance, et ne demande plus que les soins ordinaires aux pépinières jusqu'à sa transplantation définitive, qui a lieu la troisième ou quatrième année. (B.)

CERAISTE, *Cerastium*. Genre de plantes de la décandrie pentagynie, et de la famille des cariophyllées, qui renferme vingt-cinq espèces, presque toutes d'Europe, et dont quelques unes sont trop abondantes dans les pâturages pour que les cultivateurs ne désirent pas les connoître.

Les espèces les plus communes sont,

Le CERAISTE VULGAIRE qui a les feuilles ovales, très velues, les pétales de la longueur du calice, et les capsules allongées. Il est vivace, s'élève à un demi-pied, et croît très abondamment dans les lieux incultes et sablonneux, sur le bord des chemins, etc. On le connoît vulgairement sous le nom d'*oreille de souris*. Tous les bestiaux le mangent avec plaisir. Il fleurit pendant tout l'été.

Le CERAISTE DES CHAMPS qui a les feuilles lancéolées, linéaires, aiguës, pubescentes; la corolle plus grande que le calice, et la capsule allongée. Il est annuel et commun dans les champs en friche, sur le bord des chemins. Tous les bestiaux le mangent. Il s'élève à peine à cinq ou six pouces.

Le CERAISTE RAMPANT a les feuilles lancéolées, glabres; les pédoncules rameux, les capsules courtes, et les tiges à demi rampantes. Il est vivace, s'élève à huit à dix pouces et fleurit de très bonne heure. On le trouve dans les pâturages, sur le bord des bois, des chemins qu'il orne par ses grandes et nombreuses fleurs blanches, principalement dans les parties méridionales de l'Europe. Tous les bestiaux le mangent.

Le CERAISTE AQUATIQUE qui a les feuilles en cœur et sessiles; les fleurs solitaires, les capsules courtes et pendantes. Il est vivace, croît dans les marais, sur le bord des rivières, et s'élève, lorsque ses frêles tiges sont soutenues, jusqu'à deux ou trois pieds. Tous les bestiaux le mangent. On en a fait une STELLAIRE. *Voyez* ce mot.

Le CERAISTE COTONNEUX, *Cerastium tumentosum*, a les feuilles linéaires, très velues, les pédoncules rameux, les capsules courtes. Il est originaire d'Italie et se cultive très fréquemment dans les jardins d'agrément, sous les noms d'*argentine*, d'*oreille de souris*, de *traînasse*, etc. Toutes ses parties sont d'un blanc de neige, et ses fleurs grandes et nombreuses. Ses tiges ne s'élèvent pas à plus de quatre à cinq pouces, mais s'étendent autant qu'on le veut en rampant sur la terre et forment des gazons extrêmement denses, qui contrastent avec la verdure des autres. On en fait des bordures, des petites et grandes plaques, si je puis employer ce terme, dans les parterres et au milieu des gazons, ou sur la lisière des massifs dans les jardins paysagers. Il produit surtout un effet très agréable sur les ruines, les rochers, le faîte des murs, des toits des fabriques, etc. On le multiplie aussi facilement qu'on veut, soit de graines, soit par séparation des vieux pieds, ou enlèvement des tiges, qui prennent naturellement racines. Les jardiniers se plaignent même qu'il trace trop et qu'ils ont de la peine à le renfermer dans les bornes qu'ils veulent lui prescrire. La gelée ni la chaleur ne lui font pas de mal, et tout terrain lui est indifférent; mais il craint l'humidité et l'ombre.

Lorsque les pieds deviennent vieux, ils se dégarnissent au centre, c'est pourquoi il est bon de couper de temps en temps ses tiges qui repoussent très rapidement.

Cette facilité de multiplication fait qu'on ne cultive presque jamais le ceraiste cotonneux à part. C'est au premier printemps qu'il est le plus avantageux de le diviser et transplanter. Il souffre souvent dans les hivers longs et pluvieux. (B.)

CERCEAU, CERCLE. Ce dernier mot, emprunté de la géométrie et pris pour le premier, n'est pas admissible dans la langue ; mais l'usage journalier a prévalu de manière qu'en agriculture et dans le commerce tous les deux sont employés pour exprimer cette partie de bois dont on se sert pour relier les cuves, les tonneaux et les barriques. Les meilleurs cerceaux sont ceux faits en bois de châtaigner ; après eux les cerceaux de frêne, de saule-marceau, de tremble, de noisetier, de peuplier, et enfin de saule. La rareté du bois a forcé de recourir à ces expédiens. Les cerceaux périssent toujours par l'écorce et par l'aubier. Ils sont piqués des insectes qui y laissent leurs œufs ; d'où il sort de petits vers, jusqu'à ce que ces vers se métamorphosent en insectes ailés ; il faut qu'ils vivent, et c'est aux dépens de l'aubier qui les environnent ; l'écorce reste intacte. Lorsque la cave ou le cellier sont humides, cette scieure de bois s'imprègne d'eau et le cerceau pourrit ; enfin il éclate. Les propriétaires assez heureux pour avoir du bois propre à la fabrication des cerceaux, et qui en ont besoin pour leurs vaisseaux vinaires, feront très bien de choisir pour leur usage ceux tirés du cœur du bois, ou du moins de les faire écorcer, et avec la plane d'enlever l'aubier. De pareils cerceaux en châtaigner dureront dix fois autant que les autres. Il est très prudent de faire cette observation pour les cerceaux destinés aux cuves. La plus petite réparation à y faire entraîne ensuite dans de grandes dépenses. Au mot CUVE, nous entrerons dans de plus grands détails.

L'usage des cerceaux est indispensable pour les arbres que l'on se propose de tailler en buisson. (*Voyez* BUISSON.) C'est le moyen le plus aisé de faire prendre aux branches de l'arbre la forme de gobelet, telle qu'on le désire ; mais prenez garde que le bois du cerceau ne presse trop fortement contre la branche tendre de l'arbre ; son écorce seroit bientôt meurtrie, et une pression un peu vive prive la sève des moyens de circuler avec aisance. Il en est de même quand la ligature qui assujettit la branche la serre trop fortement. La branche grossira, et si le lien ne prête pas, il pénétrera dans l'écorce ; la sève ne pouvant descendre des branches aux racines, et monter facilement des racines aux branches, formera un bourrelet en dessus et en dessous du lien, et même le cachera et le couvrira entièrement, etc. (R.)

CERCEAU. On donne ce nom, aux environs de Montaigu, à une espèce de pioche dont un des côtés est tranchant et l'autre est armé de deux branches. C'est une BINETTE renforcée. (B.)

CERCELLE. On altère ainsi le nom de la SARCELLE, espèce de canard plus petit que le sauvage, mais aussi estimé. (B.)

CERCLE ou ANNEAU MAGIQUE. On remarque souvent, dans les pâturages des montagnes, des places plus ou moins larges et circulaires, dans lesquelles l'herbe est plus verte qu'ailleurs. J'ai habité un pays, la chaîne calcaire qui s'étend de Langres à Dijon, où ce phénomène est très commun, et presque toujours il étoit pour moi l'indicateur d'une récolte de *mousserons* (L'AGARIC ODORANT) pour le printemps suivant. D'après cela il sembleroit que c'est la semence de ce champignon qui le produiroit; mais j'ai été assez souvent trompé dans mon attente pour croire que ce phénomène a encore une autre cause. Ce qui rend l'explication plus difficile, c'est l'extrême régularité de ces cercles, qui quelquefois ont cinq à six pieds de diamètre et une largeur de deux à trois pouces seulement, qui d'autres fois n'ont qu'un pied de diamètre et à peine deux pouces de vide au centre; c'est-à-dire où l'herbe n'est pas aussi verte, etc. J'ai très fréquemment labouré la terre de ces cercles sans rien remarquer qui la différenciât de celle du voisinage, lorsqu'elle n'étoit pas garnie de champignons, auquel cas elle offroit des filamens blanchâtres; les cercles magiques disparoissent sans causes apparentes au bout d'une, deux ou trois années au plus.

Par contre, on trouve quelquefois, dans les mêmes prairies, d'autres cercles également réguliers, mais où l'herbe est moins verte qu'ailleurs, et où elle est même complètement desséchée. Ceux-là ne m'ont jamais rien montré.

La superstitieuse ignorance s'est emparée de ces deux phénomènes opposés. Il n'est point de contes, plus absurdes les uns que les autres, qu'on ne fasse à leur sujet. Il seroit impossible de déterminer certaines personnes d'entrer volontairement dans un de ces cercles, quoiqu'elles avouent les traverser très fréquemmment la nuit sans inconvéniens pour eux. Je n'ai pas remarqué de pareils cercles dans les terrains argileux ou sablonneux des environs de Paris.

Il est probable que la présence ou l'absence de l'eau joue un rôle dans la formation de ces cercles; mais comment? C'est ce que je ne puis dire. (B.)

CERCOPIS, *Cercopis*. Genre d'insectes de l'ordre des hémiptères et de la famille des cicadaires, dont il convient de parler ici, parcequ'une de ses espèces, ou mieux, sa larve, vit sur

la luzerne où elle forme ces crachats écumeux que les cultivateurs y remarquent souvent, et auxquels plusieurs attribuent
les maladies qui surviennent à leurs bestiaux.

Toutes les espèces de ce genre sautent et volent en même
temps, et l'espèce dont il est ici question et qu'on appelle la CER-
COPIS ÉCUMEUSE, *Cercopis spumaria*, Fab., se trouve quelquefois
par millions dans les luzernes semées en terrain sec, par exemple
dans la plaine des Sablons, près Paris, et autres voisines, de
sorte que, quand on marche en automne dans ces plaines, il
semble que tout le sable saute devant soi. Elle a environ
quatre lignes de long sur deux de large. Son corps est gris brun,
très variable dans ses nuances, et finement ponctuée; on voit
près du bord extérieur de chacune de ses élytres deux taches
blanchâtres transversales. Les poules et les dindons la recherchent
beaucoup. Elle est excellente pour servir d'appât à la pêche à
la ligne des petits poissons. Elle passe l'hiver sous l'état d'insecte parfait.

Sa larve est extrêmement délicate dans toutes ses parties, et
ne pourroit subsister un jour entier, si la nature ne lui avoit
donné la faculté de rendre par l'anus des bulles écumeuses qui
la mettent à l'abri des rayons du soleil, et la cachent aux recherches de ses ennemis. C'est sous cette espèce de bouclier,
quelquefois de cinq à six lignes de diamètre, et qui se renouvelle continuellement, qu'elle suce la tige et les feuilles de la
luzerne et de quelqu'autres plantes des prairies. On voit ces
petites masses d'écume dès les premiers jours du printemps; aussi
leur a-t-on donné les noms d'*écume printanière*, de *crachat
de coucou*, et elles subsistent pendant tout l'été, parcequ'il y
a plusieurs générations successives.

En soutirant la sève de la luzerne, les larves des cercopis
nuisent beaucoup à sa croissance. Il est donc, sous ce rapport,
de l'intérêt des cultivateurs de les détruire. Cependant il est
rare, hors les localités citées plus haut, qu'elles soient assez
nombreuses pour que les effets de leur présence se fassent apercevoir d'une manière notable.

On a discuté la question de savoir si l'écume et les larves
des cercopis étoient ou n'étoient pas nuisibles aux bestiaux qui
les avalent en broutant, et on n'a cité aucun fait positif en faveur de la première opinion, quoiqu'elle soit dominante dans
les campagnes. Je crois donc qu'il ne faut pas s'inquiéter en en
voyant beaucoup sur les luzernes, d'autant plus qu'il n'y a
d'autre moyen de les détruire que de les écraser un à un, et
qu'il est impraticable en grand. On peut cependant en diminuer le nombre en coupant les luzernes un peu plus tôt qu'on
ne le fait communément, c'est-à-dire avant l'instant de la floraison; mais il faut que tout un pays le fasse en même temps;

car les insectes parfaits voyagent beaucoup. Cette opération est fondée sur ce que les larves, n'étant pas encore assez avancées pour se transformer en insectes parfaits, meurent faute de nourriture, et diminuent d'autant les générations futures. (B.)

CÉRÉALES. C'est le nom commun des graminées qui se cultivent pour leurs graines, de celles que la brillante Mythologie nous présente comme le produit des dons de Cérès. Ils renferment le FROMENT, le SEIGLE, l'ORGE et l'AVOINE. On y réunit quelquefois le MAÏS, le SARRAZIN, le RIZ, le SORGHO et le MILLET; mais c'est mal à propos. La FÉTUQUE FLOTTANTE, l'ALPISTE et la ZIZANIE, dont on mange quelquefois les graines, peuvent également en faire partie. (B.)

CERF, *Cervus elaphus*, Lin. Animal du genre de son nom, et qui se reconnoît à sa tête ornée, plutôt qu'armée (dans les mâles) de deux cornes rameuses, rugueuses, à rameaux cylindriques et légèrement recourbés, à son pelage fauve et à ses pattes ongulées.

Cet animal, le plus beau et le plus gros de nos forêts, dont de tout temps les puissans de la terre se sont réservé exclusivement la chasse, sur lequel on a écrit tant de livres, est un fléau pour l'agriculture, et sur-tout pour les forêts dans lesquelles il est multiplié. En effet, au printemps il mange les jeunes pousses des arbres, et retarde par-là leur croissance en hauteur; en hiver il les écorce, et retarde par-là leur croissance en grosseur. C'est sur-tout dans les taillis qu'il cause le plus de ravage. Il faut voir les suites d'une excursion de cerfs (ils vont presque toujours en troupes) dans des champs de blés, à quelque époque que ce soit de l'année, pour pouvoir apprécier les dommages qu'ils causent. En effet, ce n'est pas seulement ce qu'ils mangent qui est perdu pour le propriétaire, c'est ce qu'ils endommagent et ce qu'ils foulent aux pieds; car ils ne restent jamais deux instans de suite dans la même place. Ce n'est guère que pendant la nuit, et principalement à deux époques, qu'ils quittent les forêts pour aller dans les blés qui en sont voisins, savoir; au premier printemps lorsque la neige les a laissés à découvert, et qu'ils présentent une verdure succulente, et au milieu de l'été lorsque les grains commencent à mûrir. A cette dernière époque, ils y restent quelquefois pendant le jour même, sur-tout les femelles, qu'on nomme *biche*, et les petits qu'on nomme *faon*. Alors ils augmentent la perte en se couchant.

La chasse du cerf ne doit jamais être l'objet des désirs du simple cultivateur. Elle est trop coûteuse, et emploie trop de temps pour qu'il puisse s'y livrer sans nuire à ses affaires. Je n'en parlerai donc pas. C'est cependant, après le sanglier, le loup et le renard, celui des animaux sauvages auquel il doit

re la plus rude guerre, par les motifs ci-dessus, lorsqu'il vient
turer sur ses fonds; mais c'est une guerre de surprise. C'est
ur s'en débarrasser qu'il peut être permis à un cultivateur
aller à l'AFFUT. *Voyez* ce mot. Il doit aussi lui tendre des
èges de toutes sortes.

Comme les riches désœuvrés se chargent de suppléer les cul-
ateurs dans la destruction des cerfs par-tout où ils le peuvent,
que mon intention n'est pas d'écrire pour eux, je n'en dirai
s davantage. (B.)

CERFEUIL, *Cherophyllum*. Genre de plantes de la pentan-
ie digynie et de la famille des ombellifères, qui renferme une
ngtaine de plantes, dont plusieurs sont utiles à l'homme, et
nt une sur-tout est employée généralement dans les assaison-
emens.

Les diverses espèces de cerfeuil ont toutes les feuilles alternes
ux ou trois fois ailées, et la plupart ont une odeur forte,
us ou moins agréable.

Le CERFEUIL COMMUN, OU CERFEUIL CULTIVÉ, *Scandix cerefo-*
um, Lin., a la racine pivotante, annuelle; la tige noueuse,
nnelée, lisse, branchue, fistuleuse, haute d'un à deux pieds;
s feuilles trois fois ailées, à découpures obtuses et velues; les
urs blanches, portées sur des ombelles presque sessiles, les
uits lisses, noirâtres dans leur maturité, et longs de trois à
atre lignes.

Cette plante est originaire des parties méridionales de l'Eu-
pe. On l'a cultivée de tout temps dans les jardins. Ses feuilles
nt aromatiques et agréables au goût. On les mange dans la
lade. On les fait entrer dans une grande quantité d'assaison-
emens. Elles passent pour rafraîchissantes, diurétiques, apé-
tives et incisives. Elles s'ordonnent dans le scorbut et les ma-
dies de la peau.

La culture du cerfeuil est très facile. Comme il est plus
réable quand il est jeune, le grand art consiste à en semer
us les quinze jours, savoir, le printemps et l'automne, dans
s lieux abrités, et l'été dans des endroits ombragés. Il de-
ande une terre bien meuble, ni trop sèche, ni trop humide,
craint les fumiers, qui lui donnent facilement leur odeur. Sa
aine doit être peu enterrée; car lorsqu'elle l'est trop, elle
ve plus tard et donne des productions plus foibles. Quelque-
is elle est plusieurs mois en terre avant de lever. On peut
ujours avancer sa germination en la mettant tremper dans
au pendant deux à trois jours. Il vaut toujours mieux la
mer clair et en rayons, qu'épais et à la volée. Lorsqu'on n'a
s eu la précaution d'en semer en pleine terre avant l'hiver,
est quelquefois nécessaire d'en mettre sur couche pour les
soins de la cuisine, et alors on ne l'y laisse que jusqu'à ce que

celui de pleine terre soit en état de servir. Des sarclages et de
arrosemens, dans les grandes chaleurs, sont tout ce qu'on lu
donne de culture extraordinaire. On doit le couper lorsqu'il s
dispose à monter en graine, quand on n'en a pas de jeune
cette opération retardant la mort des pieds auxquels on l'a fai
subir. Les graines du printemps sont les meilleures.

Par sa dessiccation le cerfeuil perd une partie de son odeur
mais il en conserve encore assez pour être employé dans le
sauces. En conséquence, dans beaucoup de cantons, pour s'évi
ter la peine d'en semer tous les mois, on en fait sécher des bou
quets de feuilles en les suspendant au plancher, et on y a recour
dans l'occasion.

Le CERFEUIL ODORANT OU MUSQUÉ, *Scandix odorata*, Lin.
a la racine vivace, fusiforme; la tige droite, cannelée, rameuse
velue, fistuleuse, haute de trois à quatre pieds; les feuilles troi
fois ailées, à découpures aiguës et velues, souvent tachées d
blanc; les fleurs blanchâtres; les fruits oblongs, profondémen
sillonnés. (On en a fait un genre sous le nom de *myrrhis*.)
croît naturellement dans les montagnes du midi de l'Europe
et il se cultive fréquemment dans les jardins, à raison de l'ex
cellente odeur de toutes ses parties. On le mange comme l
précédent, en salade et dans les sauces; mais sa saveur tro
forte et trop aromatique en éloigne beaucoup de monde. Lc
peuples du nord de l'Asie s'en nourrissent, et en préparent un
liqueur. On le multiplie de graines qui, lorsqu'elles sont vieilles
ne lèvent quelquefois que la seconde année, et par séparatio
des vieux pieds. Ce moyen qui est très facile, qui donne de
jouissances promptes, est presque le seul employé. On le pra
tique en automne ou au printemps. Une terre légère et sèche es
celle qui convient le mieux à ce cerfeuil, qui perd beaucou
de son odeur et de sa saveur dans les sols humides et ombragé

Le CERFEUIL SAUVAGE, *Cherophyllum sylvestre*, Lin., a l
racine vivace; la tige striée, rameuse, renflée vers ses nœuds
les feuilles trois fois ailées, à découpures aiguës et velues; le
fleurs blanches, et les semences lisses. On le trouve dans tout
l'Europe, aux lieux cultivés, dans les vergers, les haies, les boi
Il fleurit au premier printemps, et donne un fourrage des plus pré
coces qui, quoiqu'il ait une odeur fétide et un goût âcre et amer
plaît aux ânes, ce qui lui a fait donner le nom de *persil d'âne*
Reynier, qui a fait un très bon mémoire sur cette plante dan
la Bibliothèque physico-économique, a observé que les che
vaux et les vaches, qui répugnent d'abord à la manger, s'y ac
coutument bientôt, et finissent par s'en trouver fort bien. De
vaches, qu'on a nourries pendant deux années presque entiè
rement avec cette plante, ont toujours donné du lait en abou
dance et d'excellente qualité. Il propose, en conséquence, d

à cultiver comme fourrage. En effet, elle présente l'avantage inappréciable de pousser de si bonne heure et si rapidement, qu'on peut en faire deux récoltes avant celle du trèfle, c'est-à-dire à une époque où les nourritures fraîches sont généralement fort rares. Elle fournit d'ailleurs un fourrage qui ne cède qu'à peu d'autres en quantité, ayant deux à trois pieds de haut, et formant des touffes de plus d'un pied de diamètre. Malgré l'évidence des raisons mises en avant par Reynier, je ne sache pas qu'on la cultive nulle part; mais dans beaucoup de lieux j'ai vu couper, dans sa jeunesse, celle qui croît spontanément, pour la donner aux vaches. Elle demande une terre de bonne nature et ombragée; mais elle vient au milieu des pierres, des buissons les plus épais; enfin dans des lieux où toute autre plante refuse de croître.

Le CERFEUIL BULBEUX a les racines bisannuelles, tubéreuses; les tiges rameuses, tachetées de blanc, renflées vers leurs nœuds, et hérissées à leur base; les feuilles trois fois pinnées, à divisions aiguës, velues en dessous; les fleurs blanches et les fruits striés. On le trouve dans les haies, les bois des parties méridionales de la France. Il ressemble beaucoup au précédent, avec lequel on le confond généralement, et présente les mêmes avantages économiques, et de plus, ceux résultant de ses racines qui sont tubéreuses, fort recherchées des cochons, et que les hommes mêmes, dans le nord de l'Asie, font entrer dans la liste de leurs alimens, soit crues, soit cuites, au rapport de Gmelin. Je n'ai pas eu occasion d'en goûter, ainsi je n'offre point d'opinion sur leur compte; mais j'ai cru devoir les indiquer aux agronomes, afin d'exciter ceux qui se trouveroient à portée d'en avoir de faire quelques essais.

Le CERFEUIL AIGUILLE, *Scandix pecten*, Lin., a une racine annuelle, une tige géniculée, rarement plus haute qu'un demi-pied; les feuilles deux fois ailées, à divisions aiguës; les fleurs blanches, les folioles des involucres fendues, et les fruits longs de deux à trois pouces. Il croît, souvent avec une excessive abondance, dans les blés des parties moyennes et méridionales de l'Europe. On le connoît sous le nom de *peigne de Vénus*. Il est si amer que les bestiaux répugnent d'abord à le manger; mais cependant ils s'y accoutument peu à peu, quoiqu'ils ne le recherchent jamais. Sa hauteur est trop peu considérable pour qu'on en mette beaucoup dans les pailles lors de la moisson, et son fruit est trop remarquable pour qu'il en reste un seul dans le blé; malgré cela il nuit beaucoup aux récoltes. Il est presque impossible de le détruire par les sarclages, à raison de ce qu'il ne pousse en tige que lorsque les blés sont montés, et l'expérience prouve que les labours sur jachères ne peuvent qu'en faire périr une très petite partie, parceque ses graines, lorsqu'elles sont

enfouies.de plus d'un à deux pouces, restent en terre jusqu'à c
qu'un autre labour vienne les ramener à la surface. Ce fait
j'en ai été témoin pendant plusieurs années de suite dans ur
domaine où on vouloit l'extirper. Ce n'est donc que la cultur
par assolement, sur-tout celle où entre une prairie artificiell
de plusieurs années de durée, et à laquelle succèdent du maïs
des pommes de terre, des haricots et autres plantes qu'il fau
biner plusieurs fois dans l'année, ou des plantes étouffantes
telles que des pois, des vesces, etc., qu'on peut y parvenir. Au
reste, cette plante a un aspect fort pittoresque, et ne seroit pa
déplacée, malgré sa petitesse, dans certains endroits des jar
dins paysagers.

Quelques auteurs ont placé les CAUCALIDES APRE et NODIFLORI
dans ce genre. *Voyez* ce mot. (Th.).

CERFOUETTE, CERFOUIR. *Voy.* SERFOUETTE, SERFOUIR

CERISAIE. Lieu planté en CERISIERS.

CERISE. Tubercule rouge qui vient sur la sole charnue des
chevaux. *Voyez* CRAPAUD, EXCROISSANCE et FIC.

CERISE. Fruit du cerisier, et principalement celui qui est acide

CERISE DE SUIF ou CERISE D'HIVER. C'est le fruit de
l'ALKEKENGE.

CERISE DE CORNALINE. C'est le fruit du CORNOUILLER
COMMUN OU MALE.

CERISETTE. Petite prune rouge, dont on emploie souven
les produits pour greffer les bonnes espèces, ainsi que les abri
cotiers et pêchers. *Voyez* PRUNIER. (B.)

CERISIER, *Cerasus*. Genre de plantes de l'icosandrie mono
gynie et de la famille des rosacées, qui se rapproche infinimen
des pruniers avec lesquels il avoit été réuni par Linnæus, et qu
renferme une vingtaine d'arbres, dont plusieurs se cultivent ha
bituellement dans nos jardins, les uns pour leurs fruits, connus
sous le nom de CERISES, les autres seulement pour l'agrément.

La plupart des auteurs ont confondu le merisier, si commun
dans nos forêts, avec le cerisier proprement dit, autrement ap
pelé GRIOTTIER, arbre apporté de Cérasunte à Rome par le cé
lèbre Lucullus, l'an 680 de la fondation de cette ville; mai
ce sont deux espèces botaniques bien distinctes, quoique fort
voisines. Ce fait reconnu, tous ceux qui, sans faire cette re
marque, ont eu pour objet de prouver ou que le cerisier est na
turel à l'Europe, ou que Lucullus l'avoit réellement apporté de
l'Asie mineure, ont eu également raison et également tort. Ce
deux espèces sont pourvues d'un caractère distinctif saillant
mais de nature à être plutôt saisi par les jardiniers que par les
botanistes; c'est que les fleurs du merisier se développent sur le
bois de l'avant-dernière année, et celles du cerisier proprement
dit sortent du bois de la dernière. De plus, les bouquets qu'elles

forment sont sessiles sur l'un, et légèrement pédonculés sur l'autre, et les feuilles sont velues en dessous sur le premier, et entièrement glabres sur le second. Un autre caractère connu de tout le monde, c'est que les merises et les variétés qu'elles ont produites par la culture, telles que les guignes et les bigarreaux, c'est-à-dire ce qu'on appelle cerise dans la plupart des départemens, ont la chair dure, et que les cerises des Parisiens, celles qu'on appelle *griottes* ou *cerises aigres* dans les départemens, l'ont tendre et aqueuse.

Tous les cerisiers sont des arbres ou des arbrisseaux à feuilles alternes, entières, ovales, lancéolées, dentées, pourvues de glandes sur leur pétiole; à fleurs blanchâtres et disposées en bouquets, soit sur les côtés, soit à l'extrémité des rameaux. Presque tous fleurissent au printemps avant le développement complet des feuilles. Leurs fruits mûrissent en été. Leur écorce est lisse. Ils ont trois sortes de boutons; savoir, ceux à bois, ceux à feuilles, et ceux à fruits.

Le CERISIER MERISIER, *Prunus avium*, Lin., est un arbre de première grandeur, d'un superbe port, c'est-à-dire faisant naturellement pyramide, qu'on trouve très fréquemment dans nos forêts, et qui s'accommode de presque tous les terrains. On en tire un très bon bois de charpente, mais qui se pourrit facilement lorsqu'il est exposé à l'air, ou qu'il est placé dans l'eau; sa belle couleur rougeâtre, qu'on rend plus intense et plus fixe en le mettant dans l'eau commune pendant quelques mois ou dans l'eau de chaux pendant quelques jours, et le beau poli dont il est susceptible, le rendent propre à l'ébénisterie. On en fait de la très belle menuiserie, de très agréables armoires, des tables brillantes. Il se travaille très aisément sur le tour, et c'est principalement lui qui est employé dans la fabrication des chaises de luxe, des manches de balais et autres petits meubles. Il est trop cassant pour être employé au charronnage. Il perd par le dessèchement un peu plus du seizième de son volume. Il pèse vert, par pied cube, soixante-une livres treize onces, et sec cinquante-quatre livres quinze onces. Il brûle fort bien et donne beaucoup de chaleur. Son charbon est fort estimé dans les forges. Les jeunes pousses font de très bons échalas, de très bons cercles de tonneaux et même de cuves.

Les fruits du merisier, qu'on appelle *merises*, quoique peu abondamment pourvues de chair, sont une nourriture aussi agréable que saine; c'est une manne que la nature envoie souvent avec une grande abondance aux oiseaux. On les mange fraîches ou sèches. On en fait des compotes, des confitures, des liqueurs de table, un vin fort agréable, et sur-tout une eau-de-vie très violente, qu'on appelle en France du nom allemand *kirschenwasser*, qu'on prononce *kirsvasse*. Ces fruits offrent beaucoup de variétés pour la grosseur, la forme, la saveur, la couleur. Les plus communes sont les rouges et les noires. Il en est de très sucrées, d'autres qui sont plus ou moins amères. Elles mûrissent ordinairement au commencement de l'été; mais il en est qui retardent jusqu'au milieu et même à la fin de cette saison. Tous les oiseaux fructivores en sont extrêmement friands, principalement ceux des genres grive, loriot et étourneau. Elles les engraissent et leur donnent une chair très délicate, au dire des gourmets. Ceux de ces arbres qui donnent des fruits tardifs sont extrêmement utiles aux chasseurs, ainsi que j'en ai fait l'expérience.

Dans toutes les montagnes de l'est de la France, où le merisier se plaît beaucoup, il étoit passé en principe, dans les bois soumis à l'administration forestière, et sur-tout dans ceux appartenant aux communes, qu'on ne devoit le couper que lorsqu'il étoit arrivé à la décrépitude. Cet usage étoit fondé sur les avantages que les habitans retiroient de son fruit. Je l'ai vu si commun dans les forêts qui couvrent les montagnes des environs de Langres, que dans ma jeunesse je pouvois souvent aller d'un arbre à un autre sans descendre. Cette surabondance nuisoit nécessairement au produit des coupes et à la reproduction du jeune bois; en conséquence, par une loi générale, on les a abattus, et actuellement à chaque coupe on n'en laisse plus que ceux qu'on compte comme baliveaux réservés par l'ordonnance. Cette loi, quoique sage, a été une calamité pour les pauvres, qui, pendant trois mois de l'année vivoient, soit directement, soit indirectement, aux dépens des merises. Combien de fois j'ai mangé, pendant l'hiver, chez des charbonniers, de la soupe aux merises, c'est à dire du pain bouilli dans de l'eau, avec des merises sèches et un peu de beurre! C'étoit la nourriture habituelle de ces hommes à demi sauvages, et dont j'ai éprouvé si souvent l'excellent cœur. Aujourd'hui elle leur manque et rien ne la remplace. Le peu de merises qu'ils récoltent est mangé sur-le-champ, ou vendu pour faire des liqueurs.

Le ratafia de merise se fait en mettant de ces fruits pilés avec leurs noyaux dans de l'eau-de-vie. Au bout de quelque temps on passe, clarifie et ajoute une livre de sucre par bouteille. Plus ce ratafia est vieux et meilleur il est.

Lorsqu'on veut faire du vin, on met les merises, sans leur queue, dans un tonneau défoncé, on les écrase avec un pilon, et on les couvre. La fermentation vineuse ne tarde pas à se développer, sur-tout s'il fait chaud, et on la complète en remuant chaque jour le tout pour en mélanger les parties. Il ne faut que cinq à six jours de cuvage pour rendre le vin en état d'être transvasé et par suite consommé. Ce vin, bien fait, est fort agréable, ainsi que j'ai eu plusieurs fois occasion de m'en assurer ; mais il se garde difficilement, même lorsqu'on le met sur-le-champ en bouteille. Autrefois, c'est-à-dire lorsque les vignes étoient plus rares, on en trouvoit souvent dans les pays à merises ; mais depuis long-temps on n'en voit plus que chez quelques particuliers, pour ainsi dire, comme objet de curiosité ; tout celui qu'on fabrique est destiné à faire du kirschenvasser, qui est l'objet d'un commerce de quelque importance, et qui devient d'autant meilleur qu'il est plus vieux.

Lors donc qu'on veut faire du kirschenvasser, on distille aussitôt que la fermentation est terminée, et une partie des noyaux est concassée, pour que l'amande qu'ils contiennent puisse donner son goût à l'eau-de-vie. Cette distillation se fait généralement dans de petits alembics de l'ancienne forme, de sorte que, malgré les précautions qu'on prend, le marc s'attache toujours à leur fond, et la liqueur sent le brûlé. Ce goût est si commun dans les bouteilles de cette liqueur qu'on nous apporte de Suisse, que les vendeurs veulent persuader qu'il est inhérent au kirschenvasser. Il seroit peut-être difficile d'appliquer à cette fabrication les nouveaux principes de la distillation, parcequ'elle se fait toujours, par des hommes peu éclairés et peu en état de faire des avances d'alambics, de fourneaux, etc. Voyez au mot DISTILLATION.

Quelque fois on mêle des cerises cultivées, même des griottes, avec les merises ; mais la liqueur qui en résulte est moins agréable que lorsqu'on emploie uniquement des merises, et surtout la petite merise noire sucrée. Plus le fruit est mûr lorsqu'on l'emploie, et plus on obtient d'eau-de-vie. C'est presque exclusivement sur les bords du Rhin, dans les Vosges et dans le Jura qu'on fabrique en France du kirschenvasser. La plupart de celui qui se consomme à Paris vient de Suisse, principalement des cantons de Berne et de Bâle.

Le marasquin, cette liqueur si agréable, qui se fabrique sur les montagnes de l'ancienne Macédoine, et dont Venise fait exclusivement le commerce, est un véritable kirschenvasser dont je parlerai plus bas. On dit même que la plus grande partie du marasquin qui se trouve dans le commerce n'est que du kirschenvasser auquel on a ajouté du sucre.

Quoique j'aie dit que le kirschenvasser fait avec des merises, auxquelles on avoit mêlé des cerises, fût moins bon que celui fabriqué avec des merises seules, on peut en obtenir de très bon des cerises seules ; seulement il faut ajouter du miel, de la mélasse ou du sucre, lorsqu'on emploie des cerises acides ou peu sapides. Il n'en faut que cinq à six livres par cent pesant. Souvent cette eau-de-vie est si forte qu'il faut y ajouter moitié d'eau pour la boire.

Le vin de cerises, abandonné à lui-même dans un endroit chaud, devient un très bon vinaigre.

L'estimable Hell, dont je m'honore d'avoir été l'ami, et dont la perte prématurée est une des calamités de la révolution, a publié dans la Feuille du Cultivateur de très intéressantes observations sur le merisier, qu'il termine par la note suivante.

« Depuis quelques années, sur les bords du Rhin, on distille les merises sans les faire fermenter. Elles donnent une liqueur aussi utile qu'agréable, qui ne contient rien de spiritueux. Ce n'est que la partie phlegmatique, balsamique et aromatique de la cerise. Quoiqu'on la qualifie d'*eau de cerise douce*, elle n'est cependant pas sucrée, et on la boiroit pour de l'eau commune, si elle n'avoit pas l'odeur du fruit. Elle ne se conserve que pendant deux ou trois ans, et encore faut-il la tenir bien bouchée dans un endroit frais et sec où la lumière et la gelée ne pénètrent pas. Cette liqueur est excellente pour la poitrine. Elle guérit les toux très violentes, et les coqueluches des enfans. On la leur donne aussi dans leurs insomnies. C'est le calmant et le somnifère le plus puissant. On la prend tiède avec du sucre. On la mêle avec l'orgeat, les glaces, les crèmes et autres mets, même avec le thé au lait. »

Les merises sèches, bouillies à grande eau, forment une tisane qu'on emploie souvent, dans les pays de montagnes, sous les mêmes indications médicales que celles rapportées par Hell. J'en ai plusieurs fois fait usage dans mes rhumes, et avec un succès presque toujours assuré.

Ces avantages rendent les merisiers très intéressans à multiplier. Ils le sont encore, en ce que c'est sur eux principalement que se greffent les diverses variétés de merisiers cultivés, surtout sur sa variété à fruits noirs; car on a remarqué que la variété à fruits rouges donnoit de l'âcreté aux cerises qu'on la forçoit de nourrir et offroit moins de chances de réussite. Tous les terrains leur sont bons, comme je l'ai déjà dit; mais cependant ils font peu de progrès et périssent bientôt dans les sols trop secs et dans ceux qui sont trop marécageux. On peut les multiplier de drageons, qu'ils poussent avec abondance, lorsqu'on blesse leurs racines; mais les arbres qui en proviennent ne sont jamais si beaux ni si durables que ceux qui sont le résultat du semis des noyaux. C'est, en conséquence, par ce dernier moyen qu'un propriétaire éclairé et un pépiniériste honnête, doivent exclusivement chercher à les obtenir. Ils y sont du reste d'autant plus portés, qu'ils gagnent très peu de temps par les drageons, le semis levant la première année et faisant des progrès rapides.

On sème les merises aussitôt qu'elles sont récoltées, ou très peu après. Si on n'avoit pas de terrain disponible, et qu'on fût forcé par toute autre cause de ne les employer qu'après l'hiver, il faudroit les stratifier dans du sable, les mettre en jauge, comme disent les jardiniers, parceque leurs amandes sont très sujettes à rancir et par suite à perdre leur faculté germinative. Le sol qui leur est destiné doit être ni trop bon ni trop mauvais, et bien exactement labouré. On les répand soit à la volée, soit en rayons écartés de cinq à six pouces.

Le plant lève ordinairement à la fin du printemps, monte, dans le courant de la première année, à huit ou dix pouces, surtout si le printemps et l'été n'ont pas été trop secs, ou qu'il ait été possible de l'arroser dans le besoin. Ordinairement on le laisse deux années dans la planche du semis, pendant lesquelles on ne lui donne que les sarclages ordinaires à toute pépinière; mais souvent on le relève pour le planter en rigole à la fin de la première. Cette dernière opération a souvent pour but de pouvoir couper plus tôt le pivot et de faire naître par conséquent une plus grande quantité de chevelu. Cette opération assure la reprise du plant, mais s'oppose à ce qu'il forme jamais de beaux arbres. En conséquence je n'aime pas la voir faire.

Lorsque le plant du merisier est destiné à repeupler des forêts, on le place à demeure, à l'âge de deux ans ou au plus de trois, dans des trous de six pouces en carré qu'on fait avec la pioche. Je dis repeupler, plutôt que planter; parceque jamais on ne lui fait former des massifs d'une grande étendue, et qu'étant d'une nature fort différente des arbres ordinaires aux forêts, il vient fort bien après eux. (*Voyez* au mot ASSOLEMENT.) A ces causes j'ajoute qu'il craint moins l'ombre que beaucoup d'autres arbres.

Quand on veut employer ce plant à servir de sujet pour la greffe des cerisiers cultivés, on le place, à deux ans, à dix-huit à vingt pouces, et on le fait filer pendant deux, trois, quatre autres années; car on ne greffe généralement le cérisier, comme je le dirai plus bas, qu'à six à huit pieds de terre.

La quantité de merisiers qu'on emploie chaque année pour la greffe, dans les grandes pépinières, est très considérable, parceque les diverses variétés de cerisiers se greffent rarement sur d'autres arbres, et que les noyaux de ces variétés sont d'autant plus souvent infertiles, qu'elles s'éloignent davantage du type originel. Dans les lieux éloignés des pépinières on va arracher ces sujets dans les bois; mais ils sont de beaucoup inférieurs à ceux semés et cultivés comme il vient d'être dit.

Il y a assez de différence entre les merisiers à fruit rouge et à fruit noir pour qu'on les distingue en tout temps. Le premier pousse beaucoup plus vigoureusement; ses feuilles sont plus larges, plus profondément dentées et plus pâles.

On est parvenu, par la culture, à faire doubler les fleurs du merisier. Cet arbre devient alors un objet d'agrément des plus intéressans pour les jardins paysagers. En effet, pendant les quinze jours du printemps que durent ses fleurs, on ne peut rien voir de plus beau que sa tête qui semble couverte de neige. On le place sur le second ou troisième rang des massifs, ou on l'isole à quelque distance de ces massifs, ou au milieu des gazons. On le multiplie par la greffe sur le merisier simple, ou, lorsqu'on le destine à être placé dans un mauvais sol, sur le cerisier mahaleb, comme je le dirai plus bas. Il est principalement remarquable, pour les botanistes, en ce que ses fleurs conservent beaucoup d'étamines, et que le pistil est monstrueux.

Des nombreuses variétés du merisier sont sorties des deux races de cerisiers cultivés, les GUIGNIERS, les BIGARREAUTIERS, qui toutes deux ont les fruits en cœur.

Les fruits des *guigniers* sont généralement à demi mous, et d'une difficile conservation; leurs feuilles sont longues et pointues; leurs branches se soutiennent presque perpendiculairement; leur bois diffère peu de celui des merisiers.

On connoît dans les jardins plusieurs sous-variétés de guigniers, telles que,

Le GUIGNIER CŒUR DE POULE. Son fruit a exactement la forme d'un cœur, et a plus d'un pouce de diamètre. Il est presque noir en dehors, d'un rouge foncé en dedans. Il mûrit en septembre. L'arbre est très grand, et toutes ses parties sont très prononcées. On le cultive principalement dans les parties méridionales de la France. On en doit la description à M. Calvel. J'en ai mangé à Bordeaux.

Le GUIGNIER A FRUIT NOIR. Il s'élève moins que le merisier. Ses branches sont plus chargées de feuilles; ses bourgeons sont bruns et assez gros; ses feuilles presque ovales lorsqu'elles naissent sur les bourgeons à fruits, mais deux fois plus longues lorsqu'elles sortent des branches. Ses fleurs s'ouvrent peu; ses fruits sont gros, ont la peau fine, d'un brun noir, la chair d'un rouge foncé, un peu mollasse et adhérente au noyau. Il mûrit à la fin de mai ou au commencement de juin.

Le GUIGNIER A PETIT FRUIT NOIR diffère du précédent, en ce que son fruit est plus petit et moins allongé; sa chair est plus fade; son noyau blanc. Il mûrit à la même époque.

Le GUIGNIER A FRUITS ROSES HATIFS. On le cultive sur le territoire de Côte-Rôtie. Son fruit mûrit un des premiers. Ce fruit est d'un rouge tendre, plus gros vers la queue, comme les bigarreautiers; mais sa chair est très aqueuse et peu aromatisée.

Le GUIGNIER A GROS FRUIT BLANC, Duh. La couleur de son fruit est rougeâtre du côté du soleil, et blanc sale de l'autre. Sa chair est blanche, un peu ferme et fort agréable. Son noyau est blanc et très adhérent. Il mûrit douze ou quinze jours plus tard que le premier.

Le GUIGNIER A GROS FRUIT ROUGE TARDIF, Duh., qu'on appelle aussi *guigne de fer* ou *guigne de S.-Gilles*, ne donne ses fruits mûrs qu'en septembre et octobre. Il mérite peu d'être cultivé.

Le GUIGNIER A GROS FRUIT NOIR LUISANT, Duh., a les bourgeons jaunâtres, et la fleur petite. Son fruit mûrit à la fin de juin : c'est le meilleur de tous. Sa peau est noire, luisante ; sa chair rouge, tendre sans être molle ; son noyau un peu teint de rouge.

Le GUIGNIER A GROS FRUIT NOIR LUISANT ET A COURTE QUEUE, qu'on cultive aux environs de Lyon, est encore plus aromatisé que le précédent. Sa queue n'a pas un pouce de longueur.

Le GUIGNIER DE QUATRE A LA LIVRE OU A FEUILLES DE TABAC, nouvelle variété venue de Hollande, remarquable par la grandeur de ses feuilles, de près d'un pied de long sur moitié de largeur. Son fruit est d'un rouge vif, un peu plus large que long, et d'environ un pouce de diamètre. Il ne mérite d'être cultivé que par curiosité ; car il n'a donné à M. Sickler, un des cultivateurs les plus connus de l'Allemagne, que deux fois du fruit en dix ans, et il s'en falloit de beaucoup que ce fruit eût la grosseur indiquée par le nom. Aucun des pieds qui se trouvent, en ce moment, dans les jardins de Paris, n'en a encore donné. C'est donc bien gratuitement qu'on le recherche avec tant d'ardeur. Sa véritable place est dans les jardins paysagers.

Le GUIGNIER A RAMEAUX PENDANS est principalement remarquable par la disposition de ses rameaux, disposition analogue au griottier de la Toussaint, dont je parlerai plus bas. Son fruit est médiocre.

Les fruits des *bigarreautiers* sont gros, oblongs ; leur chair est ferme, blanche ou rouge, d'assez difficile digestion et sujette à être piquée de vers. Leurs branches sont presque horizontales ; leurs feuilles grandes, longues et très pendantes.

Le BIGARREAUTIER A GROS FRUIT ROUGE, Duh., a les branches moins nombreuses que les guigniers. Ses bourgeons sont d'un brun clair ; ses fleurs s'ouvrent peu ; son fruit est gros, d'un rouge foncé du côté du soleil, d'un rouge vif du côté de l'ombre ; sa chair est parsemée de fibres blanches ; son eau est un peu rougeâtre et bien parfumée. C'est une excellente espèce, mais qui ne mûrit qu'à la fin de juillet et même au commencement d'août.

Le BIGARREAUTIER A GROS FRUIT BLANC, Duh., diffère du précédent par la couleur du fruit d'un rouge très clair du côté du soleil, et très blanchâtre du côté de l'ombre ; par sa chair, qui est moins ferme et plus succulente ; enfin par ses bourgeons, qui sont cendrés.

Le BIGARREAUTIER A PETIT FRUIT BLANC HATIF, Duh., a le fruit plus petit que celui du précédent, mais peu différent pour la couleur. Sa chair est blanche, tendre, et a un goût relevé.

Le BIGARREAUTIER A PETIT FRUIT ROUGE HATIF est au premier ce que le dernier est au second.

Le BIGARREAUTIER COMMUN OU BELLE DE ROCMONT a le fruit

moins gros et moins long que le premier. Sa peau est luisante et marbrée dans quelques endroits. Il mérite d'être cultivé de préférence, et il commence en effet à devenir commun. Il mûrit au commencement de juillet.

Le BIGARREAUTIER A FRUIT COULEUR DE CHAIR paroît être une variété du précédent. Son fruit est également très bon.

Les guigniers et les bigarreautiers donnent, certaines années, des fruits dont les noyaux sont bons à semer. Ils peuvent donc se reproduire jusqu'à un certain point, et être greffés avec avantage sur eux-mêmes; mais on préfère généralement les placer sur le merisier. En les greffant sur griottier, on n'obtient que des arbres foibles et de peu de durée; aussi ne le fait-on que lorsqu'on veut avoir des espaliers ou des quenouilles, manière peu employée. Quant à la culture des guigniers et des bigarreautiers, elle diffère trop peu de celle des griottiers pour mériter d'être mentionnée particulièrement. Je n'en parlerai que lorsqu'il sera question de celle de ces derniers.

Le CERISIER GRIOTTIER, *Prunus cerasus*, Lin., est un arbre de moyenne taille, dont les branches forment naturellement une tête sphérique, ce qui le distingue à la première vue et de fort loin du merisier, avec lequel il est cependant confondu. De plus, ses feuilles sont plus fermes sur leur pétiole, moins grandes, d'un vert plus foncé, et les fleurs plus petites, mais plus ouvertes. Il est originaire de l'Asie mineure, et peut-être de la Hongrie ou contrées voisines. On le cultive en Europe depuis près de deux mille ans, comme je l'ai rapporté au commencement de cet article; aussi fournit-il une quantité considérable de variétés jardinières. Son bois est d'un jaune rougeâtre, chatoyant, mêlé de taches jaunes, rouges et vertes. Sec, il pèse 47 livres 11 onces 7 gros par pied cube, c'est-à-dire 7 livres 3 onces un gros moins que celui du merisier. On l'emploie pour le tour et quelques petits ouvrages de menuiserie; mais jamais à la charpente, faute de longueur convenable; généralement il ne sert qu'à brûler.

Les fruits des cerisiers griottiers, c'est-à-dire, comme je l'ai déjà fait remarquer, les *cerises* proprement dites des Parisiens, ou les *griottiers* des départemens, sont ronds avec un sillon peu marqué. Leur chair est tendre ou molle, ou très aqueuse; leur saveur généralement acide et austère. Leur eau est tantôt blanche, tantôt colorée, ce qui donne lieu à deux divisions, dont la dernière, celle à eau colorée, est composée d'un petit nombre de variétés auxquelles quelques auteurs appliquent particulièrement le nom de griottiers.

Les variétés les plus connues de la première division sont,

Le GRIOTTIER FRANC OU COMMUN. Il provient des semis des noyaux des autres variétés. Il est plus vigoureux qu'elles; mais

les cerises qu'il donne sont plus petites et plus acerbes; en conséquence, on l'emploie principalement comme sujet pour la
greffe et de ces variétés et de celles des merisiers. On préfère
généralement, dans les pépinières, le merisier pour cette opération, ainsi que je l'ai déjà dit; cependant la greffe des bonnes
variétés de griottier sur franc doit produire des résultats avantageux relativement à la qualité du fruit.

Quant au cerisier griottier sauvageon, c'est-à-dire qui n'est
jamais sorti des bois, il n'a pas encore été décrit par les botanistes. Peut-être Pallas, Michaux, Olivier l'ont-ils vu sur les
bords de la mer Noire; mais ils n'ont pas fait attention aux
légères différences qu'il présente quand on le compare au cultivé.

Le GRIOTTIER NAIN PRÉCOCE, Duh., s'élève de six à huit pieds
au plus. Toutes ses parties sont plus petites que dans les autres
variétés, et son fruit par conséquent. Ce dernier a la peau d'un
rouge foncé du côté du soleil, la chair blanchâtre, fortement
acide et même un peu âpre. Il mûrit dans le courant de mai, et
c'est son seul mérite. La flexibilité et la longueur de ses branches le rendant propre à l'espalier, c'est principalement pour
lui qu'il est bon de semer des noyaux de griottier, ou d'arracher les drageons de ceux qui sont francs de pied; car il s'emporteroit trop, si on le plaçoit sur merisier. Quelques personnes
conseillent de le greffer sur le cerisier de Sainte-Lucie; mais on
s'y refuse assez généralement, dans la persuasion que le fruit
deviendroit âcre et désagréable.

Le GRIOTTIER ROYAL KHERYDUK, OU MAYDUK, OU ROYAL HA-
TIF. C'est proprement la *cerise d'Angleterre* des environs de
Paris, une des meilleures qu'on y cultive. Son fruit est gros,
un peu comprimé par ses deux extrémités, avec la queue médiocrement longue, toute verte, et pourvue d'une très petite
feuille vers le tiers de sa longueur; sa peau est d'un rouge
brun; sa chair rouge, un peu ferme, très douce; son noyau un
peu inégal. Il mûrit en mai ou en juin.

Cet arbre, d'une grandeur au-dessous de la moyenne, charge
beaucoup. Il diffère extrêmement peu, pour les caractères, d'une
autre variété, qu'on appelle du même nom, mais dont les
fruits ne mûrissent qu'en septembre. On le place ordinairement en espalier comme le précédent, ou au moins contre un
abri qui concourt à hâter encore la maturité de son fruit. On le
greffe sur un franc de griottier. J'ai trouvé une grande variation
dans la qualité de son fruit, variation qui tient probablement
autant à la nature du sujet sur lequel on l'avoit greffé qu'à
celle du terrain où on l'avoit placé.

Le GRIOTTIER COMMUN HATIF, Duh., Il s'élève beaucoup plus
que les précédens, et est chargé de longs rameaux pendans. Ses

fruits sont d'une médiocre grosseur et d'un rouge vif; leur chair est blanche et fort acide; leur noyau presque rond. Ces fruits mûrissent à la fin de mai ou au commencement de juin. C'est lui qu'on cultive le plus dans les environs de Paris; c'est-à-dire que c'est lui qui fournit proprement ce qu'on appelle simplement la CERISE dans les marchés de cette ville. On en plante beaucoup dans les terrains secs et chauds, dans les sables les plus arides où il s'élève peu, mais fournit des fruits plus hâtifs. Là on en voit souvent qui sont francs de pied et qui fournissent des rejetons plus qu'il n'en faut pour sa multiplication. Dans les terres fortes, on le greffe sur merisier, ou sur ses variétés cultivées. Il est très rare qu'on le mette en espalier. Quoique son fruit soit inférieur à d'autres, il mérite d'être cultivé à raison de sa précocité et de sa fécondité; car il n'est pas rare de voir des trochées de six à huit fruits.

Le GRIOTTIER COMMUN, Duh., diffère extrêmement peu du précédent, seulement son fruit est plus acide, et mûrit quelques jours plus tard. Duhamel le regarde comme le type de l'espèce, et par-là le confond avec le griottier franc, dont il n'est au reste sans doute qu'une légère variété. On le cultive très fréquemment, ou mieux, on le laisse venir; car rarement on le greffe, quoique cette opération l'améliore beaucoup. Il pousse prodigieusement de drageons lorsqu'il se trouve dans une terre sablonneuse, et que ses racines sont dans le cas d'être blessées par le soc ou la bêche. C'est par ces drageons qu'on le multiplie.

Le GRIOTTIER A LA FEUILLE a une feuille sur le pétiole du fruit, qui est petit, très acide et même âpre. On dit qu'il se trouve dans les bois; mais certainement il n'y est pas naturel, car il appartient à une espèce exotique, et la monstruosité qui le caractérise prouve qu'il a passé par les mains de l'homme. Il est probable que cette variété provient de noyaux du précédent, semés par les oiseaux. Au reste, il faudroit la voir. Duhamel parle aussi d'une cerise à la feuille; mais celle-ci est grosse et a la forme d'une guigne. On ne la mange qu'en compote. Elle mûrit à la mi-juillet. On ne la connoît pas dans les pépinières des environs de Paris.

Le GRIOTTIER A TROCHET, Duh. Ses fruits sont de médiocre grosseur, d'un rouge foncé, d'une chair délicate, mais très acide. Ils sont si nombreux que les branches succombent quelquefois sous eux.

Le GRIOTTIER A BOUQUETS, Duh., est fort remarquable en ce que sa fleur a jusqu'à douze pistils, dont la plupart avortent, mais qui produisent toujours deux, trois, quatre à cinq fruits sessiles à l'extrémité d'un pétiole commun assez long. Ces fruits mûrissent en juin. Cette monstruosité devroit former un genre ax yeux d'un botaniste qui la trouveroit au milieu des forêts e la haute Asie.

Le GRIOTTIER DE MONTMORENCY ORDINAIRE, ou le GOBET, Duh. a fleur est plus grande que celle du suivant, et son fruit est noins gros et moins comprimé, d'un rouge plus foncé et plus âtif d'environ quinze jours, ce qui fait son plus grand mérite.

Le GRIOTTIER DE MONTMORENCY A GROS FRUIT, Duh., GROS OBET, ou *gobet à courte queue*, ou dans les départemens, *erise de vilaine*, *cerisier coulard*, *cerise de Kent*, a les ruits très gros, très aplatis à ses deux extrémités, dont la peau st d'un beau rouge vif, la chair d'un blanc jaunâtre, peu acide t agréable au goût, le noyau blanc et petit. Ce fruit mûrit en uillet. Il est remarquable par le peu de longueur et la grosseur de sa queue.

Le cerisier de Montmorency devient rare dans la vallée qui ui a donné son nom, parcequ'il charge peu et qu'il est tardif. Les cultivateurs disent qu'il ne donne son fruit que lorsque les Parisiens sont rassasiés de cerises, et cela est vrai. Cependant c'est un des meilleurs à conserver à raison de la beauté et de la bonté de son fruit qui est préféré à la plupart des autres, pour faire des cerises à l'eau-de-vie, des confitures, pour écher, etc., etc. Tout amateur de fruit doit donc en avoir dans son jardin de greffés sur merisier, car ceux venus de drageons sont sujets à dégénérer.

Le GRIOTTIER A FRUIT ROUGE PALE, *griottier de Villennes*, a e fruit gros, bien arroudi, couvert d'une peau fine, teinte d'un rouge clair. La chair blanche, légèrement acide et très agréable. Il mûrit en juin. L'arbre surpasse les précédens en hauteur, porte mieux ses branches et a de gros bourgeons.

Le GRIOTTIER DE HOLLANDE. Fruit gros, presque rond, d'un très beau rouge, à chair fine, d'un blanc un peu rougeâtre, très agréable, soutenu par de longues queues bien nourries, et renfermant un noyau un peu rougeâtre. Il mûrit au milieu de juin. C'est le plus grand de tous les griottiers. Il porte peu de branches, mais elles sont bien nourries. Ses fleurs sont grandes et sujettes à avorter.

Cette variété comprend trois sous-variétés, l'une à larges feuilles, l'autre à feuilles étroites, qu'on appelle *griottier à feuilles de saule* ou *hinterose*, et la troisième *coulard*. Cette dernière, qui a la queue plus courte, se confond souvent avec le griottier de Montmorency. Elle se rapproche beaucoup du griottier de Portugal, avec lequel elle a même été souvent confondue.

Le GRIOTTIER A FRUIT AMBRÉ. Le fruit est gros, arrondi par la tête, couleur d'ambre jaune, que la maturité lave de rouge, sur-tout du côté du soleil; sa chair est croquante, douce et très sucrée. Il mûrit au milieu de juillet. C'est la plus excellente de toutes les cerises, et je ne comprends pas comment elle est aussi peu commune. L'arbre qui la produit est très grand et soutient bien ses branches.

Le nom de griotte ambrée ne vaut rien puisqu'il indique une saveur ou une odeur plutôt qu'une couleur ; en conséquence j'aimerois que le nom de *succinée* ou de *copale*, que porte aussi cette variété, prévalût.

Le GRIOTTIER A PETIT FRUIT BLANC AMBRÉ. Le fruit est plus petit que celui de la précédente, d'un blanc jaunâtre taché de rouge et d'un goût très médiocre. On ne cultive cette variété que par curiosité.

Le GRIOTTIER ROYAL KHERY-DUK TARDIF, ou mieux *kolsman-duk*, ne diffère presque du khery-duk hâtif que par l'époque de sa maturité qui a lieu au commencement de juillet. Quelque amateurs distinguent deux variétés sous ces deux noms, dont la première auroit le fruit plus acide que la seconde. Ce sont au reste deux belles espèces, importantes à multiplier, mais qui ont le grave inconvénient de mûrir très tard.

Le GRIOTTIER GUIGNE. Le fruit est gros, aplati sur les côtés sans rainure ; sa peau est d'un rouge brun foncé, sa chair un peu molle, colorée, d'un goût agréable ; son noyau est ovale allongé. Il mûrit à la fin de juin. L'arbre est très grand.

Cette variété est généralement confondue avec la précédente et la suivante, sous le nom de *cerise d'Angleterre*. Elle mérite d'être plus généralement cultivée.

Le GRIOTTIER ROYAL NOUVEAU ou *nouveau d'Angleterre*, un fruit un peu plus arrondi et moins rouge que celui du précédent dont il provient sans doute. Il mûrit bien plus tard puisque quelquefois l'arbre est encore en fleur en juillet.

Le GRIOTTIER GUINDOUX se cultive dans les parties méridionales de la France, principalement aux environs d'Aix. Il est très grand ; ses feuilles sont presque rondes ; ses fruits très gros très sucrés et très agréables. Ils mûrissent au commencement de juillet.

Le GRIOTTIER DE LA PALEMBRE, ou *doucette*, ou *belle de Choisi*. Il s'élève à une médiocre hauteur. Ses feuilles sont presque rondes, très larges ; son fruit très gros, très longuement pétiolé, d'un beau rouge et excellent. Il mûrit en juillet. On ne le multiplie pas autant qu'il le mérite. Louis XV, grand amateur de cerises, l'avoit fait devenir commun dans tous ses jardins ; mais il ne s'y est pas conservé.

Le GRIOTTIER MARASQUIN. Son fruit est petit et acide. Il vient de la Dalmatie et se cultive dans quelques jardins de Paris entre autres chez Cels. On pourroit croire que c'est le type sauvage des griottiers ; mais il faudroit avoir sur la manière dont il croît dans son pays natal des renseignemens plus certains que ceux que nous avons. Quoi qu'il en soit, il paroît que c'est avec son fruit qu'on fabrique à Zara cette excellente liqueur de table qu'on appelle *marasquin de Zara*, ou mieux, *rossolis*. Si on doit s'en rapporter à ce qui est imprimé dans l'art du distillateur, on procèderoit d'abord positivement comme lorsqu'on fabrique le kirschenvasser, et, un an après, on distilleroit de nouveau au bain-marie jusqu'à ce que l'esprit soit dépouillé de tout ce qui nuit à sa saveur et à son odeur. Ensuite on feroit fondre du sucre dans une quantité suffisante d'eau qu'on mélange et laisse vieillir. J'ai cherché à prendre, pendant mon séjour à Venise, des renseignemens sur la fabrication du marasquin, mais je n'ai rien appris de nouveau. On fait un commerce considérable de cette liqueur; mais à Venise même on est fréquemment trompé, et il est fort difficile de s'en procurer de la première qualité.

Le GRIOTTIER DE VARENNES a le fruit très gros, d'une belle couleur, et d'un goût très agréable. Son bois est plus grêle que celui du griottier de Montmorency, mais du reste il lui ressemble beaucoup. Il charge peu et donne son fruit très tard.

Le GRIOTTIER DE LA TOUSSAINT, ou de *septembre*, ou *tardif*, est remarquable en ce que ses fleurs sont insérées dans les aisselles des feuilles de longs bourgeons pendans, et qu'elles se développent successivement pendant tout l'été. Ses fleurs sont solitaires ou géminées, et portées sur de longs pédoncules très grêles. Ses fruits sont petits, ont la peau dure, la chair acide et peu agréable. Il ne fleurit quelquefois qu'à la fin de septembre. Il ne mérite pas d'être cultivé dans les jardins fruitiers, mais beaucoup dans ceux d'agrément, à cause des singularités qu'il présente. On lui voit en même temps des fleurs et des fruits dans tous les degrés de maturité. Les bourgeons qui en ont donné se dessèchent pendant l'hiver, et il en naît d'autres au printemps suivant. Cette variété, qui s'écarte si fort des lois de la nature, mérite d'être étudiée par ceux qui s'occupent spécialement de physiologie végétale. On peut dire que réellement il n'a pas de boutons à feuilles, quoiqu'il soit chargé de ces dernières comme les autres, puisque ses bourgeons sortent tous de boutons à fleurs. Cet arbre a besoin d'être fréquemment réglé par la serpette, car il chiffonne beaucoup et n'a de grace qu'autant qu'il a peu de branches et que ses branches retombent sans obstacles. Il s'élève peu. On le greffe ordinairement sur merisier.

Le GRIOTTIER DU NORD. Nouvelle espèce encore plus tardive que la précédente, mais qui ne s'écarte pas comme elle de la nature des cerisiers. Elle se cultive dans quelques pépinières. Ses fruits sont fort aigres et ne méritent aucun intérêt.

Les variétés les plus communes de la seconde division, c'est-à-dire des griottiers à fruits dont l'eau est colorée, celles que dans quelques cantons on appelle proprement GRIOTTIERS, sont,

LE GRIOTTIER PROPREMENT DIT, *Cerasus sativa, fructu rotundo magno, nigro, suavissimo.* Duh. Son fruit est gros, aplati, a la peau fine, luisante et noire, la chair ferme, d'un rouge brun, très douce et très agréable. Il mûrit au commencement de juillet. C'est avec lui qu'on fait le plus fréquemment le ratafia de cerise, et en conséquence il est connu dans quelques cantons sous le nom de *cerise à ratafia.* Il ne doit pas être confondu avec les merises noires et amères qu'on emploie souvent au même usage. L'arbre s'élève moins que d'autres, mais porte bien ses branches.

LE GRIOTTIER A GROS FRUIT NOIR diffère du précédent par le plus de grosseur de son fruit. Beaucoup de cultivateurs le confondent avec lui ou avec le suivant.

LE GRIOTTIER DE PORTUGAL ou *royal archiduc*, a le fruit très gros, aplati par les extrémités et d'un beau rouge noir ; sa chair est ferme et d'un beau rouge, légèrement amère et excellente. Il mûrit en août. Quelques personnes appellent cette variété *royal de Hollande*, *royal archiduc*, et la confondent avec le *griottier de Hollande* dont la chair est à peine colorée. C'est une des meilleures cerises. Elle a quelquefois près d'un pouce de diamètre. L'arbre ne s'élève pas extrêmement, mais pousse des bourgeons remarquables par leur longueur.

LE GRIOTTIER D'ALLEMAGNE ou *de chaux*, ou *du comte de Saint-Maur.* Son fruit égale le précédent en grosseur, est presque noir, a la chair d'un rouge foncé et très acide. Il mûrit à la mi-juillet. L'arbre est médiocre et fournit peu.

Quelques personnes regardent les trois noms de cette variété comme appartenant à trois variétés distinctes, et elles ont peut-être raison ; car il y a des nuances sans nombre dans les fruits provenant de greffes tirées d'un même arbre, nuances qui tiennent et à la nature du sujet sur lequel on les a placés et à celles du terrain, à l'exposition, au climat, etc., etc. Aussi, malgré le grand nombre de variétés que je viens d'énumérer, en est-il encore d'autres, peut-être aussi saillantes, qui ne sont pas connues. Il m'est arrivé bien souvent, dans mes voyages, de manger des cerises que je ne pouvois rapporter à aucune d'elles.

Les griottiers ont, comme les merisiers doublés et panachés par la culture, éprouvé des variations dans la forme de leurs feuilles.

LE GRIOTTIER A FLEURS DOUBLES est inférieur pour la largeur des fleurs au merisier de même nom, mais cependant comme il a un port différent, on trouve des cas où il brille même à côté de lui. On le multiplie par la greffe sur le merisier ou plus souvent sur le mahaleb , comme je le dirai plus bas.

Le GRIOTTIER A FLEURS SEMI-DOUBLES. Celui-ci est plus généralement cultivé, parcequ'il a presque tous les agrémens du précédent et donne encore des fruits. Souvent il y a deux pistils, et alors les fruits sont jumeaux. Souvent encore le ou les pistils se changent en petites feuilles vertes , et alors il n'y a pas de fruit. Cette dernière monstruosité n'a pas été assez remarquée peut-être par les physiologistes.

Le GRIOTTIER A FLEURS DE PÊCHER , ou de *saule* ou de *balsa-mine* , à *gros* ou à *petit* fruit, n'est remarquable que par la largeur de ses feuilles.

Le GRIOTTIER A FEUILLES PANACHÉES est peu recherché. Ces quatre variétés ne se placent que dans les jardins d'agrément , où elles font plus ou moins d'effet selon qu'on sait les faire contraster avec d'autres arbres.

Un amateur du jardinage, qui habite la Franconie , le baron de Truchsess , a réuni toutes les variétés de cerisiers qu'il a pu se procurer, et elles se montent à soixante-quinze. M. Calvel vient d'en donner la nomenclature. Je crois devoir en enrichir cet article. Sans doute , comme l'observe ce dernier, dans cette nomenclature sont comprises toutes celles de France, sous leurs dénominations propres ou sous leurs dénominations étrangères; mais il y en a nécessairement beaucoup qui doivent nous être inconnues. D'ailleurs cette nomenclature indique une nouvelle division de cerises qu'il ne peut être qu'agréable aux cultivateurs de connoître , et comme des greffes de ces variétés ont été envoyées au jardin du Muséum et à la pépinière du Luxembourg où elles ont réussi, il est probable que bientôt on sera à portée de faire la concordance des synonymies françaises et allemandes , dans les cas où elles diffèrent.

Guignes noires. Peau noire ; chair tendre ; suc colorant.
Grande guigne de mai précoce. Guigne douce de mai. Grosse merise noire. Sauvageon de Croneberg. Grosse guigne douce de mai. Guigne noire de Buttner. Guigne mure de Paris. Guigne de couronne. Guigne noire d'Espagne tardive.

Guignes noires. Peau noire ; chair dure ; suc colorant.
Guigne tardive. Guigne noire hâtive. Guigne muscat de Minorque. Guigne noire cartilagineuse.

Guignes blanches. Peau de couleur ou tiquetée ; chair tendre; suc non colorant.
Guigne rouge et blanche tiquetée , précoce. Guigne sanguinole. Guigne flammentine. Guigne longue blanche précoce. Guigne rouge de Buttner. Guigne rouge au lait clair. (On la donne comme la meilleure de toutes.) Guigne de perle. Guigne turquine. Guigne de quatre à la livre.

Bigarreau. Peau tiquetée ; chair dure ; suc non colorant.

Bigarreau d'ambre, rougeâtre et hâtif. Bigarreau du lard. Bigarreau belle de Rocmont. Gros bigarreau de Lauermann. Bigarreau blanc d'Espagne. Bigarreau de princesse de Hollande (le plus gros de tous.) Bigarreau cartilagineux de Buttner, rouge. Bigarreau de Gunslèbe , cartilagineux tardif. Bigarreau marbré de Hildesheim, très tardif.

Cerises de cire. Peau jaune blanche, non tiquetée; chair tendre ; suc non colorant.

Cerise à cœur ou à soufre. (C'est la guigne jaune de Duhamel.) Petite ambrette ou dorée à fleurs doubles,

Cerises griottes. Suc colorant , beau , uniforme , foncé ; goût doucereux acide ; grandes feuilles.

Duke cherry. Grosse cerise de mai (peut-être la cerise guigne de Duhamel). Cerise hâtive d'Espagne, noire. Muscat rouge. Cerise de l'oiseleur.

Cerises. Peau noire ou foncée ; suc colorant ; goût doux acide ; rameaux pendans ; petites feuilles.

Petite cerise rouge, ronde, précoce. Cerise noire de mai. Cerise d'Espagne hâtive. Cerise double. Double natte. Cerise d'Olsheim (excellent fruit). Grosse cerise des religieuses. Cerise de Jérusalem. Cerise à cœur. Cerise noire des truites (*cerasus pumila*) Bruyère de Prusse. Cerise à bouquet.

Cerises. Peau uniforme, rouge et luisante ; goût doux acide ; branches horizontales ; larges feuilles.

Cerise de Montmorency. Cerise double de verre. Belle de Choisy. Cerise rouge d'Orange. Gros gobet courte queue.

Cerises amarelles. Peau rouge clair, presque luisante ; goût doux très acide ; suc non colorant ; rameaux pendans , minces ; petites feuilles.

Cerise amarelle royale hâtive. Cerise amarelle hâtive. Amarelle juteuse. Cerise amarelle tardive. Cerise à bouquet. Cerise amarelle à fleurs semi-doubles. Cerise amarelle à fleurs doubles. Cerise amarelle toujours fleurissante. Cerise de la Toussaint.

Ces diverses variétés sont rangées selon l'ordre de leur maturité.

Toute nature de sol convient aux cerisiers , excepté celle qui est trop aquatique ou trop argileuse. Dans les lieux froids et humides ils sont sujets à couler, et leur fruit a peu de goût ; cependant ils craignent la chaleur, c'est-à-dire ne subsistent pas long-temps dans les expositions trop sèches et trop chaudes. Là on ne doit placer que les espèces hâtives.

La majeure partie des cerisiers se multiplie et se reproduit de noyaux, et encore plus rapidement par rejetons qu'ils poussent abondamment, sur-tout lorsqu'ils sont dans un sol leger. Cette dernière méthode, quoique la plus employée, devroit être proscrite, parcequ'il en résulte des arbres qui poussent tant de rejetons qu'ils s'épuisent promptement. On a aussi remarqué qu'ils étoient plus sujets à la gomme; ce qui annonce une foiblesse dans les organes.

Lorsqu'on veut faire un semis de cerises, et principalement de griottes, il ne faut pas l'effectuer sans s'être assuré si les amandes sont bonnes ; car, comme je l'ai dit, on pourroit travailler en pure perte, leurs noyaux étant souvent vides. On doit aussi toujours préférer les fruits crus sur les arbres les plus vigoureux.

Les semis de griottiers doivent s'effectuer comme ceux des merisiers aussitôt que le fruit est parfaitement mûr. Ils se font et se conduisent de même.

On greffe les griottiers sur eux-mêmes ou sur merisiers. Dans ce dernier cas ils deviennent de plus beaux arbres et durent plus long-temps, sur-tout si les sujets sont provenus de noyaux, et qu'ils appartiennent à la variété noire, comme je l'ai déjà annoncé. On les greffe aussi sur mahaleb ; mais les fruits qui en résultent se sentent de cette alliance. Ils sont acerbes et de mauvais goût. Cependant, d'après l'observation de M. Descemet , qui doit faire autorité dans ce cas, les bonnes variétés ne s'altèrent réellement pas dans ce cas ; et, d'après celle d'Antoine Richard, il suffit de greffer deux fois consécutives une de ces variétés pour qu'elle reprenne toute sa qualité. Je n'ai pas encore pu prendre par ma propre expérience une opinion positive sur ce fait. Quoi qu'il en soit, on réserve généralement cet arbre pour greffer les cerisiers à fleurs doubles qu'on veut placer dans de très mauvais terrains, comme je le dirai plus bas.

Toutes les manières de greffer peuvent être employées sur le cerisier. Ordinairement on greffe les jeunes sujets en écusson à œil dormant, à cinq ou six pieds de terre, et les vieux en fente. Depuis quelque temps cependant les cultivateurs instruits, lors même qu'ils veulent renouveler la tête d'un très vieil arbre, le greffent également en écusson. Pour cela ils coupent les grosses branches à quelque distance du tronc, et l'automne de l'année suivante ils placent des écussons sur quelques uns des plus gros bourgeons qui ont poussé. Par-là ils évitent, 1° les décollemens, qui dans cet arbre sont très fréquens lorsqu'on le greffe en fente, parceque ses plaies se recouvrent lentement; 2° les inconvéniens qui sont la suite non moins fréquente de la non réussite d'une greffe pour la conservation de la forme régulière de la tête de l'arbre. Comme le jeune bois donne toujours les plus belles cerises, il est souvent avantageux de rajeunir l'arbre par le moyen que je viens d'indiquer, même sans avoir l'intention de greffer ses pousses.

Règle générale. Tous les griottiers destinés à être placés au milieu des champs et dans les vergers doivent être greffés sur mérisiers crus de noyaux, afin qu'ils s'élèvent et durent plus long-temps. Ceux qu'au contraire on désire conserver dans les jardins et tenir bas, doivent l'être sur eux-mêmes s'ils ne sont pas francs de pied.

La plupart des variétés des merisiers et des cerisiers veulent croître en liberté, c'est-à-dire en plein vent. Elles portent peu de fruits et dépérissent promptement lorsqu'elles sont taillées ou ébourgeonnées par des mains ignorantes. Si on les débarrasse de leur bois mort et de leurs branches chiffonnes, ce ne doit être même qu'avec réserve ; car une plaie quelconque donne toujours lieu à un écoulement nuisible de gomme. Cet écoulement de gomme est la plus dangereuse des maladies auxquelles elles sont sujettes, et lorsqu'il devient plus considérable, c'est un signe certain de perte prochaine. Il arrive fréquemment qu'un arbre meurt subitement ; et presque toujours c'est par cette cause non remarquée.

Depuis quelques années on cultive à Montreuil beaucoup de cerisiers en espaliers pour avoir des cerises hâtives. On les plante en plein midi. On leur donne deux branches principales comme aux pêchers ; et on taille les petites à un œil. Tous les ans on les ouvre davantage, soit à la taille, soit au palissage. Lorsqu'ils sont parvenus à l'âge de quatre à cinq ans, on ne touche plus aux branches qui poussent sur le devant, et qui donnent le plus de fruits. C'est une très belle chose qu'un cerisier en espalier bien conduit, lorsqu'il est en fleur ou en fruit.

On ne met en espalier que la cerise précoce et la précoce d'Angleterre.

On forme aussi des quenouilles, ou mieux, des pyramides de cerisier, qui se taillent comme les autres, sont d'un magnifique aspect et d'un grand produit, quand elles sont parvenues à huit ou dix ans. Dans ce cas il est toujours préférable de greffer sur Sainte-Lucie, parcequ'il est plus foible, s'emporte moins.

L'organisation de la peau extérieure de l'écorce des cerisiers, peau distinguée de l'épiderme, est différente de celle des autres arbres. Les fibres transversales y sont bien plus fortes et plus nombreuses, et la rendent très coriace. On peut facilement l'enlever. Les habitans des montagnes en tirent parti pour quelques petits usages économiques. Elle se crispe au feu comme les peaux des animaux. Sa grande ténacité opposant de la résistance à la croissance de l'arbre, il est presque toujours utile, pour accélérer cette croissance, de la fendre longitudinalement ; c'est ce que font les cultivateurs de la vallée de Montmorency. Cette opération, même celle de l'enlèvement complet de l'écorce extérieure, est sans inconvénient pour l'arbre.

La gomme du cerisier sert aux mêmes usages que celle appelée arabique, quoiqu'elle soit fort différente, puisqu'elle ne se dissout pas dans l'eau, qu'elle ne fasse que s'y gonfler. Elle flue en automne plus abondamment que dans les autres saisons, plus dans les vieux arbres et dans ceux qui sont malades que dans ceux qui sont vigoureux. Sa surabondance naturelle annonce la mort prochaine de l'arbre, comme je l'ai déjà dit plus haut, et son trop grand écoulement artificiel produit le même effet. Aussi existe-t-il une loi qui défend d'entamer l'écorce des cerisiers sur le terrain d'autrui pour provoquer cet écoulement, sous peine d'amende pour la première et seconde fois, et de fers pour la troisième.

Les fruits des cerisiers sont du goût de tout le monde et surtout des enfans, aussi s'en fait-il une consommation annuelle prodigieuse. On les regarde comme rafraîchissans, et principalement la griotte, qui s'ordonne même dans les fièvres où il y a tendance à la putridité. Les bigarreaux seuls sont indigestes, et ne doivent être mangés qu'en petite quantité. On sèche les guignes et les griottes pour l'hiver, positivement comme les merises, c'est-à-dire en les exposant sur des planches à l'ardeur du soleil, ou en les mettant dans un four peu échauffé. On les conserve dans l'eau-de-vie pure. On en fait des confitures, des marmelades, des pâtes sèches. Elles entrent dans la composition de plusieurs liqueurs de table, de quelques pâtisseries, etc. Elles se mangent cuites de diverses manières. On peut tirer une très bonne huile de leurs amandes, qui dans quelques circonstances servent à faire des émulsions, des crèmes, et de base à des dragées, etc., etc.

Les cerises et sur-tout les bigarreaux sont, comme je l'ai déjà dit, sujettes à être piquées d'un ver qui les fait tomber avant le temps, et qui en rend le manger souvent désagréable. Ce ver est la larve d'un charançon et d'une mouche, *musca cerasi*, Fab., mouche dont les ailes sont blanches avec deux bandes brunes, inégales, et qui est figurée pl. 38, n° 22 et 23 du second volume des Mémoires de Réaumur. Cette mouche dépose ses œufs peu après que le fruit est noué. Il n'y a pas moyen d'empêcher ses ravages, qui, certaines années, sont très considérables. *Voyez* CHARANÇON et MOUCHE.

Les autres espèces de cerisiers sont au nombre d'environ vingt, parmi lesquelles je vais passer en revue celles qui sont le plus fréquemment cultivées dans les jardins d'agrément, ou qui ont quelques propriétés utiles.

CERISIER DE PENSYLVANIE a les feuilles lancéolées, aiguës, glabres, avec deux glandes rouges à leur basse; les fleurs petites et disposées en ombelle presque sessile sur le vieux bois. Il est originaire de l'Amérique septentrionale, et se cultive dans quelques jardins des environs de Paris, uniquement par curiosité.

car il ressemble infiniment au cerisier merisier, et donne bien moins de fruits, et des fruits moins agréables. On l'en distingue pendant l'hiver à son écorce plus rouge, ponctuée de blanc. Il se greffe sur le merisier. J'ignore s'il devient un grand arbre dans son pays natal.

CERISIER MAHALEB, ou *prunier odorant* ou *bois de Sainte-Lucie*, s'élève à douze ou quinze pieds. Son écorce est d'un brun grisâtre, ses feuilles sont ovales, presque en cœur, pétiolées, glanduleuses. Ses fleurs petites, blanches, disposées à l'extrémité des rameaux en corymbes convexes, et accompagnées de bractées. Ses fruits sont de la grosseur d'un pois, noirs et immangeables. Il croît naturellement dans les montagnes de l'est de l'Europe, principalement dans les Vosges, près du village de Sainte-Lucie, qui lui a donné son nom. Il fleurit au premier printemps, comme les autres cerisiers, et exhale alors une odeur agréable quoique foible. Il se plante fréquemment dans les jardins paysagers, soit dans les massifs au second ou troisième rang, soit en allées, en salles, en berceaux, soit isolé au milieu des gazons. Ses feuilles et son bois sont également odorans, sur-tout en état de dessiccation ; les premières servent à donner du fumet au gibier, et le second se confond avec le palissandre qui a la même odeur et qui vient de l'île de Sainte-Lucie. Son bois est dur, brun, veiné, susceptible de poli. Sa pesanteur est de soixante-deux livres deux onces six gros par pied cube. Il est très recherché par les ébénistes et les tourneurs, qui en font des tabatières, des boîtes, des étuis, et autres petits meubles. Malheureusement il est rare d'en trouver d'un fort échantillon. Pour l'empêcher de se fendiller, ce à quoi il est fort sujet, on le débite encore vert, en feuillets très minces. On le confond souvent dans les ateliers avec le cerisier à grappes, sous le nom de *putier*.

Le mahaleb croît dans les plus mauvais sols, dans les craies les plus sèches, dans les sables les plus arides. Cette propriété le rend très précieux pour utiliser des terrains jugés incultivables, soit directement, en produisant du fagotage qui a une valeur, sur-tout dans certains pays qui manquent de bois, comme la Champagne pouilleuse, soit indirectement, en favorisant la croissance des chênes et autres arbres, qui, faute d'abri, n'auroient pas pu s'y conserver pendant leur première jeunesse. Malhesbes a fait, sur cela, des expériences très importantes et qui ont eu un plein succès.

Il y a deux manières de procéder à la multiplication de cet arbre ; 1° en semant les graines en place, 2° en plantant des jeunes pieds pris dans une pépinière.

Pour semer il faudra labourer le terrain à la charrue, et répandre la graine à la volée, comme je le dirai plus bas.

Pour planter, outre le labour, il faudra faire des trous à la pioche à trois ou à six pieds, et placer le plant au printemps. Je dis à trois ou à six pieds, parceque l'on peut ou laisser croître le plant, pour ne le couper que lorsque le temps en sera venu, ou le recéper la seconde ou la troisième année pour marcotter les jeunes branches et en former de nouveaux pieds. La première de ces méthodes est toujours préférable quand on a suffisamment de plant à sa disposition, parceque, dans la seconde, il y a augmentation de main-d'œuvre, et privation du pivot.

Quand on veut semer ou planter le mahaleb, pour garantir les jeunes pieds de chênes ou autres arbres des effets de l'ardeur du soleil, on place ces jeunes chênes dans l'intervalle des pieds de mahaleb, et on abandonne le tout à la nature. A quatre ou cinq ans on recèpe le tout, et on a un taillis dans lequel les chênes ne tardent pas à prendre le dessus. Le mahaleb peut ensuite être coupé seul aux mêmes époques, de manière à payer, par sa dépouille, les frais de la plantation totale.

On fait aussi d'excellentes haies de mahaleb, soit en le semant, soit en le plantant en rigole, parcequ'il pousse des branches dès le collet de ses racines, et que ces branches sont presque horizontales et s'entrelacent les unes dans les autres; mais elles craignent la dent des bestiaux, et sur-tout des moutons et des chèvres, qui aiment beaucoup les feuilles et les bourgeons de cet arbre. Le plant peut, sans inconvénient, n'être espacé que de trois pouces. Ces haies garnissent bien et peuvent être conduites de manière à fournir tous les ans beaucoup de fagots.

Ce qui vient d'être dit prouve combien il seroit intéressant d'avoir des pépinières de mahaleb dans les départemens où il y a beaucoup de terres crayeuses ou sablonneuses infertiles; et, comme les graines de cet arbre sont excessivement abondantes, il ne faut qu'un petit nombre de gros pieds pour, lorsqu'on peut les mettre à l'abri des oiseaux, qui les aiment beaucoup, satisfaire aux besoins du plus grand établissement de ce genre. Ces graines se sèment, soit à la volée, soit en rayons éloignés de six pouces, dans une terre bien préparée, mais de médiocre qualité, aussitôt qu'elle est récoltée. Si on n'avoit pas de terrain disponible à l'époque de leur maturité, il faudroit les mettre en jauge dans un coin de la pépinière, afin qu'elles pussent attendre le printemps sans inconvénient. Lorsqu'on ne prend pas ces précautions, qu'on les laisse se dessécher, la plus grande partie ne lève que la seconde année, ou ne lève pas du tout. On doit faire une guerre à outrance aux campagnols et aux mulots dans le lieu où elles sont semées ou déposées; car ces animaux, et en général tous les rongeurs, sont aussi avides de leur amande que les oiseaux de leur pulpe.

Le plant n'a besoin que de quelques sarclages. Il pousse assez ordinairement d'un demi-pied dans le courant de la première année, et d'un pied de plus pendant la seconde. On pourroit le relever dès la première, pour le mettre en rigole, et même en place, lorsqu'on veut faire une grande plantation; mais il vaut mieux retarder jusqu'à la fin de la seconde, attendu qu'il a plus de force, et qu'il peut plus facilement résister à la sécheresse des terrains où je suppose qu'on doit le placer. Il faut toujours, autant que possible, lui conserver le pivot, afin qu'il aille chercher l'humidité à une grande profondeur, et faire les trous en conséquence.

Lorsque le plant de mahaleb est destiné à devenir arbre dans les jardins d'agrément, on le transplante, à deux ans, dans une autre partie de la pépinière, à la distance de quinze à dix-huit pouces; on le recèpe, on le met sur un brin, on l'ébourgeonne comme tous les autres arbres à cinq ans. Il est très propre à être transplanté.

On pourroit très facilement multiplier aussi cet arbre par marcottes, éclat du collet de ses racines, et rejetons, soit naturels, soit artificiels; mais le moyen des semis est préférable à tous égards, et est le seul praticable en grand.

Le CERISIER A GRAPPES, OU MERISIER A GRAPPES, OU PUTIER, *Prunus padus*, Lin., a les feuilles doublement dentelées, légèrement ridées, avec deux glandes à leur base. Ses fleurs sont petites, blanches, et disposées en longues grappes axillaires et pendantes à l'extrémité des rameaux; ses fruits sont noirs ou rouges, et de trois à quatre lignes de diamètre. C'est un arbre de quinze à vingt pieds de haut, qui croît naturellement dans les montagnes de l'est de l'Europe, et qui se cultive beaucoup dans les jardins paysagers, à raison des agrémens dont il est doué. Ses fleurs n'ont presque point d'odeur; mais il élève majestueusement ses branches et laisse retomber ses rameaux, en quoi son port est fort différent et bien plus élégant que celui du mahaleb. On le place, avec avantage, sur le second ou troisième rang des massifs. Il fleurit en même temps que les autres cerisiers, et est pendant quinze jours dans tout son éclat. Un insecte, du genre des charançons, dépose ses œufs dans l'ovaire de ses fleurs au moment de la fécondation, et il en résulte une monstruosité fort remarquable. Les fruits deviennent très longs, très pointus, souvent corniculés, ne prennent point de noyau, et restent toujours verts. J'ai vu quelquefois ainsi transformées toutes les grappes de certains arbres. Il n'y a pas de remède à ce mal.

Le bois du cerisier à grappes est rouge veiné de brun et d'un aspect très agréable. On en fait de charmans petits meubles. On l'emploie souvent, en ébénisterie, avec celui du mahaleb, et on les confond tous deux sous le nom commun de putier. Sa coupe diagonale produit principalement de très beaux effets. Malheureusement on en trouve peu de gros échantillons. C'est dans les Vosges et dans le Jura qu'on le travaille le plus.

Le terrain propre au cerisier à grappes est celui qui est léger et chaud. Il vient mal dans les lieux trop secs ou trop marécageux. Il trace beaucoup; mais il est rare, dit Dumont Courset, que ses rejetons fleurissent. C'est donc par la voie de ses graines qu'il faut exclusivement le multiplier. On les sème, et on cultive le plant qui en provient, positivement comme celui du mahaleb; ainsi je ne répéterai pas ce que j'ai dit plus haut à cet égard.

La variété à fruit rouge se reproduit de semences; aussi quelques auteurs l'ont-ils regardée comme une espèce; mais elle n'est pas assez différente pour mériter d'être élevée à ce rang.

Le CERISIER DE VIRGINIE a les feuilles deux fois dentées et glabres, avec quatre glandes à leur base; ses fleurs sont disposées en grappes axillaires et droites. Il est originaire de l'Amérique septentrionale, où il s'élève de vingt à trente pieds. On le cultive dans les jardins des curieux, et on le multiplie, soit de graines, soit de marcottes, soit par la greffe sur merisier ou mahaleb. Il est rare de le voir en Europe surpasser douze ou quinze pieds. Ses fruits sont rouges et plus gros que ceux du précédent. On a long-temps regardé comme une de ses variétés une espèce qu'on appelle actuellement le CERISIER TARDIF, *cerasus serotina*, Wild. Elle a les feuilles simplement dentées en dessous, un peu velues sur leurs nervures, et les fruits noirs.

Le CERISIER RAGOUMINIER, *Cerasus canadensis*, Miller; *Prunus pumila*, Lin., a les feuilles lancéolées, très longues et très étroites, glauques en dessous, sans glandes. Ses fleurs sont blanches et disposées en petites ombelles axillaires. Il est originaire de l'Amérique septentrionale, et étale ordinairement ses branches sur la terre. On le cultive dans quelques jardins. Franc de pied, il est sans agrément; mais lorsqu'il est greffé sur mahaleb à quelques pieds de terre, la direction de ses branches lui donne souvent un aspect pittoresque. Ses fruits, qui ont trois ou quatre lignes de diamètre et qui sont rouges, peuvent se manger, quoique fortement acerbes.

On avoit confondu, avec cette espèce, une autre, à laquelle on a mal à propos conservé le nom de *prunus canadensis*, et dont les feuilles sont plus larges, un peu velues en dessous, et les fruits noirs.

Le CERISIER LUISANT, *Cerasus chamœcerasus*, Wild., a les feuilles ovales, obtuses, dentées, luisantes, d'un vert noir; les fleurs grandes, disposées en ombelles sessiles, et les fruits rouges. Il est originaire des Alpes de l'Autriche et de la Sibérie, ne s'élève qu'à trois ou quatre pieds, et se cultive dans quelques jardins d'agrément, sous le nom de *cerisier nain*, ou *cerisier de Sibérie*. Greffé, à quelques pieds de terre, sur mahaleb, il forme une grosse tête, naturellement arrondie, qui se couvre de fleurs au printemps, de fruits en été, et qui est en tout temps d'un aspect fort agréable. Ces fruits, aussi gros que nos griottes communes, sont fort âpres, mais peuvent se manger. Ils ont l'avantage de rester sur l'arbre, quoique mûrs, jusqu'au milieu de l'automne, et de devenir chaque jour meilleurs, si on se donne la peine de les garantir du bec des oiseaux. Ce charmant arbuste n'est pas encore très répandu dans les pépinières éloignées de Paris; mais plus connu, il le sera sans doute bientôt. Il pourroit être multiplié de semences; mais il n'est jamais si beau franc de pied que greffé, comme je viens de le dire.

Le CERISIER AMANDE ou LAURIER CERISE a les feuilles ovales, lancéolées, grandes, dentées, épaisses, fermes, d'un vert gai très luisantes, glanduleuses sur leur nervure. Ses fleurs blanches sont disposées en grappes axillaires et terminales; ses fruits sont petits, et noirs dans la maturité.

Ce bel arbrisseau, qui s'élève à huit à dix pieds, et qui conserve ses feuilles toute l'année, est originaire de l'Asie mineure. On le cultive en Europe depuis 1576. Il fait l'ornement des bosquets d'hiver, et contraste admirablement, pendant l'été, avec le feuillage de la plupart des autres arbres; aussi l'emploie-t-on fréquemment dans les jardins paysagers. Une terre argileuse et l'exposition du nord lui conviennent principalement. Il est des lieux où il est impossible de le conserver. On le multiplie presque exclusivement de marcottes et de boutures; car il donne rarement de bonnes graines dans le climat de Paris. Les unes et les autres s'enracinent promptement, lorsqu'elles sont faites en terrain et en saison convenables. Cependant on doit préférer les semis lorsqu'on le peut, parceque les pieds qui en proviennent sont plus beaux et plus durables. On les sème à l'exposition du levant, et on couvre le plant pendant l'hiver, car il est sensible aux gelées. Les vieux pieds ne sont pas même toujours en état de résister aux hivers rigoureux; mais leurs racines ne périssent jamais, et elles repoussent au printemps des jets qui ont bientôt rétabli l'arbre. On en connoît trois variétés; l'une panachée de jaune, l'autre de blanc, et la troisième à feuilles très étroites. On les multiplie comme l'espèce, ou on les greffe sur elle.

Les feuilles et les fleurs de cet arbrisseau ont le goût et l'odeur de l'amande amère. Communément on les emploie pour donner au lait et aux mets dans lesquels on les fait entrer ce même goût et cette même odeur, qui sont fort agréables, mais une telle sensualité peut devenir dangereuse ; car il est de fait qu'elles renferment un violent poison. Duhamel a fait périr un gros chien avec une seule cuillerée de leur eau distillée qu'il lui fit avaler. Fontana en a fait périr un autre en appliquant sur une plaie une goutte de leur huile essentielle. L'ouverture du premier n'indiqua aucune autre trace du poison que son odeur, et le second mourut avec les symptômes qui suivent l'introduction du venin de la vipère. Il suffit même de se reposer, pendant la chaleur, à l'ombre de cet arbre, pour sentir des maux de tête et des envies de vomir. Ainsi il est prudent de ne pas employer ses feuilles, ou au moins de ne les employer qu'en très petite quantité. On vendoit en Italie, sous le nom d'*essence d'amande amère*, l'huile essentielle de cette plante, soit pour l'usage de la toilette, soit pour celui de la cuisine ; mais sa fabrication et sa vente ont été défendues, à cause des dangers qui pouvoient en résulter.

Le CERISIER AZARERO, OU CERISIER DE PORTUGAL, OU LAURIER DE PORTUGAL, a les feuilles ovales, lancéolées, souvent ondulées, d'un vert foncé ; les rameaux très rouges ; les fleurs petites, blanches, disposées en grappes axillaires droites ; les fruits noirs dans leur maturité. Il est originaire du Portugal, et se cultive dans les jardins d'agrément, parcequ'il est toujours vert et qu'il forme des buissons d'un très bel aspect. Il s'élève à dix ou douze pieds. Ses jeunes pousses sont très sensibles à la gelée, dans le climat de Paris ; mais le corps de l'arbre y résiste passablement bien ; cependant il est prudent de le couvrir.

On place l'azaréro dans les jardins paysagers, et on le multiplie positivement comme le précédent. Ses marcottes doivent se faire en automne, et ses boutures au printemps. Ces dernières réussissent mieux sur couche qu'en pleine terre. (B.)

CERNEAU. Amande de la noix avant sa complète maturité. On a étendu par suite ce nom à tous les fruits huileux qu'on mange dans le même état. *Voyez* au mot NOYER. (B.)

CERNER. On cerne un arbre lorsqu'on fait un fossé autour de ses racines, soit pour l'arracher, soit pour substituer de la bonne terre à celle qu'on enlève. On dit aussi cerner un arbre, une branche, lorsqu'on leur fait une INCISION ANNULAIRE. *Voyez* ce mot. (B.)

CERRIS ou CERRUS. Espèce de CHÊNE propre à l'Europe. *Voyez* ce mot.

CERS. Nom du vent du couchant dans le département de la Haute-Garonne. Il amène la pluie.

CESTRAU, *Cestrum*. Genre de plantes de la pentandrie monogynie, et de la famille des solanées, qui renferme une vingtaine d'arbustes, à un près, tous propres aux parties chaudes de l'Amérique, et dont on en cultive un en pleine terre dans les jardins de Paris.

Cet arbuste est le CESTRAU A BAIES NOIRES, *Cestrum parqui*, l'Héritier, qui a les tiges droites, rameuses; les feuilles alternes, pétiolées, lancéolées, ondulées, toujours vertes, longues de trois pouces sur sept à huit lignes de large; les fleurs jaunâtres et disposées en longues grappes terminales. Il est originaire du Chili. Il s'élève à trois à quatre pieds dans nos jardins, et forme de grosses touffes remarquables par le vert foncé de leurs feuilles et par la grande quantité de fleurs d'une odeur agréable le soir, dont elles sont quelquefois chargées, chaque rameau étant terminé par une grappe souvent d'un pied de long. Je dis le soir, parcequ'en effet elles ne sentent rien le matin, phénomène commun à plusieurs autres espèces du même genre.

On doit toujours placer le *cestrau à fruits noirs* dans une exposition abritée des vents froids, et le couvrir de fougère et de paille pendant l'hiver, car il est très sensible à la gelée ; cependant ordinairement il n'y a que les tiges qui périssent, et les racines repoussent au printemps des jets qui, la même année, acquièrent la hauteur des précédentes, et donnent même des fleurs plus grandes et plus abondantes que celles qui se développent sur un pied semblable conservé en serre.

On pourroit multiplier cet arbuste par ses graines, qui mûrissent assez souvent dans le climat de Paris; mais on préfère de le faire par ses boutures. En effet, il ne s'agit que de couper une jeune branche dans le milieu de l'été, et de la mettre dans un pot sur une couche et sous châssis, pour qu'un mois après elle ait pris racine, et que même elle fleurisse, comme elle l'eût fait si elle n'eût pas été séparée de son pied. Cette bouture est placée le premier hiver dans l'orangerie, et peut être mise en pleine terre au printemps suivant.

Malgré la facilité de multiplier le cestrau à fruits noirs, il est prudent d'en tenir toujours quelques pots dans l'orangerie pour parer aux inconvéniens des hivers rigoureux.

On peut le placer dans les jardins paysagers, au pied de quelque fabrique, de quelque rocher, ou autres endroits abrités, qu'il embellira pendant une partie de l'été et de l'automne, et même on peut dire pendant toute la belle saison, car ses touffes sont fort agréables. (B.)

CÉTERACH. Espèce de DORADILLE. *Voyez* ce mot.

CÉTERÉE. Mesure de terre. On écrit plus souvent septerée. *Voyez* au mot MESURE.

CEVENNES. Nom d'une chaîne de montagnes qui longe le groupe central de la France du côté du sud. Elle mérite l'attention des amis de l'agriculture, par les soins qu'apportent à leur culture les habitans de quelques unes de ses parties.

On donne aussi ce nom aux landes dans quelques lieux. (B.)

CÉZÉ. Nom des pois dans le département de Lot-et-Garonne.

CHABLE. On donne ce nom à la herse dans quelques endroits.

CHABLIS. Dénomination employée dans le langage forestier, pour désigner les arbres de haute-futaie et les baliveaux renversés par les vents, et qui doivent, d'après les ordonnances, être marqués et vendus avec des formes particulières. *Voyez* Bois et Forêts. (B.)

CHACELAS, ou mieux, CHASSELAS. Espèce de raisin.

CHADEC. Variété de l'ORANGER. *Voyez* ce mot.

CHAFFRE. C'est le brou de noix dans le département des Deux-Sèvres.

CHAIL. Synonyme de SILEX, ou de morceau de pierre meulière, dans le département des Deux-Sèvres.

CHAILLATS. On donne ce nom, dans quelques lieux, aux tiges des vesces, des gesses et des lentilles, après qu'on les a battues pour en obtenir le grain. Quoique ce soit un assez bon manger pour les vaches et même les chevaux, le peu de soin avec lequel on les conserve oblige le plus souvent à en faire de la litière. (B.)

CHAILLE. C'est la CAMOMILLE ROMAINE.

CHAINE. Suite d'anneaux de fer qui entrent les uns dans les autres et forment un seul tout qu'on peut contourner à volonté.

L'usage des chaînes est fréquent en agriculture. C'est avec une chaîne qu'on attache les chiens de garde pendant le jour, les animaux domestiques qui sont trop méchans ou qui ont l'habitude de mordre leur corde. Il est très souvent économique de préférer des chaînes aux courroies et aux cordes pour l'attelage des chevaux et des bœufs aux voitures.

En général on n'apporte pas de soin à la conservation des chaînes dans les fermes. Lorsqu'on ne les emploie pas, on les laisse traîner au premier coin de la grange où elles se rouillent, s'affoiblissent, et finissent par ne pouvoir plus être employées. (B.)

CHAINE. Dans quelques endroits ou appelle ainsi tout ce qu'on met en rangée. Ainsi il y a des chaînes de chanvre et de lin lorsqu'on les fait sécher avant ou après le rouissage. Il y a des chaînes de foin, de fumier, de feuilles sèches, etc. On met les oignons, les aulx en chaîne, lorsqu'on les attache au-dessus les uns des autres pour les conserver suspendus. (B.)

CHAINTRES. Ce sont, dans quelques cantons, des espaces de terrains un peu creux qu'on laisse aux extrémités des champs pour servir d'égout aux eaux pluviales, et qu'on cure de temps en temps pour en reporter la terre sur le champ d'où elle a été entraînée. Cette méthode est très bonne, mais n'est pas praticable par-tout. (B.)

CHAIR. On dit la chair d'une pomme, d'un melon, quoique cette chair soit différente de la fibre animale; aussi les botanistes ont-ils substitué le mot pulpe à cette dénomination. Comme il faut se conformer à l'usage, on emploiera indifféremment, dans le cours de cet ouvrage le mot chair et le mot PULPE. *Voyez* ce dernier mot.

La chair des animaux est un excellent engrais. *Voyez* CHAROGNE. (B.)

CHAIR A DAME. Variété de POIRE.

CHALEF, *eleagnus*. Petit arbre à rameaux nombreux, à feuilles alternes, pétiolées, lancéolées, cotonneuses et blanches principalement en dessous; à fleurs petites, cotonneuses en dehors, jaunâtres en dedans, et disposées en petits bouquets dans les aisselles des feuilles, qui est originaire des parties sud-est de l'Europe, et qu'on cultive dans les jardins d'agrément, à raison de la couleur de son feuillage et de l'excellente odeur de ses fleurs.

Cet arbre ne s'élève qu'à quinze à vingt pieds au plus, et forme un genre dans la tétrandrie monogynie et dans la famille des éléagnoïdes. On l'appelle vulgairement *olivier de Bohême* parcequ'il croît naturellement dans ce pays, et qu'il a, par ses feuilles et son fruit quelque ressemblance avec l'olivier. Il fleurit au milieu de l'été, et exhale alors, sur-tout le soir, une odeur aromatique si forte, qu'elle se fait sentir à plusieurs toises de distance, qu'elle incommode même les personnes nerveuses. Cette odeur a la singulière propriété de devenir fétide lorsque la fécondation est terminée.

La couleur blanche des feuilles du chalef et leur persistance pendant une partie de l'hiver le rendent un arbre très précieux pour les jardins paysagers où il produit un très bon effet lorsqu'on sait le faire contraster avec les autres arbres. C'est au troisième rang des massifs qu'il demande à être placé. Il est encore bien à quelque distance d'une fabrique, d'un rocher, en opposition avec un groupe d'arbres verts, mais il ne doit pas être isolé au milieu d'un gazon, parceque sa couleur se perd dans celle de l'air. Tout terrain lui est bon; cependant celui qui est sablonneux, léger et chaud, est celui qui lui convient le mieux, celui où il fleurit le plus abondamment et où ses fleurs ont le plus d'odeur.

On multiplie le chalef de rejetons, de marcottes, et de boutures.

Il donne assez fréquemment des rejetons qu'on lève à la fin de leur première année, pour mettre en pépinière, où ils se

ortifient et acquièrent, en deux ou trois ans, la grandeur convenable pour être mis en place.

Les marcottes doivent se faire avec du bois de l'année précédente. Elles prennent racines dans le courant de l'été, et
peuvent être mises en pépinière dès le printemps suivant.

Les boutures se font également avec du bois de l'année, auquel on peut laisser, avec avantage, un talon de bois de deux
ans. Elles doivent avoir un pied de long au moins. On les met
en terre au printemps, lorsqu'il n'y a plus de gelées à craindre,
dans un sol frais et ombragé, et on a soin de les arroser, si besoin y est, soit au printemps, soit en été. Elles reprennent pour
la plus grande partie, et poussent dès la même année des branches de plusieurs pieds. On les relève aussi au printemps suivant
pour les mettre en pépinière.

Tous ces plants, en pépinière, demandent les labours et sarclages ordinaires, et d'être mis sur un brin l'année suivante,
parceque rarement on laisse le chalef en touffe. Il faut aussi les
garantir des fortes gelées de l'hiver, qui les affectent quelquefois au point de faire périr toutes les tiges. Dans ce cas, on doit
tout couper rez terre, parceque les racines ne sont presque jamais endommagées, et qu'elles repoussent au printemps suivant des rejets qui surpassent quelquefois les anciens à la fin
de l'automne. Ordinairement, lorsqu'il n'y a pas eu d'accident,
ces plants sont bons à mettre en place à l'âge de trois ou quatre
ans, époque où ils ont huit à dix pieds de haut et plus d'un
pouce de diamètre. Une fois à demeure, ils n'exigent plus d'autres soins que d'être débarrassés du bois mort, de recevoir un
binage à leur pied pendant l'hiver. Les gelées, si elles les attaquent, n'agissent que sur les extrémités des branches, et le
mal est peu sensible.

Le chalef porte rarement des fruits dans le climat de Paris.
Olivier rapporte qu'on mange ses fruits en Turquie et en Perse.
Son bois est très cassant, et fréquemment les grands vents font
éclater ses enfourchures. (B.)

CHALET. Bâtiment fait en bois ou en pierres brutes, qu'on
construit au sommet des Alpes et autres montagnes, pour
loger les gardiens des vaches, donner retraite à ces animaux
pendant la nuit, et, dans les temps d'orage, y garder leur lait et
en fabriquer du beurre et du fromage.

Ces bâtimens varient si fort en forme et en grandeur, que
dans les Alpes italiennes, suisses et françaises, je n'en ai pas vu
deux qui se ressemblassent Il en est de même sur les montagnes du Cantal et du Puy-de-Dôme. Il paroît qu'on peut en
dire autant de ceux des Vosges et du Jura. L'aisance générale
des habitans, la richesse particulière des propriétaires, la loca-

lité même, influent beaucoup sur leur construction. On trouvera au mot FROMAGE la description d'un chalet suisse. (B.)

CHALEUR. Effet que produit le CALORIQUE sur tous les corps
de la nature. *Voyez* ce mot, et le mot LUMIÈRE.

Point de vie animale ou végétale sans chaleur ; les phénomènes qu'elle présente doivent donc être l'objet de l'étude
des cultivateurs.

Voici les principales de ses propriétés physiques.

Elle est perpétuellement agissante, mais plus dans certains
cas que dans d'autres.

Toujours elle tend à se mettre en équilibre, quoique quelques corps la retiennent plus puissamment que d'autres.

C'est en rayonnant, c'est-à-dire en partant d'un centre,
qu'elle se propage, et sa propagation se fait plus ou moins
rapidement, suivant la nature des corps.

Tous les corps sont successivement dilatés, liquéfiés et gazi-
fiés par elle ; mais il en est beaucoup sur lesquels nous ne pouvons juger ces effets que par l'analogie.

Lorsqu'elle est accumulée ou mise en mouvement, elle devient appréciable à nos sens.

La lumière et le feu la développent éminemment, mais elle
peut exister sans l'un et sans l'autre (au moins en apparence.)

On distingue deux sortes de chaleur relativement à son influence sur les animaux et sur les plantes : la chaleur naturelle
et la chaleur artificielle.

La première est celle qui nous vient directement des rayons
du soleil.

La seconde, celle qui se produit au gré de l'homme par le
frottement et la propagation, ainsi que celle qui est le résultat de la vie.

Que les rayons du soleil soient chauds par eux-mêmes ou par
le frottement qu'ils éprouvent en traversant l'espace, c'est ce
qui intéresse peu les cultivateurs ; mais il faut qu'ils sachent
qu'ils sont chauds, et que ce sont eux qui font pousser et mûrir leurs moissons. Tous les corps exposés au soleil deviennent
plus chauds qu'auparavant ; mais ce qu'il y a de plus singulier,
ce sont les divers degrés de chaleur que chacun prend dans ce
cas.

Un corps noir s'échauffe plus rapidement et davantage au
soleil qu'un corps bleu, celui-ci plus qu'un corps rouge, celui-
ci plus qu'un corps jaune, celui-ci enfin plus qu'un corps blanc.

Cette connoissance peut avoir une grande utilité en agriculture. Par exemple, en noircissant le mur d'un espalier, on est
certain d'avancer la maturité de ses fruits ; par exemple, sur
les montagnes de la Suisse, on accélère la fonte des neiges en
les saupoudrant avec une terre noire. Il faut donc porter

des habits noirs en hiver, et des habits blancs en été. Les chapeaux sur-tout devroient être tout blancs en cette saison. Ces remarques sont principalement applicables aux cultivateurs toujours exposés à l'ardeur du soleil. Par opposition les murs blancs réfléchissent les rayons solaires, et comme, à raison de l'obliquité de ces rayons, l'angle d'incidence est dirigé vers le sol, la partie de ce sol qui est à quelques pieds de ces murs est plus échauffée que le reste. De là l'excellence des plates-bandes costières pour la culture des légumes de primeur.

Les métaux sont de meilleurs conducteurs de la chaleur que les pierres, celles-ci que le bois, celui-ci que le verre. Par conséquent il ne faut pas faire les châssis destinés à conserver cette chaleur avec du fer ou avec des pierres, mais avec du bois, ou avec des briques vernissées, c'est-à-dire couvertes de verre; la laine conserve mieux la chaleur que le chanvre ou le coton; il faut donc s'habiller de drap en hiver et de toile en été.

Ces dernières circonstances ne dépendent ni de la masse ni de la densité des corps. Elles sont inhérentes à leur nature, à leur capacité de calorique, comme disent les physiciens.

Un fait à citer ici, c'est que le charbon qui absorbe beaucoup de chaleur au soleil à raison de sa couleur, est un des corps qui la laisse le plus difficilement perdre. De là l'utilité de faire entrer beaucoup de charbon dans les murs construits en plâtre; de charbonner l'intérieur de la caisse des châssis en bois, ou de l'entourer de poussier de charbon, etc.

La chaleur directe des rayons du soleil comparée à celle de l'air, à l'ombre, n'est pas aussi considérable qu'elle le paroît à nos sens, d'après les expériences faites avec tout le soin possible; cependant il est difficile d'adopter le résultat de ces expériences sans quelques restrictions.

Les animaux et même les végétaux ont une chaleur propre produite par l'acte même de leur vitalité. On sait que dans les animaux elle est le résultat de la respiration, c'est-à-dire de la combustion de l'oxigène, corps éminemment chargé de calorique; mais on ne voit pas si évidemment l'origine de celle des végétaux, qui, au reste, est extrêmement foible, d'après les observations d'Hunter. Il est des circonstances où cette chaleur des végétaux, ou mieux, de quelques parties des végétaux, augmente cependant à un point remarquable. Lamarck le premier remarqua que le chaton du gouet maculé étoit chaud au toucher au moment de sa fécondation, et Bory Saint-Vincent a trouvé que celui du gouet à feuilles en cœur, qui croît à l'Ile-de-France, ne pouvoit pas être tenu dans la main à la même époque.

La chaleur des rayons solaires s'accumule dans la terre pendant l'été et gagne de proche en proche, d'après des expériences faites par Saussure, à Genève, jusqu'à une profondeur de trente pieds, elle arrive au *maximum* au solstice d'hiver, et est à son *minimum* au solstice d'été. C'est cette chaleur, mise ainsi en réserve, qui conserve les plantes pendant l'hiver et les fait végéter au printemps; c'est encore elle qui, lorsqu'en automne les nuits commencent à devenir longues, cause ces émanations qui font mûrir les fruits placés près de terre plus tôt que ceux placés plus haut, comme on le voit principalement dans la vigne.

Les terres noires absorbent, par les causes citées plus haut, plus de chaleur que les autres; celles qui sont de cette couleur et en même temps sèches et dans une bonne exposition, sont les plus précoces de toutes. Les pays à craie pure sont très tardifs, mais les argiles blanches, quand elles sont humides, le sont encore plus. Les sables blancs quartzeux ne sont si chauds que parceque (le quartz a les mêmes propriétés que le verre) ils ne perdent que très lentement la chaleur qui s'y est accumulée. La grande sécheresse y concourt aussi, car ces sables laissent le plus souvent passer l'eau comme dans un crible ; ils ne font jamais éponge comme les terres dans la composition desquelles entre l'argile.

La chaleur qui fait partie constituante des corps s'y trouve dans un tel état qu'elle n'est pas sensible aux sens, quoique considérable; deux morceaux de fer, quoique froids en apparence, rapidement frottés dans l'eau, ont fait bouillir cette eau. Il n'est pas possible de croire que le calorique ait été dans ce cas fourni par autre chose que par le métal qui cependant n'a rien perdu.

Tout corps qui de solide passe à l'état de liquide, tout liquide qui passe à l'état de vapeur, absorbe une grande quantité de calorique qu'il prend dans le feu, dans l'air, ou dans les corps environnans. Tout le monde connoît la manière de faire rafraîchir l'eau au soleil, manière usitée sur les côtes d'Afrique et en Espagne, en la mettant dans des vases poreux, à travers lesquels il passe une petite portion de cette eau, qui, en s'évaporant, rafraîchit la masse.

Des expériences faites par divers physiciens constatent que les rayons du spectre solaire ne sont pas chauds au même degré, que les rouges sont les plus chauds et les jaunes les plus froids. Une serre ou une bache qu'on garniroit de vitres rouges par-dessus les vitres blanches, pendant deux heures du plus fort soleil, en seroit à ce qu'il paroît plus échauffée que par le meilleur fourneau allumé pendant le double de ce temps. J'ai souvent désiré être à portée d'établir des baches ou des châssis d'après ces principes, mais je n'en ai pas trouvé l'occasion. Au reste, il faut le dire, les verres rouges étant colorés avec de l'oxide d'or sont trop chers pour être employés à des usages communs.

On a établi plusieurs théories pour expliquer pourquoi les rayons du soleil ne fondent pas les neiges du sommet des hautes montagnes. Je crois que c'est uniquement au manque d'abri que cet effet est dû ; car il est certain que ces sommets, placés presque tous au-dessus des nuages, sont perpétuellement balayés par les vents qui emportent le calorique à mesure qu'il se fixe sur la surface de la neige, corps qui, à raison de sa couleur, est très peu disposé à l'absorber. Une expérience de Saussure semble venir, d'une manière démonstrative, à l'appui de cette idée, que je ne crois pas avoir encore été émise. Au milieu de juillet ce célèbre physicien plaça sur le Cramont, à une élévation de 1402 toises, depuis deux heures jusqu'à trois, une boîte doublée de liège noirci, et dont l'ouverture étoit fermée par trois glaces, placées à quelque distance l'une de l'autre. Le thermomètre, contenu dans cette boîte, monta jusqu'à 70 degrés, ce qui est presque la chaleur de l'eau bouillante. En plein air, dans le même temps, la chaleur étoit seulement de cinq degrés.

Cette importante expérience rappelle celle qui fut faite à Paris, sous mes yeux, vers la même époque, par Ducarla. Il superposa douze récipiens de verre blanc les uns aux autres, de manière qu'il y eût une distance de trois à quatre lignes entre chaque récipient, et il luta le pourtour de la base du premier et du dernier sur la planche qui servoit d'appui. Lorsque cet appareil étoit exposé pendant une heure au soleil, la chaleur s'accumuloit dans le bocal du centre, de manière à y faire cuire de la viande, des pommes et autres objets.

Ce qui fait que dans ces deux expériences la chaleur des rayons solaires a été si considérablement accumulée, c'est qu'il y avoit des couches d'air entre chaque verre, et que l'air étant l'un des plus mauvais conducteurs de la chaleur, ainsi que le verre, il n'y avoit pas de déperdition. Cela est prouvé.

Les données ci-dessus doivent guider dans la construction des serres, des baches et des châssis, et pourront peut-être un jour mettre les cultivateurs dans le cas de se passer de fourneaux et de couches pour les échauffer.

La chaleur des saisons et des climats ne vient point d'un feu intérieur et central, comme quelques personnes l'ont prétendu ; car celle qu'on trouve dans les souterrains les plus profonds ne surpasse jamais dix degrés, et est même le plus souvent inférieure. La terre ne dégèle jamais vers le cercle polaire, et en Sibérie, pays plus méridional ; le soleil ne peut fondre la glace au-delà de deux ou trois pieds, ainsi que l'ont observé différens voyageurs, et en dernier lieu le savant et estimable Patrin. Cette chaleur intérieure est donc, comme je l'ai déjà observé, le résultat de l'accumulation du calorique produit, ou développé, par les rayons solaires.

Pour bien entendre, dit Rozier, comment la présence du soleil produit tous les degrés de chaleur qui forment la variété de nos saisons, il faut faire attention que le soleil échauffe la terre, non seulement en raison de sa plus grande proximité, mais encore en raison de son séjour plus ou moins long sur l'horizon, et de la direction plus ou moins perpendiculaire de ses rayons. En été, quoique le soleil soit plus loin de nous qu'en hiver, il est plus chaud par ces deux dernières causes.

En effet, toutes choses égales d'ailleurs, la chaleur est toujours proportionnelle à la quantité des rayons qui la produisent. Or, 1° lorsque les rayons sont perpendiculaires, il s'en perd moins, c'est-à-dire qu'il en tombe davantage sur un espace donné. Il a été calculé que cette seule cause devoit rendre les étés du climat de Paris neuf fois plus chauds que les hivers ; 2° le soleil reste pendant l'été une fois davantage sur l'horizon que pendant l'hiver, ce qui d'après les calculs donne une chaleur dix-sept fois plus grande pour cette saison. En tout vingt-six fois au moins, car un mathématicien anglais a prétendu que cette chaleur de l'été étoit cinquante fois plus grande.

Mais, dira-t-on, jamais le thermomètre n'annonce une telle chaleur dans le climat de Paris? C'est parceque, comme l'a fort bien remarqué mon savant et respectable maître, Romé de Lisle, dans sa brochure intitulée *Le feu central démontré nul*, que cette chaleur est continuellement amortie par l'évaporation qui, ainsi que je l'ai déjà observé, emporte la chaleur dans les régions supérieures de l'atmosphère, d'où elle se disperse avec les nuages et les vents par tout l'univers, et comme cette évaporation est toujours proportionnelle à la chaleur, il en résulte que jamais, à moins de circonstances produites par des abris naturels ou artificiels, la chaleur de l'air ne peut arriver à cinquante degrés. Au Sénégal, pays qu'on regarde comme le plus chaud de la terre, à raison de la sécheresse de ses sables, elle n'est que de quarante degrés.

D'après ce que nous venons de dire, on sent facilement que les climats et les lieux les plus chauds doivent être ceux où la chaleur s'accumule le plus et s'évapore le moins. Les vastes déserts de l'Asie et de l'Afrique sont toujours brûlans, parceque la rareté de l'eau et des rivières est cause qu'il n'y a presque aucune évaporation; au contraire, l'Amérique, par-tout couverte d'eau et de forêts, est beaucoup moins chaude sous l'équateur. Dans nos contrées mêmes, cette différence devient sensible à chaque pas. Les plaines fort étendues, qui ne sont coupées ni par des étangs ni par des rivières, qui ne sont ombragées par aucun arbre, comme celles de la Beauce, les pays crayeux de la Champagne, les landes de la Gascogne, etc., etc., sont perpétuellement brûlés par les ardeurs de l'été, tandis que les plaines voisines, arrosées par des eaux abondantes ou des marécages, tempèrent l'air par une évaporation bénigne et continuelle.

Il paroîtroit naturel que ce fût au solstice d'été, temps où le soleil est plus long-temps sur notre horizon, pour nos climats, que les plus grandes chaleurs devroient se faire sentir; mais si l'on fait attention qu'il faut joindre à la chaleur actuelle une partie de la chaleur passée, on concevra que la chaleur des mois de juillet et d'août doit être composée de celle que la terre a acquise par l'approche du soleil vers le solstice en mai et en juin, et par son retour de ce point d'élévation en juillet et août. De plus, la terre, desséchée en mai et juin par l'évaporation continuelle dans ces deux mois, ne contient plus assez d'humidité pour fournir à l'évaporation nécessaire qui doit contre-balancer les chaleurs de juillet et d'août, jusqu'à ce que, par des pluies ou des rosées abondantes, elle ait acquis de quoi faire au moins équilibre; il en est de la terre en général, comme de tout autre corps en particulier, que l'on échauffe dans le feu et que l'on en retire ensuite; il conserve long-temps la chaleur qu'il y avoit acquise, quoiqu'il n'y soit plus exposé. Les corps ne commencent à se refroidir que lorsque la chaleur qu'ils ont commence à s'évaporer. Mais si un corps est toujours plus échauffé qu'il ne perd de sa chaleur, ou s'il en perd bien moins qu'il n'en acquiert, alors il doit recevoir continuellement une nouvelle augmentation de chaleur; et c'est précisément le cas de la terre en été. Une supposition va rendre ceci plus intelligible. Supposons, par exemple, que dans les grands jours de l'été, pendant tout l'intervalle de temps que le soleil est au-dessus de notre horizon, la terre et l'air qui l'environne reçoivent cent degrés de chaleur, mais que pendant la nuit, qui est environ de moitié plus courte que le jour, il s'en évapore cinquante, il restera encore cinquante degrés de chaleur. Le jour suivant, le soleil agissant presqu'avec la même force en communiquera à peu près cent autres, dont il s'en perdra encore environ cinquante pendant la nuit. Ainsi, au commencement du troisième jour, la terre aura cent ou presque cent degrés de chaleur, d'où il s'ensuit que, puisqu'elle acquiert alors beaucoup plus de chaleur pendant le jour qu'elle n'en perd pendant la nuit, il doit se faire en ce cas une augmentation très considérable; mais après l'équinoxe, les jours venant à diminuer et les nuits devenant beaucoup plus longues, il doit se faire une compensation, de sorte que pendant l'hiver il s'évapore la nuit une plus grande quantité de chaleur de dessus la terre qu'elle n'en reçoit durant le jour : ainsi le froid doit à son tour se faire sentir. Cette vicissitude est perpétuelle d'année en année. Les étés, en général, sont à peu près les mêmes, la durée d'un vent du nord peut les rendre plus froids, plus piquans dans une année ; la privation des pluies peut faire quelquefois accumuler des chaleurs étouffantes; mais ces excès ne sont qu'accidentels, et, sur-tout dans nos climats tempérés, les saisons sont assez semblables.

Plusieurs auteurs ont observé que la température de la France a changé depuis une suite de siècles, et qu'elle est plus chaude à présent qu'autrefois. Si nous consultons les écrivains du commencement de l'ère chrétienne, nous y trouverons un tableau du froid bien plus rigoureux que celui de nos jours. Au rapport de Diodore de Sicile et de César, les rivières des Gaules geloient tous les hivers, et la glace étoit si ferme, que non seulement les gens à pied et à cheval y passoient, mais même des armées entières avec tous les chariots et les équipages. Quelques faits semblent aussi prouver que dans certains cantons la chaleur a diminué de nos jours, puisqu'on fait la récolte et les vendanges beaucoup plus tard. Ces faits isolés ne doivent pas nous empêcher de croire qu'en général, depuis dix-huit cents ans, la température du climat de la France n'ait gagné beaucoup du côté de la chaleur ; changement qui est dû à la culture, aux défrichemens, aux abattis des forêts, aux dessèchemens des étangs et des marais. Veut-on une preuve démonstrative de cette vérité ? que l'on jette un coup-d'œil sur l'Amérique. Par-tout où la culture n'a pas gagné, des forêts épaisses que la lumière ne pénètre jamais, des marais que la chaleur du soleil ne peut dessécher, couvrent toute la terre, et rafraîchissent tellement l'atmosphère, que lorsqu'on est obligé d'y passer la nuit, l'on est contraint d'y allumer du feu. Dans les terrains au contraire que l'industrie humaine a défrichés, une température chaude, souvent un air brûlant est le seul qu'on y respire, et le plus souvent la différence de ces deux climats n'est que la distance d'une ou deux lieues. Sans sortir de la France, qui croiroit que dans les plaines de la Bresse on n'éprouve jamais autant de chaleur que dans celles du Dauphiné, qui n'en sont distantes que de quelques lieues ? Les récoltes y sont plus tardives, la maturité y est lente, et la végétation paroît être le produit de deux climats très éloignés. *Voyez* le mot GÉOGRAPHIE AGRICOLE.

Les positions locales, les abris, influent beaucoup sur la température de l'atmosphère. Les gorges des montagnes, abritées du nord, éprouvent des chaleurs plus considérables en été que les plaines qu'elles avoisinent, quoique les premières soient

beaucoup plus élevées. Cette augmentation est due à la concentration de la chaleur et à la répercussion des rayons lumineux par les côtes des montagnes. Ces grandes chaleurs, à la
vérité, ne sont pas de longue durée ; mais elles sont assez considérables pour être en état de faire mûrir des fruits et des légumes qui ne croissent que dans nos provinces méridionales.

Un grand nombre d'expériences tendent à faire croire,
comme je l'ai déjà dit plus haut, que les végétaux ont une chaleur propre résultant de leur action vitale même ; mais elle
est si peu considérable qu'on peut se dispenser de la prendre
en considération dans la pratique de l'agriculture. On n'a, de
plus, aucune donnée sur la manière dont elle se produit et sur
les variations qu'elle éprouve.

Il n'en est pas de même de la chaleur animale; on la voit se
produire d'abord par communication (le couvage des œufs,
et sans doute à plus forte raison celui du *point vital* dans la
matrice des vivipares) ; ensuite s'entretenir par la respiration
qui, absorbant l'oxigène (gaz, comme je l'ai déjà observé,
très chargé de calorique), l'assimile au sang, puis s'augmenter par le mouvement. (Quel est le cultivateur qui ignore ce
dernier fait ? Quel est celui qui ne se soit pas échauffé, qui
n'ait pas sué par suite d'un travail forcé?) Je pourrois beaucoup m'étendre sur ce sujet, mais mon intention n'est pas
de faire un traité de physiologie animale.

M. Rosenthal a publié, en allemand, un ouvrage contenant
des expériences pour déterminer la chaleur nécessaire à la
croissance des plantes. Si j'en juge par l'extrait qui en a été
donné dans la Feuille du Cultivateur, du 3 août 1793, cet
ouvrage ne remplit pas l'espoir que son titre pouvoit donner.
Le seul résultat qu'il offre, c'est que les plantes n'ont pas la
même chaleur quoique placées dans des circonstances aussi
semblables que possible.

Actuellement je passe aux moyens qui sont donnés à l'homme
pour se procurer une chaleur artificielle propre à accélérer la
croissance des végétaux. Ces moyens sont le feu et la fermentation. On pourroit aussi y joindre l'accumulation de la chaleur solaire dans des lieux fermés, comme serres, baches et
châssis simples ; mais il en a déjà été suffisamment question.

D'après la manière de voir la plus simple et la plus conforme
aux phénomènes, la chaleur produite par les corps actuellement brûlans, par la combustion du bois par exemple, est
celle qui existoit dans l'oxigène décomposé par l'acte de la
combustion. Cette chaleur doit donc être, et est en effet d'autant plus forte que la masse du combustible est plus grande
(les fours des verreries et ceux à porcelaine), ou que la com-

bustion est plus rapide (les forges et autres usines où on fait
usage des soufflets) ; mais elle est cependant bornée, même
dans les volcans, car la masse de l'oxigène l'est elle-même,
et d'ailleurs les fourneaux ne peuvent résister à la fusion au-
delà d'un certain terme. Le premier effet de la chaleur artificielle est de dilater et d'évaporer comme la chaleur naturelle, ensuite, ou de fondre, puis de volatiliser les substances
indécomposables par elle, ou de cuire, puis de détruire
les substances animales et végétales.

Les effets de la chaleur sur l'eau ne peuvent jamais aller
au-delà du degré de l'évaporation. Il est donc superflu de
faire sous une chaudière remplie un feu plus considérable
que celui qui est nécessaire pour la faire bouillir. (Avis aux
ménagères.)

C'est par le moyen de poêles construits sous ou à côté des
SERRES et des BACHES qu'on communique aux plantes qui y
sont contenues le degré de chaleur artificielle qui leur est nécessaire pour se conserver pendant l'hiver. On a calculé que la
chaleur moyenne d'une serre ne devoit pas être, dans le climat
de Paris, beaucoup élevée au-dessus de quinze degrés; mais
cependant lorsqu'on veut activer la végétation, faire arriver
les plantes à fructification, on pourroit, moyennant des précautions qui seront indiquées aux mots SERRE et BACHE, élever
leur température jusqu'à vingt-cinq et trente degrés. La prudence et l'économie ne permettent pas le plus souvent de donner
une aussi haute température, c'est pour cela que je désire que
les cultivateurs aisés, outre leur grande serre et leur bache de
dépôt, en eussent une petite consacrée à une végétation plus
active ; car les amis des plantes se plaignent que tel arbre qui
existe depuis cinquante ans dans les serres de Paris n'y a pas
encore fleuri.

Une chaleur très sèche, comme une chaleur très humide,
sont également dangereuses lorsqu'elles sont élevées à un certain degré pour les plantes renfermées dans les serres. On ne
peut donc trop veiller à ce que celle qu'on y produit soit dans
cet état moyen regardé comme plus avantageux à leur conservation. L'impression faite sur les sens, le thermomètre, l'hy-
gromètre, les gouttelettes attachées aux vitreaux et d'autres
indications moins importantes, servent de guides dans ce cas.

Toute fermentation est accompagnée de production de chaleur, parceque toutes se font par l'absorption de l'oxigène ;
mais si dans l'économie rurale il est nécessaire de connoître
la chaleur qui résulte de la fermentation du vin, du pain, etc.,
en agriculture il suffit d'étudier celle qui se développe lorsqu'on accumule du fumier, de la paille, du foin, des feuilles
sèches, du tan, de la sciure de bois, et qu'on les mouille légè-

rement. C'est avec ces matières qu'on compose ce qu'on appelle des couches ou de la tannée, sur lesquelles, après y avoir mis de la terre, on sème ou on plante les objets dont on veut avancer ou activer la végétation, ou dans lesquelles on enterre les pots qui contiennent ces objets.

La chaleur d'une couche peut être portée jusqu'à l'inflammation, témoin le foin entassé trop vert ou trop humide qui s'enflamme spontanément en meule ou dans les greniers, et elle est toujours proportionnelle à sa masse et à la nature des choses avec lesquelles elle est composée. Un peu d'eau lui est absolument nécessaire, mais trop d'eau lui est toujours nuisible. Sa fabrication demande des soins qui seront détaillés à l'article qui les concerne.

Chaque substance dont on compose les couches donne une chaleur différente. Ainsi le fumier de cheval vaut mieux que celui de vache lorsqu'on désire une haute température. La tannée agit moins fortement, mais d'une manière plus égale et plus durable.

On peut préjuger, par ce qui a été dit précédemment, que la chaleur des couches diminue petit à petit, et finit par s'anéantir complètement, mais qu'en les encaissant sous des châssis, des baches, en les établissant dans des serres, cette chaleur doit se dissiper plus lentement. Elle sera encore plus durable, si les matières qui servent à leur encaissement sont de mauvais conducteurs de la chaleur, comme le verre, le charbon, etc.

Rarement on peut placer des plantes sur une couche ou une tannée les premiers jours de sa fabrication. Il est toujours prudent d'attendre qu'elle ait *jeté son premier feu*, comme disent les jardiniers, car sans cela on risqueroit de les faire périr par trop de chaleur. Un thermomètre, un simple bâton, ou le doigt enfoncé dans une couche, servent à apprécier sa chaleur. C'est au cultivateur à juger, d'après ces indications, le point le plus propre aux usages auxquels il destine sa Couche. *Voyez* ce mot.

Que de développemens je pourrois encore donner à cet article ! mais il faut m'arrêter. Un grand nombre d'autres articles serviront de complément à celui-ci. *Voyez* aux mots Calorique, Oxigène, Air, Soleil, Feu, Combustion, Electricité, Fumier, Couche, Fermentation, Volcan, etc. (B.)

CHALUMEAU. Dans beaucoup de lieux on donne ce nom à la tige du blé et autres graminées. *Voy.* au mot Chaume. (B.)

CHAMAEDRIS. *Voyez* Germandrée.

CHAMBONAGE. Nom qu'on donne, sur les bords de l'Allier, à des terres sablonneuses, grasses, fraîches, profondes, qui sont des alluvions, et qui sont inondées tous les ans. (B.)

CHAMELINE. *Voyez* Cameline.

CHAMŒPITIS. Nom latin de la BUGLE IVETTE. *Voy.* ce mot.

CHAMP. Ce mot a diverses acceptions, dont la plus commune est celle où il est synonyme de terre labourée. Ainsi on dit, *il a ensemencé ses champs.* Souvent il signifie toute la campagne, comme dans cette phrase, *il a mené les vaches aux champs.* Dans quelques cas il n'indique qu'une action : *un champ de bataille.* On dit semer *à plein champ, fumer à plein champ,* lorsqu'on répand la semence ou le fumier uniformément sur le sol de manière que sa superficie en soit couverte.

On appelle *champs froids,* aux environs de Limoges, les terres qui ne se cultivent que tous les dix, vingt, trente, cinquante ans, et même plus, à raison de leur mauvaise nature. Dans d'autres lieux, les *champs froids* sont ceux qui sont argileux, et où le blé arrive difficilement à maturité dans les années pluvieuses. (B.)

CHAMPAGE. Synonyme de PATURAGE. *Voyez* ce mot. (B.)

CHAMPAY. On indique quelquefois le pacage des bestiaux par ce mot. (B.)

CHAMPEAGE. Nom du droit qu'ont quelques communes de faire paître leurs bestiaux dans des bois ou sur des terres vagues. (B.)

CHAMPIGNONS. Famille de plantes dont la singulière organisation a de tout temps frappé les observateurs, et dont les diverses espèces doivent être étudiées par les habitans des campagnes, à raison de ce que certaines d'elles sont recherchées comme un aliment, et que beaucoup d'autres, peu différentes, au premier aspect, de ces dernières, sont des poisons très violens. D'ailleurs, une de ces espèces qui se cultive fréquemment dans les jardins, une autre qui est employée dans la médecine, dans l'économie domestique et dans les arts, et plusieurs qui vivent aux dépens des plantes cultivées et nuisent plus ou moins aux récoltes, intéressent directement les agriculteurs.

Il est des champignons qui sont spongieux et d'une durée de quelques jours, d'autres qui sont subéreux et subsistent un grand nombre d'années ; les uns vivent sur la terre, les autres sur les arbres morts ou vivans. Leur couleur n'est jamais verte. Ils donnent à l'analyse des produits peu différens de ceux des substances animales. Beaucoup d'opinions diverses ont été émises sur leur nature. Aujourd'hui on les regarde généralement comme des plantes, mais d'une nature particulière. Les rapports qui les unissent aux animaux sont presque aussi nombreux que ceux qui les lient aux végétaux : aussi tous les botanistes qui suivent la méthode naturelle les placent-ils au commencement de la série de ces derniers, comme les zoologistes placent les polypes à la fin de la série des premiers.

L'accroissement des champignons terrestres se fait par développement de substance, comme dans les animaux. Celui des champignons subéreux diffère peu de celui des arbres sur lesquels ils croissent. Les uns et les autres ont cependant, pour moyen de multiplication, des bourgeons séminiformes, excessivement petits, renfermés dans des capsules tantôt placées dans la chair même du champignon, tantôt à leur surface supérieure, tantôt à leur surface inférieure, tantôt sur toutes leurs surfaces. Pour les voir, il suffit de placer un champignon, nouvellement développé, sur une glace ; cette glace en sera couverte au bout d'un ou deux jours. Je dis bourgeons séminiformes (ou *gemmæ*), parceque ces semences n'ont aucun des caractères de celles des autres végétaux ; qu'elles sont des champignons tout formés, qui n'ont besoin que de circonstances particulières pour grossir. Ils ont les plus grands rapports apparens et réels avec les bourgeons séminiformes des polypes. Ces bourgeons sont transportés par les vents, ou entraînés par les pluies, et multiplient ainsi l'espèce à laquelle ils appartiennent.

Les champignons qui croissent sur la terre en sortent tantôt nus, tantôt renfermés dans une coiffe qui ne tarde pas à se déchirer, et qu'on appelle leur *volva*. La plupart sont surmontés d'un chapeau convexe, tantôt orbiculaire, tantôt sémiorbiculaire. Il en est qui sont rameux. Les uns sont solitaires, les autres aggrégés. Quelques uns laissent fluer une liqueur laiteuse lorsqu'on les entame, d'autres se colorent en bleu. Leur saveur varie ; tantôt elle est agréable, tantôt nauséabonde, tantôt piquante, tantôt sucrée. Il en est de même de leur odeur, qui, dans le plus grand nombre, est d'une nature particulière et générale ; mais qui, dans quelques espèces, est suave, et dans d'autres désagréable. Presque tous deviennent fétides lorsqu'ils commencent à se décomposer naturellement : aussi les insectes carnivores déposent-ils souvent alors leurs œufs dans leur substance.

Il n'y a pas de règle générale pour distinguer les bons des mauvais champignons. Tous les préceptes à cet égard qu'on trouve dans les auteurs sont sujets à des exceptions sans nombre. La connoissance des espèces, résultant de l'habitude, est la seule voie certaine qu'on puisse employer. Les botanistes, même les plus instruits, armés de tous leurs caractères spécifiques, lorsqu'ils arrivent dans une contrée, doivent inspirer moins de confiance que le berger le plus ignorant. Il est tel champignon qui est sain dans sa jeunesse, sain dans telle localité, et qui devient dangereux dans sa vieillesse ou dans telle autre localité. Quelques faits portent même à croire que certaines larves d'insectes, et ils en renferment souvent, déterminent des accidens.

Quoique ne fournissant aucun principe au chyle, c'est-à-dire n'étant pas véritablement alimentaires, les champignons sont extrêmement recherchés pour la nourriture. Il est des cantons en France, et ailleurs, où les habitans des campagnes en consomment annuellement des quantités prodigieuses. Le luxe en fait habituellement entrer certaines espèces dans les assaisonnemens. Qui ne connoît les TRUFFES, le CHAMPIGNON DES COUCHES ou *agaric esculent*, la MORILLE, le MOUSSERON, le CEPS, l'ORONGE, la CHANTERELLE, etc.? Je ne chercherai donc pas à empêcher ceux qui les aiment d'en manger; mais j'insisterai pour qu'on fasse toujours entrer du vinaigre dans leur assaisonnement, car cet acide est leur certain contre-poison. Au dire de quelques personnes, on peut manger, sans crainte, toutes espèces de champignons, même celles qui passent pour les plus dangereuses, pourvu qu'elles n'aient ni mauvais goût ni mauvaise odeur lorsqu'on les a fait macérer vingt-quatre heures dans le vinaigre avant de les manger.

La plus grande partie des champignons vénéneux paroissent agir comme violens émétiques, quelques uns comme éponge indigestible, etc. Les symptômes qu'ils font naître dans ceux qui en ont mangé sont le vomissement, qu'il faut au reste toujours provoquer par tous les moyens possibles, l'oppression, la tension de l'estomac et du bas-ventre, l'anxiété, les tranchées, la soif violente, la cardialgie, la dyssenterie, l'évanouissement, le hoquet, le tremblement général, la gangrène et la mort. Peu d'heures suffisent souvent pour faire successivement passer un malheureux par tous ou partie de ces accidens. Des vomissemens et du vinaigre étendu d'eau, je le répète, sont les seuls remèdes à employer. Les huiles ne produisent pas des effets aussi certains ni aussi prompts que l'ipécacuanha ou l'émétique. Le lait ne doit venir qu'après pour remettre l'estomac affoibli. M. Parmentier, à qui on doit un très bon travail sur les champignons vénéneux, conseille de s'abstenir de toutes les espèces, car le plus sain est au moins sujet à donner des indigestions qui peuvent être suivies de la paralysie et autres accidens.

Les graines des champignons, ou mieux, je le répète, leurs bourgeons séminiformes, sont placés, tantôt dans l'intérieur, comme dans les GYMNOSPORANGES, les PUCCINIES, les BULLAIRES, les URÉDO, les ÉCIDIES, les MOISISSURES, les LICÉES, les TUBULINES, les TRICHIES, les STENOMITIS, les DIDERMES, les RÉTICULAIRES, les LYCOGALES, les VESSELOUPS, les GÉASTRES, les TULOSTOMES, les NIDULAIRES, les STICTIS, les PILOBOLES, les TELEBOLES, les ÉRYSIPHÉES, les TUBERCULAIRES, les SCLÉROTES et les TRUFFES; tantôt à leur surface, comme dans les BISSES, les MONILIES, les BOTRYTES, les ÉGERYTES, les ERINÉES, les CONOPLÉES, les HELOTIUM, les PEZIZES, les TREMELLES, les HELVELLES,

les SPATULAIRES, les CLAVAIRES, les AURICULAIRES, les HYDNES, les BOLETS, les MERULES, les AGARICS, les MORILLES, les SATYRES et les CLATHRES. Ceux de ces genres où il y a des espèces utiles ou nuisibles ont un article particulier dans cet ouvrage. Tous se trouvent dans la Flore française de Décandolle, excellent ouvrage qui devroit faire partie de la bibliothèque des cultivateurs.

Comme je l'ai déjà dit, de toutes les espèces de champignons une seule est cultivée ; c'est l'AGARIC ESCULENT (*voyez* ce mot). On le fait naître à volonté sur des couches auxquelles on donne aussi le nom de *meules*. Je laisse ici parler mon confrère Thouin.

« Au mois de décembre, dans un lieu sec, on fera une tranchée de longueur quelconque, sur deux pieds de large et six pouces de profondeur. Dans cette tranchée, on établit une couche de fumier de cheval, non consommé, et mêlé de beaucoup de crottin. Elle doit être en dos de bahut, dressée également, foulée ou trépignée, et avoir deux pieds de hauteur dans son milieu. Cette couche est couverte de deux pouces de terre mêlée de terreau et de sable, si cette terre est forte. On la laisse sans y toucher jusqu'au mois d'avril, époque où l'on met dessus trois doigts d'épaisseur de grande litière. Au mois de mai la récolte commence. Alors tous les deux jours on ôte la litière pour enlever les champignons, et on la remet aussitôt. Si, pendant cette récolte, il ne pleut pas, il conviendra de bassiner de temps en temps la couche.

« Lorsque la couche est épuisée on la détruit, mais on réserve les parties blanches appelées BLANC DE CHAMPIGNON, qui sont du terreau imprégné de racines et de semences de champignon (bourgeons séminiformes). Étant mises en lieu sec, elles se conservent pendant deux ans propres à reproduire des champignons à toutes les époques de l'année. Ce blanc de champignon s'emploie pour féconder les meules.

« Ces meules sont des couches établies sur un terrain sec, ou rendu sec par une couche de platras ou de pierrailles, recouverte de sable. Elles ont trois pieds de large et un de hauteur ; leur longueur est indéterminée. C'est du fumier de cheval, sorti de l'écurie depuis un mois, et amoncelé séparément, qu'on y emploie. On en ôte la plus longue paille ; on arrose abondamment. Lorsque ces meules s'échauffent trop on les remanie, c'est-à-dire qu'on les démolit et qu'on y ajoute du fumier neuf. Quelques jours après, la chaleur s'étant modérée, on larde la meule, sur les côtés, de morceaux de *blanc* de la largeur de la main, sur deux rangs, et écartés de six à huit pouces, morceaux que l'on recouvre de deux ou trois pouces d'épaisseur de fumier. Cette dernière opération s'appelle *remonter la meule*. Un peu plus tard on bat les côtés de la meule avec le dos d'une pelle pour en affermir toutes les parties, puis on enlève avec un petit râteau, ou avec la main, toutes les pailles qui débordent, ce qui se nomme *peigner la meule*

« Cela fait, on recouvre la meule d'un pouce de terre légère, ou rendue légère par une addition de sable et de terreau, et ensuite de trois pouces de long fumier. Huit jours après on ôte ce fumier, on balaie la meule et on la recouvre de nouveau fumier, en ayant attention de moins charger le haut que les côtés, et de disposer ce fumier de manière que les eaux pluviales glissent dessus.

« Quinze jours après on détruit cette couverture pour voir s'il y a des champignons de produits. Ordinairement ils naissent d'abord par place, qu'on marque avec des baguettes, et on remet la couverture. Tous les trois jours on vient faire la récolte autour des baguettes en soulevant la couverture, et de proche en proche on s'étend dans toute la longueur de la meule. Dans tous ces cas on dérange le moins possible, et le moins long-temps possible, les couvertures. Une meule ainsi disposée et conduite dure ordinairement trois mois.

« Lorsqu'en récoltant les champignons on fait un trop grand trou dans la terre qui recouvre la meule, il faut sur-le-champ remplir ce trou avec de la nouvelle terre.

« Dans le temps des chaleurs on donne tous les jours, ou tous les deux jours, une légère mouillure aux meules; dans les temps froids on ne récolte que tous les quatre, cinq, six et même huit jours, et on a soin d'augmenter l'épaisseur des couvertures à proportion de ce froid.

« Toute la vigilance d'un jardinier est nécessaire contre les variations fréquentes et subites de l'atmosphère. Aura-t-il différé de quelques heures d'augmenter la couverture des meules, le froid pénètre, et le principe de reproduction est détruit? L'air devient tout à coup tempéré, ne décharge-t-il pas assez promptement ses couvertures, la meule s'échauffe trop et tout périt?

« Le tonnerre cause quelquefois beaucoup de dommage aux couches, les fait même complètement cesser de fournir des champignons. Dans ce dernier cas il n'y a d'autre ressource que de les démolir, et de les reconstruire avec une partie des mêmes matériaux.

« Pour éviter ces accidens, et sur-tout pour avoir des champignons pendant les plus fortes gelées, beaucoup de jardiniers établissent leurs meules dans des caves. Elles s'y préparent comme en plein air, mais elles n'ont pas besoin de couverture, pourvu que cette cave ait peu de communication avec l'air extérieur. Un mois après elles commencent à donner des champignons. On les mouille légèrement après chaque récolte, c'est-à-dire tous les deux ou trois jours.

« Il est à observer que l'air des couches à champignons se détériore quelquefois au point de ne pouvoir plus servir à la respiration, de faire tomber en ASPHYXIE (*voyez* ce mot) ceux qui vont cueillir les champignons. La flamme de la chandelle, qu'on porte devant soi, indique toujours cet état de l'air, par la diminution de son éclat, et même par son subit éteignement. Ouvrir les soupiraux et la porte est le moyen le plus sûr de rétablir la salubrité de cet air.

« Lorsque les meules de champignons cessent de produire, on en emploie le fumier à l'engrais des terres, quoiqu'il ait perdu une partie de ses qualités fertilisantes.

« On a remarqué que le fumier des chevaux qui sont consamment au sec, et mangent beaucoup d'avoine, est meilleur pour faire des couches à champignons que celui de ceux qui mangent de l'herbe fraîche. »

Voyez pour le surplus les mots AGARIC et MOUSSERON. (B.)

CHAMPIGNON DE COUCHE. C'est l'AGARIC ESCULENT. *Voyez* ce mot.

CHAMPIGNON D'EAU. Sorte de jet d'eau fort gros et très court ; c'est la même chose, ou à peu près, que le bouillon. (B.)

CHAMPLURE. Nom des gelées tardives dans quelques cantons, ou mieux, de l'effet qu'elles produisent sur les vignes ou autres végétaux. Les tiges ou les branches noircissent et périssent promptement dans ce cas, et il n'y a d'autre remède que l'amputation. *Voyez* GELÉE.

CHAMP-RICHE. Variété de POIRE.

CHANCELIÈRE. Espèce de PÊCHE.

CHANCI, CHANCIR, CHANCISSURE. Filamens blancs qui naissent sur les végétaux vivans ou morts lorsqu'ils sont dans un air stagnant et humide, et qui paroissent être le commencement d'une moisissure, ou d'une autre sorte de champignons. J'ai souvent cherché à étudier cette production, sans pouvoir acquérir des notions positives sur son compte.

Le fumier chanci est beaucoup inférieur à celui qui ne l'est pas.

Les feuilles chancissent fréquemment dans les orangeries mal conditionnées. Il faut les enlever et donner de l'air autant que la saison le permet.

Les racines qui commencent à chancir entraînent souvent mort de l'arbre ; il faut les retrancher lorsqu'on translante. (B.)

CHANCRE. MÉDECINE VÉTÉRINAIRE. La bouche du bœuf, du cheval et de l'âne, et sur-tout leur langue, sont le siège de ce mal. Il s'annonce par une tumeur remplie d'une humeur rousse et fluide, qui se fait jour d'elle-même, et produit une cavité dont la grandeur augmente en très peu de temps, souvent jusqu'à détruire les parties circonvoisines. Les aphtes remplis de sérosités, et quelquefois terminés par une pointe noire, sont des vrais chancres. Etant ouverts ils rongent promptement la langue ou les parties voisines, si l'on n'arrête pas leurs progrès. *Voyez* Aphtes.

On guérit les chancres en les ratissant, avec un instument quelconque, pour en faire sortir le sang, et en lavant souvent la plaie avec du vinaigre, dans lequel on a fait infuser de la rue et de l'ail, en ajoutant à la collature un peu d'eau-de-vie camphrée. Les animaux qui en sont atteints guérissent aisément par cette méthode. En 1773 nous vîmes beaucoup de chevaux et de mulets attaqués de ce mal. Plusieurs perdirent leur langue entre les mains des maréchaux, parcequ'ils ne connurent point le remède.

Cette maladie est ordinairement épizootique : alors on l'appelle *chancre volant, pustule maligne,* charbon à la langue. *Voyez* Charbon a la langue.

Le mouton est exposé à des petites vésicules d'une humeur rousse, qui attaque les tégumens du cou ; elles excitent au commencement une vive démangeaison. Lorsqu'elles sont ouvertes elles s'étendent au loin et détruisent les tégumens et les muscles voisins. Nous appelons cette espèce de chancre *feu Saint-Antoine, feu céleste. Voyez* Feu Saint-Antoine.

Quant au chancre qui survient dans le nez des chevaux attaqués de la morve, et qui est un signe univoque de cette maladie, on parvient à le déterger avec une once d'une injection faite d'une drachme de sublimé corrosif dissoute dans environ dix onces d'esprit de vin camphré, le tout étendu dans une livre de décoction de graine de lin. *Voyez* Morve.

Chancre des oreilles, *Médecine vétérinaire.* De tous les animaux il n'y a que le chien dont les oreilles soient attaquées de cette espèce de chancre, et cela arrive sur-tout lorsqu'il a eu ou qu'il a encore la gale, ou lorsqu'en chassant il s'est écorché les oreilles dans les broussailles.

Dans le premier cas, pour remédier à ce mal, il convien plutôt de guérir la gale avant que d'entreprendre la cure du chancre. *Voyez* Gale des chiens.

Dans le second, c'est-à-dire quand le vice n'est que local, i suffit de toucher le chancre avec la pierre infernale ou avec l'esprit de vitriol. Si, loin de céder à ces topiques, l'ulcère s'agrandi et fait des progrès, le plus court parti est d'amputer l'oreille avec des ciseaux, à l'endroit qu'occupe le chancre, et d'appliquer tout de suite le feu pour arrêter l'hémorragie. (R.)

CHANCRE. Jardinage. Les plantes sont exposées comm les animaux à avoir des chancres.

Une humeur corrosive détruit souvent l'organisation de branches, du tronc, des feuilles et du fruit des arbres, sa qu'on puisse en deviner la cause, sur-tout lorsqu'elle est interne. Les arbres fruitiers plantés dans un sol humide y sont plus sujets que les autres. J'ai lieu de croire que plusieurs maladies fort distinctes ont été confondues sous le même nom. *Voyez* aux mots CARIE, GANGRÈNE, GOUTTIÈRES DES ARBRES, POURRITURE.

Les chancres sont souvent produits par une cause externe telle qu'un coup de soleil, une contusion, l'attouchement d'une masse de fumier, de chaux. Le remède est le cernement de l'écorce jusqu'au vif; et si ce sont des petites branches ou des petites racines, leur amputation complète. Quelquefois cette maladie parcourt ses périodes avec une rapidité telle qu'une saison suffit pour faire périr un arbre; mais le plus souvent ses progrès sont lents, même ils s'arrêtent naturellement. (B.)

CHANDELLE. On ne peut faire de bonnes chandelles qu'avec du suif, c'est-à-dire avec la graisse qui recouvre les intestins et les reins des animaux ruminans. Cette graisse, après l'opération qu'on lui fait subir pour la dépouiller de ses membranes, ainsi que d'une matière lymphatique et d'une humidité surabondante, éprouve d'abord du déchet; mais en revanche elle acquiert de la solidité et la propriété de se conserver dans toutes les saisons. On a seulement remarqué que le suif d'hiver est préférable à celui d'été; que plus il est vieux, meilleur il est pour l'objet qu'on se propose de remplir; que le suif de mouton et celui de bœuf doivent être fondus à part; savoir, deux parties de l'un contre une de l'autre, et qu'il convient de n'en faire le mélange qu'au moment de l'employer. Les chandelles dans la fabrication desquelles il entre du suif de chèvre sont moins grasses et moins coulantes.

Lorsque la graisse est retirée de l'animal, on la fait sécher sur une perche, afin de la conserver et qu'elle soit moins exposée à se corrompre; desséchée ainsi, elle porte le nom de *suif en branche*. Pour en extraire le suif, on la coupe par morceaux; sans cette précaution, le suif retenu dans les cellules du tissu cellulaire sortiroit difficilement : on la met dans une chaudière sur le feu, avec une petite quantité d'eau; on remue continuellement, jusqu'à ce qu'elle soit bien fondue; alors on la passe à travers un panier d'osier ou un vase de cuivre percé comme une écumoire, on exprime fortement et on laisse reposer. Le suif se fige à la surface de l'eau, on l'enlève et on en sépare les impuretés; on le fait fondre de nouveau, ayant soin d'ajouter une petite quantité d'eau dans laquelle on a dissous environ trois décagrammes (une once) de sulfate d'alumine (alun), par vingt kilogrammes (quarante livres) de suif; on coule dans des moules, et on conserve pour l'usage.

Les membranes qui restent après la séparation de la graisse portent le nom de cretons; ils sont employés à faire de la soupe pour les chiens, ou à engraisser les oiseaux de basse-cour.

Il y a deux manières de faire les chandelles : les unes en plongeant la mèche dans le suif; les autres se jettent en moules. Il seroit superflu d'indiquer ici la manière de faire les premières; elles ne peuvent être préparées avec soin que par les ouvriers habitués à ce travail, et elles seroient très mal faites par les habitans de la campagne. Quant aux chandelles moulées, chaque ménage peut en préparer pour sa consommation. On commence par se procurer des moules; ce sont des tuyaux de métal composés de trois parties; savoir, le collet, la tige et le culot. Cette dernière partie contient un petit crochet pour tenir la mèche; le collet et la tige sont réunis. Les moules peuvent être de fer blanc, de plomb ou d'étain allié. Ce dernier métal est préférable; et quoique plus dispendieux, il y a plus d'économie à l'employer, parcequ'il dure plus long-temps. On établit les moules sur une table ou planche de bois percée de trous; on place dans chacun une mèche de coton que l'on a préparée et roulée entre les doigts, en réunissant plusieurs fils de coton, suivant la grosseur de la chandelle; une mèche trop petite ne répand pas assez de lumière, une trop grosse fait que la chandelle fume beaucoup et ne dure pas : l'habitude sait déterminer la grosseur des mèches; ce qui importe le plus est d'employer de beau coton, exempt de corps étrangers et de débris du végétal. Les mèches une fois disposées sont introduites dans les moules à l'aide d'une petite tige de fer appelée aiguille à mèches : on fixe une des extrémités de la mèche au crochet du culot; l'autre extrémité déborde le collet. Quand tous les moules sont garnis de mèches, il ne reste plus qu'à les remplir de suif, ou, comme disent les chandeliers, à jeter les chandelles : pour cela on prend parties égales de suif de mouton et de vache, qu'on fait fondre dans une petite bassine avec un peu d'eau; quand le suif est fondu, on le verse dans un autre vase garni d'un robinet placé à neuf ou douze centimètres (trois ou quatre pouces) du fond; on le laisse reposer un instant et on en remplit des espèces de burettes à bec. Lorsque le suif commence à se figer, on le verse promptement dans les moules, qui, par ce moyen, se remplissent aisément, et le suif ne peut s'écouler par le trou du collet, qui se trouve exactement fermé par la mèche. Il faut avoir soin avant d'en verser de nouveau dans le moule de tirer le bout de la mèche qui sort par le collet, et cela parceque quelques mèches pouvant être dérangées par le suif, il est à propos de remédier à cette inflexion avant qu'il soit figé. Il faut que le suif soit figé et même durci dans le moule avant d'en retirer la chandelle.

La meilleur saison pour préparer les chandelles est le printemps. Dans le cas où la provision ne seroit pas faite à cette époque, il faut attendre l'automne. On conserve les chandelles dans un endroit sec, à l'abri des chats et des animaux rongeurs, tels que les rats, les souris. Quelquefois on les expose à l'air avant de les renfermer, pour leur faire acquérir plus de blancheur et de fermeté. (Par.)

CHANTEAU. Terme de tonnelier, pour désigner la pièce du fond d'un tonneau, qui est seule de son espèce, et qui est terminée par deux segmens de cercle égaux. (R.)

CHANTEPLEURE. Grand entonnoir qui sert à remplir les tonneaux, et dont l'orifice supérieur de la douille est recouvert d'une plaque de fer-blanc, percée de plusieurs trous, par lesquels le vin s'échappe dans les tonneaux. Cette espèce de grille sert à retenir tous les corps étrangers.

Dans certaines provinces on désigne encore par le mot de *chantepleure* un vaisseau dans lequel on foule, piétine, écrase le raisin avant de le jeter dans la cuve. Dans d'autres, la chantepleure est criblée de trous, et on la place sur la cuve même. On dit encore *chantepleurer* une cuve, lorsque, remplie au quart ou à moitié, ou entièrement, on y piétine le raisin, afin d'augmenter la masse de fluide. Dans quelques endroits, lorsque la fermentation est bien établie, plusieurs hommes, armés de longues pièces de bois, agitent autant qu'ils peuvent, en tout sens, la masse fermentante. Cette opération est non seulement inutile, mais très nuisible. *Voyez* le mot Fermentation. (R.)

CHANTERELLE, *Cantharellus.* Champignon de deux pouces de haut, d'un jaune roussâtre pâle, dont le chapeau d'abord convexe se relève et finit par former l'entonnoir, qu'on trouve dans les prés secs, sur les pelouses, au bord des bois, et qu'on mange dans plusieurs cantons.

Ce champignon a d'abord fait partie des agarics de Linnæus, a été ensuite placé parmi les merules, et ensuite est devenu le type d'un genre particulier, dont le caractère consiste à avoir le chapeau garni en dessous de plis rameux, et décurrens sur le pétiole. Il répand une odeur agréable, pique d'abord un peu la langue, et laisse ensuite dans la bouche un goût exquis. On le fait le plus communément frire avec du beurre, du sel, du poivre et du vinaigre, pour le manger. On le met aussi à la sauce blanche. Rarement on le mélange avec les autres mets, comme l'agaric esculent et l'agaric odorant. (B.)

CHANVRE, *Cannabis.* Plante annuelle de la diœcie pentandrie et de la famille des urticées, originaire de la haute Asie, qui se cultive de temps immémorial en Europe pour sa filasse, dont on fabrique les trois quarts des toiles employées dans l'économie domestique et dans les arts, ainsi que pour sa graine qui fournit une huile propre à beaucoup d'usages.

La racine du chanvre est fusiforme, peu garnie de fibres; sa tige s'élève ordinairement à six pieds; elle est obtusément tétragone, creuse, velue, même rude au toucher, souvent rameuse; ses feuilles inférieures sont opposées, les autres alternes, toutes pétiolées, digitées, à folioles lancéolées, largement dentées au nombre de cinq ou de sept, d'un vert foncé et velues; ses fleurs sont disposées en petites grappes à l'aisselle des feuilles supérieures; leur couleur est verdâtre.

Lorsque les pieds du chanvre sont isolés ils se ramifient beaucoup; mais ils restent simples lorsqu'on a semé la graine fort épais. Il est toujours avantageux pour la qualité de la filasse qu'ils soient simples.

Toutes les parties du chanvre exhalent, dans la chaleur, ou quand on les écrase, une odeur forte qui porte à la tête, et qui devient à la longue narcotique. Il n'est point prudent de s'asseoir, et encore moins de s'endormir, pendant l'été, auprès d'un champ qui en est planté. Elles sont très âcres au goût.

On appelle généralement, dans nos campagnes, *chanvre mâle*, les pieds qui portent la graine; et *chanvre femelle*, ceux qui n'offrent que des fleurs mâles. Cette erreur est sans conséquence dès quelle est connue; mais il n'en seroit pas moins bon de la faire disparoître pour l'honneur de la nation.

Une terre riche en principes extractifs, légère et fraîche, est la seule qui convienne au chanvre; c'est pourquoi sa culture est réservée à un petit nombre de cantons favorisés de la nature. Il ne donne que des productions grêles dans les sols sablonneux ou argileux, dans ceux qui ne sont pas profonds, dans ceux qui sont trop exposés au soleil, ou trop privés des influences de l'air. C'est sur le bord des rivières, dans les vallons qu'il se plaît particulièrement. Les défrichés, au milieu des bois, lui sont très favorables, ainsi que les jardins et autres lieux depuis long-temps cultivés à la bêche.

Nulle part le chanvre n'est, ni peut être l'objet d'une véritablement grande culture, à raison de la multitude d'opérations qu'il exige, et qui doivent être faites dans le même moment. C'est dans les pays très populeux, et où les propriétés sont très divisées, qu'on s'y livre avec le plus de succès. Les grands propriétaires, ou les riches fermiers, ne doivent jamais en semer que proportionnellement au nombre de bras dont ils peuvent disposer avec certitude, non seulement à l'époque de la récolte, mais encore pendant l'automne et l'hiver qui suivent; époques où il faut s'occuper du rouissage, du séchage, du teillage, du sérançéage, et autres opérations qu'il nécessite

Il est prouvé, par l'expérience, que lorsqu'on donne tous ces ouvrages à faire à la journée ou à l'entreprise, la culture du chanvre en définitif devient onéreuse à celui qui l'entreprend.

Généralement, en France, chaque chef de famille réserve, dans le voisinage de sa maison, ou dans telle partie du territoire de sa commune, un champ propre à la culture du chanvre, et où il en sème tous les ans. Ce champ est ordinairement entouré d'une haie, ou d'un fossé pour le défendre des bestiaux et même des voleurs. Je ne blâme dans cette habitude que le défaut de l'alternat, alternat auquel on est obligé de suppléer par une surabondance d'engrais. *Voyez* Assolement.

En effet, quelque riche que soit par sa nature une terre où on a semé du chanvre, il faut lui rendre les principes qu'il lui a enlevés, car peu de plantes sont plus effritantes. C'est du fumier très consommé qu'il demande, parcequ'il parcourt rapidement les phases de la végétation. Dans les environs de Crémone, pays dont la culture du chanvre fait la richesse, on met sur la terre des chiffons d'étoffes de laine, des poils, des plumes, du cuir, des rognures de cornes. Dans d'autres endroits on fait usage de colombine, de poudrette, etc. Les curures des mares, des étangs, et des rivières boueuses, les immondices des villes et des villages sont encore excellentes. La marne ou la chaux, employée de loin en loin, produisent des effets qui tiennent du prodige. Il est aussi très avantageux de défoncer le sol tous les six à huit ou dix ans, à quinze à vingt pouces de profondeur, pour ramener de la nouvelle terre à la surface. Toutes ces opérations coûtent, je le sais ; mais ce n'est que quand on a un beau chanvre qu'on peut espérer d'en tirer profit ; et ne les pas exécuter, c'est vouloir ne pas arriver à son but.

Il est reconnu que les engrais ou les amendemens produisent plus d'effet sur le chanvre lorsqu'ils sont répandus avant le labour d'hiver que quand on attend le labour du printemps, c'est-à-dire celui qui précède immédiatement les semailles.

De profonds labours sont indispensables à la réussite de la culture du chanvre. On en donne ordinairement trois ; un en automne et deux au printemps. Il faut, en les faisant, prendre très peu de terre à la fois, car c'est de l'ameublissement du sol que dépendra la beauté du semis, et le semis influe puissamment sur la plante adulte. Dans beaucoup de cantons on préfère, et avec raison, les labours à la bêche et à la pioche, à ceux à la charrue ; mais la dépense à laquelle ils entraînent ne permet pas toujours le choix.

L'époque du semis du chanvre varie en France suivant les climats, et même, dans chaque climat, selon les localités, c'est-à-dire du mois de mars au mois de juin. Comme cette plante est extrêmement sensible à la gelée, il ne faut jamais les en-

treprendre que lorsqu'il n'y a plus rien à craindre à cet
égard. Cependant le chanvre semé le premier étant toujours
le meilleur, il est quelquefois bon de hasarder, sauf à garder
de la graine pour recommencer en cas d'accident. Les cultivateurs prudens, qui ont plusieurs chenevières, les sement
ordinairement à huit jours de distance l'une de l'autre, mais
jamais par un temps sec et froid.

Pour être bonne, la graine de chanvre doit être grosse,
lourde, d'un gris foncé réticulé de blanc; celle qui est légère
et blanche doit être rejetée. C'est toujours celle qui tombe
la première qu'il faut préférer.

La question de savoir s'il faut semer le chanvre clair ou
épais se résout par le but qu'on se propose en le cultivant,
et par la nature du sol. En effet, dans un terrain médiocre
il doit être semé plus clair que dans un terrain gras. Lorsqu'on est dans l'intention d'avoir une filasse très longue et
très fine, il faut le semer très épais, parcequ'alors les
tiges s'élèvent et s'étiolent jusqu'à un certain point, ce qui
fait que l'écorce est moins épaisse. Le chanvre qui se ramifie
donne beaucoup de graines et une filasse très forte, mais
qui n'est propre qu'à faire des cordes ou de grosses toiles.

La graine du chanvre demande à être très peu enterrée,
même pas du tout. Du moins j'ai toujours remarqué que les
grains qui étoient restés à la surface poussoient plus vigoureusement que les autres. Six lignes d'épaisseur de terre
suffisent pour l'empêcher de lever. Il faut donc ne la répandre qu'après que la herse et le rouleau auront passé sur
le champ, et se contenter ensuite de la recouvrir avec une
herse légère armée d'épines.

Comme tous les oiseaux granivores aiment la graine de
chanvre avec passion, il est indispensable de garantir le semis
de leurs ravages par des fantômes ou autres épouvantails, ou
mieux, en les faisant garder par des enfans. Des coups de fusils
lâchés deux ou trois fois par jour sur les maraudeurs évitent
souvent cet embarras. Il est bon aussi de veiller sur les campagnols, les mulots et autres quadrupèdes rongeurs.

Lorsqu'on a semé le chanvre sur une terre humide, ou
qu'il a plu quelques jours après, il ne tarde pas à lever; mais
si la terre est sèche il reste quelquefois un mois sans se montrer.
Ce cas est toujours un malheur pour le cultivateur; car lors
même qu'il pousseroit ensuite, chose qui arrive rarement,
le plant n'auroit pas la vigueur désirable. D'ailleurs, plus il
reste en terre, et plus il s'en mange. C'est pourquoi il est
souvent si regrettable de n'avoir pas semé le jour même du
labour, parcequ'alors la terre a ordinairement assez de fraîcheur à sa surface pour que la germination puisse s'effectuer.

C'est pourquoi, lorsque la chenevière est à la proximité de l'eau, il est souvent d'une bonne économie de la faire arroser à l'échoppe, à la pompe ou autrement. Le plant levé doit être sarclé une ou deux fois, et éclairci dans les endroits trop serrés. On arbitre que, pour les usages domestiques, il doit être espacé de deux à trois pouces, et que pour la marine il lui faut plus du double d'écartement. Lorsqu'il a atteint six pouces de haut il n'y a plus rien à y faire.

Les pieds mâles sont toujours inférieurs en nombre aux pieds femelles, comme un est à trois. Dans leur jeunesse ils sont les plus beaux; mais lorsqu'ils sont arrivés à une certaine hauteur ils s'arrêtent, les femelles les atteignent et bientôt les dépassent.

La beauté du chanvre dépend, après la nature de la terre, des pluies qui tombent pendant les premiers mois de sa végétation. S'il y en a peu, il reste petit; s'il y en a beaucoup, il s'élance et devient grêle; souvent même, lors sur-tout qu'il est épais, il en pourrit une partie. Dans les cantons où les irrigations sont connues, on pare facilement au premier de ces inconvéniens; mais malheureusement elles ne le sont pas par-tout où on cultive le chanvre.

Les vents violens, les pluies d'orage causent assez souvent de grands dommages aux chanvres sur pied, sur-tout lorsqu'ils sont hauts et serrés. Des perches transversales attachées à des piquets de quatre pieds de haut sont le seul moyen de les prévenir. M. Barberis, Piémontais, eut une chenevière grêlée. Il en fit couper la moitié rez terre, et laissa l'autre pour point de comparaison. La partie coupée fournit une récolte plus abondante, non seulement que l'autre, mais que la même étendue de terre dans les années sans grêle. Ce fait mérite l'attention des cultivateurs.

Il est quelquefois avantageux de cultiver le chanvre plutôt pour sa graine que pour sa filasse; alors on doit le semer par rangées écartées d'un pied et demi à deux pieds, pour donner plus d'air et pouvoir biner une ou deux fois.

La récolte du chanvre se fait en deux temps. D'abord on arrache les pieds mâles (femelles des cultivateurs) aussitôt qu'ils commencent à jaunir, parcequ'ils seroient desséchés, et même pourris, à l'époque de la maturité des pieds femelles (mâles des cultivateurs). Cette opération, qui force d'entrer dans le champ, fait perdre beaucoup de pieds femelles, quelqu'attention qu'on apporte à n'en pas casser. Cette circonstance doit engager d'imiter certains cultivateurs, qui laissent des sentiers assez rapprochés pour que la main puisse entrer jusqu'au milieu des planches.

Brale, auquel on doit de très importantes recherches sur le

chanvre et son rouissage, pense que pour avoir une filasse blanche, douceet facile à rouir, il faut arracher les pieds mâles avant qu'ils jaunissent, c'est-à-dire à l'époque où ils commencent à incliner leur tête. C'est, pour le climat de Paris, vers le mois de juillet que cette opération se fait ordinairement.

Les pieds mâles, arrachés, sont mis en petites bottes, exposés au soleil pour sécher, et transportés à la grange ou au grenier.

L'existence des pieds femelles se prolonge au-delà d'un mois; quelquefois dans les années pluvieuses jusqu'à cinq ou six semaines au-delà de celles des mâles. Ce n'est que lorsque la graine est arrivée au point de maturité convenable, que les feuilles se dessèchent, que la tige jaunit, qu'il convient enfin de l'arracher à son tour.

Dans quelques pays, où l'agriculture est dirigée sur les vrais principes, on sème de la graine de navets dans le chanvre avant la récolte du chanvre mâle. Cette graine germe, son plant pousse d'abord foiblement; mais lorsque la récolte du chanvre femelle est effectuée, il prend de la force, par suite de l'espèce de labour, suite de l'arrachage, et donne un second produit. Dans d'autres lieux, au lieu de semer ainsi des raves, on les sème sur un seul labour après la dernière récolte. On peut leur substituer des choux à faucher, du trèfle, de la spergule, etc.

Il est des endroits où on recueille les pieds mâles et les pieds femelles en même temps; mais c'est un véritable délit contre l'intérêt du propriétaire et de la société en général. En effet, 1° les tiges des femelles n'acquérant leur perfection qu'au moment de la maturité des graines, la filasse qui en provient n'a ni autant de force ni autant de finesse, ne fournit que de la toile qui s'use et se pourrit très rapidement; 2° on perd la récolte de la graine, qui doit être considérée comme un article important en tout temps et en tous lieux.

Lorsque la graine du chanvre commence à entrer en maturité, et il y a quelquefois un mois entre celle de la première et celle de la dernière, des nuées d'oiseaux viennent en faire leur pâture. Il faut donc recommencer les moyens de surveillance ou de destruction cités plus haut, et les suivre avec persévérance jusqu'à la fin. On a de plus encore également à craindre les souris, les mulots, les campagnols et autres quadrupèdes de la famille des rongeurs.

La récolte des pieds femelles ne souffre aucune difficulté. On les arrache en allant devant soi et on les met en bottes de six à huit pouces de diamètre.

L'arrachage du chanvre, avec quelque précaution qu'il se fasse, donne toujours lieu à des ruptures de tige, à des éparpillemens de graines. Brale prétend qu'il est plus avantageux

de le faucher. Il veut aussi qu'on le trie par numéros de grosseur. Je n'ai vu mettre nulle part ces conseils en usage.

L'opération finie on met, dans le champ même, toutes les
bottes en faisceaux, tête contre tête, et on couvre le sommet
de ces faisceaux avec de la paille pour garantir la graine de
la pluie et des atteintes des oiseaux. Là cette graine achève de
mûrir. Il est bon, si le temps devient humide, de défaire les
faisceaux, par le premier soleil, pour faire sécher les bottes,
car la moisissure, et encore plus la pourriture des feuilles, altère
la qualité de la graine.

Quelques personnes font rapidement sécher le chanvre au
soleil immédiatement après qu'il est récolté, mais c'est qu'elles
ne considèrent pas que la végétation se continue dans les tiges
tant qu'elles ne sont pas sèches, et que par conséquent on
perd, à en agir ainsi, un degré de perfection de plus et pour
la filasse et pour la graine. Des faits incontestables ont prouvé
mille fois ce fait. Je blâme donc la méthode de Brale qui
veut qu'on sépare les têtes aussitôt la récolte.

Je ne parlerai pas d'autres pratiques vicieuses parcequ'elles
ne méritent pas qu'on s'occupe d'elles. Il faut s'en tenir à celle
indiquée, qui est la plus simple et la plus concordante avec
les bons principes.

Il y a plusieurs manières de retirer la graine des têtes de
chanvre. Dans quelques endroits on porte de grands draps
dans les champs, et avec des bâtons on frappe sur les têtes
appuyées sur un banc placé sur ces draps. Dans d'autres on
frappe la tête de ces bottes dans un tonneau défoncé d'un
côté. Nulle part on ne fait usage du fléau qui écraseroit les
graines. Lorsque les bottes sont restées assez long-temps amon-
celées, cette opération se fait très aisément. *Voyez* BATTAGE.

Dans les pays qui constituent la ci-devant Flandre, après
qu'on a frappé sur les têtes de chanvre pour faire tomber la
graine la plus mûre, qu'on réserve pour les semences, on les
fait passer à travers une espèce de peigne de fer fixé sur un
banc, pour les détacher de leur tige; cette méthode est bonne,
mais exige une main-d'œuvre qu'on peut éviter en les laissant
quelques jours de plus en meule.

On vanne la graine de chanvre comme celle du blé, pour
la débarrasser des détritus des feuilles, des calices, ainsi que
des graines non fécondées qui s'y trouvent mêlées. Ces dernières sont souvent en grand nombre. On les reconnoît à leur
couleur blanche et à leur légèreté. Il ne faut jamais, comme
quelques cultivateurs peu éclairés le font, les laisser avec la
bonne graine parcequ'elles n'y servent à rien, et que lorsqu'on
destine cette dernière à faire de l'huile, elles absorbent une
partie de celle qu'elle fournit, ce qui est une perte réelle. La

totalité des vannées se jette dans la cour, et s'il y a encore quelques bonnes graines les poules et les pigeons savent bien les trouver.

La graine vannée se porte dans le grenier où on la met en petits tas, qu'on change de place au moins une fois par semaine dans les commencemens, pour qu'elle se sèche complètement; car, si la fermentation s'y développoit, elle deviendroit noire et ne seroit plus bonne à rien. Il faut veiller sur les souris. Au bout d'un mois on peut la mettre dans des sacs, ou dans des tonneaux défoncés par un bout.

Il a été calculé que, dans la culture commune, il falloit deux septiers de graine pour un arpent et qu'on n'en récoltoit que deux septiers et demi ; mais j'ai lieu de croire que les bases de ce calcul ont été prises sur du chanvre récolté avant le temps, c'est-à-dire dont la plupart des graines étoient mauvaises, car il m'a paru qu'elles étoient de quinze à trente sur chaque pied. Dans les pieds écartés, et même dans ceux qui sont plus isolés, la proportion est d'un, deux et trois cents pour un.

Je dois dire ici que le différent degré de maturité des graines qui se trouvent sur le même pied de chanvre, et par conséquent sur tous les pieds d'un même champ, rend plus difficile la détermination exacte du moment où il est plus convenable d'extraire son huile qu'à l'égard des graines de lin, de pavot, de colsat, etc. Si on la porte trop tôt au moulin on a moins de profit, parceque le mucilage n'a pas eu le temps de se changer en huile ; si on la porte trop tard il y en a déjà beaucoup de rancie et l'huile est de mauvaise qualité. *Voyez* au mot HUILE. Cependant on peut dire généralement que deux à trois mois sont un terme convenable.

Cette graine, comme la plupart des huileuses, ne conserve qu'un an sa faculté germinative. Il est donc inutile d'en conserver au-delà du besoin des semences.

On donne la graine de chanvre, qu'on appelle *chenevis*, à tous les oiseaux de basse-cour, qu'elle engraisse et échauffe en même temps et qui tous l'aiment avec passion. Elle fait pondre les poules de bonne heure et plus abondamment. La consommation qu'on en fait dans les villes pour nourrir les petits oiseaux de volière est fort étendue. L'huile qu'on en tire est excellente pour brûler, bonne pour la peinture, pour la fabrication du savon noir. Elle est l'objet d'un commerce assez important pour quelques parties de la France. Le marc qui reste après son expression forme des tourteaux que tous les animaux domestiques mangent avec avidité.

Lorsque la graine du chanvre est ôtée des têtes on coupe les racines et même les têtes aux tiges, et il ne s'agit plus que de les faire rouir.

Le rouissage est une opération par laquelle, au moyen d'un commencement de fermentation dans l'eau, on décompose le gluten qui unissoit les fibres de l'écorce les unes avec les autres et à la tige, et on obtient ce qu'on appelle la filasse. Je ferai connoître à l'article qui le concerne les principes d'après lesquels il faut se diriger ; ainsi je puis me dispenser d'en parler ici. *Voyez* ROUISSAGE.

On croit, dans beaucoup de lieux, qu'il est nécessaire de débarrasser le chanvre, mâle ou femelle, de ses feuilles, avant de le porter au rouissage ; mais des expériences comparatives ont prouvé que ces feuilles activoient cette opération, et que la petite coloration qu'elles donnoient à la filasse disparoissoit facilement au blanchissage. C'est donc mal à propos qu'on se donne cette peine.

Après que le chanvre est roui et séché, il ne s'agit plus que de séparer la filasse de la tige. Trois moyens sont usités pour cela. L'un, dans lequel on ne fait usage que des doigts, s'appelle TEILLER ; l'autre, pour lequel on se sert d'un instrument particulier, s'appelle SERANCER ; le troisième est un moulin à meule conique, tournant autour d'un pivot et qui écrase les tiges. Ce moulin, peu différent de celui employé à la fabrication des huiles, s'appelle RIBE. Ces trois méthodes ont chacune des avantages et des inconvéniens que je développerai à leur article. J'y renvoie le lecteur.

Les tiges du chanvre, après qu'on en a ôté la filasse par le teillage, s'appellent CHENEVOTTES. On s'en sert pour faire des allumettes, pour chauffer le four, etc. Il a été reconnu qu'elles étoient préférables à toute autre matière pour faire de la poudre à canon.

La filasse du chanvre mâle est toujours plus fine et plus douce que celle du chanvre femelle ; ainsi il ne faut jamais mêler les deux récoltes ensemble.

On a cultivé pendant quelques années à Paris un chanvre venu de la Chine, dont les feuilles sont toutes alternes et qui s'élève à plus de vingt pieds. Il formoit un arbre très rameux dont le tronc étoit gros comme le bras. C'est probablement le même que celui de l'Inde, regardé comme espèce par quelques botanistes, et dont on emploie les feuilles ou en nature ou en infusion ou en fumigation, pour se procurer une espèce d'ivresse accompagnée de délire, analogue à celle que produit l'usage de l'opium.

Aucun insecte n'attaque les feuilles du chanvre ; mais une chenille, que Roberjot a fait connoître le premier, vit dans l'intérieur de sa tige et la fait souvent périr.

Deux plantes parasites causent beaucoup de dommages aux chenevières. Ce sont la CUSCUTE et l'OROBANCHE. *Voyez* ces mots. On ne peut les détruire qu'en les arrachant avant leur floraison, et pour le faire il ne faut pas craindre de gâter un peu de chanvre, car cette perte est un gain pour l'année suivante.

Il paroît qu'autrefois la culture du chanvre étoit plus étendue en France qu'aujourd'hui, ou que la consommation de toiles qu'on y faisoit étoit moins considérable, car il résulte de documens historiques que nous suffisions à nos besoins, et aujourd'hui nous tirons de l'étranger près du tiers de celui que nous employons. La marine sur-tout, à qui il faut des filasses d'une nature particulière pour la fabrication des toiles à voiles et des cordages, se plaint beaucoup de leur pénurie. Les moyens à employer pour monter notre culture à proportion de nos besoins ne sont pas faciles à trouver. Il est probable que c'est à des causes politiques qu'est due la diminution des produits de notre industrie agricole à cet égard ; mais je ne puis avoir sur cela que des idées incomplètes, et aucun moyen pour faire changer cet ordre de chose ne se présente à mon esprit. Je suis persuadé, d'ailleurs, que toutes les fois que l'intérêt particulier ne pousse pas les spéculations vers tel ou tel objet, les efforts du gouvernement ne servent qu'à alimenter l'intrigue et à récompenser l'impudence des charlatans. J'ai vécu dans des pays où on cultive le chanvre, et j'ai toujours entendu dire que les frais de sa culture et de ses préparations étoient rarement remboursés, avec un bénéfice suffisant, par la vente de ses produits. Cela tient sans doute à ce que les filasses et les toiles étrangères sont fournies par le commerce à un taux inférieur à celui auquel il faut donner les nôtres. J'observe, en effet, que les Irlandais et les habitans du nord de l'Allemagne (de la Silésie) sont des peuples pauvres chez qui la main-d'œuvre est peu élevée, et qui peuvent, par conséquent, donner à très bas prix le produit de leur industrie. C'est par une culture de nos chanvres, rigoureusement conforme aux véritables principes, qu'en évitant ou diminuant les non-valeurs, si fréquentes pour ceux qui s'y livrent selon la méthode commune, qu'on peut espérer de relever le commerce de nos filasses, de nos fils et de nos toiles, et le porter au point de prospérité auquel notre position physique et géographique l'appelle. (B.)

CHANVRE AQUATIQUE. C'est le BIDENT A CALICE FEUILLÉ.

CHANVRIÈRE ou CHENEVIÈRE. Terrain où on cultive le chanvre. Ordinairement il est situé auprès de l'habitation, tant pour la facilité du transport des fumiers et autres engrais, qui lui sont indispensables, que pour pouvoir surveiller les voleurs de graines (les oiseaux) et les voleurs de tiges (les hommes). Dans certains cantons tous les fumiers sont consacrés à l'amélioration de la chanvrière, et c'est un mal en agriculture. Il faut que les diverses natures de produits soient également soignées.

L'établissement d'un bon système d'assolement évite cet inconvénient, parceque ne mettant du chanvre que tous les six ou huit ans dans la même place, il lui faut une moindre quantité d'engrais. *Voyez* ASSOLEMENT. (B.)

CHAPEAU. C'est la matière qui s'élève sur la vendange lors de sa fermentation. *Voyez* au mot VIN.

CHAPEAU D'ÉVÊQUE. C'est le FUSAIN. (B.)

CHAPEAU. Il est des végétaux qui ne peuvent croître qu'à l'ombre, et qu'on ne pourroit par conséquent pas cultiver, dans les écoles de botanique, si on ne les garantissoit du soleil. Pour cela, on se sert de *chapeaux*.

Les plus petits, qui ont environ un pied de haut, sont des pots de terre dont on a coupé la moitié du diamètre jusqu'à un quart de leur partie supérieure et qu'on renverse sur la plante.

Les autres sont en osier ou en planches. Ceux en osier, qui ont ordinairement deux pieds de haut sur dix-huit pouces de diamètre, forment un demi-cercle fixé sur quatre montans et trois cerceaux. Ces montans se prolongent par le bas et finissent en pointe de manière à pouvoir entrer en terre. Ceux en planches sont établis avec des planches clouées sur trois côtés de quatre montans d'environ quatre pieds de haut, dont la partie inférieure est effilée pour pouvoir entrer en terre.

On fait aussi des chapeaux en tôle ou en fer-blanc; mais ils sont très coûteux et moins convenables à leur objet, parceque les métaux sont meilleurs conducteurs de la chaleur que la terre cuite et le bois.

Outre l'usage indiqué plus haut, les chapeaux servent encore à abriter certaines plantes des vents du nord. Il ne s'agit que de les orienter différemment. On peut de plus en faire usage comme des toiles pour prolonger la durée des fleurs qui sont très sensibles aux variations de l'atmosphère, comme des jacinthes, des tulipes, etc.

On se sert des chapeaux depuis avril jusqu'en septembre. Ils s'ôtent lorsque le soleil ne paroît pas, sur-tout s'il y a apparence de pluie, afin que la plante qu'ils abritent jouisse de tous les bénéfices de cette pluie. (B.)

CHAPELET. Sorte de mécanique qu'on place sur les puits pour faciliter l'élévation de l'eau. *Voyez* POMPE. (B.)

CHAPERON. Fragment d'épi qui a échappé au fléau et qui se retrouve lors du vannage. (B.)

CHAPITEAU. Partie supérieure d'un ALAMBIC. *Voyez* ce mot. (B.)

CHAPLE. Nom d'une terre provenant de la décomposition des roches. (B.)

CHAPON, CHAPONNEAU. Coq châtré. *Voyez* POULE. (B.)

CHAPON. On appelle ainsi dans quelques lieux les boutures de vigne. (B.)

CHAR. Mesure pour les grains usitée à Genève. *Voyez* MESURE. (B.)

CHAR. Voiture. *Voyez* CHARRETTE. (B.)

CHARAGNE, *Chara*. Genre de plantes, de la famille des fougères, qu'il est bon de citer ici, parceque les espèces qui le composent, au nombre de quatre, sont quelquefois très abondantes dans les eaux stagnantes, au fond desquelles elles végètent, et que leurs exhalaisons peuvent compromettre la santé de tout un pays.

Ces plantes se reconnoissent à leurs rameaux blanchâtres, articulés, verticillés, cassans, d'une odeur fétide, et formant des touffes très denses plus ou moins élevées. Les parties de leur fructification ne sont pas encore bien connues, excepté leur graine qui est très visible.

Lorsque les sommités des tiges des charagnes sont exposées à l'air, soit par les progrès de leur croissance, soit par la diminution de l'eau, elles exhalent une odeur nauséabonde et une grande quantité d'air impur. Ainsi un propriétaire, jaloux de sa santé, de celle de sa famille et de celle de ses voisins, se hâtera de les détruire, soit en faisant curer la pièce d'eau où elles se trouvent, soit en les faisant arracher avec de grands râteaux à dents de fer. Il les fera ensuite promptement enterrer dans le voisinage, où au moins recouvrir de six à huit pouces de terre, et au bout d'un an il trouvera le remboursement de ses avances dans l'engrais qu'elles auront produit. On ne doit pas les laisser exposées à l'air, car alors le mal deviendroit plus grave, au moins jusqu'à ce qu'elles soient desséchées, ce qui est fort lent.

J'ai lieu de croire que beaucoup de pays réputés malsains le sont plutôt à cause des charagnes qui se trouvent en abondance dans les marais qui les avoisinent, qu'à cause des marais mêmes.

Les carpes aiment beaucoup les graines des charagnes, et on a remarqué que, toutes proportions gardées, elles profitoient mieux dans les étangs où il y en avoit. (B.)

CHARANÇON, *Curculio*. Genre d'insectes de l'ordre des coléoptères, qui est célèbre, depuis long-temps, à raison d'une de ses espèces qui vit (ou du moins sa larve) aux dépens des grains de blé, et qui occasionne souvent de grands dommages aux cultivateurs.

Mais ce n'est pas seulement de cette espèce dont ils ont à se plaindre; il en est encore d'autres qui leur nuisent également, quoique d'une manière moins dangereuse, et dont il est bon, par conséquent, qu'ils étudient aussi les mœurs, toutes vivant aux dépens des fruits ou des autres parties des plantes.

On reconnoît facilement les charançons parmi tous les autres insectes, excepté les ATTELABES et deux ou trois autres genres peu connus, à leur tête allongée, ou mieux, prolongée en forme de trompe ou de bec, et à leurs antennes coudées dont le premier article est très long, et les derniers plus gros. Ils ont des élytres ordinairement très durs, qui le plus souvent ne recouvrent point d'ailes, et même sont soudés. La forme de leur corps varie considérablement. Il en est de très longs, il en est de complètement globuleux; quelques uns sont pourvus de cuisses postérieures très grosses, au moyen des muscles desquelles ils font des sauts très étendus; mais en général ce sont des insectes fort lents dans leurs mouvemens, et dont l'unique défense est de rapprocher de leur corps leurs pattes, leurs antennes et même leur tête, et de se laisser tomber en contrefaisant les morts, jusqu'à ce que le danger leur paroisse passé.

Le genre des charançons vient d'être divisé en douze ou quinze autres par Fabricius, Latreille et Clairville. Cette division étoit nécessitée par le grand nombre d'espèces qu'il contient (plus de six cents); mais elle n'est pas encore assez connue pour être employée ici. Il suffira de dire que le charançon du blé fait aujourd'hui partie du genre appelé *calendre,* nom qui est, dans quelques départemens, celui de sa larve.

Dans l'état d'insectes parfaits les charançons sont très peu dangereux, parceque ceux-mêmes qui mangent, et le nombre n'en est pas considérable, consomment extrêmement peu de nourriture. Comme presque tous les autres insectes ils ne s'occupent alors que des moyens de propager leur espèce, et ils meurent peu de temps après avoir rempli ce grand but de la nature, le seul pour lequel existent tous les êtres.

C'est donc dans l'état de larve, comme je l'ai indiqué plus haut, que les charançons sont réellement nuisibles aux plantes et à leurs graines, que certaines espèces deviennent un véritable fléau pour l'homme. Ces larves sont toutes des vers sans pattes, ayant neuf anneaux et une tête écailleuse pourvue de mâchoires; mais leurs formes et leurs couleurs varient, quoiqu'en général elles soient globuleuses et blanches.

Environ une ligne et demie de long sur une demi-ligne de largeur est la grandeur ordinaire du charançon du blé. Sa couleur est communément d'un brun noir; mais elle varie dans sa nuance, qui est généralement plus claire et même fauve lorsqu'il sort de sa coque. Son corselet est parsemé de petites cavités; ses élytres, de la longueur de ce corselet, sont striés. Il n'a pas d'ailes.

Dès que les premières chaleurs du printemps commencent à se faire sentir, c'est-à-dire vers le mois d'avril, les charançons du blé, qui s'étoient réfugiés dans les trous des murs, sous les planches des greniers, etc., sortent de leur retraite et viennent sur les tas de blés où ils s'accouplent, et où les femelles déposent leurs œufs. Ces œufs sont toujours placés à deux ou trois pouces de profondeur dans ces tas, jamais plus d'un sur chaque grain, et toujours dans la rainure, dessus ou très près du germe. Ils y sont attachés par le moyen d'une gomme qui les recouvre. C'est par erreur qu'on a dit que la femelle faisoit un trou dans le grain pour y introduire l'œuf. La larve sort de cet œuf au bout de deux, trois ou huit jours, selon la chaleur de la saison, et s'introduit de suite dans le grain. La peau du lieu où est placé l'œuf, étant extrêmement fine et recouvrant la partie du blé la plus tendre et la plus sucrée, cette larve n'a pas à vaincre un obstacle au-dessus de ses forces, et trouve d'abord une nourriture analogue à sa foiblesse ; aussi croît-elle rapidement, et au bout d'une vingtaine de jours, elle a dévoré la totalité de la farine que contenoit le grain. Alors elle se transforme en nymphe, et après dix, douze ou quinze autres jours, toujours selon la chaleur de la saison, elle sort du grain par une ouverture non apparente, que la larve avoit réservée (sans la percer) vers un des bouts. Comme les grains de blés ne sont pas égaux, il y en a dont la farine ne suffit pas à la nourriture d'une larve ; mais elle ne va pas chercher un autre grain, comme quelques agronomes l'ont cru ; elle se contente de celui qu'elle a ; et seulement l'insecte parfait qu'elle produit est plus petit que ceux qui proviennent de larves qui ont eu toute la subsistance qui leur étoit nécessaire.

Ces femelles, deux ou trois jours après être sorties de leur enveloppe, au plus tard, si la saison est chaude, pondent une nouvelle génération qui en pondra encore au moins une autre avant les froids, de sorte que, dans le climat de Paris, les cultivateurs doivent craindre que chacune de celles qui ont d'abord pondu leur occasionne, dans le courant de l'été, une perte de 6045 grains de blé. Ce résultat est tiré des calculs de M. Joyeuse, qui a remporté le prix de la société d'agriculture de Limoges en 1768.

Mais, dans les parties méridionales de l'Europe, cette multiplication est encore plus considérable, parceque les charançons y parcourent bien plus rapidement le cercle de leur vie. J'ai lieu de croire qu'à Marseille, par exemple, il faut moins de trente jours pour qu'une larve qui vient de naître soit devenue insecte parfait. Ainsi, on peut compter sur sept à huit générations par an, nombre qui s'opposeroit à toute conservation de grains, si la sage nature n'avoit mis des obstacles à leur multiplication, et si l'homme ne pouvoit pas aussi s'y opposer un peu.

Comme ces charançons sortent à quelques jours d'intervalle et qu'ils vivent plus ou moins long-temps, on en trouve continuellement dans et autour des tas de blé pendant tout le cours de l'été.

On a souvent attribué aux charançons les ravages de leurs larves. Il est probable qu'ils mangent aussi de la farine, mais le tort qu'ils font n'est presque pas sensible. D'ailleurs, excepté ceux de la dernière génération, qui passent l'hiver sans manger, les autres ne vivent que très peu de jours, huit ou dix au plus. Les mâles périssent au plus tard le lendemain qu'ils ont fécondé les femelles, et ces dernières le lendemain qu'elles ont fini de pondre leurs œufs. Jamais un charançon sorti d'un grain de blé ne vient dans un autre pour en manger la farine; car tous ceux qui en renferment, ainsi que je l'ai vérifié, ne laissent pas voir le trou par lequel il a dû entrer. Les agronomes qui ont dit le contraire avoient été séduits par les apparences, et n'avoient pas fait attention à cette considération.

En regardant un tas de blé, un homme qui n'est pas exercé ne sait pas distinguer s'il est ou non infesté de charançons, mais les marchands de cette denrée, les meuniers, etc., le jugent d'abord par l'odeur, la chaleur, la poussière et le poids. Cette odeur, qui ne peut se connoître que par l'habitude, est très prononcée. Je l'ai sentie plusieurs fois; mais est-elle bien due à l'animal, comme on le croit? J'ai lieu de penser qu'elle n'est que le développement de la chaleur. C'est une espèce d'*échauffement* ou d'*échauffure* du grain. On ne se douteroit pas du degré auquel la présence de ces larves porte la chaleur du blé qui en renferme beaucoup. Cette chaleur est très sensible, à la main même, dans les jours les plus chauds de l'été. La poussière ne peut servir d'indication bien sensible qu'après la première génération, lorsque beaucoup de grains ont été ouverts par les insectes parfaits, et que les excrémens et les restes de la farine que la larve y avoit laissés se sont répandus au dehors. Quant au poids, on ne le juge bien qu'à la même époque; car les larves remplissent presque complètement la cavité qu'elles forment. Le grain ne surnage véritablement l'eau sur laquelle on le jette que lorsque cette larve est transformée en nymphe.

Les tas de blé ou les portions de tas de blé qui sont contre les murs sont ceux où il y a le plus de charançons. Si dans ce mur il passe une cheminée, c'est là qu'ils surabondent. Par la même raison, ceux placés du côté du midi en ont plus que ceux placés du côté du nord; mais cependant, dans ce dernier cas, le fait est subordonné au degré de lumière auquel est exposé le tas, et au courant d'air qui le rafraîchit. Le charançon (insecte parfait) fuit le grand jour et le froid. Il quitte toujours les lieux où il ne trouve pas obscurité et chaleur. Il supporte pendant quelque temps une très grande chaleur, presque 70 degrés du thermomètre de Réaumur. Il en est de même de sa larve, ce n'est presque qu'en la desséchant qu'on peut la faire périr.

On a dit que les femelles des charançons recherchoient toujours les plus petits grains de blé pour y déposer leurs œufs, parceque la larve, qui mange toujours devant elle, seroit exposée à se transformer avant d'être arrivée au bout, et que l'insecte parfait périroit faute de pouvoir sortir; mais c'est une erreur. Lorsque la larve ne peut consommer la totalité de la farine d'un grain, elle sait bien malgré cela disposer une ouverture pour sa sortie en état d'insecte parfait. Il suffit d'ouvrir quelques grains des plus gros et dont l'écorce est percée pour s'en assurer; car il est rare que les larves des mâles qui, comme je l'ai déjà dit, sont plus petits, ne soient pas dans ce cas.

Une larve renfermée dans son grain est à l'abri de presque toutes les influences extérieures. On peut remuer mille et mille fois le tas de blé sans qu'elle s'en inquiète. On peut remplir le grenier d'odeurs fortes, ou de gaz délétère sans lui occasionner de mal. Il n'y a réellement que la chaleur, prolongée pendant un certain temps, qui puisse la faire périr sans écraser le grain. Ainsi, des nombreuses recettes préconisées à différentes époques, il n'y a réellement que l'étuve ou l'eau chaude qui soient utiles, comme je le dirai plus bas.

Lorsque, dans un grenier, il y a du blé de différentes années, c'est toujours sur le plus nouveau que les charançons femelles déposent de préférence leurs œufs; mais cela n'est cependant pas tellement rigoureux, que le plus vieux ne soit également attaqué par elles. Il est probable que si l'odeur les attire vers les premiers, la facilité d'arriver plus promptement aux seconds les détermine aussi. Ceci ne s'applique qu'à la ponte du printemps; car en général, s'ils ne sont pas tourmentés, les autres s'effectuent dans le tas même où les mères sont nées.

Non seulement le charançon attaque le blé dans les greniers, mais encore dans la grange, avant qu'il soit séparé de la balle qui l'enveloppe. Tessier, à qui l'on doit tant d'observations utiles à l'agriculture, assure même qu'il s'y multiplie plus abondamment, et qu'il y est plus difficile à détruire. Les motifs qu'il en donne sont en effet irrécusables. 1° Il est rare que toutes les gerbes soient rentrées parfaitement sèches, ce qui occasionne un développement de chaleur extrêmement favorable à la multiplication des charançons. 2° Le froid pénètre plus difficilement un amoncellement considérable de gerbes, qu'un petit tas de blé. 3° Le grain se conserve plus frais, et par conséquent plus tendre dans l'épi qu'au grenier. 4° Les insectes parfaits trouvent plus facilement à se cacher dans les murs, dans les pailles, lorsque les froids les forcent de suspendre leur ponte, et il est impossible de les détruire.

Cependant on se plaint rarement des ravages des charançons dans les granges, probablement parcequ'il faut un certain degré d'attention pour les remarquer, que les grains attaqués, ou se brisent sous le fléau, ou sont confondus, par le vannage, avec les menues pailles.

Il n'en est pas de même du blé conservé en meule. Il est toujours exempt de charançons, ainsi que s'en est assuré le même agriculteur par des observations positives. Cela vient de ce que ces insectes ne vivent jamais aux dépens du blé sur pied, et que les meules sont toujours assez éloignées des fermes pour que les femelles qui ont été fécondées après l'hiver ne puissent y aller déposer leurs œufs. D'ailleurs elles changent le plus souvent de place tous les ans. La conservation du blé en meule est donc avantageuse sous ce rapport.

Beaucoup d'auteurs ont indiqué le résultat des pertes que font éprouver les charançons à l'agriculture. Elles sont sans doute immenses; mais il est impossible de les apprécier d'une manière générale, et de les appliquer à plusieurs années. Il n'y a jamais deux greniers qui en soient également infestés dans le même canton, et jamais deux années de suite on n'en voit la même quantité. Ce seroit donc chose surperflue que d'établir ici des calculs de ce genre. Il suffit que les cultivateurs soient bien persuadés des pertes qu'ils éprouvent, pour être déterminés à employer tous les moyens possibles pour diminuer le nombre de leurs ennemis. Or, c'est ce que l'expérience a appris au moins intéressé d'entre eux.

J'ai déjà dit que le seul moyen de détruire les larves étoit la chaleur du four, de l'étuve ou de l'eau; mais comme il faut que cette chaleur soit au moins de 70 degrés, et prolongée pendant quelques heures, elle détruit nécessairement la faculté germinative du blé. On ne peut donc l'employer que pour des blés destinés à être conservés pour la nourriture de l'homme. Ce moyen d'ailleurs occasionne des frais, et altère un peu le blé, puisque le pain qu'on en fabrique est moins bon que celui fait avec des grains non chauffés.

C'est donc sur les insectes parfaits, générateurs de ces larves, que les efforts des cultivateurs doivent se porter. Les moyens de les détruire, ou mieux, de les empêcher de nuire, sont très nombreux, mais ont tous des inconvéniens.

Les odeurs fortes, les vapeurs suffocantes pourront bien inquiéter les charançons, les forcer d'abandonner momentanément un tas de blé, en faire périr quelques uns ; mais leurs effets ne seront pas étendus et cesseront bientôt. Toutes les recettes qu'on trouve dans les livres ne sont, à mes yeux, que des amusettes d'enfans ; aussi si on les emploie, n'est-ce qu'une fois. Il est donc inutile de les indiquer ici.

J'ai remarqué plus haut que les charançons recherchoient l'obscurité, le repos et de la chaleur. On peut partir de ces faits pour les obliger d'abandonner les greniers ou les empêcher de s'y multiplier au-delà d'un certain terme. Un grenier bien éclairé, percé de fenêtres qui établissent un courant d'air constant sur les tas de blés, des criblages, vannages ou remuemens fréquens avec la pelle, produisent cet effet de manière à satisfaire ceux qui les emploient.

Ces moyens, certainement les plus simples et les plus à la portée des cultivateurs de toutes les classes, ne remplissent leur objet qu'autant que les greniers seront exactement pavés et plafonnés, qu'il n'y aura nulle part de fentes ni de trous qui puissent servir de retraite aux charançons, soit à la suite des opérations ci-dessus, soit pendant les froids de l'hiver, qu'autant qu'il sera possible de les nettoyer avec la même exactitude que l'appartement le mieux soigné, lorsque les blés auront été évacués. Or, combien en est-il d'ainsi disposés ? Presque par-tout ce sont des taudis hideux à voir, et d'une malpropreté dégoûtante. La dépense, la dépense, crient les propriétaires lorsqu'on leur en fait la remarque ! Oui, la dépense seroit pour vous un objet de cent francs une seule fois déboursés, et les charançons vous mangent chaque année pour deux et trois cents francs de blé ! *Voyez* au mot GRENIER.

L'action d'un ventilateur qu'on fait agir deux ou trois fois par semaine, avec lequel on soulève tous les grains de blé, qui les entretient dans un état continuel de fraîcheur, remplit encore mieux cet objet ; aussi celui qu'avoit inventé Duhamel a-t-il été beaucoup employé dans le temps ; mais l'est-il encore ? J'en doute. On a dû y renoncer à raison du haut prix de l'acquisition, de la grande dépense de son entretien, de la place qu'il occupoit, de l'emploi de temps qu'il nécessitoit. *Voyez* au mot VENTILATEUR.

Les cultivateurs des parties méridionales de l'Europe et de l'Afrique, pays où la terre est rarement détrempée par les pluies, garantissent leurs blés des charançons et des brigands armés, en les enterrant dans des fosses ou citernes bâties à cet effet. On a proposé la même chose dans le climat de Paris ; mais ce procédé y est impraticable à raison de l'humidité permanente du sol. *Voyez* au mot MATAMORE.

Quelques personnes ont indiqué, comme un excellent moyen de conservation, de former aux tas de blés, avec de la chaux ou de l'argile, une croûte d'un ou deux pouces d'épaisseur ; mais la perte qui résulte de ce procédé est plus assurée que celle qu'on peut craindre de la part des charançons.

Je ne finirois pas si je voulois mentionner tous les procédés mis au jour pour empêcher les charançons de multiplier leurs ravages, et il faut cependant que je m'arrête. Je vais en conséquence me borner à indiquer celui qui a été préconisé dans ces derniers temps par Parmentier, et qui certainement les vaut tous, et par sa simplicité et par sa certitude.

Ce procédé consiste à mettre le blé, peu de temps après qu'il est battu, c'est-à-dire dès qu'il est suffisamment sec, ou ressuyé, comme disent les cultivateurs, dans des sacs d'un septier, qu'on tient isolés au grenier en les posant sur un châssis élevé de quelques pouces au-dessus du sol et mettant des perches entre leurs rangs. Ce blé qui ne contient pas de charançons (il est supposé de la dernière récolte et battu avant le premier avril), est à l'abri de leurs attaques, quelque nombreux qu'ils soient dans le grenier, parcequ'il faut de toute nécessité, comme je l'ai dit, que les femelles déposent leurs œufs dans la rainure du grain, sans quoi leurs larves ne peuvent pas pénétrer dans son intérieur et meurent de faim. Il y auroit des milliers d'œufs sur le sac, qu'aucune larve ne pourroit pénétrer dans son intérieur, quelque lâche qu'en fût la toile, parcequ'elles n'ont point de pattes pour marcher, et qu'il faut qu'elles mangent le jour même de leur naissance.

On dira peut-être que ce moyen demande une mise de fonds considérable, puisqu'au lieu de deux cents sacs il en faudra deux mille dans telle ferme. Oui, mais cette dépense peut se faire petit à petit, et une fois faite, avec des soins, elle ne doit pas se renouveler de long-temps. D'ailleurs on n'obtient rien en agriculture sans des avances, et le placement indiqué par Parmentier est un des meilleurs que puisse faire un fermier du climat de Paris, s'il est vrai, comme on l'a écrit, qu'on doive évaluer, année commune, à un huitième, la perte qu'occasionnent les charançons aux cultivateurs de ce climat, qui ne prennent point de précautions contre eux.

Mais que faire du blé infesté de charançons ? Le porter au moulin après l'avoir purgé de ces insectes, par le vannage et le criblage, avec le plus d'exactitude possible. Le charançon ni sa larve ne font aucun mal à l'homme ni aux animaux qui en mangent, quoiqu'on l'ait dit. Les poules et les moineaux les aiment beaucoup, et les recherchent même sur les tas de blé.

Dans quelques cantons on donne le nom de *calandre*, de

chatte-peleuse, de *cosson* ou *cossan*, de *gond*, au charançon du blé.

Cet insecte attaque aussi le maïs, mais il ne touche pas à l'orge et à l'avoine, qui restent entourées de leurs balles florales que la larve ne peut percer. Il fait peu de dégâts dans les tas de seigle, parceque le grain est rarement assez gros pour fournir à la nourriture d'une larve, et qu'elle périt de faim avant de se transformer, ou donne naissance à des insectes parfaits si petits, qu'ils sont peu après à la propagation de leur espèce; peut-être aussi ce grain est-il trop dur pour eux?

Le CHARANÇON DU RIZ ne diffère de celui du blé que par un point rouge sur chacun de ses élytres. Il a la même couleur, la même grandeur et la même manière de vivre. Un grand degré de chaleur lui est nécessaire pour se propager. En Caroline, où je l'ai observé, il attaque le maïs plutôt que le riz, parceque l'on n'enlève la balle florale de ce dernier, balle que les jeunes larves ne peuvent percer qu'au moment de la consommation, ou pour l'exportation; et aussitôt que, dans ce dernier cas, il est mondé de sa balle, on le met dans de grands tonneaux où les femelles ne peuvent pénétrer. J'ai lieu de croire que cet insecte devroit plutôt être appelé le charançon du *mil*, car il n'est pas de nature, d'après l'observation précédente, qu'il vive aux dépens du riz; et j'ai vu des sacs de gros mil du Sénégal réduits par lui en poussière après un mois ou deux de trajet de mer.

Le CHARANÇON CHLORE a le dessus du corps d'un vert obscur ou d'un bleu noirâtre, et le dessous noir. Il est un peu plus gros que les précédens. Sa larve vit dans le tronc des choux, qu'elle perfore dans tous les sens.

Cet insecte n'avoit encore été observé que par les naturalistes, et passoit même pour rare parmi eux, jusqu'à l'année dernière, 1804, qu'il a infesté les jardins de Versailles et environs, au point de réduire à moitié la récolte des choux. L'insecte parfait les couvroit en mai, et sa larve les minoit déjà en juin. J'ai donné son histoire dans le n° 20 du journal intitulé, Bibliothèque des Propriétaires ruraux. Les choux qui en étoient médiocrement attaqués étoient petits, difformes, jaunâtres, sans saveur. Ceux qui l'étoient beaucoup sont morts sur pied ou ont été cassés par les accidens ou l'effort des vents; leur tige, ordinairement si solide, cédoit au moindre effort. Cette larve n'attaque point les feuilles.

Il n'y a que deux moyens de s'opposer aux ravages de cet insecte. C'est au moment où ils s'accouplent, et où, comme je l'ai dit, ils couvrent les feuilles de choux, de les faire tomber sur des serviettes qu'on étend dessous chaque chou, et de les brûler. Le second, c'est d'arracher les choux dont leurs larves dévorent les tiges avant que ces mêmes larves soient transformées, c'est-à-dire avant le mois d'août, et de les donner à manger aux animaux. Ce dernier moyen diminue, il est vrai, la valeur du chou; mais l'intérêt de l'avenir oblige d'y avoir recours.

Le CHARANÇON DU PRUNIER est noir avec les antennes couleur de rouille, deux tubercules au corselet, et les élytres striés. Il a un peu plus d'une ligne de long. Il dépose ses œufs sur les feuilles du prunier, et sa larve fait naître sur ces mêmes feuilles un tubercule rougeâtre de la grosseur d'un petit haricot, dans lequel elle vit, et où elle se transforme en insecte parfait.

Cet insecte n'est pas très commun aux environs de Paris; mais il paroît que dans le nord de l'Europe, en Suède par exemple, il nuit souvent aux pruniers par son abondance.

Le CHARANÇON DU CERISIER est noir et a deux dents à son corselet; ses jambes ont une épine. Il est un peu plus gros que le précédent, auquel il ressemble du reste beaucoup. Il produit sur les feuilles du cerisier le même effet que celui dont il vient d'être parlé. Je ne me suis pas aperçu qu'il ait jamais été, par son abondance, la cause de la diminution des récoltes de cet arbre.

Le CHARANÇON DE LA NOISETTE a les jambes dentées, et la trompe mince, aussi longue que le corps, qui est ovale et d'un gris roux varié de diverses nuances. Sa longueur, sans la trompe, est de trois lignes. Il dépose ses œufs sur les noisettes encore tendres. La larve pénètre dans leur intérieur, et vit aux dépens de l'amande. C'est elle que sous le nom de ver on rencontre si souvent dans les noisettes, et qui certaines années ne permet presque pas d'en manger. Cette larve sort de sa prison lorsqu'elle a pris toute sa croissance, et va s'enfoncer en terre pour s'y transformer en nymphe, dont l'insecte parfait ne sortira qu'au mois de juillet de l'année suivante. Je ne connois pas de moyen d'empêcher les ravages de cet insecte, qu'en mettant sur les noisetiers des jardins des toiles qui empêchent les femelles d'en approcher au moment de leur ponte, moment qui est indiqué par la présence du premier insecte parfait sur ses feuilles.

Ce charançon vole fort bien.

Le CHARANÇON DES CERISES est brun, avec l'écusson gris et des lignes de même couleur sur les élytres. Ses jambes ont une épine. Sa longueur est d'une ligne et demie. Il dépose ses œufs sur les guignes et autres espèces de cerises à chair ferme, et c'est sa larve qui, sous le nom de *ver de la cerise*, empêche tant de personnes de manger cet excellent fruit. On n'en trouve jamais plus d'une dans chaque cerise. Il est des années où une si grande quantité de cerises sont attaquées par elles, qu'il est réellement désagréable de les manger ; mais, malgré cela, jamais ces cerises n'ont fait de mal. J'observerai, à cette occasion, que dans l'Inde on recherche la larve du charançon du palmier, larve qui est plus grosse que le pouce, et qu'elle y passe pour un des mets les plus délicats qui existent, mets auquel les plus riches peuvent seuls prétendre à raison de son haut prix.

Il n'y a pas d'autre moyen d'empêcher ce charançon, qui vole fort bien, de déposer ses œufs sur les cerises, que celui indiqué plus haut.

Le CHARANÇON DES DRUPES a le corps roux, avec des bandes brunes transversales. Il a les jambes épineuses. Sa grandeur est la même que celle du précédent. Sa larve vit aux dépens des fruits du merisier à grappes (*prunus padus*, Lin.), dont elle détruit entièrement l'organisation, c'est-à-dire qu'elle fait disparoître le noyau, fait prendre au fruit une forme allongée, et l'empêche de devenir noir. J'ai vu souvent, et sur-tout cette année (1805) presque toute la récolte des fruits de cet arbre anéantie par son fait dans les pépinières de Versailles. Les grappes avoient au plus cinq ou six grains de bons, et souvent point du tout. Au reste, ces grappes ont un aspect qui n'est pas désagréable, et elles contrastent avec celles qui sont intactes.

Le CHARANÇON DU POMMIER a le corps d'un gris nébuleux, et les jambes antérieures armées d'une épine. Il est de la grandeur des précédens. Il dépose ses œufs sur les boutons à fleurs du pommier, et sans doute de plusieurs autres arbres. Les larves qui en naissent entrent dans le bourgeon et l'empêchent de se développer complètement. On peut presque assurer, lorsqu'on voit un bouquet de fleurs de pommier difforme, c'est-à-dire avec des pétales irréguliers, épais, verdâtres, des étamines monstrueuses, etc., que cela est dû à cette larve. Il y a cependant d'autres insectes qui produisent à peu près le même effet. Cet insecte paroît assez commun, cependant on le trouve rarement dans la campagne.

Le CHARANÇON DU PEUPLIER, *Curculio tortrix*, Fab., a le corps fauve et la poitrine noire. Toutes ses jambes sont dentées. Il est de deux lignes de long, et dépose ses œufs sur une des nervures de la feuille des peupliers. La larve pénètre dans cette nervure, la fait devenir monstrueuse, et occasionne le recoquillement de la feuille. Il est des années où toutes les feuilles des peupliers, n'importe quelle espèce, portent ainsi plusieurs de ces tubercules, qui nécessairement doivent nuire à la végétation de l'arbre.

Le CHARANÇON SAUTEUR FAUVE. Il est à peine long d'une ligne. Il dépose ses œufs sur les feuilles de l'orme, du chêne, des diverses espèces de saules, etc. Les larves qui en naissent pénètrent entre les deux épidermes, et se nourrissent de la substance même de la feuille. Ce sont elles qui font ces galeries transparentes qu'on remarque sur les feuilles des arbres ci-dessus; mais d'autres insectes de genre très différent, sur-tout des pyrales, en font également. Quelque multiplié que soit ce charançon, il ne paroît pas faire beaucoup de mal aux arbres. Il saute et vole fort bien.

Le CHARANÇON DU PHELLANDRE, *Curculio paraplecticus*, Fab., est cendré, et ses élytres se terminent en pointe. Sa longueur est de huit lignes, et sa largeur d'une et demie. C'est dans la tige du PHELLANDRE AQUATIQUE que vit sa larve. Linnæus a rendu cette larve célèbre en lui attribuant la maladie des chevaux appelée *paraplégie*; mais tout porte à croire que c'est une erreur : les cultivateurs d'ailleurs n'ont pas beaucoup à craindre que leurs chevaux aillent la chercher sous l'eau, dans une tige d'un à deux pouces de diamètre.

Le CHARANÇON PERCE-BOIS, *Curculio lymexylon*, Fab., est allongé, avec le corselet hérissé et les élytres striés. Sa couleur est grise, et sa longueur de deux lignes. Sa larve vit dans le bois du chêne qui commence à mourir. Je ne cite cette espèce qu'à cause de cette circonstance, car elle est rare et ne présente rien de remarquable.

Il est encore un grand nombre d'espèces qui peuvent intéresser le cultivateur; mais elles sont trop peu communes pour mériter d'être mentionnées ici. J'ajouterai cependant que le CHARANÇON GRIS qui se trouve si fréquemment, au commencement de mai, sur les fleurs des cerisiers, des poiriers et des pommiers, peut être mis, si j'en juge par quelques observations encore incomplètes, au rang des espèces nuisibles. Je l'ai vu, ou une espèce fort voisine, dévorer les bourgeons de l'ébénier des Alpes, au point de retarder considérablement leur développement.

Beaucoup de personnes confondent les charançons avec les ATTELABES, qui n'en diffèrent pas par les mœurs, mais que les naturalistes ont cru devoir en séparer, à raison de leurs antennes qui sont droites comme dans la majorité des autres insectes. *Voyez* au mot ATTELABE. (B.)

CHARBEILLE. Bois du chanvre broyé.

CHARBON ou ANTRAX. MÉDECINE VÉTÉRINAIRE. L'inflammation la plus vive et la plus prompte à dégénérer en abcès de mauvaise qualité ou en gangrène constitue le caractère essentiel des tumeurs inflammatoires auxquelles nous donnons le nom de *charbon*, sans doute à cause de la vive chaleur dont elles sont accompagnées.

Le bœuf y est beaucoup plus exposé que le cheval.

Nous en distinguons de deux espèces : le charbon simple, et le charbon malin ou pestilentiel.

Une élévation sensible et prompte sur la peau de l'animal, accompagnée d'une grande chaleur, caractérise le commencement du charbon simple; peu de temps après, le milieu de la tumeur s'affaisse, devient moins sensible et douloureux, et se remplit d'une humeur purulente, ensuite la gangrène se manifeste si l'on n'y remédie, et les bords de la partie gangrenée restent durs et enflammés pendant quelque temps. Pendant tout le cours de la maladie, les fonctions vitales languissent un peu, sans que les fonctions de l'estomac souffrent une altération bien marquée, car le bœuf rumine et mange; mais nous avons observé que le cheval paroît un peu plus affecté, puisqu'il est dégoûté, et qu'il refuse même toute espèce d'alimens.

Le charbon simple ne se communique pas communément d'un bœuf qui en est attaqué, à un bœuf sain, et encore moins d'un bœuf affecté, à un cheval, à un âne ou à un mouton qui jouissent d'une bonne santé.

Le trop long séjour dans des étables ou des écuries malpropres et mal construites, les mauvaises qualités des eaux et des alimens; la trop grande chaleur de l'atmosphère, et la disposition particulière de l'animal, sont les principes ordinaires du charbon simple.

Douze heures après l'apparition de la tumeur, il faut faire le poil et appliquer sur la partie un onguent fait avec demi-once de mouches cantharides, et autant d'euphorbe, incorporées dans trois onces d'onguent de laurier : ce remède est-il sans effet, on doit alors pratiquer dans différens endroits de la tumeur de profondes scarifications, et appliquer de nouveau les vésicatoires, en ayant soin de les faire entrer dans les incisions, et augmenter l'action de l'onguent, en présentant à la partie une pelle chauffée au point de rougir. L'escarre étant tombée, on panse l'ulcère avec le digestif animé, avec de l'eau-de-vie camphrée, jusqu'à parfaite guérison.

Le charbon de la seconde espèce, c'est-à-dire le charbon pestilentiel, s'annonce par le dégoût, la perte d'appétit, le tremblement, l'abattement des forces musculaires, la fièvre, et par une chaleur assez manifeste aux oreilles, aux cornes, au front, aux extrémités, qui précède l'éruption, et qui persiste quelquefois après l'éruption. D'autres fois, cette chaleur ne se manifeste que dans l'endroit où la tumeur doit se montrer, par l'inflammation de la membrane pituitaire, si la tumeur doit se former sur la mâchoire antérieure; par la chaleur interne de la bouche, si, au contraire, elle établit son siège sous la ganache; en un mot, la seule partie du corps qui se montre la plus chaude est en général toujours le siège de la tumeur. Elle est dans peu si fortement engorgée, tendue et tuméfiée par l'abord et l'affluence de l'humeur, que tout passage est interdit au sang et aux esprits, de manière que la mortification s'empare promptement de la partie, ce qui arrive quelquefois au bout de vingt-quatre heures. Quoi qu'il en soit, toutes ces variations, tous ces changemens, tous ces efforts doivent être regardés comme des mouvemens et des ressources que la nature emploie pour se débarrasser de l'ennemi qui l'opprime; mais souvent trop foible, elle ne peut triompher de la surcharge, et cette foiblesse indique alors au vétérinaire la marche qu'il a à tenir pour seconder son action et ses vues.

Dès l'apparition de la tumeur, il faut procéder sur-le-champ à l'amputation : c'est le vrai moyen d'enlever la matière morbifique, et de ne se point mettre dans le cas de voir disparoître le charbon, comme nous l'avons vu arriver assez souvent, pour se montrer sur d'autres parties du corps, tant internes qu'externes : la suppuration qui se forme alors est louable, et produit très rarement la destruction des parties voisines. L'amputation faite, on doit toucher les taches, qui sont des taches de gangrène, au moyen du cautère actuel, autrement dit le feu; laisser séjourner le fer chaud sur la partie, jusqu'à ce que les particules ignées aient atteint les parties vives; panser ensuite l'ulcère avec un onguent antiputride de deux onces de styrax, de deux drachmes d'essence de térébenthine, et d'une drachme de quinquina en poudre. Ce traitement extérieur étant fait, on passe au traitement interne. Celui-ci est dicté par l'état des parties extérieures : ainsi, la tumeur tend-elle à suppurer, ou l'ulcère suppure-t-il, les breuvages d'une once de thériaque, de demi-livre de décoction d'oseille, et de demionce de camphre dissous dans l'eau-de-vie ou l'esprit-de-vin, suffisent pour entretenir la détermination de la matière du centre à la circonférence. La suppuration est-elle imparfaite; le pus est-il sanguinolent; est-il dissous et fétide, il convient alors d'avoir recours aux breuvages d'assa-fœtida, de gomme ammoniac, à la dose de demi-once de chaque, bouillie dans une livre de bon vinaigre. La mortification fait-elle des progrès, malgré tous ces remèdes, les antigangréneux, tels que le quinquina, l'ipécacuanha, le camphre dans une décoction de baies de genièvre macérées dans le vinaigre, doivent être administrés. Séparée des parties saines et vives, la plaie demande d'être pansée avec le digestif plus ou moins animé, suivant les cas et les circonstances, et cela jusqu'à parfaite cicatrisation : les dessiccatifs sont proscrits. L'ulcère cicatrisé, on achève la cure par la médecine suivante : une once feuilles de séné, sur laquelle on jette une livre d'eau bouillante, et à

laquelle on ajoute une once d'aloës et deux drachmes de camphre, afin d'entraîner au dehors un reste d'humeur, qui peut
avoir été apporté dans le sang par les vaisseaux absorbans de
l'ulcère.

Ce qui caractérise essentiellement cette espèce de charbon,
c'est qu'il est épizootique, et qu'il se transmet facilement à un
animal sain. Si un bœuf, qui en est atteint, communique avec
un troupeau de bœufs ou de vaches, aussitôt la contagion gagne,
et la plupart de ces animaux sont infectés, quoiqu'ils habitent
un ciel pur, qu'ils mangent d'excellens fourrages, qu'ils boivent
de la bonne eau, et qu'ils habitent des étables propres. L'homme
contracte également le charbon, pour avoir touché seulement
un animal semblable. En 1776, un paysan, après avoir tué un
bœuf atteint de ce mal, et dont le foie et les poumons se trouvoient viciés, fut attaqué d'un charbon au bras droit, accompagné d'une fièvre aiguë, avec vomissement et diarrhée putride, qui lui donna la mort dans trois jours; un autre et deux
chiens moururent le second jour, pour avoir mangé de sa chair.
Tous ces exemples ne devroient-ils pas bien rendre les habitans de la campagne un peu plus attentifs aux dangers de la
contagion? *Voyez* MALADIE CHARBONNEUSE. (R.)

CHARBON A LA LANGUE. Cette maladie se manifeste par une
vessie à la langue, qui en occupe tantôt le dessous, tantôt le
dessus, et quelquefois les côtés. Elle est d'abord blanche, ensuite rouge, et en très peu de temps elle devient livide et
noire. Elle augmente considérablement en grosseur, et dégénère en ulcère chancreux, qui ronge toute l'épaisseur de la
langue, ce qui conduit l'animal à la mort; le mal est si prompt
qu'en moins de vingt-quatre heures on voit quelquefois le
commencement, les progrès et la fin de la maladie. Aucun
signe extérieur ne l'annonce, il n'y a que l'inspection de la
langue qui la fasse connoître; ce qu'il y a de surprenant, c'est
que l'animal mange, boit, fait toutes ses fonctions comme à
l'ordinaire, jusqu'à ce que la langue soit tombée par pièces et
par lambeaux.

Ce mal attaque les ânes, les mulets, les chevaux et les bœufs.
Il se communique non seulement par le contact immédiat de
l'humeur qui sort de la plaie, mais encore par les instrumens
dont on se sert pour la panser. Comme il est épizootique et
très contagieux, le premier soin est de s'occuper d'abord
d'administrer aux animaux sains les remèdes préservatifs. Dans
cette intention, la saignée à la veine jugulaire est indiquée.
Cette opération doit être suivie des lotions fréquentes à la langue, de boissons acidules nitrées, et de parfums. Ces lotions
consistent dans du vinaigre, du poivre, du sel, de l'assa-fœtida
concassé, dont on frotte la langue et toutes les parties de la

bouche. Quelquefois il est bon d'ajouter à chaque lotion une demi-once de sel ammoniac, suivant les circonstances. Les boissons doivent être de l'eau blanche, suivant la méthode que nous avons prescrite, à laquelle on ajoute une once de cristal minéral, et du fort vinaigre, jusqu'à une certaine acidité. Les parfums ne sont autre chose que l'évaporation du vinaigre sur des charbons ardens, dans les écuries, ou bien de trois poignées de baies de genièvre macérées dans le vinaigre, et exposées sur un réchaud.

Dans les lieux où la contagion est extrême, les breuvages composés de deux poignées de rue, infusées dans demi-pinte de bon vin, auquel il faut ajouter quelques gousses d'ail, des baies de genièvre, et trois drachmes de camphre pour chaque breuvage, ne doivent point être oubliés.

Quant aux animaux malades, le traitement est différent; la saignée est proscrite; les mêmes parfums sont indiqués; et en ce qui concerne le charbon, nous croyons qu'il est préférable et plus sûr de l'emporter avec le bistouri ou des ciseaux que de le ratisser simplement, ainsi qu'on le pratique ordinairement. La tumeur emportée, on étuve cinq à six fois par jour, la partie et la langue entière, avec de la teinture de myrrhe ou d'aloës, ou avec de l'eau-de-vie chargée de sel ammoniac et de camphre, à la dose de demi-once de l'un et de l'autre, sur demi-livre de cette même eau. Le camphre s'y dissout insensiblement, en triturant peu à peu dans un mortier, et en augmentant la dose d'eau-de-vie à mesure que la dissolution se fait. Du reste, des lotions faites avec le vinaigre, dans lequel on a délayé de la thériaque, et ajouté un peu d'eau-de-vie camphrée, sont aussi très bien indiquées. Il est même nécessaire d'en faire avaler à l'animal un demi-verre chaque fois qu'on le panse, car nous ne saurions nous persuader que, dans la circonstance d'une maladie dont les effets sont si rapides et si cruels, puisque la langue des animaux peut être rongée et tombée en moins de vingt-quatre heures, il suffise de la traiter par des remèdes extérieurs; aussi trouvons-nous à propos de prescrire des breuvages à donner à l'animal dans le cours de la maladie, lesquels consistent à prendre deux onces de racine d'angélique, de la faire bouillir dans deux livres de bon vinaigre, jusqu'à diminution d'un tiers, d'ajouter à la colature deux onces de thériaque, de partager ce breuvage en deux doses, dont une est donnée le matin à jeun, et l'autre le soir, ayant soin de bien couvrir les malades pendant l'effet du remède; par ce moyen, on n'a point à redouter que le mal ait des retours, quelquefois d'autant plus funestes qu'il se présente ensuite sur d'autres parties, et sous une forme différente, ainsi que nous en avons été convaincus par l'expérience.

Il importe au surplus de bien panser et de bien étriller les animaux, tant sains que malades, d'en visiter plusieurs fois le jour la bouche, pour juger de son état ; car cette espèce de charbon, nous le répétons, ne s'annonce par d'autres signes extérieurs que par la seule inspection de la langue.

CHARBON MUSARAIGNE. Cette espèce de charbon est particulière au cheval et au mulet. Il commence par une petite tumeur non circonscrite, qui a son siège à la place du bubon, c'est-à-dire aux glandes inguinales, à la partie supérieure et interne de la cuisse, lequel dégénère en gangrène si l'on n'y remédie promptement. Il diffère du vrai bubon et des autres abcès, en ce qu'il ne suppure point. Les vaisseaux lymphatiques de la partie sont très gonflés, et le tissu cellulaire est plein d'une humeur lymphatique épaisse, grumeleuse et noirâtre ; la jambe et la cuisse sont souvent enflées ; cet état est accompagné de dégoût, de tristesse, d'abattement et de frissons.

Le plus sûr moyen de remédier à ce mal est de scarifier promptement et profondément, de répandre d'abord dans les scarifications de l'essence de térébenthine, et de panser ensuite la plaie avec le digestif animé. Si, en scarifiant, il arrive que l'on coupe une artère ou une veine considérable, il faut appliquer sur l'ouverture du vaisseau de l'amadou, ou bien une pointe de feu, pour se rendre maître du sang ; fomenter la jambe, si elle est enflée, avec une décoction de feuilles de sauge et de sureau ; donner pour toute nourriture et pour boisson de l'eau blanche nitreuse ; ensuite administrer par degrés insensibles, du son, de la paille et du foin ; faire prendre, les quatre premiers jours de la maladie, deux breuvages, l'un le matin, l'autre le soir, composé de deux onces de nitre, demi-once de camphre, de deux onces de miel, dans environ une livre de décoction d'oseille, et tenir le malade dans une écurie sèche, ni trop chaude ni trop fraîche.

Les accidens du charbon musaraigne sont si rapides, que les maréchaux l'attribuent à la morsure d'une bête venimeuse, qu'ils soupçonnent être la musaraigne. Cet animal ressemble plus à la taupe qu'à la souris ; son nez est plus allongé que ses mâchoires ; ses yeux sont cachés, et plus petits que ceux de la souris ; ses pieds sont munis de cinq doigts ; sa queue, ses jambes, et sur-tout les jambes de derrière, sont plus courtes que celles de la souris ; d'ailleurs il a les oreilles et les dents de la taupe ; la grandeur de sa bouche, la situation, la figure de ses dents, le mettent dans l'impossibilité de mordre le cheval et le mulet ; il est donc faux que la musaraigne soit dangereuse. M. Lafosse en a eu la preuve contraire dans la dernière guerre de Westphalie ; la quantité de ces animaux étoit si prodigieuse, que le soldat sous la tente ne pouvoit dormir ; on les voyoit

passer et repasser à tout moment sous les chevaux sans qu'il
arrivât le moindre mal, et sans même que l'on fît attention
à ce prétendu danger. Les principes les plus communs de cette
maladie doivent au contraire être rapportés à la dépravation
des humeurs, aux mauvaises qualités de l'air, des alimens et
de la boisson, aux exercices outrés, au trop grand repos et au
long séjour dans les écuries malsaines et mal construites. (R.)

CHARBON DES MOUTONS. *Médecine vétérinaire.* Cette
maladie est enzootique, et paroît particulière aux moutons et
aux brebis de certaines provinces, telles que la Provence,
le Languedoc et le Roussillon. Elle est quelquefois compliquée
avec la CLAVELÉE (*voyez* ce mot), ce qui la rend presque
toujours mortelle. Elle se manifeste d'abord sur ces animaux
aux parties dénuées de laine, telles que le ventre, l'intérieur
des cuisses, des épaules, au cou et sur les mamelles, par un
gros bouton dur et âpre, dont le centre est noir, qui fait
bientôt des progrès sensibles, et parvient à la grandeur d'un
écu de six livres, et même plus. Vers le milieu, et tout autour
de cette tumeur enflammée, il s'élève des vessies remplies
d'une sérosité âcre, caustique, qui, en coulant, fait l'effet
d'un corrosif sur les tégumens, et communique le mal aux
parties voisines. Quelquefois les environs de cette tumeur sont
de couleur livide, et donnent des marques visibles de la gangrène. Ce mal est toujours contagieux parmi les moutons,
et rarement il est sans fièvre, le plus souvent il en est accompagné, et lorsque cela arrive, l'animal est abattu, dégoûté, ne rumine plus, et meurt quelquefois le second jour ;
la mort arrive sur-tout lorsque le charbon s'affaisse tout à
coup, ou qu'il fait des ravages dans l'intérieur de l'animal.

Le danger de ce mal est relatif à l'intensité des symptômes,
sur-tout de la fièvre, et à la partie qui en est attaquée. Plus
le charbon est éloigné du centre ou des parties essentielles à
la vie, moins il est dangereux.

Le peuple des environs de Perpignan attribue la cause de
cette maladie à l'usage des eaux dans lesquelles les perdrix
ont bu, et s'imagine que lorsque les moutons vont boire
après elles dans quelques fosses où l'eau a séjourné quelque
temps, c'est alors qu'on l'observe dans les troupeaux. Cette
opinion est un préjugé populaire sans fondement ; mais il y a
apparence que la vraie cause de ce mal existe ou dans les eaux
corrompues, ou dans les herbes chargées de quelque principe vénéneux.

Lorsque le charbon se manifeste, il faut le scarifier avec un
bistouri ou un canif, pour le faire dégorger et empêcher les
progrès de la gangrène ; le cerner ensuite avec l'esprit de vitriol, ou le beurre d'antimoine, et étuver la partie avec de

l'eau-de-vie camphrée, ou bien avec une décoction de rue ou de quinquina, ou une infusion de sabine, et de sauge saturée de sel ammoniac, dans du bon vin ; toucher toutes les parties livides avec l'esprit de vitriol ; faciliter la chute de l'escarre avec du beurre, et, l'escarre tombée, panser la plaie avec le digestif ordinaire ; laver toujours la plaie à chaque pansement avec du vin chaud ; donner dans le cours de la maladie, si la fièvre n'est pas forte, des breuvages de deux drachmes d'extrait de genièvre, dans un verre de vin, et terminer la cure par un purgatif de deux drachmes de feuilles de séné, de pulpe de tamarin, et de sel de nitre, sur lesquels on verse environ une demi-livre d'eau bouillante. On peut encore substituer aux scarifications la méthode que nous avons indiquée pour le charbon pistilentiel des bœufs, c'est-à-dire l'amputation de la tumeur : elle nous paroît même préférable, parcequ'elle n'est point sujette aux inconvéniens des remèdes escarrotiques, et que d'ailleurs le délabrement et la douleur qui résulte de l'amputation ne sont rien en comparaison du danger et des progrès qu'entraîne ordinairement avec lui un charbon qui rentre dans l'intérieur. (R.)

CHARBON. MALADIE DES GRAINS. Les semences des plantes graminées qui servent à la nourriture de l'homme et des animaux domestiques sont sujettes à deux sortes d'altérations, sur lesquelles il n'y a encore que peu d'années que les agriculteurs ont porté leurs regards. Ces deux altérations, qui chaque année en font perdre de grandes quantités, sont produites par des plantes parasites internes de la famille des champignons, par des RÉTICULAIRES de Bulliard, des URÈDO de Persoon. *Voyez* le dernier de ces mots.

Long-temps les botanistes ont confondu le CHARBON avec la CARIE quoique bien distincte, mais M. Tillet et M. Tessier ont établi leur différence de manière à ne pouvoir plus la méconnoître. J'ai traité l'article de la carie avec l'étendue que comportoit son importance, car elle est bien plus dangereuse que le charbon, et je pourrai par conséquent resserrer celui-ci, beaucoup des développemens que j'aurois pu lui donner appartenant aux deux.

Les agriculteurs connoissent assez généralement le charbon sous le nom de NIELLE ; mais comme ce dernier nom s'applique aussi à une plante qui nuit aux récoltes, M. Tillet a jugé devoir le rejeter. On ne peut qu'applaudir à ses motifs, tout en lui reprochant de n'en avoir pas adopté un qui n'eût encore acception dans notre langue.

Presque toutes les graminées sont attaquées par le charbon ; mais il exerce principalement ses ravages sur l'orge, l'avoine et le maïs. Le froment est bien moins attaqué par lui que par la carie. Les graminées fourrageuses, sur-tout celles qui croissent dans les marais, ou sur leurs bords, en éprouvent aussi les nuisibles effets, soit en Europe, soit dans les autres parties du monde. Il m'a été impossible de cueillir en Caroline des graines de certaines espèces de cette famille parcequ'aucun de leurs épis n'en offroit de saines.

Bulliard, le premier, a fait connoître la véritable nature du charbon dans l'ouvrage intitulé Champignon de la France. Il en a de plus donné la figure, l'orge et l'avoine servant d'exemple. Ce n'est point une véritable maladie comme le pensoient les agriculteurs, ce n'est pas le résultat de la piqûre d'un insecte comme l'ont prétendu quelques personnes, ni l'habitation d'un ver du genre VIBRION comme l'ont supposé quelques autres, mais, comme je l'ai dit plus haut, un véritable champignon du genre URÉDO, que cet auteur a rangé parmi les réticulaires, parcequ'il a vu la poussière d'un brun verdâtre de son intérieur, poussière qui paroît noire au premier aspect, fixée sur un réseau; mais ce réseau a été reconnu depuis n'être autre que les restes de la substance même du grain, substance aux dépens de laquelle a vécu le champignon. Cette poussière noire, qui, vue au microscope, offre des globules agglomérés un peu gluans, n'est autre que les bourgeons séminiformes qui doivent reproduire l'espèce. Elle ne prend cette couleur que lorsqu'elle est arrivée à maturité. Alors l'écorce sous laquelle elle étoit cachée se fend, elle s'applique sur les grains sains, et l'année suivante chaque globule peut occasionner la perte d'un grain en donnant naissance à un nouveau champignon qui s'accroîtra également à ses dépens.

Les opinions sur le mode dont le charbon se propage d'une année à l'autre sont variées. Comme on n'avoit pas d'idées exactes sur sa nature, on ne pouvoit en prendre de saines sur ce point. On voyoit que la poussière noire du charbon s'attachoit aux grains sains, étoit mise en terre avec eux, et que ces grains sains donnoient des pieds, dont une partie plus ou moins considérable des épis étoient charbonnés, et que lorsqu'on enlevoit cette poussière par le moyen de l'eau, du sable, etc., lorsqu'on les détruisoit par le moyen de la chaux, des acides minéraux, etc., il n'y avoit plus de carie. On devoit donc conclure, et avec raison, que les bourgeons séminiformes montoient avec la sève jusqu'au germe naissant du nouveau grain, et se développoient dans ce germe, parceque là seulement ils trouvoient l'aliment nécessaire à leur développement. Les observations faites sur les bourgeons séminiformes de la carie par M. Bénédict Prévôt paroissent devoir complètement s'appliquer ici, à raison des nombreux rapports qui existent entre ces deux espèces de champignons. *Voyez* au mot CARIE.

La poudre du charbon est extrêmement légère ; elle reste sur l'eau jusqu'à ce qu'elle ait pu être imbibée par ce fluide. Sèche, elle est facilement emportée par les vents. Récente, elle s'attache aux jambes des hommes et des animaux qui passent dans les champs, et se fixe, comme je l'ai déjà dit, sur les grains sains. Elle n'a point d'odeur, ce qui la distingue de la carie qui en a une propre très sensible, mais elle prend facilement celle de moisi. Elle brûle rapidement et laisse un charbon difficile à incinérer. Son analyse a donné presque les mêmes produits que celle des grains sains, mais avec des proportions différentes.

Il résulte des observations de M. Tessier que tous les épis du même pied sont charbonnés, à plus forte raison tous les grains du même épi ; cependant on voit quelquefois des grains sains sur des épis en majeure partie charbonnés, seulement ces grains sont petits et ridés, même des grains en partie sains et en partie charbonnés. C'est le contraire dans la carie, où les grains malades sont rarement les plus nombreux sur un même épi.

En général, il sort fort peu de tiges d'un pied frappé de charbon, et même la plupart d'entre elles n'arrivent-elles pas à leur complet développement, c'est-à-dire qu'elles s'élèvent peu, et que les épis restent dans le fourreau. Ces épis n'en sont pas moins charbonnés, et ce sont principalement ceux qui propagent la maladie, parceque la poussière qu'ils contiennent ne peut se disperser que par le battage.

Dans le froment il est facile de reconnoître les épis charbonnés dès la sortie de leurs fourreaux à leur couleur noirâtre. Plus tard ces épis ne présentent plus qu'un squelette noirci par la destruction des grains et la dispersion des balles qui leur servent d'enveloppes. M. Tessier a même indiqué un moyen de reconnoître, avant la sortie de son épi, une tige qui doit fournir du charbon. C'est lorsque la feuille supérieure est tachée de jaune et sèche à son extrémité.

Au reste, je le répète, il est rare que le charbon cause de grands dégâts dans le froment ; et comme sa poussière est dispersée avant la moisson, il est encore plus rare qu'il fasse du mal aux hommes et aux animaux qui vivent de pain.

Comme la balle de l'orge est bien plus dure et bien plus adhérente que celle du froment, on ne distingue pas aussi facilement ses épis charbonnés, et on est certain d'en emporter un grand nombre dans la grange lors de la récolte. C'est peut-être là la cause pour laquelle ce grain y est bien plus sujet que le froment. Toutes ses variétés en sont également attaquées quels que soient le sol et l'exposition où elles se trouvent placées. M. Tessier a constaté par l'observation que plus le grain étoit

profondément enterré et plus il fournissoit de pieds charbonnés.

De tous les grains cultivés, c'est l'avoine sur qui le charbon
exerce le plus ses ravages; j'ai vu des localités où la récolte
ne payoit pas les frais du labourage, à raison de la petite
quantité de pieds qui en étoient exempts. C'est un des plus
grands fléaux de la culture de cette plante. Les tiges qui en
sont attaquées sont plus grêles et moins hautes que les autres.

Le mil, le panis et le sorgho sont également soumis au
fléau du charbon. Les circonstances qui en résultent ne diffèrent pas essentiellement de celles précitées. Il paroît, par mes
propres observations faites en Caroline, que dans les pays
chauds et humides les ravages exercés par lui sur ces trois
plantes sont bien plus graves qu'en France, où d'ailleurs elles
ne se cultivent pas très fréquemment. M. Tessier a vérifié,
par surabondance, qu'il étoit contagieux pour elles comme
pour le froment, l'orge et l'avoine.

Le maïs, d'après les observations de M. Tillet, est encore
dans le même cas; mais cet observateur a cru devoir conclure,
de quelques expériences, que le charbon n'est pas contagieux
pour lui, ce qui est contraire à l'analogie, et ce dont je suis
fondé à douter par plusieurs raisons.

J'ai observé quatre espèces de charbons sur le maïs, tant en
France, qu'en Espagne, qu'en Amérique, et sur-tout qu'en
Italie. Ce qui suit est extrait de mes notes de voyage.

La première, et sans doute la plus dangereuse, naît au collet
d'une feuille quelconque, devient une excroissance irrégulièrement globuleuse ou mamelonnée, de la grosseur du poing,
terme moyen. Elle est d'abord blanche, ensuite rougeâtre à
sa surface. Sa consistance est alors fongueuse. Souvent elle est
traversée par une ou plusieurs feuilles avortées. Elle commence à devenir noire et pulvérulente au milieu d'août.

Cette espèce, en absorbant la sève, s'oppose au complet
développement de toutes les parties de la tige, et finit par la
faire mourir avant la maturité du grain. Je n'ai jamais vu
qu'on s'occupât de la détruire, quoique cela fût facile, puisqu'il ne s'agit que de couper les pieds, dès qu'elle commence à
se montrer, pour en nourrir les bestiaux.

La seconde se développe dans la fleur mâle, et anéantit
souvent la fécondité de tout un épi. Elle se rapproche beaucoup, en apparence, du charbon du froment. A l'époque de sa
maturité les deux balles de la fleur sont grossies quinze à
vingt fois plus que dans l'état naturel, et ressemblent à une
corne. Elle est blanche dans sa jeunesse et noire dans sa
vieillesse.

Cette espèce prouve que la poussière noire n'est pas la farine altérée, comme on l'a écrit, puisque dans ces fleurs mâles il n'y avoit pas de grains à espérer.

La troisième attaque également les épis mâles, mais elle est fort différente de la précédente. C'est une excroissance ordinairement annulaire, vingt à trente fois plus grosse que le rachis, sessile à la base des fleurs, blanchâtre dans l'état voisin de la maturité, et présentant une assez grande quantité de filamens noirs assez longs, semblables à certaines espèces de clavaires. Elle paroît moins commune que les autres.

Ces deux dernières peuvent être détruites en coupant les épis mâles sur lesquels elles se développent avant qu'elles aient répandu leur poussière; les épis femelles n'en seront pas moins fécondés par les épis mâles des pieds voisins.

Enfin la quatrième exerce ses ravages directement sur le grain ; elle se conduit comme dans le froment, c'est-à-dire que l'épi n'arrive pas à la moitié de sa grosseur ordinaire; que ses enveloppes sont décolorées de bonne heure. L'enveloppe du grain, ordinairement si dure, cède dans ce cas au plus petit effort de l'ongle, et laisse échapper la poudre noire qu'elle contient. Le plus souvent la plupart des grains sont avortés, il n'y en a que quelques uns qui aient une apparence saine. Quelquefois il y a des grains véritablement exempts de charbon sur des épis altérés; mais ces grains sont plus petits, plus pâles et sans saveur.

La poudre du charbon noircit souvent le visage des personnes qui battent de l'orge ou de l'avoine, mais elle les fait bien moins tousser que celle de la carie. Mêlée avec de la farine, et réduite en pain, elle a d'abord un peu incommodé des poules qu'on a nourries de ce pain ; mais ensuite elles en ont mangé sans inconvénient pendant vingt jours sur le pied d'une once de charbon par jour.

On a dû conclure de l'observation précitée sur le charbon du froment, dont la poudre se disperse toujours avant la moisson, qu'il en entroit rarement dans le pain; et il résulte des expériences de M. Tessier qu'il n'est pas dangereux pour les animaux qui en prennent de fortes doses. Il n'est donc nuisible que sous le rapport des pertes de grains qu'il fait éprouver aux cultivateurs.

Mais j'ai fait voir que dans l'orge, et sur-tout dans l'avoine, cette perte étoit quelquefois d'une grande importance; il étoit donc bon de chercher les moyens d'en arrêter, ou au moins d'en diminuer les résultats; or, c'est ce qu'a fait M. Tessier. Ce savant a reconnu que les moyens qu'on opposoit à la carie empêchoient la reproduction du charbon. On doit donc chauler le froment, non seulement pour la première, mais encore pour le second. On doit donc sur-tout chauler l'orge et l'avoine, qu'on se refuse généralement de soumettre à cette opération. Je renvoie à l'article CARIE et à l'article CHAULAGE ceux qui seront jaloux de perfectionner leur manutention agricole, et d'éviter des soustractions inutiles sur leur revenu. J'observerai seulement que comme la poudre de charbon peut plus facilement rester hors des atteintes de la chaux sur l'orge, sur l'avoine, que sur le froment, le millet, le sorgho et le maïs, il est bon que la lessive soit plus forte et que les grains restent plus long-temps dedans, ce qui est sans inconvénient, à raison de la dureté des balles qui enveloppent ces deux sortes de grains. (B.)

CHARBON DE BOIS. Tout le monde connoît ce produit de la demi-combustion des substances végétales ; mais peu de personnes savent qu'il a des propriétés économiques importantes fort différentes de celles pour lesquelles on le fabrique : c'est de ces propriétés dont je vais m'occuper ici d'abord, ensuite je parlerai de ses usages.

Les chimistes regardent le charbon comme un corps simple, comme le carbone presque pur. Lorsqu'on le brûle il absorbe l'oxigène de l'atmosphère, et forme du gaz acide carbonique, qui, dans les endroits fermés, s'accumule au point de rendre l'air impropre à la respiration des animaux, occasionne leur mort par ASPHYXIE (*voyez* ce mot.) On doit donc éviter d'allumer du charbon dans un appartement fermé. Celui qu'on appelle spécialement *charbon*, c'est-à-dire qui a été fabriqué dans les forêts, est principalement dangereux sous ce rapport ; mais celui qu'on appelle *braise*, et qui se forme journellement dans nos foyers et dans nos fours, n'est pas sans dangers ; comme on le suppose généralement. Beaucoup de personnes sont chaque année victimes de l'ignorance de ce fait, que les pères et mères ne sauroient trop souvent indiquer à leurs enfans dès le premier âge.

Il paroît que le charbon ne diffère de la braise que parce-qu'il conserve plus d'hydrogène. Cette dernière est beaucoup plus legère, et s'enflamme plus facilement.

La décomposition du charbon à l'air est si lente qu'on a prétendu qu'il étoit indestructible par les agens naturels ; et, en effet, celui qu'on trouve dans Herculanum et sous les décombres des anciennes villes, paroît aussi entier que le jour où il a été formé. C'est de l'observation de ce fait que résulte la pratique, en usage dans plusieurs endroits, d'enterrer un certain nombre de morceaux de charbon autour des bornes, afin d'augmenter les difficultés de leur frauduleuse translation. Quant à la précaution de carboniser, comme on le fait généralement, lorsque rien ne s'y oppose, l'extrémité des pieux, l'extérieur des conduits d'eau, et en général tous les bois destinés à séjourner dans la terre, Duhamel a prouvé qu'elle étoit d'une très foible ressource contre la pourriture. *Voyez* au mot Bois.

Quand le charbon est bien sec, et principalement la braise des boulangers, il absorbe avec rapidité l'humidité de l'atmosphère; aussi est-il le procédé le plus économique qu'on puisse employer pour dessécher les appartemens humides, d'autant plus que lorsqu'il s'est saturé d'eau, il suffit de le faire chauffer pour le rendre aussi propre que la première fois au même objet. Cette propriété du charbon s'applique, au reste, depuis long-temps à la conservation de la poudre de guerre, c'est-à-dire qu'on renferme le baril qui la contient dans un baril plus grand, et qu'on remplit l'intervalle avec de la poussière de charbon. Par ce moyen, cette poudre peut se garder plusieurs années exempte d'humidité dans les navires, et plusieurs mois dans l'eau même.

Comme corps noir, le charbon absorbe les rayons du soleil et s'échauffe; et, comme mauvais conducteur de la chaleur, il la conserve long-temps. Cette faculté a engagé à l'introduire, réduit en petits fragmens, dans le plâtre ou la chaux destinée à recrépir les murs des espaliers, et ce dans l'intention d'accélérer la maturité des fruits..

Cette même propriété du charbon, d'être un très mauvais conducteur de la chaleur, peut être utilisée dans quelques cas en agriculture. Ainsi, si on vouloit que la chaleur d'une couche à châssis, d'une bache, d'une serre chaude ne se perdît pas, il faudroit entourer ces bâtisses d'une couche de charbon réduit en poudre de six à huit pouces d'épaisseur, ce qui est facile au moyen d'une double enceinte; ainsi, si on vouloit transporter pendant l'été de la glace à une grande distance, il faudroit l'entourer d'une masse de poussière de charbon proportionnée à cette distance.

On a découvert dans ces derniers temps, ou peut-être on a découvert de nouveau, car il est difficile de croire qu'une observation aussi importante ait échappé à l'antiquité, que la poussière de charbon avoit la propriété d'absorber toutes les matières animales et végétales décomposées et tenues en dissolution dans l'eau. Aujourd'hui donc les eaux des cloaques les plus infects, des mares les plus boueuses, peuvent être rendues aussi claires et aussi agréables au goût que celles des meilleures fontaines, par une filtration lente à travers quelques pouces d'épaisseur de cette poussière. Les amis de l'humantié ne sauroient trop publier ce fait, car combien de cultivateurs périssent annuellement pour avoir bu, pendant les chaleurs, de ces eaux, altérées par la putréfaction, qu'on trouve dans certains cantons de plaine ou de marais. Il est très peu de personnes

assez pauvres pour n'être pas en état d'acheter un demi-ton-
neau, y adapter une cannelle ou robinet de bois percé, du côté
intérieur, de plusieurs petits trous, et mettre dedans, sous un
faux fond mobile, cinq à six livres de poussière de charbon.
Les navigateurs même, qui sont généralement peu délicats sur
la nature de l'eau qu'ils consomment, commencent à se pourvoir de tonneaux ainsi préparés, au moyen desquels ils peuvent conserver de la bonne eau pendant le cours du voyage le
plus long. La seule précaution à prendre c'est de renouveler
le charbon tous les deux ou trois mois. Le charbon ainsi employé, quoiqu'ayant souvent acquis une mauvaise odeur, n'en
est pas moins propre à la combustion. On peut même l'employer plusieurs fois comme filtre, en le faisant rougir de nouveau chaque fois pendant quelques minutes.

Les Anglais se contentent de carboniser l'intérieur des tonneaux dans lesquels ils mettent leur eau; mais ce moyen n'a
pas des effets durables, et celui ci-dessus lui est préférable.

On tire encore parti de la faculté qu'a le charbon de décomposer les gaz pour empêcher les viandes de s'altérer par la putréfaction, et pour les rétablir lorsqu'elles n'ont encore qu'un
commencement d'altération. En effet, l'expérience a prouvé,
1° que lorsqu'on enterroit un morceau de viande, un poisson,
dans une masse de charbon, ils s'y conservoient intacts,
pendant les plus grandes chaleurs, un nombre de jours peut-
être décuple de celui où ils se seroient conservés dans
toute autre situation, quelque favorable qu'on la suppose;
2° que lorsqu'on faisoit bouillir de la viande ou du poisson légèrement altéré dans de l'eau où on a mis de la poussière de
charbon, cette viande ou ce poisson perdoit sa mauvaise odeur
et devenoit propre à être mangé sans répugance. Le seul inconvénient qu'aient ces deux procédés, c'est que la viande ou
le poisson prennent, lorsqu'on n'a pas soin, dans le premier
cas, de leur donner de l'air toutes les nuits, et, lorsqu'on ne
change pas l'eau deux ou trois fois, dans le second, un goût qui
n'est pas agréable. Malgré cela on ne peut qu'en conseiller la
pratique à tous les cultivateurs qui sont jaloux de la santé de
leur famille, santé si souvent dérangée par les viandes de mauvaise nature qu'ils sont plus fréquemment exposés à manger
que les habitans des villes, à raison de leur éloignement des
boucheries et de leur peu de consommation.

Le meilleur objet qu'on puisse employer pour se nettoyer
les dents est certainement le charbon, en ce que non seulement il agit comme corps dur, mais qu'il décompose le tartre
et la matière de la carie. On a vu des douleurs de dents disparoître à la suite de cette opération, comme par enchante-
ment, et les haleines fétides n'y résistent jamais, sur-tout lors-

qu'on avale un peu de poudre de charbon. Des expériences ont prouvé que sa seule application pourroit être très utile dans les abcès et même dans la gangrène.

Lorsqu'on fait bouillir le plus mauvais miel sur du charbon, il perd jusqu'à son goût de miel et s'assimile presque entièrement au meilleur sirop de sucre. On se sert fréquemment aujourd'hui de ce procédé pour suppléer le sucre dans la composition des confitures, des sirops médicamentaux et autres articles dans lesquels il entre.

On dit même, mais je ne l'ai pas expérimenté, qu'on peut retirer le sucre des confitures gâtées par la même opération.

Le principal avantage du charbon est de donner un combustible sans flamme et sans fumée. La consommation qu'on en fait dans nos cuisines, pour la préparation des alimens, est très considérable.

C'est exclusivement avec lui qu'on réduit les métaux de leur oxide et qu'on transforme le fer en acier. Ces étonnantes opérations ne sont point du domaine de l'agriculture, en conséquence je n'en parlerai pas ici.

Lorsqu'il est incandescent, le charbon décompose l'eau, c'est pourquoi lorsqu'on jette une petite quantité d'eau sur un grand feu, son intensité en est augmentée. Si une plus grande quantité d'eau éteint le feu, c'est qu'elle le prive du contact de l'air sans lequel il ne peut y avoir de combustion, puisque cette opération n'est que la décomposition de l'oxigène qu'il contient.

En général on conserve le charbon dans des caves et autres lieux humides, mais par cela seulement on altère sa qualité. Tout charbon vieux ainsi conservé est fétide et brûle lentement. Il vaut beaucoup mieux le conserver dans un grenier.

On fabrique le charbon dans les forêts en faisant avec des bûches de trois pieds de long et de deux pouces de diamètre moyen, placées parallèlement les unes aux autres, et un peu inclinées vers le même point, des cônes ou mieux des demisphères, et au centre desquels on met le feu, après avoir couvert de terre leur surface dans une épaisseur d'environ un pied. Le feu consume lentement le bois au moyen des ouvertures qu'on a reservées dans la couverture et dont on augmente ou diminue le nombre, ou la largeur, au besoin.

L'art du charbonnier, quelque facile qu'il paroisse, a besoin d'un long apprentissage pour être bien exécuté.

Ce mode de fabrication du charbon, dans les cas les plus favorables, en fait perdre un cinquième au moins qui se consume par l'effet de la trop grande action de l'air. La carbonisation dans des fosses, qui se pratique dans quelques cas, principalement pour le charbon destiné à entrer dans la poudre à canon, offre cet inconvénient à un moindre degré, mais elle l'offre toujours et ne peut avoir lieu très en grand. A différentes époques on a proposé de distiller le bois dans des fourneaux fermés, et nouvellement M. Mollerat a obtenu un brevet d'invention pour cet objet. Cette dernière manière est coûteuse, mais elle donne un charbon meilleur, plus abondant de près du double, et conserve de plus l'acide acétique (pyroligneux) si utile dans quelques arts, et le goudron d'un emploi si indispensable dans la marine.

Comme la fabrication du charbon n'est pas du domaine de l'agriculture, je me dispenserai d'entrer dans de plus grands détails sur ce qui la concerne. *Voyez* au mot Bois.

Les places où on a fait du charbon dans les forêts et où il reste toujours beaucoup de poussière, sont infertiles pendant un plus ou moins grand nombre d'années. Je crois que cette infertilité est principalement due à la calcination de la surface de la terre. Cela est si vrai que j'ai remarqué que les places à charbon, dans les sols sablonneux, donnoient souvent des productions dès la seconde année, tandis que dans les sols argileux on n'en voit qu'au bout de huit à dix. Ces places, labourées, sont au contraire, dans ce dernier cas, des lieux d'une fertilité bien supérieure au sol environnant. Dans les grandes forêts les charbonniers y sèment des légumes, du tabac, de la gaude. Je puis appuyer mon observation, quoique souvent répétée, du témoignage de M. Dussieux, qui fit labourer la place de trente fourneaux de charbon, et qui en obtint en orge un produit quadruple de ce que la même quantité de terrain produisit dans le voisinage la même année.

Il y a long-temps qu'on sait que la propriété d'absorber une grande quantité d'eau et de la retenir avec force pendant long-temps rend le charbon un excellent amendement pour les terres légères et brûlées par le soleil. Les amateurs de fruits en mettent souvent quelques poignées, recouvertes de terre, au pied de leurs espaliers exposés au midi, pour y entretenir la fraîcheur. Mais je ne sache pas qu'on en fasse usage en France dans la grande culture. Arthur Young nous a donné sur ses effets, dans le premier volume de ses Annales, des renseignemens qui ne permettent plus de douter de l'utilité de son emploi. Il paroît que son usage s'étend beaucoup aujourd'hui en Angleterre et s'étendroit davantage si le bois y étoit plus commun. Je ne puis donc trop exhorter les cultivateurs français, qui sont plus favorablement placés, à ne pas négliger ce nouveau moyen d'augmenter leurs revenus. Combien de poussière de charbon qu'on laisse consumer dans les manufactures et qu'on pourroit conserver facilement si on trouvoit à la vendre. Combien il s'en perd , même dans nos foyers , qui pourroit être utilisée.

Quoique , ainsi que je l'ai annoncé , le charbon paroisse être indestructible , puisqu'il se conserve des siècles dans la terre , cependant le vrai est qu'il s'altère petit à petit , sur-tout quand il est à une profondeur peu considérable , ainsi que le prouvent les anciennes places à charbon, les incendies des forêts qui ont eu lieu il y a long-temps et qui n'ont pas laissé de traces. Four-croy a fait voir , par des expériences directes , qu'il décomposoit l'eau comme ayant plus d'affinité avec l'oxigène qu'avec l'hy-drogène. D'autres chimistes , et en dernier lieu Davy , ont prouvé qu'il étoit dissoluble dans la potasse et la soude , ce qui le rapproche de l'Humus ou Terreau. *Voyez* ces mots.

De là il faut conclure que le charbon n'est pas seulement un porteur d'humidité , comme je l'ai dit plus haut , mais un véritable amendement , c'est-à-dire qu'il fournit du carbone et qu'il en fournit pendant long-temps. Je puis même dire que d'après la théorie il doit être le meilleur de tous les amen-demens , et que si la pratique n'appuie pas ce résultat , cela tient sans doute à quelques circonstances encore à découvrir.

Peut-être les bons effets de l'écobuage dans les terrains secs , écobuage qui semble contraire à la raison , sont-ils dus au charbon qui en est la suite. *Voyez* Ecobuage.

Le sujet que je traite est d'une importance telle, qu'il est, j'ose le dire , du devoir de nos chimistes de le prendre en con-sidération spéciale. Je ne doute pas de l'influence du résultat de leurs travaux sur la prospérité de l'agriculture et par con-séquent sur l'augmentation de la richesse nationale. (B).

CHARBON DE TERRE ou HOUILLE. Substance noire, légère, qui se divise facilement en petits fragmens , qui brûle plus ou moins facilement avec flamme , se trouve en couches plus ou moins épaisses dans les schistes primitifs ou dans leur voisinage , et que dans beaucoup de lieux on substitue au bois dans les usages économiques et dans tous les arts où le feu est nécessaire.

On a beaucoup varié d'opinion sur l'origine du charbon de terre. Quelques personnes le regardent comme le résultat de la précipitation de l'huile que contenoit l'eau-mère dans laquelle ont cristallisé les granits. D'autres ont cru qu'il étoit produit par des émanations volcaniques. Enfin le plus grand nombre des naturalistes pensent qu'il doit son origine aux végétaux de l'an-cien monde portés par les rivières dans la mer , et repoussés par la mer dans les anses, rades, etc., où ils se sont accumulés. Établir les motifs de toutes ces opinions seroit trop long et fort peu utile à l'objet de cet article , qui n'a pour but que de présenter les avantages économiques du charbon de terre.

En brûlant, le charbon de terre laisse un résidu terreux plus ou moins considérable, et qui varie depuis un jusqu'à vingt-cinq pour cent. Moins il en contient et meilleur il est. Le plus recherché est celui qu'on appelle *charbon de terre gras*, qui quand on le brûle se gonfle, se ramollit, semble se fondre.

La mauvaise odeur que répand en brûlant le charbon de terre, et les pyrites, qui l'accompagnent souvent, se décomposant par l'effet de la combustion, en exhalant des vapeurs sulfureuses, nuisibles dans beaucoup de cas, a fait imaginer de réduire en charbon le charbon de terre par un procédé analogue à celui qu'on emploie pour fabriquer le charbon de bois. Il en résulte une substance beaucoup plus légère que la matière employée, et qui brûle presque sans flamme, en donnant cependant une chaleur aussi intense qu'elle. On l'appelle *coak* de son nom anglais. Lorsque cette carbonisation se fait dans des fourneaux disposés à cet effet, on rassemble par une véritable distillation une grande quantité de bitume fluide uni à plus ou moins d'ammoniac, bitume qui remplace les diverses espèces de goudrons, c'est-à-dire qui est d'un emploi très avantageux dans la marine et dans plusieurs arts.

C'est en couches plus ou moins épaisses, plus ou moins étendues, plus ou moins nombreuses, toujours accompagnées en dessus et en dessous de couches de grès ou de schistes, qu'on trouve le charbon de terre. On le tire de la terre par le moyen de galeries parfaitement analogues à celles en usage dans les mines métalliques. Son exploitation est très curieuse, mais il seroit trop long et inutile de l'exposer ici. L'Angleterre, et après, la France, sont les pays de l'Europe où on trouve le plus grand nombre de mines de cette substance. Dans le premier de ces pays on en tire tout le parti possible. On peut même dire que c'est au charbon de terre que les Anglais doivent en grande partie la prospérité de leurs manufactures et par conséquent leur opulence. Pourquoi donc ne les imitons-nous pas? Chez nous on ne l'emploie presque que pour la forge. A peine y a-t-il une demi-douzaine de verreries, et je ne connois qu'une seule fonderie de fer, qui en fassent usage. Rarement les fours à chaux, à plâtre, à briques, à tuiles et autres du même genre sont-ils alimentés par lui. Pendant un moment on l'a vu dans quelques cheminées de Paris, mais aujourd'hui il en a disparu. Sur ses mines mêmes on brûle du bois, tant l'habitude est difficile à changer. Cependant nos forêts diminuent de jour en jour, et le bois est arrivé à un taux auquel semble ne pouvoir pas atteindre la classe la plus pauvre du peuple. Combien les amis de leur pays doivent-ils désirer que l'usage du charbon de terre dans les arts et dans l'économie domestique devienne

général en France! Que les campagnes même l'emploient pour
leur chauffage dans tous les cantons où les frais de son transport ne le rendent pas trop cher. Il n'est pas vrai, comme on
l'a prétendu, que sa fumée soit nuisible à la santé. L'expérience de l'immense ville de Londres, où on ne brûle que du
charbon de terre, le prouve bien évidemment. Au plus, peut-
elle nuire aux métaux imparfaits, par l'acide sulfureux qu'elle
contient quelquefois, et à quelques meubles, par l'huile noire
qui fait la plus grande partie de sa fumée? D'ailleurs le coak
n'a aucun de ces inconvéniens.

Les cantons où se trouvent les mines de charbon sont en
général peu fertiles; mais cela provient non de leurs émanations qui sont nulles, mais de la nature du sol qui est presque
toujours *granitique. Voyez* aux mots GRANIT, GNEISS, SCHISTE
et ROCHE. J'ai observé souvent qu'ils offroient une végétation
plus hâtive que celle des cantons voisins et des plantes d'un
climat plus méridional. Cela tient-il aux abris ou à la couleur
noirâtre de la terre? Je n'ai pas pu m'en assurer positivement,
mais j'ai lieu de croire que ces deux causes agissent en même
temps. Quoi qu'il en soit, on pourroit profiter de cette circonstance pour quelques cultures, si les mines de charbon n'étoient
pas en général éloignées des grandes villes et dans des pays
pauvres et peu éclairés.

Je ne sache pas que l'on ait fait d'expériences en grand pour
savoir si le charbon de terre en nature agit comme engrais ou
comme amendement sur les terres dans lesquelles on l'introduit en plus ou moins grande quantité; mais il est de fait qu'il
les rend plus fertiles. Il est aussi impropre à la végétation
que le sable le plus dur; cependant il contient une immense
provision de la substance qui forme les végétaux, c'est-à-dire
de CARBONE. *Voyez* ce mot.

Mais ce n'est pas le charbon même qu'il est le plus avantageux d'employer dans ce cas, ce sont ses résidus, sa suie et sa
cendre. On en fait dans un grand nombre de lieux un usage
très étendu, principalement sur les prairies naturelles et artificielles. Ces substances non seulement augmentent les récoltes,
mais font périr les insectes et les mousses. Le printemps est
la saison la plus favorable pour les répandre sur le sol. La
quantité varie selon la nature du terrain et l'espèce de culture;
mais elle ne doit pas être exagérée, parcequ'il en résulteroit un
effet contraire, les plantes seroient ce qu'on appelle vulgairement brûlées. Trente boisseaux par arpent sur les terres les
plus froides (argileuses et humides), et dix à douze sur celles
qui sont sèches et légères, paroissent être le terme moyen d'une
sage pratique. En général, c'est sur les terres de marais qu'elles
produisent le plus de bien. Les arbres fruitiers, les plantes

vivaces, telles que le houblon, reprennent de la vigueur lorsqu'on en met quelques poignées autour de leur pied.

Les schistes, les grès et autres pierres imprégnées de bitume,
qui accompagnent les couches de charbon de terre, leur servent
de plancher et de toit, pour me servir de l'expression des
mineurs, sont aussi un excellent amendement pour les terres
lorsqu'ils sont susceptibles de se décomposer rapidement par
leur exposition à l'air. On en fait un grand usage dans quelques
endroits. *Voyez* AMPELITE.

Les cendres de charbon de terre peuvent également être
employées dans la fabrication du mortier, et la suie servir
comme le noir de fumée. (B.)

CHARDON, *Carduus*. Genre de plantes de la syngénésie
égale, et de la famille des cinarocéphales, qui renferme une
quarantaine d'espèces dont plusieurs sont extrêmement communes et intéressent les cultivateurs sous plusieurs rapports.
La plupart de leurs espèces sont bisannuelles, et toutes ont
les feuilles alternes, épineuses, plus ou moins découpées et
décurrentes; leurs fleurs sont rougeâtres, varient en blanc et
sont quelquefois fort grosses.

Les botanistes ont beaucoup varié dans leur opinion sur
le nombre des espèces qui devoient entrer dans ce genre,
c'est-à-dire que les uns en ont fait entrer, d'autres en ont
ôté quelques-unes pour les mettre dans les genres QUENOUILLE,
CIRSE, SARRETTE et CARTHAME. *Voyez* ces mots.

Le CHARDON MARIE a la racine annuelle, fusiforme, pivotante, très garnie de fibrilles; la tige épaisse, cannelée,
rameuse, haute de trois à quatre pieds; les feuilles sinuées,
épineuses, glabres, luisantes, parsemées de taches blanches,
les radicales longues de plus d'un pied sur cinq à six pouces
de large; les fleurs terminales, droites, souvent larges de
deux pouces, avec les écailles calicinales grandes, ovales,
bordées et terminées par des épines.

Cette plante, dont on a fait un genre, et qu'on a placée
parmi les carthames, croît autour des villages, dans les plus
excellentes terres, et fleurit pendant une partie de l'été et
toute l'automne. Sa grandeur, la beauté de ses feuilles et de
ses fleurs l'ont fait, de tout temps, remarquer. On l'appelle
vulgairement le *chardon argenté*, le *chardon Notre-Dame*, le
chardon taché. Elle est extrêmement commune dans certains
cantons, et nuit beaucoup aux hommes et aux bestiaux, a
cause des blessures que font ses robustes épines. On peut très
avantageusement la placer dans certaines parties des jardins
paysagers, sur-tout dans les fentes des rochers, sur la pente des
coteaux où elle puisse montrer en face ses rosettes de feuilles
radicales. Si les bestiaux ne la mangent pas, c'est uniquement

à cause de ses épines; en conséquence, on peut la leur donner
après l'avoir pilée ou long-temps battue. Ses graines, qui sont
fort grosses et nombreuses, peuvent-être employées à faire de
l'huile et à nourrir la volaille. On a même proposé de cultiver
cette plante pour ces deux usages; mais la nature et l'étendue
de terrain qu'elle exige ne permettent pas de le faire avec
profit. La seule utilité que l'agriculteur puisse en retirer est
de la couper lorsqu'elle est à moitié fleurie et de la brûler,
soit pour chauffer le four, soit pour en retirer de la potasse.

Le CHARDON A FEUILLES D'ACANTHE, *Carduus acanthoïdes*,
Lin., a les feuilles décurrentes, sinuées, épineuses, couvertes de poils blancs, les fleurs à peine pédonculées et les
écailles du calice linéaires et recourbées. Il est annuel et croît
sur-tout en très grande abondance dans les lieux incultes, le
long des vieilles murailles, sur le revers des fossés voisins des
villages. Sa hauteur est quelquefois de quatre pieds. Les bestiaux ne le mangent pas à raison de ses épines. On n'en peut
tirer d'autre parti que de le couper au moment de sa floraison pour faire du fumier, du feu ou de la potasse. Quand un
canton en est infesté il est souvent difficile de l'en débarrasser.

Le CHARDON PENCHÉ, *Carduus nutans*, a les feuilles à demi
décurrentes, épineuses, velues, les fleurs grosses, penchées,
et les écailles du calice écartées. Il est bisannuel, s'élève d'un
à deux pieds et se trouve très communément dans les champs
incultes, sur le bord des chemins, dans les pâturages, les
bois taillis, etc. Son aspect n'est pas sans élégance, et il contribue souvent à embellir les pelouses. Quoique très épineux,
il ne l'est pas assez pour n'être pas mangé, sur-tout quand il
est jeune, par les bestiaux. Les chevaux et les ânes l'aiment
beaucoup: on l'a même appelé le *chardon aux ânes*. Dans
quelques endroits les vaches sont presque exclusivement nourries dans l'écurie, au printemps, avec ses jeunes pieds que
les femmes vont couper entre deux terres, et leur apportent
soir et matin. Cette nourriture, ainsi que je l'ai remarqué,
donne au lait de ces vaches un petit degré d'amertume, mais
qui n'est pas désagréable. Les moutons n'en veulent pas. Une
fois fleurie, elle est repoussée par tous les animaux, et alors
elle n'est plus bonne qu'à brûler pour chauffer le four ou faire
de la potasse, ou pour augmenter la masse des fumiers.

Le CHARDON LANCÉOLÉ a les tiges velues, hautes de deux
pieds; les feuilles décurrentes, hispides, pinnatifides, à divisions bilobées, écartées et épineuses; son calice a les écailles
épineuses, lancéolées, écartées et couvertes de longs poils
blancs. Il est bisannuel et se trouve dans les mêmes endroits
que le précédent, dont il partage les inconvéniens et les avantages, si ce n'est qu'il est moins agréable à la vue, et plus

iquant. On a tenté de faire des étoffes avec les aigrettes de es semences ; mais le résultat n'a pas été satisfaisant.

Le CHARDON FRISÉ a les feuilles décurrentes, oblongues, inuées, très épineuses en leurs bords, lanugineuses en dessous ; les fleurs pédonculées et ramassées en tête. Il est annuel, se rencontre dans les champs, les pâturages humides, et s'élève à trois ou quatre pieds. Cette espèce est beaucoup plus élancée que les précédentes, et la finesse des découpures de ses feuilles lui donne un autre genre d'élégance. Elle ne dépare pas un paysage.

Le CHARDON DES MARAIS diffère très peu de ce dernier ; ce que je viens d'en dire lui convient parfaitement. On le rencontre très fréquemment dans les marais et les prairies humides qu'il infeste.

Le CHARDON LANUGINEUX, *Carduus eriophorus*, Lin., qu'on appelle encore le *chardon aux ânes*, a les feuilles sessiles, pinnatifides, hispides, à divisions alternativement écartées en bas et en haut ; le calice globuleux, couvert de poils en forme de toile d'araignée, et formé d'écailles linéraires recourbées. Il est bisannuel et haut de quatre à cinq pieds. On le trouve dans les terrains incultes et argileux, où il fleurit à la fin de l'été. C'est une très belle plante, tant à raison de sa grandeur qu'à raison de la manière singulière dont ses feuilles sont découpées ; aussi l'emploie-t-on fréquemment comme objet de décoration dans les jardins paysagers. Les chevaux, les ânes et les vaches l'aiment beaucoup. Ses feuilles radicales ont ordinairement plus d'un pied de long, et forment sur la terre, avant l'apparition de la tige, des rosettes très élégantes.

Le CHARDON POLYACANTHE, *Carduus casabonæ*, Lin., a les feuilles lancéolées, entières, velues en dessous ; les épines ternées et les fleurs en épis. Il est originaire des parties méridionales de l'Europe, et s'élève de cinq à six pieds.

Le CHARDON DIACANTHE a les feuilles lancéolées, velues en dessous, les épines géminées et les fleurs en corymbes. Il est originaire de Syrie et s'élève à deux ou trois pieds.

Je cite ces deux espèces qui sont très voisines l'une de l'autre, parcequ'elles peuvent être employées à l'ornement des jardins. Elles sont en effet très élégantes.

Le CHARDON NAIN, *Carduus acaulis*, Lin., qui est presque sans tige et dont le calice est à peine épineux. Il est vivace et se trouve, souvent en grande quantité, dans les pâturages argileux, sur les collines les plus arides. Il fleurit presque tout l'été. Ses feuilles sont très découpées, épineuses et étalées sur la terre. Ses fleurs ne s'élèvent ordinairement que d'un à deux pouces au plus. Les chèvres et les moutons mangent cette plante. Les vaches et les chevaux n'en veulent point. En général, elle

nuit beaucoup aux pâturages. J'ai vu de ces pâturages qui en
étoient si couverts que les pieds se touchoient, et que les bestiaux étoient obligés, sous peine d'être piqués, de laisser les trois
quarts de l'herbe qui croissoit entre leurs feuilles. Il est donc
bon de la détruire, mais cela ne devient pas facile; car quand on
coupe un pied entre deux terres, les racines qui restent fournissent chacune un nouveau pied. Ce n'est guère que par une culture de plusieurs années consécutives qu'on peut y parvenir.

Le CHARDON HÉMORRHOIDAL, ou CHARDON DES CHAMPS, *Ser-*
ratula arvensis, Lin., a les feuilles lancéolées, irrégulièrement
dentées, épineuses, les fleurs ramassées en tête et les calices
non épineux. Sa racine est vivace, grêle, rameuse et très
longue ; sa tige haute de deux à trois pieds. Il se trouve dans
les champs, principalement dans ceux qui sont gras et humides. Les bestiaux le mangent quand il est jeune. C'est principalement lui que les cultivateurs, auxquels il cause beaucoup
de dommages, appellent proprement le *chardon*, celui qui
fait l'objet de l'*échardonnage*. On l'a appelé hémorrhoïdal,
non parcequ'il est spécifique dans cette maladie, quoiqu'on
l'ait dit, mais parceque la piqûre d'un insecte, *cynips serra-*
tulæ, Fab., fait naître sur ses tiges des renflemens rouges
qui ont l'air d'une veine gouflée. Ces renflemens se mangent
dans quelques pays et ne sont réellement pas désagréables
quand on a fait disparoître une partie de leur amertume par
leur ébullition dans une première eau. Les cochons en sont très
avides.

Ce chardon nuit aux cultivateurs de trois manières, 1° en
étouffant les céréales ou autres plantes ; 2° en piquant les mois-
sonneurs lors de la récolte ; 3° en introduisant son grain dans
le blé. On en débarrasse un champ, soit en l'arrachant à
la main, ou avec une tenaille de bois faite exprès, soit en le
coupant entre deux terres avec un couteau ou une espèce de
houlette tranchante qu'on appelle *échardonnet*. On fait ordinairement cette opération à l'époque où les blés montent en
tiges ; mais dans quelques endroits, où on laisse des sentiers
entre les planches, on la pratique plus tard. Le point important est d'empêcher cette plante de grainer, afin qu'elle se
multiplie moins; mais comme on ne coupe pas les pieds qui
se trouvent dans les champs voisins, sur les berges des fossés,
etc., les vents apportent chaque année de nouvelles graines, au
grand désespoir des propriétaires qui ont fait des dépenses pour
débarrasser leurs terres de ce chardon. En l'arrachant on obtient une plus grande longueur de racine, et, par conséquent,
on remplit mieux le but qu'en le coupant, cependant le résultat est toujours sa multiplication, chaque racine isolée donnant naissance à un nouveau pied, qui la même année pousse

foiblement il est vrai, mais qui la suivante jouit de toute sa force végétative. De quelque manière qu'on s'y prenne il faut enlever de suite les chardons, et ne pas, comme dans certains cantons, les laisser en tas, où ils nuisent presque autant que sur pied, car ils pourrissent lentement et piquent davantage secs que verts. A cette époque ils sont encore assez tendres pour être mangeables par les bestiaux, et si ces bestiaux les repoussoient, il ne s'agiroit que de les faire battre avec le fléau pendant quelques instans pour briser leurs épines. Par ce moyen, qu'on emploie dans quelques lieux, on les rend utiles et on couvre une partie des frais de leur sarclage.

Mais n'est-il donc pas de moyen de débarrasser complète-ment un champ des chardons qui s'y trouvent ? Oui, il y en a. Par exemple la culture à longs ASSOLEMENS (*voyez* ce mot), c'est-à-dire celle dans laquelle entrent des prairies artificielles. Il ne s'agit que de savoir observer la marche de la nature pour trou-ver les moyens de la diriger conformément aux intérêts de l'homme. J'ai dit que, pour débarrasse run pâturage des *char-dons nains* qui l'infestent, il falloit le mettre en culture de céréales pendant quelques années. Ici c'est positivement tout le contraire. Pour détruire radicalement le chardon dont il est question, il faut le mettre en prairie au moins pendant trois ans, en ayant soin de le sarcler la première année avec le plus d'exactitude possible. J'en appelle aux cultivateurs qui sèment des luzernes et des sainfoins, pour la vérification de ce fait. J'invite ceux qui ont visité les belles cultures par asso-lement de la Flandre et de l'Angleterre de dire si les champs de blé de ces pays montrent des chardons aussi fréquemment que les nôtres. Ceci concourt à mettre en évidence les nom-breux avantages de la culture alterne, la plus conforme à la nature et la plus productive de toutes. (B.)

CHARDON BÉNIT. C'est la CHAUSSE-TRAPE BÉNITE et le CARTHAME LAINEUX. *Voyez* ces mots.

CHARDON BLEU. *Voyez* PANICAUT AMÉTHYSTE.

CHARDON BONNETIER. *Voyez* CARDÈRE.

CHARDON DORÉ. On donne ce nom à la CHAUSSE-TRAPE SOLSTICIALE.

CHARDON ÉTOILÉ. Espèce de CHAUSSE-TRAPE. *Voyez* ce mot.

CHARDON A FOULON. *Voyez* CARDÈRE.

CHARDON PRISONNIER. C'est le CARTHAME GRILLÉ, *Atractylis cancellata*, Lin.

CHARDON ROLAND. *Voyez* au mot PANICAUT.

CHARDONNERETTE. Ancien nom des CARLINES, dont les graines servent de nourriture aux chardonnerets.

CHARDONNETTE. C'est l'ARTICHAUT SAUVAGE.

CHARDOUSSE. Espèce de carline.

CHARGE. Nom de différentes mesures de grains. *Voyez* au mot Mesure.

CHARGÉ. Cet adjectif s'applique aux plantes sous deux acceptions différentes. On dit qu'un arbre est *chargé de branches*, lorsqu'il pousse beaucoup de très petites branches; qu'il est *chargé de fruits*, lorsqu'il en porte plus qu'il ne convient. Dans le premier cas, l'arbre est foible et ne donne point de fruits. Dans le second, il s'affoiblit et ses fruits ne deviennent ni gros ni savoureux. Il faut donc le débarrasser par la taille d'une partie de ses branches et cueillir avant leur maturité une partie de ses fruits. On a développé au mot Arbre les principes de ces deux opérations. (B.)

CHARGEOIR. (Ustensile de jardinage.) C'est une espèce de selle d'environ trente-quatre pouces de haut, portée sur trois pieds de même hauteur disposés en triangle; chacun de ces pieds est fixé, par le haut, dans une sellette de bois triangulaire, d'environ un pied de large sur chacune de ses trois faces. Cette banquette porte, sur le bord de chacun de ses angles, une cheville de bois d'environ un pied de haut, disposée en sens contraire des pieds.

Le chargeoir est fort utile dans les jardins pour tous les transports qui se font à la hotte. Il économise du temps, puisque le même homme peut charger lui-même sa hotte et la transporter sans avoir besoin d'un aide qui le charge et qui reste à rien faire jusqu'à son retour.

Pour charger commodément, on place le chargeoir près du lieu où sont déposées les matières qu'on doit transporter. On place la hotte de manière que son ouverture soit en face du tas et assujettie entre les trois chevilles; lorsqu'elle est chargée, le porteur l'endosse, va la vider, et revient la mettre en charge. (Th.)

CHARGEON. On donne ce nom aux sarmens de la vigne qui ont été taillés à un, deux ou trois yeux, et qui sont destinés à fournir les bourgeons d'où doivent sortir les grappes.

L'arrière-chargeon est un autre sarment qui fournira, l'année suivante, le bourgeon sur lequel sera taillé le chargeon deux ans après. *Voyez* Vigne. (B.)

CHARGER UNE COUCHE. C'est la couvrir de terreau, de tannée ou de terre. Avant de charger une couche, il est bon de la laisser découverte pendant deux ou trois jours, afin que la fermentation s'établissant, on puisse mieux voir les endroits qui seroient trop foibles, et les garnir. On la marche ensuite dans toute son étendue, et on la règle avec du fumier court, en observant de la bomber dans le milieu de quelques pouces, parceque cette partie baisse toujours plus que les bords. La couche ainsi réglée, on y répand le terreau, la terre ou la tannée, d'égale épaisseur dans toute sa surface. Si la couche est destinée à recevoir des pots, il suffira de la charger de cinq pouces de terreau ; si elle est destinée au repiquage de plantes un peu voraces, on donne à la charge environ six pouces, et on la fait avec du terreau consommé, mêlé par égales parties avec de la terre de jardin. Si enfin la couche est pratiquée dans une bache ou dans une serre chaude, et qu'elle soit destinée à fournir de la chaleur pendant cinq ou six mois, on donne à la charge dix-huit pouces et même deux pieds de hauteur, et on la fait en tannée neuve sortant de la fosse du tanneur.

On dit encore *charger une plate-bande*, et alors c'est l'exhausser avec de la terre lorsqu'elle est trop basse. (Th.)

CHARIOT. *Voyez* Voiture.

CHARME, *Carpinus*. Genre de plantes de la monœcie polyandrie et de la famille des amentacées, qui renferme quatre espèces d'arbres, dont l'une est connue de tout le monde, soit sous le nom de *charme* qu'elle porte dans nos forêts, soit sous le nom de *charmille* qu'elle prend dans nos jardins.

Le CHARME COMMUN, *Carpinus betulus*, Lin., est, par sa hauteur de quarante à cinquante pieds, au second rang des arbres indigènes. Son tronc est rarement droit et rarement cylindrique. Il est recouvert d'une écorce lisse, mais toujours chargée de lichens blancs ou bruns. Sa tête, ordinairement très grosse et très touffue, est peu souvent d'une forme agréable. Ses fleurs paroissent avant le développement des feuilles, et n'ont aucun éclat. Ses feuilles sont ovales, aiguës, plissées, dentées, d'un vert foncé en dessus, et légèrement cotonneuses en dessous. Leur longueur est d'environ deux pouces, et leur largeur d'un pouce. Ses fruits sont disposés en grappes courtes, foliacées et lâches.

Si cet arbre le cède à presque tous les autres par son port, s'il ne produit aucun de ces effets naturels qu'on aime à rencontrer dans la campagne, il se prête mieux que pas un aux caprices de l'homme. En effet, il prend des branches dans toute sa hauteur, et les conserve toujours. Toutes les formes qu'on veut lui donner, au moyen de la taille, lui deviennent propres, ainsi qu'on peut le voir dans les jardins de l'ancien style, dont il fait le plus bel ornement. Là, il imite des portiques, des colonnades, des pyramides, des candelabres, etc. ; ici, on en fait des palissades d'une régularité parfaite, des berceaux impénétrables aux rayons du soleil, des labyrinthes qu'on ne peut franchir, etc. Il souffre la tonte indifféremment à toutes les époques de l'année, s'accommode de tous les terrains, de toutes les expositions, et est presque insensible aux différentes variations de l'atmosphère. Il conserve ses feuilles vertes fort tard en automne, et même après leur dessiccation elles restent sur l'arbre presque jusqu'au printemps.

Mais si le charme plaît dans les jardins réguliers, dits jardins français, il est repoussé de ceux qui imitent la nature, quoique la précocité de son feuillage milite en sa faveur. Jadis il y en avoit trop, aujourd'hui il n'y en a pas assez. Point de doute cependant à qui a vu le charme dans la nature, que, s'il n'est pas toujours agréable quand il est devenu grand, il offre constamment, après la coupe de ses vieux pieds, des buissons d'une belle venue, d'une forme élégante, d'une verdure amie de l'œil, et d'une épaisseur remarquable ; touffes au milieu desquelles on peut faire sans frais de petites retraites, et autour desquelles on trouve l'ombre à toutes les heures du jour. Dans ce cas, il demande à être isolé, soit au milieu des gazons, soit à quelque distance des massifs.

Le bois du charme est extrêmement tenace et passablement dur quand il est sec. On en fait un grand usage dans le charronnage. Il sert à faire des masses, des manches d'outils, des vis de pressoir, des dents de roues pour les moulins, etc., etc. Sa couleur est d'un blanc terne, son grain est fin, et offre un poli mat. Ses couches annuelles ne suivent pas une ligne uniformément circulaire, mais sont ondulées, ou mieux, ont un diamètre inégal ; ses fibres transverses laissent entre elles un grand intervalle. Aussi est-il difficile à travailler, est-il rebours, comme disent les ouvriers. Il perd plus d'un quart de son volume par la dessiccation. Vert, il pèse 61 liv. 3 onces par pied cube ; et sec, 51 liv. 9 onces. Cette grande retraite et cette grande déperdition d'eau devroit engager à ne l'employer que très sec ; mais comme il devient alors extrêmement dur, les ouvriers le travaillent lorsqu'il l'est seulement à moitié. Malgré sa force on ne peut l'employer aux grandes charpentes, mais on en fait un grand usage dans les constructions rustiques.

Comme bois de chauffage, le charme est un des meilleurs parmi les indigènes. Il donne beaucoup de chaleur et dure long-temps au feu. Son charbon est excellent pour les forges, la cuisine et la fabrication de la poudre. On dit que c'est lui qu'on préfère dans la poudrière de Berne, une des plus célèbres du monde. Aussi est-ce sous ces rapports que le charme est le plus employé. En conséquence, c'est en taillis de vingt à vingt-cinq ans que les bois, où le charme domine, doivent être aménagés ; parcequ'à cette époque sa croissance commence à se ralentir, et qu'il n'augmente pas proportionnellement de valeur les années suivantes.

Dans beaucoup de cantons, on réduit ce terme à dix-huit ou même quatorze ans, mais alors on n'a que de la *charbonnette*, c'est-à-dire des perches de douze à quinze lignes de diamètre avec lesquelles on fait du charbon pour les forges. Ces coupes anticipées peuvent être conseillées ou blâmées selon la qualité du sol, d'après le principe que les bois en général doivent être d'autant plus fréquemment abattus qu'ils sont dans un plus mauvais terrain; mais en général la grande retraite du charme, retraite d'autant plus considérable qu'il est moins vieux, les rend peu avantageuses.

C'est dans les sols calcaires que les charmes paroissent le mieux se plaire, du moins c'est là où j'en ai vu de plus belles forêts. Ils sont plus rares et moins beaux dans les pays granitiques et sur les terrains argileux.

Les taillis de charme ont l'avantage de s'épaissir d'autant plus qu'on les coupe plus souvent, parceque ces coupes, qu'on doit toujours faire entre deux terres, font pousser aux racines de nombreux rejets, qui deviennent autant de nouveaux pieds.

Tous les bestiaux mangent les feuilles de charme, soit vertes, soit sèches; aussi dans beaucoup d'endroits, où les fourrages sont rares, leur en donne-t-on pour nourriture été et hiver. Lorsqu'on veut les garder pour l'hiver, on coupe les rameaux au milieu de l'été, entre les deux sèves; on les fait sécher à l'ombre, et on les entasse dans des greniers ou sous des hangars complètement à l'abri de la pluie, car les feuilles se moisissent très facilement. Cette opération, qui nuit tant à la plupart des autres arbres, ne produit, comme je l'ai déjà dit, aucun autre effet sur le charme que de ralentir sa croissance.

La tonte des charmilles dans les jardins dits français, où elles sont si multipliées, se fait une ou deux fois dans l'année. Quand on ne la fait qu'une fois, il est bon de ne l'entreprendre qu'au milieu de l'été, entre les deux sèves, parcequ'à l'automne les branches coupées pousseront de nouvelles brindilles latérales, qui épaissiront d'autant la palissade. Lorsqu'on la tond deux fois, il faut au contraire la faire dans le fort des deux sèves; mais alors la végétation souffre, et par la déperdition de sève qui a lieu par les plaies, et par la diminution des feuilles, qui, comme on le sait aujourd'hui, nourrissent autant l'arbre que les racines. En général on perd plus qu'on ne gagne à couper deux fois la charmille dans une année. En effet, des tronçons de rameaux, des feuilles coupées par la moitié, un dégarni qui approche de la nudité de l'hiver, ne sont pas compensés par une régularité plus sévère. Une brindille qui dépasse l'autre d'un demi-pied est-elle donc un si grand mal? Faut-il pour la faire disparoître se donner des privations réelles, et augmenter de moitié la dépense? Quoi qu'il en soit, la tonte de la charmille doit être aussi rapprochée que possible du tronc; il faut que toutes les brindilles saillantes disparoissent sous le croissant ou le ciseau, c'est-à-dire qu'on voie à nu l'espèce de têtard qui a été formé par les tontes précédentes, à l'extrémité des rameaux, qui sortent immédiatement du tronc de l'arbre; il faut de plus qu'il y ait une telle uniformité dans ce travail, qu'il n'offre ni saillies, ni enfoncemens dans toute la longueur de la palissade; que le tout soit d'un niveau parfait. Ce n'est que par une grande habitude qu'on peut parvenir à assurer le coup-d'œil et à manier l'instrument dans la tonte des charmilles : aussi est-il peu de personnes, même parmi les jardiniers, qui réussissent bien complètement dans cette opération, aujourd'hui que le goût des charmilles passe, et qu'on n'en voit plus que dans un petit nombre de jardins.

A quelle distance du tronc doit être coupée une charmille? Cette question n'est pas facile à résoudre d'une manière générale, parceque beaucoup de circonstances peuvent faire varier ses bases. En général, plus une palissade est haute et plus elle doit être épaisse; c'est la loi de nature, c'est celle qui plaît le plus à l'œil; mais cependant on la viole le plus souvent. En général, on donne huit à dix pouces d'épaisseur à celles qui n'ont que huit à dix pieds de haut, et ce sont les plus communes; mais il est des cas où on donne jusqu'à deux pieds d'épaisseur à celles qui n'ont que cette hauteur, ce sont celles à hauteur d'appui. Quelquefois on fait, en les tenant à cette hauteur, des tapis de verdure de plusieurs toises carrées de superficie.

Lorsqu'une charmille est devenue trop vieille ou qu'elle a été négligée pendant plusieurs années consécutives, il devient nécessaire de la rajeunir, et pour cela il y a deux moyens à tenter. Le premier, de couper toutes ses branches et sa tête, de lui faire pousser de nouveaux rameaux, qu'on tondra lorsqu'ils auront acquis la grandeur et la grosseur convenable. Le second, de la couper rez terre, et de conduire ses rejets comme du nouveau plan. Ces moyens ne réussissent pas toujours, c'est-à-dire qu'il y a fréquemment des pieds qui ne repoussent pas, ou qui repoussent mal; aussi beaucoup de jardiniers pensent que le mieux est de replanter à neuf; cependant en le faisant on court encore un risque, car les jeunes plants, trouvant la terre épuisée, se refusent à y végéter convenablement, et souvent après plusieurs années de remplacemens, toujours renouvelés, on est obligé d'y renoncer. Il faudroit donc dans ce cas former de grandes tranchées, de trois à quatre pieds par exemple, et y rapporter de la nouvelle terre. Au reste ce cas ne se présente plus guère, car on détruit par-tout les vieilles charmilles pour leur substituer des promenades d'un autre genre, qui, si elles n'ont pas la totalité de leurs avantages, en présentent d'autres qu'elles n'ont pas. Dans mon opinion, nous gagnons beaucoup à ce changement de goût. Aujourd'hui, au lieu d'être emprisonné dans ces éternelles allées de charmilles d'une uniformité accablante, on erre autour de buissons, sous des arbustes de disposition, de forme, de couleur, de floraison différente; de manière que les sens, le cœur et l'esprit sont continuellement en action. Or, nous ne sommes réellement heureux que par la variété ou l'intensité de nos sensations.

Il y a deux manières de faire une nouvelle plantation de charmille, c'est-à-dire ou avec du plant de trois à quatre ans, qui a deux ou trois pieds de haut et la grosseur du petit doigt au plus, ou avec du plant de cinq à six ans, qui a six à huit pieds et plus, et la grosseur du pouce au moins; les uns et les autres taillés en crochets. Ces deux manières peuvent réussir également lorsqu'elles sont convenablement exécutées. La première est plus sûre et moins coûteuse, la seconde donne des jouissances plus promptes.

Dans l'un et l'autre cas, il convient de faire des tranchées un ou deux mois à l'avance, et d'autant plus profondes et plus larges que le plant est plus fort; savoir, sept à huit pouces au moins pour le petit, et un pied pour le gros. Ces dimensions, au reste, doivent être fondées sur le principe que plus il y aura de terre remuée autour du plant et mieux il profitera. *Voyez* PLANTATION.

Le plant mis en terre dans un alignement rigoureux et à une distance de six à huit pouces, même un pied si la charmille doit être tenue haute, sera abandonné à lui-même la première année. Seulement on redressera avec des perches attachées à des piquets celui qui tenteroit de s'écarter de la perpendiculaire. Il faut même ajouter que ce soin doit être celui de tous les instants, jusqu'à ce que les tiges aient pris une consistance suffisante pour n'être plus dérangées de cette ligne, soit par le seul effet de leur force végétative, soit par des causes étrangères. La seconde année on donnera, par-ci par-là, quelques coups de croissant ou de ciseau pour arrêter les tiges qui s'élèveroient, ou les branches qui s'allongeroient trop, et on remplacera les pieds qui auroient pu manquer. La troisième année on pourra déjà donner une tonte générale aux grands plants, et la cinquième aux petits; après quoi on les conduira ainsi qu'il a été dit ci-dessus, c'est-à-dire comme charmille faite.

J'ai supposé ici qu'on vouloit arrêter les charmilles à huit à dix pieds, qui, je le répète, est la hauteur la plus ordinaire. Si on étoit dans l'intention de la faire monter plus haut, il faudroit attendre encore une année ou deux; comme si on désiroit qu'elles n'eussent que deux à trois pieds, on devroit les tailler dès la seconde pousse.

Lorsque le charme est placé dans un sol aride, sur-tout s'il est argileux, il languit d'abord pendant quelques années, mais il finit ordinairement par prendre le dessus et par pousser vigoureusement. On hâte ce moment en le rabattant, parceque cette opération donne aux racines le moyen de se fortifier de toute la sève qu'elles auroient portée au tronc dans les premiers jours du printemps, et ensuite de pousser des jets garnis de larges feuilles, qui fournissent aussi pendant l'été une augmentation de nourriture aux mêmes racines.

Une des causes qui, dans les jardins, dégrade le plus les charmilles, c'est l'ombre. Quoique moins délicates à cet égard que la plupart des autres arbres, leur végétation s'affoiblit lorsqu'elles ne reçoivent pas les rayons directs du soleil, qu'elles sont étouffées par les arbres de ligne qui les accompagnent ou les avoisinent presque toujours; elles ne poussent que de petits rameaux, se dégarnissent sur-tout du pied, n'offrent plus que des bâtons presque sans feuilles, et enfin périssent. Il n'y a pas d'autres remèdes à employer que d'élaguer ou même de couper les arbres qui causent ces effets. Souvent la charmille se rétablit toute seule, souvent aussi il faut la recéper, même la replanter.

Il est en général fort difficile de boucher un vide dans une charmille, tous les jeunes pieds avec lesquels on remplace ceux qui sont morts périssant eux-mêmes la première ou la seconde année, soit parceque les pieds voisins absorbent tous les principes de végétation, soit parceque la terre en est épuisée. On doit alors y planter l'orme ou tout autre arbre dont le feuillage ait quelque analogie avec celui du charme.

Quelques propriétaires préfèrent envoyer arracher du plant de charme dans leurs bois pour planter leurs jardins, mais c'est un très mauvais calcul; il leur coûte en définitif plus cher, par la nécessité des remplacemens pendant plusieurs années; car souvent plus de la moitié de ce plant périt, et ils n'ont jamais d'aussi belles charmilles que lorsqu'ils tirent le plant de leurs pépinières, ou qu'ils l'achètent dans les pépinières marchandes.

Ceci me conduit à parler de la multiplication des charmilles, soit pour le repeuplement des bois, soit pour les plantations dont il vient d'être question.

La voie des semis est la seule avec laquelle on puisse se procurer du plant de charme; car les marcottes, quand elles réussisent, et les éclats des vieilles souches ne donnent rien de bon, et il ne reprend pas de boutures. On fait ces semis en automne aussitôt la récolte de la graine dans une terre très meuble, un peu fraîche et ombragée. Quelques plants lèvent au printemps suivant; mais la grande masse reste en terre une année entière, pendant laquelle il faudra sarcler deux ou trois fois et arroser au besoin. Le plant ne demande aucun soin, parcequ'il acquiert, la première année, assez de force pour étouffer toutes les herbes qui germeroient autour de lui, quelque clair qu'il soit, et il faut semer de manière à l'avoir toujours ainsi. Dès la seconde année on peut le lever pour le mettre en pépinière, en jauge, à trois ou quatre pouces de distance ; mais en général on attend la troisième année, époque où il a acquis un à deux pieds de hauteur, et où on peut le placer de suite à un pied ou dix-huit pouces dans la pépinière.

C'est à la même époque que ce plant commence à devenir propre à être immédiatement mis en place, soit dans les forêts, soit dans les jardins ; cependant il peut encore rester un an dans la planche du semis, pour ces objets, sans de grands inconvéniens.

Lorsqu'on veut planter ou repeupler une forêt en charmes, on fait avec la houe, à six pieds de distance les uns des autres, des trous de six à huit pouces de largeur et de profondeur, et on y place, à la fin de l'automne deux pieds, un fort et un foible, rabattus si on veut à deux à trois pouces, mais dont les racines soient aussi entières que possible. L'année suivante on donne quelques coups de pioche autour de ces plants, et on les remplace lorsqu'ils ont manqué tous deux. L'année d'après on les rabat, puis il n'y a plus rien à leur faire. La première coupe ne doit avoir lieu qu'à huit à dix ans, et ensuite conformément à l'aménagement général du pays. Il n'est pas nécessaire de recommander d'empêcher les bestiaux d'approcher de la plantion.

Les semis de charme en place pour une nouvelle plantation réussissent rarement, parcequ'il leur faut de la fraîcheur, c'est pourquoi j'ai parlé d'abord de la transplantation d'un plant crû dans les pépinières ; mais ils sont très avantageux lorsqu'il s'agit de repeupler un bois épuisé qui demande une autre essence d'arbres. Il ne s'agit alors que de faire la part des mulots, et autres quadrupèdes de la famille des rongeurs, qui sont tous très avides des graines de cet arbre. Cette graine se met par poignée de six à huit dans des petites fosses qu'on fait par un simple coup de pioche, et dont on laboure le fond par deux ou trois autres petits coups de la même pioche. Ces trous doivent être au moins à six pieds des arbres qui restent sur le sol. Pour être plus assuré de la réussite de ces semis il convient de les faire trois ans avant la coupe du bois, parceque le plant, arrivé à cette époque, a plus besoin d'air que de fraîcheur pour acquérir de la force, et que par ce moyen il en a autant que s'il étoit isolé. Ces semis ne demandent d'autres soins que d'être garantis de la dent des bestiaux.

Quant au plant qu'on a repiqué dans la pépinière, il faut lui donner les façons ordinaires à ces sortes d'établissemens jusqu'à leur enlèvement pour être mis en place, comme je l'ai dit plus haut. Presque jamais on n'en fait usage pour le repeuplement des bois, à raison du haut prix auquel il revient; il est tout entier réservé pour les jardins.

On peut faire de fort bonnes haies avec la charmille et on l'emploie à cet usage dans certains cantons. Cependant elles ont l'inconvénient d'être facilement franchies par les maraudeurs. Elles se plantent positivement comme les charmilles des jardins, excepté qu'on met deux rangs de plants, à un pied de distance l'un de l'autre, et disposés de manière que ceux d'un de ces rangs soient en regard avec le milieu de l'intervalle de ceux de l'autre.

Quelquefois on plante des charmilles uniquement pour former des abris à des jardins potagers, à des parterres, à des couches, etc. Elles sont également très propres à cet usage, parcequ'elles conservent leurs feuilles pendant une partie de l'hiver, et les reprennent de fort bonne heure au printemps.

Le charme commun présente deux variétés; une dont les feuilles sont panachées, et l'autre dont les feuilles, ou mieux, quelques unes des feuilles sont fortement et inégalement dentées. On appelle vulgairement ce dernier *charme à feuilles de chêne*. On le multiplie par la greffe.

Le CHARME DU LEVANT, qui a les feuilles petites, ovales, en cœur et dentées; l'écaille qui accompagne le fruit, dilatée, anguleuse et dentée. Il est originaire de la Turquie d'Asie. Il ne s'élève qu'à dix-huit à vingt pieds, et ne présente rien de saillant. On le multiplie par la greffe sur l'espèce commune. Il est un peu sensible à la gelée dans sa jeunesse.

Le CHARME D'AMÉRIQUE a les feuilles lancéolées, acuminées, peu coriaces, et le fruit comme le charme commun. Il vient de l'Amérique septentrionale, où il forme un arbre plus grand et plus beau que ce dernier. C'est une espèce, quoi qu'en disent quelques botanistes, mais une espèce fort voisine de la nôtre. On le multiplie de graines envoyées d'Amérique, ou de celles qu'il produit dans nos jardins, ou par greffe. Du reste, il ne présente rien d'ailleurs qui puisse intéresser les cultivateurs européens. On l'appelle *bois d'or* au Canada, à cause du grand nombre d'usages auxquels il est propre.

Le CHARME A FRUITS DE HOUBLON, *Carpinus ostria*, Lin., a les feuilles ovales, pointues, bordées de dents pointues et inégales; les fruits surmontés de follicules ovales et disposées autour d'un axe commun. Il croît naturellement en Italie. Son aspect ne l'éloigne pas beaucoup du charme commun ; mais son fruit est si différent qu'on croit qu'il doit déterminer la formation d'un genre nouveau. Il donne quelquefois de bonnes graines dans le climat de Paris ; cependant on le multiplie le plus souvent par le moyen de la greffe.

Le CHARME A FRUITS DE HOUBLON DE VIRGINIE se rapproche infiniment du précédent ; mais ses feuilles sont plus allongées, plus velues, et ses fruits plus gros. Il croît en Virginie et en Caroline, où j'en ai vu d'immenses quantités. On le cultive dans quelques jardins des environs de Paris ; les graines qu'il y donne ne sont pas encore bonnes. (B.)

CHARMÉ (arbre), lorsqu'il a reçu quelque dommage dont la cause n'est pas apparente, et qu'il menace de périr ou de tomber. (DE PER.)

CHARMILLE. Nom que prend le charme lorsqu'il est planté en palissade dans les jardins. *Voyez* CHARME.

CHARMOIS. On donne ce nom, dans quelques endroits, aux bois où le charme domine.

CHARNIER. On appelle ainsi, dans quelques vignobles, les échalas refendus. Là on encharnie une vigne, comme ailleurs on la garnit d'échalas. (B.)

CHARNU. Une tige, une feuille, un fruit qui sont épais et succulens, sont appelés charnus.

CHAROGNE. On donne ce nom aux cadavres des animaux morts de maladie.

Les charognes, non seulement sont désagréables à la vue et à l'odorat, mais elles sont le foyer de maladies putrides du plus mauvais genre, pour les hommes et les animaux domestiques. Beaucoup d'épidémies et d'épizooties leur sont uniquement dues, ainsi que l'ont prouvé les observations modernes. Comment se fait-il donc qu'on les abandonne autour des habitations, le long des chemins, le plus souvent enfin dans des lieux où leurs émanations peuvent être nuisibles ? L'intérêt particulier qui, ici, se trouve en concordance avec l'intérêt général, ne pourra-t-il agir pour engager les cultivateurs à les enterrer ? Il y a, je le sais, des lois de police qui y obligent ; mais ces lois ne sont pas exécutées. C'est à l'ignorance des dangers qui sont la suite du voisinage des charognes qu'on doit attribuer l'indifférence avec laquelle on les considère. L'instruction, l'instruction, crierai-je toujours ; et l'homme des champs, comme l'homme des villes, se perfectionnera.

Les cultivateurs sont d'autant plus coupables de laisser leurs charognes se décomposer à l'air, que c'est un des plus puissans engrais qu'ils puissent employer. Le cadavre d'un cheval pourri dans la terre fertilise ses alentours pour un grand nombre d'années, ou, lorsqu'on enlève la terre imprégnée de ses émanations à la fin de la première, elle peut fertiliser un quart d'arpent mieux que plusieurs voitures du meilleur fumier. *Voyez* au mot ENGRAIS.

La quantité de carbone que fournit une charogne est si considérable, qu'elle tue, qu'elle brûle, comme on dit, non seulement toutes les plantes sur lesquelles elle se trouve placée, mais encore celles qui en sont à une certaine distance; cependant au bout de quelques mois, les principes nutritifs surabondans qu'elle avoit déposés dans la terre s'évaporent ou se dénaturent, l'équilibre se rétablit, et de nouvelles plantes germent et poussent avec une étonnante vigueur. Les anserines vulgaire et patte d'oie, la morgelline, sont les plantes qui commencent à regarnir le terrain encore trop actif pour la plupart des autres.

Un grand nombre d'insectes des genres SYLPHES, NICROPHORE, BOUSIER, SPHERIDIE, NITIDULE, STAPHYLAIN, MOUCHE, etc., déposent leurs œufs dans les cadavres, et leurs larves les dévorent, ce qui les rend plutôt propres à servir d'engrais à la terre, ainsi que je l'ai bien des milliers de fois observé; mais elles diminuent la quotité de cet engrais.

Les loups, les renards, les blaireaux, les vautours, les corbeaux, et autres quadrupèdes ou oiseaux font disparoître les charognes qui sont éloignées des habitations, et rendent par-là service à l'homme. En Amérique, il est défendu de tuer les vautours par cette raison. (B.)

CHARPENTE (ARCHITECTURE RURALE). On appelle *charpente* un assemblage de pièces de bois, écarries et mises en œuvre par un ouvrier, que l'on nomme *charpentier*, et destiné à former un plancher, ou une cloison, ou un comble de maison, etc. L'art du charpentier a fait en France de grands progrès; et son perfectionnement est dû en grande partie aux recherches et aux belles expériences de MM. Duhamel et de Buffon sur la force des bois.

On ne voit plus dans nos édifices modernes cet amas énorme de bois, ces pièces de dimensions extraordinaires que l'on ne pourroit plus remplacer aujourd'hui. Mais les procédés de cet art perfectionné sont malheureusement encore concentrés dans les chantiers des grandes villes, et lorsqu'on s'en éloigne, on retrouve les charpentes des combles aussi mal exécutées qu'il y a un siècle.

Il est donc à désirer que les propriétaires prennent connoissance des nouveaux *traits* de charpente, afin qu'ils puissent se propager de proche en proche, et parvenir jusque dans les lieux les plus reculés de l'Empire. En les adoptant par-tout, on se procureroit des charpentes aussi solides, dans lesquelles il entreroit beaucoup moins de bois.

Les bois de charpente doivent être sains, sans aubier, sans mauvais nœuds, et, autant qu'il est possible, anciennement coupés.

Il faut toujours poser les pièces de charpente sur le côté où elles seront susceptibles de la plus grande résistance. L'on trouvera sur ce sujet, dans les ouvrages de MM. Duhamel et de Buffon, un grand nombre de faits et d'expériences singulièrement utiles pour la pratique.

Les charpentes des combles sont aujourd'hui construites en décharge, en sorte qu'au lieu de peser sur les murs et d'en provoquer l'écartement comme autrefois, elles servent à conserver leur aplomb, et même à les soulager en partie du poids des planchers inférieurs.

D'ailleurs, les grosseurs des bois que l'on y emploie doivent être relatives à leur portée, et à l'espèce de couverture qu'ils doivent supporter.

La grande économie des charpentes de comble que M. Menjot d'Elbenne vient de pratiquer, et dont on a donné les détails dans une petite brochure, intitulée *Moyens de perfectionner les toits*, ou *Supplément à l'Art du Charpentier, etc., Paris, Colas*, 1808, nous engage à les indiquer aux propriétaires; à l'avantage de l'économie de bois, elles réunissent encore ceux, 1° de n'exiger que des bûches de longueur ordinaire; 2° d'être extrêmement légères; 3° de procurer les greniers les plus beaux et les plus commodes.

Les charpentes de combles sont cintrées en ogives ou en plein cintre, comme celles inventées par Philibert de Lorme, célèbre architecte français du seizième siècle, et construites avec des bois de très petites dimensions, comme on l'a dit. MM. Legrand et Molinos avoient déjà fait une application très ingénieuse de cette forme dans la construction de la coupole de la halle aux farines, brûlée depuis peu; et M. Menjot d'Elbenne l'a adaptée aux constructions rurales avec beaucoup de succès. Il est à désirer, pour l'intérêt général et particulier, que ces charpentes trouvent un grand nombre de partisans.

Nous allons en faire l'essai nous-mêmes, et nous nous empresserons d'en publier le résultat.

Les avantages économiques que nous en retirerons ne seront pas aussi grands que ceux obtenus par M. d'Elbenne, parceque les prix du bois et de la main-d'œuvre ne sont pas les mêmes dans nos localités respectives, et particulièrement à cause des additions que nous avons cru devoir y faire, de concert avec notre charpentier, pour en assurer la solidité; et ces additions ont été motivées par les observations suivantes:

1° Dans la construction de M. d'Elbenne, les coyaux posent sur les saillies de l'entablement, et ne tiennent au cintre que par leur extrémité supérieure, qui est clouée sur la ferme correspondante, et amincie en cette partie, afin de procurer au toit une pente uniforme. Cette seule attache ne nous a pas paru assez solide, parceque les clous peuvent faire fendre les coyaux dans leurs parties amincies; et alors le moindre coup de vent peut les déplacer, et soulever et briser le bas de la couverture. Pour prévenir cet inconvénient, nous avons décidé d'embréver le bout inférieur des coyaux, ou de le fixer sur un petit blochet assemblé dans la sablière.

2° Les fermes, ou les cintres qui en tiennent lieu, ne nous ont pas paru suffisamment consolidés entre eux par les contre-lattes pour pouvoir résister aux grands coups de vent, ou, suivant l'expression des charpentiers, pour maintenir leur *roulement*. Et afin de n'avoir aucune inquiétude à ce sujet, nous avons été d'avis d'unir tous les cintres aux pignons extrèmes par de petites entre-toises, ou par des sous-faîtages, assemblées dans les esseliers qui lient, dans leur partie supérieure, les deux portions de cercle formant l'ogive de chaque cintre.

Ces deux additions ne peuvent augmenter de beaucoup la dépense de construction de ce comble, car elles n'exigent que des bois de trois à quatre pouces de grosseur, et de trois pieds au plus de longueur, c'est-à-dire que du chevron; et ce supplément sera racheté avec un grand avantage par l'assurance de la solidité de la charpente. Quoi qu'il en soit, il nous paroît démontré, d'après le devis estimatif que nous en avons fait avec notre charpentier, qu'en adoptant la charpente des combles de M. d'Elbenne, et même en y faisant les additions que nous venons d'indiquer, son adoption dans les constructions rurales procureroit encore en économie à peu près toute la valeur des gros bois que cette charpente exigeroit, si on l'exécutoit à la manière ordinaire.

On est aussi parvenu à faire des planchers sans poutres dans des appartemens des plus grandes dimensions. Ces planchers sont plus légers, et cependant plus solides que les anciens, quoiqu'ils soient construits avec des bois de grosseur et de longueur beaucoup moindres. Il est fâcheux que la main-d'œuvre de ces planchers soit aussi considérable; cependant, dans la disette actuelle de bois de grandes dimensions, il est très utile de pouvoir s'en passer dans les constructions.

On emploie le fer avec succès pour consolider les charpentes et en empêcher l'écartement; son usage est même indispensable dans les charpentes en décharge. (DE PER.)

CHARPRE. C'est un des synonymes de charmille.

CHARRÉES. Cendres qui ont été lessivées, et qui ne contiennent par conséquent plus d'alkali. Dans cet état elles servent encore à favoriser la formation du salpêtre dans les nitrières artificielles, à former l'aire des granges destinées à battre le blé, et à répandre sur les terres argileuses, auxquelles elles servent d'amendement en les divisant. *Voy.* au mot Cendre. (B.)

CHARRETIER, et non pas CHARTIER. La signification propre du mot désigne le conducteur d'une charrette, d'un chariot, etc.; mais, en agriculture, son acception est beaucoup plus étendue. Le charretier est le valet de la ferme, qui a soin des chevaux, des mulets, etc., et qui conduit la charrue, le chariot, le tombereau, etc.; c'est à mon avis l'homme le plus important de la ferme, et pour se le procurer on ne doit pas mettre de la parcimonie dans les gages : mais combien de qualités et de talens ne doit pas avoir un bon charretier ! il est rare d'en trouver un de cette espèce.

Pour se procurer un charretier, il faut faire les mêmes perquisitions que lorsqu'il s'agit de prendre un fermier. C'est de cet homme précieux que dépend la santé de vos bêtes de chargé, l'économie des fourrages, des avoines, et la multiplication des engrais.

Un charretier doit être doux, actif, vigilant, sobre, patient et fort. S'il est brusque, s'il bat les animaux, renvoyez-le aussitôt; ils doivent obéir à sa voix, et non à son fouet. Bientôt ils deviendront entre ses mains rétifs, mutins et méchans : tout animal se soumet par la douceur, et toute contrainte l'irrite. Un bon charretier ne pense qu'à ses chevaux, et n'est content que lorsqu'il sait qu'il ne leur manque rien.

Le même charretier doit savoir labourer, semer, herser, charger et décharger une voiture; le tout avec promptitude et dextérité. (*Voyez* le mot Bouvier, pour les occupations qui leur sont relatives.) (R.)

CHARRETTE. *Voyez* au mot Voiture.

CHARRIAGE. C'est l'action de transporter quelque chose sur une voiture. C'est aussi, dans quelques endroits, la distance qui est entre les roues d'une voiture ; ce que dans d'autres endroits on appelle la Voie. *Voyez* ce mot. (B.)

CHARROI. Tantôt c'est encore l'action de charrier, tantôt c'est la quantité de ce qu'on transporte dans une voiture. *Il a fait deux charrois aujourd'hui, voilà un bien fort charroi,* sont des expressions communes. (B.)

CHARRUE. Quelques écrivains se sont donné la peine de rechercher quel étoit l'inventeur de la charrue, comme si elle pouvoit être supposée le produit d'une seule conception. Le premier instrument d'agriculture fut sans doute un pieu, et le second une branche à crochet, qui, selon la manière de l'employer, devint une houe ou une charrue. Qu'est-ce que l'araire de nos départemens méridionaux, si ce n'est un crochet ? Ce n'est que successivement qu'on a compliqué la composition de la charrue, et une preuve qu'elle n'étoit dans l'origine qu'une houe traînée, c'est que dans beaucoup de lieux, ainsi que d'autres l'ont prouvé et ainsi que je l'ai vérifié, la forme du soc a conservé celle de la houe, en Biscaye, par exemple.

De tout temps la charrue a été vantée comme le plus précieux des instrumens agricoles, comme étant le soutien des empires ; et en effet sans elle on ne pourroit produire, avec économie, cette surabondance de blé et d'autres produits de la terre qui permet à un grand nombre d'hommes de se livrer à des fonctions étrangères à la culture, sans craindre de manquer de subsistances, de vêtemens, etc. ; mais elle n'est pas l'instrument le mieux approprié au but qu'on se propose en labourant, puisque ce n'est pas elle qui divise le mieux la terre. Son unique avantage sur la houe et la bêche, c'est de faire beaucoup plus d'ouvrage en moins de temps et avec moins de dépense. Le plus grand perfectionnement qu'on doive désirer lui donner, c'est, en la rendant encore plus expéditive, de rapprocher les résultats de son travail de ceux de celui de ces deux derniers instrumens.

C'est donc à couper, diviser, renverser et ameublir la terre, que la charrue est destinée, et elle produit plus ou moins ces effets selon sa forme, selon la nature de la terre, selon le plus ou moins de sécheresse ou d'humidité, la quantité et la grosseur des racines que contient cette terre. Or, toutes les charrues, jusqu'à présent inventées, et le nombre en est très-considérable, ne sont point également propres à être employées dans les mêmes circonstances. Le choix qu'il y a à en faire dépend absolument de la qualité du sol. Une légère charrue dans un terrain argileux, et rempli de racines, feroit un mauvais labour, et il seroit inutile d'employer les forces qu'exige une forte charrue pour labourer un terrain sablonneux.

Il y a tout lieu de croire, par ce que dit Caton, que l'agriculture romaine employoit deux espèces de charrues. L'une que nous pouvons comparer, d'après ce que nous en dit Virgile dans le premier livre de ses Géorgiques, à l'araire de nos départemens méridionaux, que connoissent presque tous les cultivateurs. Cette charrue, trop légère pour des terrains forts, exigeoit un attelage considérable, encore ne pouvoit-elle que donner une culture imparfaite à un sol qui ne demande qu'à être médiocrement cultivé pour produire les moissons les plus abondantes. Pline ne s'explique pas mieux que Virgile au sujet de la charrue : le détail qu'il fait des pièces dont elle est composée se rapproche de ce qu'en dit Virgile. L'autre servoit pour les terrains forts ; mais il n'est pas indiqué en quoi elle différoit de la première.

Aujourd'hui, si on parcourt la France, si on parcourt l'Eu-

ope , si on parcourt le monde entier , on trouve par-tout des
harrues de formes différentes , et chaque cultivateur prétend
que celle dont il fait usage est la plus appropriée à la nature de
on terrain. Tous ou presque tous, sans avoir lu Caton , s'accord-
lent à confirmer le prétendu adage de cet ancien cultivateur:
ne change point ton soc. Sont-ils fondés ? Il est probable que
non ; car les divisions sous lesquelles on peut ranger les terres,
livisions qui, certainement les mêmes dans tout l'univers, sont
loin d'être aussi nombreuses que les formes de charrues connues. Laquelle ou lesquelles faut-il donc regarder comme les
meilleures ? Sera-ce une de celles usitées à la Chine, usitées
dans l'Inde ; une de celles usitées en Espagne, en Italie, en
Allemagne , en Angleterre; une de celles usitées dans les
parties orientales , méridionales, occidentales, septentrionales
ou centrales de la France ? Dans l'embarras du choix il faut
poser des principes et ensuite chercher à en faire l'application , non à toutes les charrues , ce qui seroit inutile au but
de cet ouvrage, peut-être même impossible , mais à quelques
unes de celles qui sont le plus employées ou qui ont été le
plus préconisées en France.

Les principales parties des charrues sont toujours le sep ,
le soc , l'age ou la flèche , le manche, et, souvent l'oreille, ou
le versoir, le coutre et l'avant-train.

La marche d'une charrue , son entrure dans le sillon ,
l'égalité du labour qu'elle fait, la facilité de la conduire , de
la gouverner ; toutes ses propriétés dépendent presque uniquement de sa forme et de la perfection de sa construction. L'ouvrier doit par conséquent être très exact à lui donner toutes
les proportions qu'elle doit avoir et observer soigneusement
toutes les dimensions qui conviennent à l'espèce de charrue
qu'il construit.

La principale et la plus essentielle propriété de la charrue
consiste à piquer, à la volonté du conducteur , c'est-à-dire à
tracer un sillon plus ou moins profond. C'est ce qu'on appelle
donner l'entrure. Cette profondeur plus ou moins grande du
sillon, ou l'entrure du soc dans le terrain , dépend principalement de l'ouverture de l'angle que forme l'age ou la
flèche avec le sep par leur assemblage. L'évacuation commune
de cet angle est depuis dix-huit jusqu'à vingt-quatre degrés au
plus. Voilà la mesure sur laquelle l'ouvrier doit se régler
dans l'assemblage des pièces qui composent sa charrue. Dans
la pratique, c'est-à-dire quand la charrue ouvre les sillons,
son entrure dans le terrain est toujours relative à l'ouverture
de cet angle. Quand on veut avoir un sillon profond , on en
diminue l'ouverture et on l'augmente si on veut qu'il soit plus
superficiel ; pour lors on détermine son ouverture par la ligne

horizontale du terrain et par celle de l'age ou de la flèche,
qui est absolument la même chose, parceque le sep est tou
jours parallèle à la ligne horizontale du terrain. Si la charru
est mal faite, si l'angle que forment l'age et le sep est ho
des proportions indiquées, le laboureur ne peut point la gou
verner de façon à lui donner l'entrure convenable à l'espè
de culture qu'exige le terrain qu'il laboure ; il aura bea
appuyer sur les manches, en dirigeant son effort en avant o
en arrière, selon les circonstances, l'entrure du soc n'en ser
guère ni plus ni moins considérable.

De quelque espèce que soit la charrue qu'on fait cons
truire, le charron doit toujours ménager au laboureur un
très grande facilité de donner l'ouverture qu'il désire à l'ang
que fait l'age avec le sep, afin qu'il puisse aisément l'augmente
ou la diminuer, selon qu'il convient de donner plus o
moins d'entrure à sa charrue. Avec celles qui sont à avant
train, l'age étant posé sur la sellette qui repose sur la travers
qui couvre l'essieu des roues, il est très facile de donner plu
ou moins d'ouverture à cet angle, en avançant ou en recu
lant l'extrémité de la flèche sur la sellette. On n'a pas l
même facilité avec celles qui n'ont point d'avant-train, e
dont l'age repose sur le joug des bœufs. C'est par l'assemblag
du sep et de l'age qu'on augmente ou diminue l'ouvertur
de l'angle qu'ils forment. Pour cet effet, il est nécessair
que le charron ait l'attention de tenir la mortoise qu'il fai
au manche ou au sep assez large afin qu'en dessus et en des
sous on puisse aisément y glisser des coins qu'on enfonc
à volonté pour rendre l'ouverture de l'angle telle qu'ell
doit être, selon l'espèce de culture qu'il veut donner a
terrain qu'il laboure.

Quand on ne s'est point ménagé, dans la constructio
d'une charrue, la facilité de donner plus ou moins d'ouver
ture à l'angle que ferme le sep avec l'age, il est impossibl
que sa marche soit uniforme, quelqu'adroit et intelligent qu
soit le laboureur à la conduire et à la gouverner. L'effor
qu'il est obligé de faire en appuyant sur les manches pou
faire prendre beaucoup d'entrure au soc, ou pour qu'i
en prenne moins, le fatigue considérablement, encore est
il rare qu'il y réussisse ; cet effort ne pouvant pas être con
tinuel, parcequ'il est pénible, le labour est très imparfait
le même sillon n'a point une profondeur égale dans tout
sa longueur. Une pièce de terre labourée avec une telle char
rue est fort mal cultivée.

On ne peut suppléer au défaut de construction qu'en don
nant plus de longueur aux manches. Dans quelques charrue
légères qui ne sont point faites selon les dimensions indiquées,

où a brisé les manches au milieu, afin de les allonger ou raccourcir quand les circonstances l'exigent; ce levier étant plus
long, le conducteur de la charrue fatigue moins par l'effort
qu'il fait en appuyant sur les manches; il est vrai que l'ouvrage
n'est pas fait aussi promptement, parceque la marche de la
charrue est nécessairement retardée par l'effort continuel du
charretier sur les manches.

Une autre circonstance extrêmement importante à considérer, c'est le point d'attache du tirage. Il est beaucoup de
sortes de charrues où les efforts que font les bœufs ou les
chevaux sont en partie perdus, par suite de leur mauvaise
direction. Je reviendrai sur ce sujet lorsqu'il sera question de
la charrue perfectionnée qui a obtenu l'approbation de la
société d'agriculture du département de la Seine.

Dans la construction de l'age, cette partie si essentielle
de la charrue, l'ouvrier doit faire attention que le centre de
la résistance que la charrue a à surmonter est moins au bout
du soc, qui, étant aigu et tranchant, coupe aisément la terre,
qu'aux faces latérales et inférieures du sep. La résistance de
la terre ne provient pas tant de sa propre pesanteur que de la
cohésion de ses parties, qui forment une masse assez solide,
et opposent leur résistance au-devant de la charrue selon la
ligne du tirage. Le centre de résistance ou de percussion n'étant
par conséquent pas tout-à-fait à la pointe du soc, mais au contraire sur le plan des faces latérales et inférieures du sep,
l'ouvrier doit donc tenir cette pièce extrêmement polie, afin
qu'en diminuant les frottemens, les obstacles soient moins
considérables. Il faut donc la fabriquer avec un bois dur et
compacte. On y emploie, lorsqu'on le peut, le poirier, le
prunier ou le sorbier, et plus ordinairement le hêtre ou le
chêne.

La surface verticale gauche et l'inférieure horizontale du
sep ou coin triangulaire, dont le corps de chaque charrue
est composé, ne doivent pas être tout-à-fait plates, mais un
peu concaves, afin de donner plus d'assiette à la charrue dans
le labour; si elles étoient absolument plates, les extrémités
deviendroient convexes par les frottemens, parceque ce sont
les parties qui en éprouvent de plus considérables; le sep
tendroit alors à sortir de la direction qu'on lui auroit fait
prendre. Dans cette circonstance le conducteur seroit obligé
de faire des efforts extraordinaires et d'appuyer fortement
sur les manches, en dirigeant son action tantôt à droite tantôt à gauche, pour diriger et gouverner sa charrue comme
elle doit l'être, s'il veut faire un labour uniforme; au
contraire, lorsque le sep a ses faces latérales et l'horizontale inférieure, un peu concaves après l'action du choc, il n'y

a que le bout du talon qui touche le fond du sillon dans l[e]
plan horizoutal; de même dans le plan vertical, du côté gauche
il n'y a que le bout latéral du talon qui éprouve des frottemen[s]
contre le terrain. De cette manière, on diminue beaucoup le[s]
frottemens qu'éprouveroit, sans cela, le sep dans le sillon. L[a]
résistance qui provient plus de la cohésion des molécules d[e]
la terre que de la difficulté du soc à l'ouvrir, est considérablement diminuée. L'attelage fatigue peu, ayant de moindre[s]
obstacles à surmonter.

Pour diminuer encore plus les obstacles qui proviennent d[u]
frottement que le sep éprouve dans le sillon, pour rendre e[n]
même temps la marche de la charrue plus aisée, on est dan[s]
l'usage, dans certains cantons de l'Angleterre, d'adapter a[u]
talon du sep deux roulettes très basses sur l'essieu desquelle[s]
il est porté, ou une seule qu'on place au milieu du sep dan[s]
une mortoise pratiquée à cet effet, mortoise où elle est fixé[e]
par un axe qui traverse l'épaisseur latérale du sep. Le mouvement progressif de rotation de ces roulettes, quand la charru[e]
est tirée, rend la marche du sep dans le sillon très aisée, parcequ'il n'a plus que les mouvemens latéraux à éprouver, qui son[t]
bien moins considérables qu'ils ne le seroient sans le secours des
roulettes. C'est de la marche aisée de la charrue que dépend
l'égalité du labour qui constitue une bonne culture. Quand
une charrue va avec aisance l'attelage fatigue fort peu, il n'es[t]
point nécessaire qu'il soit aussi nombreux comme quand il v[a]
difficilement et que sa marche est pénible. Le conducteur
alors est absolument le maître de sa charrue; il la gouverne à
sa volonté sans presque se fatiguer ni se gêner. Je suis persuadé
que dans les terres extrêmement fortes et tenaces on tireroi[t]
un avantage des deux roulettes adaptées au talon du sep; outre
qu'elles faciliteroient sa marche, elles le conserveroient en lu[i]
épargnant les frottemens continuels qui l'usent peu à peu. Ces
roulettes contribuent encore à donner plus d'entrure au soc,
parceque le talon du sep étant élevé, la pointe du soc piqu[e]
plus avant.

Pour les versoirs ou oreilles des charrues on choisit un
bois dur, à raison des résistances qu'elles éprouvent. On doit,
autant qu'il est possible, chercher à diminuer les frottemens,
et on y parvient par l'extrême poli qu'on donne à ces pièces,
qui sont ordinairement fabriquées du même bois que le sep.
Lorsqu'elles sont bien faites, la terre, quoiqu'humide, ne s'y
attache pas aisément.

Je ne sache pas qu'en France on fasse nulle part un usage
habituel de versoirs en fer fondu; mais cela est très vulgaire
en Angleterre et même dans l'Amérique septentrionale. Les

vantages de ces sortes de versoirs sont plus nombreux que
urs inconvéniens, comme je le ferai voir plus bas.

La forme du versoir contribue beaucoup à accélérer ou
etarder la marche de la charrue, et a l'effet qu'elle doit pro-
uire, qui est de bien renverser la terre sur le côté. La plupart
es ouvriers imaginent qu'une planche quelconque, pourvu
u'elle soit un peu contournée, est un versoir qu'ils peuvent
dapter à une charrue, sans faire attention à prévenir les frot-
emens qu'il est dans le cas d'éprouver quand il avance dans la
erre. Cependant l'expérience démontre que le versoir éprouve
resque autant de frottement que le sep, puisque le laboureur
st continuellement obligé d'appuyer sur le manche du côté
u versoir, autrement sa charrue seroit bientôt renversée sur
e côté opposé, à cause des obstacles que rencontre le versoir
e la part de la cohésion des molécules de la terre dans la
narche de la charrue. Un ouvrier intelligent doit donc cher-
her à lui donner la forme la plus convénable pour diminuer
es frottemens, afin que les obstacles à surmonter étant moin-
lres, la marche de la charrue ne soit point retardée. Le
aboureur ayant alors moins de peine à la tenir dans l'assiette
'elle doit avoir au fond du sillon, et la gouvernant avec
isance, le labour sera très uniforme.

Plusieurs ouvriers donnent au versoir la forme d'un coin
rismatique dont le tranchant est vertical ; d'autres font son
lan extérieur convexe dans le haut et concave dans le bas ; et
'autres enfin, et c'est assez l'ordinaire pour les charrues lé-
ères, lui donnent une forme absolument plate ; de sorte que
e n'est exactement qu'une planche très unie, avec une bande
fer appliquée au côté inférieur qui entre dans la terre pour
mpêcher qu'elle ne s'use trop vite par les frottemens.

M. Arbuthnot, Journal de Physique, octobre 1774, a re-
onnu que la semi-cycloïde étoit la forme qui opposoit le moins
e résistance pour ouvrir la terre. En effet, cette courbe des-
end si doucement, tandis que la pointe du cercle générateur
st au-dessus de son axe, qu'en la renversant pour former la
ente depuis le sommet du versoir jusqu'à la pointe du soc, on
btient de bien plus grands effets dans les terres fortes et dans
s labours profonds. Mais dans les terres légères et dans les
bours très superficiels, elle ne décharge pas assez vite la
rre ; et une demi-ellipse, d'après le même écrivain, est bien
référable dans ce cas.

La courbure dont il vient d'être question ne regarde pré-
'ment que la forme du devant du versoir, la surface totale
u versoir devant être concavo-convexe. M. Arbuthnot avoue
'il n'est point parvenu à la configurer de la sorte par théo
e ; mais en observant la manière avec laquelle la terre ren

contre le versoir, comment elle s'y attache ou s'en détache en différentes circonstances, comment elle tombe et est plus ou moins renversée, ayant égard aux endroits qui s'usent les premiers dans les différentes charrues ; ce qui montre où est le plus grand frottement ou la plus grande résistance à surmonter.

Par-tout c'est au hasard que les ouvriers taillent les oreilles des charrues qu'ils construisent ; aussi n'y en a-t-il pas deux de parfaitement semblables qui sortent de la main du même, et à plus forte raison de celles de ceux qui travaillent dans des localités éloignées ; aussi arrive-t-il souvent qu'une nouvelle charrue n'expédie pas l'ouvrage aussi facilement ou aussi bien que celle qu'elle remplace. Il n'est peut-être point de laboureur, dans les pays où on se sert des charrues qui ont cette partie d'une grande dimension, qui ne puisse se rappeler bien des cas de ce genre. Cette circonstance a fixé l'attention d'un homme qui, quoique placé à la tête d'une grande nation, n'a pas dédaigné de s'occuper du perfectionnement de la charrue, de M. Jefferson, président des Etats-Unis de l'Amérique.

Comme je ne pourrois qu'embrouiller la matière en voulant extraire son mémoire, qui est rédigé avec une concision remarquable, je vais le transcrire ici, tout entier, des Annales du Muséum d'Histoire naturelle de Paris.

« L'oreille d'une charrue ne doit pas être seulement la continuation de l'aile du soc, en commençant à son arrière bord, mais encore il faut qu'elle soit sur le même plan. Sa première fonction est de recevoir horizontalement du soc la motte de terre, de l'élever à la hauteur convenable pour être renversée, d'opposer dans sa marche la *moindre résistance possible*, et par conséquent de n'exiger que le minimum de la puissance motrice. Si c'étoit là que se bornent ses fonctions, le coin offriroit sans doute la forme la plus convenable pour la pratique ; mais il s'agit aussi de renverser la motte de terre : l'un des bords de l'oreille doit donc être sans aucune élévation pour éviter une dépense inutile de force ; l'autre bord doit au contraire aller en montant jusqu'à ce qu'il dépasse la perpendiculaire, afin que la motte de terre se renverse par son propre poids ; et pour obtenir cet effet avec le moins de résistance possible, il faut que l'inclinaison de l'oreille augmente graduellement du moment qu'elle a reçu la motte de terre.

« Dans cette seconde fonction l'oreille opère donc comme un coin situé en travers ou en montant, dont la pointe recule horizontalement sur la terre, tandis que l'autre bout continue de s'élever jusqu'à ce qu'il dépasse la perpendiculaire : ou pour l'envisager sous un autre point de vue, plaçons à terre un coin dont la largeur égale celle du soc de la charrue, et dont l

Pl. II. T. 3. Page 375.

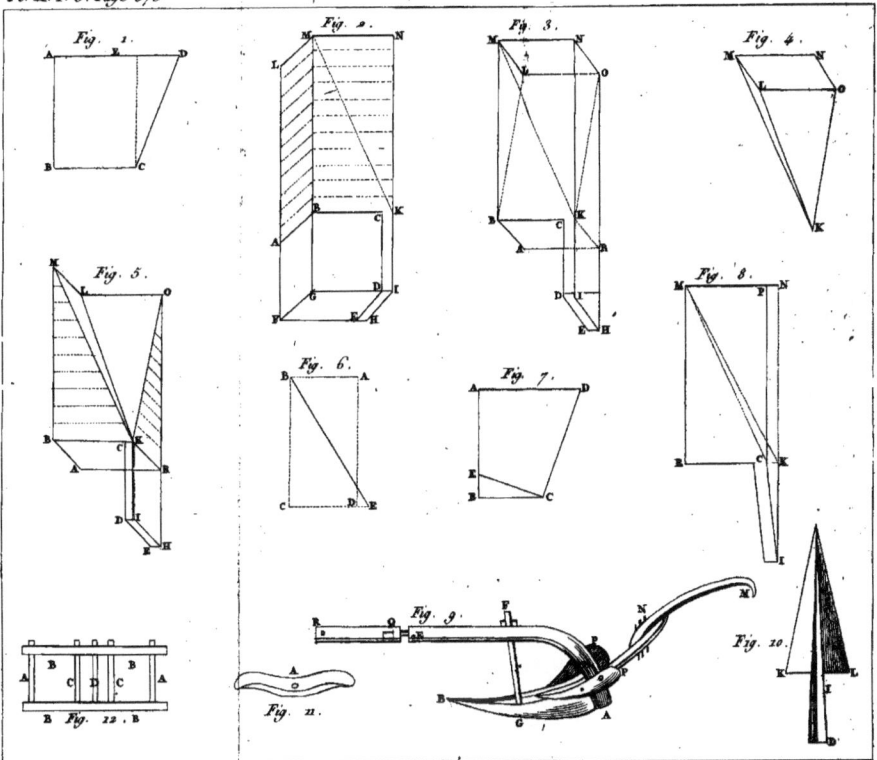

Fig. 1.

Fig. 2.

Fig. 3.

Fig. 4.

Fig. 5.

Fig. 6.

Fig. 7.

Fig. 8.

Fig. 9.

Fig. 10.

Fig. 11.

Fig. 12.

Deseve del. et dir.t

Charrues.

longueur soit égale à celle du soc, depuis l'aile jusqu'à l'arrière bout, et la hauteur du talon égale à l'épaisseur du soc. Menez une diagonale sur la surface supérieure, depuis l'angle gauche de la pointe jusqu'à l'angle droit de la partie supérieure du talon ; adoucissez la face en biaisant, depuis la diagonale jusqu'au bord droit qui touche la terre : cette moitié se trouve évidemment de la forme la plus convenable pour remplir ces deux fonctions requises ; savoir, pour enlever et renverser la motte graduellement et avec le moins de force possible. Si on adoucit de même la gauche de la diagonale, c'est-à-dire si on suppose une ligne droite dont la longueur soit au moins égale à la longueur du coin, appliquée sur la face déjà adoucie, et se mouvant en arrière sur cette face parallèlement à elle-même, et aux deux bouts du coin, en même temps que son bout inférieur se tiendra toujours le long de la ligne inférieure de la face droite, il en résultera une surface courbe dont le caractère essentiel sera d'être une combinaison du principe du coin, considéré suivant deux directions qui se croisent, et donnera ce que nous demandons, une oreille de charrue offrant le moins de résistance possible.

« Cette oreille présente de plus le précieux avantage de pouvoir être exécutée par l'ouvrier le moins intelligent, au moyen d'un procédé si exact, que sa forme ne variera jamais de l'épaisseur d'un cheveu. Un des grands défauts de cette partie essentielle des charrues est le peu de précision qui s'y trouve, parceque l'ouvrier, n'ayant d'autre guide que l'œil, à peine en trouve-t-on deux qui soient semblables.

« A la vérité, il est plus facile d'exécuter avec précision l'oreille de charrue dont il s'agit, quand on a vu une fois pratiquer la méthode qui en fournit le moyen, que de décrire cette méthode à l'aide du langage, ou de la représenter par des figures. Je vais cependant essayer d'en donner la description.

« Soient données la largeur et la profondeur du sillon proposé, ainsi que la longueur de l'arbre de la charrue depuis sa jonction avec l'aile jusqu'à son arrière-bout, car ces données déterminent les dimensions du bloc dans lequel on doit tailler l'oreille de la charrue. Supposons la largeur du sillon de neuf pouces, la profondeur de six et la longueur de l'arbre de deux pieds ; alors le bloc (*fig.* 1, *pl.* 2) doit avoir neuf pouces de largeur à sa base BC, et treize et demi à son sommet AD ; car s'il n'avoit en haut que la largeur AE égale à celle de la base, la motte de terre élevée perpendiculairement retomberoit dans le sillon par sa propre élasticité. L'expérience que j'ai acquise, sur mes terres, m'a démontré que, dans une hauteur de douze pouces, l'élévation de l'oreille doit dépasser la perpendiculaire de quatre pouces et demi (ce qui donne un angle d'environ vingt degrés et demi), pour que le poids de la motte l'emporte, dans tous les cas, sur son élasticité. Le bloc doit avoir douze pouces de haut, parce-que, si l'oreille n'avoit pas en hauteur deux fois la profondeur du sillon, lorsque vous labourez des terres friables et sablonneuses, elles dépasseroient l'oreille, en s'élevant comme par vagues. Il doit avoir trois pieds de long, dont un servira à former la queue qui fixe l'oreille au manche de la charrue.

« La première opération consiste à former cette queue en sciant le bloc (*fig.* 2) en travers de A ou B sur son côté gauche, et à douze pouces du bout FG ; on continue l'entaille perpendiculairement le long de BC jusqu'à un pouce et demi de son côté droit ; alors prenant DI et EH égales chacune à un pouce et demi, on fait un trait de scie le long de la ligne DE parallèle au côté droit. Le morceau ABCDEFG tombe de lui-même et laisse la queue CDEHIK d'un pouce et demi d'épaisseur. C'est de la partie antérieure ABCKLMN du bloc que doit se former l'oreille.

« Au moyen d'une équerre, tracez sur toutes les faces du bloc des lignes distantes entre elles d'un pouce, il y en aura nécessairement vingt-trois ; alors tirez la diagonale KM (*fig.* 3) sur la face supérieure et KO sur celle qui est située à droite ; faites entrer la scie au point M, en la dirigeant vers K, et en la descendant le long de la ligne ML, jusqu'à ce qu'elle marque une ligne droite entre K et L (*fig.* 5). Ensuite faites entrer la scie au point O, et conservant la direction OK, descendez-la le long de la ligne OL jusqu'à la rencontre de la diagonale centrale KL qui avoit été formée par la première coupe. La pyramide KMNOL (*fig.* 4) tombera d'elle-même et laissera le bloc dans la forme *fig.* 5.

« Observons que si dans la dernière opération, au lieu d'arrêter la scie à la diagonale centrale KL on avoit continué d'entailler le bloc, en restant sur le même plan, le coin LMNOKB (*fig.* 3) auroit été enlevé, et il seroit resté un autre coin LOKBAR, lequel, comme je l'observois ci-dessus, en parlant du principe relatif à la construction de l'oreille, offriroit la forme la plus parfaite, s'il ne s'agissoit que d'élever la motte de terre ; mais comme elle doit aussi être retournée, la moitié gauche du coin supérieur a été conservée, afin d'y continuer, du même côté, le biais à exécuter sur la moitié droite du coin inférieur.

« Procédons aux moyens de prendre ce biais, objet pour lequel on a eu la précaution de tracer des lignes à l'entour du bloc, avant d'enlever la pyramide (*fig.* 4). Il faut avoir l'attention de ne pas confondre ces lignes, maintenant qu'elles sont séparées par le vide qu'a laissé la suppression de cette pyramide (*fig.* 5). Faites entrer la scie sur les deux points de la première ligne, situés aux endroits où celle-ci se trouve interrompue, et qui sont ses deux points d'intersection avec les diagonales extérieures OK, MK, en continuant le trait sur cette première ligne jusqu'à ce qu'il atteigne, d'une part, la diagonale centrale, et de l'autre l'arrête inférieure OK du bloc (*fig.* 5): le bout postérieur de la scie sortira par quelque point situé sur la trace supérieure, en ligne droite avec les points correspondans de l'arrête et de la diagonale centrale. Continuez de même sur tous les points formés par les intersections des diagonales extérieures et des lignes tracées autour du bloc, en prenant toujours la diagonale centrale et l'arrête OH pour terme, et les traces pour directrices ; il arrivera que, quand vous aurez fait plusieurs de ces traits de scie, le bout de cet instrument, qui étoit sorti jusque-là par la face supérieure du bloc, sortira par la face située à gauche de celle-ci ; et tous ces différens traits de scie auront marqué autant de lignes droites, qui, en partant de l'arrête inférieure OH du bloc, iront couper la diagonale centrale. Maintenant, à l'aide d'un outil convenable, enlevez les parties sciées, observant seulement de laisser visibles les traits de scie, et cette face de l'oreille sera terminée. Les traits serviront à démontrer comment le coin qui est à l'angle droit s'élève graduellement sur la face du coin direct ou inférieur, dont la pente est conservée dans la diagonale centrale. On peut se représenter facilement et se rendre sensible la manière dont la motte de terre est élevée sur l'oreille que nous venons de décrire, en traçant sur la terre un parallélogramme de deux pieds de long sur neuf pouces de large ABCD (*fig.* 6) ; puis posant au point B le bout d'un bâton de vingt-sept pouces et demi et élevant l'autre bout à douze pouces au-dessus du point E, la ligne DE, égale à quatre pouces et demi, représente la quantité dont la hauteur de l'oreille dépasse la perpendiculaire. Cela fait, on prendra un autre bâton de douze pouces, et le posant sur AB, on le fera mouvoir en arrière et parallèlement à lui-même de AB vers CD, en ayant soin de tenir un de ses bouts toujours sur la ligne AD, tandis que l'autre se meut le long du bâton BE, qui représente ici la diagonale centrale. Le mouvement de ce bâton de douze pouces sera celui de notre coin montant, et fera voir comment chaque ligne transversale de la motte de terre est conduite depuis sa première position horizontale, jusqu'à ce qu'elle soit élevée à une hauteur qui dépasse tellement la perpendiculaire qu'elle tombe renversée par son propre poids.

« Mais pour revenir à notre opération, il nous reste à exécuter le dessous de l'oreille : renversez le bloc et faites entrer la scie par les points où la ligne AL rencontre les traces, et continuez votre trait le long de ces traces, jusqu'à ce que les deux bouts de la scie approchent d'un pouce (ou de toute autre épaisseur convenable) de la face opposée de l'oreille. Quand les traits seront finis, enlevez, comme précédemment, les morceaux sciés, et l'oreille sera terminée.

« On fixe l'oreille à la charrue en emboîtant le devant OL (fig. 5 et 10) dans l'arrière - bord du soc, qui doit être fait double comme l'étui d'un peigne, afin de recevoir et de garantir le devant de l'oreille. On fait passer alors une vis au travers de l'oreille et du manche droit de la charrue. La partie de la queue qui dépassera le manche sera coupée diagonalement et l'ouvrage sera fini.

« En décrivant cette opération, j'ai suivi la marche la plus simple pour la rendre plus facile à concevoir; mais la pratique m'a fait apercevoir qu'il y auroit quelques modifications avantageuses à y faire : ainsi, au lieu de commencer par former le bloc, comme le représente ABCD (*fig. 7*), où AB est de douze pouces, et l'angle en B est droit, je retranche vers le bas, et sur toute la longueur BC du bloc, un coin BCE, la ligne BE étant égale à l'épaisseur de la barre du soc (que je suppose d'un pouce et demi); car la face de l'aile s'inclinant depuis la barre jusqu'au sol, si on venoit à poser ce bloc sur le soc sans tenir compte de cette inclinaison, le côté AB perdroit sa perpendicularité, et le côté AD cesseroit d'être horizontal. De plus, au lieu de laisser au haut du bloc treize pouces et demi de largeur depuis M jusqu'en N (*fig. 8*), j'enlève du côté droit une espèce de coin NKICPN, d'un pouce et demi d'épaisseur, parceque l'expérience m'a prouvé que la queue, devenue par ce moyen plus oblique comme CI au lieu de KI, s'adapte plus avantageusement à côté du manche. La diagonale de la face supérieure se trouve conséquemment reculée de K en C, et nous avons MC au lieu de MK comme ci-dessus. Ces modifications seront faciles à saisir pour quiconque conçoit le principe général. »

« L'*age* ou la *flèche* est exactement le régulateur de la charrue, sa marche uniforme, l'entrure du soc dans le sillon, dépendent de sa position sur la sellette de l'avant-train. Si cette pièce étoit toujours beaucoup en arrière, que le bout seul portât sur la sellette, quoiqu'elle fût fort longue, son poids ne seroit pas un fardeau considérable pour l'attelage; mais souvent on est obligé de l'avancer sur la sellette quand on veut que la charrue pique moins. Alors son poids devient une charge pour les chevaux de trait. Si elle étoit faite d'un bois dur et pesant, comme elle a souvent huit à dix pieds de longueur sur cinq à six pouces d'écarrissage, les chevaux auroient beaucoup de peine à tirer la charrue. Il faut par conséquent choisir un bois léger, afin de ne point fatiguer inutilement les animaux qui labourent. On y emploie le hêtre, le frêne, l'orme et le tilleul.

La forme de la flèche n'est pas absolument indifférente ; dans la plupart des charrues, elle est droite d'un bout à l'autre : alors, s'il y a plusieurs coutres, les derniers doivent être plus longs que les premiers, afin qu'ils puissent arriver sur la terre pour la fendre. Cette longueur des derniers coutres n'est point du tout favorable à leur action ; ils ne sont point aussi solidement fixés dans la mortoise où on les place, et l'effort qu'ils font pour ouvrir la terre leur fait souvent perdre la position qu'ils doivent avoir ; d'ailleurs, le point d'appui se trouvant trop éloigné de la résistance, leur action est moindre. La meilleure forme qu'on puisse donner à la flèche est la droite et la courbe tout à la fois, c'est-à-dire droite depuis le tenon par lequel elle l'assemble au sep, jusqu'à la mortoise du dernier coutre, où elle est continuée en ligne courbe, pour aller reposer sur la sellette. Au moyen de cette disposition, la pointe du dernier coutre se trouve aussi près du terrain que celle du premier, leurs longueurs étant égales. Cependant, comme on est souvent obligé d'avancer la flèche sur la sellette, et que cet avancement élève plus au-dessus du terrain la partie où est placée le dernier coutre que celle où se trouve le premier, il est bon que le dernier soit toujours d'un à deux pouces plus long que les autres.

Les manches des charrues ne doivent pas être faits avec du bois trop léger, afin que sa pesanteur puisse contre-balancer celles du sep de l'oreille, du soc et des coutres, lorsqu'il y en a, il faut donc choisir un bois pesant, tel que le chêne, qui de plus, est en état de résister aux efforts réitérés que le charretier est souvent obligé de faire sur eux, sur-tout quand la charrue est d'une construction défectueuse.

La plupart des charrues qu'on emploie pour la culture des terres sablonneuses n'ont qu'un manche simple, un peu recourbé en arrière. Comme le conducteur a peu d'efforts à faire pour gouverner sa charrue dans un terrain qui n'oppose aucune résistance, ce manche simple suffit ; mais dans les terres fortes, où le conducteur est sans cesse occupé à bien tenir le sep dans son assiette au fond du sillon, à cause des obstacles qu'il rencontre à chaque instant, et qui tendent à faire tourner la charrue, il lui seroit difficile de la tenir dans un parfait équilibre sans le secours du double manche, qui, divisant sa puissance, en porte une partie à droite et l'autre à gauche ; de sorte que si le sep tend à tourner à gauche, sa main appuyant aussitôt vers la droite, il est remis en place sur-le-champ.

Ce double manche est quelquefois d'une seule pièce, plus souvent formé par un assemblage, son extrémité postérieure, ou la poignée, est toujours un peu recourbée en dessous, afin que le conducteur ait plus d'aisance pour appuyer dessus quand il est nécessaire. Sa hauteur dépend de la taille de ce conducteur; mais en général, c'est l'usage du pays qui la fixe. Il vaut mieux cependant qu'il soit plutôt court qu'élevé.

Mais il faut en venir à la partie la plus essentielle de la charrue, à celle pour laquelle toutes les autres sont faites, qui lui sont toutes subordonnées, au soc enfin.

Il est des terres extrèmement légères et extrèmement douces, qu'on peut labourer avec un sep pointu, sans soc; mais ces terres sont rares, et même dans ces terres, le bois de ce sep, quelque dur qu'il fût, seroit bientôt épointé et usé. On n'a donc pas tardé à l'armer d'un morceau de métal. Dans l'origine des sociétés agricoles, c'étoit du cuivre mêlé d'arsenic, mélange plus dur que le cuivre pur et que quelques documens font croire avoir été l'airain des premiers peuples agricoles. Aujourd'hui c'est toujours du fer.

La forme du soc de la charrue varie sans fin, comme celle de toutes ses autres parties; mais cependant on peut la ranger sous trois divisions.

Les uns ont la forme d'un triangle isocèle, dont l'angle qui fait la pointe du soc est très aigu; les deux autres sont repliés en dessous, pour former une espèce de douille où entre le sep.

Les autres, qui ressemblent au fer d'une lance, ont entre les deux ailes un manche rond en forme de douille, pour recevoir la pointe du sep.

Les troisièmes, enfin, sont terminés du côté gauche, en ligne droite depuis la pointe jusqu'à l'extrémité de la douille; du côté droit ils ont une aile tranchante, qui commence à la pointe du soc, et qui vient se terminer, après avoir fait un angle, vis-à-vis la naissance de la douille, à la jonction de la douille même avec le soc.

J'ai vu en Biscaye le soc être terminé par un croissant; dans quelques parties de la ci-devant Picardie, et en Pologne, il est bifurqué. Ces deux sortes de socs sont trop évidemment impropres au but que doit remplir cette partie de la charrue pour être adoptés. Ils ne peuvent agir que dans des terres très légères, et où il n'y a ni pierres ni racines dans le cas de mettre obstacle à leur marche.

Toutes ces différentes figures des socs sont relatives à l'espèce de charrue à laquelle ils sont adaptés. Ceux de la première forme sont propres aux charrues les plus légères, comme l'araire. Ceux de la seconde sont employés aux charrues appelées communément *tourne-oreille*, parceque le versoir est amovible , et qu'on le change à chaque sillon. Ceux de la troisième ne conviennent qu'aux charrues dont le versoir est fixé au côté droit ; c'est pour cette raison qu'il n'a qu'une aile assez large de ce côté. S'il en avoit une pareille à l'opposé, la terre qu'il soulèveroit retomberoit dans le sillon. Les ailes du soc qu'on adapte aux charrues dont le versoir est amovible sont peu larges ; autrement celle qui ne seroit point surmontée du versoir remueroit une trop grande quantité de terre, qui ne seroit point retournée sur le côté, mais qui retomberoit dans le sillon.

Quelle que soit la figure des socs , leur pointe, ainsi que le tranchant de leurs ailes doivent être proportionnés à la qualité du terrain dans lequel ils entrent. Dans un sol pierreux, un soc , dont la pointe seroit très aiguë et les ailes bien tranchantes , seroit d'abord usé. Il est donc nécessaire, dans ces circonstances, que ces parties aient peu de pointe et de tranchant. Dans les terres grasses et compactes, un soc bien aigu , à ailes bien tranchantes, entre avec beaucoup de facilité, parce " coupe aisément. Il s'use peu, parcequ'il ne trouve presque pas de pierres. Si sa pointe , au contraire , n'étoit pas aiguë, ni ses ailes affilées, il éprouveroit de grandes résistances pour ouvrir une terre qui, s'opposant continuellement à son action, seroit battue au lieu d'être ameublie.

En principe général, le soc doit être un peu plus large que le sep ; car on sent que, dans le cas contraire, ce dernier seroit obligé d'achever d'ouvrir la terre , qu'il augmenteroit le frottement et s'useroit très vite.

Le fer des socs doit être d'une bonne qualité, afin qu'il résiste aux efforts qu'il fait pour ouvrir la terre, et sa pointe sera d'un très bon acier, ainsi que ses ailes.

On appelle *coutre* une espèce de couteau qu'on adapte en avant du soc, à la flèche de la charrue , pour fendre la terre, couper les racines et le gazon. Sa figure varie comme toutes les autres parties des charrues, mais cependant dans des limites peu étendues. Il faut qu'il soit assez épais et assez long pour les services qu'on lui demande. On le monte ou on le descend à volonté. Il est tout en fer trempé très dur, plus tranchant dans les terres argileuses, et moins dans celles qui sont pierreuses. Au reste , on ne l'emploie dans ces dernières qu'autant qu'il s'y trouveroit une grande quantité de racines assez fortes pour embarrasser la marche de la charrue. Quelquefois on met deux et même trois coutres à la suite les uns des autres, et à une hauteur inégale, de manière que le premier ne fait qu'égratigner la surface de la terre. Au lieu d'un coutre, les Anglais mettent quelquefois un TRANCHE-GAZON à leurs charrues (*voyez* ce mot) ; ce qui produit à peu près le même effet.

Une charrue pourvue de toutes les parties dont il vient d'être question est complète ; mais il est des cas où elle n'agiroit qu'avec la plus grande difficulté, même dans lesquels elle ne pourroit pas du tout agir. Pour faciliter sa marche, il est donc nécessaire, dans ces cas, de la pourvoir d'un avant-train.

L'avant-train doit être considéré comme un moyen de venir au secours des chevaux ou des bœufs dans les terrains difficiles à diviser, soit à raison de leur nature argileuse, soit parce-qu'ils sont garnis de racines qu'on ne peut couper qu'avec de grands efforts. Il est essentiellement composé de deux roues dont l'essieu porte deux montans, surmontés de deux traverses, dont ordinairement l'inférieure est fixe et supporte la flèche, et la supérieure est mobile et sert à empêcher cette flèche de vaciller, plus, du têtard, du pâturon et du limonier. Je reviendrai sur ces objets.

Pour que la destination de l'avant-train ait pleinement son effet, il doit être peu pesant et construit cependant d'une manière solide. S'il étoit trop pesant il fatigueroit considérablement l'attelage, parceque son propre poids l'enfonceroit dans le sillon. On doit faire en sorte, autant qu'on le peut, que la puissance des chevaux qui sont à l'attelage n'agisse que pour vaincre la résistance qu'oppose la terre. Tous les bois qui entrent dans la construction de l'avant-train doivent être légers.

En quelques endroits on est dans l'habitude de faire en fer les deux roues, mais cela a quelques inconvéniens. Dans certains terrains argileux ou sablonneux, après la pluie, ces roues enfoncent plus qu'il ne faut, l'attelage a beaucoup de peine à tirer la charrue, le conducteur ne peut plus la gouverner, le soc prend trop d'entrure, etc. Cependant je ne chercherai pas à en éloigner les cultivateurs, parceque ces roues durent infiniment plus long-temps et se chargent de beaucoup moins de terre.

Il est des pays où on fait les roues très basses, d'autres où on les fait inégales, d'autres où une d'elles peut être plus ou moins éloignée de la flèche, etc.

Les proportions qu'il faut suivre dans la construction des charrues dépendent de tant de circonstances, qu'il est impossible de donner une règle fixe et des principes invariables à ce sujet. Premièrement il faut avoir égard à la qualité du terrain ; selon sa légèreté ou sa ténacité, il exige, comme je l'ai déjà observé, une charrue plus ou moins forte ; secondement, à l'espèce de culture. On conçoit que pour les premiers labours d'une terre en jachère, ou pour des défrichemens, il faut une charrue d'une espèce différente de celle qu'on emploie pour les seconds labours ; troisièmement, à la force du conducteur, qui souvent. n'est pas en état de gouverner toutes sortes de charrues ; à la puissance de l'attelage qu'il faut bien connoître, afin d'en tirer tout le parti possible sans cependant le ruiner faute de ménagement ; quatrièmement enfin, à l'espèce de charrue qu'on veut faire construire.

Un des articles les plus essentiels à la perfection de la charrue consiste à bien déterminer l'angle que fait le sep avec l'age par leur assemblage. Il a été dit que l'ouverture de cet angle pouvoit être depuis dix-huit jusqu'à vingt-quatre degrés. L'ouvrier doit ménager au laboureur la facilité de l'augmenter ou de la diminuer, selon qu'il le juge convenable à l'espèce de culture qu'il veut donner à une pièce de terre. Pour cet effet, il tient, aux charrues légères, la mortoise qu'il pratique au manche ou au sep, pour recevoir le tenon de l'age, assez large pour qu'on puisse glisser un coin en dessous et en dessus, coin qu'on enfonce à volonté, pour élever ou abaisser l'age.

Le point de tirage est aussi de première importance, quand il est trop loin de l'age, il se perd une quantité considérable de force sans utilité réelle ; quand il est trop près les secousses que donne l'attelage relèvent le soc et occasionnent un labour inégal. La plupart des charrues pèchent par un de ces deux défauts. Le lieu précis où on doit placer le point de tirage dépend aussi de la forme de la charrue, de la nature de la terre qu'on laboure, et de la force des chevaux ou des bœufs qu'on emploie.

Le soc, ainsi que je l'ai dit plus haut, doit toujours être un peu plus large que l'age. Sa longueur est communément de douze à quatorze pouces.

La longueur du manche varie selon la force de la charrue et la grandeur de son conducteur. Elle est ordinairement de trois pieds neuf pouces. Leur écartement, dans les charrues où il est fourchu, est de quinze à dix-huit pouces à son extrémité.

Comme la longueur de la flèche ou de l'age rend la marche de la charrue plus aisée et que l'attelage a moins de peine à tirer quand elle est grande que quand elle est petite, elle doit être plus longue dans un terrain fort et pour un attelage foible, pour une charrue lourde que pour une charrue légère ; cependant on peut la fixer généralement, pour les cas ordinaires, au moyen du principe suivant.

Pour déterminer la longueur de la flèche, on prend une ligne horizontale indéfinie sur laquelle on élève une perpendiculaire de douze pouces. A la distance de huit pieds de cette première perpendiculaire on en élève une seconde de quarante-quatre à quarante-cinq pouces. La diagonale qui rasera ces deux perpendiculaires jusqu'à couper l'horizon marquera par son intersection l'endroit où doit être la pointe du soc ; celle de la première perpendiculaire, l'endroit du bout de la flèche. Par ce principe on a la longueur de la flèche depuis la pointe du soc jusqu'à son extrémité ; le reste de sa longueur, c'est-à-dire depuis la pointe du soc jusqu'à son assemblage avec le sep, ou les manches, ne dépend plus que de la distance qu'il y a entre le talon du sep et la pointe du soc et de la proportion de la force moyenne du laboureur, pour la tendance du plan incliné de la charrue vers l'horizon, ce qui doit déterminer les deux parties de la flèche.

Dans la longueur de la flèche il faut encore avoir égard à la hauteur des roues, parceque leur diamètre étant hors des proportions ordinaires, elle seroit trop élevée sur la sellette si elle n'avoit que la longueur commune. Le soc alors, dans bien des circonstances, ne pourroit pas prendre assez d'entrure.

La flèche des charrues légères, ou sans avant-train, n'a communément que six pieds de longueur, qui est à peu près le double de celle que doivent avoir le sep et le soc réunis.

Le diamètre qu'on donne aux roues de l'avant-train pris en dessous des jantes est communément de vingt-deux à vingt-quatre pouces. Pour rendre ces roues plus légères, on réduit la longueur de la partie du moyeu qui est en dedans à deux pouces. Par ce moyen on donne plus de longueur à la traverse percée qui reçoit leur essieu et qui supporte la sellette. Dans la plupart des charrues à avant-train, les deux roues ne sont pas d'un diamètre égal, comme je l'ai déjà fait remarquer ; celle qui est à droite est plus grande que celle qui est à gauche, parcequ'elle va dans le sillon, ce qui la met à peu près au niveau de l'autre. Cette inégalité des roues empêche la charrue de verser ; si elles étoient égales, l'une tournant dans le sillon, l'autre sur la surface de la terre, la charrue pencheroit nécessairement du côté de la roue qui est dans le sillon, et souvent tout l'effort du conducteur ne pourroit empêcher la charrue de se renverser. La différence de leur diamètre est le plus communément de six à sept pouces.

Cette inégalité des roues ne doit jamais avoir lieu quand le versoir est amovible, parceque la charrue culbuteroit nécessairement lorsque le versoir se trouveroit du côté de la plus petite. Dans les terrains absolument plats elle n'est pas aussi nécessaire, l'une des roues n'étant jamais assez élevée pour craindre que la charrue soit renversée. Lorsque le versoir est fixé au côté droit de la charrue, et que la terre qu'on laboure doit être divisée par sillons, la roue à droite, ou du côté du versoir, doit être nécessairement d'un diamètre plus grand que celle qui est à gauche, parceque la manière de labourer ces lèces de terre est de commencer à gauche et d'aller ensuite à droite, de sorte qu'on entame un billon des deux côtés, et on le ermine par le milieu. La roue à gauche, outre qu'elle se rouve plus basse que celle qui est à droite à cause de la position lu terrain, a encore son mouvement de rotation dans le sillon, andis que l'autre l'a sur la surface du sol. Si le diamètre des oues étoit égal, celle qui est à gauche ne résisteroit point à 'action du versoir, qui fait effort pour renverser la terre sur le :ôté, la charrue par conséquent seroit culbutée à gauche, parceque le conducteur n'auroit pas la force de maintenir l'équilibre.

Le patron ou la traverse percée, dans laquelle passe l'essieu les roues, est de dix ou onze pouces de longueur sur quatre pouces et demi ou cinq d'équarrissage, ce qui détermine la longueur de l'essieu des roues; parceque le patron arrive exactement jusqu'aux moyeux des deux roues. Il n'est guère possible de réduire cette longueur, les roues seroient alors trop rapprochées, la charrue par conséquent ne seroit pas dans une position solide quand elle marcheroit. La distance d'une roue à l'autre doit toujours être au moins de dix-huit à vingt pouces. Ce n'est pas trop de deux pieds pour les charrues de la première force.

La sellette, placée sur le patron pour recevoir et supporter l'extrémité de l'age ou de la flèche, a communément douze ou treize pouces de hauteur, et deux pouces et demi d'épaisseur. Sa largeur est de même proportion que la longueur du patron, à peu de chose près. Il n'y auroit aucun inconvénient quand elle ne seroit point aussi large que le patron est long.

Le têtard ou limonier doit avoir au moins vingt-cinq pouces depuis le patron jusqu'à son extrémité. Quand la charrue est extrêmement forte, on peut lui donner trois à quatre pouces de longueur, afin de donner plus d'aisance à l'attelage pour tirer. Son équarrissage est de trois pouces.

L'épart ou la traverse qu'on passe dans la mortoise pratiquée à l'extrémité du têtard pour attacher à chaque bout les palonniers qui reçoivent les traits des chevaux, a trente pouces de longueur, trois pouces de largeur et un pouce et demi d'épaisseur. Ces proportions sont constantes pour toutes sortes de charrues.

Les deux palonniers ont chacun vingt-un pouces de longueur, et cette longueur suffit pour tenir les traits à la distance qui est nécessaire, afin qu'ils ne frottent point trop contre les cuisses des chevaux. Quand ou veut labourer avec un seul cheval, ou qu'on veut en mettre plusieurs à la suite les uns des autres, on supprime l'épart pour mettre un seul palonnier au bout du têtard. Si on veut constamment mettre les animaux de tirage à la file les uns des autres on peut absolument supprimer le têtard, et le remplacer par deux limons qu'on cloue sur le patron. Leur longueur ne doit pas excéder les épaules du cheval limonier. Il est bon qu'ils soient courbés en dehors, afin que dans la marche de la charrue ils ne battent point contre les flancs du limonier.

Toutes les charrues peuvent être rangées dans deux classes, les simples et les composées. Ces dernières sont celles qui ont un avant-train. Les unes et les autres peuvent être à tourne-oreille, à soc pointu, à soc en fer de lance, à soc à double aile, ou aile simple, etc. A ces deux classes on en ajoute quelquefois deux autres, celles des charrues appelées *cultivateur*, et celles des charrues *à défricher*.

La charrue la plus simple et en même temps la plus ancienne est l'araire dont parle Virgile dans les Géorgiques, ainsi que je l'ai dit au commencement de cet article et qui a été décrite par Pline et autres écrivains de l'antiquité. C'est encore celle qu'on emploie communément dans les parties méridionales de l'Europe, même de la France. Elle suffit pour les terrains légers ; mais on seroit bien embarrassé aujourd'hui si on étoit obligé de l'employer dans les terres fortes et presque toujours humides des départemens septentrionaux. La charrue à avant-train a sans doute été inventée pour ces sortes de terrains ; mais on ignore l'époque où on a commencé à s'en servir.

Tout le mécanisme de la charrue simple consiste dans deux leviers, l'un de la première, l'autre de la seconde espèce, qui ont un point d'appui commun, et agissent en même temps pour vaincre la résistance que le soc oppose à leur action ; de sorte que sa direction dépend de tous deux. Le premier levier est le manche assemblé avec le sep. La puissance qui le fait agir ce sont les mains du laboureur appliquées à l'extrémité du manche pour conduire la charrue ; son point d'appui est au talon du sep, et sa résistance première à la pointe du soc. Celle qui provient des frottemens du sep dans le sillon n'est que secondaire, parcequ'elle est une suite du premier obstacle qu'éprouve le soc en fendant la terre.

L'araire dont on fait encore si généralement usage dans les ci-devant provinces du Dauphiné, du Languedoc, de la Provence et autres contrées voisines, est composée du sep AB *pl. 2*, *fig. 9*, lequel a ordinairement trois à quatre pieds de longueur. La partie qui est en avant, ou le bout antérieur, est terminée en pointe. Le dessous du sep, ou la surface inférieure qui pose sur le terrain, quand la charrue est en mouvement, n'est point plat, il forme une courbe peu sensible dans toute sa longueur.

Le talon, ou l'extrémité postérieure du sep, est terminé par un fort tenon qui est reçu dans la mortoise pratiquée à l'extrémité de l'age DE, avec lequel il s'assemble. Pour contribuer à la solidité de son assemblage il est encore uni à l'age par deux montans de fer FG, qui sont clavelés sur l'age comme on le voit en F. Entre l'age et le sep, c'est-à-dire de F à G, il y a environ quinze pouces de distance. Outre que ces montans solidifient l'ensemble, ils arrêtent les mauvaises herbes et les racines qui sans lui embarrasseroient la marche de la charrue en s'amoncelant contre les oreilles ou le sep.

Le soc de cette charrue fait en forme de fer de lance, *fig.* 10, est fort long. Il est placé sur le sep de manière que son manche ID entre dans la même mortoise, qui est pratiquée dans l'extrémité de l'age où le tenon du sep est entré. Les ailes KL du soc sont appuyées contre les montans FG, *fig.* 9. Ce soc, sans être uni au sep, est cependant placé assez solidement pour que son action ne tende pas à lui faire quitter sa position, l'effort qu'il fait contribuant à l'y maintenir.

Le manche M, *fig.* 9, est terminé au bout comme une crosse dont l'extrémité a un tenon qui entre, de même que celui du sep et le manche du soc, dans la grande mortoise qui est pratiquée à l'extrémité de l'age, et qui leur est commune. Le manche, ainsi que les deux autres pièces, est assujetti dans cette mortoise par des coins qu'on enfonce à coups de maillet pour rendre cet assemblage très solide. On a attention qu'il y ait toujours un coin en haut et l'autre en bas, afin de pouvoir donner plus ou moins d'entrure à la charrue quand il est nécessaire. Si la mortoise étoit trop large vers les côtés, on seroit obligé d'y glisser de petits coins, afin que les pièces qui y sont assemblées ne varient point quand la charrue est tirée. Le manche est quelquefois brisé, dans son milieu, comme on le voit en N, afin qu'il soit aisé de l'allonger ou de le raccourcir selon que l'exige la hauteur de la taille du laboureur.

Les coins qui assujettissent le sep, le soc et le manche dans la mortoise qui est à l'extrémité de l'age, ont encore une autre destination, qui est de faire piquer plus ou moins la charrue, c'est-à-dire de la faire entrer plus ou moins profondément dans la terre, à mesure qu'on les lâche ou qu'on les enfonce; c'est pourquoi il a été dit qu'il falloit avoir attention que la mortoise fût assez large pour qu'on pût mettre un coin en dessus et l'autre en dessous. La profondeur du sillon, comme il a été démontré plus haut, dépend de l'ouverture de l'angle que forment l'age et le sep assemblés. Si cet angle est bien ouvert, la charrue pique peu ou prend peu d'entrure, parceque l'attelage tire en haut. Dans cette circonstance le conducteur, dont les mains appuient continuellement sur les manches, fatigue beaucoup pour diriger la charrue, afin que le soc prenne une entrure convenable. Au contraire, quand l'angle est peu ouvert, l'attelage, il est vrai, a plus de peine, parceque l'age étant plus bas le soc prend plus d'entrure et fouille la terre à une plus grande profondeur; mais aussi le laboureur est dispensé d'appuyer sur le manche; il lui suffit de gouverner simplement sa charrue, afin que le soc trace un sillon droit. Pour que cet angle soit peu ouvert on enfonce fortement le coin supérieur, tandis qu'on enfonce peu celui qui est en dessous. Quand au contraire on veut lui donner plus d'ouverture afin que le soc pique moins, c'est le coin de dessous qu'il faut enfoncer fortement. Ce dernier doit toujours être entre le sep et l'age; s'il étoit au-dessous de l'age, soit qu'on enfonçât celui d'en haut ou d'en bas, l'effet seroit toujours le même, qui est de rapprocher ces deux pièces, c'est-à-dire l'age ou le sep, parceque c'est de leur plus grande ou moindre distance que dépend l'ouverture de l'angle.

A la partie postérieure du sep il y a deux petits versoirs PP, qu'on appelle aussi *oreilles* ou *oreillons*, qui renversent à droite et à gauche la terre coupée et soulevée par le soc; ces deux versoirs sont fixés contre le sep par une forte cheville de bois qui passe à travers des deux et du sep. Ils sont aussi assujettis contre l'age par une autre cheville. Pour que le transport de la terre soit fait du côté où elle a été déjà travaillée, il est à propos que le laboureur, en appuyant sur le manche de sa charrue, la fasse un peu incliner du côté des sillons déjà formés, afin que la plus grande partie de la terre y soit versée.

L'age DFE, formé d'une seule pièce de bois, courbée du côté du sep, a huit, et quelquefois dix pieds de longueur; elle a, à son extrémité, un étrier de fer qui entre aisément dans la mortoise pratiquée au bout de la pièce de bois QR, qui a quatre à cinq pieds de longueur; elle passe entre les bœufs et va se reposer sur le joug, où elle est attachée par une cheville qui passe dans un trou qui y est pratiqué, et dans celui qui est au milieu du joug. Quand on veut n'employer qu'un seul cheval au tirage, ou qu'on veut en mettre plusieurs à la queue les uns des autres, on enlève la pièce de bois QR pour lui substituer un brancard qu'on attache au bout de l'age par l'étrier, ou la boucle de fer qui est toujours passée dans le trou qu'il a à son extrémité.

L'araire est tirée communément par deux bœufs qu'on met sous le joug. La fig. 3 représente le joug sur lequel on fixe la pièce de bois QR de la charrue par le moyen d'une forte cheville qui passe par un trou pratiqué à l'extrémité de cette pièce, et par un autre formé au milieu du joug. Quand on se sert de chevaux ou de mulets on passe à leur cou le châssis

Pl. III. T. 3. Page 399.

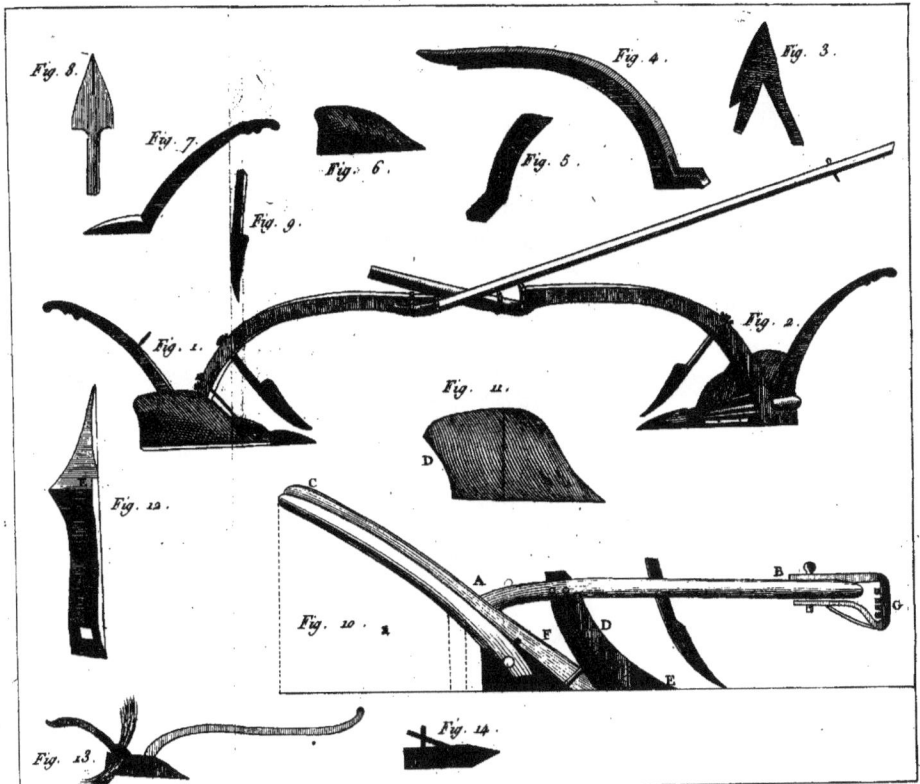

Fig. 8. Fig. 7. Fig. 6. Fig. 5. Fig. 4. Fig. 3.

Fig. 9.

Fig. 1. Fig. 2.

Fig. 11.

Fig. 12.

Fig. 10.

Fig. 13. Fig. 14.

Desevo del et dir.

Charrues.

représenté *fig.* 4 , *pl.* 2. Pour cet effet on tire en haut les chevilles AA, et quand le cou du cheval , déjà garni d'un collier , est passé, afin que le châssis n'appuie point contre ses épaules quand il tire , on abaisse les chevilles ; on place la pièce de bois QR, qui tient par un étrier au bout de l'age entre les deux montans CC, qui sont assemblés avec les deux traverses BB ; on lève la cheville D , et on la laisse retomber dans le trou qui est au bout de la pièce de bois QR , d'où elle passe dans celui qui'est à la traverse d'en bas.

L'araire est très commode pour labourer avec un seul cheval entre les sillons des vignes, entre les rangées des plantes ainsi disposés, entre les allées d'arbres, pareequ'elle permet d'en approcher sans craindre de les endommager. *Voyez* au mot CULTIVATEUR.

La forme des araires varie, non seulement de pays à pays, mais même de commune à commune ; quelques unes sont très défectueuses. Je n'entreprendrai pas de les décrire toutes, mais je dois donner la figure de celle usitée dans le département du Gers, comme plus parfaite que celle de Provence, dont il vient d'être question; elle n'a qu'un versoir, mais fort grand, comparativement à ceux de la précédente. *Voyez pl.* 3, *fig.* 1 , l'araire (*aray*) vue du côté du versoir ; *fig.* 2, la même vue du côté opposé ; *fig.* 3, le sep (*la mousso*); *fig.* 4 et 5, l'age (*la courbo* ou *plec d'aray*); *fig.* 6, le versoir (*l'aoureillon*); *fig.* 7, le manche (*l'estéouo* ou la *manego*) ; *fig.* 8, le soc (*l'areillo*); *fig.* 9 , le coutre (*lou couté*). Les proportions sont telles qu'elles sont indiquées dans les figures, le coutre supposé être d'un pied et demi de long.

L'aran des environs d'Angoulême se rapproche beaucoup de cette araire ; mais son manche est double , son soc est moins large , et son oreille est amovible.

Je voudrois encore parler de l'araire dont on fait usage sur les montagnes de la Galice, et dont j'ai donné la figure il y a douze ans, dans la relation de mon voyage en Espagne, imprimée dans le Journal encyclopédique. Voici ce que j'en dis :

« Il falloit au sol schisteux de ce bassin une culture appropriée a sa grande élévation et à l'humidité continuelle dont il est abreuvé. Des hommes très ignorans lui en ont, de temps immémorial, donné une tellement perfectionnée, qu'il n'est pas possible de la voir sans en être enthousiasmé. Là , les sillons sont des trapèzes, dont le côté incliné regarde le midi, et qui n'ont qu'environ trois décimètres de large sur à peu près autant de hauteur. Mais comment leur donne-t-ou cette forme ? Par le moyen d'un petit fagot flexible de genêt, qu'on place et qu'on fixe, en travers du soc, au bas du manche de la charrue. Cette charrue est une simple araire à oreille mobile (*voy. pl. 3, fig.* 13 et 14). Lorsqu'on trace une raie, l'extrémité du fagot qui est du côté de l'oreille se relève et ratisse obliquement la terre que le soc vient d'élever. L'habitude fait que les sillons sont égaux et droits comme s'ils avoient été tirés au cordeau, que les billons sont unis et propres comme les planches du jardin le mieux tenu. La semence qu'on a répandue avant le labourage se trouve presque toute entière sur la partie inclinée du billon, et y germe à l'abri d'une humidité surabondante et sous l'influence directe des rayons du soleil. »

Cette méthode, que je ne crois décrite nulle part, m'a paru très simple, très appropriée à la localité, et dans le cas d'être imitée dans les sols analogues. Il est une infinité de cas où son application seroit très économique, c'est-à-dire dispenseroit de travailler la terre à la bêche et au râteau. Les cultures de primeur, dans les sables des environs de Paris par exemple, en seroient très susceptibles.

M. Arbuthnot, dont il a déjà été parlé dans cet article, a inventé une charrue simple dont je ne crois pas qu'on fasse usage nulle part. J'en donne cependant la figure pl. 3, n. 10, 11, 12, principalement à cause du moyen employé pour changer l'angle du tirage, moyen qui n'est appliqué à aucun autre. AB, la flèche; AC, les manches; D, le versoir; E, le soc; F, le sep; G, la tête, dont les dentelures servent à placer plus ou moins haut l'anneau de tirage, selon qu'on veut que le soc entre plus ou moins profondément dans la terre. Des expériences comparatives ont prouvé qu'elle labouroit à dix pouces de profondeur avec une force égale à 500, c'est-à-dire plus foible qu'aucune autre.

On doit au même M. Arbuthnot un mémoire très lumineux sur les principes qui doivent guider dans la construction des diverses parties d'une charrue. Il est inséré dans le recueil des ouvrages agronomiques d'Arthur Young. Je regrette de ne pouvoir, à raison de sa longueur et de la similitude de ses bases avec les principes de théorie développés plus haut, l'insérer ici; mais j'invite ceux des lecteurs qui voudroient approfondir la matière à en prendre connoissance.

La charrue à avant-train est préférable à toute autre, comme je l'ai déjà observé, dans les terrains argileux et dans ceux qu'on défriche. Elle diminue considérablement la fatigue des animaux employés à la faire mouvoir, parceque la ligne de direction n'étant point tirée de la pointe du soc comme dans la charrue simple, mais de l'axe des roues, il y a moins de force de perdue. De plus, la flèche qui repose sur l'avant-train, et qu'on allonge et racourcit à volonté, comme je le dirai plus bas, est un régulateur fixe absolument indépendant de l'attelage, qui ne permet au soc de s'enfoncer qu'à la profondeur donnée, laquelle ne peut plus varier tant que la flèche demeure à la même hauteur. Par cette raison, le labour à cette charrue est plus uniforme. Une autre considération, c'est que la flèche étant posée sur l'avant-train, elle fait un seul levier avec les manches, et sert à enfoncer le soc quand on les presse ; au contraire, en les soulevant, on le fait sortir du sillon. Il n'en est pas ainsi de la charrue simple ; elle entre plus dans la terre en soulevant les manches, et quand on les presse elle s'enfonce moins ; ce qui provient du point d'appui qui, dans la charrue simple, est dans le talon, et dans l'autre sur l'avant-train.

La charrue à avant-train est beaucoup plus ferme que la charrue simple, parceque la profondeur du sillon est toujours réglée par l'avant-train sur lequel pose la flèche. D'ailleurs, l'axe des roues étant le point d'appui de la flèche, qui y est fixée solidement, l'arrière-train est bien moins sujet à verser à droite ou à gauche que quand la flèche n'est pas fixée sur un point d'appui solide, tel que celui des charrues simples. Cette construction épargne les efforts extraordinaires qui sont quelquefois requis de la part de l'attelage, ainsi que du conducteur, en bien des circonstances, lorsqu'on laboure avec la charrue simple, particulièrement si le laboureur ne sait point garder l'équilibre entre les deux leviers dont la charrue simple est composée, ou quand la variété du sol, la résistance des racines, les trop grandes pressions latérales qu'éprouve le sep, s'y opposent. La résistance perpendiculaire des obstacles enfonce la pointe du soc tout d'un coup, et exige un effort proportionnel pour le soulever. La charrue à avant-train, au contraire, est constamment soutenue dans le même angle de tirage avec le sillon. Par conséquent, c'est alors la seule partie du mouvement progressif, parallèle à la ligne horizontale, qui exige la force de l'attelage.

Il est des circonstances, dans le labourage, où la charrue à avant-train est d'un usage désavantageux. Par exemple, lorsqu'on laboure en billons, comme les roues changent fréquemment de position, la charrue est jetée hors du plan vertical, de sorte que le soc coupe de côté avec des irrégularités fort considérables. Un laboureur intelligent peut remédier à cet inconvénient par la manière de diriger sa charrue ; mais les moyens les plus sûrs d'y parvenir sont ou de faire les billons de trente ou quarante pieds de largeur, en leur donnant une convexité régulière, de manière que le milieu des planches ait de dix-huit à vingt-quatre pouces de hauteur, comme on le pratique en Angleterre et en Flandre, ou de faire les roues d'un diamètre inégal, pour que la plus haute se trouve toujours dans l'endroit le plus bas du billon. Il est sur les bords du Rhin, dans les environs de Mayence, un canton où une des roues de la charrue est de moitié plus petite que l'autre, aussi y fait-on des billons très étroits et très bombés. Dans cette circonstance, on est obligé d'entamer un billon des deux côtés, c'est-à-dire par la droite, et ensuite par la gauche pour revenir à la droite, afin que la roue la plus haute se trouve toujours du côté le plus bas. C'est principalement dans ces sortes de charrues qu'il est utile de pouvoir à volonté éloigner une des roues de l'autre, en prolongeant l'essieu d'un côté.

L'avant-train des charrues composées n'est cependant pas toujours accompagné de deux roues. On en voit fréquemment en Angleterre qui n'en ont qu'une, et plusieurs agriculteurs français ont proposé d'en construire d'après les mêmes principes. On a donné à ces charrues le nom de CULTIVATEUR, et c'est à ce mot que j'en parlerai.

La charrue la plus commune aux environs de Paris doit être connue. Quoique inférieure à d'autres, c'est par elle que je vais commencer.

L'arrière-train de cette charrue, représenté *pl.* 4, *fig.* 1, est composé du sep AA. Il est plat en dessous, afin qu'il puisse aisément couler sur le terrain. Il a vingt-sept à vingt-huit pouces de longueur; sa largeur à sa partie postérieure, où l'age est assemblé, est de six pouces, et son épaisseur de trois. Il diminue insensiblement et jusqu'à sa pointe qui entre dans le soc. Le côté opposé au versoir est garni d'une bande de fer, afin qu'il ne s'use pas trop vite par les frottemens. Son bout antérieur est garni d'un soc plat, B, qui est acéré et tranchant. Il a quatre pouces un quart de largeur à l'endroit où il embrasse le sep, et huit dans sa plus grande largeur; sa longueur est de treize pouces et demi. Il se termine en pointe pour entrer plus aisément dans la terre. On le voit représenté de face, *fig.* 2.

Le double manche CC entre dans une mortoise pratiquée au bout postérieur du sep, où il est enfoncé très solidement. Depuis le sep jusqu'à son extrémité, il a trois pieds neuf pouces de longueur; sa plus grande largeur est de trois pouces sur un pouce et un quart d'épaisseur. La plus grande ouverture de ces deux manches, qui est à leur extrémité, est de quinze pouces. Ils sont soutenus, dans le haut, par une traverse, qui rend leur assemblage plus solide, quand même ils ne seroient faits que d'une seule pièce de bois.

L'age DD passe, de toute son épaisseur, dans un trou pratiqué au bas des manches, qui est rond ou carré, selon la forme de l'age, qui est assez indifférente. Pour rendre l'arrière-train plus solide, l'age est soutenu par la *scie* E et l'*atelier* F. Ce sont deux pièces de bois qui ont à chaque extrémité un

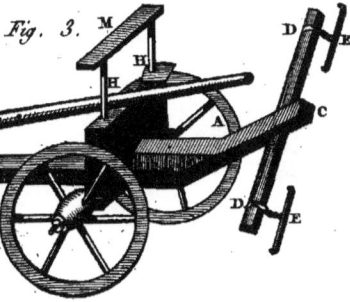

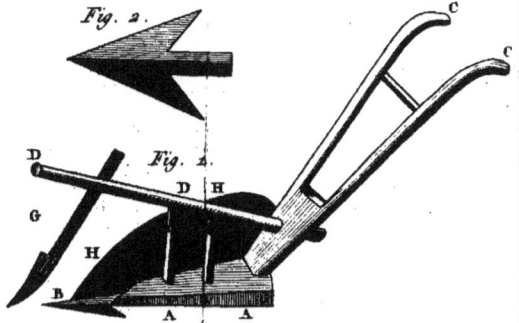

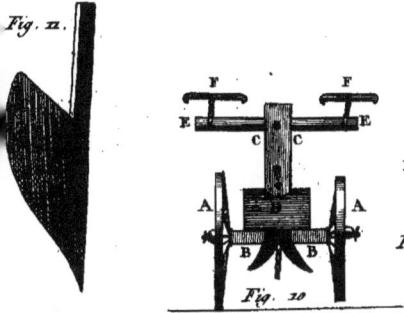

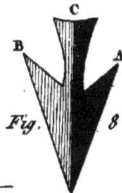

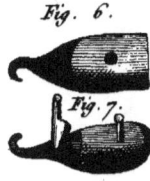

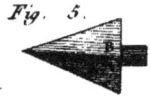

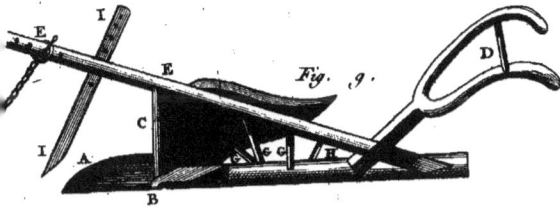

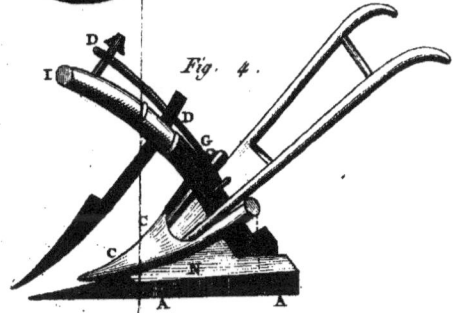

Pl. IV. T. 3. Page 392.

Fig. 3.

Fig. 2.

Fig. 1.

Fig. 11.

Fig. 6.

Fig. 5.

Fig. 7.

Fig. 8.

Fig. 10.

Fig. 9.

Fig. 4.

Charrues.

tenon qui entre dans les mortoises pratiquées au sep et à l'age.
De cette manière ces trois pièces essentielles, qui forment
l'arrière-train de la charrue, c'est-à-dire le sep, l'age et le
double manche, sont assemblées très solidement. La longueur
de l'age est de six pieds ou environ. Son diamètre, au bout
qui est assemblé avec les manches, est de trois pouces et
demi ou quatre pouces; le bout qui repose sur la sellette est
beaucoup plus mince; à peine son diamètre est-il de deux
pouces.

A quelque distance de la scie on pratique à l'age une mortoise pour recevoir le coutre qu'on assujettit avec des coins,
en lui donnant une direction inclinée, de manière que sa
pointe soit toujours devant le soc, auquel il doit ouvrir la
terre. Pour qu'il ait l'inclinaison nécessaire à sa marche, la
mortoise qui le reçoit doit être pratiquée obliquement, de
sorte que les coins contribuent plutôt à la tenir en place
qu'à lui donner l'inclinaison qu'il doit avoir.

Le coutre G, qui est une espèce de couteau à long manche,
doit être bien fixé dans sa mortoise par les coins qu'on met
de côté et d'autre, afin qu'il ouvre la terre dans la direction
du soc, et que la résistance qu'il éprouve ne change point sa
marche.

L'arrière-train de la charrue est terminé par le versoir HH,
qui doit toujours être proportionné à la grandeur du soc. Sa
forme n'est point indifférente comme quelques agriculteurs le
croient, ainsi que je l'ai déjà observé avec MM. Arbuthnot
et Jefferson au commencement de cet article; aussi beaucoup
de charrues vont-elles mal parceque les charrons ne les taillent
pas sur un modèle uniforme, sur-tout parceque le hasard préside à la courbure de la face antérieure de ce versoir. Il en est
de même de sa grandeur, qui doit toujours être proportionnée
à la largeur du soc, parceque s'il étoit plus étroit une partie
de la terre soulevée par le soc passeroit par-dessus ses bords
supérieurs et retomberoit dans le sillon.

L'avant-train de cette charrue, représentée *pl. 4, fig. 3,*
est composé,

1° Des deux roues AA, d'une égale grandeur, qui ont
vingt ou vingt-deux pouces de diamètre; elles sont en bois.
Pour rendre leur assemblage plus solide et d'une plus longue
durée, on met sur le contour extérieur des bandes de tôle qui les
rendent peu pesantes, et qu'on cloue comme aux roues des
charrettes. La partie du moyeu, qui est en dedans, a deux
pouces un quart environ de longueur; elle est entourée,
ainsi que la partie extérieure, d'un cercle de fer très mince;

2° Du patron B, qui est une pièce de bois carrée de quatre
pouces d'équarrissage, et de dix pouces et demi de longueur.

Il reçoit l'essieu de fer qui passe par les moyeux des roues qu'il recouvre dans toute sa longueur, au moyen d'une rainure qui est pratiquée en dessous. Il est fortifié à ses bouts par deux frettes de fer plates;

3° Du tètard C, qui est une pièce de bois un peu courbée et relevée sur le devant; elle est appuyée sur le patron, où elle est fixée par une ou deux fortes chevilles depuis le patron jusqu'à son extrémité; le tètard a vingt-cinq pouces six lignes de longueur; son équarrissage est de trois pouces;

4° D'une pommelle DD, qu'on nomme l'*épart*, qui passe dans une mortoise pratiquée à l'extrémité antérieure du tètard. Cet épart a trente pouces de longueur sur deux pouces trois lignes de largeur, et un pouce trois lignes d'épaisseur;

5° De deux palonniers EE, qui sont attachés par deux chainettes aux deux bouts de l'épart. Ils servent à mettre les traits des chevaux qui tirent. Ils ont vingt-un pouces de longueur. Leur grosseur est assez considérable pour qu'ils ne cèdent point aux efforts de l'attelage;

6° Du forceau FF, qui est placé sur le patron à côté du tètard, depuis le patron jusqu'à son bout antérieur; il est entaillé, afin d'occuper moins de place, au-dessus de l'essieu; il s'étend assez loin derrière la sellette pour recevoir l'extrémité inférieure du collet. Depuis son bout antérieur jusqu'au bord de l'entaille qui reçoit la sellette, il a seize pouces et demi, et autant sur le derrière. Sa face horizontale est de deux pouces trois lignes, et la perpendiculaire de trois pouces neuf lignes;

7° De la sellette G, qui s'élève sur le patron. Elle est formée de plusieurs planches couchées les unes sur les autres, de deux pouces et demi d'épaisseur. La plus élevée fait une saillie, parcequ'elle est un peu plus longue que les autres. Ces planches sont retenues les unes sur les autres par les deux chevilles de bois ou de fer HH, qui traversent toute la hauteur de la sellette et entrent dans le patron. Elles sont jointes en haut par la traverse M. Au milieu de la sellette il y a une échancrure en arc de cercle où l'age repose. Quoiqu'elle soit assujettie par le collet, elle peut encore l'être par la traverse des chevilles qu'on peut baisser et faire appuyer par dessus. Cette sellette a ordinairement un pied neuf lignes d'élévation, dix pouces et demi de largeur et deux pouces et demi d'épaisseur. Au lieu de la faire de plusieurs planches, on pourroit la construire avec une seule pièce de bois qui auroit toutes les proportions qui sont requises.

Le collet NN, qui embrasse l'age et le forceau, unit l'avant-train à l'arrière-train. Sa hauteur depuis N jusqu'à N est de dix-sept pouces. Par le moyen d'une cheville qui peut entrer dans les différens trous pratiqués à l'age, on avance ou on recule le collet à volonté, pour donner à l'angle, qui forme l'age avec le sep, l'ouverture qui est nécessaire pour que la charrue pique plus ou moins. Ce collet peut glisser sur l'age tant qu'on veut ; mais s'il n'étoit pas retenu par une cheville qui entre dans un trou fait à l'extrémité du forceau en F, il quitteroit le forceau. Tout l'effort de l'attelage porte donc sur ces deux chevilles, qui doivent être assez fortes pour résister à la puissance qui agit sur elles.

Le grand avantage de cette charrue, qui lui est commun avec celles qui ont un avant-train, consiste à faire piquer plus ou moins le soc, c'est-à-dire à tracer un sillon plus ou moins profond, selon la sorte de culture qu'il convient de donner à la terre qu'on laboure. La profondeur du sillon, comme il a été dit plus haut, est toujours proportionnée à l'ouverture de l'angle que forment le sep et l'age, de sorte que le sep s'enfonce dans le sillon à une plus grande profondeur quand cet angle est peu ouvert que lorsqu'il l'est beaucoup. À mesure qu'on élève l'age sur la sellette le soc s'élève en même proportion, par conséquent il s'enfonce moins, tandis que la partie postérieure du sep s'abaisse, ce qui donne un angle d'une plus grande ouverture. Au contraire, en abaissant l'extrémité de l'age sur la sellette, la partie postérieure du sep s'élève, tandis que le soc enfonce pour entrer plus profondément dans le terrain. Or, rien n'est plus aisé que d'élever ou d'abaisser l'age, en faisant glisser en avant ou en arrière le collet que l'on fixe où l'on désire par le moyen des chevilles.

Lorsqu'une puissance fait effort, à l'extrémité de l'age, pour tirer la charrue, qu'en outre il y a une résistance à vaincre au bout du soc, il est évident que le bout de l'age tend à baisser, tandis que le talon du sep tend à s'élever. Tous ces mouvemens auroient lieu si la direction de la force, qui est au bout de l'age, ne s'y opposoit continuellement, ainsi que celle du charretier qui appuie sur les manches afin que le talon du sep ne s'élève point. C'est pour cette raison qu'on élève le tirage des charrues qui n'ont point d'avant-train, afin que les chevaux de traits, fatiguent moins. En donnant beaucoup de longueur à l'age pour qu'elle puisse aisément être élevée, on fait aussi les manches de la charrue fort longs. Par ce moyen le charretier a plus de puissance pour arrêter l'effort du talon du sep qui tend toujours à s'élever. Le sep de ces sortes de charrues étant ordinairement fort long, il est plus aisé alors de le tenir dans son assiette au fond du sillon. Dans les terrains légers on parvient à surmonter les efforts du soc, mais il est très difficile de le gouverner comme il faut dans les terres fortes. Si le talon du sep s'élève trop, le soc entre plus profondément dans la terre qu'il ne faut; s'il baisse, il n'entre pas assez. Le charretier, continuellement occupé d'un travail forcé, ne peut point conduire le soc comme il conviendroit : il pique donc trop ou pas assez ; le labour par conséquent est inégal, puisque le versoir retourne tantôt de grandes tantôt de petites mottes.

Les charrues à avant-train, en général, ne sont pas sujettes à ces inconvéniens qui sont d'un grand préjudice à l'agriculture. L'age par sa position sur la sellette déterminant toujours l'entrure du soc dans la terre, il est certain qu'en l'abaissant à la hauteur qu'on juge convenable pour piquer la charrue, l'effort qu'elle feroit pour s'enfoncer davantage seroit inutile, puisqu'il est supporté par un point fixe, qui est la sellette. Au moyen de ce point constant et déterminé, l'angle que forme l'age avec la ligne horizontale du terrain ne peut point varier ; la charrue par conséquent pique toujours la même quantité. On doit donc considérer la sellette de l'avant-train comme un régulateur exact et immobile, qui est d'une très grande utilité pour faire un labour, selon la sorte de culture qu'il convient de donner à une terre quelconque.

Lorsqu'une charrue à avant-train est bien construite, que le charretier, sans être bien intelligent, sait cependant disposer l'arrière-train avec l'avant-train, de manière que l'angle que fait l'age avec la ligne horizontale soit d'une ouverture convenable pour faire piquer la charrue de la quantité qu'il désire, il est maître alors d'entamer la terre de la quantité qu'il juge à propos, de labourer exactement à la profondeur qu'il veut, et de tracer des sillons très droits.

La charrue à tourne-oreille diffère peu de la charrue à versoir, dont on vient de voir la description (*voyez pl. 4, fig. 4*) où son avant-train est représenté seul, parceque son arrière-train est le même que celui de la précédente. Dans bien des lieux on en fait une charrue légère, en supprimant cet avant-train, et en fixant son age au joug des bœufs ou au collier des chevaux, ainsi qu'il a été dit à l'occasion de l'araire.

Le sep AA, l'age II sont des pièces semblables à celles de la charrue à versoir, excepté qu'elles sont moins fortes. Les manches, qui sont construits dans les mêmes proportions, sont plus inclinés sur le sep, auquel ils sont assemblés vers sa partie antérieure. L'age, après avoir traversé le manche, vient s'emboîter dans le talon du sep. La scie G passe dans une mortoise pratiquée à l'age, et vient entrer dans une autre qui est au bout antérieur du sep pour unir solidement ces deux pièces. Le soc B, *fig.* 5, est à deux tranchans symétriques, terminés par une douille dans laquelle entre la pointe du sep. Aussi cette charrue renverse la terre, tantôt d'un côté, tantôt de l'autre, selon la position de son versoir, qu'on change au bout de chaque raie. Ce déplacement successif du versoir exige que le soc ait cette forme. S'il n'avoit qu'un tranchant, quand il seroit placé au côté opposé, il n'auroit point de terre à soulever, et celle de l'autre retomberoit toujours dans la raie.

Le fourchet de bois CC, qu'on nomme le *coyau*, fait presque l'office de versoir, dont il pourroit absolument tenir lieu. Son extrémité est appuyée sur la douille du soc, son angle repose sur la scie G, et les deux branches de la fourche qu'il forme sont en l'air. Ce coyau est fixé sur le sep par deux fortes chevilles qui le traversent de chaque côté et qui entrent dans le sep. Son principal office est d'écarter la terre qui a été coupée par le coutre et le soc, et de la verser sur les côtés, afin qu'elle ne tombe pas dans le sillon.

La *fig.* 6 représente l'oreille de la charrue dans la position où elle se trouve quand elle est en place. La *fig.* 7 la montre à plat avec les chevilles qui servent à l'attacher. Cette oreille, qu'on doit considérer comme un versoir amovible, est une espèce de triangle de bois, dont le plus petit angle est garni d'une douille de fer terminée en crochet. Au milieu de cette douille on voit une cheville à talon qui y est fortement enfoncée. A l'autre extrémité de l'oreille, il y en a une autre, courte et grosse, qui est enfoncée solidement dans le trou pratiqué à cet effet.

Pour attacher l'oreille à un des côtés de la charrue on passe lé crochet qui est au bout de la douille à un crampon placé en M au bas de chaque côté du sep ; on enfonce la cheville dans le trou du sep, qu'on voit en N, jusqu'à ce que le talon touche l'ouverture du trou. L'autre cheville va appuyer sur les manches ou contre l'extrémité de l'age. La ligne ponctuée marque le contour de l'oreille mise en place sur un des côtés de la charrue.

La charrue à tourne-oreille n'a ordinairement qu'un seul coutre qui est placé dans une mortoise pratiquée à l'age, autour de laquelle on met deux cercles de fer. Sa position est oblique, sa direction est devant le soc auquel il ouvre la terre, ainsi qu'aux autres charrues qui en sont fournies. La pointe du coutre doit toujours être inclinée du côté opposé à l'oreille. Comme on est obligé de changer cette oreille de place à tous les tours de charrue, c'est-à-dire de la mettre tantôt à droite, tantôt à gauche, il faut aussi changer l'inclinaison du coutre, afin que sa pointe soit toujours du côté opposé à l'oreille.

Pour changer la position du coutre à volonté, il faut qu'il soit à l'aise dans la mortoise où il est placé, sans y être assujetti par des coins, mais par la seule disposition du ployon DD. Supposons que l'oreille est placée du côté gauche, on pose alors le bout du ployon contre la face gauche de la cheville de fer qui est enfoncée dans l'age près des manches, le

milieu du ployon vient passer derrière le coutre et se reposer
sur son côté droit. Ensuite on fait effort pour le courber, afin
que son extrémité antérieure vienne passer et s'appuyer à la
gauche de la cheville qui est sur l'age devant le coutre. La
pression du ployon contre le coutre l'assujettit solidement
dans sa mortoise ; mais cette mortoise étant large, la force
du ployon, qui agit sur la droite du coutre, porte son manche à
gauche, tandis que son tranchant s'incline vers la droite qui
est du côté opposé à l'oreille. Quand on transporte l'oreille du
côté droit, on change absolument la disposition du ployon,
afin que sa pression agisse de manière à porter la pointe du
coutre vers la gauche. Pour cet effet on a une seconde cheville de fer, qui est dans l'age, à côté de celle qu'on voit près
des manches ; de sorte qu'à cet endroit le bout du ployon
est toujours entre deux chevilles. Lorsqu'on veut changer sa
position, relativement à celle que doit avoir le coutre, on sort
de son trou la cheville qui est en avant du coutre, et qui, pour
cet effet, doit y être à l'aise, afin qu'on puisse la tirer avec
facilité. Alors on dispose le ployon comme il doit l'être, et
on remet la cheville en place pour l'assujettir. C'est une petite
manœuvre qu'on est obligé de faire toutes les fois qu'on change
l'oreille de côté, ce qui arrive au bout de chaque raie.

Pour les terrains plats, la charrue à tourne-oreille est
une des meilleures ; mais il n'en est pas de même pour ceux
qui sont en pente, parceque son sep est très large et que le
conducteur fatigueroit beaucoup pour le retenir dans son assiette. Dans toutes sortes de terres légères, on peut l'employer
avec succès. Dans les terres fortes, elle avanceroit moins l'ouvrage, parceque la forme de son sep lui fait éprouver des frottemens considérables, qui doivent beaucoup retarder sa marche dans le sillon. On peut considérer le coyau, qui repose sur
le sep, comme un double versoir arrondi, qui est d'un usage
merveilleux pour empêcher que la terre ne retombe sur le sep,
et pour écarter les racines des plantes qui viendroient s'embarrasser dans les manches et à l'extrémité de l'age. Sa forme
arrondie le rend bien plus utile que le gendarme qui n'offre
qu'une petite surface peu capable de produire les mêmes effets
que le coyau. Il seroit à désirer que son angle fût plus rapproché de l'age, afin de prévenir la chute de la terre sur le sep.

On pourroit rendre cette charrue propre à la culture de
toutes sortes de terres en changeant un peu la forme du sep,
qui, étant plus large que le soc, éprouve des frottemens très
considérables.

Malgré ce défaut, elle est préférable pour la culture d'un
terrain léger, parceque le laboureur qui entame une pièce
continue son travail du même côté, et n'est point obligé,

comme avec la charrue à versoir fixe, de labourer d'un côté, et d'aller ensuite tracer un autre sillon du côté opposé pour revenir ensuite au premier. Il n'y a donc que le dernier sillon qui reste vide, ce qui est indispensable. Quant au second labour il ne change pas la direction des raies, il sert d'enrayure et le remplit en traçant la première raie.

La charrue à double versoir, dont on se sert aux environs d'Angers et autres cantons où on laboure les terres en billons, est plus ou moins grande, plus ou moins large, en divers endroits, selon la profondeur et la force des terres. Le sep, qui est semblable à celui des charrues à versoir, est armé à sa pointe d'un soc de fer à deux oreilles, tel qu'on le voit *fig.* 8, *pl.* 4. Ce soc est plus ou moins large et fort, sa pointe plus ou moins longue, selon la qualité des terres pour lesquelles il est employé. Assez ordinairement, d'une oreille à l'autre, c'est-à-dire de A en B, il est plus large que le sep, afin qu'il ouvre un sillon plus large que le talon du sep, autrement il éprouveroit trop d'obstacles dans le manche. C'est dans sa douille C qu'on fait entrer de force la pointe du sep. Le soc à double aile ou double oreille est quelquefois accompagné d'un coutre de fer. D'autres fois on n'en met point ; cela dépend de la qualité du terrain, étant nécessaire seulement dans celui qui est fort ou rempli de mauvaises herbes. Pour le retenir on y place une bande plate de fer, qu'on appelle le *coutriau*, qui se termine par un bout en crochet qui entre dans un trou situé vers le milieu du soc. L'autre bout de cette bande est percé de plusieurs trous ; elle passe au travers de l'age de la charrue, percée également pour cet usage. On la retient à l'age avec un clou passé dans un de ses trous, ou avec des coins de bois qu'on ôte aisément quand on veut.

Cette charrue, qui renverse la terre de deux côtés, a deux épaules de bois façonnées exprès, en forme de planches, envoilées des deux côtés en dehors par le haut, pour mieux renverser la terre. Ces planches ou épaules, qu'on pourroit appeler des *versoirs*, sont plus ou moins épaisses, longues et hautes, selon la force de la charrue, qui est toujours proportionnée à la qualité du terrain. Le manche de cette charrue, et son age, qui porte sur des roues dont l'essieu est en fer, et qui est emboîté dans une traverse de bois creusée pour cet effet, sont dans les mêmes proportions que celles qui sont propres aux charrues à versoir. La flèche est posée sur des encochures ou entre de grosses chevilles de bois, placées sur la traverse qui emboîte l'essieu, afin de la faire aller à droite ou à gauche, selon qu'il est nécessaire pour l'espèce de culture qu'on donne à une terre, sur-tout si elle est bordée de plantes qu'on veuille ménager. Elle est attachée à l'avant-train par un grand anneau de fer dans lequel elle passe, et qui est au bout d'une grosse et courte chaîne de fer qu'on attache à l'avant-train. La flèche a plusieurs trous dans lesquels on passe une longue cheville de fer, qu'on appelle *jauge*, pour l'assujettir avec l'anneau, et lui donner plus ou moins de jeu et d'aisance, selon qu'il est nécessaire, c'est-à-dire pour l'avancer ou la reculer sur l'avant-train, afin de faire piquer le soc plus ou moins et de la quantité qu'on désire.

Enfin cette charrue à double oreille est construite et montée comme les charrues à versoir.

On n'emploie la charrue à double oreille que pour donner la dernière façon aux terres qui ont été d'abord labourées avec celle à versoir ou à oreille mobile. Elle enterre donc les engrais et les semences, et dispose ces dernières en rangées de trois à quatre pouces de large et de même écartement, ce qui favorise beaucoup la croissance des plantes qu'elles produisent. Les exploitations rurales de quelque importance devroient donc en avoir une ou plusieurs, uniquement pour cet objet.

Il est généralement reconnu que la charrue dont on fait usage dans la ci-devant Champagne, et qu'on appelle quelquefois *charrue de Brie*, est une des meilleures. Elle est surtout très avantageuse pour les terres fortes. Son avant-train est beaucoup plus simple que celui des charrues ordinaires à versoir.

L'arrière-train, représenté *pl.* 4, *fig.* 9, consiste dans un soc (il est aussi représenté de face, *fig.* 11) dont le côté gauche est en ligne droite avec le sep, parceque le versoir étant fixé à la droite, le soc ne doit pas avoir d'aile au côté opposé, afin qu'il ne soulève pas la terre qui retomberoit ensuite dans le sillon. L'autre côté forme une aile tranchante, plus en dehors que le versoir qui est au-dessus. Il a une douille à son extrémité, formée par le fer replié en dessous, dans laquelle on fait entrer le sep. A quatre ou cinq pouces de sa pointe, il est percé en B d'un trou rond dans lequel la pointe du gendarme C est reçue.

Ce gendarme est une pièce de fer de quatre pouces de largeur à peu près, repliée à angle aigu, dont la pointe, qui est à son bout, entre dans le trou pratiqué au soc. Son côté gauche, plus élevé que le droit, est percé d'un trou à son extrémité, auquel on passe un clou à vis qui l'attache d'une manière solide à la flèche. L'autre côté, un peu moins élevé, passe par dessous la flèche. La destination du gendarme est d'arrêter les herbes et les broussailles qui iroient s'embarrasser dans les jambettes qui soutiennent l'age ou la flèche sur le sep.

Le double manche D porte à son extrémité inférieure un tenon qui est chevillé dans la mortoise pratiquée au bout postérieur du sep pour le recevoir. Il est formé d'une seule pièce de bois fourchu, ou de deux pièces assemblées solidement, comme aux autres charrues dont on a déjà vu la description. On met entre les cornes de ce double manche une traverse assez forte qui les soutient et les empêche de se briser, comme il pourroit arriver lorsque le conducteur est obligé d'appuyer sur le côté pour tourner la charrue.

La flèche E est bien plus longue que celle des charrues ordinaires; elle a assez communément huit à dix pieds de longueur.

Cette charrue est employée à la culture des terres fortes, à ouvrir de profonds sillons, malgré la grande inclinaison de sa flèche sur le sep, qui forme un angle très aigu, et presque au-dessous des proportions données. Cette extrême longueur étoit nécessaire, afin qu'en donnant beaucoup d'entrure au soc l'attelage ne fût pas autant fatigué qu'il le seroit si la flèche étoit plus courte; ce qui auroit eu lieu si le point de résistance eût été plus rapproché de la puissance qui agit pour le vaincre. Depuis le coutre jusqu'au manche, la flèche est carrée avec les angles abattus; elle est ronde dans le reste de sa longueur, et porte, à son extrémité postérieure, un tenon qui, après avoir traversé la mortoise qui est au bout du double manche, va aboutir dans l'entaille qui est pratiquée à l'extrémité du sep, au-dessous et derrière le double manche.

Le versoir F, placé à la droite de la charrue, est une longue pièce de bois, un peu convexe en dehors, au-dessus de l'aile du soc, et concave en dedans; la surface extérieure, au-dessus de l'aile du soc, a une convexité plus saillante que celle qui est plus éloignée du soc. La surface intérieure est concave, excepté la partie opposée à celle qui est au-dessus de l'aile du soc, laquelle est tout-à-fait plate. L'extrémité de ce versoir, qui est très solidement unie au sep, est placée dans l'angle intérieur du gendarme; il est soutenu par les trois jambettes G G G, dont une se trouve directement sous la flèche, et entre dans la surface supérieure du sep; les deux autres, placées en arc-boutant, prennent dans la surface intérieure du versoir, et viennent entrer dans les trous à la surface latérale du sep, à sa droite. Sa largeur n'est pas égale d'un bout à l'autre; la partie antérieure, c'est-à-dire celle qui entre dans l'angle intérieur du gendarme, est plus large que la partie postérieure qui se trouve un peu plus étroite. Dans le haut, il est terminé en ligne droite; ce n'est que par le bas que sa largeur diminue insensiblement.

Cet arrière-train est construit très solidement. Toutes les pièces, parfaitement assemblées, se fortifient mutuellement. Par cette forme de construction la flèche se trouve soutenue au-dessus du sep, avec lequel elle fait un angle assez aigu, 1° par le gendarme sur lequel elle appuie, et dont un des côtés est cloué sur elle-même; 2° par le versoir, dont le bout antérieur passe en dessous, pour entrer dans l'angle du gendarme, qui se trouve précisément au milieu de la flèche; 3° par l'atelier H, qui est une espèce de jambette, ou forte cheville, qui passe dans un trou de la flèche, et vient aboutir dans un autre pratiqué à la surface supérieure du sep; 4° par le double manche dans la mortoise duquel elle entre, et qui est lui-même assemblé solidement avec le sep; 5° par le sep lui-même dont l'entaille, qui est à son extrémité postérieure, reçoit son tenon au sortir de la mortoise du double manche.

Cette charrue n'a qu'un seul coutre I I, dont le manche est percé de plusieurs trous, afin de l'élever ou de l'abaisser, selon que les circonstances l'exigent. Ce coutre, placé dans la mortoise qui est à la flèche en avant du soc, y est assujetti par deux petits coins de bois, dont un de côté, et l'autre en avant, qui sert à lui donner l'inclinaison qu'on désire, en l'enfonçant plus ou moins dans la mortoise. Une cheville en fer, passée dans un de ses trous, le tient à la hauteur nécessaire, et l'empêche en même temps de vaciller, parcequ'il y a sur la flèche, de chaque côté du coutre, deux anneaux qui y sont fixés, dans lesquels on passe la cheville.

L'avant-train de la charrue champenoise, qu'on voit représentée *pl.* 4, *fig.* 12., consiste dans deux roues AA d'inégale grandeur; le diamètre de celle qui est à gauche a trois ou quatre pouces de moins que celle qui est à droite. Leur essieu, qui est en fer, passe dans une traverse carrée, qui est percée pour cet effet d'un bout à l'autre et qu'on voit désignée par BB.

Le têtard CC est une pièce de bois fourchue, dont les deux cornes sont clouées vis-à-vis de la traverse dans laquelle passe l'essieu des roues.

La sellette D s'élève au-dessus du têtard de dix à douze pouces. Elle est assujettie immédiatement sur ses deux cornes par deux fortes chevilles qui l'y clouent d'une manière fort solide, qui ne lui permettent aucun mouvement quand la charrue est en action. Elle n'est pas tout-à-fait aussi longue que la traverse qui couvre l'essieu des roues. Dans son milieu elle est échancrée en demi-cercle pour recevoir dans cet endroit la flèche qu'elle doit porter.

A l'extrémité antérieure du têtard il y a une mortoise latérale dans laquelle passe la traverse EE qui doit porter les palonniers. Elle est fixée solidement en place par une forte cheville qui va d'une surface à l'autre.

Les deux palonniers FF, auxquels on attache les traits des chevaux, pendent, par une petite chaîne, à chaque bout de la traverse. Quant on veut supprimer la chaîne, on met un morceau de fer plat et terminé en crochet à chaque bout de la traverse, auquel on passe un simple anneau qui pend de chaque palonnier.

L'arrière-train et l'avant-train de la charrue champenoise sont joints ensemble par deux chaînes. La première a un anneau à un de ses bouts plus grand que les autres dans lequel on passe la flèche. Il est retenu par une cheville qui l'empêche de glisser. C'est ce qu'on voit en E à l'extrémité de la flèche. L'autre bout de cette chaîne, qui est terminé par un crochet, pend dans un anneau qui est fixé au-dessous du têtard vers son milieu. Cette seule chaîne suffiroit pour joindre ensemble l'avant et l'arrière-train ; mais pour mieux fixer la flèche dans l'échancrure de la sellette, et afin de tenir le têtard au niveau de la traverse, pour que l'attelage n'ait point son poids à supporter, on met une seconde chaîne assez courte, qui est attachée par un de ses bouts à la surface supérieure du têtard, assez près de la traverse qui recouvre l'essieu des roues ; son autre bout porte un grand anneau dans lequel on passe la flèche, et qu'on arrête, comme le premier, par une cheville qui entre dans un des trous pratiqués dans la longueur de la flèche.

Par le moyen de cette seconde chaîne, la flèche, qui est retenue et fixée dans l'échancrure pratiquée au milieu de la sellette, ne peut point tomber sur les roues ni d'un côté ni de l'autre. Outre cela ce têtard est soutenu dans un plan parallèle à celui de la traverse qui recouvre l'essieu des roues. De cette manière les chevaux tirent sans avoir à supporter une partie de l'avant-train de la charrue, et une partie du poids de la flèche, qui seroient pour eux un surcroît de peine et de fatigue. Le tirage de cette charrue est donc peu pénible pour les chevaux, puisque tout le poids de l'avant-train et une partie de l'arrière-train portent sur l'essieu des roues par le moyen de la traverse qui le recouvre. Nous verrons plus bas une nouvelle charrue qui jouit de cet avantage à un degré encore plus éminent.

Le laboureur peut aussi très aisément donner à sa charrue l'entrure qu'il juge à propos, en faisant exactement piquer le soc de la quantité qu'il désire. Il n'a qu'à avancer ou reculer la flèche sur la sellette et la fixer à la hauteur convenable par le moyen de la cheville qui retient l'anneau. Étant ainsi fixée, la charrue continuera le labour en piquant toujours la même quantité jusqu'à ce qu'on change la position de la flèche sur la sellette.

L'inégalité que nous avons remarquée dans les roues est indispensable à cause de la disposition du terrain. Toutes les pièces de terre étant disposées en billons, ou en planches fort élevées dans le milieu, si les roues étoient d'un diamètre égal, celle qui se trouve à la droite où est le versoir fixe, étant toujours dans l'endroit le plus bas et au fond du sillon, tandis que l'autre seroit élevée, il auroit tout le poids de la charrue à supporter, et nécessairement elle culbuteroit en entraînant la charrue dans sa chute, parceque, quelque fort que fût le charretier, il ne le seroit pas assez pour la retenir ; il seroit obligé de diriger son effort à la gauche, et précisément c'est à la droite qu'il doit le plus appuyer, afin que le tranchant du soc ouvre un sillon assez large.

Par l'arrangement des terres en billons d'un pied de hauteur dans le milieu, et pour procurer un prompt écoulement aux eaux, la charrue champenoise est exactement ce qu'elle doit être.

La charrue champenoise remplit bien son objet pour labourer un billon d'un pied de haut au milieu de planches de dix à douze pieds de large au moins. Si on vouloit que ces planches fussent aussi élevées et cependant de moitié moins larges, il faudroit que la petite roue fût encore plus petite et ressemblât à celle de la charrue que j'ai citée comme usitée sur les bords du Rhin dans les environs de Mayence *Voyez* BILLON.

On regarde la charrue de Norfolk comme une des meilleures dont on fasse usage en Angleterre ; mais M. Arbuthnot pense qu'elle ne doit cette supériorité qu'à la hauteur de ses roues, et il le prouve par des raisonnemens d'une rigueur mathématique. En général, on fait en France les roues des charrues beaucoup trop basses : aussi le tirage, quelque régulier qu'il soit, fait-il sortir à chaque instant le soc de sa direction ; il l'enlèveroit même hors de terre, si le laboureur n'appuyoit constamment sur les manches pour le tenir au point convenable, ce qui le fatigue en pure perte. Cet effet est d'autant plus sensible, que le point de ce tirage est plus rapproché du soc. Il faudroit donc que la grandeur des roues fût telle, que la ligne de ce tirage fût toujours au moins parallèle au sol.

Il est bon de se rappeller que la charrue de M. Despommiers, qui eut l'avantage dans des expériences comparatives faites en 1766 à Châteauneuf sur le Cher, étoit extrêmement élevée.

L'opinion générale est qu'une charrue pesante est plus désavantageuse qu'une plus légère, qu'elle fatigue sur-tout davantage les animaux employés : des expériences faites en France, et dont il sera rendu compte plus bas, semblent la confirmer ; mais des expériences comparatives faites en Angleterre, en présence du comité de la société d'agriculture de Londres, et dont on ne peut contester l'exactitude quand on en lit le procèsverbal, permettent d'en douter. Ces dernières constatent que, sur-tout dans les terres légères, le labour s'est fait beaucoup plus aisément avec les charrues les plus lourdes, et les

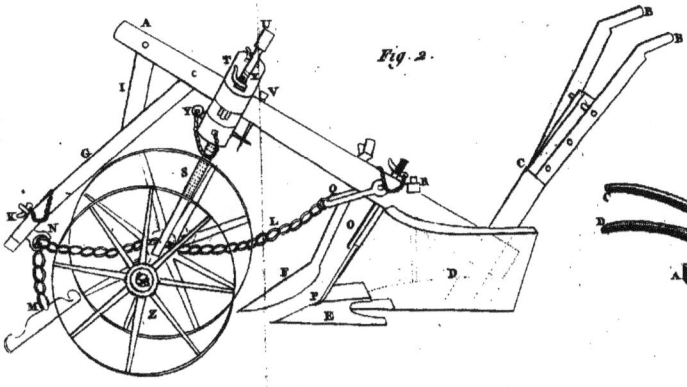

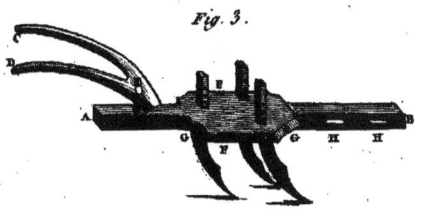

Fig. 2 .

Fig. 3 .

Fig. 1 .

ve del. et dir.

Charrues.

chevaux ont été beaucoup moins fatigués. C'est, je le répète encore, de la direction de la ligne de tirage, et de la proximité du soc du point d'où elle part, que dépend la marche plus ou moins aisée des charrues; et ce n'est que lorsqu'on opèrera avec des charrues absolument semblables qu'on pourra savoir positivement à quoi on doit s'en tenir sur ce fait.

Cette charrue de Norfolk, dont il vient d'être question, devoit être figurée ici, et elle l'est *pl. 5*, n° 1, d'après la Feuille du Cultivateur, année 1790, n° 67. Il ne paroît pas que ses roues soient si grandes que le dit M. Arbuthnot. Au reste, elle n'a pas eu autant de succès hors du Norfolk que quelques écrivains l'ont annoncé, c'est-à-dire qu'elle n'est réellement convenable qu'aux terrains légers, semblables à ceux de ce comté. Voici la nomenclature des diverses parties qui la composent :

A, le manche ; B, l'age ; D, pièce de bois correspondant à la scie ; E, pièce de fer correspondant à l'atelier ; F, partie du versoir en bois ; G, partie du versoir en fer ; H, le soc avec une pièce de rechange à son bout I ; K, le sep ; L, la partie du versoir qui relève la terre ; N, le coutre ; O, pièces de fer pour renforcer les joints ; P, cheville de fer recourbée ; Q, pièce de fer qui unit l'age avec l'avant-train ; R, le patron ; S, la sellette ; T, la traverse ; UU, cheville de fer pour fixer l'age ; V, cheville de fer pour soutenir la sellette ; W, cheville de fer et chaîne pour fixer l'age ; X, espèce de forceau retenu par des chevilles.

Une charrue de l'invention d'Arthur Young a obtenu le prix du concours des laboureurs de la province de Suffolk en Angleterre. On la regarde comme une des meilleures. Lasterye en a rapporté un dessin, mais il ne l'a pas encore fait graver. Elle est employée depuis nombre d'années, avec un succès toujours soutenu, à la ferme de Liancourt, et par conséquent peut l'être par-tout ; car qui ne connoît la manière de penser et d'agir du si estimable propriétaire de cette ferme ?

La charrue de Rotheram paroît aussi jouir en Angleterre d'une réputation méritée.

Lasterye, à qui on doit tant de recherches sur la charrue, regarde la charrue de Suède, appelée *charrue de Stiersund*, comme une des meilleures connues. Il est à désirer qu'il en publie le dessin qu'il possède, ainsi que celui de toutes celles qu'il a observées dans ses voyages.

Les avantages qui résultent de la proportion exacte de toutes les parties des charrues, principalement de la forme constante du soc et du versoir, ont été sentis de tout temps, mais l'exécution en a toujours paru difficile. C'est ce motif qui a déterminé M. Coock à faire fondre des charrues en fer et d'une seule pièce, charrues dont on fait fréquemment usage en Angleterre ;

et qui paroissent marcher plus aisément dans des terres fortes que la charrue de Norfolk si vantée. Je ne connois pas de dessin de ces charrues.

Quelque nombreuses que soient les différentes formes données aux charrues, il n'en est point, du moins de connues en France, qui remplissent complètement toutes les conditions que la théorie fait supposer qu'elles devroient offrir dans la pratique. Aussi, presque tous les agriculteurs éclairés qui ont écrit parmi nous dans le cours du dernier siècle, tels que Tull, Duhamel, Châteauvieux, etc., ont-ils cherché à les perfectionner; mais ils ont tous manqué ce but, parceque c'est un instrument simple et peu coûteux qu'il faut, et qu'ils en ont fait construire de très compliqués et de très coûteux. Cependant, gloire soit rendue au second de ces agriculteurs pour la persévérance avec laquelle il s'est livré à des travaux à cet égard. Son nom ne doit point mourir dans notre mémoire.

M. François (de Neufchâteau), un des membres les plus zélés de la société d'agriculture de la Seine, frappé de l'idée que l'objet le plus utile à la société étoit celui dont on s'occupoit le moins, provoqua, en l'an 9 de la république, la proclamation d'un prix que M. Chaptal, alors ministre de l'intérieur, porta à 10,000 fr. pour celui qui offriroit une nouvelle charrue simple et peu coûteuse, exempte des défauts qu'on reproche aux autres.

Ce seroit me rendre agréable aux lecteurs que de remettre sous leurs yeux le rapport, aussi profond que supérieurement écrit, par lequel ce célèbre littérateur agronome a provoqué la décision de la société. C'est une histoire complète de la charrue qu'on lira en tout temps avec plaisir et profit; mais la longueur de cet article ne me permet pas de la transcrire ici. C'est dans le troisième volume des Mémoires de la société, ouvrage qu'un agriculteur aisé ne peut se dispenser de se procurer, à raison du grand nombre d'articles importans qu'il contient, que je les renvoie pour en prendre connoissance.

Ce beau rapport a été suivi de quatre autres, dans lesquels le même agriculteur rend compte des différentes charrues envoyées à la société, et des essais faits pour juger du mérite de chacune d'elles.

Je n'entrerai pas dans le détail des considérations qui ont guidé les commissaires de la société dans leurs déterminations relativement à chacune des charrues qu'ils ont soumises à des expériences comparatives, soit entre elles, soit avec celle de Champagne (de Brie). Il suffira de dire que la société n'a jugé aucune des charrues mises au concours dans le cas de mériter le prix, mais qu'elle a distingué celle de M. Guillaume, ancien officier du génie, comme se rapprochant infiniment du but.

« La charrue de M. Guillaume, disent les commissaires, dont l'arrière-train est à peu près semblable aux charrues ordinaires, porte au bout de la haie une allonge surbaissée, à laquelle est attaché un régulateur qui remplace l'épart, pour diriger la ligne du tirage. La haie est brayée sur une sellette mobile et tenue solide par la manière dont elle est brayée parallèlement à la sellette. La chaîne de tirage prend au gendarme et passe par le régulateur.

« Cette charrue a été trouvée d'une conduite facile : elle tient bien la raie. Les actions que les agriculteurs appellent le *révotage* et l'*étrampage* sont on ne peut plus aisées ; son labour est parfaitement retourné, aussi uni qu'un labour à la houe ; elle marche parfaitement : son travail a été jugé infiniment supérieur à celui de la charrue de Brie. »

« Après avoir jugé de la qualité du labour, il falloit juger de la force employée pour le tirage. Pour cela, chaque charrue étant enrayée à cinq pouces de profondeur, prenant huit pouces de raie dans un terrain uni et d'égale qualité, on a dételé les chevaux et un dynamomètre (sorte de romaine destinée à peser les forces mouvantes) a été attaché successivement au point de tirage de chacune, et des hommes tirant dans la raie et sans secousse, on a pu juger que la charrue de Brie exigeoit trois cent quatre-vingt-dix kilogrammes pour marcher, tandis que celle de M. Guillaume n'en demandoit que deux cents. Ainsi cette dernière dépense environ quatre cents livres de force de moins, ce qui est un avantage immense.

« Cette expérience prouve que plus le point de tirage est rapproché de celui de la résistance, et moins il faut d'emploi de force. C'est de cette base (qu'avoient déjà sentie des inventeurs d'autres charrues, sur-tout M. Arbuthnot) qu'est parti M. Guillaume, pour construire sa charrue, que les commissaires considèrent comme la plus parfaite qui existe en ce moment en France ; car ce qui constitue une excellente charrue, c'est que sa construction soit simple, solide ; qu'elle soit facile à mener ; qu'elle tienne bien dans la terre ; que le soc coupe toute la terre retournée par le versoir ; qu'on puisse labourer à volonté à grosse ou petite raie, profondément ou légèrement, et qu'elle exige le moins de force possible pour la tirer. Sans doute avec ces qualités une charrue ne sera pas encore bonne pour tous les terrains et tous les cas, mais au moins pour le plus grand nombre ; et le principe qui la perfectionne pourra être adapté ensuite à toutes les améliorations que l'on pourra faire dans les autres parties de l'instrument, de manière à approcher toujours de plus en plus de la solution complète du problème.

« On cite souvent des charrues qui font beaucoup d'ouvrage. Il est facile de prouver que celle-ci en doit faire plus qu'une autre : c'est sur-tout en raison de la légèreté du poids que les chevaux vont plus ou moins vite ; ce qui a été prouvé le jour de l'expérience où la charrue de Brie n'a fait qu'une planche de dix pieds, pendant que celle de M. Guillaume en a fait une de douze pieds.

« Nous pensons qu'il doit résulter de l'emploi de cette charrue un très grand avantage pour l'agriculture. Car si la charrue de Brie, par exemple, pesant trois cent quatre-vingt-dix kilogrammes, est menée par trois chevaux, il s'ensuit que chaque cheval est chargé de cent trente kilogrammes. Or, cette charrue de M. Guillaume ne pesant que deux cents kilogrammes, deux chevaux feront l'ouvrage de trois, et traîneront soixante kilogrammes de moins ; ce qui doit donner plus de célérité à leur marche et augmenter par conséquent la masse des labours. Il n'est personne qui ne puisse calculer le soulagement qu'en recevront les animaux et les hommes qui les conduisent. Pour labourer un seul arpent, il faut que les bêtes de trait parcourent plusieurs lieues ainsi que leur conducteur. Lorsque le tirage est pénible, on ne sauroit aller qu'au pas, et les animaux et les hommes sont bientôt fatigués. Plus ce poids diminue, plus la marche s'allège, et plus l'ouvrage avance ; quelques livres pesant de moins sont en ce genre une conquête. La charrue de M. Guillaume enlève en quelque sorte la moitié du fardeau. C'est, on ose le dire, un bienfait pour l'humanité ; et si ce n'est qu'un premier pas vers la perfection, ce pas est si nouveau, il présente tant d'avantages, il fait naître tant d'espérances, que le concours de la charrue, n'eût-il que ce seul résultat, c'en seroit assez pour l'honneur du pays qui l'a proposé et du siècle qui l'a vu naître. »

A ces excellentes réflexions des commissaires, j'observerai cependant que la légèreté de la charrue de M. Guillaume, qui lui donne une supériorité si marquée dans les terres légères, occasionne quelques inconvéniens dans celles qui sont résistantes. Plusieurs de ceux qui en ont acquis se sont plaints qu'elle ne piquoit pas assez, qu'elle sortoit souvent de la raie dans les terres fortes, qu'il falloit, dans ces sortes de terres, de la part du conducteur, un emploi de forces tel qu'il ne pouvoit pas résister long-temps à la fatigue, ce qui est conforme à ce que j'ai rapporté plus haut des résultats d'expériences faites en Angleterre avec des charrues légères et pesantes.

Au reste, la société a accordé un encouragement de 3,000 f. à M. Guillaume, et a de plus arrêté qu'il seroit fait un certain nombre de ses charrues, à ses frais, pour être envoyées dans les départemens, afin de la faire connoître. Beaucoup de préfets ont imité en cela la société, de sorte qu'on peut l'essayer dans presque tous ceux de l'Empire.

- M. Guillaume a obtenu un brevet d'invention pour sa charrue, ainsi c'est à lui seul qu'on doit s'adresser pour en faire construire. Il demeure à Chaillot près Paris. Cependant ayant permis qu'elle fût gravée dans les Annales d'agriculture, j'ai cru être autorisé à la reproduire d'après le dessin de M. Bagot, *pl. 5, n° 2.*

A la haie, B les mancherons, C l'étançon, D le versoir, E le soc, F le coutre, G l'allonge, I l'arc-boutant de l'allonge, K le régulateur, L la chaîne, M le palonnier, N l'anneau à queue et sa clavette, O la crémaillère et sa clavette, P le barbeau, Q l'étrier, R le boulon d'assemblage, S les épées, T la sellette, U le porte-guide, V le marteau à queue, X les boulons à queue, Y les étrampoires et leurs chaînettes, Z les rouelles.

Le concours de la charrue est toujours ouvert; et quoiqu'un prospectus soit peu dans le cas de faire partie d'un ouvrage de la nature de celui-ci, l'importance de la charrue et le long-temps qui peut encore s'écouler avant que la société d'agriculture de la Seine soit dans le cas d'adjuger le prix, me déterminent à le transcrire.

La société d'agriculture du département de la Seine demande que la charrue proposée comme la meilleure,

1° Puisse être confiée aux mains les moins exercées ;

2° Que l'instrument puisse être appliqué à toutes les terres au moyen de quelques légers changemens faciles à opérer ;

3° Que les pièces essentielles puissent être coulées en fer et leurs formes déterminées d'ailleurs d'une manière si précise, que les charrons et les maréchaux vulgaires ne puissent s'y méprendre.

Chaque mémoire devra contenir,

1° Une théorie de la charrue ;

2° La description, le dessin et le devis détaillé de la charrue qu'il propose ;

3° La description, le dessin et le devis de l'araire ou de la charrue actuellement usitée dans le pays de l'auteur, si ce n'est pas l'instrument qu'il propose;

4° La comparaison de cette charrue en usage avec la charrue proposée et le détail raisonné des avantages de cette dernière ;

5° La comparaison de ses effets, de sa dépense et de ses produits avec ceux de la bêche ;

6° Un résumé méthodique des principes, des calculs, des faits et des expériences qui motiveront la préférence donnée par l'auteur à la charrue proposée.

La société a de plus arrêté de faire imprimer, à ses frais, la collection des mémoires qui lui ont été ou qui lui seront envoyés sur la charrue, et de faire graver les dessins ou les modèles qui seront nécessaires pour leur intelligence.

Je m'arrêterai ici pour ce qui regarde les charrues simples sans ou avec avant-train, pour me donner le moyen de dire quelque chose de celles qui sont composées, c'est-à-dire qui ont plus d'un soc, et même de celles qui n'ont point de soc.

Placer deux socs à côté l'un de l'autre pour faire, en labourant, le double de besogue dans le même temps, et de mettre deux socs l'un plus bas que l'autre pour labourer plus profondément par une seule opération, sont des idées qui ont dû se présenter depuis bien des siècles; mais on ne trouve dans les anciens auteurs qui ont traité de l'agriculture rien qui puisse faire croire qu'on les ait mises à exécution. La Hollande et l'Angleterre sont même les seuls pays, que je sache, où on fasse aujourd'hui habituellement usage de pareilles charrues. Sans doute pour les faire mouvoir il faut une force bien plus considérable, sans doute leur construction demande une solidité qui suppose une forte dépense; mais il est bien des circonstances où elles peuvent être réellement économiques, et je voudrois que les propriétaires cultivateurs les introduisissent en France pour servir d'exemple.

Le simple bon sens suffit, en effet, pour faire sentir que dans les terres très légères ces deux sortes de charrues peuvent être employées avec avantage et économie, et que la dernière, puissamment attelée, peut servir à défoncer même les sols argileux, à la profondeur de quinze à vingt pouces, à tracer des rigoles pour l'écoulement des eaux, etc. Quand on réfléchit sur les sommes qu'il en coûte pour faire faire ces opérations à la pioche ou à la bêche, on doit émettre le vœu que ce moyen si expéditif soit employé dans tous les cas où il y a possibilité.

La nécessité de me restreindre m'oblige à ne donner que la figure et l'explication de ces charrues, et de renvoyer pour les considérations auxquelles elles peuvent donner lieu à la lettre adressée par le lord Sommerville au sénateur François de Neufchâteau, insérée dans le tome 13 des Annales d'agriculture de mon collaborateur Tessier, lettre dont j'ai emprunté une partie de ces figures.

La première de ces charrues est la charrue hollandaise, dont on fait un fréquent emploi dans le pays qui lui a donné son nom et dans quelques provinces d'Angleterre. Elle est représentée *pl.* 6, *fig.* 1.

La haie, ou la flèche, ou l'age qui porte le premier soc et le premier coutre, est à droite. Celui qui porte le second soc et le second coutre est à gauche. Ils sont liés ensemble par le moyen d'un montant A qui est pourvu de deux mortoises écartées de quelques pouces.

La seconde est celle perfectionnée par le lord Sommerville, dont il paroît que l'usage s'étend beaucoup en Angleterre à raison de ses avantages. Elle est avec ou sans roues. Je ne donne que la représentation de la première, la seconde n'en différant que parceque la flèche, ou age, ou haie, est un peu plus abaissée, afin que la ligne de tirage soit aussi rapprochée du soc qu'elle l'est dans la *fig. 2, pl.* 6.

Lord Sommerville a ajouté une plaque mobile sur le soc de sa charrue, plaque qu'il ne décrit pas, mais à laquelle il attribue de grands effets et pour laquelle il a obtenu un brevet d'invention. Voici ce qu'il en dit : « Nous avons maintenant à considérer la plaque mobile du soc et son opération sur le sillon. Si le *poitrail* d'une charrue est obtus (la partie entre le soc et l'age qui se présente pour fendre la terre lorsque la charrue marche sans coutre), c'est là que se fait tout l'effort ; c'est là que le sillon est tourné, et la partie postérieure de la plaque du soc a peu de chose ou même rien à faire ; le sillon peut ainsi être bien placé pour une espèce particulière de labour. Mais le poitrail d'une charrue ne peut être que d'une seule forme ; il ne peut donc tourner qu'une seule sorte de sillon, encore ne peut-il le faire qu'en augmentant le poids du trait. C'est ce qui ne peut, ce me semble, être contredit. Or, sur mes socs à plaques mobiles, le sillon n'est retourné qu'après qu'il a atteint le point d'action le plus éloigné, lequel se trouve à la distance de deux pieds du point où le sillon est coupé et séparé du sol ; par l'inflexion douce et progressive de la plaque, la terre reste suspendue et balancée, pour ainsi dire, dans l'air. Alors la plus légère pression de la plaque mobile la renverse. Cette plaque est ainsi conformée pour déposer le sillon à tel ou tel angle. Ainsi le cultivateur peut donner à sa terre telle ou telle sorte de labour qui convient le mieux à ses vues ».

Lord Sommerville cite une lettre de M. Tweed qui assure avoir opéré dans des terres fortes avec sa charrue attelée de trois chevaux, et avoir eu un meilleur labour, en moins de temps, qu'avec deux charrues ordinaires attelées de deux chevaux chacune. Ce dernier a trouvé gagner cinq schellings par jour d'économie à employer la charrue à double soc.

Ces faits ont été de plus constatés à différentes fois et dans plusieurs sortes de terres par Arthur Young, ainsi qu'on peut le voir dans le grand recueil de ses ouvrages agricoles, de sorte qu'on ne peut mettre en doute l'utilité de la charrue du lord Sommerville.

La figure 3 de la même planche offre la représentation d'une autre charrue basée sur des principes un peu différens de ceux des précédentes. L'age a six pieds trois pouces de long. Les manches trois pieds huit pouces. L'écartement des socs un pied. Les roues dix-huit pouces. On emploie en Angleterre cette charrue pour former des billons relevés sur un champ plat, en laissant au sommet un petit espace que divise ensuite la charrue à double oreille. Deux chevaux la tirent sans peine et font deux fois autant de travail qu'avec une charrue simple.

La France n'est pas restée en arrière de l'Angleterre pour l'emploi des charrues à doubles socs. Un cultivateur des environs de Dammartin en fait usage en ce moment. On cite trois ou quatre expériences qui ont été faites à différentes époques à peu de distance de Paris et qui ont été couronnées de succès. Les charrues employées dans ces expériences n'ont pas été gravées; ainsi je ne puis en parler plus longuement.

Mais laquelle des charrues à deux socs ou à *deux sillons*, comme les appellent les Anglais, est préférable de celle qui place les socs en arrière l'un de l'autre, ou au même niveau. Je crois que c'est la première, puisque l'effet d'un des socs ne peut jamais nuire à celui de l'autre, ce qui doit arriver souvent lorsqu'on se sert de la seconde, sur tout dans les terres fortes ou très garnies de racines. Au reste, je n'ose prendre une opinion sur cette matière, faute d'expériences qui me soient propres.

M. Ducket, cultivateur dans le Surry, a inventé aussi une charrue à deux soc et une à trois, pour mouvoir lesquelles il suffit de trois ou quatre chevaux. Ces charrues sont fort célèbres en Angleterre, mais je ne les connois pas. On voit au conservatoire des arts et métiers, à Paris, un modèle de la charrue à trois socs dont se servoit le duc de Bedfort, ainsi que ceux de beaucoup d'autres plus ou moins intéressantes à connoître.

La charrue que je donnerai pour exemple de celles qui ont deux socs, un plus haut et l'autre plus bas, est celle de M. Arbuthnot, qui a été décrite dans le recueil des ouvrages agronomiques d'Arthur Young. (*Voyez pl.* 6, *fig.* 4.) Mais cet instrument, par sa complication, son haut prix et les réparations continuelles qu'il exige, est peu à la portée des cultivateurs. Le diamètre des roues, qui est de trois pieds, servira d'échelle pour juger des dimensions de toutes ses parties.

Avec cette charrue on creuse des tranchées d'un seul trait à seize pouces de profondeur, plus nettement et plus régulièrement qu'on peut le faire à la bêche. Les mottes de gazon qu'elle retourne sont d'une force telle qu'elles recouvrent

Pl. VI. T. 3. Page 412.

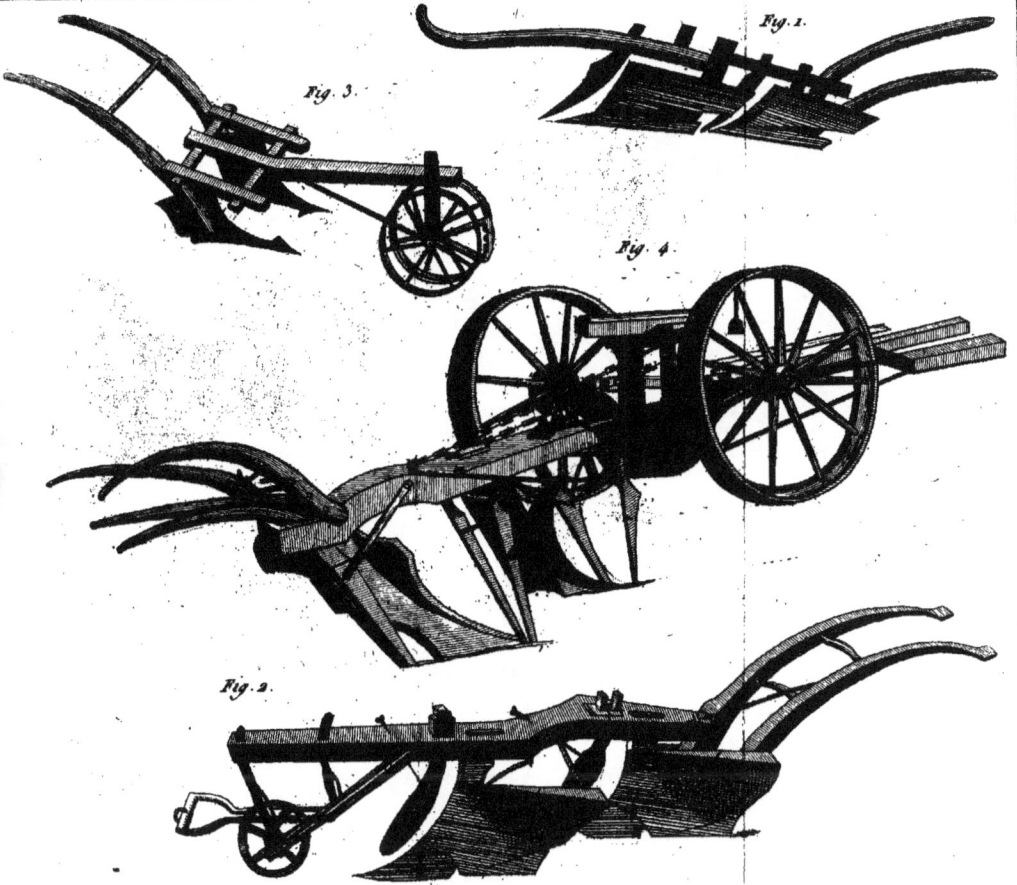

Fig. 3.

Fig. 1.

Fig. 4.

Fig. 2.

Charrues.

pour plusieurs années les saignées qu'on fait par son moyen. Elle demande huit forts chevaux, deux conducteurs et un laboureur. Lorsqu'on fait les roues de cinq pieds de diamètre, elle peut être facilement conduite par quatre chevaux.

Quoique je ne désapprouve pas cette charrue, je pense que deux ou trois charrues simples, les dernières plus fortes, qui passeroient successivement dans le même sillon, produiroient le même effet avec moins de dépense de temps et d'argent.

En 1760, un laboureur saxon inventa une charrue à quatre roues d'un service plus facile que toutes celles qu'on connoît. Il est certain qu'on en a fait usage en divers lieux ; mais ni sa description ni sa figure n'ont été publiées. Je me trouve donc forcé de n'en pas parler plus longuement. Je dirai cependant, d'après les journaux du temps, qu'on n'avoit pas besoin d'appuyer sur les manches ni de soulever le soc. L'attention du conducteur se bornoit à la diriger en ligne droite et à secouer de temps en temps le soc pour faire tomber la terre qui s'y étoit attachée.

Il est encore des sortes de charrues composées qui sèment en même temps qu'elles labourent. Comme elles portent le nom de SEMOIR ou de SEMEUR, j'en parlerai à ce mot. Leur usage a été extrêmement vanté et par-tout il est abandonné, ce qui ne parle pas en faveur de l'utilité qu'on en doit espérer.

Il est des cas ou on peut se contenter de fendre la terre sans la labourer, et, en conséquence, plusieurs agronomes modernes ont imaginé des charrues sans socs, c'est à dire armées seulement d'un plus ou moins grand nombre de coutres. Je crois devoir donner la figure d'une d'elles, et je choisis celle de M. de Châteauvieux. *Voyez pl. 5, fig.* 3. Les avantages de cette sorte de charrue seront développés au mot CULTURE.

On peut conclure de ce que je viens de mettre sous les yeux du lecteur qu'il n'est pas possible d'espérer que la même charrue puisse servir avec le même degré de supériorité dans tous les sols et pour toutes les cultures. Ce n'étoit donc pas une, mais plusieurs charrues que devoit demander la société d'agriculture du département de la Seine? Au reste, les termes de son programme laissent toute la latitude nécessaire aux concurrens.

Je sens que cet article, malgré sa longueur, paroîtra encore fort incomplet ; mais il eût fallu plusieurs volumes pour présenter au lecteur toutes les considérations dont la charrue est susceptible, et seulement la description de celles qui présentent quelques particularités remarquables. C'est un ouvrage encore à faire, et qui ne peut l'être que par quelqu'un qui ait plus observé et plus manié que moi cet instrument. *Voyez* le mot LABOUR qui sert de complément à cet article. (R. et B.)

CHARRUE (JARDINAGE). On a donné ce nom, dans les jardins, à un long RATISSOIR A POUSSER, traîné par un cheval et conduit par un homme, au moyen de deux manches semblables à ceux d'une charrue. Il en sera question an mot RATISSOIRE. (B.)

CHARTIL. On donne ce nom, dans quelques endroits, au lieu destiné à retirer les charrettes : c'est la remise des fermiers. (B.)

CHASSE. Il y a long-temps qu'on l'a dit pour la première fois, à l'origine des sociétés l'homme dut être chasseur, comme les peuples à demi sauvages de l'Amérique le sont encore. La chasse est donc dans la nature, et il faut, si j'ose employer cette expression, une perversité d'instinct pour ne pas l'aimer.

Cependant le goût de la chasse a de graves inconvéniens pour un agriculteur, qu'il détourne de ses travaux, et à qui il fait prendre des habitudes nuisibles aux intérêts de sa famille.

La chasse a deux buts utiles. L'un, de détruire les animaux nuisibles ; l'autre, de se procurer un supplément de nourriture ou d'habillement.

On a beaucoup écrit sur la question de savoir si dans une société agricole bien organisée la chasse devoit être un droit commun, ou être réservée à une certaine portion de ses membres. La législation actuelle, qui doit me guider dans la rédaction de cet article, décide que le gibier appartient au propriétaire de la terre sur laquelle il se trouve, et que ce propriétaire peut le détruire ou le faire détruire ; mais comme la chasse au fusil conduit souvent à la poursuite de ce gibier et qu'il se sauve sur les terres des autres, il a fallu, par une ordonnance de police générale, restreindre l'exercice de ce droit de chasse au fusil aux propriétaires les plus riches, c'est-à-dire à ceux qui ont plus de cent arpens de terre sur la même commune.

L'intérêt de l'agriculture proclame la conservation de cet ordre de choses, que l'habitude des anciens usages voudroit faire changer. Qui ne se rappelle les dégàts occasionnés par la surabondance du gibier dans beaucoup de terres et sur-tout aux environs de Paris ! Qui a ignoré les procès sans fin auxquels le droit exclusif de la chasse donnoit lieu, et la barbarie avec laquelle on traitoit le pauvre qui tuoit un lièvre ou détruisoit un nid de perdrix ! Il ne faut plus que cet odieux temps revienne. Le droit sacré de propriété doit avoir lieu sur les animaux qui vivent aux dépens des récoltes, comme sur les récoltes mêmes, puisque, si ces animaux n'eussent pas existé, le produit de ces récoltes eût été plus considérable.

Un cultivateur éclairé doit être toujours aux aguets pour empêcher les animaux de toute espèce de détruire le fruit de ses travaux. Il faut qu'il fasse une guerre également active au loup qui mange ses moutons, à la souris qui mange son grain, à la grive qui mange ses raisins, à la chenille qui mange ses choux, etc., etc. Toutes les fois que la législation le gêne à cet égard, elle agit directement contre une des principales bases du pacte social.

Dans les articles de cet ouvrage qui traitent des animaux sauvages, j'ai eu soin de m'étendre longuement sur ceux de ces animaux qui sont les plus nuisibles, et de couler rapidement sur ceux qui ne causent aucun dommage à l'agriculture, mais qu'on chasse cependant aussi à raison de la bonté de leur chair, du parti qu'on tire de leur peau, de leurs poils ou de leurs plumes. J'ai souvent fait remarquer que tel animal qui est nuisible sous un aspect peut être utile sous un autre, et que c'étoit à tort qu'on le proscrivoit. Je désire que mes observations contribuent à affoiblir l'activité qu'on met à détruire les espèces innocentes; mais je ne provoquerai jamais les lois répressives, qui existent dans certains pays, en faveur de quelques unes de ces espèces.

Quant à la chasse comme simple plaisir, il n'en doit pas être question dans un ouvrage de la nature de celui-ci. Je renvoie aux écrits qui en traitent ceux qui voudroient acquérir plus de lumière que je ne veux leur en donner. (B.)

CHASSE. On donne quelquefois ce nom aux formes des fromages. (B.)

CHASSE BOSSE. *Voyez* LISYMACHIE. (B.)

CHASSELAS. Variété de raisin qu'on cultive de préférence en treille dans les jardins des environs de Paris, parcequ'elle est agréable au goût, mûrit facilement et se garde long-temps. Il y en a de blanc, de rouge et de musqué. Le blanc, qu'on appelle de Fontainebleau, et qui n'a qu'un pepin, est une sous-variété encore plus estimée. (B.)

CHASSERON. C'est un des noms des formes de fromages. (B.)

CHASSIS. Ustensile de jardinage propre au développement, à la culture et à la fructification d'un grand nombre de plantes utiles ou agréables, étrangères à l'Europe. C'est un des abris artificiels imaginés pour l'avantage et la perfection de l'agriculture. *Voyez* le mot ABRIS. Les châssis sont composés de deux parties; savoir, de la caisse et des panneaux.

La caisse est un carré long, dont les parois sont de différentes dimensions et de différentes matières, en raison des usages auxquels sont destinés les châssis. Les panneaux sont les parties qui recouvrent les caisses. On les construit en bois et en fer, et on les dispose à recevoir des carreaux de verre, de papier huilé ou de bois, suivant la nature de la culture à laquelle ils sont destinés. La différence dans les dimensions de ces châssis, dans la nature des matières dont ils sont composés, et leurs différens usages, leur ont fait donner

différens noms. Nous allons présenter ici ces différentes sortes
de châssis, décrire leurs dimensions, et indiquer succincte-
ment leur usage, en commençant par le châssis à melons, qui
est le plus simple et le plus en usage.

Le châssis à melons a, pour l'ordinaire, dix-huit pieds de
long, et quatre pieds de large. La caisse est formée de quatre
planches. Celle du devant a huit pouces de large, tandis que
celle de derrière a ordinairement un pied de haut. Les
deux extrémités sont coupées en triangle, et ont, par le bout
auquel elles se joignent à la planche du fond, un pied de haut,
qui vient en diminuant, et se réduit à huit pouces par le bout
qui s'unit à la planche du devant. Cette caisse est maintenue
dans sa largeur par cinq traverses, qui assujettissent les deux
côtés du châssis, par sa partie supérieure, et qui servent en
même temps de supports aux panneaux de verre qui doivent
les recouvrir. Ces traverses ont cinq pieds de large sur deux
pieds d'épaisseur, et sont un peu creusées en gouttière dans
toute la longueur de la partie supérieure. Toutes les pièces
de ce châssis sont assemblées en queue d'aronde, et sont garnies d'équerres pour plus de solidité.

Les panneaux qui soutiennent les verres ont trois pieds de
large, et assez de longueur pour s'appuyer, par leurs extrémités,
sur les deux bords de la caisse, et les recouvrir exactement sans
les excéder. Ils sont formés d'un cadre, fait en bois, de trois à
quatre pouces de large sur quinze ou dix-huit lignes d'épaisseur, et de deux montans qui le traversent dans sa longueur,
partagent sa largeur. Ces montans, également en bois,
ont deux pouces de large sur un pouce ou quinze lignes
d'épaisseur, et sont assemblés dans le cadre par des mortoises et
des chevilles. Les montans et le cadre portent sur leurs bords
une rainure d'à peu près six lignes de large, et de trois ou
cinq lignes de profondeur, dans laquelle on place les carreaux
de verre, et le mastic qui doit les assujettir. Chaque panneau
porte, à ses extrémités, deux poignées en fer qui se rabattent
sur le cadre pour donner les moyens de les fermer avec aisance.
Voyez fig. 2 de la pl. 1, ou un de ces châssis, composé de
quatre panneaux, est figuré.

Le verre qu'on emploie pour vitrer ces panneaux est de
l'espèce la plus ordinaire, pourvu qu'il ne soit pas trop coloré;
on le préfère au verre trop épais, sur-tout au verre blanc,
qu'il est très dangereux d'employer, parcequ'il brûle quelquefois les productions qu'il recouvre. On place les carreaux à
recouvrement les uns sur les autres, de manière que le supérieur recouvre de douze à quinze lignes le carreau inférieur
de la même manière que les tuiles sont placées sur les toits.
Pour cet effet, après avoir coupé tous les carreaux de la même

dimension, on commence à placer le rang inférieur. Ce premier rang doit déborder d'un pouce sur le cadre du premier, et laisser un vide d'à peu près une ligne pour l'écoulement des vapeurs qui se résolvent en eau. Chacun des carreaux de cette première ligne doit être assujetti par deux petites pointes de fer aux deux angles inférieurs, et les côtés latéraux doivent entrer juste dans la rainure des montans. Pour que les carreaux du second rang soient solidement fixés dans leur feuillure, sans qu'il soit besoin d'y mettre des pointes de fer pour les retenir, on emploie un moyen fort ingénieux et qui remédie à plusieurs inconvéniens. On prend de petits lizerets de plomb laminé de l'épaisseur d'une demi-ligne et de deux lignes de large. On en fait des supports qui ressemblent à une S. Le bec supérieur de l'S s'accroche à la partie supérieure de la première ligne des carreaux qui viennent d'être posés, et le bec inférieur reçoit le bas du carreau de la seconde rangée. De sorte que la première ligne du bas des panneaux soutient toutes celles qui les surmontent. Ces SS doivent être placées dans la partie des carreaux qui portent dans les rainures des montans, et être cachées par le mastic qui remplit les feuillures, lorsque tous les carreaux sont posés. Cette manière de poser les carreaux laisse nécessairement entre eux des ouvertures à l'endroit où ils sont en recouvrement les uns sur les autres; mais c'est un avantage et non un inconvénient, et il faut bien se garder de les mastiquer, soit en dedans soit en dehors, sous prétexte de retenir la chaleur; outre que cette opération feroit casser un grand nombre de carreaux, elle deviendroit nuisible aux plantes cultivées sous les châssis par l'humidité et la putréfaction de l'air qu'elle y occasionneroit. Seulement on peut diminuer ces ouvertures en n'employant que des carreaux bien droits. Mais il est indispensable que la transpiration des plantes qui s'élève en vapeur, se condense et se résout en eau sur les vitres, puisse s'échapper de dessous les châssis. Cette transpiration est si considérable qu'elle produit quelquefois six ou sept pintes d'eau dans l'espace de dix heures, sous un châssis de dix-huit pieds de long, lorsqu'il est garni de plantes en pleine végétation, et qu'il gèle extérieurement de quelques degrés. Alors si les ouvertures étoient fermées et que cette eau ne pût s'écouler au dehors, elle retomberoit sur les feuilles qu'elle feroit pourrir, et bientôt les plantes, privées des moyens d'aspirer l'air, périroient elles-mêmes. C'est par cette même raison qu'on a supprimé les petits tasseaux de bois qui formoient précédemment les cadres où étoit renfermé chaque carreau de vitre.

Pour recevoir les panneaux des châssis et les empêcher de

couler de haut en bas, quelques personnes se contentent de fixer à la partie inférieure de la caisse deux pitons qui surmontent le bord du cadre du panneau de huit ou dix lignes ; ce moyen très simple remplit très bien le but que l'on se propose. D'autres forment une feuillure tout autour de la caisse que les cadres des panneaux remplissent exactement. Pour cet effet, ils clouent, sur les bords supérieurs de la caisse et en dehors, des tringles de bois qui débordent cette même caisse de l'épaisseur des cadres, des panneaux, et même de quelques lignes de plus ; et ils ont soin de ménager, de distance en distance, des ouvertures pour faciliter l'écoulement des eaux, les faire tomber sur les châssis, et les empêcher d'entrer dans l'intérieur.

Il est bon de faire placer au milieu de chaque panneau, dans sa largeur et au-dessus, une petite tringle de fer pour empêcher que les traverses ne tombent dans le milieu et n'occasionnent le brisement des verres. Cette précaution, peu dispendieuse, conserve les panneaux et les met en état de servir pendant un plus grand nombre d'années.

Comme on est souvent obligé de donner de l'air sous les châssis et d'ouvrir les panneaux à différentes hauteurs, il est nécessaire d'établir des crémaillères, tant sur le devant que sur le derrière. Dans quelques endroits elles sont fixées à la caisse du châssis et faites en fer plat, percé de trous à différentes hauteurs pour recevoir un piton en bec de corbin, qui est fixé au milieu du cadre de chaque panneau à ses deux extrémités. On lève d'une main le panneau, soit par en bas, soit par en haut, et de l'autre on tient la crémaillère que l'on conduit en face du piton, et on le fait entrer dans un des trous qui se trouvent à la hauteur convenable, pour aérer le châssis. Dans d'autres lieux, on remplit le même objet à beaucoup moins de frais. On a tout simplement des planches d'un pouce et demi d'épaisseur, de trois pieds de long et de quatre pouces de large, dans lesquelles on taille des crans de dix-huit lignes de profondeur. Cette espèce de crémaillère n'est point fixée au châssis ; lorsque l'on veut donner de l'air, on la pose sur le bord supérieur de la caisse, où elle est retenue au moyen d'une entaille pratiquée à sa partie inférieure ; on la dresse et l'on pose le cadre du panneau sur le cran qu'on a choisi pour l'ouverture du châssis.

Les fleuristes de Paris et des environs construisent les caisses de leurs châssis en bois de sapin, parcequ'il est le moins coûteux ; d'autres les établissent en bois de chêne qui a servi à faire des bateaux. Mais ceux qui recherchent la plus grande solidité les font faire en bois de chêne de forte épaisseur. Quant aux panneaux qui portent les verres, on les établit presque toujours en bon bois de chêne bien sec, parcequ'ils ont encore besoin de plus de solidité que le reste du châssis.

Il est indispensable de couvrir ces ustensiles de plusieurs couches d'huile en dehors, et d'enduire l'intérieur de la caisse d'une couche de goudron. Chaque année il est bon de donner une couche de peinture aux caisses; cette précaution les fait durer plus long-temps, et indemnise amplement de la dépense qu'elle occasionne; si l'on y ajoute celle de placer sous des hangars les caisses et les panneaux lorsqu'ils ne sont point utiles sur les couches, ils pourront durer dix à douze ans sans avoir besoin d'être renouvelés.

Les châssis à melons se placent sur les couches, lorsqu'elles ont été bâties et chargées. On les pose dans la direction de l'est à l'ouest, de manière qu'ils présentent leur plan incliné en face du midi. S'ils sont destinés à servir pendant l'été, on les pose horizontalement sur la couche; parcequ'alors le soleil étant élevé sur l'horizon, ils reçoivent ses rayons plus perpendiculairement: mais s'ils doivent être occupés pendant l'automne ou l'hiver, il convient de leur donner un degré d'inclinaison du nord au sud, qui réponde à peu près au degré d'obliquité que les rayons du soleil ont dans ces deux saisons. Pour cet effet, on établit la couche en manière d'ados, ou l'on exhausse la caisse des châssis par derrière avec des bourrelets de litière placés entre la couche et les bords inférieurs de la caisse.

Les châssis sont-ils destinés à des semis; il est bon que le terre-plein de la couche ne soit pas éloigné des vitres des panneaux de plus de six pouces. Un plus grand éloignement nuiroit à la germination, et occasionneroit l'étiolement des jeunes plantes qui lèveroient; d'un autre côté, si le soleil est quelques jours sans paroître, ce qui est assez commun, dans notre climat, pendant la mauvaise saison, les jeunes plants se fondent, et le cultivateur perd toutes ses espérances. En général, plus les plantes sont rapprochées des vitraux (pourvu toutefois qu'elles n'en soient pas affaissées), mieux elles se conservent et végètent.

Les châssis à melons servent d'abord à la culture de ce légume fruitier, aux concombres, aux salades de primeur de différentes espèces, aux semis des plantes annuelles destinées à l'ornement des parterres, et enfin à garantir, pendant l'hiver, les plantes de pleine terre qui sont délicates, et qui craignent plus l'humidité que le froid. *Voyez pl.* 1, *fig.* 2.

Les soins journaliers qu'exigent les cultures qui se font sous ces châssis se réduisent à des arrosemens et à des bassinages, à ouvrir et fermer les châssis pour renouveler l'air ou conserver la chaleur; à les couvrir de paillassons, de nattes ou de litière, pour les préserver du froid ; et enfin à faire des réchauds pour conserver le même degré de chaleur, ou l'aviver, lorsqu'il en est nécessaire, pour accélérer la maturité des fruits, ou perfectionner les légumes.

La seconde sorte de châssis, qu'on peut nommer châssis de primeur, ne diffèrent des premiers qu'en ce qu'ils sont plus élevés et fabriqués plus solidement dans toutes leurs parties. La caisse de ceux-ci a ordinairement deux pieds et demi de haut sur le derrière, et un pied sur le devant. On les construit en bois ou en fer. Ceux en bois ne diffèrent des châssis à melons que par leurs dimensions plus étendues. Nous n'en ferons pas une description particulière, celle des premiers est suffisante ; nous nous contenterons d'observer qu'il faut employer des bois plus forts et plus sains pour ceux-ci que pour les autres ; qu'il faut aussi donner plus de solidité à la caisse par des équerres de fer de bonne longueur placés à tous les angles ; mais les châssis en fer exigent que nous les fassions connoître plus particulièrement.

Les châssis de fer ont les mêmes dimensions que les châssis en bois ; mais la manière de les construire est différente. On leur donne ordinairement dix-huit pieds de long, quatre de large, vingt-six pouces d'élévation sur le derrière, et dix-huit pouces sur le devant. Le cadre supérieur de la caisse qui soutient les panneaux de verre, ainsi que le cadre inférieur qui porte sur la couche, est formé avec des barres de fer d'un pouce carré. Ces cadres sont assemblés, et tenus à distance convenable, par des montans de fer placés aux quatre angles et sur les deux côtés. Ils descendent au-dessous du cadre inférieur d'environ trois pieds, et se terminent en pattes, pour être assujettis et scellés plus solidement. Le côté de la caisse le plus élevé est garni en feuilles de tôle de forte épaisseur, et jointes ensemble par des clous rivés des deux côtés. Elles sont traversées dans leur largeur par des bandes de fer plat auxquelles elles sont assujetties, comme celles-ci le sont au cadre du fond. La partie de la caisse du devant, au lieu d'être pleine, comme dans les autres châssis, est disposée à recevoir des carreaux. Il en est de même des deux extrémités qui, pour cet effet, sont divisées par trois montans de fer plat, de quatorze lignes de large, et qui portent dans leur milieu une petite tringle de fer carrée, de six lignes d'épaisseur, pour servir de rainure et recevoir les carreaux de verre.

Les panneaux destinés à couvrir la caisse ne doivent pas avoir plus de trois pieds de large, sur une longueur déterminée par l'écartement des cadres de la caisse. Leur cadre particulier est fait en fer d'un pouce de largeur, sur six lignes d'épaisseur, et les deux montans qui les traversent dans leur largeur doivent être faits en fer moins épais.

Ces panneaux sont portés sur les deux bords de la caisse ; ils y sont retenus solidement dans une feuillure pratiquée au moyen d'une bande de fer qui est appliquée contre le cadre supérieur de la caisse, sur le devant, et qui le dépasse de l'épaisseur du panneau. Il est inutile de faire une pareille feuillure sur le derrière, parceque la pesanteur des panneaux suffit pour les maintenir à leur place. Mais, pour empêcher l'écartement des deux bords de la caisse, il est bon de placer dans le milieu une traverse qui les fixe à égale distance. Cette traverse doit s'enlever à volonté, pour ne pas gêner les ouvriers, lorsqu'ils bâtissent la couche.

Les châssis en fer sont inférieurs à ceux en bois, parcequ'ils sont trop bons conducteurs de la chaleur et que ces abris sont principalement destinés à la conserver.

On sent que de pareils châssis ne peuvent être transportés sur les couches ; ils les couperoient par leur pesanteur, et descendroient au-dessous du niveau nécessaire à la culture ; il faut donc qu'ils soient établis en place, et que leurs montans soient scellés en terre, à six ou huit pouces de profondeur. Seulement, lorsqu'on veut bâtir les couches, on enlève les panneaux de dessus la caisse, et on ôte la barre du milieu.

Ces couches doivent être très serrées et ne s'élever qu'à six pouces au-dessous du bord du devant de la caisse. Mais, pour empêcher que les carreaux de vitre de la bande du devant ne soient brisés par la pression du fumier, on pose une planche entre les carreaux et le fumier, ce qui les garantit de tout accident. Lorsque la couche est ainsi établie en fumier, on la charge de terreau jusqu'au niveau du bord supérieur du devant de la caisse ; quand elle seroit même de quelques pouces plus haut, il y auroit moins d'inconvéniens qu'à la laisser au-dessous, attendu que le fumier venant à s'échauffer, la couche diminue de hauteur, et s'affaisse dans l'espace de quinze jours de six ou huit pouces. Alors on retire la planche qui a servi à garantir les vitres de la pression du fumier.

Ces châssis doivent avoir aussi des crémaillères en fer, mais seulement sur le derrière, parcequ'il n'est pas nécessaire de lever les panneaux dans un autre sens. On place également des poignées aux deux extrémités de chaque panneau, afin de pouvoir les transporter sûrement et avec aisance. Enfin il est pareillement indispensable de faire couvrir ces ustensiles de trois couches de peinture à l'huile, et de répéter cette opération toutes les fois qu'on s'aperçoit que la peinture a été détruite par la rouille et par la chaleur du fumier. Voyez fig. 3 de la planche 1, où un de ces châssis est représenté.

Usage. Les châssis de la deuxième espèce, et sur-tout ceux qui sont en bois, sont employés à la culture des légumes de primeur qui ont une certaine élévation, tels que les pois, les haricots, les asperges, etc. Les fleuristes de Paris s'en servent avec succès pour faire fleurir, dès le mois de janvier, les lilas de Perse, les syringas, les boules de neige, les différentes espèces de rosiers, et particulièrement la rose des quatre saisons, les jacinthes et autres fleurs odorantes ou agréables. Ces mêmes châssis, faits en fer, ont été exécutés pour la première fois au jardin des plantes de Paris, en 1786; ils ne sont guère employés que dans les jardins de botanique. On s'en sert pour la culture des semis de plantes étrangères, qui croissent entre les tropiques ou sous la zone torride.

On les emploie encore pour repiquer et faire reprendre ces mêmes plantes dans leur jeunesse; ils servent enfin à perfectionner les semences des plantes des climats chauds, et à les défendre des premiers froids de l'automne.

Les châssis de la troisième espèce, qu'on peut nommer châssis des plantes du Cap ou des liliacées, sont établis sur les mêmes principes que les précédens, avec cette différence que, devant servir pendant l'automne, l'hiver et une partie du printemps, leurs vitraux doivent être plus inclinés que ceux des châssis à melons, et former un angle d'environ quarante-cinq degrés avec la caisse du châssis. On construit ces caisses en bois ou en maçonnerie. Celles en bois ne peuvent avoir moins de deux pieds de haut par derrière, et six pouces sur le devant, à cause de la hauteur des plantes auxquelles elles sont destinées. On leur donne ordinairement quatre pieds de large. Mais ces dimensions ne sont pas de rigueur; on peut les augmenter ou les diminuer suivant l'exigence des cas, sans beaucoup d'inconvénient. L'essentiel est d'employer du bois de forte épaisseur et bien sec, et de les assujettir par des équerres en fer, de manière que le bois ne puisse se disjoindre et se tourmenter en aucun sens. Les panneaux qu'on place sur ces caisses doivent être faits comme ceux des autres châssis, avec leurs poignées et leurs crémaillères.

Ces châssis sont destinés plus particulièrement à couvrir des planches d'oignons qui sont en pleine terre, ou des plantes délicates qui, végétant de bonne heure, pourroient être endommagées par de fortes gelées, telles que les belladones, les lis Saint-Jacques, les grenesiennes et autres liliacées trop délicates pour résister au grand froid de nos hivers, et assez fortes cependant pour être dispensé de les cultiver dans des pots, et de de les rentrer dans les serres tempérées. Il existe aussi des plantes de quelques autres familles, qui se conservent et prospèrent mieux en pleine terre, sous ces châssis, que dans les serres:

telles sont la *cinara acaulis*, L.; l'*échinophora tenuifolia*, L.; le *thapsia garganica*, L.; le *gundelia Tournefortis*, L., quelques espèces d'*arctotis*.

Cette troisième espèce de châssis exige des soins particuliers. Indépendamment de ceux qui ont été indiqués pour les deux premières sortes, et qui leur sont communs, ceux-ci ont besoin d'être couverts plus assidûment, et fermés plus exactement pendant les froids. Il n'est pas moins essentiel de les découvrir au moindre rayon de soleil, parceque ces châssis n'étant pas portés sur des couches, qui fournissent perpétuellement une chaleur qu'on est le maître d'augmenter à volonté, il faut beaucoup d'attention pour empêcher la déperdition de celle que fournit la terre, ou conserver celle que peuvent produire les foibles rayons du soleil pendant des hivers longs et rigoureux. Il est donc nécessaire, non seulement de couvrir la surface des panneaux de vitres, mais encore de garnir de litière d'un pied d'épaisseur, au moins, toutes les parois extérieures de la caisse. Lorsque cette litière est humide, ou qu'elle a été couverte de neige, il faut la renouveler et la remplacer par de la litière sèche. Cette opération, qui ne laisse pas que d'employer du temps et d'exiger des dépenses, a fait imaginer un moyen qui est employé en Hollande et dans quelques autres lieux.

Ce moyen consiste à établir autour du châssis que l'on veut abriter du froid une double caisse en bois fort, d'un pied et demi plus grande de tous les côtés, et de même hauteur. On creuse la terre qui se trouve entre les deux caisses d'un pied de profondeur, au-dessous du niveau du terre-plein du châssis sous lequel sont les plantes. On remplit avec de la paille d'avoine, des balles de blé, du foin sec, de la fougère, des feuilles sèches, ou tout simplement avec de la litière, l'intervalle qui se trouve entre les deux caisses. On foule ces matières à mesure qu'on les dépose, de manière qu'elles forment une masse très compacte. Et, pour que l'humidité n'attaque point ces matières, on les couvre d'une planche qui porte sur les bords des caisses, et qui, étant un peu inclinée en dehors, renvoie les eaux à quelque distance. Par la même raison, on a soin d'établir tout autour de la caisse extérieure un déversoir en terre, qui éloigne les eaux pluviales, et les dirige vers les terrains voisins.

Ces châssis à double caisse, quand celles-ci sont faites avec soin, sont impénétrables à des gelées de douze à quinze degrés, et lorsqu'on a la précaution de les placer à des expositions favorables, telles que dans le voisinage d'un mur, à l'exposition du midi, et qu'on couvre bien le dessus des panneaux avec des paillassons et de la paille, ils sont à l'épreuve des plus grands froids de notre climat.

LES CHASSIS EN MAÇONNERIE, qui ne diffèrent de ceux que nous venons de décrire que par la manière dont ils sont construits, mais qui doivent être établis d'après les mêmes dimensions, peuvent servir aux mêmes usages, en pratiquant dans le milieu un terre-plein, dans lequel sont placées les plantes qui ont besoin de cette culture. Cependant on les réserve ordinairement pour des plantes plus délicates, et qui, à raison de la petitesse de leurs oignons, ou de leur petite stature, exigent d'être cultivées dans des pots, comme les différentes espèces d'*ixia*, de *gladiolus*, d'*antholyza*, d'*hæmanthus*, d'*oxalis*, de *geranium*, de *mesembrianthemum*, et autres plantes du Cap de Bonne-Espérance, auxquelles il faut moins de chaleur que d'air, et sur-tout de lumière.

La caisse de ces châssis doit être faite en maçonnerie, de dix-huit à vingt pouces d'épaisseur, et couverte de tablettes en pierre de taille, qui reçoivent, dans une feuillure pratiquée sur leurs bords, les panneaux de vitres. Si l'on donne à cette caisse trois pieds de profondeur, dont une moitié au-dessous du niveau de la terre environnante, et une moitié en élévation, on pourra y établir de petites couches, soit en fumier sec, recouvert de terreau, soit en fumier chaud, mélangé avec de vieille tannée, soit enfin en tannée neuve pure. On pourra alors y cultiver avec succès les semis et les jeunes plants d'arbres et de plantes de l'année, qui croissent entre le trentième et le quarantième degré de latitude des deux hémisphères, et qui languissent et périssent ordinairement dans les serres tempérées. Les arbustes du Cap de Bonne-Espérance, tels que les *diosma*, les *protea*, les *passerina*, les *bruyères*, les *royena*, les *polygala*, etc., s'accommodent fort bien de ces châssis les deux premières années de leur jeunesse, et jusqu'à ce qu'ils soient assez forts pour être rentrés dans les serres tempérées.

La quatrième sorte de châssis ne diffère des châssis à melons, qu'en ce que les panneaux de ceux-ci, au lieu de porter des vitres, n'ont que des carreaux de papier huilé, ou même sont recouverts de ces légères planches qu'on appelle voliges à Paris. D'ailleurs ils leur sont en tout semblables, tant pour la caisse que pour les panneaux.

Ces châssis sont destinés à être placés sur des semences d'arbres étrangers, lesquelles étant extrêmement fines, sont semées à fleur de terre, telles que les graines de *rhododendron*, d'*azalea*, d'*hypericum*, d'*andromeda*, de *vaccinium*, d'*erica*, de *kalmia*, d'*arbutus*, etc. Ces semis sont dans des terrines remplies de terreau de bruyère, et se placent ordinairement à l'exposition du levant, dans une plate-bande, où les vases sont enterrés jusqu'au bourrelet, ou sur une vieille couche sans chaleur. Couvertes de ces châssis, sous lesquels on entretient une humidité favorable, les graines venant à germer, n'ont que le degré de lumière qui convient à leur délicatesse, et ne sont pas exposées à être détruites comme elles le seroient à nu, par la présence des rayons du soleil et par la sécheresse de l'air ; mais il convient de couvrir ces panneaux de toile cirée ou de contrevens de bois, lorsqu'il survient des pluies abondantes ou des grêles un peu fortes, sans quoi les carreaux de papier seroient bientôt détruits.

Les châssis à carreaux de papier ou à planches, étant placés sur une couche située au nord, peuvent servir utilement à faire reprendre des boutures d'un grand nombre d'espèces d'arbustes et de plantes étrangères. Enfin on peut les employer à faire reprendre des repicages de plantes délicates. En général, leur mérite n'est pas assez connu, et nous invitons les cultivateurs à en faire plus d'usage.

Voyez mon mémoire sur les semis sous châssis, inséré dans le sixième volume des Annales du Muséum.

Il nous reste à parler des châssis physiques de M. Mallet, dont on a beaucoup vanté les merveilleux effets du vivant de l'auteur, mais que personne n'a imités, parcequ'ils sont trop coûteux, et que leur effet n'est réellement pas supérieur à ceux dont il vient d'être question. Leur principale différence est fondée sur la courbure des panneaux ; la *fig.* 4, *pl.* 1, qui en montre un vu de côté, et dont les panneaux de devant A, et de derrière B, sont ouverts, suffit pour en donner une idée. (TH.)

CHASSIS ÉCONOMIQUES DE PAPIER OU DE TOILE. On les fabrique sous deux formes, en toit ou en voûte : ces derniers ressemblent à la couverture d'un fourgon. Ils sont établis sur des cerceaux maintenus dans leur milieu par une latte et implantés dans un cadre composé de quatre morceaux de sapin, posés de champ, et d'une épaisseur suffisante. Le cadre doit avoir toute la largeur de la couche, sur environ le double de longueur seulement pour être facile à manier. Pour les châssis en toit, on peut employer du bois plus mince, le faîtage au contraire sera plus fort pour recevoir dans des mortoises les bouts de tous les chevrons, qui ne sont que des lattes. Ceux-ci sont plus commodes, en ce qu'on peut de chaque côté pratiquer des volets pour donner de l'air en les soulevant par le bas. Pour préserver de l'humidité toute cette carcasse, et lui donner la durée de plusieurs années, on l'enduit avec une composition de douze parties de poix, une d'huile de lin et deux de brique en poudre tamisée : le tout, bien mêlé sur un feu lent, s'emploie à chaud, et en séchant devient fort dur.

La toile doit être blanche et assez fine, mais malgré sa durée l'économie la proscrit souvent. On a recours à du papier à enveloppe blanc ou bis pâle, qui dure fort bien son année. Il

faut le tendre soigneusement en le collant avec de la colle de
farine qu'on laisse bien sécher. Alors ce papier est frotté au dos
seulement d'huile de lin, qui s'y imbibe rapidement. Il en seroit de même de la toile. On doit fabriquer ces châssis à l'a-
vance, pour qu'ils perdent leur odeur qui pourroit nuire aux
plantes.

Ces châssis de papier sont très utiles pour élever des cantaloups et autres melons tardifs, qu'ils préservent pendant l'été
de la trop grande ardeur du soleil. Ils sont également utiles
pour les boutures faites sur couches. On recommande de pro-
portionner leur hauteur, de sorte que les plantes aient assez
d'air, et pour éviter qu'elles ne filent et ne s'affoiblissent.

Pour les melons, ils sont d'abord élevés sous cloches; on les
couvre ensuite de ces châssis à demeure, au lieu d'y placer
journellement des paillassons. L'arrosement se donne dans les
sentiers, et il suffit ainsi; les fruits en sont bien meilleurs, sur-
tout si on a soin de les retourner peu à peu, afin d'éviter la fa-
deur qui altère le côté de la couche. (Duch.)

CHÂSSIS PORTATIFS. J'ai fait figurer dans les Annales
du Muséum, tome 6, pl. 48, un châssis propre à être placé
sur une caisse; c'est un vitrage en carré, terminé par une pyramide de même nature. Un des panneaux latéraux et un du
sommet sont susceptibles de s'ouvrir. Ces châssis peuvent avoir
de fréquentes applications dans les jardins de botanique et chez
quelques amateurs de fleurs; mais leur haut prix ne permet pas
d'en faire usage dans la culture ordinaire. Il suffit donc de les
indiquer. (Th.)

CHAT. Cet animal, si joli, si vif, si turbulent quand il est
jeune; si patelin, si adroit, si rusé quand il désire quelque
chose; si fier, si libre dans les fers mêmes de la domesticité;
si traître dans ses vengeances; cet animal, dis-je, qui semble
réunir tous les extrêmes, que l'on craint pour sa perfidie, que
l'on souffre par besoin, que l'on chérit quelquefois par foiblesse,
est d'une utilité trop grande à la campagne pour que nous le
passions sous silence. La guerre continuelle qu'il fait pour son
seul et unique intérêt purge nos habitations d'un ennemi im-
portun, dont les dégâts multipliés produisent à la longue de
très grandes pertes. Il faut donc bien traiter et bien récompenser par nos soins un domestique infidèle qui nous est si
utile, tout en ne travaillant que pour lui-même. Les animaux
auxquels le chat fait la guerre, et qu'il détruit souvent plus par
plaisir de nuire que par besoin, sont indistinctement tous les
animaux foibles, et qui ne peuvent échapper ou à sa force ou
à son adresse; les oiseaux, les rats, les souris, les levreaux,
les jeunes lapins, les mulots, les taupes, les crapauds, les grenouilles, les lézards, les serpens, les chauve-souris, etc. de-

viennent sa proie ou son jouet. Ce qu'il ne peut ravir de haute lutte, il le guette et l'épie avec une patience inconcevable. Tapi au bord d'un trou, rassemblé dans le moindre espace possible, les yeux fermés en apparence, mais assez ouverts pour distinguer sa proie, et l'oreille au guet, il affecte un sommeil perfide pour tromper l'animal dont il médite la mort. A peine est-il hors de son trou qu'il l'attaque et le saisit; s'il a sur lui un avantage considérable du côté de la force, il s'en joue et s'en amuse pendant quelque temps pour insulter à son malheur. Le jeu commence-t-il à l'ennuyer, d'un coup de dent il le tue, souvent sans nécessité, lors même qu'il est le plus délicatement nourri. Ce caractère méchant, sans avantage direct, indocile et destructeur par caprice, feront toujours du chat un traître dont on profite sans l'aimer. Le traitement le plus doux, les soins les plus marqués ne peuvent détruire en lui ce naturel indépendant et à demi sauvage; l'éducation même, perpétuée de race en race, ne l'a point altéré; et le chat seul, de tous les animaux que l'homme a réduits à l'esclavage, a conservé cette fierté et cet amour de la liberté qu'il avoit au milieu des forêts. Dans l'enceinte même de nos murs, ce sont les greniers, les toits, les endroits déserts et retirés qui font son séjour ordinaire. Habite-t-il une maison des champs, la vue de la campagne ramène bientôt dans son cœur le goût de la chasse, l'amour de la guerre; il part seul, ou quelquefois avec un compagnon de rapines, et ils portent de tous côtés le désordre et la désolation. Tantôt grimpé sur un arbre il enlève du nid des petits oiseaux, et caché par quelques branchages, il attrape la mère qui venoit apporter de la nourriture à ses petits infortunés. Tantôt pénétrant dans les retraites des lapins, il les poursuit jusqu'au fond de leurs terriers. Une garène qu'il affectionne est bientôt ravagée et dépeuplée; souvent il arrive que ces succès enflamment son courage, et lui rendent totalement son esprit d'indépendance; alors il abandonne les habitations, vit au fond des bois, redevient sauvage, et la génération suivante reprend insensiblement tous les premiers caractères du chat sauvage.

La forme extérieure du chat est en général jolie et agréable; ses proportions sont bien prises, et sa physionomie sur-tout exprime un air de finesse qui est encore relevé par la forme du front, de la tête entière, et par la position des oreilles. Mais entre-t-il en fureur, cette mine si douce et si fine se change tout d'un coup; sa bouche s'ouvre, ses yeux s'enflamment, ils étincellent; il tourne ses oreilles de côté, et les abaisse; son poil se hérisse sur le dos et sur tout le corps; toute sa physionomie décomposée n'offre plus qu'un air féroce et furieux; ses cris sont effrayans, ses mouvemens rapides;

ses griffes sortent de leurs gaines, il est prêt à tout déchirer ;
alors rien ne l'épouvante ; un animal plus fort ne l'intimide
pas ; il s'élance, se jette sur lui, le mord ou le déchire d'un
coup de griffe ; et, non moins leste que hardi, à peine a-t-il
frappé qu'il s'échappe et évite les atteintes de son ennemi.

La chatte entre en chaleur deux fois par an, dans le printemps et dans l'automne ; elle est beaucoup plus ardente que
le mâle ; elle le cherche, le poursuit, l'appelle ; les hauts
cris et les roulemens qu'elle pousse annoncent la vivacité de
ses désirs ou plutôt l'état douloureux où ses besoins la réduisent, et que l'approche du seul mâle peut soulager. Les chattes
portent cinquante à cinquante six jours, et mettent bas ordinairement quatre, cinq ou six petits, qu'elles ont soin de cacher et de transporter dans des trous, lorsqu'elles craignent
que les mâles ne les dévorent, ce qui arrive quelquefois. Elles
les allaitent pendant trois à quatre semaines, et puis vont à
la chasse pour eux et leur rapportent des rats, des souris,
des petits oiseaux ; mais bientôt elles instruisent leurs petits dans le même art de rapine, et finissent par leur laisser
le soin de veiller à leur subsistance, en leur apprenant par
l'exemple que tout moyen est bon et légitime, la ruse ou la
force, pourvu qu'il réussisse. A quinze ou dix-huit mois ils
ont pris tout leur accroissement, peuvent engendrer à l'âge
d'un an, et vivent environ neuf à dix ans. (R.)

Les couleurs du chat sauvage ne changent point ; c'est un
mélange de brun, de fauve et de gris, avec des anneaux noirs
autour des pattes et de la queue ; mais celles des chats domestiques varient dans toutes les nuances du fauve, du brun,
du noir et du blanc ; on en voit rarement deux dont la robe
soit semblable. Dans les campagnes on doit préférer ceux
qui s'éloignent le moins du type original, parcequ'ils sont
meilleurs chasseurs ; mais dans les villes, où la beauté des
chats est leur principal mérite, on recherche ceux dits d'*Espagne*, dont la couleur dominante est le roux ; ceux dits des
chartreux, qui sont d'un gris bleuâtre ; enfin ceux dits d'*An-
gora*, dont le poil, beaucoup plus long et plus soyeux, est
ordinairement blanc. Ces derniers, outre leur utilité comme
chats, donnent leur fourrure et leurs poils au commerce,
ce qui doit les faire préférer. Il est faux, comme quelques personnes le pensent, qu'ils ne courent pas après les souris ; mais
il est vrai que certains d'entre eux, qui n'en ont jamais vu, et
leur nombre est considérable à Paris, les dédaignent lorsqu'on
leur en présente pour la première fois dans un âge avancé

En général, on ne se conduit pas vis-à-vis des chats dans les
campagnes comme il seroit bon qu'on le fît ; puisque la nécessité force les cultivateurs à avoir recours à leur instinct pour

détruire de dangereux ennemis, et qu'ils connoissent leur caractère, ils ne doivent s'en prendre qu'à eux-mêmes si leurs provisions de viande, leur laitage, etc. deviennent leur proie. Vivons avec lui comme avec un voleur déterminé; renfermons tout ce qui peut le tenter, mais traitons-le avec douceur et donnons-lui le nécessaire physique. C'est une grave erreur que de croire que plus les chats ont faim et plus ils cherchent à prendre de souris. Est-ce une bonne disposition pour attendre plusieurs heures de suite sans bouger la sortie d'une d'elles de son trou, que d'avoir le ventre affamé? La patience est-elle la vertu de ceux qui ont faim, même parmi les hommes, qu'on suppose susceptibles de se guider par des raisonnemens d'un ordre supérieur à ceux des chats? Je pense donc que chaque jour on doit leur abandonner une portion de nourriture suffisante pour les entretenir en bon état, et ne jamais les battre, lors même qu'ils se sont rendus coupables. On peut croire que, par suite de ce système de bienveillance, ils seront moins pressés de s'emparer des mets qu'on laisseroit un moment à l'abandon.

Il est quelques chats qui prennent l'habitude de la maraude, qui vont faire la chasse aux lapins, aux lièvres, aux oiseaux des bois, plutôt qu'aux souris de la grange. Il en est d'autres qui se jettent même sur la volaille, sur-tout sur les pigeons. Les uns et les autres doivent être tués sans miséricorde, parce-qu'une fois qu'ils ont pris cette habitude ils ne s'en corrigent jamais.

Comme il naît cent fois plus de chats que les besoins de l'homme ne l'exigent, on est obligé de détruire la plus grande partie au moment de leur naissance, et on s'occupe rarement des moyens de conserver ceux qu'on a. Il y a quelques années qu'une épidémie fit craindre d'en perdre la race. Les maladies convulsives et les maladies inflammatoires sont celles qu'ils ont le plus à redouter.

Par-tout dans les campagnes on jette les chats morts sur les chemins, et cependant chaque cadavre peut fournir plus d'engrais que ce qu'un âne peut porter de fumier. Je voudrois donc qu'on les enterrât toujours, ainsi que tous les animaux qui meurent dans la ferme, au milieu du fumier, ou qu'on leur réservât un cimetière dans quelque coin du jardin, cimetière dont la terre seroit ensuite employée et remplacée par de la nouvelle.

Le chat véritablement sauvage, c'est-à-dire dont les pères n'ont jamais été soumis à la domesticité, est devenu rare en France depuis que les grandes futaies ont été presque par-tout abattues. J'en ai encore vu souvent dans ma jeunesse; mais il y a bien des années que je n'en entends plus parler. Il est deux fois plus gros que le plus beau des chats domestiques, d'une force et d'une férocité considérables. C'est le grand destructeur du gibier ; aussi les chasseurs de profession lui font-ils une guerre à outrance. Souvent aussi, lorsque les subsistances lui manquent dans les bois, il se jette sur la volaille des fermes qui en sont voisines, et une fois qu'il en a goûté, il y revient jusqu'à ce qu'il ait été tué. Les chiens de chasse, ou autres, qui l'attaquent sont immanquablement blessés ; car il ne se sauve qu'après avoir joué des griffes. Lorsqu'il se sente pressé, il grimpe sur un arbre, et se sauve par les branches. On le tue à coups de fusil, et on le prend avec les pièges appelés *traque-renard*. Sa fourrure est fort estimée. (B.)

CHAT PUTOIS. *Voyez* PUTOIS.

CHATAIGNE. Fruit du CHATAIGNIER. *Voyez* ce mot.

CHATAIGNE DE CHEVAL. On donne quelquefois ce nom au fruit du MARONNIER D'INDE.

CHATAIGNE D'EAU. C'est le fruit de la MACRE.

CHATAIGNE DE TERRE. Nom vulgaire de la GESSE TUBÉREUSE.

CHATAIGNERAIE. Lieu planté en châtaignier, dans l'intention d'en récolter le fruit.

CHATAIGNIER. Arbre de première grandeur, de la monœcie polyandrie, et de la famille des amentacées, dont l'excellent fruit est recherché de tous ceux qui le connoissent, sert presque d'unique moyen de subsistance dans beaucoup de pays, et dont le bois est propre à un grand nombre d'usages économiques.

Cet arbre fait partie du genre des HÊTRES dans la plupart des ouvrages de botanique ; mais comme ses chatons mâles sont érigés et axillaires, ses capsules coriaces et ses semences farineuses, il est bon de profiter de ces demi-caractères pour en former un genre particulier, et se mettre par-là en concordance avec l'usage général. *Voyez* au mot HÊTRE.

Quelquefois dans le climat de Paris le châtaignier n'est pas encore en fleur à la fin de juillet ; mais ses fruits croissent rapidement, et on peut les cueillir le plus souvent à la mi-octobre. Ses fleurs ont une odeur spermatique très marquée, et qui porte à la tête. Ses feuilles au contraire poussent de très bonne heure, ce qui leur est quelquefois très nuisible dans le même climat ; car elles sont très sensibles à la gelée, ainsi que les jeunes bourgeons qui les portent. Ses feuilles sont alternes, pétiolées, lancéolées, largement dentées, coriaces, d'un vert clair, ordinairement longues de six pouces sur un et demi de large.

Le châtaignier est indigène à l'Europe et propre aux vallées les montagnes du second ordre, c'est-à-dire à celles qui servent de limites à la culture du blé et à la plupart des autres articles de subsistance. Il semble que la nature l'a placé dans cette zone afin que les hommes pussent l'habiter, et en effet sans lui beaucoup de cantons seroient déserts, au moins une grande partie de l'année. Il ne craint pas les plus grands froids des hivers ; cependant il ne vient pas dans le nord, et ceux même qui croissent dans le climat de Paris ne donnent que les fruits de médiocre qualité. Cela tient à ce que, comme il entre fort tard en fleur, il lui faut un grand degré de chaleur en été. Or il trouve ce qui lui convient dans les vallées des hautes montagnes des parties méridionales de l'Europe, qui, quoique couvertes de neige pendant six mois de l'année, sont fort chaudes pendant l'été. C'est là qu'il végète avec le plus de force et qu'il donne des fruits de la meilleure qualité et les plus susceptibles d'être gardés.

Les lieux où on en trouve le plus en France sont le long du Rhin, sur les montagnes du Jura, dans toutes les Basses-Alpes depuis Genève jusqu'à la mer ; toute la chaîne qui de Lyon se prolonge à la droite du Rhône, et toute celle qui de Nîme remonte par Limoges jusqu'à l'embouchure de la Loire, la ci-devant Bretagne, les Cevennes, les Pyrénées et la Corse. J'en ai vu d'immenses quantités dans les montagnes de l'Espagne et dans celles de l'Italie. La Sardaigne, la Sicile, les montagnes de la Grèce en sont remplies. Il ne paroît pas qu'il y en ait sur la côte d'Afrique ni dans la Haute-Asie.

Dans sa jeunesse le châtaignier pousse lentement; mais quand on le coupe à un certain âge, au-dessus de vingt ans par exemple, il donne, la première année, des rejets d'une hauteur remarquable. Ceux de six et huit pieds ne sont pas rares aux environs de Paris, et dans les pays plus chauds ils sont encore plus considérables. Cette activité de végétation se soutient dans une progression très peu décroissante pendant douze ou quinze ans, c'est-à-dire jusqu'à l'époque où ces rejets commencent à porter du fruit; ensuite elle se ralentit de plus en plus et finit par n'être plus que de quelques lignes par an. Les pieds venus de semences parcourent avec beaucoup plus de lenteur les phases de leur végétation; ce n'est guère qu'à trente ans qu'ils commencent à donner du fruit; mais aussi combien est longue la durée de leur vie ! Il n'est point de pays à châtaigniers où on n'en connoisse qui ont deux ou trois siècles et deux ou trois pieds de diamètre. Les bords de la forêt de Montmorency en présentent de tels. C'est sous un de ceux-là que J. J. Rousseau aimoit à se reposer et qu'il composoit ses immortels ouvrages : c'est sous un de ceux-là que les amis de sa mémoire avoient

élevé un modeste monument presque aussitôt détruit par le
fanatisme. J'en ai beaucoup vu de pareilles dimensions. Il y
a dans les environs de Sancerre un châtaignier qui a trente
pieds de tour à hauteur d'homme. Il y a six cents ans qu'il
portoit déjà le nom de gros châtaignier. On lui suppose mille
ans d'âge. Son tronc est parfaitement sain à l'extérieur, et
chaque année il se charge d'une immense quantité de fruits.
Le plus célèbre de ceux qui sont mentionnés dans les livres
est celui qu'on appelle des cents chevaux, parceque cent personnes à cheval peuvent se mettre à l'abri sous ses branches.
Il se trouve sur les flancs de l'Etna, à l'extrémité de la région
habitée. Il a cent soixante pieds de circonférence, c'est-à-dire
environ cinquante-trois pieds de diamètre. On voit sa figure
dans le Voyage de Houel en Sicile. On a fixé son âge par le
calcul, quoiqu'il soit reconnu que ce moyen ne peut jamais
donner de résultats exacts.

Mais ce châtaignier est entièrement creux, il ne végète
pour ainsi dire que par son écorce. Ce cas est extrêmement
commun dans les vieux pieds de cet arbre. Je dirai même plus,
il n'y a peut-être pas un seul de ces arbres de plus de cent
ans dont le cœur soit complètement sain. Ce ne sont pas seulement ceux qui ont été étêtés qui se gâtent ainsi, tous sont
sujets à cette maladie, seulement ces derniers s'altèrent plus
rapidement, parceque la pourriture agit en même temps par
le haut et par le bas, tandis que dans ceux respectés par la
serpe et par la hache elle n'agit d'abord que sur le pivot, et
ensuite sur la partie du tronc qui en est le prolongement.
L'arbre paroît complètement sain à l'extérieur.

Cette circonstance, jointe à ce que très peu de châtaigniers
se conservent bien filés, fait qu'il est extrêmement rare d'en
trouver de propres à faire des pièces de charpente d'une certaine longueur, ou à entrer dans la construction des vaisseaux.
Aussi nulle part aujourd'hui ne les emploie-t-on aux grands ouvrages de ce genre. Il y a tout lieu de croire qu'il en étoit de
même autrefois, car il est prouvé par un grand nombre d'observations irrécusables, dont plusieurs me sont propres, que ce
qu'on avoit pris pour du châtaignier dans quelques vieux édifices étoit du chêne blanc, *Quercus pedunculata.* Voyez au
mot CHÊNE.

« Le bois de châtaignier a tant de rapport avec celui du
chêne, dit Varennes de Fenilles, qu'il est très ordinaire
de les confondre, et quelquefois très difficile de les distinguer.
La disposition des pores et des fibres longitudinales, la qualité du grain et de la couleur paroissent à l'extérieur les mêmes:
La teinte du châtaignier est seulement un peu moins obscure,

et le contact de l'air ne la rembrun pas autant que celle du chêne. Leurs qualités intrinsèques ont aussi beaucoup d'analogie. Egalement propres l'un et l'autre à la grande charpente, à la menuiserie, aux ouvrages de fente, ils durent des siècles sans s'altérer. Tous deux se conservent long-temps dans la terre. Ils parviennent à peu près à la même hauteur dans les bois et vivent très long-temps. Tous deux souffrent difficilement la transplantation quand ils ont acquis un certain âge. »

J'ajouterai que leurs caractères botaniques sont aussi très rapprochés.

Il résulte des expériences du même Varennes de Fenilles que le bois de châtaignier pèse vert 68 livres 9 onces par pied cube, et sec 41 livres 2 onces 7 gros; qu'il perd par le desséchement plus du vingt-quatrième de son volume.

Les éruptions transversales du châtaignier, c'est-à-dire celles qui lient les différentes couches annuelles du bois entre elles, sont fort difficiles à apercevoir. Il faut une loupe : c'est le moyen le plus certain pour le distinguer de celui du chêne. Aussi ses couches annuelles sont-elles très sujettes à se séparer, à se trouver dans l'état de maladie qu'on appelle *cadranure*. De trente châtaigniers, d'environ un pied de diamètre, que je vis équarrir dans la forêt de Montmorency une certaine année, il y en avoit plus de vingt dans cet état. Cette organisation concourt encore à rendre rares les vieux troncs propres à la charpente et à la menuiserie, et accélère beaucoup leur décomposition après qu'ils sont employés.

Mais si d'après ces considérations le vieux bois de châtaignier ne doit pas être regardé comme véritablement propre à la charpente et à la menuiserie, à la fabrication du merrain pour les tonneaux, et des bardeaux pour la couverture des maisons, cependant on l'emploie quelquefois avantageusement à tous ces usages, car en Italie, dit Miller, toutes les futailles grandes et petites sont faites avec ce bois, qui a la propriété de ne pas se gonfler ni resserrer par la présence ou l'absence des liqueurs. On s'en sert sur-tout pour les conduites souterraines d'eau. S'il n'est même que très peu bon à brûler, se couvrant de cendre et ne donnant point de flamme, le jeune, en récompense, est d'une utilité générale et constante pour faire des charpentes légères, des pieux, des échalas, des cercles de cuve, de tonneaux, des baguettes de treillage, etc. En effet, sa propriété de pourrir très difficilement dans la terre, dans l'eau, et même à l'air, de se fendre très aisément dans sa longueur, d'être très élastique, etc., le rend préférable à presque tous les autres pour ces objets. Aussi par-tout des taillis de châtaignier sont-ils une des meilleures propriétés qu'on puisse désirer. Généralement on les coupe à sept ans pour faire des échalas, des cercles de tonneaux, des baguettes de treillage, et je ne conseillerai pas de les couper plus tôt, quoiqu'on le puisse dans certains terrains, parceque le bois n'est pas assez fait, assez solide pour remplir complètement ces destinations. On les coupe à quatorze ou quinze ans pour faire des cercles de cuve, des pieux, des échalas de refente, toujours bien meilleurs que ceux de bois plus jeune, etc.; et à vingt ou vingt-cinq ans, pour faire de la charpente légère, et même les articles précédens. On ne gagne pas à laisser le châtaignier plus long-temps sur pied, parceque, ainsi que je l'ai observé plus haut, c'est l'époque où il commence à porter du fruit, et où sa croissance cesse d'être rapide.

· Pourquoi, donc avec des avantages aussi considérables, les taillis de châtaigniers sont-ils si rares en France ? Pourquoi donc toutes les terres incultes des pays de vignobles n'en sont-elles pas couvertes ? Le châtaignier ne vient-il donc que dans des terres privilégiées ? J'aurois de la peine à répondre aux deux premières de ces questions. J'ai vu des propriétaires qui venoient me voir dans ma retraite de la forêt de Montmorency s'extasier de ce que des sables aussi arides, plantés en châtaigniers, produisoient tous les sept ans quatre, cinq et six cents francs par arpent, sans dépenses quelconques, tandis qu'ils avoient bien de la peine à tirer quinze à vingt francs par an de leurs meilleures terres; et cependant aucun ne pouvoit se résoudre à transformer ces terres en taillis du même genre. Ils trouvoient toujours des obstacles dans leur position pécuniaire, la longueur du temps, la nature de leurs fonds, les habitudes de leurs cantons, etc., etc. C'est que pour faire des opérations agricoles d'une longue haleine, il faut une force de caractère qui fasse sauter par-dessus les inconvéniens pour arriver aux résultats. De quels avantages seroit, par exemple, la plantation, en châtaigniers, du sommet des montagnes qui s'étendent de Dijon à Beaune et au-delà, montagnes pelées, qui ne donnent presque aucun revenu à leurs propriétaires ? On y gagneroit des cercles pour les tonneaux, des échalas pour les vignes, une augmentation d'abri pour ces dernières, et d'eau pour les sources qui deviennent chaque jour plus foibles. Il est possible, et même la connoissance que j'ai du local me fait dire avec assurance que cette plantation seroit difficile; mais avec de la persévérance et du temps, un homme éclairé l'effectueroit sans doute. Je ne me rappelle pas en ce moment, sans intérêt, que c'est là que j'ai vu les premiers châtaigniers.

Comme arbre d'agrément le châtaignier doit être mis avant le chêne. Ses belles feuilles, qui ne sont jamais attaquées par les insectes, qui ne tombent que fort tard en automne, donnent plus d'ombrage, et massent mieux. Un vieux pied isolé produit un superbe effet. Un groupe de jeunes pieds dans un massif fait ressortir les autres arbres. Mais je n'aime point comme paysagiste les taillis de châtaigniers ; ils sont d'une monotonie assommante.

Tout terrain n'est pas propre au châtaignier, cependant il peut croître par-tout. Les sols argileux et sablonneux en même temps paroissent être ceux sur lesquels il se plaît davantage. Il aime aussi à être sur des rochers dans l'interstice des fentes, où des lits desquels il introduit ses longues racines. Un sol gras et frais lui est mortel. Il en est de même des craies si sèches de la ci-devant Champagne, où je sais qu'on n'a pas pu parvenir à en faire croître. J'ai lieu de croire cependant qu'on a souvent décidé que telle terre n'étoit pas propre au châtaignier un peu trop légèrement ; car comme il est difficile à la reprise, que ses fruits sont recherchés par tous les animaux rongeurs, il ne faut pas s'en tenir à une seule plantation et à un seul semis, sur-tout quand ils ne sont pas dirigés par des hommes éclairés. Quoi qu'il en soit, par-tout où j'ai vu des châtaigniers, et j'en ai vu dans beaucoup de cantons différens, ils étoient dans des terres peu propres à la culture des céréales, soit par leur nature sablonneuse ou argileuse, soit par leur manque de profondeur ou l'abondance de leurs cailloux, soit par leur grande inclinaison, soit enfin par leur grande élévation au-dessus de la mer. Ce dernier cas est le plus général, c'est celui qui est le plus indépendant de l'homme ; car, je le répète, le châtaignier paroît avoir été placé par la nature justement à la hauteur où le blé ne peut plus croître, comme si c'étoit pour en dédommager l'homme. C'est donc sur les montagnes élevées et dans des lieux analogues à ceux où il croît naturellement qu'il faut principalement le multiplier.

Jusqu'à présent je n'ai parlé du châtaigner que comme arbre forestier. Il est temps de le considérer comme arbre fruitier.

De tout temps les hommes se sont nourris de châtaignes, et en conséquence le châtaignier a dû, comme tous les arbres qu'ils ont soumis à la culture, produire des variétés ; mais ces variétés, quoique nombreuses, ne le sont pas autant que celles de plusieurs autres, parcequ'il n'est réellement qu'à demi domestique. La plus connue de ces variétés c'est le *marron*, qui diffère par une grosseur bien plus considérable, autant due à la variété même et au climat qu'à ce qu'il est presque toujours seul dans le *brou*, autrement appelé le *hérisson* ou *pelon*, ce qui fait qu'il est rond ou très peu aplati. On a indiqué plusieurs moyens de distinguer les marrons de Lyon des châtaignes ; mais il n'y a réellement que la moindre largeur de l'ombilic, c'est-à-diré de la partie par laquelle il étoit attaché au hérisson, relativement à la grosseur, qui puisse donner quelque indication certaine, et encore faut-il avoir des points de comparaison pour l'établir C'est par la saveur bien plus agréable qu'on distingue, dit-on, le marron de la châtaigne; mais combien ai-je mangé de châtaignes en Espagne, en Italie, dans le Périgord, etc., supérieures aux marrons de Lyon, si vantés à Paris? Le vrai est que le marron ne s'éloigne réellement de la châtaigne que par des nuances insensibles, et que depuis celle qu'on appelle *bouchasse* dans quelques cantons, laquelle n'a que cinq à six lignes de diamètre jusqu'au marron du Luc, que j'ai vu quelquefois de près de deux pouces de diamètre, il y a des intermédiaires sans nombre, en grosseur et en saveur. Les plus délicates que j'aie mangées en France c'étoit à Périgueux, et elles n'étoient point grosses. Les meilleures que j'aie mangées de ma vie, c'étoit dans les montagnes du royaume de Léon en Espagne, et elles n'étoient point grosses. Aujourd'hui je trouve que les marrons ne sont pas de bons fruits, et j'ose le dire; comme je dis que la poire de catillac est moins bonne que le rousselet.

On a donné plusieurs fois des nomenclatures de variétés de châtaignes; mais elles n'ont pas été faites comparativement, et leur concordance n'est rien moins que facile. Le jardin du Muséum est peut-être le premier établissement qui ait tenté de faire une collection de ces variétés; et c'est à mon estimable collaborateur Thouin, à qui la science agricole a tant d'obligations, qu'elle est due; mais combien elle est encore incomplète? Il n'y a que neuf de ces variétés, et j'en ai entendu nommer quatorze seulement à Périgueux; et par-tout où j'ai vu des châtaignes; il en est de différentes. Je désire que cette collection s'augmente; mais je tiens pour impossible de la rendre utile à la concordance dont j'ai parlé plus haut, parceque les châtaignes s'altèrent toujours en descendant dans une zone différente de celle que leur a fixée la nature. C'est aux environs de Périgueux, dans les Cevennes, qu'il faudroit établir une pareille collection.

Voici la nomenclature des espèces le plus généralement connues à Paris, parcequ'elles viennent aux environs de cette ville, ou sont envoyées des environs de Limoges ou de Lyon.

La CHATAIGNE DES BOIS. Elle est petite, se conserve peu, et n'a presque point de saveur. C'est celle qui fournit les taillis des environs de Paris.

La CHATAIGNE ORDINAIRE. Elle est petite, un peu meilleure que la précédente. C'est le premier degré de la culture. L'arbre qui la fournit est fort et vigoureux et charge beaucoup.

La CHATAIGE COMMUNE A GROS FRUITS, appelée *pourtalonne*

dans les départemens du midi. Elle est quelquefois très grosse. C'est celle qu'on cultive le plus communément, parceque l'arbre qui la porte est très fertile.

La CHATAIGNE PRINTANIÈRE OU PREMIÈRE. Elle est la première en état d'être mangée, mais elle a peu de saveur.

La VERTE DU LIMOUSIN, découverte et propagée par Cabanis; elle est grosse, de bon goût et se conserve long-temps. L'arbre qui la porte conserve ses feuilles vertes plus long-temps que les autres.

La CHATAIGNE EXALADE. C'est la meilleure pour le goût. L'arbre qui la porte s'élève fort peu; il étend ses branches horizontalement; mais il charge extrêmement, même trop, car il s'épuise très vite.

La CHATAIGNE DE CARS. Elle n'est pas très grosse, mais elle est très bonne, et a sur-tout la propriété de se mieux conserver que les autres. L'arbre qui la produit est un peu tardif, mais pousse bien. On le recherche beaucoup.

La CHATAIGNE OSILLARDE. On donne ce nom près de Poitiers et de Tours à deux châtaignes bien différentes en qualité. L'une est grosse et bonne, l'autre petite et médiocre.

Le MARRON DE LYON, d'AUBRAY, d'AGEN, sur-tout celui du Luc le plus gros de tous, doivent être principalement mentionnés; mais comment faire distinguer les nuances de saveur qui les distinguent autrement qu'en les faisant manger au lecteur ?

Ces marrons font l'objet d'un grand commerce. On en envoie jusqu'en Russie.

Variété des châtaignes des environs de Périgueux suivant l'ordre de leur maturité, par M. Bruzeau, extrait de la Feuille du Cultivateur.

La *royale blanchère*, qui est la plus hâtive, et qui donne un fruit très gros, un peu camus, de couleur très brune. Elle ne se conserve pas long-temps. On la récolte dès la fin de septembre. Ses feuilles et son brou sont blanchâtres. Sa forme est pyramidale.

La *portalonne*, qui se récolte en même temps que la précédente, donne un fruit de moyenne grosseur, presque rond, de couleur jaune, à écorce fine, à goût très savoureux. Elle n'a presque pas de zeste dans sa chair, ce qui la rend presque aussi agréable que le marron. Sa feuille est petite et d'un vert foncé. Ses rameaux sont étendus.

La *corive* est petite et camuse; elle se conserve long-temps et est bonne à sécher.

La *royale hélène* est singulière. En sortant de son brou elle est lisse et gluante. Elle est un peu camuse et assez bonne.

La *grande épine* est un peu allongée. Elle porte sur son brou des épines beaucoup plus longues que les autres.

Le *ganebellonne* est assez grosse, de couleur brune, pointue, un peu aplatie. Elle est très bonne à sécher, et se conserve long-temps en vert.

La *caniaude* est une des plus grosses, de couleur très brune, un peu de duvet vers la pointe. Elle est très bonne à sécher.

La *verte*. C'est la plus estimée, en ce qu'elle se conserve le mieux et charge beaucoup ; aussi est-elle la plus frequemment cultivée.

L'*angalade* ou *marron bâtard* est inférieur en bonté au vrai marron, mais est plus gros et charge beaucoup plus.

La *couriande* ou *marron sauvage*. C'est le maron non greffé. Il ressemble au marron pour la forme et le goût, mais est beaucoup plus gros.

Le *vrai marron* est sans contredit le meilleur de tous. Il est presque rond, sans aucun zeste dans la chair, plus petit que la châtaigne, ce qui le distingue fort bien du marron de Lyon.

Il se récolte des derniers et même laisse tomber souvent son brou et son fruit en même temps. Sa feuille est étroite et luisante.

La *poumude*, la *naleude*, la *modichone*, la *visoye* et la *royale tardive* se distinguent difficilement des précédentes.

Les feuilles du châtaignier varient aussi. On en connoît un où elles sont panachées de jaune, et un autre où elles le sont de blanc. On les place quelquefois dans les jardins paysagers ; mais elles ne produisent pas beaucoup d'effet.

On peut présumer, par une phrase d'Olivier de Serres, qu'on croyoit de son temps que les marrons de Lyon venoient de Sardaigne, et ceux du Luc, de Toscane ; mais il y a tout lieu de penser que le châtaignier est indigène à la France.

Il en est des châtaigniers comme de la pluspart des autres arbres. Sa récolte, généralement parlant, n'est abondante que de deux années l'une. Les circonstances atmosphériques influent également beaucoup sur la qualité et la quantité des châtaignes. Un mois d'août froid les empêche de grossir ; un mois d'octobre pluvieux les *engraisse*, comme dit le proverbe ; un mois de novembre sec et chaud les perfectionne et les fait mûrir.

Certaines années la plus grande partie de la récolte des châtaignes est piquée de vers et tombe avant le temps. L'insecte qui produit ce ver, ou mieux cette chenille, est une teigne, ou peut-être la *pyrale pflugiane* de Fab., figurée pl. 40, n° 19 du second vol. des Mémoires de Réaumur, qui sort de sa coque à l'époque où les châtaigniers entrent en fleurs. Quelle que soit l'étendue de ses ravages, il n'est pas de moyen de s'y opposer ; car le seul praticable seroit d'allumer des feux pour attirer et brûler l'insecte parfait ; et combien en faudroit-il, chaque jour, dans les Cevennes seules ?

On mange les châtaignes crues avant leur maturité complète. Quelques personnes les aiment même beaucoup dans cet état, et elles ont en effet un goût sucré agréable ; mais il faut avoir soin de leur enlever non seulement la peau extérieure ou coriace, mais même l'intérieure ou membraneuse, ce qui n'est pas facile. Cette peau qui alors est blanche, et qui ensuite devient brune, est âcre au point d'exciter des picotemens à la gorge, et une toux fatigante à ceux qui la mangent à quelque époque que ce soit. On l'appelle *tan* dans quelques endroits.

Les châtaignes, pour jouir de toute la saveur qui leur est propre, et pour être susceptibles d'être conservées, demandent à être cueillies dans leur complète maturité ; en conséquence il faudroit attendre qu'elles tombent naturellement. C'est ce qu'on fait dans quelques endroits ; mais dans d'autres on les gaule, c'est-à-dire qu'on les abat à grands coups de perches, lorsque la plus grande partie est voisine de ce point. Cette dernière pratique doit être blâmée ; cependant on est souvent forcé de la suivre, sous peine de perdre une partie de sa récolte, parceque les neiges sont souvent très hâtives dans la zone propre au châtaignier.

Lorsqu'on veut les consommer ou les vendre tout de suite on les sépare, sous l'arbre même, de leur brou, lequel, lorsqu'il n'est pas ouvert avant sa chute, ne tarde pas à l'être, sur-tout s'il fait du soleil. Pour forcer cette ouverture on emploie habituellement les pieds, rarement les mains à raison des épines très piquantes qui entourent ce brou et qui lui ont fait donner, comme je l'ai déjà dit, le nom de hérisson. Il faut voir avec quelle prestesse les habitans des montagnes, presque toujours porteurs de sabots, font cette opération, sans presque jamais briser la châtaigne.

Lorsqu'on veut les garder fraîches on les emporte dans leur hérisson, et on les entasse en plein air ou sous un hangar ; alors on ne les dépouille qu'à mesure du besoin. On gagne à cette méthode que le fruit, lorsqu'il tient encore au hérisson, se perfectionne au lieu de s'altérer ; mais il arrive une époque où il faut nécessairement l'en séparer, et elle ne s'étend guère au-delà de deux mois. On a dit que, ramassées par la rosée, elles se conservoient plus long-temps et étoient moins susceptibles d'être attaquées par les vers ; mais il est évident, pour tout homme instruit en physique et en histoire naturelle, que cela ne peut pas être, puisque la rosée n'est que de l'eau.

Une humidité modérée concourt certainement à la bonne conservation des châtaignes; mais ce n'est pas au moment de sa récolte qu'il est nécessaire de l'augmenter, c'est lorsque l'évaporation l'a diminuée. Il est mieux sous tous les rapports de s'opposer à cette évaporation que de la suppléer. En conséquence, on met les châtaignes, avec leur hérisson, en tas à l'air, ou dans des chambres basses ou dans des tonneaux, dans le sable, etc; cependant il ne faut pas qu'elles y restent trop long-temps, parceque d'un côté elles prennent un mauvais goût, et que de l'autre elles germent ou pourrissent. Ce sont ces considérations qui ne permettent pas de les renfermer dans des caves où une température plus haute que celle de l'atmosphère, accélèreroit leur perte. En général, on doit se plaindre que dans les pays où les cultivateurs vendent leurs châtaignes pour la consommation des villes, ils les entassent dans des lieux très humides ou les *régalent*, c'est le mot, fréquemment d'eau pour leur conserver une belle apparence ; mais cette surabondance d'humidité nuit à leur saveur et à leur conservation postérieure, et même en fait perdre chaque année d'immenses quantités. Lorsque la châtaigne est séparée de son hérisson, ou que ce dernier est assez desseché pour qu'il ne puisse plus lui être utile, il convient de l'en séparer complètement. Cela a lieu quinze jours ou tout au plus un mois après leur récolte. Alors les châtaignes doivent être conservées dans des endroits secs, et mises en tas assez peu épais pour qu'elles ne puissent pas s'échauffer. Les uns les stratifient avec de la paille, les autres avec du sable. Ce dernier moyen, qui est celui qu'on emploie dans les pépinières, est très certainement le meilleur. Il peut fournir les moyens de manger des châtaignes fraîches jusqu'au milieu de l'été suivant, comme cela m'est arrivé plusieurs fois.

L'estimable Parmentier, à qui on doit un excellent travail sur la châtaigne, propose de prolonger encore cette époque en faisant en partie dessécher les châtaignes au soleil, en les y exposant sur des claies pendant sept à huit jours, ou bien en les faisant bouillir pendant un quart d'heure dans de l'eau, et les faisant dessécher ensuite au four. Ces moyens sont peu dans le cas d'être employés parceque, dans le premier cas, le soleil n'est plus assez chaud, après la récolte des châtaignes, pour produire un grand effet, et que dans le second il faudroit des chaudières immenses, de nombreux fours et beaucoup d'emploi de temps.

Dans tous les pays où les habitans font leur principale nourriture des châtaignes, on desseche complètement celles qu'on destine à être conservées. On a remarqué qu'elles étoient moins bonnes séchées au four qu'à la fumée, et en conséquence, on ne fait usage que de cette dernière méthode. En Espagne, où les cheminées sont encore placées au milieu de la chambre, ou mieux, où la chambre n'est qu'une vaste cheminée au centre de laquelle est le foyer, on se contente de placer les châtaignes sur des claies suspendues les unes au-dessus des autres dans cette cheminée, ainsi que je l'ai vu dans la Galice, le royaume de Léon et la Biscaye; mais en France, où les cheminées ne sont pas disposées ainsi, on est obligé de construire de petits bâtimens uniquement destinés à cet objet. Desmarets et ensuite Parmentier ont donné d'excellentes notes sur la méthode pratiquée dans les Cevennes, méthode à peu de chose près la même dans les autres chaînes de montagnes où on s'en nourrit également. Là, dans une chambre qui a deux toises et demie en carré, et trois toises de hauteur, on établit à six à sept pieds du sol, sur six poutres, un clayonnage un peu bombé, soit en clouant des baguettes sur les poutres, soit en posant des claies faites d'avance pour l'entrelacement des baguettes. Le dessus de la chambre est percé de cinq petites fenêtres, et une porte, destinées, les premières à établir un grand courant d'air, la dernière à aller sur la claie. Le toit est composé de planches seulement appliquées les unes contre les autres, et percées de quatre trous pour donner issue à la fumée.

Sur cette claie se placent trois à quatre sacs de châtaignes, et on fait du feu dessous avec du bois et les hérissons des châtaignes, en empêchant la flamme de se développer. Les châtaignes suent d'abord, c'est-à-dire que leur eau de végétation surabondante en sort. Lorsqu'elles ont sué on éteint le feu, on les laisse refroidir, et on les jette sur un des côtés de la claie; on remet de nouvelles châtaignes qu'on recouvre de celles qui ont déjà sué, et on rallume le feu. Lorsque toute la claie est couverte dans une épaisseur d'un pied au moins de châtaignes qui ont sué, on entretient un feu doux pendant deux ou trois jours et on l'augmente ensuite par degré. Après neuf ou dix jours de feu continuel, on retourne les châtaignes et on recommence à les chauffer jusqu'à ce qu'elles soient sèches, ce qu'on reconnoît à ce qu'elles se laissent facilement dépouiller de leur peau intérieure lorsqu'on les bat. Il arrive souvent que faute de soin dans la conduite du feu, on brûle celles qui sont sur la claie, même quelquefois qu'on enflamme le bâtiment tout entier. Il faut veiller nuit et jour, et balayer souvent la suie qui s'attache à la claie.

On dépouille les châtaignes de leurs deux enveloppes, aussitôt qu'elles sont sorties de dessus la claie, sur un large banc ou sur une table très forte. Pour cela, on les met dans un grand sac et on les bat avec des bâtons. Au bout de quelque temps on les ôte pour les vanner, et on remet dans le sac celles qui n'ont pas été complètement dépouillées. Il est nécessaire que ce sac soit mouillé pour qu'il ne se déchire pas. Lorsqu'on attend, comme on le fait dans quelques lieux, le moment de la consommation pour cette opération, la chair des châtaignes contracte une couleur rousse, une saveur et une odeur désagréables.

La poussière qui résulte du vannage des châtaignes, en contenant des fragemens et même d'entières, sert à la nourriture des bestiaux. On l'appelle *brisat*.

La châtaigne ainsi desséchée est presque blanche et peut se garder d'une année sur l'autre.

Je crois que le procédé des Espagnols est préférable au nôtre, en ce qu'il y a trois étages de châtaignes les uns sur les autres, et que quand celles de l'étage du bas ont suffisamment sué on les monte successivement sur les deux autres, où elles achèvent de se dessécher à une plus douce chaleur. (B.)

On prépare les châtaignes, soit fraîches, soit sèches, en les faisant cuire simplement dans l'eau, quelquefois un peu salée, quelquefois avec des feuilles de céleri, de sauge, etc., suivant le goût des particuliers. Les vertes sont cuites ainsi, soit enveloppées de leur écorce, soit lorsqu'elles en sont dépouillées. La seconde manière est de les rôtir à la flamme dans une poêle de fer ou de terre percée de trous; la troisième, sous la cendre chaude; la quatrième, dans un moulin à rôtir le café; mais, dans ces trois cas, l'écorce de chaque châtaigne doit avoir été légèrement coupée avec un couteau, et il faut que la coupure pénètre jusqu'à la substance blanche du fruit. On court risque, sans cette précaution, de les voir éclater avec force, et la substance de la châtaigne dissipée avec les cendres et les charbons allumés, que l'explosion entraîne au loin. Lorsqu'on se sert du moulin à café, elles cuisent plus également, et il faut avoir le soin d'y laisser une châtaigne entière, dont l'écorce ne soit pas coupée comme les autres : dès que celle-ci éclate, elle annonce que les autres sont cuites, qu'il est temps de retirer du feu le tambour du moulin, et d'en sortir les châtaignes.

Dans plusieurs provinces, soit de France, soit de l'étranger, la châtaigne, séchée sur les claies, est portée au moulin à blé, et réduite en farine. On l'entasse dans une caisse ou dans des pots de terre bien bouchés, et elle s'y conserve pendant plusieurs années. C'est avec cette farine qu'on prépare des espèces de galettes que les Corses nomment la *polenta*, c'est-à-dire la farine de la châtaigne cuite dans l'eau, et continuellement remuée jusqu'à ce que le tout ait acquis une consistance tenace, qui ne s'attache plus aux doigts; quelques uns substituent le lait à l'eau. Pour varier les assaisonnemens, le désir de satisfaire le goût par la diversité des apprêts, a fait imaginer, en Limousin, une préparation au moyen de laquelle le fruit acquiert un goût et une saveur très agréables. Elle est fondée sur les principes d'une physique toujours admirable dans les procédés les plus communs : on en doit la description à Desmarets.

« On commence par peler les châtaignes, en ôtant la peau extérieure ; cette opération se fait la veille du jour où l'on se propose de faire cuire les châtaignes. Les domestiques dans les maisons des particuliers, et les ouvriers dans les métairies, s'occupent de ce soin pendant la veillée.

« Ils détachent assez facilement, avec un couteau, la peau extérieure par parties ; mais il n'en est pas de même de la pellicule intérieure qui est adhérente à la substance de la châtaigne, et qui est comme collée par-dessus, parcequ'elle s'insinue dans les sinus profonds de ce fruit, et en revêt les parois. Voici les procédés employés pour dépouiller la châtaigne de cette pellicule, appelée *tan* en Limousin.

« On met pour cela de l'eau dans un pot de fonte de fer (il n'y a pas de ménage dans cette province qui n'ait ce meuble de cuisine si nécessaire) ; ou remplit ce pot à peu près à la moitié ; et lorsque l'eau est bouillante on y met, avec une écumoire, les châtaignes pelées de la veille. On ménage l'eau, comme nous l'avons observé, parceque si elle excédoit la surface des châtaignes, elle gêneroit dans l'opération du DÉBOIRADOUR. *Voyez* ce mot. On laisse le pot sur le feu, et on remue les châtaignes avec une écumoire, jusqu'à ce que l'eau chaude ait pénétré la substance du tan, et produit un gonflement qui détruit son adhérence au corps de la châtaigne ; on s'assure de ce point précis en tirant du pot quelques châtaignes, et en les comprimant sous les doigts ; lorsqu'elles s'échappent par la compression en se dépouillant de tout leur tan, sans autre effort, on retire bien vite le pot du feu, et l'on procède à l'opération.

« On retire les châtaignes du pot avec une écumoire, et on en met une certaine quantité sur un *grelon* ou *greloir* ; c'est une espèce de crible à large voie, dont le tissu est formé par deux rangées de lattes fort minces de bois de châtaignier ; elles sont entrelacées les unes dans les autres à angle droit, en forme de natte, et placées à une distance de quatre à cinq lignes, qui est la largeur des trous qu'on y a ménagés. A chaque fois qu'on met des châtaignes sur le grelon, on les agite en tournant, pour achever de les dépouiller du tan qui les abandonne, ou en s'attachant aux inégalités du grelon, ou en passant à travers les vides. On verse les châtaignes dans un plat ; on secoue le grelon pour emporter le tan qui s'est engagé dans les inégalités ; on y remet d'autres châtaignes, et l'on réitère les mêmes opérations jusqu'à ce que toutes les châtaignes aient passé successivement sur le grelon.

« Après toutes ces manipulations les châtaignes sont blanchies, mais elles ne sont pas cuites ; on a même eu l'attention de ménager la chaleur de l'eau pour que le tan fût seulement ramolli ; car l'action du déboiradour et celle du grelon sur les châtaignes qui auroient éprouvé un commencement de cuisson, les réduiroient en petits grumeaux qui s'échapperoient par les trous du grelon, ce qui produiroit sur la totalité un déchet fort considérable.

« On procède ensuite à la cuisson des châtaignes ; pour cela on jette l'eau qui est dans le pot, et qui, dans le peu de temps que les châtaignes y ont séjourné, s'est chargée d'une partie extractive dont l'amertume est insupportable. On verse de l'eau froide sur les châtaignes blanchies ; on les lave pour emporter le reste du tan, et peut-être celui de l'eau amère qu'elle pourroit avoir conservé. Enfin on les remet dans le pot de fer, que l'on a bien lavé, et où on a mis de l'eau dans laquelle on a fait fondre un peu de sel. Quelques personnes emploient l'eau chaude, d'autres se contentent de l'eau froide. On varie beaucoup pour la quantité d'eau ; mais je pense qu'il vaut mieux employer l'eau chaude pour cette seconde opération, et en ménager la quantité.

« Lorsque le pot a été rempli de châtaignes avec toutes ces attentions, on le place sur le feu et on le fait bouillir pendant quelques minutes ; cela suffit pour donner aux châtaignes le degré de cuisson convenable, et achever d'extraire la partie amère dont elles sont imprégnées ; pour lors on verse l'eau par inclinaison, en retenant les châtaignes avec le couvercle du pot. Cette eau est fort colorée et très amère ; cependant, comme elle est salée, certaines personnes la mettent à part par économie, et la conservent pour servir, avec une petite addition de sel, à l'opération du lendemain.

« On achève la cuisson des châtaignes en plaçant sur un feu doux le pot où il n'est resté que les châtaignes sans eau. On facilite cet effet en garnissant le couvercle avec un gros linge qui concentre la chaleur ; on retourne le pot pour qu'il présente ses différens côtés à l'action du feu, afin que la chaleur se distribue également dans toute la masse des châtaignes.

« Par ces attentions, les châtaignes perdent l'eau extractive et surabondante qui les pénétroit ; et à mesure qu'elles s'essuient et se cuisent, elles acquièrent alors un goût, une saveur, que n'ont point celles qui ont été cuites à l'eau avec toutes leurs peaux, et même que celles qu'on a fait cuire sous la cendre.

«On les retire du pòt après un certain temps, et on a soin l'éviter qu'elles ne contractent un goût de brûlé en s'attachant trop aux parois intérieures du pot. Celles qui touchent à ces parois sont les plus recherchées par les friands, parcequ'elles sont plus rissolées et plus privées de leur eau extractive ; et par une raison contraire, celles qui sont au centre du pot sont moins bonnes, se grumèlent, parcequ'elles n'ont pas acquis une certaine consistance. On met les unes et les autres sur un petit panier plat ; on les couvre d'un linge plié en trois ou quatre doubles, et on laisse d'un côté une légère ouverture, pour qu'on puisse en prendre à mesure qu'on les mange.

« Ce mets est destiné pour le déjeûner, et c'est un spectacle fort agréable de voir les ouvriers d'une métairie rassemblés autour d'un panier couvert de linge. Le silence qui règne parmi eux, l'attention avec laquelle chacun tire les châtaignes de dessous le linge, en choisissant toujours les plus rondes, parcequ'ils les regardent comme les meilleures, forment un tableau amusant.

« Cette préparation a deux avantages, outre celui de développer la saveur sucrée des châtaignes. Le premier consiste à présenter les châtaignes dégagées de leurs peaux, et dans un état où il est beaucoup plus aisé de les manger : le déjeûner dont on a parlé, servi en châtaignes cuites et recouvertes de leurs peaux, dureroit une heure et demie ou deux, au lieu qu'il est terminé en un quart d'heure. En second lieu, si on mangeoit les châtaignes cuites avec leurs peaux, on auroit beaucoup de déchet, car la partie de la châtaigne qui tient à la peau seroit une perte. On conçoit à présent les raisons qui ont fait adopter généralement cette méthode dans un pays où la consommation des châtaignes est si considérable.

« Quoique l'eau dans laquelle on a préparé les châtaignes soit amère, cependant on la réserve avec le tan, et quelques petits débris de la substance farineuse de la châtaigne, qui s'en détachent lors des opérations du déboiradour et du grelon, et on la donne aux cochons qu'on engraisse. Ils en sont friands. On prétend même que le lard des cochons auxquels on en donne régulièrement pendant quelques mois acquiert un très bon goût, surtout lorsqu'on ajoute une petite quantité de châtaignes.»

On a conclu très mal à propos de ce que la châtaigne fait la nourriture d'une très grande partie des habitans de nos montagnes, qu'ils faisoient du pain avec sa farine seule, ou mêlée avec la farine des graminées. L'impossibilité est démontrée par les observations et les expériences de M. Parmentier. D'ailleurs, si on parcourt les pays à châtaignes, on se convaincra qu'on n'en fait pas du pain. Il est constant que si la chose avoit été possible, elle auroit eu lieu, parceque la farine réduite en pain est la nourriture la plus saine, la plus économique, et la préparation qui se conserve le plus facilement.

Les châtaignes fraîches et sur-tout les châtaignes vertes sont beaucoup plus venteuses que les sèches ; elles contiennent une si grande quantité d'air, qu'on est forcé d'en tailler la peau avant de les faire rôtir. Les marrons bouillis se digèrent plus facilement que les marrons rôtis. La meilleure manière de les manger et la plus saine, est à la limousine, autrement elle conserve cette eau amère et astringente dont on a parlé, toujours nuisible aux personnes sujettes au calcul des reins, à l'engorgement des viscères, aux coliques ; elles constipent, oppressent, etc. Dépouillées de leurs peaux, ainsi qu'il a été dit, elles calment l'irritation des bronches, la toux essentielle, la toux catarrhale ; elles sont très propres à rétablir les convalescens des maladies d'automne, et sur-tout les enfans qui restent bouffis, pâles, maigres, avec un gros ventre, peu d'appétit. La châtaigne pilée et broyée avec du vinaigre et de la farine d'orge amollit les duretés des mamelles et dissipe le lait grumelé.

La volaille engraissée avec des châtaignes acquière une chair ferme et de bon goût. (R.)

S'il faut s'en rapporter aux auteurs, mêmes d'un certain ordre, rien n'est plus facile que de faire du pain de châtaigne ; et ce comestible, suivant leur opinion, est la nourriture fondamentale de la plupart des habitans des cantons à châtaigniers. Il est inouï que personne n'en ait jamais mangé, qu'on n'en ait même pas vu ; ce fruit est si bon en nature, que jamais on ne s'est avisé de le faire fermenter.

L'aliment que les Corses appellent pain de châtaigne n'est autre chose qu'une espèce de biscuit, une galette mince, ou plutôt une pâte desséchée et molasse, d'un brun roux, d'une saveur sucrée, faite avec de la farine de châtaigne ; mais ce n'est pas là du pain levé. (PAR.)

Si on s'en rapportoit à la nature pour la multiplication des châtaigniers, dans l'état actuel des montagnes de l'Europe, l'espèce en deviendroit bientôt extrêmement rare. En effet, outre que les châtaignes sont recherchées par un grand nombre d'animaux, elles sont exposées à être gelées, et par conséquent à perdre leurs facultés germinatives, lorsqu'elles ne sont pas mises à l'abri dans la terre ou sous la neige. Il est d'autant plus rare, qu'il en lève dans les châtaigneraies qui fournissent le plus de fruit, que le sol en est presque toujours gazonné et employé au pâturage des bestiaux. S'il en naît spontanément, c'est dans les bois taillis où des feuilles abondantes protègent les fruits et les jeunes plants contre le frroid et le chaud qui leur sont également contraires. Par-tout donc l'homme doit s'occuper du soin de le propager.

Le châtaignier se multiplie de marcottes et de drageons qu'il pousse fréquemment sur ses racines, sur-tout quand on les blesse, par le labour ou exprès, et c'est ainsi qu'on se procure souvent les bonnes espèces ; mais en général on le renouvelle par le semis, sauf à en greffer les produits lorsque l'on désire spéculer sur le fruit, c'est-à-dire établir une châtaigneraie.

M. Tremontain a greffé, d'après une indication du second livre des Géorgiques de Virgile, le châtaigner sur le hêtre. Les arbres greffés avoient dix ans lorsqu'il a annoncé ce fait, et ils avoient déjà donné quelques fruits.

Il y a deux espèces de semis, l'un à demeure, et c'est celui qu'on emploie le plus souvent lorsqu'on veut former des taillis, planter des forêts, l'autre en pépinière.

Plusieurs auteurs agronomes ont avancé que les petites châtaignes étoient aussi bonnes à semer que les grosses, pour produire de grands arbres. C'est une erreur qui tire à conséquence. Je ne crains pas d'avancer, au contraire, qu'on doit choisir les meilleures châtaignes et les plus grosses, et même que, dans la vallée de Baigorri, si les châtaignes ont été *bien choisies*, il est inutile, dans la suite, de greffer l'arbre. On ne manquera pas d'objecter la coutume ; mais il suffira de répondre : faites deux semis dans le même terrain, de grosses et de petites châtaignes, et l'expérience démontrera l'abus de la coutume. On préfère le beau blé au blé de médiocre qualité lorsqu'on veut ensemencer ses terres. Les pépiniéristes en arbres fruitiers conservent les noyaux des pêches les plus grosses, les pepins des plus belles poires, des plus belles pommes ; le jardinier, les semences des melons, des choux, etc. les plus parfaits. Le châtaignier seul formeroit-il donc une classe à part ? Il est absurde de le penser. Les habitans des Pyrénées, et sur-tout de la vallée de Baigorri, choisissent les châtaignes une à une, et confient à la terre ce qu'ils ont de plus précieux en ce genre.

I. *Des semis des taillis.* Si le terrain est inculte, il sera convenable de couper toute espèce de broussailles, d'arracher les racines, de labourer profondément la terre, et par ce travail d'ensevelir les herbes. Cette opération doit se faire dans le temps à peu près que la majeure partie des plantes qui couvrent la surface du terrain est en pleine fleur, et l'on n'attendra pas que la fleur ait passé à l'état de graine, afin d'éviter, dans l'année suivante, la germination des mauvaises graines. Ces herbes enfouies en terre y pourrissent, et augmentent le volume de terre végétale, dont les terrains en friche ont le plus grand besoin. Quelques personnes lèvent par couches et par tranches la superficie du terrain, en forment de petits fourneaux; en un mot ECOBUENT (*voyez* ce mot) le sol destiné au semis. Sans désapprouver l'écobuage qui vaut beaucoup mieux qu'un simple labour, l'expérience prouve qu'une pluie un peu forte délave les sels qui en résultent, et que l'argent dépensé pour cette opération est fort au-dessus du produit réel. Je préfère donc la conservation de la terre végétale. Si on doit semer après l'hiver, il convient, dans les beaux jours d'octobre, de donner un second labour qui croisera le premier, afin que les pluies, la neige et les gelées aient le temps et la facilité d'ameublir, de pénétrer et de préparer la terre.

Il y a deux époques pour semer, ou aussitôt que la châtaigne est tombée de l'arbre, et c'est la meilleure, quoiqu'elle ne soit pas sans inconvénient, ou de semer dès qu'on ne craint plus les fortes gelées.

Je préfère la première époque, puisque c'est celle qui se rapproche le plus de la méthode de la nature, tandis que la seconde doit beaucoup à l'art. Pour semer avant l'hiver, la terre aura été, comme je l'ai déjà dit, labourée au printemps précédent, et on lui donnera deux profonds labours, l'un en septembre et le dernier à la fin d'octobre : enfin, on choisira, s'il est possible, le moment où la terre ne sera pas trop humectée, parceque toutes châtaignes qui se trouvent ensevelies sous une motte de terre, et dont tous les points de sa superficie ne sont pas couverts immédiatement par la terre, commencent par moisir, pourrissent ensuite, et sont hors d'état de végéter au renouvellement de la belle saison. Il est donc essentiel d'ameublir la terre le plus qu'il est possible.

Il y a trois manières de semer les châtaignes, ou suivant la direction des sillons, ou à la volée, ou sur les bords de petites fosses. La première a l'avantage de conserver l'alignement, et par conséquent de préparer la distance uniforme qui se trouvera, dans la suite, entre chaque cépée, ce qui facilite les moyens de regarnir les places vides, ou par des provins, ou par de jeunes plants; mais on doit craindre que si les mulots, les taupes et autres animaux très friands des châtaignes, gagnent un sillon, ils le suivront d'un bout à l'autre, de manière que le sillon restera vide. En semant à la volée, on ne craint pas le même inconvénient.

On n'est pas d'accord sur la distance à garder dans le semis. Quelques auteurs exigent six pieds, d'autres plus, d'autres moins. La méthode de six pieds seroit excellente, si l'on étoit assuré de la réussite de tous les germes. Il vaut cependant mieux semer de trois sillons un, ce qui forme à peu près trois pieds de distance, et on conservera le même éloignement en tout sens.

Quant au semis à la volée, la distance n'est pas si bien observée, et cette méthode est plus expéditive que la première, puisqu'il faut semer les châtaignes les unes après les autres, et toujours deux à la fois.

Le semis du troisième sillon offre l'avantage d'avoir beaucoup de plants surnuméraires qu'on enlève à la seconde ou troisième année, soit afin de débarrasser le terrain, soit afin de remplacer l'endroit où les germes ont péri. Ces jeunes plants sont excellens; ils sont déjà accoutumés à la terre, leurs racines ont peu d'étendue, et n'ont pas besoin d'être mutilées lorsqu'on enlève le sujet : enfin, elles n'ont pas le temps de souffrir et de se dessécher jusqu'au moment de la transplantation.

Que l'on ait semé à la volée ou à la raie, la herse doit passer plusieurs fois de suite sur tout le terrain, afin que la terre des bords retombe dans le fond, et recouvre exactement les châtaignes.

La troisième méthode, préférable aux deux premières, consiste à défoncer la terre, ainsi qu'il a été dit, et à la herser au moment de la plantation : alors, avec un cordeau, ou au moyen de quelques piquets d'alignement, on fixe des raies égales pour la distance, et tous les six pieds on ouvre une petite fosse de huit à dix pouces de profondeur sur autant de largeur. La terre sortie de la fosse, et relevée sur les bords, sert à ensevelir la châtaigne. On en place une à chacun des quatre coins, de manière que les quatre châtaignes soient disposées en croix. Comme la terre de dessus est bien ameublie, le fruit germe aisément, perce la superficie sans peine, et la radicule a la plus grande facilité pour pivoter. La petite fosse restée ouverte a l'avantage de conserver l'humidité, et de retenir la terre végétale entraînée par l'eau des pluies et la poussière fine, et les feuilles chassées par les vents; en un mot, c'est un dépôt de terre végétale. Lorsque les germes seront bien assurés, lorsque les arbres auront pris de la consistance pendant une année, on laissera subsister celui qui promettra le plus, et les autres seront tirés de terre, en observant de ne point endommager les racines de celui destiné à rester en place.

Si les circonstances nécessitent à semer après l'hiver, et que l'on veuille suivre la première ou la troisième méthode, il est indispensable de faire germer les châtaignes. Dès que la châtaigne est tombée de l'arbre, séparée de son hérisson, on la porte sur un plancher dans un lieu exposé à un courant d'air; étendue sur ce plancher, elle y reste plusieurs jours, afin que

son eau surabondante de végétation ait le temps de s'évaporer.
On les place ensuite dans des mannequins ou dans de grandes
caisses, ou enfin sur ce même plancher, et on fait un lit de
sable et un lit de châtaignes, et ainsi successivement jusqu'à ce
que la caisse soit pleine. Si le plancher sert d'entrepôt, il suffira
de faire une espèce de caisse avec des planches, afin de retenir le sable. Il est prudent de ne pas appuyer le sable et les
châtaignes contre les murs de l'appartement : la pierre attire,
pendant l'hiver, l'humidité de l'atmosphère, la communique
au sable, celui-ci à la châtaigne, et la châtaigne moisit. Cette
précaution coûte peu à prendre. Il est essentiel que la gelée ne
pénètre pas jusqu'aux châtaignes : si on prévoit ses effets funestes, on fera très bien de recouvrir le tout avec une quantité
suffisante de paille. Le fruit germe pendant l'hiver,, pousse sa
radicule, et dès que la saison le permet, on le tire du sable
avec précaution, afin de ne point endommager cette radicule,
et, avec la même précaution, on le place dans des paniers ou
sur des claies, afin de le transporter vers le sol préparé pour le
recevoir. Quoique cette précaution semble assurer la reprise et
la végétation, il est prudent de placer deux châtaignes ensemble, afin que si l'une manque par une cause quelconque, l'autre la supplée, sauf à arracher un des deux plants, si le besoin
l'exige, et on laisse toujours le meilleur.

Je préfère la méthode que je viens de décrire à la même
qui s'exécute en plein air. Elle consiste à former une stratifica-
tion sur un terrain sec, avec de la terre meuble, sur une épaisseur de trois pouces pour chaque lit : enfin, le tout recouvert
par un lit de terre de six pouces, et, suivant le besoin, garanti
avec de la paille. Ce dernier expédient empêche rarement l'humidité de pénétrer la masse; dès-lors, la moisissure et la corruption des germes, quoiqu'on ait eu la précaution de faire
suer les châtaignes pendant trois semaines ou un mois avant de
les stratifier.

II. *Des semis pour les foréts de châtaigniers.* Il seroit absurde
de défricher une étendue considérable de terrain, dans la seule
vue de planter des châtaigniers à vingt, trente ou quarante
pieds les uns des autres. Les trois méthodes indiquées des semis donnant les moyens d'établir des forêts, par les seuls pieds
qu'on y laisse, fournissent une masse considérable de jolis sujets
à replanter ailleurs, enfin permettent le choix des plus beaux
et des mieux venus, destinés à créer la forêt.

Dans la première méthode, on peut, après la troisième ou
quatrième année, supprimer le rang intermédiaire que j'ai dit
être éloigné de trois pieds de son voisin; dès-lors, ce rang
voisin sera distant de l'autre de six pieds, espace suffisant à
l'extension des racines. A la huitième année, on supprimera en-

core un rang; et si les racines sont bien ménagées, chaque pied sera dans le cas d'être planté de nouveau. Par cette suppression, voilà un espace de douze pieds bien suffisant et proportionné au volume de l'arbre et à l'accroissement que doivent prendre les racines. Si on ne veut pas replanter les arbres arrachés, ils feront de bons échalas ou des cerceaux; dès-lors, le terrain n'aura pas été employé inutilement, et le produit dédommagera amplement des premières dépenses. Dès que les branches des arbres laissés sur pied commenceront à se rapprocher et à se toucher, c'est le cas de supprimer encore un arbre à chaque rangée, et ceux qui resteront en place se trouveront éloignés les uns des autres de vingt-quatre pieds; enfin, le temps venu, on les espacera de quarante-huit pieds, et l'arbre acquerra la plus grande force. Si l'abatis fait après la douzième année donne déjà un bénéfice réel, que ne doit-on donc pas attendre du produit des abatis suivans.

III. *Des pépinières.* Ce que j'ai dit des semis de la première et de la troisième méthode donne en général l'idée de la pépinière, et dans le besoin on pourroit les regarder comme tels; cependant la pépinière exige plus de soin, et il faut que de chaque châtaigne il en sorte un arbre, sur-tout lorsqu'on ne se propose pas de grandes plantations; malgré cela on peut faire des pépinières en grand.

Elles doivent être établies sur un terrain meuble, frais, situé, s'il est possible, au bord des ruisseaux ou des rivières, un peu à couvert des vents par des haies vives, ou par des arbres placés à certaine distance, et on est sûr d'avoir de belles productions. Après avoir bien préparé le terrain, l'avoir bien ameubli, on le dispose en planches; on plante les châtaignes sur des raies droites, à six pouces les unes des autres, et on les enterre à trois pouces de profondeur, au commencement de novembre. Si la terre a de la consistance, il vaudra mieux attendre la fin de février ou le commencement de mars, parceque les pluies d'hiver la resserreroient au point que le germe ne pourroit se faire jour à travers une terre devenue trop compacte.

Il faut bien se garder d'amender la terre de la pépinière; je conviens que la végétation du jeune arbre seroit plus forte, plus vigoureuse; mais comme il est destiné à être un jour planté dans un terrain maigre, et ne trouvant plus alors cette première nourriture, sa reprise seroit difficile, et sa végétation languissante. Il faut laisser la ressource perfide des amendemens aux marchands d'arbres, à qui il importe fort peu que, dans la suite, l'arbre réussisse ou non, pourvu qu'ils le vendent et en retirent de l'argent. Les seuls soins que la pépinière exige sont de la tenir très propre, de la débarrasser de toute plante parasite, et, dans le cas d'une sécheresse, de lui accorder à la rigueur quelques légers arrosemens.

Après la première année, tous les plants sont levés de terre sans endommager, châtrer ni mutiler les racines, et portés ensuite dans des fosses ouvertes depuis un mois ou deux, et même plus. Il s'agit, au moment de la transplantation, de retirer de la fosse la terre qui y est tombée, et d'en travailler le fond par un coup de bêche. Pendant ce temps la terre jetée sur les bords et celle de la fosse se sont améliorées, l'action du soleil y a excité la fermentation ; enfin tous les météores les ont imprégnées de leurs heureuses influences. *Voyez* le mot AMENDEMENT. Chaque arbre doit être éloigné de trois pieds de son voisin. *Voyez* au mot RACINE les soins qu'on doit en avoir. Si on veut s'épargner les frais de cette seconde pépinière, on peut semer dans des raies distantes de trois pieds l'une de l'autre, et laissant un pied et demi d'intervalle entre chaque arbre, sur l'alignement du sillon. L'arbre restera ainsi en pépinière jusqu'à la quatrième ou cinquième année. Pendant cet intervalle, les branches latérales seront supprimées avant le renouvellement de la sève du printemps ; la tige s'élèvera alors perpendiculairement, et l'arbre se trouvera en état d'être transplanté à demeure. Il n'est pas besoin de dire que chaque année le terrain de l'une ou de l'autre pépinière doit être travaillé au moins deux fois ; sans ces précautions la végétation seroit presque nulle.

Il est inutile d'entrer ici dans les détails nécessaires à l'entretien et à la conduite des taillis de châtaigniers ; ce seroit faire un double emploi, et répéter ce qui sera dit au mot TAILLIS. *Voyez* ce mot.

Après quatre ou cinq ans, suivant la force ou la foiblesse de l'arbre, il est temps de songer à le tirer de la pépinière, et de l'établir à demeure. Avant la transplantation, il est essentiel que les trous soient faits pour recevoir les arbres. C'est ici que toute petite économie se change en une lésine dangereuse, lorsqu'on n'ouvre pas les fosses sur une grandeur convenable. Que les trous aient au moins cinq et même six pieds de largeur, sur une profondeur de deux à trois, suivant le fond du sol, et que ces trous aient été ouverts plusieurs mois d'avance, et réparés ainsi qu'il a été dit.

Avant d'enlever les arbres de la pépinière, il faut ouvrir à l'un des bouts une tranchée de deux ou trois pieds de profondeur, sur toute la longueur de cette partie de la pépinière, en poussant toujours la terre derrière soi. On fouille ainsi jusques au-dessous des racines, et par ce moyen on les détache de la terre sans les endommager : là terre de la superficie n'étant plus soutenue à sa base, tombe dans la tranchée, et elle est, ainsi que l'autre, poussée derrière le travailleur ; enfin on continue à miner ainsi tout le terrain de la pépinière, et on en tire chaque arbre sans endommager les racines. Je sais que l'opération que je propose trouvera beaucoup de contradic-teurs : l'un m'objectera la coutume, l'autre l'expérience ; et je leur demanderai à mon tour de juger mon assertion par une expérience comparée. En effet, pourquoi, lorsqu'il s'agit d'une transplantation un peu considérable, périt-il un si grand nombre d'arbres ? La raison en est simple. On a mutilé les racines, et par-là on a privé l'arbre des seules ressources four-nies par la nature, et qui assurent sa reprise. Je conviens que ces racines, ainsi châtrées, poussent à la longue de nouvelles radicules, qui rendent la vie à l'arbre affamé ; mais jusqu'à cette époque l'arbre a souffert. *Voyez* le mot RACINE.

Je préfère les transplantations faites aussitôt après la chute des feuilles à celles qui s'exécutent en février ou en mars. 1° A la première époque on a le choix du jour, et par consé-quent on saisit l'instant où la terre n'est ni trop mouillée, ni trop sèche ; 2° l'affaissement naturel de la terre fait que pen-dant l'hiver elle se colle et s'unit aux racines, de manière qu'il ne reste point de vide ; 3° l'eau des pluies, des neiges, filtrée par la terre remuée, pénètre plus profondément dans le sol au-dessous des racines de l'arbre, et y maintient une hu-midité précieuse, sur-tout si le printemps ou l'été n'est pas pluvieux, etc. Au contraire, dans la transplantation après l'hi-ver, l'humidité s'échappe facilement d'une terre nouvellement remuée, et s'il ne survient pas des pluies, il reste des vides entre les molécules de la terre et les racines, et dès-lors les racines s'y chancissent ; enfin ces racines ne tirent de la terre aucune substance, jusqu'à ce qu'elles y soient intimement unies. Ce n'est pas tout, si les mois de février ou de mars sont ex-trêmement secs ou pluvieux, comme cela arrive souvent, alors le terrain léger n'a plus de consistance s'il est sec, et le sol compacte se lève par mottes ; s'il est mouillé, il se pétrit et devient plus compacte encore : la saison avance, on est forcé à planter, quelque temps qu'il fasse, et souvent l'opé-ration est manquée. On ne court aucun risque de planter avant l'hiver, de très bonne heure, et beaucoup si on attend la cessation du froid. *Voyez* la manière de transplanter les ar-bres au mot TRANSPLANTATION.

Lorsque l'arbre a été mis en terre, il exige des soins. Le premier et le plus essentiel est de recouvrir les tiges avec des épines, pour empêcher les bestiaux de venir se frotter contre les arbres, qu'ils couchent et déracinent souvent par la pesanteur de leur masse. La paille, dont quelques personnes

entourent aussi la tige , pour la garantir des rayons du soleil ,
est, en définitif, plus nuisible qu'utile, en ce qu'elle fait étioler
l'écorce et la rend, lorsqu'elle est ôtée, et il faut bien enfin en
venir là, beaucoup plus susceptible des impressions de l'air.
Les agronomes prudens, qui ne font rien à la hâte, mais avec
poids, mesure et discernement, ont la précaution, dès que
les chaleurs se font sentir, de couvrir toute la superficie de
la terre remuée au pied de l'arbre, avec des fagots de fougère
ou autres herbes, afin d'empêcher la trop facile évaporation de l'humidité de cette terre ameublie, et par conséquent
d'y maintenir cette fraîcheur salutaire qui assure la reprise et
la végétation de l'arbre. Peu à peu ces herbes pourrissent et
deviennent un nouvel engrais. On fera encore mieux si on
recouvre ces herbes avec six pouces de terre. Un particulier, dans la vallée de Baigorri, a porté l'attention jusqu'à
faire chausser le pied de ses jeunes arbres pendant les cinq ou
six premières années, non seulement avec la fougère dont on
vient de parler, après leur avoir fait donner un labour sur un
diamètre de six à sept pieds, mais encore avec de la terre relevée de tout le pourtour de l'arbre. Ce travail donnoit plus de
solidité au pied de l'arbre, et le fortifioit contre les coups de
vent, ménageoit, dans toute la circonférence du terrain
travaillé, une espèce de petit réservoir aux eaux pluviales.
Il est résulté de ces sages précautions que ces châtaigniers
ont fait des progrès si rapides, que dans l'espace de treize à
quatorze ans, à compter du temps de leur transplantation
dans la châtaigneraie, ils avoient au-dessus du talon trois pieds
de circonférence, qu'ils avoient produit du fruit depuis plusieurs années.

Dès que la tige a produit des branches d'une grosseur convenable, il faut greffer l'arbre en flûte. Je n'entrerai pas ici
dans le détail de cette opération, parcequ'elle sera décrite très
au long au mot GREFFE. L'opération se fait en mai de l'année
suivante.

Tout le monde sait que le châtaignier porte son fruit à l'extrémité de ses branches; que la partie des branches couvertes
par celles des arbres voisins n'en produit plus. D'après cette
loi de la nature, on doit se régler, pour la conduite de cet
arbre, soit qu'on le destine à donner des récoltes abondantes
en châtaignes, soit qu'on se propose de l'élever comme arbre
de charpente. Ceci exige quelques détails.

La beauté d'une châtaigneraie est d'être peuplée d'arbres
dont la disposition des branches forme une houppe régulière
dans sa forme. L'arbre prend naturellement cette disposition
sur les endroits élevés. L'art doit cependant venir au secours
de la nature, s'il pousse des branches tortueuses ou mal pla-

cées. Le grand point, dans les premières années, est de faire prendre et conserver aux branches la direction de l'angle de quarante-cinq degrés. Elles ne la perdront que trop tôt, par la pesanteur et le nombre de leurs fruits, qui les abaissent successivement à l'angle de cinquante, soixante, etc. Ainsi, dans les endroits élevés, il n'est pas nécessaire de faire monter beaucoup la tige des arbres, puisqu'un libre courant d'air et la lumière du soleil environnent de toutes parts la circonférence des branches. Il n'en est pas ainsi dans les endroits bas; l'arbre ne se coiffe plus de la même manière que le premier, et au lieu d'y former la houppe, sa tête s'allonge en pyramide, parcequ'elle est forcée d'aller chercher le courant d'air et le contact immédiat des rayons du soleil. C'est donc le cas de faire filer la tige, en l'élaguant de ses branches latérales, jusqu'à ce que son sommet, parvenu à la hauteur requise, puisse étendre ses branches en liberté, respirer sans peine, et jouir amplement de l'influence du soleil.

Le châtaignier est sujet à produire beaucoup de branches gourmandes qui affament les voisines.

Le mal provient de ce que les mères-branches s'écartent trop promptement de l'angle de quarante-cinq degrés. Dès-lors la force de végétation, l'abondance des sucs qui affluent aux branches inclinées, les contraint à produire des gourmands qui poussent sur une ligne perpendiculaire, ou presque perpendiculaire; mais si, à la fin de la saison, vous tirez un rayon du sommet de ce gourmand vers le tronc de l'arbre, vous trouverez un angle de quarante-cinq degrés, à moins qu'il n'ait poussé immédiatement près du tronc. Cette loi est invariable, elle tient à la nature, et la naissance de ce gourmand démontre que la nature cherche toujours à reprendre ses droits, tant que la sève monte librement dans ses canaux. S'ils sont en grand nombre, et disposés régulièrement dans le pourtour des branches, n'hésitez pas à sacrifier la partie des branches au-delà des gourmands, vous renouvellerez l'arbre; mais si, au contraire, vous sacrifiez les gourmands, il en poussera perpétuellement de nouveaux, jusqu'à ce que l'arbre soit épuisé.

Le châtaignier fournit encore beaucoup de branches chiffonnes. On doit les abattre; elles absorbent une nourriture dont les branches à fruit ont le plus grand besoin. Quant à celles qui surviennent dans l'intérieur de l'arbre, elles tirent moins a conséquence : étouffées par les supérieures, il est rare qu'elles végètent après la seconde année : une sève trop abondante les a fait naître. (R.)

Lorsqu'au bout de deux à trois cents ans les châtaigniers se couronnent, c'est-à-dire que les rameaux supérieurs sont successivement frappés de mort, que le fruit est devenu très petit, en comparaison de ce qu'il étoit précédemment, on les rajeunit en coupant les branches à deux ou trois pieds du tronc. Il pousse, du tronçon de ces grosses branches, de nouveaux rejets, de véritables gourmands qui, quelquefois en trois ou quatre ans, commencent à donner de nouveau du fruit peu abondant, mais très gros. Il est même des pays où on fait subir cette opération tous les vingt à trente ans aux châtaigniers. La Biscaye est dans ce cas, ainsi que je l'ai observé en passant dans ce pays, là on en fait de véritables têtards, mais de manière qu'on en tire et du fruit très gros et très bon, et du bois pour faire le charbon nécessaire aux nombreuses forges de ce pays. Quoique peu partisan, en principe général, de la culture des arbres en têtards, je dois avouer que celle de la Biscaye est si bien entendue, que je n'ai pu me dispenser d'y applaudir et de désirer que beaucoup de cantons que je connois en France adoptassent ce mode.

Le charbon du châtaignier est inférieur à celui du chêne pour la fonte de la mine de fer, mais supérieur pour la forge. Or, toutes les fabriques de fer de la Biscaye sont établies selon la méthode catalane.

J'ai déjà dit au commencement de cet article que le châtaignier s'altéroit facilement dans son intérieur ; j'ai cité cet immense pied de l'Etna comme entièrement creux. Je dois ajouter ici qu'il est très commun de voir dans les châtaigneraies des arbres également altérés, également creux, mais que cela n'influe en rien sur le produit des châtaignes; ainsi on ne doit pas s'en inquiéter. Seulement il faut empêcher, autant que possible, que les bergers fassent du feu dans leur intérieur, parcequ'il en peut résulter la mort du pied.

Lorsqu'un très vieux pied meurt dans une châtaigneraie, il faut le remplacer par un arbre d'une autre espèce, à raison de ce que le châtaignier qu'on y planteroit, trouvant un terrain épuisé, y réussiroit difficilement. On prend rarement cette précaution : aussi partout, et sur-tout aux environs de Paris, se plaint-on que les châtaigners ne viennent plus aussi bien qu'autrefois. (B.)

Dans ce qui me reste à dire sur la culture du châtaignier, je ne parlerai pas d'après mon expérience, mais d'après l'analogie et la réflexion. Je ne suis plus à même de l'entreprendre ni de l'observer par la nature du sol et du climat que j'habite. Je veux parler de la culture du châtaignier relativement aux bois de charpente.

Les pins et les sapins isolés, c'est-à-dire qui ne sont pas réunis en masse et plantés près à près, poussent beaucoup de branches latérales, et leur tronc s'élève à une hauteur médiocre, tandis que, si ces arbres sont multipliés et serrés les uns près des autres, la tige s'élève perpendiculairement et à une hauteur prodigieuse. On sait encore que si, dans le milieu d'une forêt de pins ou de sapins, la foudre, par exemple, ou une trombe de vent vient à frapper quelques arbres ou à les déraciner, ce qui forme un vide, alors tous les arbres de la circonférence de cette clarière poussent des branches latérales presque jusqu'au niveau de terre, tandis qu'auparavant la tige en étoit dépouillée presque jusqu'au sommet. Ces nouvelles branches détournent la sève et l'empêchent de se porter avec la même force vers le sommet, et la progression de la tige n'est plus aussi rapide que celle des pins voisins, mais plus éloignée de la clarière ; enfin on peut dire que les tiges extérieures ne croissent plus, et qu'elles se contentent seulement de grossir. Il en est ainsi dans les forêts de chênes venues de brins. La cause de cette ascension des tiges est, 1° la proximité des pieds ; 2° l'espèce de voûte que les branches supérieures forment par leur rapprochement les unes avec les autres, de manière que pour jouir mutuellement du bénéfice de l'air et du soleil, la tige est forcée de s'allonger ; 3° parceque les branches inférieures étouffées par les supérieures, puisqu'elles les dérobent au contact immédiat de l'air et du soleil, doivent nécessairement périr ; mais la masse de sève qui étoit destinée à leur entretien, ne pouvant plus leur être utile, est obligée de suivre le torrent d'attraction, et par conséquent de se porter au sommet, etc.

Ne seroit-il donc pas possible d'obtenir du châtaignier ce que l'on obtient des pins, sapins et chênes, et de se procurer par-là ces châtaigniers de portée immense que l'on trouve encore dans la charpente des anciennes églises ?

En suivant la première ou la troisième méthode des semis indiqués dans le chapitre précédent, on aura la facilité de faire croître les arbres près à près, et de les éclaircir suivant le besoin et en proportion des besoins ; il suffiroit seulement d'élaguer les branches inférieures à mesure que la tige s'élève et que les supérieures gagnent de l'étendue. Je crois même que cette opération seroit inutile, puisque les pins, sapins et chênes savent parfaitement se dépouiller de ces branches sans le secours de la main de l'homme. Elles meurent, elles tombent, il n'en reste plus sur le tronc le moindre vestige ; l'écorce recouvre la plaie, tandis que le recouvrement est plus pénible et plus laborieux lorsque ces branches ont été enlevées par le fer.

Pour se procurer de telles forêts, il faudroit choisir les châtaignes, à semer, sur les espèces dont les arbres s'élèvent naturellement à la plus grande hauteur, et ne pas les greffer ; car la greffe empêche et interrompt la vigoureuse poussée de la tige. Il ne s'agit pas ici de se procurer une récolte de châtaignes, mais des arbres de belle venue, et à quilles droites et proportionnées.

D'après ces idées d'analogie et de comparaison, je trouve dans l'avidité de l'homme la raison pour laquelle il n'existe plus de châtaigniers à tiges élevées comme autrefois, et de la plus grande portée. Il a voulu avoir une récolte en châtaignes, et il a négligé d'élever cet arbre en arbre forestier. Je prie ceux entre les mains de qui cet ouvrage parviendra de planter une petite forêt de châtaigniers à l'instar de celles de chênes, pins, sapins, hêtres, etc. Cette expérience tient à un objet trop important pour que de riches particuliers ne fassent pas un léger sacrifice. Le tronc de cet arbre acquiert seulement dans quatre-vingts à cent ans son état de perfection; cette lenteur détournera peut-être l'homme avide de cette entreprise : mais à quel état serions-nous actuellement réduits, si nos pères avoient pensé ainsi? Il faudroit donc renoncer à toute idée de plantation. D'ailleurs, comme on substitue aujourd'hui une terre, une maison, etc., on substitueroit la forêt de châtaigniers, avec la condition et défense expresse de l'abattre avant une certaine époque. De cette manière, celui qui l'auroit plantée ne seroit pas dans le cas de craindre que l'avidité de ses successeurs privât le public du résultat d'un essai de la plus grande importance. Nous avons eu la fureur de défricher nos bois, nos forêts; et la France sera bientôt réduite à ne plus brûler que du charbon de terre, et à payer des sommes immenses les bois de charpente. Un jour viendra que la voix impérieuse des besoins fera taire celle de l'avidité mal entendue et de la jouissance momentanée. (R.)

Il existe, dans les montagnes de la Caroline, un châtaignier qui ressemble beaucoup à celui dont il vient d'être question. Ses feuilles ont leurs dentelures plus larges. Son fruit est plus petit et velu dans sa moitié supérieure. Miller dit qu'il y en a quatre dans chaque hérisson. J'ai voyagé pendant un jour entier dans une forêt qui en étoit composée. Je ne doute pas que ce ne soit une espèce, mais elle est très voisine de la nôtre. Ce châtaignier est actuellement dans les pépinières impériales. Son bois est extrêmement estimé pour faire des pieux, comme étant presque incorruptible.

Le CHATAIGNIER NAIN, *Fagus pumila*, Lin., a les feuilles cotonneuses en dessous, et le fruit a une seule semence de la grosseur et de la forme d'un gland. On l'appelle aussi *chincapin*. Il est originaire des parties méridionales de l'Amérique septentrionale. J'en ai observé de grandes quantités en Caroline, où il croît dans les lieux sablonneux, qui ne sont cependant pas très arides. Sa hauteur ordinaire est de huit à dix pieds, mais quelquefois il s'élève presque au double. Son bois possède les mêmes bonnes qualités que celui de ce pays, et se recherche sur-tout pour faire des cercles de tonneaux. Son fruit, dont je ne cessois pas de manger, pendant la saison, soit cru, soit bouilli dans l'eau, soit cuit sous la cendre, est beaucoup plus délicat que celui du nôtre. Il n'a contre lui que sa petitesse. On le conserve quelque temps après sa maturité en le stratifiant dans le sable ; mais il perd chaque jour de sa bonté.

Cet arbre se trouve dans quelques unes de nos pépinières. Il ne craint point le froid de nos hivers ordinaires, mais bien ceux qui sont très rigoureux. On le multiplie de marcottes et de greffe. Les premières, lorsqu'elles sont faites avant l'hiver, prennent assez ordinairement racine la même année, et au moins la seconde. Les secondes s'exécutent par approche et en sifflet, mais réussissent difficilement. C'est pourquoi le chincapin est toujours rare en Europe. Je fais des vœux pour qu'une aussi agréable espèce se naturalise chez nous. Je ne doute pas que si on envoyoit ses graines de Charleston à Bordeaux, dans des tonneaux, et stratifiées avec de la terre, on ne pût très facilement en faire de grands semis dans les landes qui entourent cette ville ; landes qui, ainsi que je l'ai observé, ont le sol parfaitement semblable à celui dans lequel il croît en Caroline. (B.)

CHATAIGNIER DE SAINT-DOMINGUE. C'est le QUAPALIER et le CUPANI, arbres qu'on ne peut cultiver en France que dans les serres.

CHATAIGNE. MÉDECINE VÉTÉRINAIRE. Espèce de corne molle et spongieuse, dénuée de poils, qui se trouve placée sur les extrémités antérieures du cheval, au-dessous de l'articulation du genou, tandis que, dans les extrémités postérieures, elle occupe le dessous de l'articulation du jarret.

Le volume de la châtaigne est médiocre dans les jambes sèches et peu chargées de poils et d'humeurs, et plus considérable dans celles où les liqueurs abondent.

Sa consistance augmente en dureté à mesure que le cheval vieillit, parceque les vaisseaux s'oblitérant alors peu à peu, toutes les parties se dessèchent. Loin d'arracher la châtaigne, comme on le pratique assez souvent à la campagne, lorsqu'elle est considérable, on doit au contraire la couper, dans la crainte d'occasionner une plaie. (R.)

CHATAIRE, *Nepeta*. Genre de plantes de la didynamie gymnospermie et de la famille des labiées, qui renferme une trentaine d'espèces remarquables par leur odeur aromatique, et dont quelques unes se cultivent dans les jardins, soit à cause de cette odeur, soit à raison de leur grandeur. Toutes ont les feuilles opposées, blanchâtres, les fleurs petites et disposées en épis terminaux, verticillés, et accompagnées de bractées. Elles sont vivaces et indigènes, pour la plupart, aux parties méridionales de l'Europe.

Les seules dans le cas d'être citées sont,

La CHATAIRE COMMUNE, *Nepeta cataria*, Lin, qui a les fleurs en épis, les feuilles pétiolées, en cœur et dentées. Elle s'élève à deux pieds. Elle est célèbre par la passion que les chats ont pour elle, d'où son nom vulgaire *d'herbe au chat*. Dès qu'ils la sentent, ils accourent de tous côtés, se roulent dessus, la déchirent avec leurs griffes et avec leurs dents, de sorte que lorsqu'on veut la conserver, il faut nécessairement les empêcher d'en approcher. Elle passe pour emménagogue, antihystérique et carminative.

La CHATAIRE VIOLETTE a les verticilles pédonculées, les feuilles pétiolées en cœur, et le lobe latéral de la corolle écarté. Elle s'élève à trois ou quatre pieds, et est violâtre dans toutes ses parties. C'est une assez belle plante qu'on cultive quelquefois pour l'ornement dans les jardins.

La CHATAIRE TUBÉREUSE a les épis terminaux, les bractées, oblongues et colorées, les feuilles en cœur et pubescentes. Elle ressemble beaucoup à la précédente, mais ses racines sont tubéreuses et se mangent crues ou cuites. (B.)

On multiplie les *chataires* de graines ou par éclat des vieux pieds. Leur culture ne présente rien de particulier.

CHAT-BRULÉ. Sorte de *POIRE*.

CHATÉ, ou concombre d'Egypte, *abdelavi* des Arabes, *Cucumis chate*, espèce de concombre ou plûtot de melon, dont les Egyptiens et les Arabes cultivent des champs entiers. Dans son pays natal, où ce fruit est regardé comme très salubre, on assure que, pour le rendre plus agréable, on en écrase la pulpe à l'aide d'un bâton introduit dans une petite ouverture faite au fruit détaché de sa tige; c'est ainsi qu'au bout de quelques jours ils la boivent au lieu de la manger. La plante a le port du melon, mais ses feuilles et ses tiges sont velues, presque cotonneuses, et ses fruits hérissés de poils blancs sont fusiformes ou rétrécis par les deux bouts. La plupart de ces caractères conviennent fort à nos melons sucrins d'Italie, à pulpe très blanche, très fondante, remplie d'une eau plus sucrée que vineuse, et qui, mûrissant très lentement, peuvent être conservés jusqu'au milieu de l'hiver. Mais le châté nouvellement importé réussit rarement sur les couches chaudes des jardins botaniques. Le melon sucrin pourroit être dans l'origine une production métisse, ou une race peu à peu acclimatée dans l'Europe méridionale; mais il appartient certainement plutôt à l'espèce du châté qu'à celle du melon. Nous avons cependant cédé aux considérations économiques en plaçant la description et la culture des melons blancs, ainsi que celle des cantaloups, dans l'article melon. *Voyez* MELON. (DUC.)

CHATEAU D'EAU. On donne ce nom à un bâtiment qui sert, dans sa partie supérieure, de réservoir aux eaux destinées à l'embellissement d'un jardin, et qui contient, dans sa partie inférieure, des appartemens propres à prendre le frais pendant les chaleurs de l'été. Les châteaux d'eau étoient un des luxes de nos pères. Actuellement que le goût des jets d'eau, des cascades en pierres de taille, etc., a changé, on n'en bâtit plus guère. (B.)

CHAT-HUANT, *Strix*. Genre d'oiseaux de proie qui ne chasse que la nuit, qui vit principalement aux dépens des souris, des mulots, des campagnols, des taupes et autres petits quadrupèdes.

Par un préjugé très ancien, et dont on ne voit pas le motif, tous les oiseaux de ce genre sont regardés dans les campagnes comme de mauvais augure, c'est-à-dire comme annonçant la mort ou des malheurs, et en conséquence, dans beaucoup d'endroits, on leur fait une guerre à outrance, on s'applaudit de pouvoir les clouer sur la porte de la maison ou de la grange comme un sacrifice expiatoire propre à empêcher les effets funestes de leur apparition; cependant ils rendent des services importans et journaliers aux cultivateurs, en détruisant les animaux qui vivent aux dépens des produits de leurs récoltes. On nourrit par-tout, souvent à grands frais, des chats auxquels on a donné l'épithète *d'ennemis domestiques*, à raison des vols qu'ils commettent journellement, et on tue, sans miséricorde, des oiseaux qui ne font jamais aucun mal, et remplissent beaucoup mieux le but. En effet, un chat prendra une ou deux souris dans une journée, et un chat-huant, de quelque espèce qu'il soit, prendra une vingtaine de mulots dans une nuit. *Voyez* au mot CHOUETTE.

Je ne ferai pas ici l'histoire des chats-huants; mais je crois devoir donner la liste des espèces les plus communes en France, afin que les cultivateurs sachent les reconnoître et satisfaire au moins leur curiosité lorsqu'ils tomberont sous leur main.

Le CHAT-HUANT GRAND DUC a deux bouquets sur la tête chacun d'un grand nombre de plumes, et le corps fauve varié de noir, de brun et de gris. Il habite les pays de montagnes. Sa grosseur est celle d'une poule.

Le CHAT-HUANT MOYEN DUC, le *hibou* proprement dit, a deux

bouquets sur la tête, chacun de six plumes, et le corps gris tacheté de brun. Il se trouve dans les vieux édifices, et est beaucoup plus petit que le précédent, puisque sa longueur n'est que d'un pied.

Le CHAT-HUANT PETIT DUC, ou *scops*, a deux bouquets sur la tête chacun d'une seule plume et le corps gris tacheté de fauve, de brun et de blanc. Il est encore plus petit, sa longueur surpassant à peine un demi-pied. Il vit dans les masures.

Le CHAT-HUANT HARFANG est blanc avec des taches en chevron brisé de couleur noire. Cette espèce ne vit que dans les hautes montagnes. Elle est rare en France.

Le CHAT-HUANT PROPREMENT DIT est fauve avec des taches longitudinales brunes, traversées par d'autres de même couleur. C'est le plus commun de tous. Il habite volontiers les fermes isolées. Sa longueur est de quinze pouces.

Le CHAT-HUANT HULOTTE est blanchâtre avec des taches longitudinales brunes traversées par d'autres de même couleur, et le tour des yeux noirs. Il vit dans les bois, se cache dans les trous d'arbres et est de la même grandeur que le précédent.

Le CHAT-HUANT CHOUETTE, qu'on appelle aussi la *grande chevèche*, est fauve avec des lignes longitudinales brunes et simples. On le trouve assez fréquemment dans les granges, les clochers, etc. Sa longueur est la même que celles des deux derniers.

Le CHAT-HUANT EFFRAYE, ou simplement *la fressaye*, est d'un fauve clair avec des taches blanches et des lignes brunes en zigzag sur le dos. Il préfère pour habitation les vieux édifices, les clochers voisins des forêts. C'est un très bel oiseau dont la grosseur est encore à peu près la même que celle des précédens.

Le CHAT-HUANT CHEVÈCHE, autrement la *petite chouette*, est grisâtre avec de larges taches anastomosées et brunâtres. On le trouve dans les tas de pierre, dans les masures, les trous d'arbre. C'est la plus petite de toutes, n'ayant que quatre à cinq pouces de long. (B.)

CHATIÈRE. Ouverture qu'on pratique aux portes des maisons rustiques pour donner entrée aux chats. Il y en a de différentes formes. (B.)

CHATIGNOS. On donne ce nom, en Corse, à des châtaignes cuites et écrasées dans du lait. *Voyez* au mot CHATAIGNIER.

CHATON. Disposition de fleurs sur un axe commun, de manière à ressembler à la queue d'un chat. Le noisetier, le noyer, etc. ont les fleurs mâles seulement en chaton. Le peuplier, le saule, etc. ont les fleurs mâles et femelles disposées de même.

Les fleurs en chaton proprement dites sont incomplètes, c'est-à-dire n'offrent pas de véritables corolles. Ce sont des écailles, quelquefois isolées, le plus souvent imbriquées, qui en tiennent lieu. *Voyez* FLEUR.

Il est de fait qu'aucunes fleurs en chaton ne sont hermaphrodites ; ce qui est très remarquable (B.)

CHATRER. *Voyez* CASTRATION. On applique aussi ce nom aux plantes. Ainsi on dit : *châtrer les melons, châtrer les rejetons d'un prunier.* Cette opération a pour but d'accélérer la maturité des fruits, l'août ement des bourgeons, etc. On châtre aussi les racines d'une plante qu'on remet en terre. *Voyez* ARRÊTER, PINCER, AOUTER. *Voyez* aussi PLANTE. (B.)

CHATRER LES MOUCHES. C'est, dans les départemens de l'est, enlever le miel aux ABEILLES. *Voyez* ce mot.

CHATTEAU. C'est la même chose que cheptel dans le département des Deux-Sèvres. (B.)

CHATTE-PELEUSE. Nom du CHARANÇON dans quelques endroits. *Voyez* ce mot. (B.)

CHAUDIÈRE. Partie inférieure de l'ALAMBIC, celle où on met les matières à distiller. *Voyez* ce mot et le mot DISTILLATION.

On donne aussi ce nom à des vases de fer fondu plus larges que profonds, qui servent à faire bouillir de l'eau, cuire les légumes, etc. Ces vases se placent sur le feu au moyen d'une anse et d'une crémaillière, ou s'établissent sur un fourneau bâti exprès.

Les vases de cuivre, d'une grande dimension, qui s'établissent de même à demeure, pour l'usage des arts, portent encore le même nom.

Il est des pays où les cultivateurs ne se servent que de chaudières et de pots à feu de fonte pour tous les besoins de leur ménage, et ils y sont déterminés par leur bas prix ; mais ils sont très cassans, se détériorent par la rouille, et donnent un mauvais goût aux alimens qu'on y fait cuire.

D'un autre côté les chaudrons de cuivre, ou les vases de terre, dont on fait usage dans tant de lieux, sont plus dangereux à raison du vert-de-gris qui s'y forme, ou du verre de plomb qui s'y applique. *Voyez* CUIVRE, PLOMB et OXIDE.

Tout bien considéré, les avantages et les inconvéniens sont compensés.

Un cultivateur ne peut se dispenser d'avoir des chaudières de différentes grandeurs pour faire chauffer l'eau de sa lessive, pour faire cuire les pommes de terre, les carottes, les choux qu'il donne à ses cochons, à ses moutons, etc. (B.)

CHAULAGE. Opération par laquelle on détruit, au moyen de la chaux, les germes de la carie et du charbon, deux maladies des grains qui causent des pertes énormes aux cultivateurs.

Il est prouvé par l'observation que la Carie et le Charbon sont une plante parasite intérieure, de la famille des champignons, appartenant au genre Réticulaire de Buliard ou Uredo de Persoon et autres. *Voyez* ces mots.

Daprès l'opinion de beaucoup de personnes, et d'après la mienne, les champignons ne fournissent pas de vraies graines, mais des bourgeons séminiformes qui se développent lorsqu'ils sont dans des circonstances favorables.

La plus importante de ces circonstances c'est d'être immédiatement attaché au grains lorsqu'on les met en terre, et c'est pour cela qu'ils ont été imprégnés d'une espèce d'huile grasse qui les fixe à tous les corps qu'ils touchent. Or, comme leur nombre est incommensurable dans chaque grain, à plus forte raison dans chaque épi, dans chaque gerbe, dans chaque champ, un grand nombre de ces bourgeons séminiformes ne peuvent manquer de s'unir aux grains sains lorsque, par l'opération du battage, ils sont séparés de leur enveloppe commune, et dispersés de tous côtés en forme de poudre.

Tout grain qui portera, sur sa surface, seulement un de ces bourgeons séminiformes, peut, d'après les expériences d'un grand nombre de cultivateurs, sur-tout de Tillet, de Tessier et de Bénédict Prévôt, donner un épi dont les grains seront susceptibles de se carier ou de se charbonner, et par conséquent cet effet sera plus certain et plus considérable lorsqu'il en portera plusieurs, encore plus lorsqu'il en sera tout couvert, comme cela arrive souvent.

Il y a lieu de croire qu'en enlevant ou qu'en détruisant l'organisation de ces bourgeons séminiformes on empêchera les épis qui doivent donner tel grain de blé d'avoir des grains cariés ou charbonnés; or, c'est ce que la pratique de tous les cultivatenrs a prouvé être en effet.

Ainsi, lorsqu'on lave à grande eau le blé saupoudré de carie ou de charbon, on diminue le nombre des épis cariés ou charbonnés dans le champ où on le sème.

Ainsi, en frottant du blé qui se trouve dans la même circonstance avec du sable, de l'argile, de la cendre, on arrive à un résultat semblable.

Il en est de même, mais d'une manière beaucoup plus complète, lorsqu'on les lave dans des eaux chargées d'acide sulfurique affoibli, de vinaigre, d'arsenic, de tous les sels où le cuivre entre comme partie constituante; des trois espèces d'alkali pur; lorsqu'on les imprègne d'huile, graisse, de savon, etc.

Mais de tous les moyens le plus facile, le plus économique, et peut-être le plus certain, est le chaulage, c'est-à-dire le mélange du grain avec de la chaux vive, parcequ'il agit en même temps mécaniquement et chimiquement : mécaniquement, en enlevant, comme l'argile, les bourgeons séminiformes, chimiquement, en les brûlant par sa causticité.

Il y a presque un aussi grand nombre de méthodes de chauler qu'il y a de cultivateurs qui chaulent. Tous veulent renchérir sur leurs voisins, et la plupart ne font qu'augmenter leur dépense et perdre plus de temps.

D'après les principes de la théorie, la meilleure manière de chauler est celle qu'on emploie le moins ; elle consiste d'abord à laver à grande eau le blé destiné à être chaulé ; ensuite à le mêler tout mouillé avec une petite mais suffisante quantité de chaux vive réduite en poudre grossière. Après avoir continuellement remué le tas pendant une demi-heure, on peut, ou l'éparpiller, pour donner moyen à la chaux qui n'aura pas été éteinte par l'eau attachée au blé, de s'éteindre à l'air, ou lui donner assez d'eau pour que toute la chaux s'éteigne promptement.

Le premier lavage a pour objet d'enlever une partie des bourgeons séminiformes de la carie et du charbon, ainsi que pour imprégner d'eau la surface du grain. On met de la chaux vive plutôt que de la chaux éteinte, quoiqu'il soit plus prudent d'employer cette dernière, parceque c'est au moment où la chaux vive absorbe l'eau qu'elle est la plus caustique, qu'elle prend ce degré de chaleur qui augmente considérablement ses effets. Il est certain que si toute la carie n'est pas détruite à la suite de cette opération, elle ne le sera plus par le moyen de la chaux ; il faudra employer la lessive de savonniers, c'est-à-dire un alkali caustique, ce qui est beaucoup trop coûteux pour être pratiqué en grand.

La seconde manière de chauler consiste à délayer de la chaux vive dans une suffisante quantité d'eau pour qu'elle devienne en consistance de bouillie claire, d'y tremper le blé, préalablement mis dans des paniers à claire voie, et de l'y laisser pendant un temps plus ou moins long, et proportionné à la force de la chaux.

J'ai mis en parallèle ces deux méthodes, parce que l'une et l'autre ont des avantages. Ceux de la première c'est de compléter plus certainement les effets désirés, et de pouvoir semer plus promptement le blé ; ceux de la seconde, c'est d'imprégner le grain d'une plus grande quantité d'eau, et de favoriser par conséquent l'accélération de sa germination. C'est aux cultivateurs à choisir, selon l'époque où ils veulent semer, ou selon l'état de l'atmosphère ou de la terre.

Il n'a pas été question de la proportion de la chaux ni de celle de l'eau, parceque la qualité de la première varie au point qu'on n'en trouve pas deux qui soient semblables. *Voyez* au mot CHAUX. En général, c'est la meilleure qui doit être préférée ; mais comme la dépense doit être prise ici, comme dans tous les procédés de l'agriculture, en grande considération, c'est celle qu'on peut le plus facilement se procurer dont il faut se contenter. On mettra d'autant plus de chaux et d'autant moins d'eau, qu'elle sera plus impure. La quantité en plus seroit indifférente, s'il n'y avoit pas à craindre que le trop grand échauffement du grain ne causât la mort du germe, ne le brûlât comme disent, avec raison, les cultivateurs. C'est presque à ce seul inconvénient que se réduisent les dangers des chaulages, et il est extrêmement facile à prévenir, lorsqu'on agit avec la prudence convenable. D'ailleurs, comme on peut le voir au mot CHAUX, cette matière est toujours répandue avec avantage sur les terres ; et tout chaulage non seulement préserve de la carie et du charbon, mais augmente encore les produits de la récolte.

Tessier, qu'on ne peut se lasser de citer lorsqu'il est question des procédés de la grande agriculture, pense que six boisseaux combles, ou cent livres de chaux de bonne qualité, sont la dose convenable pour chauler huit septiers de froment, et ces quantités exigeront au moins deux cent soixante pintes d'eau. Il observe que la mesure de l'eau doit augmenter lorsque le blé est bien sec, parcequ'il en absorbe beaucoup.

Les cultivateurs qui, craignant que la chaux vive brûle leur grain, préfèrent la chaux éteinte à l'air ou la chaux éteinte à grande eau depuis quelque temps, sont obligés d'en employer de plus grandes quantités, et ne sont pas, malgré cela, certains de réussir à se préserver de la carie. Plusieurs, pour remplir plus sûrement leur but, joignent à la chaux du sel marin, du salpêtre, du jus de fumier, de l'urine, des fientes de volailles ou de vaches dissoutes dans l'eau, de la suie, de la cendre, etc. Ces supplémens, excepté la cendre, ou ne servent de rien, ou sont nuisibles au but qu'on se propose, mais augmentent l'activité germinative de la semence.

Tous les cultivateurs, sans exception, mais sur-tout ceux du centre et du nord de la France, doivent annuellement chauler la totalité de leurs fromens. La petite dépense à laquelle cette opération les entraînera sera de beaucoup couverte par les non-valeurs qu'ils éviteront dans leurs récoltes, puisqu'il est des lieux et des années où les grains cariés forment le tiers de la totalité. Je dis ceux du centre et du nord, parceque les blés durs du midi sont moins sujets à cette maladie, et que ceux à chaume solide, qu'on appelle blés d'Afrique, n'en ont point encore présenté. Le chaulage intéresse si puissamment la société, que je crois que l'autorité doit provoquer une loi pour y obliger les cultivateurs qui sont assez attachés à leurs préjugés pour s'y refuser, malgré les avantages qu'ils sont assurés d'en retirer.

Quoique l'orge et l'avoine soient fréquemment infestés de charbon, on les chaule rarement. Il semble cependant que la dépense n'est pas assez considérable pour empêcher de le faire.

On trouvera sur cet objet de plus grands développemens aux mots CARIE, CHARBON, UREDO, FROMENT, AVOINE, ORGE et CHAUX. (B.)

CHAUME. Sorte de tige propre aux plantes de la famille des GRAMINÉES. *Voyez* ce mot.

Le chaume est ordinairement simple, fistuleux, noueux et cylindrique ; cependant il est des espèces qui en offrent qui est rameux, solide, sans nœuds et anguleux.

L'organisation des chaumes diffère beaucoup de celle des tiges des autres plantes. Elles semble se rapprocher de celle des palmiers, en ce que la solidité du tissu croît à mesure qu'il s'éloigne du centre. Il paroît qu'en général tous les chaumes sont solides à leur origine, comme ils le sont dans leurs nœuds, et que si la plupart sont creux dans leurs entre-nœuds supérieurs, c'est que le tissu central s'y est détruit.

Un Anglais a observé, au Bengale, que les bambous, qui sont des graminées, contenoient dans leur intérieur une quantité considérable de silice. Sage a dit qu'il se formoit de la silice par suite de la décomposition du terreau des couches provenant, comme on sait, du chaume des graminées. Vauquelin a prouvé, par une analyse exacte, que toutes les graminées contenoient plus ou moins de silice, et que c'étoit dans leurs nœuds qu'elle étoit la plus abondante. Cette silice est le résultat de la végétation ; cependant on en trouve bien plus, d'après les expériences de Th. de Saussure, dans les graminées crues sur un sol quartzeux que dans celles qui ont végété dans une terre calcaire.

Le chaume des graminées entre pour beaucoup dans la masse des fourrages que fournissent les prairies naturelles. Les animaux pâturans ne repoussent que celui de quelques espèces, comme trop dur, encore n'est-ce que lorsqu'il est arrivé à un certain point de maturité. Il est des pays où on ne donne presque que de la PAILLE aux chevaux ; dans d'autres on la fait entrer pour beaucoup dans la nourriture des autres animaux, et la paille n'est que le chaume desséché des céréales, auquel les cultivateurs ont donné un nom particulier. Ils ont réservé le nom de chaume à la portion de la tige de ces céréales qui reste sur la terre après qu'on les a coupées ou fauchées, et c'est dans ce seul sens qu'on emploie ce mot dans les campagnes.

On varie beaucoup sur l'emploi du chaume. Dans plusieurs cantons on l'enterre par le labourage d'automne, et il seroit à désirer qu'on le fît toujours dans les terres argileuses et humides, parceque restant plusieurs mois en terre sans se décomposer, il fait l'office en même temps, et d'un amende-ment, et d'un engrais, en rendant la terre plus perméable aux influences atmosphériques et aux racines des plantes, et en y laissant de l'humus. Dans la plupart on l'arrache ou on le coupe, soit pour faire de la litière aux bestiaux, soit pour chauffer le four ou faire bouillir la marmite, soit pour couvrir les maisons. Il en est même où on le brûle sur place. Cette dernière pratique est la pire de toutes, car le chaume contient si peu de cendre, et par conséquent si peu d'alkali, que même sur les terres les plus argileuses, elle ne doit produire aucun bien. On ne peut l'excuser qu'en disant qu'on brûle en même temps les plantes ou les graines des plantes qui eussent infesté les champs l'année suivante; mais il y a tant de moyens de remplir le même objet, sur-tout dans le système de la culture par ASSOLEMENS (*voyez* ce mot), que celui-là peut être laissé de côté.

On arrache le chaume, soit à la main, soit avec des râteaux, sur-tout des râteaux à dents de fer, même avec des herses. On a proposé un instrument exclusivement propre à cet objet, sans considérer que, comme c'est presque toujours la plus pauvre classe du peuple qui se livre, pour son compte, à ce genre de travail, elle ne peut faire une dépense qui couvriroit pour plus d'une année peut-être les bénéfices qu'elle espère en retirer.

Comme en arrachant le chaume on tire avec soi beaucoup de terre qui reste attachée aux racines et qui le salit, on pré-fère le couper dans certains cantons. On a pour cela une espèce de faux qu'on appelle *chaumon* ou *chaumet*. C'est un morceau de faux ordinaire de huit à dix pouces de long, attaché par deux clous à un manche d'environ un pied, avec lequel il forme un angle droit. On repousse, dans l'opération, l'extré-mité du chaume avec un balai, ou même une poignée de chaume, afin de donner à l'instrument un point de résistance qui facilite son action.

Il est des lieux où les champs sont si surchargés d'herbes, que pour n'en pas mêler les graines avec le blé, on moissonne à un pied et même plus de terre. Là, huit ou quinze jours après la récolte, on coupe le chaume et cette herbe. Il en résulta un fourrage qui est fort bon pour les vaches et les brebis, et qu'on leur donne pendant l'hiver. Cette méthode a des avantages sans doute ; mais pourquoi ces champs contiennent-ils tant d'herbe ? Croit-on que la valeur de ce fourrage puisse équivaloir celle du blé que cette abondance d'herbe a empêché de croître ou de grossir ? cela paroît difficile à supposer. Je dirai donc aux cultivateurs : tenez, comme on le fait en Angleterre, en Flandre et dans tant d'autres endroits, vos terres bien nettes par la culture de plantes étouffantes ou de plantes qu'il faut biner plusieurs fois, et coupez votre blé rez terre ; vous aurez plus de grain, plus de paille, et par conséquent plus d'argent et de fumier ; ce qui vous facilitera les moyens de faire des prairies artificielles pour nourrir encore mieux vos bestiaux.

C'est certainement un bien mauvais combustible que le chaume ; mais il est des pays où il n'y en a pas d'autre. Il faut donc s'en contenter. Dans plusieurs de ces pays il existe des règlemens pour la récolte des chaumes, qui généralement y est abandonnée à la pauvre classe du peuple, après que les propriétaires ou les fermiers ont fait la réserve de ce qui leur est nécessaire. On en fait des meules sur le champ même, que l'on transporte ensuite à la maison lorsque l'opération est complètement terminée.

Il doit paroître singulier que dans les pays, souvent fort riches, comme la Beauce, la vallée d'Auge, la Picardie, etc., on n'ait que du chaume pour brûler, lorsqu'il seroit si facile d'y planter des haies, et dans ces haies des chênes, des ormes, et autres arbres qui, comme en Normandie, fourniroient et du bois de chauffage et du bois de charronnage. Ce fait s'explique quand on a fréquenté pendant quelques jours les fermiers et sur-tout les fermières de ces plaines. Ce n'est point pour eux que la science fait des progrès, que la raison a des charmes. Là on ne veut rien changer à ce qui existe. La plus assommante uniformité règne dans la culture comme dans les opinions. On trouve bien plus de ressource dans les habitans des montagnes, que la variété du sol, les accidens, et une certaine activité d'esprit que donne le séjour des hauteurs, obligent à combiner leurs moyens d'industrie d'un grand nombre de manières.

Il résulte de cette habitude, de ne brûler que du chaume dans les pays ci-dessus nommés ou autres, que, si moi, par exemple, qui croit qu'il faut enterrer le chaume peu de temps après la moisson, pour rendre à la terre une partie de ce qu'elle a donné, et pour l'amender dans le sens indiqué plus haut, y acquérois une propriété, je ne pourrois remplir mes vues qu'en employant la violence contre ceux qui se croiroient autorisés à venir s'en emparer chaque année. C'est un grand mal que d'être forcé à suivre le genre de culture d'un canton lorsqu'on le juge mau-vais, mais c'en est toujours un plus grand que d'être contraint à se faire des ennemis de tous ses voisins. Il est à désirer que le Code rural , projeté , mette fin à tous ces usages subversifs du droit de propriété et en opposition à tous les bons principes de la culture.

On dit qu'une maison est couverte en chaume, soit qu'elle le soit avec de la paille longue, soit qu'elle le soit avec du chaume proprement dit. Il n'y a plus que quelques cantons extrême-ment pauvres où on couvre encore de cette dernière manière. Ces couvertures de chaume proprement dit sont extrêmement peu solides. Le plus foible vent les endommage, et un orage les anéantit. Il faut qu'un peuple soit bien misérable pour en être réduit à les employer. Un père de famille semble avoir tou-jours assez gagné par son travail pour pouvoir mettre de côté quelques sous afin d'acheter la paille nécessaire pour couvrir sa demeure, paille qui , ayant trois à quatre pieds de long , sera plus solidement fixée , et s'opposera plus efficacement à l'infiltration des eaux, que du chaume qui n'a que huit à dix pouces au plus.

Le chaume du seigle qui est mince se détruit avant l'époque où on a le temps de le ramasser, et ceux d'orge, et d'avoine sont trop courts et trop rares pour mériter la peine de l'être ; aussi les laisse-t-on presque généralement sur le sol.

C'est toujours dans les meilleures terres que l'on trouve le plus beau chaume.

M. Rougier La Bergerie est auteur d'un mémoire sur les avantages de l'extraction du chaume. J'y renvoie le lecteur. *Voyez* Feuille du Cultivateur , 12 octobre 1793. (B.)

CHAUMER. C'est ramasser le chaume dans les champs. *Voyez* le mot CHAUME. (B.)

CHAUMET. Instrument pour couper le chaume qu'on em-ploie dans certains cantons. (B.)

CHAUMIER. Dans quelques endroits on appelle ainsi tout tas de paille, qu'il provienne ou non de chaume. (B.)

CHAUMIERE. ARCHITECTURE RURALE. Par cette expres-sion l'on désigne la demeure des villageois.

Lorsqu'on s'écarte des grandes routes et que l'on visite les chaumières qui en sont éloignées, on est peiné de l'état dans lequel on les trouve.

En y entrant on est oppressé par l'air épais et malsain que l'on y respire. On n'y voit clair le plus souvent que par la porte, lorsqu'elle est ouverte, et l'on peut à peine s'y tenir de-bout.

Un pignon seul, celui auquel est adossée la cheminée , est en maçonnerie ; le surplus de l'habitation est construit en bois, et le tout est couvert en chaume. On est effrayé par l'idée qu'une seule étincelle peut embraser en un instant cette demeure du pauvre, et avec elle tout un village. On gémit de l'insuffisance des lois de police, ou plutôt on s'étonne du silence des lois sur les moyens de rendre les demeures plus saines, et de les préserver du danger des incendies. Nous ferons observer à ce sujet que la société d'agriculture de Paris est la première qui ait attiré l'attention des hommes de l'art sur la recherche de ces moyens, en la faisant entrer dans les conditions du concours sur l'art de perfectionner les constructions rurales.

Ces moyens ne sont pas dispendieux, et ne peuvent presque jamais dépasser les facultés pécuniaires des propriétaires des chaumières. Un exhaussement peu considérable du pavé de l'habitation, au-dessus du niveau du terrain environnant, suffira souvent pour les garantir de l'humidité ; une seule fenêtre et un peu plus de hauteur sous plancher leur procureront du jour et un air plus salubre ; et quelques toises de couverture en tuiles ou en ardoises, suivant les localités, éloigneront assez la cheminée de la partie couverte en chaume pour avoir le temps d'apporter les secours nécessaires dans le cas où le feu prendroit à cette cheminée.

Les chaumières sont les plus petites parmi les différentes espèces de constructions rurales, et elles doivent être circonscrites dans les proportions des besoins et des facultés pécuniaires de ceux qui doivent les occuper.

Ces bâtimens ne sont pas susceptibles de décoration, l'économie s'y oppose ; cependant il est possible de les soumettre à une espèce de régularité extérieure, sans négliger la commodité dans leur distribution intérieure. *Voyez* le mot Économie. (De Per.)

On a introduit les chaumières dans les jardins paysagers, non pour insulter à la misère, comme l'ont dit quelques moralistes, mais parcequ'elles font nécessairement partie d'un paysage agreste. Une chaumière peut rappeler des sensations déchirantes à certaines personnes, mais elle peut aussi en rappeler de douces à certaines autres. Si les chaumières sont le plus souvent, sur-tout autour des grandes villes, l'asile de l'indigence, elles sont aussi quelquefois, sur-tout dans les pays de montagne, l'asile du véritable bonheur et de toutes les vertus qui en sont la suite. J'ai souvent craint dans mes voyages d'aller demander l'hospitalité dans des châteaux, et jamais je n'ai hésité un instant à la réclamer dans une chaumière. J'aime donc voir des chaumières dans un jardin, comme j'aime en voir dans les campagnes ; mais il faut qu'elles y soient ménagées et qu'elles indiquent un but ; car tout ce qui est inutile déplaît à la longue : c'est la loi de nature. (B.)

CHAURER. C'est la même chose que CHAULER.

CHAUSSÉE. Partie de l'étang qui retient et élève les eaux. C'est de sa bonne fabrication que dépend l'existence de l'é-tang. Il ne faut donc pas lésiner sur les matériaux qu'on y emploie. *Voyez* ETANG. (B.)

CHAUSSER. Opération par laquelle on amène de la terre au pied d'un arbre ou d'une plante, pour augmenter sa force végétante. On l'appelle aussi BUTTER (*voyez* ce mot) parce-que son résultat est une petite élévation, autour de cet arbre ou de cette plante, une véritable butte. Elle est souvent utile et rarement nuisible.

On chausse un arbre dont les racines se montrent à la sur-face de la terre pour les enterrer, pour les assurer d'autant plus contre les efforts des vents, etc.; on le chausse encore lorsqu'il est dans un terrain naturellement sec et qu'on veut diminuer les effets de l'évaporation ; souvent par-là on rétablit ceux de ces arbres qui étoient prêts à périr.

Mais c'est sur les plantes dont les tiges sont susceptibles de prendre racine que le chaussage présente des effets utiles. Ainsi quand on chausse des pommes de terre on fait naître de nouvelles racines à la base des tiges, et ces racines donnent lieu à une pousse plus vigoureuse des mêmes tiges et à la for-mation d'un plus grand nombre de tubercules. Ainsi quand on chausse le maïs, il sort de toute la circonférence des nœuds inférieurs, qui sont alors enterrés, de nouveaux suçoirs qui produisent également une augmentation dans l'action végéta-tive de la plante.

Varennes de Fenilles, par la même raison, a annoncé, peu de jours avant sa mort, qu'il avoit chaussé le blé pour le rendre plus beau, et que le résultat avoit outre-passé ses espérances.

Comme toutes les fois qu'il sera bon de chausser une plante on l'indiquera à son article, il est ici superflu d'entrer dans de plus grands détails. (B.)

CHAUSSE-TRAPE, *Calcitrapa.* Plante de la syngénésie frustranée et de la famille des cynarocéphales, que Linnæus avoit placée parmi les CENTAURÉES (*voyez* ce mot); mais que Jus-sieu et autres pensent devoir servir de type à un nouveau genre.

La CHAUSSE-TRAPE ÉTOILÉE, qu'on appelle vulgairement *le chardon étoilé*, a une racine bisannuelle, longue, épaisse ; ses feuilles radicales sont en lyre, velues, avec le lobe terminal très grand et denté, longues d'un demi-pied, étalées en rond à la fin de la première année, autour d'une fleur sessile dont le calice a cinq rayons ou plus, et ressemble exactement à une étoile blanche. Ses feuilles caulinaires sont alternes, sessiles, molles, ailées, dentées, quelquefois presque simples et linéaires ; ses tiges sont anguleuses, divariquées et hautes d'environ un pied ; ses fleurs sont rougeâtres, quelquefois blanches, solitaires, et ou terminales ou axillaires.

On trouve la *chausse-trape étoilée* dans les champs incultes, les pâturages, le bord des chemins, quelquefois en si grande abondance qu'elle gêne le passage et s'oppose au pâturage des bestiaux. Aucun de ces bestiaux ne la mangent. Elle fleurit depuis le milieu de l'été jusqu'à la fin de l'automne, et fournit d'abondantes récoltes aux abeilles. Ses feuilles sont amères et sa racine douce. On se nourrit des unes et des autres dans quelques endroits. Les écailles du calice de ses fleurs, sur-tout de la fleur unique qui se montre pendant tout l'hiver au centre de ses feuilles radicales, sont fort recherchées par les enfans qui les mangent en guise d'artichaut; et qu'ils appellent en conséquence, le *petit artichaut sauvage*. Ces écailles sont un peu amères, mais agréables au goût.

Cette plante, comme je l'ai déjà dit, est souvent si abondante qu'il devient nécessaire de la détruire ; on y parvient facilement en la coupant entre deux terres, pendant l'hiver, avec une pioche, la racine ne repoussant pas. On peut aussi faire cette opération à la fin de l'été pour avoir les tiges, qui peuvent servir à chauffer le four, à donner de la potasse, à augmenter la masse du fumier, etc.; mais alors les graines déjà tombées, ou qui tombent par suite de la coupe même, la propagent. Les poules aiment beaucoup ces graines qui les engraissent; mais comme elles ne savent pas les aller chercher au fond du calice, il faut battre la plante avec le fléau pour qu'elles en profitent.

On ne trouve pas la chausse-trape dans le nord de l'Europe.

Outre cette espèce il y en a encore une vingtaine d'autres; mais la seule dans le cas d'être encore citée est ,

La CHAUSSE-TRAPE SUDORIFIQUE, *Centaurea benedicta*, Lin., qui a les tiges très velues, laineuses, cannelées, rameuses, hautes d'un pied et plus; les feuilles oblongues, dentées, velues, semi-décurrentes, un peu épineuses ; les fleurs jaunes, terminales, entourées de bractées. On la trouve dans les parties méridionales de l'Europe , et on la connoît sous le nom de *chardon bénit* à cause des propriétés qu'on lui attribue. Elle est annuelle et fleurit à la fin du printemps.

Toutes ses parties sont amères. Les fleurs sont toniques, sudorifiques, fébrifuges, apéritives et vulnéraires. On en fait un fréquent usage.

Cette plante avoit d'abord été placée par Linnæus parmi les QUENOUILLES, et elle en a en effet l'aspect. Elle s'éloigne donc beaucoup par cet aspect de la précédente. (B.)

CHAUX. On donne ce nom à la pierre calcaire qui a perdu son

eau de cristillation et son acide carbonique par son exposition à un grand feu.

Les propriétés de la chaux sont fort remarquables. Lorsqu'on verse sur elle une petite quantité d'eau, cette eau est absorbée avec la plus grande rapidité; il se produit un tel degré de chaleur, que les corps combustibles qu'on met en contact avec elle s'enflamment, et qu'elle paroît rouge à l'obscurité. Peu à peu elle reprend, par son exposition à l'air, son eau, ainsi que son acide carbonique, et elle se réduit en poudre. C'est le résultat du commencement de cette opération naturelle qu'on appelle de la *chaux fusée, de la chaux éteinte à l'air.*

La causticité de la chaux, c'est-à-dire la propriété qu'elle a de désorganiser les substances animales avec lesquelles on la met en contact, tient à cette même avidité pour l'eau.

L'eau dissout une petite quantité de chaux. Le produit de cette dissolution porte le nom d'*eau de chaux.*

Lorsqu'on mêle de la chaux avec un alkali, l'acide carbonique de ce dernier se combine avec elle, à raison de sa plus grande affinité, et l'alkali devient pur ou caustique. C'est ce procédé qu'on emploie pour rendre les lessives plus actives, pour faire le savon, pour fabriquer la pierre à cautère, etc.

Beaucoup de ménagères répugnent à mettre de la chaux sur la cendre qu'elles emploient à couler la lessive, parceque toutes les fois qu'on en met trop le linge est brûlé, c'est-à-dire se déchire par suite du plus petit effort; mais il n'en est pas moins vrai que c'est une très bonne opération lorsqu'elle est faite avec la prudence nécessaire, attendu que la potasse ou la soude ne dissolvent réellement la graisse qui tâche le linge que lorsqu'elles sont privées d'acide carbonique, c'est-à-dire caustiques. *Voyez* au mot LESSIVE.

La chaux est le meilleur moyen qu'on puisse employer pour lier les pierres ou les briques des murs; aussi est ce le principal objet de sa fabrication. Pour cela on la fait éteindre dans une suffisante quantité d'eau, on la mêle avec du sable, de la brique, ou des pierres pilées, et on remplit de ce mélange, nouvellement fait, l'intervalle des assises de pierre. C'est le mortier qui se moule exactement contre les pierres, en remplit tous les interstices, les cavités, etc. Peu à peu il reprend l'acide carbonique qui fait partie de l'air atmosphérique, et, avec lui, la solidité de la pierre calcaire. L'expérience a prouvé quelorsqu'on unissoit au mélange ci-dessus un quart, ou même un tiers de chaux fusée à l'air, c'est-à-dire qui avoit déjà repris une partie de son acide carbonique, le mortier prenoit plus promptement de la consistance et une consistance plus forte. C'est ce qu'on appelle le *mortier de Loriot*, du nom de celui qui l'a recommandé dans ces derniers temps ; mais il est certain que les anciens en faisoient fréquemment usage.

Il y a des inconvéniens à éteindre la chaux dans une trop grande ou une trop petite quantité d'eau ; mais comme chaque pays donne de la chaux de différente nature, il est impossible de donner des règles générales pour faire cette opération, c'est à l'expérience locale à décider l'ouvrier qui en fait usage. Aussi, par-tout où on procède avec prudence, ne met-on d'abord que peu d'eau dans le trou où on a mis la chaux, parcequ'il est plus facile d'en ajouter que d'en ôter ; ou, encore mieux, on ne met la chaux que petit à petit, à mesure qu'elle se fond, et jusqu'au moment où on s'aperçoit qu'il y en a suffisamment. Dans les deux cas on la remue continuellement avec un râble pour faciliter son union avec l'eau.

La chaux est d'autant meilleure que la pierre calcaire employée à sa formation étoit plus exempte de matières étrangères ; ainsi le marbre blanc est de toutes les roches celle qui en fournit de plus parfaite. Les pierres calcaires ordinaires ne sont jamais pures ; elles contiennent toujours plus ou moins d'argile, de silice et quelquefois de la magnésie. La première de ces substances nuit généralement à la chaux, la seconde, très avantageuse lorsqu'il y en a peu, lui nuit également lorsqu'il y en a trop ; elle rend la chaux *maigre* ; la troisième s'oppose à ce que la chaux dans laquelle elle entre se solidifie. Il est donc bien important de savoir distinguer, avant d'entreprendre une fabrication de chaux, si la pierre calcaire qu'on doit y employer est de bonne qualité pour cet objet, et quelle est la proportion des substances qui y sont mélangées, afin de se diriger en conséquence dans le mode de son emploi. Celle qui est la plus commune aux environs de Paris, par exemple, est peu propre à la bâtisse, parcequ'elle contient beaucoup trop d'argile.

La chaux qui n'est pas assez calcinée, et celle qui l'est trop, sont également inférieures à celle qui l'est au point convenable. Chaque sorte de pierre calcaire demande un degré de feu différent ; ainsi ce n'est que l'expérience qui dans chaque localité puisse indiquer ce point. Je donnerai au mot FOUR A CHAUX les principes de l'art du chaufournier. J'y renvoie le lecteur.

La propriété caustique de la chaux lui donne des usages dans les arts, dans la médecine et dans la grande agriculture. C'est par son moyen qu'on enlève le poil des cuirs qu'on destine à être tannés ou mégissés ; qu'on détruit les chairs qui se pourrissent ; qu'on anéantit la cause du charbon et de la carie dans le blé ; qu'on assainit les lieux trop surchargés d'acide carbonique, comme les prisons, les hôpitaux, les écuries trop basses ou trop peuplées ; qu'on désinfecte les latrines qui exhalent trop d'odeur ou qui laissent dégager des gaz délétères ; qu'on rend plus actives les terres de toutes sortes, et sur-tout celles qui sont abondamment pourvues d'humus ou terre végétale.

Je vais entrer dans quelques détails sur l'emploi de la chaux en agriculture.

Les plantes vivant principalement aux dépens du gaz acide carbonique qui se trouve dans l'air, ou qui se dégage de divers corps, toutes les fois qu'on met une plante sous un récipient, avec de la chaux, elle périt, parceque cette chaux absorbe tout le gaz acide carbonique qui s'y trouve. On observe de même que toutes les plantes qui sont placées trop près d'un tas de chaux périssent également et par la même cause, à plus forte raison celles qui en sont recouvertes en tout ou en partie.

D'après cela on doit croire que la chaux qu'on répand en grande quantité sur la terre, les murs nouvellement bâtis ou nouvellement recrépis de chaux sont nuisibles aux plantes et en effet, on en a des milliers d'exemples. Ainsi, quand il est nécessaire de faire une réparation un peu considérable à un mur d'espalier, il faut choisir la fin de l'automne comme l'époque où la chaux peut le moins nuire aux arbres.

Mais si la chaux en grande masse s'oppose à toute végétation, la chaux en petite quantité est un des moyens d'activer la végétation. Les agriculteurs prudens trouvent en elle le plus puissant de tous les amendemens, le premier complément de toutes les sortes d'engrais. Cette propriété, la chaux la doit à la faculté dont elle jouit de rendre soluble l'humus ou terre végétale qui sert d'aliment terrestre aux plantes. Il est surprenant que ce fait si important, quoique connu de toute ancienneté, n'ait pas plus fructifié entre les mains des cultivateurs. Peut-être est-ce aux suites de l'abus de la chaux, abus qui conduisent rapidement à l'infertilité, qu'on doit l'oubli dans lequel sont tombés les cultivateurs à son égard.

Les cendres de bois sont une véritable chaux réduite en poudre, et contenant en outre quelques sels alkalins ou terreux. La chaux agit donc comme les cendres, mais elle agit plus activement. *Voyez* au mot CENDRES, où l'action de la chaux est expliquée.

La marne paroît aussi jouir, comme la chaux, de la propriété de rendre soluble la terre végétale, quoiqu'à un plus foible degré ; mais elle agit en même temps mécaniquement. C'est ce qui fait que dans certains cas elle est meilleure que la chaux. *Voyez* au mot MARNE.

Je reprends les choses de plus haut.

Le résultat de la pratique de tous les siècles, et sur-tout les expériences directes faites dans ces derniers temps, constatent que la chaux est un des meilleurs amendemens qu'on puisse employer sur certaines terres, principalement sur les terres marécageuses. Les anciens s'en servoient, ainsi qu'on le voit dans les auteurs grecs et latins. Olivier de Serres la recommande, et principalement en la mêlant avec du fumier, des curures de fossés, etc. Les agriculteurs français du siècle dernier ne cessent de vanter ses merveilleux effets. On en a parlé plus ou moins dans tous les écrits qui ont été publiés dernièrement en Europe sur l'agriculure. Arthur Young lui consacre nombre de pages. C'est dans ses ouvrages que je vais puiser quelques exemples sur ce qui la concerne.

A Lanvaches et à Cowbridge, comté de Surri, la chaux est en si grande estime, que les fermiers n'imaginent pas qu'on puisse rien faire sans elle. Chacun a son four à chaux.

L'effet de la chaux sur la terre est très sensible dans le Shropshire. On en met pendant l'été un boisseau par perche, On laboure très peu profondément et on seme le froment. Cet amendement dure douze à quatorze ans. Le sol est une argile mêlée de craie. On est aussi dans l'usage de mêler la chaux avec la terre des fossés, et on prétend que ce mélange vaut mieux que le fumier ordinaire.

Aux environs de Shiffuel, le sol est sablonneux ou graveleux, et de nature très sèche. On y cultive beaucoup de turneps au moyen de la chaux, turneps dont on tire une rente fort avantageuse.

Dans le même canton, on répand aussi de la chaux en poudre sur les pois lorsqu'ils ont trois ou quatre pouces de hauteur, ce qui les garantit des insectes. En général ce moyen est très efficace, et doit être recommandé, quoiqu'un peu dangereux à exécuter à cause de la chaux qui entre dans la poitrine du semeur. Des précautions efficaces sont cependant faciles à prendre, puisqu'il suffit d'envelopper la tête du semeur d'une toile sous laquelle il y ait suffisamment d'air, et à un trou de laquelle soit attaché un verre pour la vue. Les pucerons surtout qui, comme tout le monde le sait, nuisent tant à quelques espèces de récoltes, ne résistent point à l'emploi de la chaux.

A Orton, situé sur un sol entrecoupé de vallées, on fait usage de la chaux sur les prairies naturelles, pour détruire la mousse, les joncs et autres plantes qui leur nuisent. On ne peut nier ce résultat reconnu par les agronomes observateurs de toutes les nations; mais il est probable que ce n'est pas par la destruction directe des plantes inutiles qu'il est produit, mais par la plus grande vigueur donnée à celles que les bestiaux recherchent le plus : il seroit utile au progrès de la science de faire quelques observations directes sur ce point.

A Caste-Loyde, en Irlande, on fait un grand usage de la chaux sur les prairies naturelles, et on a remarqué que l'herbe en devient plus abondante et qu'elle est à toutes les époques de l'année plus verte que celle des prairies où l'on n'en en a pas mis.

Au pic du Derbyshire on a converti des terres en friche de peu de valeur en beaux pâturages, sans les labourer, au moyen de la chaux qui a fait périr les mauvaises herbes et donné plus de vigueur aux bonnes. Cette dernière circonstance est assez difficile à concevoir, mais elle est généralement avouée par les cultivateurs.

La chaux avec le fumier est fréquemment employée dans le Weald, et on en tire des avantages considérables, principalement sur les prairies. Des expériences positives ont prouvé l'excellence de cette méthode, et on ne peut trop la recommander. A mon avis, tous les fumiers destinés à la grande culture devroient être ainsi mélangées dans la cour même avec de la chaux, à mesure qu'on les sort de l'écurie, mais il ne faut pas tarder à les employer, cela les rendant plus promptement dissolubles.

A Kirkleatam, on mêle aussi la chaux avec le fumier, et de plus avec des terres de toutes espèces, six mois au moins avant de la répandre sur le sol. L'augmentation de main-d'œuvre qu'occasionne cette méthode est de beaucoup remboursée par la surabondance des récoltes auxquelles on l'applique.

M. Sroope, qui habite auprès Damby, joint de plus à ce mélange des cendres de savonnerie. Il le remue trois fois avant de l'employer. Son terrain est une argile graveleuse qui produit par ce moyen des récoltes doubles de ce qu'elles donnoient auparavant qu'il l'employât.

C'est sur les terres de marais, et même la tourbe, que l'action de la chaux est la plus marquante. Cette dernière, qui est infertile par elle-même lorsqu'elle est pure, rend extraordinairement fertiles, quand on la mêle avec un douzième, ou même seulement avec un vingtième de chaux, les champs sur lesquels on la répand, de telle nature qu'en soit la terre. Ceci prouve d'une manière démonstrative qu'elle agit principalement en rendant soluble le terreau qui ne l'étoit pas.

La chaux offre des avantages considérables aux cultivateurs des environs d'Altringham, qui ont une argile sablonneuse dans laquelle ils plantent une grande quantité de pommes de terre.

Les bruyères des environs de Tiddswell, de Grange-Geath, Cullen, et en général les plus grandes parties du nord de l'Angleterre n'étoient ci-devant d'aucune valeur; aujourd'hui on les a converties en champs d'un grand produit en les entourant de haies, et en y répandant une grande quantité de chaux. On la met sur la terre au printemps ou au commencement de l'été, souvent en grande quantité. C'est véritablement sur les terres de bruyère que la chaux agit le mieux, lorsqu'on la combine avec de bons et profonds labours, parceque ces labours mêlent la terre du fond, qui est toujours argileuse, avec celle de la surface qui est toujours surchargée de détritus des végétaux, et que la chaux dissout ces détritus.

Ses effets sur les champs qui ont été écobués sont si sensibles, qu'on ne manque jamais dans le Yorskshire, quelque dépense qu'il faille faire pour s'en procurer, d'y en répandre plus ou moins. Après cette opération, on sème des turneps qu'on bine, et après leur récolte on sème des prairies, qui fournissent, pendant nombre d'années, d'excellentes récoltes. Le trèfle blanc paroît sur-tout mieux venir sur les terres amendées avec de la chaux.

M. Clayton, près d'Harleyfort, a amendé comparativement deux portions du même champ, l'un avec de la chaux, l'autre avec du fumier mêlé de vieux haillons de laine. La récolte de cette dernière portion étoit plus abondante, mais elle étoit infestée par la carie, tandis qu'il n'y en avoit pas dans celle où on avoit mis de la chaux.

A Momia, M. French a fait défricher des marais et y a fait répandre de la chaux. Les moutons qui auparavant y périssoient du mal rouge n'en sont plus attaqués.

Les fermiers des environs d'Annsgrove emploient aussi la chaux, et ce, en grande quantité. Ils ont observé que cet amendement conservoit toute son activité pendant sept à huit récoltes consécutives, après quoi ils le renouvellent. Il convient cependant de dire que les terres ainsi couvertes de chaux cessent enfin de produire, si on n'y met pas des engrais animaux et végétaux de temps en temps, ce qui est conforme aux principes de la théorie émise au commencement de cet article. Cette observation est de M. Aldworth, un des plus riches et des plus éclairés cultivateurs d'Irlande.

La pratique de M. Shannon, à Castle-Martyr, lui a prouvé que la chaux produit de meilleurs effets sur les sols argileux et quartzeux que sur les sols calcaires; ce qui doit être, puisque les sols calcaires ont déjà une partie des principes chimiques, ou des qualités physiques, qui rendent la chaux si utile dans tous les cas cités plus haut. Il est de fait même qu'elle nuit souvent aux récoltes des terres crayeuses. C'est l'argile qui est le véritable amendement de ces terres, et sur-tout l'argile combinée avec une grande quantité de fumier de vache; car il leur faut et des moyens de retenir l'eau et de véritables engrais.

Arthur Young, voulant connoître les effets comparatifs de l'amendement produit par la chaux, de celui produit par la craie et de l'engrais des fumiers, divisa une pièce de terre en trois parties égales, et y répandit ces matières dans les proportions usitées parmi les fermiers du canton. Le sol étoit une argile humide sur laquelle il sema du blé. L'hiver fut pluvieux. La partie fumée eut une végétation plus précoce ; mais pendant l'hiver le blé qu'elle contenoit devint jaune, et celui des deux autres parties conserva sa verdure et soutint ses avantages jusqu'à la récolte, qui excéda celle du terrain qui avoit été fumé.

Il résulte de ces exemples que l'emploi de la chaux fait la fortune des cultivateurs anglais, et qu'elle doit produire les mêmes résultats en France sur les terrains riches en principes extractifs, animaux ou végétaux, mais où ces principes sont inertes. Pourquoi donc n'en fait-on presque point d'usage chez nous ? Sans doute c'est par le seul effet de l'ignorance. J'en ai vu répandre dans quelques cantons sur les prairies naturelles et artificielles, dont elle augmentoit beaucoup les récoltes ; mais si quelques cultivateurs éclairés en ont fait isolément usage dans d'autres cas, ils n'ont pas été imités par leurs voisins ; nulle part que je sache, excepté dans la Basse-Normandie et dans les pays nouvellement réunis, on connoît ses avantages. J'ai parcouru bien des marais qu'on pourroit facilement transformer en champs d'une fertilité extraordinaire par son moyen. J'ai traversé les landes de Bordeaux, celles de la Sologne, et plusieurs autres moins étendues, qu'elle rendroit promptement à la culture. Nulle part on n'avoit idée de ses propriétés sous ce rapport. C'est pour éclairer mes concitoyens sur leurs véritables intérêts, à cet égard, que j'ai cru devoir étendre cet article, et donner au mot FOUR A CHAUX quelques préceptes de théorie et de pratique pour en fabriquer. Je renvoie de plus le lecteur aux mots CALCAIRE, PIERRE CALCAIRE, MARNE et CENDRE.

Mais, dira-t-on, vous n'avez donné que deux à trois indications de la quantité de chaux qu'il convenoit de répandre sur les champs, les prés, etc., dans tous les exemples que vous venez de citer. Je n'ai pu le faire, parceque cet ouvrage doit traiter de l'agriculture en général, et que cette quantité varie dans chaque lieu, puisque la chaux n'est prsque jamais d'égale qualité, même dans les lieux peu distans, et que les terres varient également par-tout dans leur nature. C'est par le raisonnement, après avoir lu cet article, qu'un cultivateur peut apprécier ce qu'il doit répandre de chaux sur sa terre Il y a des inconvéniens, je le répète, à en trop mettre sur les prairies et les terres sèches et pauvres en humus, parcequ'elle détruit cet humus; et il n'y a jamais à n'en mettre peu, parcequ'on peut toujours recommencer les années suivantes. Je dirai donc seulement, en général, 1° que plus la chaux est pure, c'est-à-dire contient moins de sable et d'argile, et moins il en faut ; 2° que plus la terre contient en même temps d'eau d'argile et de terreau et plus on peut en mettre. On doit cependant s'arrêter au moment où une trop grande quantité feroit mortier, et introduiroit par conséquent des pierres dans le champ. Lorsqu'on en a mis trop, je le répète encore, surtout dans les terres sèches, dans les terres de bruyère, par exemple, il arrive qu'elle brûle tout, et qu'il faut attendre un ou deux ans avant de pouvoir cultiver de nouveau ces terres.

Dans tous les cas, il est prouvé par l'expérience que presque toujours l'augmentation de produit qui résulte de cette opération, seulement la première année après qu'elle a été faite, couvre les frais qu'elle a entraînés, et qu'ainsi cette augmentation, pendant les années suivantes, est complètement en bénéfice.

Je suppose qu'on a employé de la bonne chaux, qu'on l'a répandue en temps et en sol convenables. On verra au mot MAGNÉSIE, que la chaux qui contient de cette terre rend infertiles, pour plusieurs années, les terrains sur lesquels on la répand.

Il y a grande discussion parmi les cultivateurs, pour savoir s'il convenoit mieux, pour amender les terres, d'employer la chaux vive, c'est-à-dire sortant du four, ou la chaux éteinte. Chacun cite son expérience à l'appui de son opinion. Dans ce cas, c'est au raisonnement à guider pour conduire à une bonne détermination.

J'ai dit que la chaux faisoit périr les plantes, soit par sa propriété caustique, soit par sa faculté d'absorber tout l'acide carbonique de l'air. Cela seul indique qu'il faut la mettre, peu de temps après qu'elle est sortie du four, sur les prairies tourbeuses, qu'on a la volonté de défricher pour les mettre en culture de céréales ou autres, afin de faire mourir les joncs, les laiches et autres plantes vivaces, et opérer la transformation de leur substance en mucilage dissoluble; mais qu'il faut attendre qu'elle se soit éteinte à l'air, c'est-à-dire qu'elle ait perdu la plus grande partie de sa causticité, quand on veut la répandre sur les prairies naturelles ou artificielles qu'on est dans l'intention de conserver, ou quand on doit semer immédiatement après des céréales ou autres plantes délicates. Cependant, dans tous les cas, on peut employer la chaux vive, pourvu qu'on en mette peu et qu'on l'ait réduite en poudre.

Généralement les cultivateurs apportent la chaux au sortir du four sur les terres qui sont en jachère, l'y déposent en petits

tas qu'il font éparpiller le plus tôt possible à la pelle, en n'en laissant aucune partie dans la place que couvroit le tas. Cette chaux
fuse rapidement, sur-tout si elle est bonne et que l'air soit humide, et elle n'est plus caustique lorsqu'on laboure. Cette circonstance est importante à considérer, parceque les pieds des
chevaux ou des bœufs peuvent être dépouillés de leur peau par
la chaux, et ces animaux, être par suite mis hors de service
pour quelque temps. Ce que j'ai dit des précautions à prendre
par les ouvriers qui sèment la chaux s'applique aussi à ceux
qui la répandent. Cependant ces derniers, en se tenant toujours au-dessus du vent, se garantissent facilement de tous ses
inconvéniens.

C'est ici le cas de dire un mot de la défaveur qui s'est mani-
festée, en France, dans les cantons où on commençoit à répandre de la chaux sur les prairies. Une épidémie a eu lieu
dans un de ces cantons; on l'a attribuée à la chaux, et aussitôt
on a proscrit cette précieuse méthode d'amélioration. Certainement, des bestiaux qui pâtureroient dans une prairie sur laquelle ou vient de répandre de la chaux pourroient éprouver
quelque cautérisation à la bouche ou aux naseaux; mais cela
ne seroit pas dangereux, parceque ces bestiaux se refuse-
roient bientôt à continuer de manger. Jamais quelques atomes
de chaux répandus sur les feuilles (et il ne peut y rester que des
atomes,) ne donnent lieu à des maladies inflammatoires et
autres qui affectent tout le corps. Si cela étoit, les chaufour-
niers, les maçons et autres ouvriers qui travaillent la chaux
ne vivroient pas deux jours, et il en est qui font ces métiers
pendant un demi-siècle sans inconvéniens. D'ailleurs l'effet
caustique de la chaux ne subsiste, comme je l'ai déjà dit,
que pendant peu de jours, quand elle est exposée à l'air
(pendant quelques instans lorsqu'elle est réduite en poudre);
et lorsqu'elle n'est plus caustique, ce n'est qu'une terre ab-
sorbante qu'on ordonne souvent en médecine pour neutrali-
ser les acides qui causent des aigreurs dans l'estomac. Les épidémies citées plus haut n'étoient donc pas produites par la
chaux, mais par une autre cause qu'un vétérinaire éclairé eût
sans doute reconnue.

J'ajouterai que la chaux doit être répandue sur les prairies à
la fin de l'automne ou de l'hiver, c'est-à-dire à des époques où
les bestiaux n'y trouvent rien à manger, et où on ne les y envoie que pour prendre l'air. Est-il donc si difficile de les exclure
de celles qui viennent de recevoir la chaux?

Pour satisfaire plus complètement le lecteur, je vais prendre
dans Duhamel, Traité de la culture des terres, la méthode qu'on
suit aux environs de Bayeux pour amender les terres par le
moyen de la chaux; méthode très bonne, mais coûteuse; c'est

la seule de celles qu'on pratique en France qui ait été publiée.

« On a coutume de défricher les pâturages tous les trois ou quatre ans, au mois de mars ou d'avril, en enfonçant modérément la charrue. Peu de temps après, on y porte la chaux sortant du four, sur le pied d'un tas pesant 100 livres par perches carrées. Chaque tas est entouré d'un petit fossé, et recouvert de terre d'un demi-pied d'épaisseur. La chaux fuse sous cette terre, augmente de volume, ce qui occasionne des crevasses qu'on a bien soin de fermer avec de la nouvelle terre, car si la pluie pénétroit, il se formeroit du mortier qui ne pourroit plus se mêler avec la terre.

« Lorsque la chaux est complètement éteinte, on la mêle le mieux qu'il est possible avec la terre qui la recouvroit, et on rassemble de nouveau le tout en tas qu'on laisse exposés à l'air pendant six semaines ou deux mois. Alors les pluies ne nuisent plus.

« Vers le milieu de juin, on répand ces tas en petites pelletées, espacées aussi également que possible sur toute l'étendue du champ, et on laboure profondément. C'est sur ce labour qu'on sème vers la fin de juin.

« On prétend qu'il seroit nuisible de mettre deux fois de suite de la chaux toute pure dans le même local. Ainsi, lorsqu'au bout d'une révolution d'années on est dans le cas de rompre de nouveau un champ qui en a reçu, on la mêle avec du fumier. »

Il paroît qu'en général la chaux convient mieux dans les pays froids et humides, dans le nord par exemple, que dans les lieux chauds; aussi ne l'ai-je jamais vu employer, où entendu dire qu'on l'employât dans les lieux des parties méridionales de l'Europe où j'ai voyagé. Cependant Rozier s'en servoit utilement lorsqu'il cultivoit aux environs de Béziers. Voici comme il préparoit ses fumiers.

Lorsque son trou à fumier étoit vide, il en faisoit couvrir le fond avec de la chaux. Puis il mettoit un pied de fumier de litière et quelques pouces de terre. On recommençoit un lit de fumier, un de terre, un de chaux, et ainsi de suite. L'eau étoit conduite dans le trou de manière que la base du tas fût toujours imbibée et jamais noyée, la masse étant toujours suffisamment humectée. Par ce procédé la combinaison est faite avant qu'on porte le fumier sur les terres.

D'après ce qu'on vient de lire, les grands cultivateurs sentiront combien il leur peut être économique d'avoir sur leurs propriétés, comme ceux d'Angleterre, des fours à chaux uniquement destinés à les fournir de la chaux nécessaire à leur consommation. Ceux qui n'auront pas de pierre calcaire à leur disposition, qui seront obligés de la faire venir de loin,

la conserveront fort bien pendant un an dans des tonneaux défoncés par un bout, et placés sous des hangars.

Je finis en répétant, 1° que l'intérêt de l'agriculture française est de faire un grand usage de la chaux sur toutes les
terres qui ne sont pas crayeuses, et dans tous les cas où les
frais de sa fabrication, de son transport et de sa dispersion sur
les champs pourront être au moins remboursés par l'augmentation de produit des deux premières années ; 2° que ce n'est
que par des essais faits avec intelligence qu'on peut s'assurer
de la quantité de chaux qu'on doit répandre sur tel champ ;
3° enfin qu'il vaut mieux mettre de la chaux souvent qu'abondamment dans tous les cas possibles, excepté quand il s'agit
de faire périr les plantes d'un marais qu'on veut cultiver en
céréales. C'est presque toujours pour avoir mis trop de chaux
à la fois sur un terrain qui en demandoit peu, ou pour l'avoir
enterrée trop profondément avant qu'elle fût éteinte à l'air,
qu'on a dit, comme principe de pratique, que la chaux ne
produisoit de bons effets que la seconde ou la troisième année.

La chaux produite par les coquilles ne diffère pas par sa
manière d'agir de celle des pierres calcaires ; mais elle est
plus pure, et par conséquent il en faut moins sur un même
espace de terre. Ses effets sont presque surnaturels lorsqu'on
met en même temps sur le champ des coquilles non calci-
nées et sortant depuis peu de la mer ; car ces dernières contenant encore toute la partie albumineuse ou gélatineuse qui
entre dans leur composition, cette partie est dissoute petit
à petit par la chaux, et peut entrer, par conséquent, en
grande quantité, dans la circulation des végétaux.

M. Parmentier, auquel la science agricole doit tant d'excellentes observations, termine ainsi l'article qu'il a rédigé
sur la chaux, dans l'Encyclopédie méthodique :

« Sans insister sur les effets particuliers attribués à la chaux
pour réchauffer une végétation languissante, nous remarque-
rons que, mise sur les plates-bandes où sont placés des espaliers,
elle augmente la fécondité de ces derniers, et améliore la
qualité de leur fruit ; ce qui a fait soupçonner à quelques
agronomes que dans les cantons où la vigne ne donne que de
mauvais vin, la chaux substituée au fumier donneroit une
vendange abondante et une meilleure boisson. Les propriétaires des vignes devroient faire quelques tentatives ; car la
prudence impose la loi de faire des essais avant de se livrer
à des opérations qui peuvent entraîner des dépenses. Il faut
prendre garde, en agriculture, de donner naissance à des
préjugés. La bonté d'une pratique est compromise souvent
par la seule manière défectueuse avec laquelle on procède à
son exécution. »

Le vœu de cet excellent citoyen n'a pas été rempli, à ma connoissance ; mais il n'est pas moins certain à mes yeux que la chaux doit produire des résultats avantageux dans les vignes plantées dans des terrains argileux ou quartzeux, dans celles des environs de Paris par exemple. Je préjuge par analogie que la chaux ne seroit pas également utile dans les vignes de Bourgogne et de Champagne, parcequ'elles se trouvent pour la plupart, ainsi que j'en ai acquis la preuve par moi-même, dans des sols CALCAIRES. *Voyez* ce mot. (B.)

CHELIDOINE, *Chelidonium*. Genre de plantes de la polyandrie monogynie et de la famille des papavéracées, qui renferme cinq à six espèces, parmi lesquelles deux sont dans le cas d'être citées ici, à raison de leur abondance dans certains lieux, et de leurs propriétés médicinales.

Les chelidoines sont des plantes vivaces qui laissent fluer un suc jaune très âcre lorsqu'on blesse une de leurs parties. Leurs feuilles sont alternes, découpées ou sinuées ; leurs fleurs, jaunes et solitaires, sont portées sur des pédoncules terminaux.

La CHELIDOINE COMMUNE a la racine fusiforme ; la tige cylindrique, velue, rameuse, haute d'un à deux pieds ; les feuilles pétiolées, presque pinnées, ou à cinq divisions plus ou moins inégales, plus ou moins lobées et obtusément dentées, longues de 5 à 6 pouces et plus ; les fleurs réunies plusieurs ensemble au sommet de pédoncules communs, axillaires ou terminaux. On la trouve par toute l'Europe, dans les fentes ou au pied des vieux murs exposés au nord, dans les haies, et en général autour des habitations. Elle fleurit pendant tout le printemps. On l'appelle vulgairement l'*éclaire*. Elle exhale une odeur fétide lorsqu'on la froisse. Tous les bestiaux la repoussent. On la regarde comme diurétique, apéritive, purgative et fébrifuge ; mais son emploi est dangereux, et doit être guidé par des mains exercées. Son suc est âcre, piquant, un peu amer. Il détruit les verrues qu'on en frotte pendant quelque temps. Elle présente une variété à fleurs semi-doubles, et une autre à feuilles plus découpées, qu'on multiplie quelquefois autour des masures, dans les jardins paysagers, par la séparation des vieux pieds, ou simplement par le semis de leurs graines.

La CHELIDOINE GLAUQUE a les feuilles amplexicaules, sinuées, épaisses, velues, et les tiges glabres. Elle se trouve dans les lieux secs et arides, parmi les décombres. Sa racine est pivotante ; ses tiges droites, rarement rameuses, hautes d'un à deux pieds ; ses fleurs grandes et solitaires sur de longs pédoncules axillaires.

Cette plante, qu'on appelle vulgairement le *pavot cornu*, a les mêmes vertus que la précédente, et s'emploie de même. Elle est quelquefois si abondante dans les parties méridionales de la France, qu'il devient avantageux de la couper au milieu de l'été pour augmenter la masse des fumiers, ce à quoi elle est très propre par l'épaisseur de ses feuilles et de ses tiges. (B.)

CHÉLIDOINE PETITE. Dans quelques endroits on donne ce nom à la RENONCULE FICAIRE.

CHEMINÉES (ARCHITECTURE RURALE). De tous les détails de construction relatifs à une habitation, ceux auxquels on apporte ordinairement le moins d'attention sont les cheminées. Leur position, dans les appartemens, est presque toujours sacrifiée à la commodité des distributions, et leurs dimensions sont, pour ainsi dire, abandonnées au caprice et à la routine des maçons.

Il résulte de cette négligence que presque toutes les cheminées fument, et qu'en sortant des mains de l'architecte, il faut toute l'intelligence d'un habile fumiste pour corriger le défaut principal de leur mauvaise construction.

Il est vrai que la forme de nos cheminées est essentiellement vicieuse : non seulement elle favorise les causes de la fumée, mais encore cette forme est la plus mauvaise que l'on pouvoit imaginer pour l'économie des combustibles. En sorte que (comme l'a très bien dit M. *Roard*, article *cheminées* du supplément de Rozier), si l'on avoit donné pour problème : *Trouver une construction telle qu'avec la plus grande quantité de bois on eût le moins de chaleur possible*, nos anciennes cheminées en auroient fourni la solution.

Aujourd'hui que la cherté excessive des combustibles se fait ressentir dans toutes les localités de l'empire, les consommateurs attendent de la méditation et des recherches des physiciens une construction de cheminée *qui puisse procurer une chaleur suffisante avec la plus petite quantité possible de bois ;* et nous touchons peut-être au moment de la voir résoudre : car, depuis quelque temps, chaque année en voit, pour ainsi dire, éclore une nouvelle solution. Feu M. de *Montalambert* nous paroît être le premier qui ait fait connoître, en France, les principes de l'art de la *caminologie*. Plusieurs voyages dans le nord de l'Europe l'avoient conduit à la source de cet art, et sur-tout lui avoient procuré les occasions de comparer la quantité de bois qu'on est obligé de brûler dans nos cheminées ordinaires pour obtenir une chaleur souvent insuffisante, avec celle que les peuples de ces contrées rigoureuses consomment dans leurs maisons pour s'y garantir du froid excessif de leur climat, et de reconnoître que leurs usages étoient bien supérieurs aux nôtres, soit dans la forme de leurs foyers, soit dans la manière de les chauffer.

Il est vrai que les peuples emploient de grands poêles pour échauffer leurs appartemens, et que nous nous ferions difficilement à la vue de ces masses difformes, et sur-tout à l'odeur capiteuse que les poêles exhalent pendant la combustion. Mais leur difformité échappe aux yeux de ces peuples, parcequ'ils y sont accoutumés ; et ils n'ont point à en craindre l'odeur, parcequ'au lieu d'y entretenir un feu continuel, comme nous le pratiquons chez nous, ils ne les allument qu'une fois tous les jours, ou même que tous les deux jours, suivant l'intensité du froid. Deux ou trois heures avant d'occuper un appartement, ils en font allumer le poêle. On y met à la fois tout le bois nécessaire pour échauffer ses différentes parties ; on n'emploie à cet usage que le bois le plus sec, petit et les bûches d'égale grosseur, afin que toutes puissent s'embraser également et à la fois. Lorsque tout le bois du foyer n'est plus qu'un brasier de charbon, qu'il ne rend plus de fumée, et conséquemment qu'il n'a plus besoin d'air pour être alimenté, on ferme toutes les soupapes du poêle. La chaleur se concentre dans son foyer, et se conserve ensuite très long-temps dans l'appartement.

C'est ainsi que les habitans du nord parviennent à procurer à leurs appartemens, et avec beaucoup d'économie, une chaleur douce sans odeur, et d'une intensité telle que, dans les froids les plus rigoureux, on est obligé d'y être vêtu aussi légèrement que dans les climats les plus tempérés. Mais, comme nous répugnerions beaucoup à adopter les poêles pour échauffer nos appartemens, M. de Montalembert, dans ses projets, conserve la forme extérieure de nos cheminées ; il propose seulement de pratiquer dans l'intérieur de leur foyer des poêles *qui acquièrent autant et plus d'avantages que ceux du nord*, en conservant, d'ailleurs tous les agrémens dont les cheminées sont susceptibles. Notre physicien les appelle *cheminées-poêles*, parcequ'on peut s'en servir à volonté, comme poêle ou comme cheminée.

Son intéressant mémoire se trouve dans le Recueil de l'Académie royale des Sciences, année 1763.

Tous ceux qui, depuis Montalembert, ont écrit sur la caminologie, semblent avoir adopté les mêmes principes, et, sans rien changer aux formes extérieures des cheminées, ils se sont attachés à établir dans l'intérieur de leur foyer la construction qu'ils ont cru la plus convenable et la plus sûre pour parvenir à la solution du problème de la meilleure construction d'une cheminée.

Nous pensons aussi que, si nos cheminées ordinaires ont des défauts essentiels, l'habitude et même les avantages qu'elles présentent en plusieurs circonstances doivent en faire conserver les formes extérieures, mais avec des modifications indispensables pour leur procurer toutes les qualités qu'on leur désire.

Ces qualités sont, 1° d'échauffer les appartemens sans fumée; 2 de pouvoir les échauffer suffisamment avec le moins possible de combustible, par la construction intérieure la plus simple et la plus facile à exécuter.

Nous allons exposer les moyens que l'on a imaginés pour remplir ce double but.

Plan du travail. Section 1re. Détails de construction des cheminées, ou de leur meilleure position dans les appartemens; des proportions qui doivent exister entre les dimensions d'une cheminée et l'appartement dans lequel on veut la placer, pour le garantir de la fumée; enfin, de la forme la plus convenable à chacune des parties d'une cheminée.

Section IIe. Procédés que l'on peut employer, suivant les circonstances, pour empêcher de fumer des cheminées anciennement construites.

Section IIIe. Moyens d'obtenir de toutes une chaleur suffisante et avec une grande économie de combustible.

SECTION Ire. *Détails de construction des cheminées ordinaires.* Le plus grand inconvénient de ces cheminées, celui qui est véritablement insupportable, est la fumée qu'elles répandent trop souvent dans les appartemens.

Mais, parmi les causes qui les font fumer, les unes sont intérieures et tiennent au vice de sa position ou de sa construction, tandis que les autres, purement accidentelles et extérieures, sont, pour ainsi dire, indépendantes des premières.

Ainsi, pour établir les principes d'une bonne construction de cheminée dans la forme ordinaire, il faut d'abord s'attacher à éviter dans leur construction les causes intérieures ou directes de la fumée dans les appartemens, sauf à combattre ensuite ses causes extérieures.

Cela posé, on distingue deux choses principales dans la construction d'une cheminée : sa position intérieure, et les dimensions de ses différentes parties.

§. Ier. *Position intérieure des cheminées.* La place qu'une cheminée doit tenir dans un appartement n'est point une chose indifférente, ainsi que nous l'avons déjà observé.

Elle doit d'abord être placée à l'endroit où elle pourra en échauffer l'intérieur le plus directement possible, sans cependant que sa position puisse nuire à la décoration de l'appartement.

Il faut aussi éviter que la cheminée s'y trouve en face d'une porte; car, à chaque fois qu'on l'ouvrira ou qu'on la fermera, il se fera un bouleversement dans la colonne d'air de la cheminée qui occasionnera de la fumée dans l'appartement.

Par la même raison, la cheminée fumeroit étant placée en face d'une ou de plusieurs croisées ; mais comme en hiver on les ouvre rarement, et sur-tout bien moins souvent que la porte, l'inconvénient de cette position n'est point à redouter. Il arrivera même qu'elle sera la meilleure que l'on puisse donner à la cheminée, si ce côté est le plus étroit de l'appartement, ou, comme on le dit quelquefois, si elle peut y faire *fond d'appartement.*

Ainsi, la meilleure position que l'on puisse donner à une cheminée dans un appartement est dans le milieu du côté qui est le plus étroit, et faisant face à un mur plein sans portes, ou aux fenêtres.

Il faut encore observer que lorsqu'on construit des cheminées dans deux appartemens contigus et qui communiquent ensemble, il vaut mieux adosser les cheminées sur le même mur de refend, que de les placer en regard, ou dans le même sens, dans chaque appartement ; car lorsqu'on fait du feu en même temps dans ces appartemens, la cheminée la plus petite, ou celle qui a le moins de feu, fume ordinairement. La première, consommant une plus grande quantité d'air, attire la plus grande partie de celui des deux appartemens, et la seconde cheminée n'en obtient plus assez pour élever et soutenir la fumée dans son tuyau ; elle refoule donc dans l'appartement où elle est placée.

On remarque que cet inconvénient est beaucoup moindre, et que souvent il n'existe pas, lorsque les cheminées sont adossées, et que de doubles portes ferment la communication des deux appartemens.

§. II. *Dimensions des différentes parties des cheminées ordinaires.* Une cheminée est composée de deux parties principales, dont les dimensions, plus ou moins proportionnées, influent directement sur la bonté de sa construction. Ces parties sont : 1° *le foyer,* 2° *le tuyau.*

Les dimensions du foyer doivent être proportionnées à la grandeur de l'appartement ; et il est tout aussi défectueux de construire une grande cheminée dans un petit appartement que de donner une petite cheminée à un grand appartement.

Dans le premier cas, c'est une dépense superflue, et dans le second, la cheminée ne pourroit pas échauffer suffisamment l'appartement.

Voici les dimensions les mieux proportionnées que l'on puisse donner aux foyers des cheminées, suivant la grandeur des pièces où elles doivent être placées.

1° *Aux cheminées de cuisine;* depuis un mètre deux tiers, (cinq pieds) jusqu'à deux mètres un tiers de largeur, prise en dehors des jambages; environ sept décimètres, deux pieds à deux pieds trois pouces de profondeur, et un mètre deux tiers à deux mètres de hauteur, prise au-dessous du manteau.

2° *Aux cheminées de salon;* depuis un mètre deux tiers jusqu'à deux mètres de largeur; deux tiers de mètre de profondeur; et environ douze décimètres (trois pieds six pouces) de hauteur.

3° *Aux cheminées d'appartement;* depuis un mètre et demi jusqu'à un mètre deux tiers de largeur; cinq à six décimètres, (environ vingt-un pouces) de profondeur; et un mètre de hauteur.

4° *Aux plus petites cheminées;* depuis un mètre jusqu'à un mètre un tiers de largeur, un demi-mètre de profondeur, et un mètre de hauteur.

Les jambages de ces cheminées se posent ordinairement en équerre sur le contre-cœur; mais, à l'exception des cheminées de cuisines, où cette position des jambages devient nécessaire pour ne rien faire perdre au foyer de sa capacité, il vaut mieux dans toutes les autres, et sur-tout lorsque l'on ne veut point faire dans l'intérieur du foyer de constructions économiques, il vaut mieux, disons-nous, biaiser intérieurement la position de ces jambages, et même en arrondir les rencontres avec le contre-cœur; alors la chaleur de la flamme se communique de plus près, et en plus grande quantité, aux jambages, et ils la reflètent plus directement et en plus grande abondance dans l'appartement que lorsque leurs côtés intérieurs sont tracés perpendiculairement sur le contre-cœur.

Les dimensions des foyers des cheminées étant ainsi déterminées, voyons maintenant celles qu'il convient de donner à leurs tuyaux.

Ces dimensions doivent être dans une juste proportion avec celle du foyer, car les tuyaux de cheminée ne sont établis que pour faire écouler à l'extérieur toute la fumée produite dans le foyer par la combustion.

En effet, la fumée s'élève naturellement en plein air; elle s'écouleroit donc toujours de même par les tuyaux de cheminée, si rien n'y contrarioit son mouvement. Mais, par la forme et les dimensions que l'on est dans l'usage de donner à ces tuyaux, l'air extérieur trouve une grande facilité à s'y introduire pour remplacer celui qui est consommé par la combustion ou dilaté par la chaleur, et son introduction s'oppose alors à l'écoulement extérieur de la fumée.

Cette circonstance fait prendre à la fumée deux mouvemens très distincts dans les tuyaux de cheminée. L'un est celui de la colonne qui s'élève verticalement au-dessus du foyer; et l'autre, partant de l'orifice supérieur du tuyau, se manifeste le long de ses parois en colonnes descendantes, d'un volume plus ou moins grand, suivant la disproportion de ses dimensions avec celles du foyer, et qui refoulent trop souvent jusque dans l'appartement.

Lorsque cette disproportion est très grande, la cheminée fume horriblement; et quand les dimensions du tuyau sont dans une juste proportion avec celles du foyer, la cheminée ne fume point du tout. En sorte que, bien que les deux mouvemens contraires de la fumée aient lieu dans l'une comme dans l'autre cheminée, à cause de l'identité de la forme de leurs tuyaux, la fumée ascendante conserve assez de force dans le second tuyau pour entraîner dans son mouvement toutes les colonnes partielles de la fumée descendante, et l'empêcher de pénétrer dans l'appartement : c'est par des raisons analogues que les cheminées dévoyées fument rarement.

Pour obtenir cet avantage dans tous les tuyaux de cheminée, le meilleur moyen seroit sans doute de leur donner la forme même qu'y prend la colonne de fumée ascendante, car il n'y resteroit plus d'espace pour l'introduction de l'air extérieur. Ces tuyaux devroient donc avoir celle d'une pyramide tronquée, dont la base inférieure seroit la section horizontale du foyer, prise au niveau de la tablette du chambranle ou de celui du manteau, et dont la base supérieure pourroit être déterminée par la voie de l'analyse, en ayant égard à la hauteur locale et obligée du tuyau.

Mais il ne suffit pas de construire une cheminée qui ne fume point, il faut encore pouvoir y introduire un ramoneur, et cette puissante considération s'oppose à ce qu'on puisse adopter rigoureusement cette forme.

Afin de concilier toutes choses, on a eu recours à l'observation ; et c'est d'après les rapports qui existoient entre les dimensions des tuyaux, et celles des foyers des cheminées qui ne fumoient pas, que l'on a cru pouvoir fixer la forme qu'il falloit donner à toutes pour en obtenir cet avantage.

Dans cette forme, les tuyaux de cheminée sont composés de deux parties : la première, comprise depuis le niveau du plancher de l'appartement jusqu'à son extrémité supérieure, se nomme la *souche*; et la seconde, ou partie inférieure, s'appelle la *hotte*.

Dans les plus grandes cheminées, il faut donner à la base de la souche huit à neuf décimètres (trente-deux pouces) de longueur, sur environ trois décimètres (dix à douze pouces) de gorge ; et, à son extrémité supérieure, environ huit décimètres (vingt-huit pouces) de longueur, sur environ deux décimètres (huit pouces) de gorge.

Dans les plus petites cheminées, la base de la souche aura sept à huit décimètres (vingt-huit pouces) de largeur, sur environ deux décimètres de gorge; et sa partie supérieure, un tiers de mètre de largeur, sur environ deux décimètres de gorge.

Il faut observer que ces dimensions ne sont pas aussi rigoureusement établies qu'elles pourroient l'être, parcequ'on les a subordonnées à celles ordinaires des matériaux les meilleurs que l'on puisse employer dans la construction des cheminées, à celles des briques.

Après avoir ainsi fixé les dimensions de la souche d'une cheminée, la construction de sa hotte ne présente plus aucune difficulté, car elle a pour base inférieure la section supérieure du foyer, et pour base supérieure celle inférieure du tuyau, et il ne s'agit plus que de les raccorder ensemble.

On voit, par ces détails, que si l'on a été forcé de conserver aux tuyaux des cheminées des dimensions assez grandes pour pouvoir y introduire un ramoneur, on est cependant parvenu à les réduire à leur *minimum*, et même à leur procurer une forme approchante de celle que nous avons indiquée comme la plus parfaite.

SECTION II. *Procédés que l'on peut employer, suivant les circonstances, pour empêcher de fumer des cheminées anciennement construites.*

Nous avons déjà observé que des causes intérieures et extérieures se trouvoient souvent réunies pour occasionner cet accident; et il devient d'autant plus grave, que les causes intérieures, c'est-à-dire que les vices de construction sont plus grands ou plus nombreux. Lorsqu'on a le malheur d'avoir une cheminée qui fume habituellement, cet inconvénient doit être principalement attribué à sa mauvaise construction. Quand elle fume peu, on pourra souvent remédier à ce défaut, soit par l'abaissement naturel ou artificiel du manteau de la cheminée, soit en rétrécissant un peu les dimensions du foyer.

Mais si elle fume beaucoup, il faudra employer alors l'un des moyens dont nous parlerons dans la section suivante, qui, à l'avantage de faire rendre au foyer une plus grande quantité de chaleur, réunissent celui d'empêcher de fumer les cheminées les plus mal construites.

Nous ne dirons donc rien sur les mitres d'Alberty, ou de Serlio, ou de Philibert Delorme, ni sur les tuyaux coniques de Cardan, ni même sur les ventouses des Italiens. Cependant, lorsqu'une cheminée ne fume qu'accidentellement, et par l'effet d'une direction particulière du vent, ou par celui du soleil

mbant à plomb sur son tuyau, on pourra se garantir de la
umée avec des mitres simples, convenablement placées sur la
uche de cette cheminée ; mais il faut avoir l'attention de les
onsolider suffisamment, afin que le vent ne les renverse pas.

Section III. *Moyens d'obtenir des cheminées une chaleur
uffisante avec la moindre quantité possible de bois.*

Parmi les cheminées nouvellement inventées, et qui, suivant
e rapport des sociétés savantes, ont rempli ce but avec plus
u moins de succès, nous citerons celles, 1° du docteur Frank-
in, 2° de M. Dézarnod, 3° de M. le comte de Rumford,
° de M. Curaudau, 5° de M. Olivier, 6° de M. Debret, etc.

Malheureusement les détails de construction de ces nou-
elles cheminées sont encore un mystère pour les propriétaires,
u se trouvent encore sous le privilège des brevets d'invention,
e manière que, ne connoissant pas leur dépense effective,
ous ne pouvons en fixer le rang de plus grande utilité.

Celle de M. de Rumford, présentant la construction la plus
imple et la moins coûteuse, a été la plus généralement adoptée.
lle réunit les avantages de préserver de la fumée les chemi-
ées les plus mal construites, et de donner aux appartemens
eaucoup plus de chaleur que les cheminées ordinaires. Mais
'expérience a fait reconnoître dans cette cheminée des imper-
ections assez grandes :

1° Elle ne garantit pas toujours les appartemens de la fumée ;
l est vrai que l'on pourroit en attribuer la cause à sa mauvaise
xécution, mais alors cette difficulté de construction seroit elle-
nême un défaut. 2° On est obligé de la démolir en partie pour
ouvoir y introduire un ramoneur ; ou si, pour obvier à cet
nconvénient, on adapte au contre-cœur du nouveau foyer une
etite porte en tôle et à bascule, comme le conseille M. de
umford, le vide laissé derrière pour le jeu de cette porte se
emplit de suie ainsi que ceux des côtés, et le feu y prend faci-
ement, comme cela nous est arrivé.

D'ailleurs, malgré que le foyer procure à l'appartement plus
le chaleur que les anciens, une grande partie du calorique
légagé par la combustion s'échappe encore avec la fumée, sans
ontribuer à l'échauffement de l'appartement ; et il nous semble
que le point de perfection, dans la construction d'un foyer de
cheminée, doit consister dans la propriété de procurer à l'ap-
artement *tout* ou au moins la plus grande partie de ce calo-
ique.

Suivant le jugement que l'institut impérial de France a porté
ur la cheminée de M. Curaudau, il paroît que, *par une cons-
ruction particulière, il a trouvé le moyen de faire servir à
'échauffement de l'appartement jusqu'à la chaleur même qui
'unit à la fumée.*

M. Olivier a cherché à remplir ce but dans la construction de sa cheminée *fumivore*.

Enfin M. Debret, médecin à Troyes, en profitant des découvertes des autres physiciens ses devanciers, est parvenu à imaginer une cheminée dont la construction est un peu plus compliquée et d'une dépense un peu plus forte que celle de M. de Rumford; mais aussi elle est d'une exécution aussi facile, et présente plus d'avantages sans en avoir les inconvéniens.

Cette cheminée peut n'être pas la plus parfaite, car il paroît difficile de réunir, dans cette espèce de construction, la plus petite dépense à la plus grande perfection.

Quoi qu'il en soit, la cheminée de M. Debret présente la forme extérieure du foyer de celle de M. de Rumford, la plaque inclinée et le réflecteur de Franklin, et les conducteurs de la fumée de MM. Dézarnod et Curaudau. C'est du moins ce que nous avons vu dans le modèle qui nous a été envoyé.

Suivant les attestations que son auteur a obtenues de MM. Regnaud de Saint-Jean d'Angély, Chaptal, l'abbé Sicard, Désessarts et Montgolfier, chez lesquels il a fait construire sa cheminée, il résulte qu'elle réunit les avantages suivans: 1° elle donne beaucoup plus de chaleur que la cheminée de M. de Rumford; 2° elle met absolument à l'abri de la crainte du feu; 3° elle garantit de la fumée, même pendant les rafales de vent les plus violentes.

Maintenant, si l'on ajoute à ces avantages celui d'une dépense de construction qui n'excède pas de beaucoup celle de la cheminée de M. de Rumford, on sera forcé de convenir qu'elle mérite la préférence.

Il est donc à désirer que les procédés de M. Debret soient assez répandus pour que chacun puisse en faire usage.

Nous regrettons de ne pouvoir en donner ici les détails de construction. (DE PER.)

CHEMISE. On appelle ainsi une couverture de fumier non consommé, qui se met sur les couches à champignons, afin de les garantir de la trop vive action du chaud et du froid. On la soulève quand on veut faire la récolte des champignons. *Voyez* au mot CHAMPIGNON.

C'est aussi la couverture en paille qu'on place sur les ruches pour les garantir du trop grand chaud, du trop grand froid et de la pluie. *Voyez* ABEILLE. (B.)

CHENASSE. On appelle ainsi une terre argileuse, mêlée de sable, dans le département du Loiret. (B.)

CHENE, *Quercus*. Cet arbre est parmi les végétaux d'Europe, dans le langage poétique, ce que le lion est parmi les quadrupèdes, l'aigle parmi les oiseaux, c'est-à-dire qu'il est l'emblème de la grandeur, de la force et de la durée. Il fut consacré à Jupiter, vénéré par nos pères, et destiné à couronner les vertus civiques. Aujourd'hui, s'il a perdu une partie des qualités idéales que lui avoit attribuées la brillante imagination des Grecs, la superstition des Gaulois, et la politique des Romains, il conserve toujours ses qualités réelles. Il est et sera éternellement le plus utile des arbres indigènes. Il se fera toujours remarquer par la grosseur de son tronc, l'épaisseur de son feuillage, et se fera toujours rechercher par la solidité, la dureté de son bois. Sans lui nous n'aurions point ces vastes palais dont il soutient le faîte, ces immenses vaisseaux qui sillonnent les mers. Otez-le de la liste des arbres, et vous faites disparoître de la société beaucoup d'arts utiles ou agréables qui, directement ou indirectement, ne peuvent se passer de son bois.

Il sembleroit qu'un arbre aussi fameux, un arbre aussi nécessaire, un arbre aussi commun, devroit être parfaitement connu sous ses rapports botanique, agricole, physique et industriel, mais il s'en faut de beaucoup que nous ayons sur lui les données nécessaires. Oserai-je le dire, on ne sait pas même distinguer les espèces qui croissent en France, on n'est pas d'accord sur sa nature, et on n'en tire pas tout le parti possible. Il faudroit des volumes pour considérer le chêne seulement sous un de ses rapports, et je ne puis lui consacrer que quelques pages !

Il est des chênes qui perdent leurs feuilles avant l'hiver, il en est d'autres qui les gardent jusqu'au printemps, mais desséchées ; enfin il en est qui les conservent vertes, jusqu'à la pousse des nouvelles. Ces derniers s'appellent *chênes verts*. Tous ont les feuilles alternes, plus ou moins lobées ou dentées et de forme très peu constante, ce qui fait le désespoir des botanistes. Leurs fleurs paroissent à la fin du printemps. Plusieurs n'amènent leurs fruits à maturité que la seconde année ; dans ces derniers ils sont attachés au vieux bois, au lieu d'être placés dans les aisselles des feuilles comme dans les espèces communes.

Le fruit du chêne se nomme *gland*. Il est recherché par tous les animaux granivores et herbivores, tels que les cerfs, les chevreuils, les sangliers, les écureuils, la nombreuse famille des rats, etc. On en nourrit soit cru, soit cuit, les cochons, les dindons, les poules, et on peut y accoutumer facilement les chevaux, les bœufs et les moutons, qui y répugnent d'abord.

Le gland, dans la plupart des espèces, et sur-tout dans les deux plus communes, est extrêmement âpre et désagréable ; mais il est quelques espèces qui l'ont plus doux et comparable à la châtaigne pour le goût. C'est sans doute de ces espèces, peu rares dans les pays chauds, dont les poëtes ont voulu parler lorsqu'ils ont dit que les hommes vivoient autrefois de glands. Il varie infiniment dans sa grosseur, non seulement dans les diverses espèces, mais même dans chaque espèce. Il est sujet à être piqué des vers, c'est-à-dire que plusieurs insectes, principalement le CHARANÇON DE LA NOISETTE, déposent un œuf sur sa surface lorsqu'il est encore très petit ; que de cet œuf il naît un ver qui pénètre dans l'intérieur, en mange la substance et le fait tomber avant le temps : les glands verreux sont presque toujours impropres à la reproduction, mais ils peuvent servir à la nourriture des cochons tant que leur amande n'est pas entièrement consommée.

On a tenté un grand nombre de fois, sans succès, de faire perdre l'âpreté aux glands des chênes communs pour les rendre comestibles. Le moyen qui approche le plus du but, c'est de les faire cuire dans une lessive alkaline. Au nord de l'Europe, en Russie par exemple, on fait fermenter ce fruit, et on en tire une eau-de-vie dont on fait généralement usage.

Il ne croît point de chênes sous la zone torride ni dans le voisinage du cercle polaire, ni au sommet des hautes montagnes. Il faut un climat tempéré aux deux espèces les plus communes ; mais il en est plusieurs à qui une chaleur d'une certaine intensité est indispensable. Le plus grand nombre de ces derniers sont du nombre de ceux qui conservent leurs feuilles toute l'année. Autrefois la France n'étoit pour ainsi dire qu'une forêt de chênes, mais aujourd'hui ils deviennent rares par la destruction des antiques futaies et l'insouciance des propriétaires de fonds qui veulent planter pour eux, et préfèrent, en conséquence, des arbres d'une moins bonne qualité de bois, mais qui croissent plus vite. En effet, un chêne de cent ans n'est pas encore au quart de sa carrière, à peine a-t-il un pied de diamètre, tandis qu'un orme, un frêne de la moitié de cet âge sont d'une grosseur plus considérable.

Les chênes ne commencent guère à porter des glands avant 30 ou 40 ans ; mais ils en portent ensuite d'autant plus qu'ils sont plus vieux. Ceux des chênes communs commencent à tomber à la fin de l'automne, après les premières gelées. Ils feroient la richesse de certains cantons, s'il y en avoit également toutes les années ; mais malheureusement il n'y en a, en quantité, que tous les trois et même quelquefois tous les quatre ans. C'est presque toujours aux gelées tardives du printemps qu'on doit cette privation, car les chênes communs, quoiqu'arbres des pays les plus froids, y sont extrêmement sensibles. Mais il est de fait que les chênes des pays chauds, même des pays où il ne gèle jamais à l'époque de la floraison des chênes, en Caroline, par exemple, ils n'en portent pas régulièrement tous les ans. Les chênes, comme les autres arbres, doivent en effet être assujettis à la grande loi des récoltes alternes, et si quelquefois, comme je l'ai vu, ils donnent en France deux années de suite une grande quantité de fruits, c'est que les gelées les ont empêchés d'en porter pendant plusieurs années de suite, et que leurs forces vitales se sont accumulées pendant ce temps, si je puis employer cette expression.

La récolte des glands étoit autrefois de droit pour tout le monde dans les forêts appartenantes au domaine royal, dans celles de beaucoup de particuliers; on l'a considérablement restreinte dans ces derniers temps, sous prétexte de repeupler les forêts; a-t-on bien fait? Si tous les glands qui naissent sur les chênes produisoient des arbres, la terre en seroit bientôt couverte, et aucun ne pourroit prospérer. Il est donc évident que le but de la nature en en donnant une telle quantité a été de fournir des moyens de subsistance aux animaux. Il est prouvé pour moi, qui ai fréquemment vu ramasser des glands, que quelque soin qu'on mette à cette opération, il en reste toujours mille fois plus sur terre qu'il n'en faut pour repeupler les alentours des arbres qui les ont fournis. Ce n'est donc pas la *glandée* qui a détruit nos forêts. D'ailleurs les glands qui tombent sous ces chênes isolés et entourés de gazons, et ce sont ceux qui en fournissent le plus, peuvent-ils germer? Ceux qui tombent de ces chênes entourés d'un taillis épais, et qui germent si facilement, peuvent-ils produire des arbres? Il faut un concours de circonstances rares pour qu'un gland remplisse sa destination; or ces circonstances, l'homme les produit à volonté. C'est donc par des semis dans des lieux convenables, semis faits à la main, ainsi que je le dirai plus bas, qu'on peut espérer de repeupler nos forêts, et non en privant les habitans des campagnes de la ressource qu'ils trouvent dans la glandée. Mais, dira-t-on, si les femmes et les enfans, en ramassant les glands à la main, en laissent certainement beaucoup plus qu'il n'en faut, en est-il ainsi lorsqu'on en charge les cochons? C'est là où j'attendois le défenseur des prohibitions. Oui, lui dirai-je avec assurance, car ils sont en Europe un des instrumens que la sage nature a créés pour favoriser la multiplication des arbres, et en particulier des chênes. Que devient un gland qui tombe sur des feuilles, entre des herbes, sur la terre nue? Il reste exposé à être mangé, ou finit par se dessécher. Que devient celui qui a été caché sous les feuilles, mis dans la terre par l'action du boutoir d'un cochon? Il est mis à l'abri de la voracité des animaux, il est placé dans une situation propre à le faire germer et produire un arbre. Il suffit d'avoir suivi des cochons à la glandée pendant quelques heures, dans un terrain qui n'est pas complètement gazonné, pour être convaincu qu'ils enterrent plus de glands qu'ils n'en mangent. Je le répète donc, loin d'empêcher les cochons d'aller à la glandée, je les y appellerois dans mes propriétés. Seulement je voudrois qu'ils n'y fussent que pendant un ou deux mois.

D'un autre côté, quelque nécessaire qu'il soit d'employer tous les moyens possibles pour repeupler nos forêts, la perte de quelques plants de chêne peut-elle être mise en comparaison avec la perte immense qui résulte pour la société de la suppression de la glandée? Combien de milliers de cochons, de dindes, de poules, auroient pu être nourris avec le superflu d'une récolte de glands, et qui manquent à la consommation générale. Il n'est personne qui ne se souvienne combien l'abondance ou la rareté des glands, certaines années, influoient jadis sur le prix du lard, seule nourriture animale du pauvre dans une grande partie de la France. La suppression de la glandée doit donc entrer pour beaucoup dans l'énorme augmentation qu'à éprouvée depuis peu cette espèce de nourriture. On donne bien quelquefois des permissions générales et particulières de mettre les cochons dans les bois; mais on ne les donne qu'au moment de la chute des glands; ne faut-il pas avoir ces cochons au moins six mois d'avance? Est-on sûr d'avoir une de ces permissions? En agriculture on n'a que trop de chances d'incertitudes à supporter involontairement, et on doit éviter, autant que possible, celles qui dépendent du caprice des hommes.

Les glands peuvent se conserver d'une année à l'autre pour la nourriture des cochons et de la volaille, soit en les enterrant profondément dans un terrain sec et sablonneux, ou sous un hangar, soit en les faisant dessécher au four, soit même en les tenant en tas, couverts de paille, dans un grenier bien aéré. Il y a toujours de grands bénéfices à espérer de ce soin lorsqu'il est pris avec intelligence, car, je le répète, de tous les moyens d'engraisser les animaux, c'est le plus sûr et le moins cher, et celui qui peut en faire usage a évidemment un grand avantage, dans les marchés, sur ceux qui en ont employé de plus longs et de plus coûteux.

Les glands pour le semis doivent être les plus gros, les plus pesans et les plus colorés; car ceux qui restent verts, après leur chute, annoncent la foiblesse de leur nature. On les sèmera dans le mois, ou on les mettra, ce qu'on appelle en jauge, sous un hangar, c'est-à-dire lit par lit avec de la terre à demi desséchée, ou on les enterrera dans un lieu sec et sablonneux pour y passer l'hiver.

Lorsqu'on voudra en faire venir de loin, d'Amérique par exemple, il est indispensable de les mettre dans des caisses, lit par lit, avec de la terre, de la mousse ou du bois pourri à moitié desséché. Tout gland dont la peau se sépare de l'amande est devenu nul pour la reproduction.

Au printemps, lorsque les gelées ne sont plus à craindre, on tire les glands de leur jauge pour les mettre en terre. La plupart, ou même tous, sont déjà germés, mais ce n'est pas un mal. Il faut seulement avoir attention de ne casser ni la radicule, ni la plantule, et de la poser dans les fosses qui doivent les recevoir de manière que cette dernière soit du côté du ciel.

Il est des pépiniéristes qui pincent toujours la radicule dans ce cas, pour empêcher le pivot de se former; mais ce procédé est contraire à la nature du chêne qui est destiné à supporter tous les orages, et qui a besoin d'aller chercher sa nourriture à une grande profondeur. Au plus pourroit-on se le permettre lorsqu'on veut avoir des chênes pour servir de sujet à la greffe des espèces étrangères, et qui ne pouvant être transplantés qu'à cinq à six ans, après avoir reçu cette greffe, auroient un pivot qui rendroit leur arrachis plus difficile et leur reprise plus incertaine.

Les chênes, et principalement les chênes toujours verts, sont, par leur nature même, extrêmement exposés à périr à la suite de leur transplantation; il faut donc ne les transplanter, autant que possible, que dans leur premier âge. Il est donc toujours avantageux, de semer les glands sur place. *Voyez* les mots SEMIS PIVOT et PLANTATION.

Le semis des glands peut s'effectuer de diverses manières. La plus générale est de labourer le sol à la charrue et d'y jeter les glands, soit à la volée, soit dans les raies, en les espaçant, dans ce dernier cas, autant que possible de huit à dix pouces. Comme la première année le plant a besoin de fraîcheur, il est bon de semer en même temps de l'avoine ou de l'orge qui le défendra du grand hâle, et qui, par sa récolte, paiera les frais. La seconde année on donnera un léger binage autour du jeune plant, et ensuite on pourra, ou l'abandonner à lui-même, ou lui en donner encore un tous les deux ans jusqu'à ce qu'il ait acquis assez de force pour étouffer les mauvaises herbes.

Un semis ainsi fait et garanti d'abord des cochons, des mulots, des corbeaux, et ensuite des vaches et des moutons, doit nécessairement réussir. Il croîtra d'autant plus rapidement qu'il sera en meilleur fonds; mais enfin il croîtra quelle que soit la nature de ce fonds. Comme il n'est point du tout indifférent de mettre dans tel fonds telle espèce plutôt que telle autre, ainsi qu'on le verra plus bas dans l'exposition des espèces, on choisira selon qu'on le jugera bon. Dans les sols profonds et fertiles on devra préférer le *chêne pédonculé*; dans ceux qui sont secs et sablonneux, le *chêne roure*, etc., etc.

Quelques précautions qu'on ait prises, il est rare que le bois provenant d'une plantation soit d'une belle venue, parceque les gelées du printemps, les sécheresses de l'été, les ravages des insectes en entravent souvent la végétation. Il sera utile, en conséquence, dans un grand nombre d'endroits, de le rabattre rez terre à six, huit ou dix ans, selon la nature du terrain, plutôt dans un bon que dans un mauvais, parceque l'année suivante les racines, déjà fortes, pousseront des jets d'une belle venue, et qui la seconde année, au plus tard, surpasseront en hauteur les anciennes tiges.

Une autre manière plus économique de faire des semis de chênes, et qu'on emploie presque exclusivement pour repeupler les espaces vides des forêts, c'est de faire d'espace en espace, à deux ou trois pieds par exemple, avec une large pioche, de petits labours d'un pied carré, et de semer au milieu trois à quatre glands. L'année suivante on donne un petit binage à ces labours, et on conduit le plant comme il vient d'être dit plus haut.

Jamais il ne faut, comme je l'ai vu pratiquer plusieurs fois, semer les glands en faisant des trous avec un plantoir, d'abord parceque ces glands sont presque toujours trop enterrés et ne germent pas; en second lieu, parceque la terre tassée outre mesure autour d'eux par l'effet de cet instrument fort commode, mais désastreux en agriculture, ne laisse point pénétrer les racines du germe aussi facilement que cela est nécessaire à leur foiblesse; en troisième lieu, parceque le même tassement empêche l'eau des pluies d'arriver facilement à ces racines à une époque où elles en ont le plus besoin.

Il est un principe sur lequel je ne puis trop insister lorsqu'il s'agit d'entreprendre une plantation de ce genre, c'est de ne jamais la faire dans un sol qui portoit déjà des chênes; cet arbre, comme tous les autres, épuisant le terrain et demandant à être remplacé par des arbres d'une nature différente, quoiqu'il puisse subsister plusieurs siècles à la même place, en approfondissant et étendant chaque année ses racines. On en voit habituellement la preuve en Europe sans y faire attention; mais en Amérique cela est tranché, de manière qu'il n'est aucun habitant qui n'en connoisse le résultat. Lorsqu'on coupe, en Caroline par exemple, quelques places de la forêt, encore vierge, qui couvre le sol, et où il n'y ait que des chênes, ce ne sont pas des chênes qui repoussent, mais des pins, mais des noyers, des érables, etc.

On a établi en principe qu'il ne faudra remettre du chêne dans le même terrain qu'au bout de deux siècles; mais quel est le propriétaire qui ait des notions positives sur ce que contenoit sa terre deux cents ans avant lui?

Si l'on désire semer les glands en pépinière pour ensuite, malgré l'incertitude de la reprise, placer dans les forêts ou en avenue, ou dans les massifs des jardins, les chênes qui en proviendront, il faut faire défoncer le terrain au moins à dix-huit pouces et semer à la volée ou en rayon. Le plant levé sera biné et sarclé selon le besoin. Il restera deux ans dans la planche du semis, après quoi, s'il est destiné à repeupler une forêt, il sera enlevé en automne, et de suite mis en place, à la houe ou à la bêche, sans éprouver de mutilation dans sa tête ni dans son pied ; car, je le répète, le pivot lui est nécessaire (1). On sera obligé, il est vrai, de faire des trous peut-être de dix-huit pouces de profondeur, et ce sera une augmentation de dépense ; mais qu'est-ce que douze ou quinze francs de plus par arpent en comparaison des produits de cet arpent pendant les trois à quatre siècles et plus que doivent durer les effets de cette avance ?

On peut mettre ce plant soit dans un terrain labouré deux ou trois fois à la charrue, soit dans des places vides des forêts, après un labour à la bêche par places d'un pied carré, soit dans de longues tranchées de même largeur, et espacées de trois ou quatre pieds. Il faut mettre deux pieds dans chaque trou pour diminuer les chances de la non reprise, bien assuré qu'on doit être que, s'ils reprennent tous deux, le plus fort finira par étouffer le plus foible. Quelquefois, et je crois cela fort sage, on met un pieds de chêne et un pied d'un autre arbre dans l'intention de sacrifier ce dernier si le premier réussit.

L'année suivante on donne un léger binage autour du plant ; on regarnit les places entièrement vides, après on conduit cette plantation comme celle faite par des semis en place.

Quelques agronomes ont proposé de faire défoncer à deux, trois ou quatre pieds le terrain destiné à recevoir une plantation de chênes, et certainement on ne peut blâmer leurs motifs, car plus le terrain sera meuble, et plus les arbres croîtront rapidement et deviendront beaux ; mais quelle dépense entraîne un pareil défoncement ? Il n'y a que des personnes extrêmement riches qui puissent en agir ainsi. Un simple agriculteur doit toujours mettre la plus grande économie dans tous ses procédés ; l'avantage général, comme le sien particulier, s'y trouve ; car il pourra employer à une autre espèce d'améliora-

---

(1) Duhamel ayant remarqué qu'en Bretagne on plantoit des chênes qui avoient un bel empatement de racines, quoiqu'on ne leur eût pas coupé le pivot dans leur jeunesse, fut curieux de remonter à la cause de ce fait, et il reconnut qu'ils avoient été semés dans une terre qui n'avoit pas plus d'un pied et demi de profondeur, de sorte que la roche vive qui se trouvoit dessous avoit arrêté le pivot et l'avoit forcé à pousser des racines latérales.

tion le capital qu'il auroit mis dans un remument de terre aussi considérable.

Mais pour revenir à la pépinière, si malgré l'incertitude toujours croissante de la reprise on veut y élever du plant pour y devenir arbres faits, il faudra se résoudre à sacrifier le pivot, après quoi on plantera le plant dans une terre bien préparée à un pied de distance ; deux ans après on le relèvra de nouveau pour le mettre dans un autre endroit à deux pieds ; là il restera jusqu'à ce qu'il soit enlevé pour être planté définitivement. Je propose ces deux transplantations, malgré les pertes de plant auxquelles elles exposent, parceque l'expérience a prouvé que lorsqu'on accoutumoit les chênes à changer de place, ou mieux, qu'on les forçoit d'augmenter leur chevelu, en variant leur position, et en leur donnant de la terre nouvelle et nouvellement remuée, ils y devenoient moins sensibles ; témoins les arbres verts, qu'on change toutes les années de place dans les pépinières bien réglées, pendant les trois premières années de leur végétation, et qui réussissent à la transplantation la cinquième ou la sixième ; tandis qu'ils seroient certainement morts si on les eût arrachés dans les bois à la même époque de leur vie.

C'est en automne, immédiatement après les premières gelées, qu'il faut planter le chêne, afin de donner le temps, pendant l'hiver, à la terre de se tasser, par l'effet des pluies, autour des racines. Cependant, dans les terrains humides et froids, il est mieux de les planter au printemps. Leurs racines sont extrêmement sensibles au hâle, c'est-à-dire qu'elles se déchessent rapidement lorsque le vent est au nord ou le soleil chaud. Il faut toujours faire cette opération le plus rapidement possible, ou choisir un temps humide ou au moins couvert, et respecter leur chevelu. On ne doit pas non plus leur couper la tête, puisque, je le répète pour la seconde fois, un chêne de cinq à six ans est déjà d'une reprise incertaine.

Après leur seconde transplantation les chênes sont conduits comme les autres arbres des pépinières, c'est-à-dire qu'on les met sur un brin, qu'on les taille en crochet, et qu'on les laboure deux à trois fois par an. On doit autant que possible éviter de les reboter, (couper rez terre) parceque cela leur fait perdre une ou deux années.

L'expérience a prouvé que lorsqu'on coupoit une branche à un chêne il falloit le faire en deux fois, c'est-à-dire laisser la première fois un chicot d'autant plus long que la branche étoit plus grosse, parceque lorsqu'on la coupoit immédiatement contre le tronc, il se faisoit une grande déperdition de sève, et par suite il se formoit un chancre qui pénétroit dans le corps de l'arbre, altéroit plus ou moins son bois, et quelquefois, surtout dans la jeunesse, occasionnoit sa mort.

Quoique j'aie dit plus haut qu'on ne pouvoit multiplier le chêne que de semis, il est cependant des cas où il pousse des rejetons susceptibles d'être enlevés et plantés ailleurs, où on peut les marcotter avec succès, où on peut-même, dit-on, le faire reprendre de boutures; mais j'ai entendu que ces moyens, étant d'une réussite très incertaine et fort difficile à mettre en œuvre, on ne les employoit pas dans l'usage habituel. Il en est de même de la greffe en fente ou en écusson, qui manque presque toujours et qu'on est obligé de remplacer par la greffe en approche ou celle qu'on appelle à l'anglaise. *Voyez* au mot GREFFE.

A cette dernière occasion je dois faire remarquer que la nature du bois et l'époque de la végétation de certaines espèces de chênes est plus différente, relativement à d'autres, que de plantes de genres différens. Ainsi inutilement on cherchera à greffer le chêne liège sur le chêne rouvre, le chêne aquatique sur le chêne pédonculé. Il faut donc qu'un jardinier, qui veut procéder à cette opération qui est fort délicate, étudie le tempérament, si je puis employer ce terme, du sujet et de l'arbre à greffer. Il doit sur-tout faire une attention scrupuleuse à la coïncidence de l'entrée en sève de l'un et de l'autre. Je fais cette remarque parceque j'ai acquis la preuve de son utilité par ma propre expérience.

La difficulté de faire reprendre les chênes lorsqu'ils ont acquis une grosseur suffisante pour les rendre ce qu'on appelle *défensables* en terme forestier, c'est-à-dire les mettre hors des atteintes des malfaiteurs et des bestiaux, est la principale cause qui empêche de les planter en avenue et le long des routes, où ils produiroient de si bons effets et rendroient de si grands services. On a fait à cet égard des tentatives sans nombre, et très coûteuses, et encore dernièrement il m'a été dit qu'on en avoit ainsi planté, depuis sa réunion à la France, peut-être un million de pieds sur les routes de la ci-devant Belgique. Il n'est pas difficile à un homme éclairé de prévoir la cause de ce non succès, quand il a vu la manière vicieuse avec laquelle on procédoit à ces plantations. Je n'entrerai pas dans le détail de ces causes qui tiennent pour la plus grande partie à des fautes d'administration, et à des erreurs d'agriculture; mais je ferai remarquer que dans plusieurs cantons de la France on est dans l'excellente habitude de placer des chênes dans les haies qui entourent les propriétés, et que ces chênes sont presque toujours d'une belle venue. Pourquoi? Parcequ'on plante le gland même au milieu de la haie, et qu'on ne touche à l'arbre que lorsqu'on veut, à trente ou quarante ans, le tondre ou le couper. Pourquoi n'en feroit-on pas de même sur les routes? Pourquoi ne planteroit-on pas des haies avant de planter des chênes? Mais les voleurs, dit-on, se cacheroient derrière la haie et assassineroient facilement le voyageur surpris. Hélas! la privation des haies empêche-t-elle les meurtres? Sont-ils plus fréquens dans les pays où elles sont communes? Non, sans doute. Hé bien, plantez donc des haies et des chênes, afin d'avoir du bois de fort échantillon et d'une bonne qualité pour vos constructions civiles, pour votre marine, pour tous les usages enfin qui en réclament aujourd'hui avec tant de force. On sait que celui provenant des arbres isolés est beaucoup plus solide, beaucoup plus durable que celui de ceux crus au milieu des forêts.

Cela me conduit à parler des chênes plantés dans des haies et qu'on élague tous les six à huit ans, ou dont on coupe le tronc à dix à douze pieds de terre pour les tenir en têtards semblables à ceux du saule; il faut les distinguer de ces chênes nains dont je parlerai plus bas, quoiqu'ils portent le même nom

Pour devenir un bel arbre et donner, dans l'intervalle le plus court, du bois du plus fort échantillon et de la meilleure qualité, le chêne ne doit pas être élagué ou ne doit l'être que petit à petit et dans sa jeunesse seulement. Cependant il est des cas où il est avantageux de le faire, c'est celui où ayant peu de terrain à consacrer aux plantations de bois, il en faut cependant pour satisfaire aux besoins du ménage. Alors donc tous les six, huit ou dix ans on coupe aux chênes leurs branches à quelques unes près qu'on laisse au sommet pour continuer la croissance en hauteur, ou on abat leur tête à vingt ou trente ans, et on continue de couper dans les mêmes révolutions d'années les branches qu'elle repousse. Dans la première de ces méthodes le bois du tronc, dont la croissance est beaucoup retardée, devient noueux, rebours, et presque impropre à toute autre chose qu'à brûler; le plus souvent, quand on persiste à le laisser sur pied plus de cent ans, il se carie dans son intérieur et se détruit de lui-même. Il en est de même des têtards; mais lorsqu'on laisse douze à quinze pieds de haut à ces derniers, et qu'on les coupe à temps, ils fournissent de très bonnes planches ou des petites solives; et il est des chênes élagués qui fournissent d'excellentes courbes pour la marine, témoins ceux des bords du Rhin, qu'on transporte en Hollande. Il en est même qu'on élague uniquement pour cet objet, à qui on fait prendre une courbure particulière, comme je l'ai vu sur le bord de la mer à Dieppe et ailleurs.

Je ne chercherai point ici à dépriser la première de ces manières qui est en usage dans un si grand nombre de cantons de la France, quelquefois même uniquement pour fournir à un supplément de fourrage aux bestiaux ; mais je dois cependant dire que la seconde est préférable. En effet, la coupe en têtard ne diffère de la coupe commune, en usage dans les forêts, qu'en ce qu'elle se fait à une plus grande distance des racines ; la sève, suivant son cours direct, agit avec beaucoup plus de force et fournit des branches, dans le même espace de temps, trois fois plus considérables que dans l'élagage, où elle est toujours plus ou moins déviée. Il est certains pays où les bois mêmes sont ainsi coupés à une certaine hauteur. Je puis citer principalement la Biscaye, qui a besoin d'une si grande quantité de charbon pour l'exploitation de ses excellentes mines de fer. Il m'a semblé que dans cette partie de l'Espagne, où les montagnes sont très rapides, on trouvoit dans ce mode d'exploitation du beau bois de charbonnette et des pâturages très étendus, tandis que dans les parties de la France qu'on peut lui comparer on ne voit que des buissons et des pâturages très circonscrits. Là il n'y a de perdu pour la pâture, que l'épaisseur du tronc des chênes mêmes, et les bestiaux ne peuvent nuire à la croissance des branches de ces chênes, trop élevées pour qu'ils y atteignent. Ici toute l'épaisseur des buissons est perdue pour les bestiaux qui, en broutant les jeunes rameaux, les empêchent de devenir des branches. Ainsi on n'a ni bois ni pâturage. Je voudrois donc que toutes ces montagnes à demi pelées, si communes en France, sur-tout celles où le pâturage est un droit commun, fussent plantées en têtards et exploitées comme en Biscaye. Il suffiroit d'une volonté ferme et constante de l'administration pour, avec le temps, arriver à l'époque où ces terrains, qui ne nourrissent que quelques vaches sans lait ou quelques moutons étiques, qui ne fournissent que quelques broussailles propres au plus à chauffer le four, produiroient des revenus considérables. Peut-être ne seroit-il pas exagéré aux yeux de ceux qui, comme moi, ont beaucoup voyagé dans les montagnes de l'intérieur de la France, d'évaluer de trente à quarante millions l'augmentation de richesse annuelle, qui résulteroit uniquement de la transformation des terrains communaux en bois de chêne en têtards espacés de trente à quarante pieds au moins.

On trouvera au mot FORÊT les résultats de l'expérience relativement au mode d'exploitation des chênes ; mais en général les personnes qui se sont occupées avec le plus de succès de nous éclairer à cet égard n'ont pas fait assez d'attention et aux différentes espèces de chênes et à la nature de la terre où ils se trouvoient ; de sorte que ce qu'ils ont dit pour le pays qu'ils habitoient ne convient pas exactement aux autres. Varennes de Fenilles le premier, dans ses excellens mémoires sur l'administration forestière, a cherché à fixer les idées à cet égard ;

mais son travail n'est, pour ainsi dire, qu'un aperçu, que sa
mort prématurée l'a empêché de développer. Par exemple, il
n'a pas mis en usage des principes de sa propre méthode,
parcequ'il auroit fallu, au préalable, étudier botaniquement tous
les chênes dont il a soumis la croissance et la nature du bois
à ses expériences, indiquer exactement l'espèce de terre où ils
se trouvoient, et que cela demande du temps. Je ne parlerai
donc point ici de la force comparative, de l'étendue de la
retraite, du poids spécifique du chêne, parceque je ne pourrois assurer à quelle espèce de chêne il faudroit rapporter
les expériences qui ont été faites à cet égard Je renverrai au
mot Bois les résultats généraux qui ont trait à cet objet.

Le bois des chênes, en général déjà si dur, le devient encore
plus lorsqu'il a été écorcé sur pied. Alors l'aubier disparoît,
ou mieux, s'assimile au cœur de l'arbre. *Voyez* AUBIER. Buffon
le premier, à ce que je crois, a fait sur cela des expériences
en grand qui ont été couronnées du plus heureux succès. Ce
fait important s'explique par la *fixation* de la sève dans les
pores du bois qu'elle obstrue, ou, pour se servir des termes de
l'art, par l'*assimilation de la sève*; mais il a encore besoin d'être
longuement étudié dans ses circonstances. Quoi qu'il en soit,
c'est à la sève d'automne qu'il convient de faire cette opération, après avoir dégagé le tronc des arbres ou arbustes qui
l'entourent et qui le cachent des rayons du soleil. L'arbre
pousse au printemps suivant, d'abord presque aussi fortement
que si on ne l'avoit pas mutilé, mais il ne tarde pas à ralentir
sa végétation, et ses feuilles arrivent à peine à la moitié de
leur grandeur naturelle. Peu à peu elles jaunissent et elles
tombent toujours bien avant l'époque accoutumée. L'arbre
meurt, ou rarement donne encore quelques foibles signes de
vie au second printemps. Il convient cependant de le laisser
encore sur pied l'année entière, c'est-à-dire de ne l'abattre
qu'au commencement de l'hiver suivant. Varennes de Fenilles
a remarqué que l'écorcement retardoit la dessiccation du bois
et par-là empêchoit les fentes et gerçures si nuisibles dans les
bois de haut service, nouvel avantage qui milite en sa faveur.

Il y a déjà près de quarante ans que Buffon a publié ses
lumineux mémoires sur l'écorcement des arbres et particulièrement sur celui du chêne. Depuis, plusieurs observateurs ont
vérifié ses expériences et en ont fait de nouvelles. Cependant
je ne sache pas que nulle part on écorce habituellement les
chênes destinés au service des constructions ou à celui de la
marine. D'où vient donc cette insouciance sur nos vrais intérêts? Le pied du chêne écorcé ne repousse plus en effet; mais
une souche de plus de cent ans repousse-t-elle donc souvent,

et lorsqu'elle repousse que produit-elle ? Répondez , ennemis du progrès des lumières.

Le chêne, comme tous les autres arbres , demande pour devenir meilleur et de plus de durée, à être coupé pendant la suspension de la sève, c'est-à-dire à la fin de l'hiver. Il demande également d'être équarri sur-le-champ. Pour empêcher qu'il ne gerse et qu'il ne soit attaqué par les vers , on doit le mettre pendant quelques mois dans l'eau, salée s'il est possible, et le faire sécher lentement à l'ombre. *Voyez* Bois.

Quelquefois le tronc des chênes se tortille et devient infendable. Les gros pieds ainsi constitués sont impayables pour les ouvrages qui exigent une grande force ; d'autres fois il prend une nuance rouge qui augmente également son mérite pour la fabrication des meubles. Lorsqu'on l'enterre , sous l'eau, un grand nombre d'années, il devient noir et dur comme de l'ébène.

Toutes les parties du chêne renferment un principe astringent, le *tannin*, lequel, comme on sait, a la propriété de racornir la fibre animale en rendant insoluble la gélatine qu'elle contient, et de précipiter en noir les dissolutions de fer. En conséquence on exploite souvent en France les chênes, uniquement dans l'intention d'en avoir l'écorce, qui contient le plus de ce tannin, pour l'usage des tanneries et autres manufactures où on prépare les peaux des animaux , afin de les rendre utiles à l'homme long-temps après l'époque fixée par la nature pour leur destruction, et on fait venir à grands frais, de l'étranger, la galle d'une espèce de chêne, pour être employée à faire toutes les teintures noires et l'encre avec laquelle je trace ces lignes.

Toutes les parties du chêne, à raison ne leur astringence, sont employées en médecine. On en ordonne la décoction (ordinairement la noix de galle est préférée) dans les hémorragies, dans les diarrhées, le relâchement de toutes les parties musculaires; mais l'usage de cette décoction est souvent nuisible quand elle n'est pas dirigée par une main exercée.

Ordinairement on consacre à l'exploitation de leur écorce des taillis de vingt à vingt-cinq ou trente-ans; mais il est de fait que plus l'écorce est vieille et plus elle contient de tannin. On coupe donc toutes les espèces de chêne au moment où ils entrent en sève, et on les écorce sur-le-champ en coupant circulairement l'écorce de leur tronc à leurs deux extrémités , et en la fendant longitudinalement. Cette écorce est placée à l'ombre, où elle sèche lentement, après quoi on la livre au commerce , qui la réduit en poudre dans des moulins pour cela seul construits, afin de lui faire remplir sa destination ; dans cet état on l'appelle *tan*. Après qu'il a servi il revient à l'agriculture pour former ces tannées, dans lesquelles on conserve pendant l'hiver les plantes des pays chauds. *Voyez* aux mots TAN, TANNIN et TANNÉE.

On n'a pas encore suffisamment observé, en France, quelle est l'espèce de chêne qui est la plus avantageuse sous le rapport de la production du tan, probablement parcequ'on n'emploie que des jeunes écorces à raison du haut prix des gros arbres. On ne connoît que le chêne tauzin qui ait quelque supériorité; mais en Amérique, où on n'en tire que de vieux arbres, on sait fort bien quelles sont celles qu'il faut préférer ou rejeter, ainsi que je l'indiquerai dans la description de ces espèces. Il est de plus certain que les chênes crus dans des terrains secs et brûlés de l'ardeur du soleil donnent une écorce beaucoup meilleure. Je ne crois pas non plus qu'il y ait eu des expériences faites sur la quantité de tannin que donne l'écorce du même arbre enlevée à différentes époques de l'année.

Parmi les cent et quelques espèces d'insectes qui vivent aux dépens du chêne en France, il en est, du genre appelé *cynips* par Linnæus et Fabricius, et *diplolèpe* par Geoffroy et autres entomologistes français, qui font naître sur ses diverses parties des excroissances ou des monstruosités qu'on appelle GALLE. *Voyez* ce mot. Il y en a également un grand nombre sur les chênes étrangers. J'en ai décrit et figuré seize espèces croissant sur les chênes en Amérique. Olivier a fait connoître les deux qui se trouvent sur le chêne de l'Asie mineure, dont l'une, proprement appelée la *noix de galle*, est l'objet d'un commerce de quelque importance.

La grande quantité de tannin que contient cette dernière, et qui lui fait donner la préférence sur toutes les autres, est-elle due ou à l'espèce de l'insecte, ou à l'espèce du chêne, ou à la nature du terrain, ou à la chaleur du climat? On peut répondre à une partie de ces questions, en considérant que l'autre galle, également décrite et figurée par Olivier, n'a pas au même degré les mêmes propriétés; et que, quoique trois ou quatre fois plus grosse, elle est regardée comme inutile. Il faudroit donc pour enlever aux Turcs cette branche de commerce, non seulement transporter dans nos départemens méridionaux le chêne en question, mais même l'insecte qui fait naître sur ses rameaux la galle du commerce. Je suis loin de regarder cette opération comme impossible; mais je ne puis dissimuler qu'elle seroit fort difficile, et sur-tout fort longue.

On a proposé plusieurs sous-divisions dans le genre *chêne*, pour rendre plus facile la recherche de ses espèces; mais elles ne remplissent toutes que fort imparfaitement leur objet. Je me contenterai en conséquence de mentionner celles d'Europe et contrées voisines, les unes après les autres, en suivant l'ordre de leurs rapports, et en commençant par les plus communes de celles qui perdent leurs feuilles. Celles qui croissent en Amérique le seront séparément, et dans l'ordre adopté par Michaux.

Le CHÊNE A GRAPPE, qu'on appelle vulgairement le *chêne blanc*, le *gravelin*, *quercus* proprement dit des anciens, est le plus commun dans la France en général, mais non aux environs de Paris où le suivant domine. Il a les feuilles pétiolées, en lyre, profondément découpées ou inégalement lobées, et les fruits disposés en grappes de plus d'un pouce de long. Son tronc est droit, sa cime ample et majestueuse. Dans son jeune âge son écorce est lisse et d'un blanc cendré. Avec le temps elle se crevasse et devient brune. Ses feuilles sont glauques en dessous, et velues dans leur jeunesse. Presque toutes les expositions et tous les terrains lui conviennent ; mais plus les premières sont chaudes et les seconds secs, et plus il croît lentement, et plus son bois est de bonne qualité. Comme il a très peu de nœuds il se fend aisément, et c'est avec lui, presque exclusivement, qu'on fait les lattes, le merrain, le bardeau, les douelles, etc. En général, c'est celui qui réunit le plus de qulités ; aussi est-il le plus recherché pour la charpente, la construction des navires, la menuiserie. Il pèse cinquante livres par pied cube. Cependant il a un inconvénient, et un inconvénient d'autant plus grave, qu'il a crû dans un meilleur sol ou dans un sol plus humide ; c'est qu'il a beaucoup d'aubier, et que cet aubier se pourrit ou se vermoule très rapidement.

Ce chêne vit plusieurs siècles et devient d'une grosseur monstrueuse. Autrefois il étoit fréquent d'en voir dans les forêts qu'on respectoit uniquement à cause de leur grand âge, quatre, cinq et six cents ans, et même plus. C'est avec son bois que sont construites ces anciennes charpentes d'église qu'on a cru être de châtaignier, et qui étonnent par leur grandeur et leur belle conservation. Ce fait a été reconnu par plusieurs savans, et je puis assurer qu'il est vrai, pour l'avoir vérifié, après eux, les pièces de comparaison à la main.

Le CHÊNE ROURE OU ROUVRE, qu'on appelle vulgairement le *durelin*, le *chêne mâle*, se trouve le plus fréquemment dans les forêts des environs de Paris. C'est l'*esculus* des anciens, selon Secondat ; mais cela n'est pas prouvé. Il s'élève presque autant que le précédent, mais il est plus rarement aussi droit, et sa cime est moins élancée ; son bois est plus dur, plus élastique, plus lourd, puisqu'il pèse soixante et quatorze livres par pied cube. Il est presque incorruptible et très bon pour le chauffage. Ses feuilles sont ovales, oblongues, à découpures peu profondes et arrondies, d'un vert un peu foncé. Ses glands sont assez gros, courts, presque sessiles, solitaires. Il fournit un grand nombre de variétés (quarante, dit-on), dont les principales sont,

1° *Le chéne à trochets* ou *chéne à petits glands*, qui a les feuilles velues en dessous. 2° Le *chéne à feuilles découpées*, qui a les feuilles plus profondément lobées et plus petites. 3° Le *chéne laineux* ou *chene des collines* a les feuilles assez découpées, très velues en dessous, et pubescentes en dessus. 4° Le *chéne noirátre*, a les glands très gros et presque solitaires, et les feuilles larges et pubescentes en dessous.

Il faut distinguer cette dernière du *chéne noir* d'Amérique et du *chéne noir* de Secondat ; ce dernier est le *tauzin* ou *toza*.

Toutes ces variétés ont des nuances dans les qualités de leur bois, qu'on dit tenir à la nature du terrain et à l'exposition ; mais est-il bien certain qu'elles ne constituent pas des espèces? J'avoue que plus je les étudie et plus je suis embarrassé de porter un jugement sur ce point. J'ai éprouvé la même incertitude dans les forèts de l'Amérique, tant les espèces de ce genre sont généralement peu tranchées.

J'ai tout lieu de croire que le chêne qui se trouve dans les environs de Bordeaux, et que Secondat appelle le *chéne mâle*, le *quercus latifolia masque brevi pediculo* est de Bauhin, est une espèce distincte du *robur* des environs de Paris ; mais il est probable qu'il se trompe lorsqu'il ajoute que c'est le véritable *esculus* des anciens, ce mot convenant mieux au *chéne grec* à qui Linnæus l'a appliqué. Voici ce qu'en dit cet écrivain. « Son bois est du plus grand ressort. Il ne réussit que dans de très bons terrains, et s'élève moins que le chène blanc. Lorsque le tronc est parvenu à vingt ou vingt-cinq pieds, il déploie plusieurs maîtresses branches qui s'élèvent sans faire beaucoup d'écarts. Il fournit d'excellentes courbes pour la marine. Son bois est presque incorruptible, et meilleur que celui du chêne blanc pour le chauffage. Il pèse soixante-quatorze livres par pied cube, c'est-à-dire qu'il descend au fond de l'eau. » Il est généralement reconnu pour espèce dans le département des Landes, où il est connu sous le nom d'*auzin*, ou *chene de malédiction*, au rapport de Thore, parceque le peuple est persuadé que celui qui en coupe, ou qui couche dans une maison dans la charpente de laquelle il y en entre, mourra dans l'année. Je n'ai pas remarqué cet arbre, quoique j'aie traversé les pays où il croît ; mais d'après ces détails il paroît qu'il doit être distingué du *véritable rouvre*.

Il est encore un autre chêne qu'on regarde comme une variété de celui-ci, c'est le CHÈNE DE HAIE, qui croît dans les départemens de l'est de la France. Il est commun dans le Jura, sur les montagnes des Vosges, etc. ; il ne s'élève jamais à plus de six à huit pieds. Son écorce est grise, son bois blanc et si iant, qu'il est extrêmement difficile à casser. Son gland est essile et caché dans sa cupule. Ses feuilles ressemblent beaucoup à celles du chêne pédonculé, mais elles sont plus petites, d'un vert plus clair, et toujours très glabres. On en fait d'excellentes haies, parcequ'il étale constamment ses branches sur la terre, et qu'on peut les entrelacer et les greffer par approche. Il sert ou à brûler ou à faire des corbeilles, des liens qui durent un grand nombre d'années; ses pousses, après sa coupe, sont très longues, c'est-à-dire de la moitié de sa hauteur future, très nombreuses et très égales. Il ne change pas de nature par la transplantation; et un pied que j'ai en ce moment sous les yeux à Versailles a complètement l'aspect de ceux que je voyois dans ma jeunesse dans les propriétés de ma famille entre Langres et Dijon, et où les habitans le distinguent fort bien des deux autres espèces.

Le CHÊNE TAUZIN ou *toza*, *chêne noir*, *rouvre*, le véritable *robur* des anciens, selon Secondat, ne se trouve qu'à la base des Pyrénées, dans les landes de Bordeaux, etc. Il a été regardé comme une variété du *rouvre* des environs de Paris; mais c'est certainement une espèce distincte, ainsi que je m'en suis assuré dans le pays. Je l'ai figuré à l'occasion d'une galle particulière qu'il fournit, vol. 2, pl. 32 du Journal d'histoire naturelle. Ses feuilles sont très profondément divisées, hérissées en dessus, et très fortement velues en dessous. Ses lobes sont obtus, mais moins que ceux du rouvre. La cupule de ses glands est très peu tuberculeuse. Il croît dans les terres les plus arides. Son bois se tourmente beaucoup, et il est trop noueux pour les ouvrages de fente; mais dans sa jeunesse il est très flexible, et sert à faire d'excellens cercles de cuves ou de tonneaux; il pèse soixante livres par pied cube; son écorce passe pour fournir le meilleur tan. Cette espèce a la propriété de donner des rejetons de ses racines. On en voit dans le parc de l'administrateur des mines Gillet Laumont, à Daumont, sur le revers de la forêt de Montmorency, une plantation qui prospère beaucoup; j'en ai fait aussi beaucoup semer dans les pépinières de Versailles. Il se distingue des autres dès sa première année.

Thore, auteur d'une Flore du département des Landes, indique trois variétés de ce chêne; savoir, 1° le *tauzin* à glands pédonculés, axillaires et terminaux, et à cupule un eu ciliée: c'est celle qui fournit le plus beau gland; 2° le *auzin* à glands axillaires, pédonculés, terminaux, d'une osseur moyenne; 3° le *tauzin* à glands pédonculés, axiliires et terminaux, ovoïdes, en grappes et petits. Il observe ue les glands de ces trois variétés, glands que j'ai reçus de

lui, sont beaucoup plus recherchés pour la nourriture de
cochons que ceux du rouvre.

Je possède en herbier un échantillon, sans fruits, d'un
chêne qui vient des environs d'Angers, et qui fait certainement espèce auprès de celle-ci. Il a les feuilles moins larges
relativement à leur longueur, moins velues en dessous;
leurs lobes sont peu inégaux, aigus et terminés par une
pointe, ou mucron recourbé. Ses jeunes rameaux sont très
velus. Il seroit possible que ce fût celui qu'on appelle *chêne d*
pays dans l'arsenal de Rochefort, et dont le bois est le plus
estimé de tous pour la construction des vaisseaux. Il seroit
encore possible que ce fût le véritable chêne angoumois confondu avec le tauzin et avec le cerris. La vue de la cupule en
décidera. Je l'appellerai le CHÊNE LIGÉRIEN, *Quercus ligeris*
Bosc.

Le CHÊNE PYRAMIDAL, *Cupressus fastigiata*, qu'on appelle
aussi le *chêne cyprès*, le *chêne des Pyrénées*, a les feuilles
plus allongées, moins épaisses, moins longuement pétiolées
que celles du chêne pédonculé, avec lequel on persiste à le
confondre, quoique la disposition de ses rameaux, toujours
rapprochés de la tige comme ceux du peuplier d'Italie, l'en
fasse distinguer au premier aspect. Ses glands sont pédonculés, et rendent toujours leur espèce, ainsi que peuvent l'affirmer les cultivateurs des environs de Paris, qui en sèment autant qu'ils peuvent. Il perd ses feuilles au commencement de
l'hiver, tandis que ceux ci-dessus mentionnés les conservent
jusqu'au printemps. On le dit originaire de la basse Navarre.
Le vrai est qu'il n'est connu aux environs de Dax que depuis
une trentaine d'années. C'est un très bel arbre, fait pour figurer
avec un grand avantage dans les jardins paysagers; aussi le re-
cherche-t-on beaucoup pour cet objet; mais il est encore rare
et cher, parcequ'il faut, ou faire venir des glands des Pyrénées, ou le greffer sur le roure.

On cultive dans les jardins d'Amsterdam, comme venant
d'Espagne, un chêne extrêmement élégant par la petitesse de
ses feuilles, à peine d'un pouce de long, et de cinq à six lignes
de large, qui me paroît, d'après le petit échantillon que j'ai
sous les yeux, et qui appartient à l'herbier de M. de Pronville,
se rapprocher de celui-ci. Ses feuilles n'ont que cinq lobes très
ouverts, dont celui du milieu est le plus grand, et elles
s'amincissent dès leur milieu, de sorte qu'elles paroissent longuement pétiolées, quoique réellement sessiles. On peut l'appeler le CHÊNE SPATHULÉ, *Quercus spathulata*, Bosc.

Le CHÊNE CERRIS, *Quercus cerris*, Lin., a les feuilles allongées, profondément, et presque également découpées, à peine
pubescentes, et à découpures aiguës. Ses glands sont petits

sessiles, à moitié enfoncés dans une cupule couverte de filamens velus, et restent deux ans sur l'arbre. Il croît sur les montagnes des parties méridionales de l'Europe. Son tronc est tortueux, noueux; son écorce très raboteuse. Il s'élève à une médiocre hauteur.

Le CHÊNE HALIPHLAEOS a les feuilles fort longues, profondément découpées, presque en lyre, à découpures anguleuses, pointues, inégales, et fréquemment plus écartées dans le milieu. Elles sont couvertes de poils blancs en dessous, et comme légèrement poudrées en dessus. Ses glands sont presque sessiles, assez gros, réunis deux ou trois ensemble; leur cupule est hérissée de filamens velus et assez longs. C'est un grand et bel arbre, qui croît naturellement dans les montagnes du Jura et autres du midi de la France, et dans tout le Levant où on l'emploie de préférence aux constructions des maisons et des vaisseaux. Il est étiqueté dans le jardin du Muséum sous le nom de *chêne de Bourgogne*. Il est fort distinct du précédent par toutes ses parties, quoiqu'il ait été confondu avec lui par la pluart des botanistes. C'est lui qu'Olivier a si bien figuré pl. 12 de son Voyage dans l'empire ottoman. Son gland reste deux ans sur l'arbre.

Le CHÊNE CRINITE, *Quercus crinita*, Lamarck, a les feuilles ovales, allongées, profondément découpées, très légèrement pubescentes, à lobes arrondis et obtus. Ses glands sont sessilles, assez gros, et peu enfoncés dans leur cupule, qui est encore plus garnie de filamens velus que celle des deux derniers. Il y a au petit Trianon un très beau pied de ce chêne qui donne des fruits tous les ans. On le trouve dans les forêts de l'ouest de la France et autres. Il se rapproche, par ses feuilles du CHÊNE ANGOUMOIS et du CHÊNE LIGÉRIEN, et ne peut pas être confondu avec le CHÊNE TAUZIN, comme le font généralement les botanistes, attendu que ce dernier n'a jamais les cupules chevelues, ainsi que je m'en suis assuré dans le pays même; son gland reste deux ans sur l'arbre.

Le CHÊNE DES APENNINS, *Quercus apennina*, Lamarck, a les feuilles ovales, peu profondément découpées, très velues en dessous, et à lobes obtus. Ses glands sont presque globuleux, et portés quelquefois au nombre de huit à dix sur des pédoncules communs, de plus d'un pouce de long. C'est une espèce bien distincte du chêne pédonculé et de toutes les autres. Je l'ai trouvé en abondance sur les montagnes des faubourgs de Lyon. On en cultive plusieurs pieds dans les jardins de Paris et de Versailles. Son écorce est noire et très crevassée. Son bois m'a paru extrêmement dur. Ses feuilles subsistent vertes une grande partie de l'hiver. C'est pourquoi quelques auteurs l'ont appelé le *chêne hivernal*. Les plus gros pieds que j'aie vus avoient seulement une vingtaine de pieds de hauteur. Il se trouve aussi en Italie et dans le Levant.

Le chêne d'exester a les feuilles ovales, oblongues, très peu découpées, et à lobes mucronés ; leur couleur est d'un vert tendre. Elles ne sont velues que dans leur jeunesse. J'en connois deux individus greffés, qui ont trente pieds de haut, dans les jardins de madame Simonin près Versailles. Ils fleurissent tous les ans, mais ils ne donnent pas encore de fruits. On le dit originaire d'Angleterre ; mais il est possible qu'il n'y soit que cultivé, et que sa vraie patrie soit l'Amérique. Il a beaucoup de rapports avec les chênes châtaigniers de ce dernier pays ; cependant c'est certainement une espèce distincte.

Le chêne grec, *Quercus esculus*. Lin., a les feuilles allongées, légèrement velues et blanchâtres en dessous ; les divisions écartées, tantôt pointues, tantôt émoussées, et la plupart munies d'un angle à leur base. C'est un petit arbre dont les glands sont bons à manger ; et, selon toutes les apparences, le véritable *esculus* de Pline. Il croît naturellement en Grèce et en Italie. On le cultive au jardin du Muséum ; mais il n'y a pas encore donné de fruits, du moins à ma connoissance. Dalechamps dit que ceux qui mangent de ces fruits deviennent ivres, comme s'ils eussent mangé du pain d'ivraie.

Le chêne velanède, *Quercus ægylops*, Lin., a les feuilles oblongues, fortement dentées, velues en dessous ; les dents terminées par une longue pointe ou mucron. Son gland est très gros et à moitié renfermé dans une cupule hérissée d'écailles, larges, épaisses, et très nombreuses On en voit une superbe figure dans le Voyage d'Olivier dans l'empire ottoman, pl. 13. Il croît abondamment dans l'Asie mineure, d'où l'on envoie les cupules de ses glands en Europe pour l'usage de la teinture et de la tannerie. Ceux qui l'ont indiqué comme se trouvant dans quelques cantons de la France se sont sans doute trompés. On cultive sous ce nom, au jardin du Muséum, un chêne qui est effectivement de France, mais qui paroît être une espèce différente, par ses feuilles beaucoup plus petites, plus profondément sinuées et velues en dessus comme en dessous.

Selon Olivier, le chêne velanède s'élève peu, et son bois n'est point estimé ; mais sa cupule, qui a plus de deux pouces de diamètre, fait l'objet d'un commerce de quelque importance.

Le chêne de Gibraltar a les feuilles oblongues, dentées, velues en dessous, les dents aiguës et écartées ; ses glands sont légèrement pédonculés, et renfermés à moitié dans une cupule hérissée de pointes. Il s'élève de vingt à trente pieds. Son écorce est fongueuse comme celle du liège, mais jamais de plus de trois à quatre lignes d'épaisseur, ce qui l'avoit fait appeler *faux liège*. On en voit un fort beau pied à Trianon, provenant de glands rapportés de Gibraltar par A. Richard en 1754. Desfontaines l'a trouvé en abondance sur l'Atlas.

Le CHÊNE A FEUILLES D'EGYLOPS a les feuilles ovales, sinuées, velues en dessous, les dents rapprochées et presque obtuses ; ses glands sont pédonculés, et à moitié renfermés dans une cupule non hérissée. Il s'élève autant que le précédent, auquel il ressemble beaucoup et avec lequel il a été confondu. Son écorce est gercée, mais non fongueuse. On en voit à Trianon, à côté du précédent, un pied qui a la même origine.

Le CHÊNE CASTILLAN a les feuilles ovales, aiguës, légèrement tomenteuses en dessous, à dents presque égales et terminées en pointe recourbée en haut. Ses glands sont rassemblés au nombre de trois ou quatre sur de courts pédoncules. Je l'ai trouvé dans la vieille Castille. Il est probable qu'il a été confondu avec les deux précédens, dont il se rapproche beaucoup. J'ai lieu de croire qu'il ne s'élève pas à plus de vingt ou trente pieds. Son bois m'a paru très dur. Ses glands se mangent crus ou cuits, comme ceux des deux espèces précitées : leur goût m'a paru de beaucoup inférieur à la châtaigne, auquel on l'a comparé, mais il n'est pas désagréable. On les vend dans les marchés, et la consommation qui s'en fait dans la saison est considérable.

Ce chêne croît dans les plus mauvais terrains, et ne craindroit probablement pas les gelées des parties méridionales de la France. Je désirerois qu'on l'y introduisît pour augmenter la masse de la subsistance du pauvre.

Le CHÊNE NAIN a les feuilles ovales, dentées, velues en dessous, les dents pointues ; ses glands sont sessiles, oblongs, et sa cupule est peu profonde. Il s'élève au plus à trois ou quatre pieds lorsqu'on le cultive, et dans son sol natal il ne parvient souvent pas même à un pied. On le trouve dans les bruyères des environs de Nantes, où il porte le nom de *brosse*. Je l'ai vu aussi dans une plaine, à la descente des montagnes du Limousin, non loin de Périgueux. Ses glands sont très amers.

Le CHÊNE DE PORTUGAL a les feuilles ovales, à peine pétiolées, légèrement velues en dessous, tantôt dentées en leurs bords, tantôt entières et fortement ondulées, et d'un vert glauque très prononcé ; elles ont au plus un pouce de long. C'est un arbrisseau de cinq à six pieds de haut, fort garni de branches, qui ne perd ses feuilles qu'à la fin de l'hiver. On le cultive dans la pépinière du Roule. Sa forme buissonneuse et la couleur de ses feuilles lui feroient produire un bon effet dans les jardins paysagers, si sa multiplication étoit facile. On ne peut l'obtenir, dans cette pépinière, que de greffe par approche, car, quoiqu'il fleurisse en abondance, il n'y donne jamais de fruits.

Le CHÊNE A LA GALLE, *Quercus infectoria*, Oliv., a les feuilles presque sessiles, ovales, oblongues, sinuées, dentées et ondulées, très glabres et longues d'un pouce et demi; ses glands sont sessiles et fort longs. On le trouve dans l'Asie mineure, où il a été observé par Olivier, qui en a donné deux figures, *pl.* 14 et 15 de son Voyage dans l'empire ottoman. Sa tige s'élève rarement au-dessus de six pieds, et est fort tortueuse. En général il diffère fort peu du précédent. C'est sur lui que se récolte la *noix de galle* du commerce. Cette galle, qui est produite par un diplolèpe dont Olivier a donné la description et la figure, est, comme on sait, l'objet d'un grand commerce. Elle naît sur les bourgeons de l'année. On la ramasse avant la sortie de l'insecte qui la produit.

Ce chêne est cultivé au jardin du Muséum et chez Cels. Il passe fort bien l'hiver en pleine terre, et perd ses feuilles à la fin de l'automne. Je ne doute pas de la possibilité de le multiplier dans les départemens méridionaux de la France; mais je ne crois pas aussi facile d'y introduire l'insecte qui le rend si précieux aux Turcs. Jusqu'à présent on n'a pu complètement suppléer la noix de galle dans nos manufactures, parceque c'est la substance qui sous le moindre volume contient le plus de tannin.

Le CHÊNE YEUSE, *Quercus ilex*, Lin., a les feuilles pédonculées, ovales, oblongues, dentées ou entières, glabres ou pubescentes en dessous. Il croît dans les parties méridionales de l'Europe, aux lieux secs et sablonneux. On le connoît en France sous les noms de *chêne vert*, d'*yeuse* et d'*éousé*. C'est un arbre tortueux et très branchu, qui croît lentement, et qui dans les sols favorables s'élève cependant à trente ou quarante pieds. Son écorce est mince et crevassée, et ses feuilles persistent tout l'hiver. Ces feuilles varient beaucoup; tantôt elles sont larges, tantôt elles sont étroites: ordinairement elles sont dentées, mais aussi quelquefois, sur-tout dans les vieux pieds, elles sont entières. Ses glands ne varient pas moins dans les rapports de leur longueur et de leur grosseur: ils sont très âpres et amers au goût. Son bois est très lourd et très dur: il pèse environ soixante-dix livres par pied cube.

Cet arbre, ainsi que je l'ai remarqué dans les parties méridionales de la France, en Espagne et en Italie, ne forme jamais des forêts. Il est dispersé çà et là parmi les autres arbres, ou épars dans les campagnes. Une fois coupé il ne repousse plus qu'en buisson. Nulle part que je sache on n'en fait des plantations, et ce n'est que par hasard que ses glands peuvent germer sur les pelouses sèches qui l'entourent ordinairement; aussi se plaint-on par-tout qu'il devient de plus en plus rare. On ne le peut multiplier que de graines, qu'il faut semer aussitôt leur récolte et en place. Dans le climat de Paris, où il est dans le cas de craindre les gelées, on doit le semer dans des terrines qu'on place sur une couche à châssis, et qu'on rentre l'hiver dans l'orangerie. Le plant se repique, la seconde année, dans des pots remplis de terre légère, et il y reste jusqu'à sa plantation définitive, c'est-à-dire pendant huit à dix ans. Tous les deux ans on lui donne un demi-change de terre. Il faut toujours le planter dans une terre sèche et dans un lieu aéré. Il se soutient mieux à l'exposition du nord qu'à celle du midi. Arrivé à un certain âge, quinze à vingt ans par exemple, il n'a plus à redouter que les hivers extraordinaires; mais il finit toujours par succomber, témoin ceux qu'on admiroit autrefois sur la petite butte du jardin du Muséum. En général, c'est un arbre fort ingrat à la culture, et qui ne dédommage jamais des frais qu'il coûte. Il est sur-tout extrêmement difficile à la reprise, lorsqu'on l'a semé en pleine terre. On doit compter sur moitié de perte dans ce cas, lors même qu'on remplit toutes les conditions requises; c'est pourquoi j'ai conseillé de le laisser en pot jusqu'à plantation définitive. Quelquefois on parvient à faire reprendre par marcottes ses jeunes pousses de l'année précédente; mais on n'en obtient jamais de beaux arbres, ni des arbres d'une longue durée. Je ne sache pas qu'on ait réussi à greffer, même par approche, les autres chênes verts sur celui-ci.

Il est extrêmement fâcheux que les chênes yeuses ne soient pas mieux conservés, car on pourroit tirer un grand parti de leur bois. On vend fort cher en Espagne les troncs qui sont d'un assez fort échantillon pour être débités en solives ou en planches.

Par la persistance de ses feuilles et leur couleur sombre, le chêne yeuse est propre à produire d'agréables effets dans les jardins paysagers; mais la difficulté de le garantir des fortes gelées, sur-tout quand il est entouré d'autres arbres qui entretiennent une humidité constante autour de lui, fait qu'on ne l'emploie pas dans le nord de l'Europe, même à Paris, et on ne sait ce que c'est que ces sortes de jardins dans le midi. Je ne doute pas que lorsque le goût d'en construire y sera parvenu, cet arbre n'en fasse un des principaux ornemens. Il a l'avantage de croître, et même à ce qu'il paroît de ne croître que dans les terres les plus sèches et les plus arides, ce qui est un avantage inappréciable. J'ai vu en France beaucoup de cantons dépourvus de bois, qu'il seroit facile de semer en chênes verts. Quand le fera-t-on ?

LE CHÊNE A FEUILLES RONDES a les feuilles persistantes, presque rondes, très velues, et à peine de huit à dix lignes de diamètre. Elles sont très épineuses en leurs bords dans la jeunesse de l'arbre, et absolument entières dans sa vieillesse. Ses glands sont pédonculés et ordinairement géminés; leur cupule est un peu hérissée. Il croît en Espagne, où j'en ai observé de grandes quantités sur les collines les plus sèches et les plus arides. On vend journellement, dans la saison, ses glands au marché. Ils sont, à ce qu'il m'a paru, soit crus, soit cuits, de beaucoup inférieurs à ceux du chêne castillan; aussi m'en suis-je bientôt lassé. Il y a lieu de croire que c'est véritablement le *Quercus gramuntia* de Linnée.

Ce chêne ne diffère pas sensiblement par son port et l'apparence de son bois du chêne yeuse, et il exige la même culture. Il y en a en ce moment beaucoup de jeunes pieds dans les jardins de Paris.

LE CHÊNE BALLOTE a les feuilles elliptiques, velues en dessous, tantôt dentées, tantôt entières en leurs bords; ses glands sont extrêmement longs. On le trouve aux environs d'Alger et autres endroits de la côte d'Afrique, où il a été observé par Desfontaines, qui en a fait l'objet d'un mémoire inséré parmi ceux de l'académie des sciences, année 1790. Ses rapports avec le précédent sont très nombreux, mais il en est bien distingué par ses feuilles et ses fruits. On mange aussi ces derniers, et même ils paroissent meilleurs. Il est cultivé au jardin du muséum et chez Cels. On le rentre dans l'orangerie.

LE CHÊNE LIÈGE, *Quercus suber*, Lin., a les feuilles persistantes, ovales, oblongues, souvent dentées, velues en dessous, la cupule conique et tuberculeuse; son écorce est très épaisse et mollasse. C'est elle qui constitue *le liège*. Il croît naturellement dans les parties méridionales de l'Europe et en Afrique. Il varie comme les précédens par ses feuilles plus ou moins larges, plus ou moins dentées, et souvent entières. J'en ai vu de grandes quantités en Espagne. En France on le trouve en abondance près de Baïonne et de Toulon. Son gland est plus doux que celui du *chêne yeuse*, et il peut se manger dans le besoin. Les cochons le recherchent avec fureur. On dit qu'il les engraisse rapidement et leur fait un lard très ferme et très savoureux.

Cet arbre, qui est rarement de plus de vingt-cinq pieds de haut, et plus d'un pied de diamètre, croît très lentement. Il veut un terrain sec et chaud. Il craint les froids humides, et en France il en souffre souvent, sur-tout dans sa jeunesse. Son bois est extrêmement dur et propre à un grand nombre d'usages; mais c'est sous les rapports de son écorce qu'il est le plus intéressant, qu'il fait véritablement la richesse des cantons où il croît. Cette écorce, dont l'épaisseur est due au développement énorme du tissu cellulaire, tombe naturellement tous les sept à huit ans. Elle sert, comme tout le monde sait, à un grand nombre d'usages, principalement à faire des bouchons, c'est pourquoi elle ne peut être suppléée complètement par aucune autre substance, parcequ'elle joint à la mollesse, si utile pour pouvoir entrer et se mouler dans le goulot des bouteilles, l'imperméabilité nécessaire pour ne pas absorber le vin ou les autres liqueurs qu'elles contiennent. Aussi est-elle l'objet d'un grand commerce. On en porte dans tout l'univers. Sa légèreté la rend également précieuse pour un grand nombre d'arts. On en fait des chapelets pour soutenir les filets des pêcheurs, des corsets pour voyager sur l'eau, etc.

Lorsque l'arbre a acquis environ vingt ans, on enlève son écorce qui cette fois est crevassée, remplie de cellules et de parties ligneuses, et n'est bonne qu'à brûler ou à être employée dans les tanneries, car elle est astringente comme celle de tous les autres chênes. On y parvient en la coupant circulairement au-dessous des grosses branches et à quelques pouces de terre, et en la fendant du haut en bas dans deux ou trois endroits avec une hachette faite exprès, et dont le manche est terminé en coin pour achever l'opération. Il faut avoir attention de ne pas entamer l'écorce intérieure, ou le liber, ce qui feroit une blessure nuisible à la bonté des récoltes suivantes. Au bout de huit à dix autres années, cette écorce est régénérée, et on l'enlève de nouveau ; mais elle n'a pas encore la perfection qu'on désire. Elle sert aux pêcheurs et aux différens arts. Huit à dix ans après, l'écorce a ordinairement acquis l'épaisseur et la qualité convenables ; et depuis cette époque jusqu'à la mort de l'arbre, c'est-à-dire pendant deux ou trois siècles peut-être, on continue de la récolter à la fin des mêmes intervalles.

L'écorce du liège, détachée de l'arbre, reprend plus ou moins la forme circulaire qu'elle y avoit, et pour la lui faire perdre on la chauffe, même on la grille à la flamme, et ensuite on l'entasse sur un sol uni et on la charge d'un grand nombre de grosses pierres, dont le poids la force à se redresser. Cette opération a de plus l'avantage de resserrer ses pores et de lui donner du nerf, comme disent les bouchonniers. Les qualités qui constituent un bon liège sont d'être épais au moins de quinze lignes, souple, élastique, ni ligneux ni poreux, et de couleur rougeâtre. Le jaune est moins bon : le blanc qui n'a pas été flambé est le plus mauvais.

La culture du liège est positivement la même que celle de l'yeuse. Il demande comme lui à être semé en place, car il souffre difficilement la transplantation, même dans sa première jeunesse. La gelée le frappe si fréquemment dans le climat de Paris, que je n'en connois point de forts, en pleine terre, dans les jardins des environs de cette ville. Un pied que Michaux, dans l'intention d'enrichir l'Amérique de cet arbre précieux, avoit transporté à Charleston, où la chaleur est double de celle de Baïonne, geloit cependant tous les hivers, parceque l'atmosphère y est extrêmement humide.

Je le dis avec douleur, dans aucun des cantons à lièges que j'ai traversés on ne s'occupe de leur multiplication. Quelque longue que soit leur vie, il faut cependant qu'elle se termine, et si la génération actuelle se refuse d'en semer, la postérité aura de grands reproches à lui faire. Par-tout les arbres sont extrêmement éloignés les uns des autres, et par conséquent il est possible d'en augmenter le nombre dans le même espace, et par-tout leur intervalle est un gazon journellement pâturé par les bestiaux, de sorte qu'il est presque impossible qu'un gland germe, et encore plus qu'il puisse produire un arbre.

Une forêt appartenant à M. de Pere, sur les bords de la Gelise, département de Lot-et-Garonne, fait exception à ce fait comme on le voit dans son Manuel d'Agriculture.

Le CHÊNE KERMÈS, *Quercus coccifera*, Lin., a les feuilles persistantes, ovales, galbres, luisantes, bordées de dents épineuses; les glands moyens et presque à moitié enfoncés dans une cupule hérissée de pointes recourbées. Il se trouve dans les parties méridionales de l'Europe, aux lieux les plus secs et les plus arides. Sa hauteur surpasse rarement quatre pieds; mais il forme des touffes souvent de plusieurs toises de diamètre, car ses racines sont traçantes, et poussent chaque année de nouvelles tiges. On ne l'emploie qu'à brûler, quoique ses rameaux et ses feuilles puissent utilement servir dans les tanneries et dans la teinture. C'est sur lui que naît cet insecte précieux, qui seul, avant la découverte du nouveau Monde, donnoit à la teinture la couleur écarlate. Cet insecte faisoit alors la richesse des pays où croît le chêne kermes, pays qui aujourd'hui sont presque voués à la misère. Cependant la couleur qu'il fournit est plus vive et plus solide que celle qui provient de la cochenille du nopal. Elle n'a contre elle que son peu d'abondance et les difficultés de sa récolte. J'ai pu, en effet, apprécier ces difficultés, m'étant déchiré les mains seulement pour avoir quelques échantillons pour ma collection entomologique. On le cultive comme l'yeuse, mais il ne se voit que dans les jardins de botanique. Son gland reste deux ans sur l'arbre.

Le CHÊNE FAUX KERMÈS a les feuilles persistantes, oblongues, bordées d'épines, et le calice hérissé d'écailles relevées. Il se trouve sur la côte d'Afrique, où il a été observé par Desfontaines. Ses rapports avec le précédent sont très nombreux; cependant, quand on les compare, on juge facilement de leurs différences. Ses feuilles sont plus longues, plus épaisses, les écailles de son calice sont plus larges et moins pointues. Il s'élève davantage. Il ne sert qu'à brûler.

Tous ces chênes d'Europe, d'Asie ou d'Afrique, excepté deux, je les possède en herbier; excepté quatre, je les ai vus vivans et portant des fruits, de sorte que si j'ai commis des erreurs à leur sujet, elles ne peuvent être que de synonymie. En général, les grands rapports qui existent entre plusieurs d'entre eux font qu'on les confond d'un canton à l'autre, que le chêne noir des environs de Dijon, par exemple, n'est pas le chêne noir des environs de Baïonne. J'ai pu juger, dans ma jeunesse, lorsque je vivois dans les forêts, que les bûcherons les connoissent bien mieux que les botanistes, et, d'après le confus souvenir qui me reste de cet heureux temps, j'ai lieu de croire que le nombre des espèces est encore plus considérable que je ne le fais. Un travail dont s'occupe l'administration forestière, sous la direction de M. Allaire, fixera bientôt ceux de France.

Actuellement je vais entrer dans le détail des chênes d'Amérique, chênes dont j'ai observé également sur leur sol natal la plupart des espèces, dont on cultive plusieurs dans les pépinières de Versailles, et sur lesquels, par conséquent, je puis aussi fournir quelques notes particulières qui avoient échappé à Michaux, ou qui n'entroient pas dans son plan.

Le CHÊNE OBTUSILOBÉ, qu'on appelle dans le pays *chêne blanc* ou *chêne gris*, parce qu'il a l'écorce de cette couleur. Ses feuilles sont velues en dessous, dans leur jeunesse sur-tout, et à cinq lobes, dont celui du milieu à deux, et les suivans ont une échancrure. Son gland est médiocre. Il s'élève d'environ cinquante pieds, et croît dans toute espèce de terrain. Son bois est excellent pour toute sorte d'ouvrages, et sur-tout pour les pieux, attendu qu'il résiste plus que celui de plusieurs autres à la pourriture. Je l'ai vu assez abondant en Caroline. Il ne craint point les gelées du climat de Paris, et se cultive dans les pépinières de Versailles.

Le CHÊNE A GROS FRUITS, *Quercus macrocarpa*, Mich., a les feuilles velues en dessous, avec cinq ou sept lobes crénelés, et sinués. Elles ont au moins six pouces de long. Son gland a deux pouces de long sur un et demi de diamètre. Sa cupule est chevelue sur ses bords. Ses jeunes rameaux sont couverts d'une fongosité semblable à celle de *l'orme subéreux*. Il s'élève à quatre-vingts pieds, et fournit un bois de bonne qualité. Comme il ne croît qu'à l'ouest des Alléghanis, je ne l'ai point vu.

Le CHÊNE LYRÉ, a les feuilles glabres, lyrées; le lobe supérieur à trois pointes, et les suivans comme tronqués. Son gland est moyen, et sa cupule tuberculeuse. On le trouve en Caroline dans les endroits aquatiques. Il a échappé à mes recherches. Sa hauteur surpasse soixante pieds.

Le CHÊNE BLANC a les feuilles presque uniformément pinnatifides, très velues et blanches dans leur jeunesse, presque glâbres et glauques en dessous dans leur vieillesse; leurs découpures sont très obtuses. Son gland est assez gros et renfermé dans une cupule tuberculeuse. Il s'élève à soixante pieds, et croît dans les terrains les plus arides comme dans les meilleurs. Ses feuilles varient beaucoup, et peuvent se comparer à celles de la variété du chêne pédonculé. Dans leur jeunesse, elles sont beaucoup plus divisées et entièrement couvertes de poils blancs en dessus et en dessous, de sorte que de loin elles paroissent comme couvertes de neige. Son écorce et son bois sont également blancs. Il est fort distinct du chêne obtusilobé, qui porte aussi le nom de chêne blanc. Son bois est si liant, qu'on le divise en lanières avec lesquelles ont fait des corbeilles, des chaises, des balais, etc.; qu'on le préfère à beaucoup d'autres pour les manches d'outils, etc. Il est excellent pour la construction des maisons, des navires, pour la fabrication du merrain, etc. Enfin il l'emporte sur le nôtre sous tous les rapports, excepté la dureté qu'il a inférieure. On le rencontre dans toute l'Amérique septentrionale, aussi ne craint-il pas les gelées du climat de Paris, et se cultive-t-il avec succès dans les pépinières de Versailles. J'e l'ai beaucoup vu et employé en Caroline. Ses glands sont peu acerbes et peuvent se manger.

Le CHÊNE CHATAIGNIER, *Quercus prinus*, Lin., a les feuilles ovales, oblongues, très peu profondément dentées; velues dans leur jeunesse, glabres dans leur vieillesse; longues de six pouces et larges de quatre; son gland est passablement gros, et sa cupule très écailleuse. Il s'élève de près de cent pieds et croît dans la Caroline aux lieux humides, où je l'ai fréquemment observé. C'est un des plus beaux arbres qu'on puisse voir. Son bois est excellent pour tous les usages économiques, et presqu'aussi liant que celui du précédent. Ses glands sont doux, son écorce se lève comme celle du platane, par plaques assez larges, lorsqu'il est vieux. On le cultive dans les pépinières de Versailles.

Michaud lui réunit, comme variété, trois chênes que je crois être des espèces distinctes, savoir, le *chéne des montagnes*, le *chéne acuminé* et le *chéne chincapin*. C'est probablement à une de ces espèces, la seconde, que doit se rapporter un grand chêne qui se voit dans le jardin du petit Trianon. C'est encore probablement avec une d'elles, peut-être la première, que Michaux a confondu un chêne dont on cultive beaucoup d'individus dans la pépinière de Trianon. C'est la seconde variété de Lamarck ; celle qu'il appelle à *écorce de platane* et qui a pour caractère, feuilles obtusément sinuées, amincies en pétiole, et fortement velues ou drapées en dessous. Son écorce se lève spontanément comme celle du platane. On pourroit l'appeler le CHÊNE DRAPÉ, *Quercus panosus*, Bosc.

Le CHÊNE VERT DE CAROLINE, *Quercus virens*, Mich., a les feuilles persistantes, oblongues, coriaces, d'un vert sombre en dessus, et glauques en dessous. Elles sont dentées dans leur jeunesse et entières dans leur vieillesse. Son gland est petit et sa cupule assez unie. On le trouve à peu de distance de la mer, dans les parties méridionales de l'Amérique septentrionale. J'en ai beaucoup observé en Caroline dans les sables les plus arides. C'est un arbre du plus grand intérêt, soit sous le rapport de l'utilité, soit sous celui de l'agrément. En effet, son bois est d'une dureté et d'une incorruptibilité plus grande que celle d'aucun autre arbre des mêmes contrées, peut-être même supérieur à celui du chêne vert d'Europe. On cite des pièces de navire de ce bois, des courbes qui ont plus de cent ans de service, et qui sont encore très bonnes. Il croît très lentement, n'élève son tronc que de douze à quinze pieds ; mais là, il se partage en trois ou quatre maîtresses branches qui étendent leurs rameaux de manière à former une demi-sphère de verdure qui a souvent plus de cent pieds de diamètre. Je n'ai jamais rencontré un de ces arbres isolé sans m'extasier à son aspect, et sans me demander combien il vaudroit dans un jardin paysager des environs de Paris ou de Londres. La plupart des premiers colons, à l'époque du défrichement, ont conservé les plus beaux pour retirer les bestiaux pendant les chaleurs de l'été ; mais la cupidité les fait abattre journellement : car ils se vendent très cher, lorsqu'ils sont d'un certain échantillon, et on n'en replante plus ; de sorte que dans un siècle ils seront excessivement rares en Caroline. Son gland est doux et extrêmement recherché par tous les animaux sauvages, et principalement par les cerfs, qui se font tuer en approchant des habitations pour le manger. Ces glands sont d'une telle abondance certaines années, que tel arbre en pourroit fournir vingt à trente tonneaux. Souvent ils germent sur l'arbre même par l'effet de la grande humidité de l'atmosphère. Ils y restent deux ans.

Cet arbre est un des plus précieux que l'Amérique puisse offrir à l'Europe ; mais quoique Michaux ait envoyé des millions de ses glands en France, il n'y en a peut-être pas encore un seul dans les landes de Bordeaux, sur les collines stériles des environs de Toulon, en Corse, etc., etc. On n'en voit que quelques chétifs pieds, en pots, dans les jardins de Paris et de Versailles, pieds qui sont si défigurés, que par-tout

on les dit appartenir au *chéne saule* dont il va être question.
Il faut envoyer ses glands dans de la terre à moitié sèche (qui
les conserve en état de végétation), et les semer aussitôt leur
arrivée à une exposition chaude, et dans un sol léger, même
de préférence dans de la terre de bruyère. Le plant lève sur-
le-champ, et a cela de remarquable que sa racine sort toujours d'un ganglion de la grosseur et de la forme d'une noix.
Il est encore plus difficile à la reprise que le chêne vert
d'Europe; de sorte qu'il faut semer les glands en place ou
dans des pots.

Je fais des vœux pour que les essais tendant à naturaliser cet
arbre en France se renouvellent, et pour qu'on les dirige
mieux que par le passé.

Le CHÊNE SAULE, *Quercus phellos*, Lin., a les feuilles lancéolées, aiguës, très longues et pubescentes en dessous dans
leur jeunesse, et le gland presque rond. C'est un arbre de
cent pieds de haut, dont l'écorce est lisse et blanche, et la
tête d'une très belle forme. Ses feuilles sont quelquefois
lobées dans leur jeunesse, comme celles du *chéne aquatique*,
qui sera mentionné plus bas, et tombent tous les ans à l'entrée de l'hiver. On le trouve dans toute l'Amérique septentrionale, où je l'ai observé dans les sols humides ou inondés
pendant l'hiver ; sa croissance est lente. Son bois est bon et
très employé ; mais il n'a pas de qualités prédominantes. Il
fournit peu de glands, aussi en envoie-t-on rarement en Europe.
Il y en a deux très beaux pieds (de plus de quarante pieds)
dans le jardin du petit Trianon, qui sont provenus de la greffe
d'un de ses rameaux sur le *chéne roure*. Ce sont les deux seuls
que je connoisse aux environs de Paris.

Le CHÊNE PUMILE, *Quercus pumila*, Walter, a les feuilles
lancéolées, obtuses, très pubescentes, même dans leur vieillesse,
et le gland presque rond. Il ressemble beaucoup au précédent,
avec lequel Michaux l'a confondu quoiqu'il l'ait figuré séparément ; mais il en diffère par ses feuilles plus courtes, plus
obtuses, plus ondulées en leurs bords et plus velues en dessous,
et sur-tout par sa hauteur, qui surpasse rarement un pied, par sa
grosseur que je n'ai jamais vue de deux lignes, et par ses racines
qui sont traçantes et stolonifères. Il croît en Caroline dans les
lieux humides, et couvre quelquefois exclusivement, sous les
grands arbres, des espaces considérables. Je me suis quelquefois
amusé à en arracher, en en tirant un avec la main, vingt à
trente pieds à la fois, par le seul effort de mon bras, tous
tenant à la même racine, afin de pouvoir me donner en Europe comme un nouvel Alcide. Il est extrêmement rare de
pouvoir envoyer des glands de ce chêne en Europe, parceque

les animaux sauvages, et sur-tout les jeunes dindons, à la portée desquels ils se trouvent, ne les laissent pas arriver à maturité. C'est sans doute pour prévenir la prompte disparition de cette espèce de la liste des végétaux, que la sage nature lui a donné, comme elle a donné au *chêne kermès*, la faculté de se reproduire par ses racines.

Le CHÊNE CENDRÉ, *Quercus humilis*, Walter, a les feuilles oblongues, lancéolées, aiguës, entières, couvertes en dessous de poils cendrés. Dans sa jeunesse son gland est presque sphérique et sa cupule peu profonde. On le trouve en Caroline dans les sables les plus arides, et il y parvient rarement à plus de quinze à vingt pieds. C'est une espèce bien distincte, mais qui a été cependant confondue par les auteurs avec le chêne à feuilles de saule. Son tronc est toujours bossu, tortu, et sa cime d'une forme irrégulière ; son bois est extrêmement dur, ainsi que je m'en suis assuré bien des fois. On ne l'emploie qu'au chauffage. Dans sa jeunesse ses feuilles prennent quelquefois des lobes. Son gland reste deux ans sur l'arbre.

Le CHÊNE A LATTE, *Quercus imbricaria*, Lin., a les feuilles ovales, oblongues, aiguës, entières, un peu tomenteuses en dessous et les glands presque ronds. Il diffère fort peu du précédent par la description, mais beaucoup par son port. Ses feuilles sont trois fois plus larges ; son tronc est de plus de quarante pieds de haut. On le trouve à l'ouest des Alléghanis, où on emploie son bois, de préférence à tous les autres, pour faire les lattes et les bardeaux parcequ'il se fend droit et qu'il pourrit difficilement. Je ne l'ai pas vu en Caroline.

Le CHÊNE A FEUILLES DE LAURIER a les feuilles lançéolées, rétrécies inférieurement, glabres et luisantes ; ses glands sont presque ronds et sa cupule un peu turbinée. On le trouve dans les lieux humides de la Caroline, où je l'ai vu, mais sans pouvoir le rencontrer en fruits. Son bois est peu estimé. Il atteint soixante pieds de haut.

Le CHÊNE AQUATIQUE a les feulles cunéiformes, un peu sinueuses ou lobées, ordinairement obtuses ; son gland, qui reste deux ans sur l'arbre, est presque globuleux et sa cupule presque plate. On le trouve très abondamment en Caroline dans les endroits humides et même inondés, mais jamais dans l'eau permanente. Il s'élève à soixante pieds. C'est un fort bel arbre, qui rempliroit bien sa place dans nos jardins paysagers par la couleur glauque et le luisant de ses feuilles. Son bois est peu estimé en Amérique, parcequ'il est cassant et très difficile à travailler, quand il est sec, à raison de sa dureté ; mais je ne doute pas qu'on n'en pût tirer un bon parti pour les ouvrages de tour principalement. Il a beaucoup de l'aspect de celui du hêtre. Sa croissance est très rapide. Dans ses premières années il n'y a jamais sur le même pied deux feuilles semblables, et souvent leurs formes sont diamétralement opposées, comme linéaires et presque rondes, entières ou très fortement lobées. Il y en a beaucoup de jeunes dans les pépinières de Versailles; mais comme il est sensible à la gelée, on n'en voit aucun gros dans les jardins, malgré la grande quantité de glands envoyés par Michaux.

Le CHÊNE NOIR a les feuilles coriaces, roussâtres, pulvérulentes en dessous, cunéiformes, souvent cordiformes à leur base, et mucronées au sommet de leurs lobes; son gland est ovoïde et sa cupule turbinée. Il s'élève à trente pieds. Je l'ai rapporté de Caroline, où il croît dans les terrains sablonneux. Son bois très poreux, très cassant, ne sert que pour le chauffage. Il ne faut pas le confondre avec le suivant, qu'on appelle aussi *chêne noir* en Amérique.

Le CHÊNE QUERCITRON, *Quercus tinctoria*, Mich., a les feuilles ovales, lobées, obtuses à leur base, d'un vert obscur en dessus et pubescentes en dessous; leurs lobes sont mucronés dans la jeunesse; ses glands sont ronds, un peu déprimés et renfermés dans une cupule fort aplatie. On le trouve dans le nord de l'Amérique septentrionale. Il s'élève à quatre-vingts pieds, et croît dans les meilleurs terrains. Son bois, quoiqu'inférieur à plusieurs autres, est généralement employé à la construction des maisons et des navires de cabotage. C'est lui qui, sous le nom de quercitron, se voit depuis quelques années dans le commerce, et donne à la teinture cette belle couleur jaune serin si solide. Son écorce sert au même usage, et de plus est excellente pour le tannage des cuirs. Je n'ai point rencontré ce chêne en Caroline, ou plutôt je l'aurai confondu avec le précédent dont il porte le nom (chêne noir); mais il y en a quelques pieds dans les pépinières de Versailles, que je désire placer de manière à devenir des portes-graines, car il est un des arbres le plus utile à multiplier en France à raison de son utilité et de sa beauté.

Le CHÊNE TRILOBÉ a les feuilles cunéiformes, trilobées au sommet, mucronées sur toutes ses saillies, velues et cendrées en dessous; son gland est globuleux, fort petit, et sa cupule fort aplatie. Son accroissement est très rapide, et il s'élève à soixante pieds. Ses feuilles ont cinq à six pouces de long sur trois ou quatre de large à leur sommet. Je l'ai trouvé en Caroline dans les plus mauvais terrains. Son bois est passablement bon. Il y en a quelques pieds dans les pépinières de Versailles.

Le CHÊNE DE BANISTÈRE a les feuilles à cinq lobes, aiguës, velues et cendrées en dessous; son gland est globuleux et géminé; sa cupule turbinée. Il s'élève seulement de huit à dix pieds, et croît dans le nord des Etats-Unis, dans des terrains argileux et froids. Je ne l'ai point vu. Il peut servir à faire des haies.

Le CHÊNE FALCATE a les feuilles à trois, cinq ou sept lobes aigus, mucronés, recourbés en faux, très longs ; elles sont très velues en dessous. Son gland est globuleux et sa cupule peu profonde. On le trouve en Caroline, où je l'ai fréquemment observé dans les terrains les plus arides. C'est un fort bel arbre, qui s'élève de soixante pieds et dont le bois est passablement bon. Son gland reste deux ans sur l'arbre.

Le CHÊNE DE CATESBY a les feuilles rétrécies à leur base et trois ou cinq lobes très profonds, aigus, mucronés et souvent recourbés en faux. Son gland est gros et presque globuleux. C'est un arbre de trente à quarante pieds de haut, agréable par la forme de ses feuilles, mais dont le bois trop poreux n'est bon qu'à brûler. Il croît dans les plus mauvais terrains de la Caroline, où j'ai dû l'observer, mais d'où je ne l'ai pas rapporté. On en voit un grand nombre de beaux pieds à Rambouillet, et quelques petits dans les pépinières de Versailles.

Le CHÊNE ÉCARLATE, *Quercus coccinea*, Mich., a les feuilles glabres, à cinq ou sept lobes subdivisés et terminés par des soies ; elles sont longues de près d'un pied. Son pétiole est très long. Son gland est oval et sa cupule très écailleuse. On le trouve dans la Haute-Caroline, où je ne l'ai vu que dépouillé de ses feuilles. C'est un superbe arbre de quatre-vingts pieds de haut, très propre à figurer dans les jardins paysagers, et dont le bois est meilleur que celui du chêne rouge, avec lequel il a de grands rapports. On en cultive beaucoup de pieds à Versailles et à Rambouillet.

Le CHÊNE ROUGE a les feuilles de cinq à neuf lobes, peu profonds en comparaison des espèces précédentes, et subdivisés en plusieurs parties inégales, très aiguës, toutes terminées par un mucron. Elles sont longues de cinq à six pouces. Son gland est assez gros, mais court, et sa cupule très aplatie. C'est un superbe arbre qui atteint plus de cent pieds de haut, et dont l'accroissement est très rapide. Son bois est léger, poreux, peu propre à faire du merrain pour les tonneaux ; mais il est très employé pour la charpente et le charronnage. Son écorce est préférée à toutes les autres pour le tannage, comme contenant plus de principe astringent. Il se trouve dans toute l'Amérique septentrionale, dans toute espèce de terrain, même les plus mauvais. Je l'ai fréquemment observé en Caroline. On en voit un superbe pied au jardin du petit Trianon. On en voit aussi dans les anciennes possessions de Duhamel qui fructifient et s'y reproduisent naturellement. Il est très propre à embellir les jardins paysagers.

Cet arbre est donc une des meilleures acquisitions que l'Europe puisse faire. On l'appelle *rouge*, parceque ses feuilles prennent cette couleur en automne ; mais cette propriété est commune à plusieurs espèces.

Les quatre espèces précédentes, et la suivante, avoient été confondues sous le même nom, mais elles sont fort distinctes.

Le CHÊNE DES MARAIS, *Quercus palustris*, Mich., a les feuilles profondément découpées par sept lobes allongés, subdivisés et mucronés. Son gland est petit et sa cupule peu profonde. Il croît au nord de l'Amérique septentrionale, dans les lieux aquatiques, et s'élève à quarante pieds. Ses branches inférieures se recourbent vers la terre, ce qui le rendroit très propre à faire des haies. Son bois est très tenace et sert principalement pour des raies de roues. Je ne l'ai point rencontré en Caroline. On en voit quelques pieds, déjà forts, dans les pépinières de Versailles.

On peut juger, par ce rapide extrait de l'ouvrage de Michaux, combien de moyens de richesse l'introduction des chênes d'Amérique peut apporter à la France. Ce qui les rend principalement précieux, c'est que la plupart croissent et deviennent de grands arbres dans les sables les plus arides. La différence qui existe dans les qualités de leur bois est aussi un avantage très important aux yeux de ceux qui se livrent à la pratique des arts mécaniques, où il faut tantôt plus de dureté, tantôt plus de flexibilité, tantôt plus de légèreté, tantôt plus d'incorruptibilité, qualités sans doute réunies dans nos deux *chênes communs*, mais chacune à un moindre degré que dans le *chêne aquatique*, le *chêne blanc*, le *chêne rouge*, le *chêne vert de Caroline*. On doit donc faire des vœux pour que le projet de l'ancien gouvernement de France soit repris, et que le fils de Michaux, digne successeur de son père dans son goût pour la multiplication des arbres étrangers, soit de nouveau envoyé en Amérique pour faire des expéditions annuelles de glands, non pas seulement pour les pépinières de Versailles, comme on s'est contenté jusqu'à présent, mais pour tous les propriétaires, sur-tout des parties méridionales de la France, qui voudront se soumettre à les planter et à en cultiver le plant. Je ne doute pas que les résultats d'une semblable mesure, suivie pendant une dixaine d'années, ne fussent dans l'avenir d'une utilité majeure pour la France et même pour l'Europe entière.

La culture des chênes d'Amérique ne diffère pas de celle du chêne d'Europe. Deux seules espèces, à ma connoissance, craignent la gelée dans le climat de Paris, le *chêne aquatique* et le *chêne vert*; encore peut-on espérer que le premier, plus avancé en âge, saura la braver. Il faut, autant que possible, semer leurs glands en place, pour éviter les suites dangereuses de la transplantation, mais les espacer de manière que les arbres qui en proviendront ne soient pas gênés dans leur croissance. La belle plantation de *chênes rouge et de Catesby* qu'on voit à Rambouillet, qui a dix huit ans et trente pieds de haut, est déjà si serrée qu'il faudroit en couper la moitié pour favoriser le développement de l'autre. Sans cette opération, on ne peut espérer d'en obtenir des fruits. Je voudrois donc que, encore pendant plusieurs années, on ne plantât les chênes d'Amérique qu'en avenue ou isolés, afin que, n'étant gênés en rien, ils devinssent plus tôt propres à la reproduction.

Je sens que cet article, malgré son étendue, ne remplira pas encore tous les désirs des cultivateurs, qui ont si souvent besoin d'avoir des notions très détaillées sur les nombreux usages du chêne; mais il faudroit des volumes pour les satisfaire. J'ai dû ne donner que des indications; c'est l'inconvénient de tous les ouvrages généraux. (B.)

CHÊNE PETIT. C'est la GERMANDRÉE OFFICINALE. (B.)

CHENEVARD. Nom patois du CHENEVIS. (B.)

CHENEVENILLE. *Voyez* CHÉNEVOTTE. (B.)

CHENEVIÈRE. Lieu semé en chanvre. *Voyez* CHANVRIÈRE.

CHÉNEVOTTE. Nom vulgaire des tiges du chanvre lorsqu'elles sont dépouillées de leur filasse. Ou on s'en chauffe, ou on en chauffe le four, ou on en fait des allumettes, ou on les jette sur le fumier pour augmenter la masse des engrais. En Espagne elles servent à faire de la poudre à canon. Souvent elles sont chez les habitans des campagnes la cause de désastrueux incendies, par le peu d'attention qu'apportent les teilleuses qui travaillent pendant l'hiver auprès d'un grand feu. (B.)

CHENILLE. On nomme ainsi toutes les larves des insectes de la famille des lépidoptères, et quelquefois, par extension, celles de certains insectes; de même que par abus de mot on appelle souvent vers de véritables chenilles, principalement la plus célèbre d'entre elles, celle du mûrier, le VER A SOIE.

Toutes les chenilles sont donc le second état de ces insectes, c'est-à-dire qu'elles sortent d'un œuf et se changent en chrysalides, d'où naît un PAPILLON, un SPHINX, une SESIE, une ZYGANE, un BOMBICE, un COSSUS, un HÉPIALE, une NOCTUELLE, une PHALÈNE, une PYRALE, une TEIGNE, un ALUCITE ou un PTEROPHORE. La plupart méritent autant l'admiration des philosophes par leur étonnante industrie, que la haine des cultivateurs par les dommages qu'elles leur causent.

Comme j'ai donné l'histoire de chacune des chenilles, en même temps et les plus communes et les plus destructives, à l'article des insectes dont elles naissent et qu'elles reproduisent, je ne parlerai ici que des généralités qui les concernent. *Voyez* aux mots cités plus haut.

3. 34

A quelque genre qu'appartienne une chenille , elle a toujours une tête écailleuse composée de deux mandibules très fortes, au bas desquelles est placée la filière, un corps cylindrique, allongé , composé de douze parties qu'on nomme anneaux, six pattes écailleuses attachées aux premiers anneaux, de deux à dix pattes membraneuses, plus ou moins suivant les espèces , placées d'abord sous le dernier anneau ; ensuite sous ceux qui le précèdent, un anus situé à la partie postérieure et inférieure du corps, et des stigmates ou ouvertures pour la respiration au nombre de dix-huit, un sur chaque côté des anneaux, excepté sur le troisième et le dernier. Il n'y a pas d'yeux.

La forme du corps des chenilles est en général cylindrique, comme je l'ai dit plus haut, il en est cependant quelques unes, comme on le verra dans la description des espèces , qui l'ont aplati, d'autres qui l'ont tuberculeux et anguleux.

On peut diviser les chenilles par la considération du nombre de leurs pattes membraneuses, pattes susceptibles de s'élargir et de s'allonger, souvent garnies de petits crochets et très propres à les fixer sur les branches et les feuilles des arbres. Celles qui n'en n'ont que dix, c'est-à-dire le moins possible, sont appelées *arpenteuses* , parcequ'étant pour marcher obligées de rapprocher leur dernier anneau de leur dernière paire de pattes écailleuses , elles relèvent considérablement leurs anneaux intermédiaires et semblent mesurer le terrain.

On peut encore diviser les chenilles en rases , en épineuses , etc. Ces dernières varient beaucoup par la disposition , la longueur et la couleur de leurs épines ou de leurs poils. C'est chez elles qu'on trouve exclusivement celles qu'on appelle *venimeuses*, c'est-à-dire celles qui, quand on les touche, peuvent occasionner des démangeaisons , et même de petites inflammations locales. Cet effet est produit par leurs poils qui se séparent facilement et entrent dans les rides de la peau, qu'ils piquent et irritent d'autant plus qu'on la gratte, on la frotte davantage pour s'en débarrasser. C'est par un préjugé ridicule que quelques personnes craignent tant ces animaux, car ils ne sont à redouter, sous aucun autre rapport, pour ceux qui les touchent, que celui que je viens d'indiquer ; quelques unes , soit des rases , soit des velues, sont parées des plus brillantes couleurs , ou ont des formes très remarquables ; et toutes ont des mœurs, un genre d'industrie particulière , très propre à exciter l'intérêt de tous ceux qui les observent. J'ai vu la beauté même se mettre au-dessus du vulgaire, et trouver des distractions agréables dans l'étude de ces mœurs. Quoi de plus merveilleux en effet que les phénomènes présentés par le ver à soie , par exemple , dans le cours de sa vie ; et il n'est cependant pas le plus digne d'étonnement !

CHE

1

Les chenilles proviennent toutes d'un œuf qu'une des femelles des insectes des genres précités a déposé dans le lieu le plus convenable, c'est-à-dire justement sur la plante, ou partie de la plante, dont la chenille doit se nourrir au moment de sa naissance. C'est la chaleur de l'atmosphère qui fait éclore ces œufs, et toujours au moment où les petites chenilles trouveront la nourriture qui leur est propre, c'est-à-dire très généralement les feuilles, et quelquefois les fleurs, les fruits, les racines et les tiges des plantes, même les charognes, etc. Quelques unes de ces chenilles aiment à vivre en société, d'autres solitairement. On en voit qui se montrent continuellement, d'autres qui sont toujours cachées. Beaucoup peuvent faire sortir à volonté, dès leur naissance, une soie qui leur permet de descendre des branches et d'y remonter, par la filière dont j'ai déjà parlé; mais la plupart ne jouissent de la faculté de filer qu'au moment qui précède celui où elles vont se transformer en chrysalide ou nymphe, comme je le dirai plus bas.

Il n'est point de chenille qui ne change de peau plusieurs fois dans le cours de son existence. Le plus grand nombre trois à quatre fois, le plus petit depuis cinq jusqu'à neuf. Cette opération, qu'on appelle *maladie* dans les vers à soie, est toujours une crise dangereuse pour les chenilles, pendant laquelle il en périt des millions, ou mieux, des milliards toutes les années. Qu'un vent, ou plutôt une pluie froide, arrive à une de ces époques, et l'arbre le plus infesté de chenilles s'en trouve débarrassé le lendemain.

Le temps que les chenilles vivent sous cet état est aussi variable que les espèces mêmes. Les unes subissent toutes leurs mues en quinze jours, pour d'autres il leur faut des mois et même des années. On en connoît qui restent quatre ans avant de devenir insectes parfaits. La révolution d'une saison, c'est-à-dire trois mois, est cependant le temps qu'il faut au plus grand nombre pour arriver au terme.

Aux approches de cet instant les chenilles cessent de manger, et s'occupent de trouver un lieu où elles puissent se transformer, avec sécurité, en chrysalides, en fèves ou en nymphes, trois mots qui sont synonymes, état où elles n'auront aucun moyen de défense contre leurs ennemis. La nature a beaucoup fait pour elles; mais elle veut qu'elles aient aussi une portion du mérite. Les plus communes, c'est-à-dire celles qui doivent donner les insectes les plus féconds, sont en général les moins bien partagées à cet égard. Ainsi, celle du papillon du chou, le fléau de nos jardins, se transforme contre un mur, contre un tronc d'arbre, où elle est très en vue; ainsi, celle appelée la *commune*, qui ravage nos arbres fruitiers et nos arbres d'avenue, se transforme dans un cocon très facile à reconnoître. Les autres savent se cacher entre des feuilles qu'elles plient ou contournent, dans les crevasses des arbres, sous des pierres, dans la terre, etc. Plusieurs se font des cocons de soie si solides, que les instrumens de fer peuvent à peine les pénétrer; d'autres y introduisent leurs poils, ou une bave résineuse, ou des matières étrangères, telles que des fragmens de feuilles, de bois ou de terre, qui empêchent de les reconnoître. Que de merveilles présente ce seul instant de la vie de la chenille! On trouvera au mot VER A SOIE un exemple détaillé de la manière dont les chenilles filent leur cocon, puisque toutes suivent en général la même marche; et le détail des espèces de chaque genre fera connoître les différentes variations qui ont lieu. On peut cependant dire ici que les chenilles des papillons se suspendent par la queue et s'attachent par le milieu du corps; que celles des sphinx s'introduisent dans la terre; que celles des sesies, qui vivent toutes dans le bois, y restent; que celles des zyganes font des cocons membraneux et très allongés, et les placent sur les tiges des plantes les plus grêles; que celles des bombices, la plupart dans des cocons soyeux sur l'arbre où elles ont vécu, ou sur les murs, ou sous les pierres qui en sont voisines; que celles des cossus, qui vivent toutes dans le tronc des arbres; que des hépiales, qui vivent toutes dans leurs racines, n'en sortent que sous l'état d'insectes parfaits; que presque toutes celles des noctuelles s'enterrent et ne font point de cocons; il en est de même de celles des phalènes; que celles des pyrales plient les feuilles des arbres, ou les contournent pour se cacher; que celles des teignes, qui presque toutes se bâtissent, dès leur naissance, un fourreau avec les matières dont elles vivent, ou des matières étrangères, y restent; que celles des alucites restent également dans la galerie qu'elles se sont faite dans l'épaisseur des feuilles; enfin, que celles des ptérophores se suspendent à peu près comme celles des papillons. Ce rapide exposé est soumis à beaucoup d'anomalies, qui seront mentionnées lorsque je traiterai des espèces qui les présentent.

Je dois encore observer que, quoique la forme ovoïde soit celle de la très grande masse des chrysalides, il en est cependant, sur-tout dans le genre des papillons, qui sont anguleuses et baroques. Il en est de même de la couleur généralement brune, mais qui dans les papillons a souvent l'aspect de l'argent ou de l'or. Le nom qu'elles portent leur est même venu de cette dernière couleur, qui a frappé les premiers observateurs.

Le temps que les chrysalides restent dans cet état varie autant que celui pendant lequel elles ont vécu sous la forme de chenilles. Peu de jours suffisent à quelques espèces pour raffermir leurs parties intérieures, et sortir sous forme d'insectes parfaits.

À d'autres il faut plusieurs mois; c'est-à-dire qu'elles passent l'hiver et ne changent qu'au printemps ou en été de l'année suivante. Quelquefois même elles restent plusieurs années sous cette forme. On peut toujours retarder leur changement en les tenant dans un air froid, comme on peut l'accélérer en les mettant dans un air chaud.

Les insectes parfaits ne vivent, pour la plupart, que fort peu de jours. Beaucoup même n'ont qu'un simulacre de trompe, et ne mangent point. Ils s'accouplent, pondent et meurent. Il en est cependant, sur-tout parmi les papillons, qui vivent pendant un certain temps, un mois par exemple; et un petit nombre qui passent l'hiver sous cet état, pour ne pondre qu'au printemps.

Les chrysalides et les insectes parfaits qu'elles ont produits ne nuisent plus à l'agriculture. Les papillons, les sphinx et quelques autres lui sont même utiles, car ils favorisent la fécondation des plantes, en allant chercher, avec leur trompe, le miel qui sert à leur nourriture dans le nectaire des fleurs, au milieu des organes de la fécondation de ces fleurs. Cependant il est de l'intérêt du cultivateur de les rechercher pour les détruire. En effet une chrysalide du bombice de la commune écrasée empêche deux ou trois cents chenilles de naître. Un papillon femelle du chou, tué, dispense de tuer les cent cinquante à deux cents chenilles qu'il auroit produites quinze jours après. Souvent les chrysalides sont plus faciles à trouver que les chenilles. Il en est de même des insectes parfaits. Beaucoup de bombices, de noctuelles, de phalènes, et sur-tout de pyrales et de teignes, viennent se brûler à la chandelle; ne devrait-on pas allumer des feux de fagots dans certains endroits pour y attirer également ces insectes? J'ai proposé il y a déjà long-temps ce moyen non pour détruire, je ne le crois pas possible, mais pour diminuer le nombre des pyrales qui font tant de tort à la vigne. Il faut, comme moi, avoir vu la quantité de papillons de nuit, pour me servir de l'expression commune, qui afflue autour d'un four à charbon; il faut comme moi avoir, en France et en Amérique, employé le feu dans l'intention de prendre de ces insectes pour ma collection, pour pouvoir apprécier l'excellence de ce moyen. Je le recommande donc aux cultivateurs. Il est vrai qu'il n'a d'effet réellement durables, c'est-à-dire réellement utiles, qu'autant que tous ceux d'un canton l'emploient simultanément; mais enfin, il est des cas, et celui du pyrale de la vigne est du nombre, où leur intérêt commun les y porte. Les plus insouciants, ou les plus ignorans, ne demandent, dans ce cas, qu'un provocateur.

Mais il faut revenir sur la manière de vivre ou sur les habitudes industrieuses des chenilles.

Il y a très peu de plantes qui ne nourrisent des chenilles, et

quelques unes de ces chenilles peuvent indifféremment vivre
aux dépens de plusieurs plantes. On a remarqué principalement qu'une telle espèce attaquoit indifféremment tous les arbres du même genre, et ceux de tous les genres de la même
famille. Cependant, il faut le dire, le nombre de celles qui s'attaquent à toutes sortes de plantes est très borné. L'âcreté du
suc propre de l'euphorbe à feuilles de cyprès ne nuit point à la
belle chenille du sphinx qui vit à ses dépens. Les pointes qui
couvrent les feuilles de l'ortie n'empêchent pas plusieurs chenilles, même très délicates, de les dévorer. La dureté du bois
de l'orme n'arrête pas les ravages des cossus, et celle du grain
de blé, ceux de l'alucite qui cause souvent tant de pertes au
cultivateur. La grande *aquosité* des prunes, l'acidité de quelques pommes, n'empêchent pas certaines chenilles de s'introduire dans leur intérieur, et de vivre de leur substance. Le lard
le plus salé n'éloigne pas toujours celle du *Phalæna pinguis*,
qui vit de graisse.

Il y a des chenilles qui mangent le jour et la nuit; d'autres
qui se cachent le jour et ne cherchent leur nourriture que la
nuit. La plupart de celles des papillons et des noctuelles qui dévorent nos légumes sont dans ce cas. C'est donc la lanterne à la
main qu'on doit leur faire la chasse. Celles qui n'attaquent que
les racines, et le nombre ne laisse pas que d'être considérable, ne sont jamais en vue. On n'apprend le lieu de leur retraite que par le résultat de leur ravage, la mort des plantes,
ou les suites du labourage.

Quelques chenilles sont naturellement cachées par le seul
effet de leur couleur, fort semblable à celle des branches ou
des feuilles des arbres sur lesquels elles se trouvent, et par
leur immobilité. Il en est qui se roulent en anneau et se laissent tomber dans les herbes dès qu'on les touche; d'autres qui
ne se roulent point, mais qui descendent rapidement au moyen
d'un fil de soie. Plusieurs se sauvent de toute la vitesse de leurs
jambes, ou semblent vouloir se défendre par de brusques mouvemens. Il faut connoître leurs différentes mœurs pour pouvoir les détruire et plus facilement et plus sûrement.

Un grand nombre d'ennemis font perpétuellement la guerre
aux chenilles et en détruisent d'immenses quantités. Une multitude d'oiseaux s'en nourrissent et en nourrissent exclusivement leurs petits. Les serpens, les lézards, les grenouilles, les
crapauds en font aussi souvent leur curée. Quantité d'insectes les
recherchent également pour le même objet. Parmi eux, il faut
principalement citer les ichneumons et les cynips qui déposent
leurs œufs dans leur corps, sans pour cela les faire mourir d'a-
bord. De ces œufs sortent des larves qui vivent aux dépens de
la partie graisseuse de la chenille, et souvent ne la font périr

qu'après leur transformation en chrysalide. Il n'en est pas, telle cachée qu'elle soit, même celle qui vit dans l'intérieur des fruits, même celle qui vit dans l'intérieur des bois, qui ne puisse être attaquée et qui ne le soit par quelques uns de ces insectes. Je parlerai en détail de tous ces ennemis aux articles qui les concernent; car tout agriculteur doit les connoître, comme étant ses auxiliaires dans la guerre qu'il déclare à la plupart des chenilles.

Dans la Suisse, et contrées voisines, on profite du goût des fourmis pour les chenilles, et on s'en débarrasse aisément par un moyen qui ne doit pas manquer son effet, au moins relativement aux chenilles rases, telles que celles de la phalène brumate. Pour cela on commence par cerner le tronc de l'arbre avec une bande de goudron de cinq à six pouces de large, puis on attache à une des branches un sac plein de fourmis. Ces dernières se répandent par-tout, et ne pouvant descendre à cause du goudron, dévorent toutes les chenilles en peu de jours. Il est faux que les fourmis nuisent à ces arbres lorsqu'elles n'y sont pas en assez grande quantité pour brûler les feuilles au moyen de l'acide qui distille de leur bouche. Ainsi il n'y a jamais d'inconvénient à employer ce moyen.

Ce sont les pluies froides du printemps, et sur-tout, comme je l'ai déjà dit plus haut, celles qui surviennent à l'époque où les chenilles sont en mue, qui en font périr le plus grand nombre. Les suites de ces pluies sont un dévoiement qui les affoiblit et les conduit à la mort en deux ou trois jours et quelquefois moins. L'excessive abondance des mêmes animaux est aussi une des grandes causes de leur destruction, car quand elles ont mangé toutes les feuilles d'un arbre avant l'époque de leur transformation, la plupart périssent de faim, et ne peuvent par conséquent procréer de nouvelles générations pour l'année suivante. La chenille de la *teigne padelle* qui, cette année, 1805, a causé de si grands dommages aux pommiers, a été dans ce cas. J'ai en conséquence tout lieu de croire qu'il y en aura peu l'année prochaine.

Il sembleroit, je dois l'avouer, par ce que je viens de dire, que toutes les chenilles sont nuisibles à l'homme; mais le vrai est que la plupart sont très rares, ou n'attaquent que des plantes dont la conservation ne l'intéresse que fort peu ou point du tout. Il est telle chenille dont je n'ai pu trouver que deux ou trois individus depuis vingt-cinq ans que je travaille à ma collection d'insectes. Il en est même telle autre que je n'ai jamais rencontrée, quoique l'insecte parfait qu'elle produit soit tombé plusieurs fois sous ma main. De quelle importance est-il pour nous que les orties soient dévorées, comme elles le sont si souvent, par la chenille du papillon de son nom, ou par celle du papillon paon de jour ? Il n'y a réellement qu'un petit nombre d'espèces qui soient essentiellement un fléau pour l'agriculture. Je mettrai au premier rang la commune, la livrée, celle à oreille, qui donnent toutes des bombices ; celle des grains, celle des fruits, celle qui a mangé les pommiers cette année, celles des étoffes de laine, qui se changent en teignes ; celles du chou, qui fournissent des papillons ; ensuite quelques unes qui, ordinairement rares, se multiplient quelquefois si fort, qu'elles se rangent dans la division précédente, telles que la chenille du psy et du gamma, qui sont des noctuelles. *Voyez* le huitième mémoire du deuxième vol. de Réaumur ; de l'étoilée, qui est un bombice ; de la brumate, qui est une phalène ; de la pomme, de la vigne, qui sont des pyrales, et quelques teignes ; le reste est peu à craindre.

On ne peut donc raisonnablement se plaindre que des chenilles qui, en rongeant la totalité ou la plus grande partie des feuilles des arbres ou des plantes, empêchent ces arbres d'abord de croître autant qu'ils l'eussent fait sans cela, ensuite de nous donner les fruits ou l'ombrage que nous en attendions, et ces plantes de servir à notre nourriture ou à celle des bestiaux, compagnons de nos travaux. Ce sont celles-là qu'il faut chercher les moyens de détruire ; mais jusqu'à présent il n'y a guère que la commune contre laquelle on ait employé des moyens coërcitifs. Une loi oblige d'enlever tous les hivers les nids de ces chenilles ; mais elle n'est guère exécutée que sur les routes qui avoisinent les grandes villes et dans les jardins publics. *Voyez* au mot BOMBICE. J'ai indiqué, à leur article, les moyens particuliers de destruction propres à chaque espèce. Je dois donc me borner ici à répéter qu'il ne suffit pas d'attaquer les chenilles mêmes, mais encore les œufs qui les ont produites, les chrysalides qu'elles ont formées, les insectes parfaits qui leur ont donné naissance. C'est par la réunion de tous ces moyens qu'on peut espérer de parvenir à des résultats avantageux.

Quelquefois on fait tomber les chenilles d'un arbre en brûlant au bas de la paille mouillée, ou du fumier nouvellement retiré de dessous les chevaux. Un peu de souffre qu'on jette sur cette paille accélère leur chute. Un coup de fusil tiré au milieu même de l'arbre, en ébranlant subitement l'air, les fait également tomber. Une dissolution de potasse, une eau de savon, ou une décoction de sureau, de jusquiame ou autre plante à odeur et saveur désagréable, dont on arrose les plantes, produit aussi des effets utiles ; mais ces moyens n'agissent pas sur toutes les espèces de chenilles. La commune, par exemple, n'y est aucunement sensible.

On a proposé d'enduire le corps des arbres de miel, ou d'une autre matière gluante, pour empêcher les chenilles de monter dessus ; mais ce moyen n'a pu paroître bon qu'à ceux qui n'ont pas étudié les mœurs de ces insectes. Il n'y a tout au plus que celles qui sont tombées du même arbre que cela empêcheroit d'y remonter. Le nombre des chenilles coureuses est très borné, et même je n'en connois pas, dans cette classe, qui monte sur les arbres.

J'ai indiqué plus haut la méthode employée en Suisse et en Lusace pour en débarrasser un arbre.

Les chenilles sont nécessairement utiles dans l'ordre de la nature, et j'ai rapporté qu'elles servoient de nourriture à des oiseaux que l'homme mange ensuite ; mais parmi leur grand nombre il n'y a absolument que celle du mûrier dont il tire immédiatement parti. *Voyez* le mot VER A SOIE. On a fait à différentes époques des essais pour filer la soie de quelques autres espèces, mais les résultats n'ont pas été assez avantageux pour qu'on y soit revenu. Il ne faut cependant pas se rebuter, car il est possible que quelque observateur fasse en ce genre des découvertes d'une grande importance et auxquelles on ne s'attend pas. (B.)

CHENILLE DE L'AVOINE. M. Tessier a décrit cette chenille au mot AVOINE, et M. Fromage dans les Annales d'agriculture, vol. 15. Elle vit dans le chaume de cette graminée, et son insecte parfait est gris argenté. Je ne connois pas cette espèce, que ces deux agriculteurs disent causer de grands dommages dans la ci-devant Beauce. (B.)

CHENILLE FAUSSE. Ce sont des larves des TENTHRÈDES, qui ressemblent beaucoup aux véritables chenilles ; mais elles ont plus de seize pattes. (B.)

CHEPTEL ou CHETEL, CHETEIL, CHAPTAL, CHATAL. Espèce de bail, par lequel on donne à nourrir des bœufs, vaches, moutons, brebis, agneaux, chèvres, cochons, et le tout à moitié profit. L'arrêt du conseil de 1690, l'édit du mois d'octobre 1713, ont ordonné que de tels baux doivent être passés par-devant notaire, pour éviter toute fraude.

Les conditions de ce bail ou de l'acte sous seing-privé sont en général (car elles varient suivant les provinces), 1° que le bailleur a droit de revendiquer le bétail qu'il a donné à cheptel, dans le cas de saisie chez le preneur ; 2° que, si le bétail vient à périr par cas fortuit, la perte est supportée par le bailleur et par le preneur ; 3° que, s'il périt par la faute du preneur, il en supporte la perte ; 4° que le lait, le fumier, et le travail du gros bétail appartiendront au preneur, et que le bailleur aura droit seulement sur la laine, et sur la multiplication des animaux. Ces lois générales sont susceptibles de beaucoup d'autres conventions, au gré des contractans.

On distingue deux sortes de cheptel, le *simple*, et celui de *métairie*.

Le cheptel *simple* a lieu lorsque le propriétaire des bestiaux les donne à un particulier qui n'est point son fermier ou métayer, pour faire valoir les héritages qui appartiennent à ce particulier, ou qu'il tient d'ailleurs, soit à titre de loyer, soit à ferme.

Le cheptel de *métairie* est lorsque le maître d'un domaine loue à son métayer des bestiaux, à la charge de prendre soin de leur nourriture, pour les garder pendant le bail, et s'en servir pour la culture et amélioration des héritages.

Le bail peut être à moitié, si le bailleur et le preneur fournissent chacun moitié des bestiaux qui sont gardés par le preneur, à condition de partager par moitié les animaux survenus, et la moitié de la laine.

Le bailleur peut donner à son fermier les bestiaux par estimation, à la charge que le preneur en percevra tout le profit, et il augmente à proportion le prix du bail. Le preneur est obligé de rendre à la fin du bail les bestiaux de même valeur que ceux qui lui ont été remis lors de la passation du bail, et suivant l'estimation.

Plusieurs de nos provinces ont des lois, ou *coutumes*, expresses sur cet objet. *Voyez* BAIL. (R.)

CHÉRANÇOIR. *Voyez* SÉRANÇOIR.

CHÈRE A-DAME. Variété de POIRE.

CHÉROLLE. Dans quelques endroits on donne ce nom à la VESCE A ÉPI, *Vicia cracca*, Lin.

CHERVI, *Sium sisarum*, Lin. Espèce du genre des BERLES (*voyez* ce mot) qu'on cultive dans les jardins potagers et dont on mange la racine.

Cette plante a une racine charnue, tuberculeuse, roussâtre, une tige noueuse, cannelée, haute de quatre à cinq pieds, des feuilles alternes, ailées avec impaire, des fleurs blanches et disposées en ombelle. Elle est originaire de la Haute-Asie. On la cultive aussi à la Chine où, sous le nom de Ninzy, elle jouit d'une grande célébrité, comme propre à ranimer les forces vitales, à augmenter les facultés prolifiques de ceux qui en mangent. (B.)

La racine indique l'espèce de terre qui convient à la plante : cette racine pivote, il lui faut un sol bien défoncé et léger. Dans les provinces méridionales le chevri demande à être semé dans le mois de février ; en mars, dans celles de l'intérieur du royaume, et au commencement d'avril dans celles du nord.

On sème de deux manières, ou à la volée, ou par rayons : je préfère cette dernière, parcequ'elle facilite le serfouage,

ui, donné à propos et assez souvent, fait singulièrement pro-
ter la racine. Il faut fréquemment arroser; cette plante aime
eau, mais non pas le marécage.

Quoiqu'on puisse la replanter, il vaut mieux la laisser
ans les sillons, et éclaircir suivant le besoin. Cependant la
ansplantation offre un grand avantage; elle a lieu commu-
ément en avril ou en mai, suivant les provinces. Du collet
e la plante il sort plusieurs tubercules qu'on sépare, qu'on
lante, et de chacun il pousse une tige nouvelle: ces fileuses
evancent les plants venus de semence. Ce que je dis ici paroît
ontradictoire avec ce que je viens d'avancer; mais l'expérience
i'a prouvé que les chervis non replantés produisoient des ra-
ines plus fortes et mieux nourries. On peut, sans inconvénient,
eplanter les chervis surnuméraires qu'on arrache de terre.

Cette plante, ainsi que je l'ai déjà dit, monte en tige dès la
remière année; il convient de couper cette tige afin de faire
rossir les racines : ces tiges sont agréables aux chèvres, aux
noutons, aux bœufs, etc. Pendant les grandes chaleurs, arrosez
ouvent; la plante graine dans le mois de septembre pour les
ays méridionaux, et par conséquent plus tard en Flandre.
_a graine de la première année ne vaut pas celle de la seconde;
t autant qu'il est possible on ne doit semer que celle-là. Après
avoir cueillie, on l'expose pendant quelques jours au soleil,
our la renfermer ensuite dans un lieu sec, après l'avoir dé-
arrassée de toute immondice : cette graine se conserve pen-
lant trois ans. Quelques auteurs conseillent de tirer de terre
a quantité de chervis qu'on doit consommer dans l'hiver et
le les enterrer dans la serre : cette précaution me paroît su-
erflue, à moins qu'on ne veuille absolument en manger
orsque la terre est couverte de neige ou resserrée par la
gelée.

Les racines ont une douceur fade qui les fait dédaigner par
lusieurs : on les regarde comme apéritives et vulnéraires,
t elles sont rarement employées en médecine. (R.)

CHEVAL. Le cheval est un des animaux domestiques les
plus utiles; il rend des services multipliés à l'agriculture et au
commerce.

Nous pensons que dans un ouvrage de la nature de celui-ci
il doit être considéré plus particulièrement sous le rapport de
son utilité en agriculture, ainsi que sous celui de ses différens
roduits.

Nous ne parlerons pas de son histoire naturelle, qui est traitée
ailleurs beaucoup mieux que nous ne pourrions le faire (1).

(1) Voyez le nouveau Dictionnaire d'Histoire Naturelle, Paris, Déterville,
t l'ouvrage de M. Huzard sur l'amélioration des chevaux en France.

Nous nous bornerons à indiquer les différentes races françaises, celles de ces races qui sont les plus propres à l'agriculture, et le choix qu'en doit faire le cultivateur, selon le genre d'exploitation auquel il se livre ; et pour cela nous rapporterons ici ce qui se pratique avec succès dans différens départemens. Nous terminerons cet article par l'indication des maladies auxquelles le cheval est sujet.

Nous croyons indispensable de répéter ici ce qui a déjà été dit par-tout, et ce que tous les praticiens savent, tant sur les moyens de s'assurer de l'âge du cheval, que sur ceux de reconnoître ses tares et différens vices de construction.

L'âge du cheval se reconnoît aux dents incisives, c'est-à-dire celles qui sont à la partie antérieure de chaque mâchoire, au nombre de six, Les deux du milieu, qui sont les premières venues, se nomment *pinces;* les deux autres, qui sont situées de chaque côté de celles-ci, se nomment *mitoyennes ;* et les deux dernières se nomment *coins :* elles prennent ce nom de leur position. Entre les dents mâchelières et les incisives, il y a quatre dents, savoir une de chaque côté de chaque mâchoire on les nomme *crochets*. Elles sont aiguës dans les jeunes sujets et ont la forme de dents canines; les jumens en sont ordinairement dépourvues; cependant on trouve des jumens qui en ont. Ce fait se remarque assez fréquemment dans les bêtes bretonnes. Les jumens qui sont dans ce cas sont appelées *brehaines*.

Par l'inspection des dents incisives on peut reconnoître l'âge du cheval jusqu'à douze et quinze ans. Il ne nous a pas paru nécessaire de pousser plus loin les recherches sur cette partie.

Il faut bien se rappeler la division des dents incisives, en pinces, mitoyennes et coins.

Dans les quinze premiers jours de la naissance du poulain on lui voit paroître quatre dents incisives, deux à chaque mâchoire ; ce sont celles que nous avons désignées sous le nom de pinces. Quelque temps après on en voit paroître quatre autres deux à chaque côté des premières venues (ce sont les mitoyennes), toujours deux à la mâchoire supérieure et deux à la mâchoire inférieure. Enfin, quelque temps après, il en pousse encore quatre autres dans le même ordre (ce sont les coins).

Toutes ces dents sont des dents de lait; elles sont petites et blanches, et sont remplacées par d'autres dont nous allons parler.

On n'a pas encore assez examiné la marche de ces dents et les divers changemens qu'elles subissent. On sait bien qu'elles sont creuses comme les dents d'adultes, et qu'elles se remplissent comme elles : mais on n'a pas remarqué l'époque précise de ce phénomène ; ce qui auroit été d'une grande utilité pour la connoissance de l'âge des poulains.

Les dents de lait sont remplacées par des dents qui sont plus fortes, plus larges et moins blanches.

Ce remplacement commence par les pinces : ainsi, à deux ans et demi ou trois ans, les pinces de lait *déchaussent*, et sont remplacées par les quatre pinces d'adultes, savoir, deux à chaque mâchoire ; à trois ans et demi, quatre ans, les mitoyennes en font autant ; et à quatre ans et demi, cinq ans, ce sont les coins. A cette époque, on dit que le cheval a tout mis ; il perd le nom de poulain, et prend celui de cheval.

Les dents que nous avons désignées sous le nom de crochets paroissent ordinairement à quatre ans et demi, cinq ans. Le plus communément, les crochets de la mâchoire inférieure se montrent les premiers ; cependant on les a vus quelquefois être devancés par ceux de la mâchoire supérieure.

L'époque de leur protusion ne peut donc pas servir à déterminer d'une manière certaine l'âge du cheval.

Cependant, comme le plus ordinairement les crochets sont sortis à cinq ans, on peut en tirer quelques indices pour reconnoître si les dents de lait ont été arrachées avant l'époque à laquelle elles doivent tomber naturellement ; ce que quelques maquignons pratiquent pour faire paroître leurs chevaux plus âgés qu'ils ne le sont réellement. En effet, si l'on voit des dents de cinq ans avant qu'il y ait apparence de crochets, on peut présumer que les dents de lait ont été arrachées, et que celles qui les remplacent sont venues avant l'époque fixée par la nature.

Nous aurons encore occasion de parler de ces dents dans un âge plus avancé. Nous devons dire ici que leur protusion est extrêmement douloureuse, et qu'elle est quelquefois l'époque de la cécité.

Je prie le lecteur de se rappeler que nous avons divisé les dents incisives en pinces, mitoyennes et coins.

Nous avons dit que le cheval avoit tout mis à cinq ans, c'est-à-dire qu'à cet âge toutes les dents de lait étoient remplacées par des dents d'adultes ; qu'à cette époque il avoit cinq ans, et qu'il quittoit le nom de poulain pour prendre celui de cheval.

En regardant la table supérieure des dents, on y remarque un creux qui s'efface et paroît se remplir avec le temps (c'est ce qu'on appelle raser).

Cet effacement a lieu aux deux mâchoires, successivement d'année en année, en commençant par la mâchoire inférieure.

Les pinces de cette mâchoire sont rasées à six ans, les mitoyennes le sont à sept ans, et les coins à huit ans. Alors on dit assez mal à propos que le cheval sort de marque ; ce qui n'est pas exact, puisque la mâchoire supérieure fournit encore des renseignemens pour l'âge, comme on va le voir par ce qui suit.

Les pinces de la mâchoire supérieure rasent à neuf ans, les mitoyennes à dix ans, et les coins de onze à douze.

La cause de la plus longue durée de la cavité des dents de cette mâchoire vient de son immobilité et du peu de frottement qu'elle éprouve, comparé avec le mouvement fréquent de la mâchoire inférieure.

On doit compter pour rien une marque noire qu'on nomme germe de fève, et qu'on voit à la place de la cavité de la dent.

La longueur des dents, leur défaut d'aplomb les unes sur les autres, sont des marques de vieillesse.

Il y a des chevaux très vieux qui ont les dents courtes et tellement usées, qu'elles ne dépassent presque pas le palais, et qu'elles paroissent à peine avoir six lignes de longueur. Dans ce cas, les dents sont jaunes ; elles ont la table supérieure large et carrée, et elles présentent un petit rond blanc dans le milieu.

Cela n'a lieu que dans les vieux chevaux entiers et dans les vieilles jumens ; je ne l'ai jamais remarqué dans les chevaux hongres.

On appelle un cheval contre-marqué lorsqu'on a creusé avec un burin les dents pour imiter la cavité qu'elles ont naturellement. Cette supercherie est très facile à reconnoître ; elle n'échappe pas à l'œil tant soit peu exercé.

Lorsqu'un cheval a les dents très longues, les maquignons les rognent. Cette friponnerie est plus difficile à reconnoître que la contre-marque ; cependant, le dessèchement du palais, l'état des gencives et le collet de la dent sont autant de renseignemens qui décèlent la fourberie.

Il y a des chevaux qu'on nomme béguts, c'est-à-dire chevaux qui marquent toujours. M. Bourgelat les a divisés en trois classes ; dans la première, il a rangé ceux chez lesquels la cavité de toutes les dents incisives ne s'efface jamais ; dans la deuxième ceux chez lesquels elle se conserve seulement aux mitoyennes et dans la troisième et dernière, ceux dont les coins ne rasent jamais. On reconnoît le premier de ces états à l'égalité de la cavité des dents ; puisque les dents rasent successivement, les cavités ne peuvent être égales. Dans le deuxième, les dents qui rasent à sept ans marquant encore, et celles qui rasent à six ans étant remplies, il est facile de s'apercevoir que le cheval est bégut de la seconde espèce. Il en est de même pour les coins qui doivent raser à huit ans : on doit recourir aux pinces de la mâchoire supérieure.

On appelle tares certaines affections, soit de naissance, soit acquises, qui diminuent la valeur de l'animal, et l'empêchent d'être propre à remplir indistinctement tous les genres de services.

Ces tares sont, pour les pieds, la corne mauvaise et cassante l'*avalure* à la suite de la fourbure, les *talons encastellés*, les *cercles sur le sabot*, les *fissures* et les *seimes*; pour le boulet, les MOLLETES ; pour les genoux, les tumeurs sur cette partie, les *calus* et les *vieilles cicatrices*; pour les épaules, la roideur et le peu de mouvement; pour les jarrets, les *jardons*, les *vessigons*, les *courbes* et les *éparvins*; la pousse est mise aussi au rang des tares.

Nous ne pensons pas qu'il soit utile de donner strictement les proportions géométriques du cheval, on les trouve dans M. Bourgelat; nous nous contenterons d'indiquer ici les vices de conformation et les caractères généraux auxquels il est important de s'arrêter dans l'acquistion des chevaux.

La tête trop volumineuse et mal attachée rend l'animal lourd et pesant; l'encolure trop horizontale et pas assez fournie ne peut porter la tête avec facilité; elle augmente les défauts dont nous venons de parler.

Les épaules trop chargées et le garot bas et rond rendent la marche pénible; ce défaut est plus grand si le cheval est ce qu'on appelle *sous lui*.

Le cheval ensellé n'est pas propre à porter de lourds fardeaux.

Celui dont les épaules sont serrées ne vaut rien pour le trait.

Le cheval *crochu* peut rendre un bon service; mais s'il a les jarrets clos au point qu'ils se touchent en marchant, il doit être rejeté.

Celui qui a les jarrets *trop coudés* est aussi d'un mauvais service; il en est de même de celui qui a les jarrets trop droits et étroits, les jambes minces, et sur-tout celles qui sont étroites au-dessous et derrière le genoux (ce qu'on appelle *tendon failli*).

Le cheval qui a les pieds gros et plats, et celui dont la corne est cassante ne doivent pas être achetés.

Le cheval qu'on veut acheter doit d'abord être considéré dans le repos; c'est là qu'on doit voir sa position naturelle, la manière dont il porte la tête, la forme de son garot et de ses reins; la largeur et la netteté de ses jarrets, la force de ses membres, leur position, leur aplomb, la forme et la bonté de ses pieds, les caractères bien prononcés des muscles et des tendons, la forme de ses articulations, enfin le rapport que toutes les parties ont entre elles; c'est encore dans cet état de repos qu'on doit examiner la largeur et la hauteur de la poitrine et l'état du flanc.

On doit ensuite le faire marcher au pas pour s'assurer de la franchise et de la liberté de cette allure, qui est une des plus importantes pour juger des qualités d'un cheval; c'est souvent dans cette circonstance qu'on s'aperçoit de la cécité; le cheval qui est dans ce cas marche avec crainte, et lève les pieds très haut; il porte la tête en avant, et il fait mouvoir ses oreilles très souvent en avant et en arrière, parcequ'il cherche à reconnoître par l'ouïe les objets qu'il ne peut voir. Bien que les chevaux qui sont dans cet état soient excités par le fouet, ils se retiennent toujours un peu en marchant, sur-tout si l'aveuglement n'est pas très ancien, et qu'ils n'aient pas eu le temps de s'habituer à la perte de ce sens.

Le trot doit être assuré; dans cette allure les membres doivent se déployer et annoncer de la force et de la liberté dans les mouvemens; il faut se défier d'un trot précipité; il est presque toujours dû à la crainte du châtiment ou à la foiblesse des reins et des jarrets.

Le galop; dans cette allure le cheval rejette tout le poids duc orps sur l'arrière-main, et il enlève le devant; si l'animal a les reins et les jarrets bons, son départ sera franc, son galop juste et cadencé, parcequ'il sera maître de ses mouvemens et qu'il ne souffrira pas pour les exécuter; ce qui sera le contraire si les reins sont foibles et les jarrets douloureux; alors il galopera sur les épaules et l'arrière-main élevée, ce qui, en équitation, s'appelle galoper *le cul haut*.

Nous pensons que les principes généraux que nous venons de décrire sont applicables à tous les chevaux.

On sent bien qu'on n'exigera pas un bon galop dans un cheval destiné à la charrette.

Le cheval de trait sera donc plus étoffé que celui de carrosse, et celui-ci plus que celui de selle, dont les formes seront plus sveltes et plus légères, quoiqu'avec les caractères que nous avons indiqués.

Le cheval limousin est sans contredit un des plus beaux chevaux de selle; la réputation qu'il s'est acquise est méritée; il est celui de France dont les formes approchent le plus de celles du cheval arabe; aussi est-il celui avec lequel son croisement réussit le mieux.

Le cheval auvergnat n'est pas à dédaigner; il a à peu près les mêmes caractères que le cheval limousin, avec moins de régularité et d'élégance dans les formes.

Le Périgord, le Rouergue et le Quercy fournissent de bons chevaux de selle; mais comme ceux du Limousin ils doivent être *attendus* jusqu'à sept et huit ans.

La Guienne, la Navarre, le Béarn, le Condomois, le pays de Foix, le Roussillon, ont de bons chevaux de selle; la Navarre sur-tout en fournit qui sont très renommés à juste titre.

Les divers départemens de la Normandie donnent des chevaux propres à tous les genres de services; cette province est celle de France où on en élève le plus : le Calvados fournit des chevaux de carrosse et des chevaux de troupe pour la grosse cavalerie ; ils sont choisis parmi les carrossiers les plus légers ; le département de l'Orne donne plus généralement des chevaux de selle ; on tire de ce département des chevaux de maître et des chevaux de troupe légère ; dans les environs de Saint-Lo on trouve de bons chevaux de poste, ainsi que dans le département de l'Eure ; dans le département de la Seine-Inférieure, il y a de gros chevaux de trait, ainsi que des jumens qui sont renommés pour l'activité et la force ; les fermiers de ce département sont dans l'usage d'acheter des poulains dans le Boulonnois, dans le Calaisis et dans le Santerre ; ils les employent à leurs travaux agricoles, et ils les revendent à quatre ou cinq ans ; ces chevaux sont connus pour être d'un bon service lorsqu'ils ont passé ainsi quelque temps chez les fermiers du pays de Caux, tandis qu'il n'en est pas de même de ceux achetés au même âge dans le pays où ils sont nés.

La Bretagne fournit également beaucoup de chevaux propres à tous les genres de services. Dans cette province il y en a beaucoup de propres au trait, comme ceux dont nous venons de parler ; ils sont meilleurs lorsqu'ils ont passé quelque temps en Normandie ; ce sont les plus fins et les plus beaux qui sont achetés pour ce pays, soit pour la selle, soit pour le carrosse ; les plus gros sont achetés à trois ans par les fermiers de la Beauce et du Perche, qui les revendent à cinq ou six ans pour les diligences ou pour les grosses voitures.

Le Perche donne de bons chevaux pour la poste ; on les préfère pour ce service, ils joignent la légèreté à la vigueur.

L'Anjou fournit des chevaux de troupes, sur-tout pour la cavalerie légère.

Les différens départemens du Poitou ont donné pendant long-temps des chevaux propres à tous les usages.

Les herbagers de Normandie achetoient, aux foires de Niort et de Fontenay, des poulains qu'ils emmenoient en troupeaux avec des bœufs maigres ; ils jetoient ces poulains dans les prairies, et ils les revendoient ainsi que beaucoup de chevaux bretons pour des chevaux normands ; mais les personnes exercées ne sont pas trompées à ces sortes de supercherie ; les caractères qui différencient ces races ne leur échappent pas, et l'on peut dire que chaque cheval a, dans ses formes, le type du pays qui l'a vu naître ; il y a peu de chevaux qui fournissent un exemple plus frappant de cette remarque que le cheval normand. Chaque département de cette province a pour ainsi dire son cachet ; on reconnoît facilement le cheval élevé dans la plaine de Caen, et celui qui n'a pas quitté les pâturages du département de l'Orne.

Il en est de même de celui qui a été nourri dans les pâturages gras du pays d'Auge.

L'œil exercé reconnoît aussi facilement les chevaux du Cotentin ; ainsi l'on peut dire que la Normandie a différentes races très distinctes.

Les départemens de la Dyle, de l'Escaut, du Nord, de Jemmappes, du Pas-de-Calais ; enfin, ce qu'on appeloit autrefois la Flandre et la Belgique, ont de bons chevaux propres à l'agriculture. Dans les environs de Mons il s'en trouve une petite race qu'on nomme *Borrins*; ces chevaux sont recherchés pour la troupe légère.

Dans les départemens de l'Ourthe, des Forêts et des Ardennes, on trouve de bons chevaux pour l'agriculture et les charrois ; ce dernier département fournit aussi beaucoup de chevaux qui sont très estimés et très recherchés pour le service des hussards et des chasseurs.

La Champagne donne aussi des chevaux de labour et quelques chevaux de troupe ; parmi ces chevaux il s'en trouve qu'on peut employer au service des postes. Il paroît que ce sont ceux qui approchent le plus du cheval ardennois, ou qui, achetés poulains dans ce pays, ont été employés aux travaux de l'agriculture jusqu'à la fin de leur éducation.

On voit qu'en général la vente des poulains est avantageuse aux cultivateurs et au commerce pour lequel ils forment des chevaux ; aux cultivateurs, parcequ'ils achètent généralement, à des prix modérés, des poulains avec lesquels ils font leurs travaux, et qui, parvenus à leur cinquième année, peuvent être revendus un quart et quelquefois un tiers au-dessus du prix d'acquisition.

C'est ainsi que les chevaux passent de chez l'herbager chez le cultivateur, et de chez celui-ci dans le commerce.

On sent bien que le fermier qui s'adonne à cette sorte d'exploitation doit avoir plus de poulains qu'il n'auroit de chevaux faits, parceque de jeunes animaux doivent être plus ménagés au travail que des vieux. D'ailleurs cette augmentation de chevaux augmente aussi les engrais. Les fermiers du pays de Caux, qui entendent très bien cette partie de l'économie rurale, ont presque toujours, suivant l'étendue de leur exploitation, un ou deux vieux chevaux, dont ils se servent pour les travaux les plus rudes.

La culture peut se faire ou avec des jumens ou avec des chevaux.

Dans les pays à grands pâturages, on peut cultiver avec des jumens, et faire des élèves pour vendre. Il n'en est pas de même des pays à grains, où il n'y a de fourrages que ceux qui sont le produit des prairies artificielles, et où par conséquent on est obligé de nourrir à l'étable. Dans ces pays, dis-je, je ne pense pas qu'il soit avantageux de faire des élèves de chevaux.

A l'exemple des cultivateurs de la plaine de Caen, du pays de Caux, de ceux de la Beauce, du Perche, du Gâtinois et du Berri, les fermiers des pays à grains peuvent se servir de poulains, et les revendre à 5 et 6 ans avec bénéfice.

Les fermiers de la Brie et de la partie qu'on appeloit autrefois l'Ile-de-France vendent leurs chevaux, beaucoup plus chers qu'ils ne les ont achetés, après s'en être servis plusieurs années.

Le cultivateur qui veut vendre des chevaux pour le carrosse et le cabriolet doit choisir des chevaux légers et trottant bien.

Celui qui se propose d'en avoir pour les gros travaux doit les prendre plus membrés, plus étoffés et plus fortement constitués.

Enfin celui qui veut vendre des chevaux de selle ne doit pas en attendre un grand service pour l'agriculture.

Le cheval est sujet à beaucoup de maladies. Il y en a qui lui sont particulières, telles que la *morve*, le *farcin* et le *javart encorné*. Je dis que ces maladies lui sont particulières, parcequ'il n'y a que l'âne et le mulet qui en soient atteints comme lui.

Comme nous l'avons déjà dit, nous nous bornerons à la simple énumération des maladies qui affectent cet animal. Elles seront décrites chacune à leur article, ainsi que les moyens curatifs à leur opposer.

Le mal de taupe, le coup de soleil, les coups sur la tête et sur les oreilles, le mal de saignée ou trombus, le mal de garot, les cors ou blessures sur le dos et les côtes, le clou de rue, les piqûres en ferrant, la sole brûlée, le crapaud ou fic, les seimes, la fourbure, la fourmillière, la bleime, l'encastellure des talons, les tumeurs osseuses et synoviales aux jambes et aux jarrets; ce qu'on appelle molettes, vessigons, caplets, courbes, éparvins, suros, jardons, les blessures sur les lombes, ou mal de rognons; la fistule à l'anus, les plaies sous la queue; les hernies, les fractures; celles dont on doit tenter la cure, et celles qui se guérissent d'elles-mêmes; les coliques, leurs différentes causes, les affections de poitrine, la gourme, ce que c'est, pourquoi elle est quelquefois suivie d'accidens fâcheux; la rétention et la suppression d'urine, les indigestions, les inflammations; le vertige, ses causes les plus fréquentes; le renversement de la matrice dans la jument, la *mise bas*, l'avortement, etc., etc. (DESPLAS.)

M. Desplas considère le cheval sous des rapports très circonscrits sous ceux seulement de la connoissance des âges, des qualités qu'il doit avoir pour l'agriculture et le commerce, des différentes races nationales et des vices de conformation. Il n'a pas cru devoir s'occuper de son histoire naturelle et de l'amélioration des chevaux en France, pour lesquelles il renvoie à des ouvrages qui en ont traité, et particulièrement à l'excellente Instruction de M. Huzard, imprimée par ordre du gouvernement en l'an 10.

On doit regretter beaucoup que M. Desplas n'ait pas eu le temps de donner à cet article toute l'étendue dont il étoit susceptible ; ce qu'on vient de lire prouve combien il y eût répandu de lumières. Je le remplacerai mal dans ce qui reste à dire, sans doute ; mais au moins l'article sera plus complet. J'ai puisé dans de bonnes sources, soit manuscrites, soit imprimées, pour me former une idée de ce qui concernoit les chevaux, et j'ai moi-même fait quelques observations sur ces animaux. Ainsi je parlerai d'après les autres et d'après moi-même.

Si l'on pouvoit découvrir quelle est la véritable patrie des chevaux, c'est-à-dire le pays où de toute antiquité ils sont sauvages sans y avoir été importés, on auroit peut-être plus de moyens de les élever, de les perfectionner et multiplier, parcequ'on connoîtroit le climat qui leur convient le mieux, le genre d'aliment que la nature prépare pour eux, les mœurs de ces animaux dans l'état de liberté, et la manière d'en renouveler l'espèce en la prenant à sa souche. Il n'y en avoit point dans le nouveau Monde avant que les Européens y eussent pénétré. On a pour preuve la surprise de ses habitans, quand ils virent les Espagnols montés sur des chevaux. Ces conquérans y en introduisirent qui se sont multipliés dans les vastes déserts des contrées inhabitées et dépeuplées ; on ne peut donc les regarder comme indigènes à l'Amérique, puisqu'on connoît l'époque de leur origine. Suivant les auteurs anciens il y avoit des chevaux sauvages en Scythie, dans la partie septentrionale de la Thrace, au-delà du Danube, en Syrie, dans les Alpes, en Espagne. Les auteurs modernes ont assuré qu'il y en avoit en Écosse, en Moscovie, dans l'île de Chypre, dans l'île de May, au Cap-Vert, dans les déserts de l'Afrique, de l'Arabie, de la Lybie, et à la Chine. Au rapport de quelques personnes, il y a maintenant encore en Corse une espèce de chevaux sauvages que les gens du pays prennent quand ils en ont besoin, et qu'ils relâchent ensuite. Il est probable que ces chevaux ne sont pas véritablement sauvages, mais qu'au lieu de les nourrir à l'écurie on les laisse habituellement dehors, comme parmi nous les chevaux des charbonniers, qui vivent presque toute l'année au milieu des bois. Il en est de même de beaucoup de chevaux de la Camargue et de ceux qui, dans quelques contrées du ci-devant Roussillon, habitent dans les joncs, y passent presque toute l'année dehors, et ne sont utilisés que pendant un certain temps. En admettant qu'il y eût des chevaux sauvages en autant de pays que les auteurs l'annoncent, il s'ensuivroit que les chevaux sont indigènes dans des parties de l'ancien continent très distantes les unes des autres, et que ces animaux se plaisent sous toutes sortes de latitudes.

A parler strictement, et à la manière des nomenclateurs, il n'y a pas plusieurs espèces de chevaux, parceque les différences qui existent entre eux ne sont pas des différences d'espèces, mais des différences de variétés. Tous les chevaux ont les mêmes organes; ils se reproduisent de la même manière. On les distingue cependant par la couleur de leur poil, par leur taille, et par les disproportions des diverses parties de leur corps : la même chose a lieu dans les bêtes à cornes et dans les bêtes à laine. Les hommes qui en ont l'habitude ne confondent point les chevaux d'un royaume ni même ceux d'une province avec ceux d'une autre. Il faut donc que le climat, la nourriture et l'éducation influent sensiblement sur l'état physique de ces animaux, puisque l'œil exercé ne s'y méprend pas. Les différences dans la couleur du poil et dans la taille ne sont qu'accidentelles; mais celles qui naissent de la proportion des diverses parties du corps et des qualités, que j'appellerois pour ainsi dire morales, constituent les races.

Rien n'est plus varié que le couleurs du poil des chevaux, et que les dénominations par lesquelles on les désigne.

On peut les diviser en couleurs simples et couleurs composées.

Les couleurs simples sont le noir, le bai et le blanc.

Le noir est noir jais, noir maure, ou noir fort vif, c'est-à-dire noir foncé et uniforme, ou noir qui n'est pas foncé; celui-ci se nomme *noir mal teint*, *noir sale*. Parmi les chevaux entièrement noirs, il y en a qui sont d'un noir-pommelé, ou miroité, à cause des nuances plus claires en certains endroits que dans d'autres.

Le bai, ou bay, qui est une couleur rougeâtre, est plus ou moins clair, plus ou moins obscur, ou foncé, et de ces nuances dérivent différentes variétés de bai. Tout cheval bai a les crins et le fond des quatre jambes noirs, autrement il seroit alezan. Le *bai châtain* est de la couleur de châtaigne, le *bai doré* ou *bai doux* tire sur le jaune, le *bai brun* est presque noir; il a communément les flancs, le bout du nez et les fesses d'un roux éclatant, quoiqu'obscur. On dit de ce cheval qu'il est *marqué de feu*; si cette couleur de poil jaune est morte, éteinte et blanchâtre, on dit que le cheval est *bai brun, fesses lavées*. Le *bai pommelé, à miroir*, ou *miroité*, a, comme le cheval noir-pommelé, des nuances de rouge plus ou moins claires.

L'alezan, ou alzan, ne diffère du bai que parceque ses extrémités ne sont pas noires; il a comme le bai diverses nuances;

on dit *alzan clair*, *alzan poil de vache*, *alzan brûlé* ou *foncé*.

Il y a très peu de chevaux véritablement blancs; en général ce sont les chevaux gris qui en vieillissant blanchissent. Hérodote dit que sur les bords de l'Hypanis, en Scythie, il y avoit des chevaux blancs. Léon l'Africain assure qu'il a vu en Numidie un poulain dont le poil étoit blanc. Marmol confirme ce fait, en disant que dans les déserts d'Arabie et de Lybie, on trouve des chevaux blancs.

Les couleurs composées, qui distinguent les chevaux, sont très nombreuses. Le mélange du noir et du blanc forme différens gris.

1 Le gris sale; dans la robe de ces chevaux le poil noir domine. Elle est d'autant plus belle que les crins sont blancs.

2 Le gris brun; dans celui-ci le noir est en moindre quantité que dans le gris sale.

3 Le gris argenté; il est peu chargé de noir, le fond blanc est entièrement brillant.

4° Le gris pommelé a des marques assez grandes, de couleur blanche et noire, parsemées soit sur le corps, soit sur la croupe et les hanches.

5° Le gris tisonné, ou charbonné; la robe est irrégulièrement tachetée de grandes marques noires, comme si à ces places elle avoit été noircie avec un tison.

6° Le gris tourdille prend son nom de la couleur de la grive en vieux français *tourd*.

7° Il en est de même du gris *étourneau*, à cause de la ressemblance du poil des chevaux avec le plumage de cet oiseau. Cette couleur seroit entièrement noire, si quelques poils blancs n'étoient entremêlés de poils noirs.

8° Le gris truité, ou moucheté, ou le tigré. Le fond blanc n'en est pas toujours mêlé de noir, semé par petites taches; quelquefois il est mêlé d'alezan. Il diffère du tisonné parceque les taches noires sont moins larges.

9° Le gris de souris ressemble au poil de cet animal. Dans les chevaux qui ont ce poil, quelquefois les jarrets et les jambes sont tachés de plusieurs raies noires; quelquefois il y en a une sur le dos, comme sur celui des mulets. Quelques uns de ces chevaux ont les crins d'une couleur claire, les autres ont les crins et la queue noirs.

Le noir, le blanc et le bai composent quelquefois un gris sanguin, ou rouge, ou vineux.

Un cheval *rubican* est celui dont le poil noir, ou bai, ou alezan, est entremêlé de poils blancs, semés çà et là, sur-tout sur les flancs.

Le rouan, ou rouhan est un mélange de blanc, de gris et de

bai. On distingue le rouhan vineux et le *rouhan cap*, ou *cavesse*, ou *tête de maure*. Le rouhan vineux est couleur de vin; le rouhan cap, ou cavesse, ou tête de maure, a pour caractère distinctif la tête et les extrémités noires.

Le jaune et le blanc forment la couleur *isabelle*, le jaune y domine. On conçoit que pouvant être de diverses nuances, il y a des isabelles *clairs*, des *dorés*, des *foncés*. Dans quelques uns, les crins et la queue sont blancs, dans d'autres, noirs; ceux-ci ont la raie de mulet. C'est de cette combinaison qu'est le *soupe de lait*; dans cette couleur le jaune ne domine pas, ou domine moins que dans les autres isabelles.

On appelle *louvet*, ou *poil de loup*, la couleur qui approche de la robe de cet animal; c'est un isabelle foncé, mêlé d'un isabelle roux. Les louvets ont quelquefois la raie de mulet. Le *poil de cerf*, ou *poil fauve* a beaucoup de rapport avec le poil louvet.

Les chevaux *pies* le sont ou de noir et de blanc, ou de blanc et de bai, ou de blanc et d'alezan. Quand on les désigne, on les appelle *pies-noirs*, *pies-bais*, *pies-alezans*.

Les *auber*, *mille fleurs*, *fleur de pêcher* sont d'une couleur mélangée assez confusément de blanc, d'alezan et de bai; ce qui imite celle de la fleur de pêcher.

On donne le nom de *porcelaine* à la couleur du poil des chevaux, qui est d'un gris mêlé de taches de couleur d'ardoise, à peu près comme la porcelaine blanche et bleue. Ce poil est très rare.

Je ne sais ce qu'on entend par cheval zain. Les auteurs disent que c'est celui qui n'a pas un poil blanc; mais entendent-ils par-là les chevaux entièrement noirs, ou bien ceux qui, étant de tout autre poil que de poil-noir, n'ont pas un seul poil blanc, et, selon quelques uns, pas même un poil gris.

De quelque couleur que soient les chevaux, ceux qui ont les extrémités, les crins et la queue noirs sont les plus recherchés, et passent pour être les plus beaux; ceux qui ont les flancs et les extrémités de couleur moins foncée que celle du reste du corps, et pour ainsi dire lavée, sont les moins estimés.

Les maisons rustiques font dépendre les qualités des chevaux, en partie de la couleur de leur poil, voulant que certains poils soient plus que d'autres un signe plus favorable de la vigueur des chevaux. Il est possible, non pas que la couleur du poil influe sur la qualité des chevaux, mais qu'une constitution plus ou moins bonne s'annonce par cette couleur, comme on le voit parmi les hommes. Mais où en sont les preuves? Je pense qu'il y a de bons chevaux de tout poil. Ce qui me confirme dans cette idée, c'est que Buffon, qui a examiné sur les chevaux comme sur les autres animaux les effets de diverses causes, n'a pas parlé de la couleur de leur poil, qu'il a regardée comme peu importante.

On a donné le nom de *marques* à quelques particularités indépendantes de la couleur qu'on observe sur la robe des chevaux. Ce sont les *balzanes*, les *étoiles* et les *épis*.

Les balzanes sont des marques blanches que les chevaux noirs, bais, ou de couleur mêlée, ont aux pieds, ordinairement depuis le boulet jusqu'au sabot.

L'étoile, ou la pelotte, est un rebroussement de poils blancs sur le front. Les chevaux qui ont l'étoile sont dits *marqués en tête*. Comme on fait, dans beaucoup de pays, quelque cas des chevaux marqués en tête, les maquignons imaginent d'imiter la nature, en pratiquant artificiellement une étoile au milieu du front, au moyen d'une plaie faite par un instrument. Il est facile de distinguer cette marque factice de la naturelle. Au milieu de la première il y a un espace sans poils; les poils blancs qui la forment ne sont jamais égaux comme dans l'étoile naturelle. Quand l'étoile descend un peu, on l'appelle *étoile prolongée*, et l'animal *belle face*. Quand elle se prolonge encore davantage et qu'elle gagne la lèvre antérieure, on dit *le cheval boit dans son blanc*; si le bout du nez est seulement taché d'une bande de poils blancs, en signalant le cheval, on dit *lisse au bout du nez*.

On appelle *épi* ou *mollete* un petit toupet de poils frisés, entrelacés ou hérissés, imitant un épi de blé. Il s'en trouve indistinctement sur tous les chevaux. Ordinairement c'est au front qu'ils viennent; mais il y en a d'extraordinaires: celui qu'on appelle *épée romaine* règne tout le long de l'encolure, près de la crinière, tantôt des deux côtés, tantôt d'un seul côté, etc.

La vente des chevaux étant le métier d'une classe d'hommes ignorans et trompeurs, ils ont imaginé d'en imposer en faisant naître une foule de préjugés qui se sont perpétués; ils ont attribué à certaines couleurs, à certaines marques des qualités ou des défauts qui sont communs à toutes les couleurs et à toutes les marques.

La taille des chevaux comprend leur hauteur, leur longueur et leur grosseur.

Les chevaux les plus hauts sont ordinairement les chevaux de carrosse, presque tous hongres. Ils ont depuis le bas du sabot des pieds de devant, de cinq pieds un pouce à cinq pieds trois pouces. Les plus petits chevaux, qu'on ne trouve que dans les pays très chauds de l'ancien continent, ont à peine trois pieds.

Leur longueur est, du sommet de la tête à la naissance de la queue, de six pieds et demi à sept pieds et même davantage.

Leur grosseur, prise sur la poitrine, à l'endroit de la sangle, est de six à sept pieds et quelquefois davantage. Les chevaux les plus gros que j'aie vus sont ceux des brasseurs de Paris.

Dans la Beauce, les chevaux de ferme, qui sont entiers, ont communément quatre pieds dix pouces de hauteur, sept pieds de longueur et cinq pieds neuf pouces onze lignes de grosseur.

On appelle en France *bidets* les chevaux de petite taille, et *doubles bidets* ceux qui sont de taille médiocre.

Je ferai connoître ici ce qui distingue certaines races des chevaux étrangers.

Les chevaux arabes sont, de l'aveu général, les premiers des chevaux. Cette race s'est étendue dans une infinité de contrées, et plusieurs de nos voisins la conservent encore soigneusement. La tête n'en est pas exactement belle ; on ne peut pas dire qu'elle soit carrée ; mais les joues en sont trop larges, et comme depuis leur terminaison jusqu'à l'extrémité inférieure de cette partie, jusqu'aux lèvres, elle est trop mince, le défaut dans les lèvres devient extrêmement sensible, et c'est le seul qu'on puisse reprocher à cette partie de l'animal. Son encolure est parfaitement bien tournée, et suffisamment fournie. On y observe le coup de hache ; mais il est précisément à l'endroit de la sortie du garot, et non dans une partie de l'encolure même. Du reste, le cheval est très beau et très bien proportionné, si ce n'est qu'il est un peu long de corps. Il est d'une taille médiocre, très dégagée, et plutôt maigre que gras. Les membres en sont admirables ; nul cheval n'a autant de force, de nerf et d'agrément que lui. Il se nourrit très aisément et de très peu de chose : un demi-boisseau d'orge bien net lui suffit toutes les vingt-quatre heures, encore ne le lui donne-t-on que la nuit. Quand l'herbe manque, les Arabes nourrissent leurs chevaux de dattes et de lait de chameau. Il y a peu d'animal aussi bien soigné et aussi bien dressé, et l'on peut dire, à cet égard, que les Arabes ne sont imités par aucune autre nation.

Personne n'ignore combien ils sont jaloux de leurs races, qu'ils divisent en noble, et toujours pure de deux parts, et en seconde race ; celle-ci est souillée par des mésalliances, enfin en race absolument commune. Tout le monde est instruit de l'exactitude avec laquelle ils tiennent les registres les plus fidèles du nom, des poils, des marques et taches de leurs chevaux, qui sont en quelque sorte la souche et le tronc des chevaux les plus renommés ; mais la difficulté est de s'en procurer. Se livrer au trajet considérable qui est à faire pour se rendre de Constantinople à Alep, ou à Alexandrie, c'est n'entreprendre que la moitié du chemin qui conduit à la source purc de ces étalons. On n'y trouve que des *kuédiches* ou *Guy-duhs*, ou des chevaux communs, qui, dégénérant toujours dans leur lieu natal, dégénéreroient bien davantage quand ils se-roient transportés dans nos climats, et ne vaudroient pas les dépenses énormes qu'ils occasionneroient. Il seroit donc très essentiel d'outrepasser plus avant, de pénétrer dans les terres de Mosul, et d'aller jusqu'à Bagdad. Mais les dangers de l'aller et du retour, le temps à y employer, vu la longueur du che-min et les délais à essuyer, dans l'attente des caravanes, l'in-certitude des succès, les maladies qui peuvent survenir aux animaux achetés, le pouvoir de l'influence des nouveaux cli-mats sur leur tempérament, l'embarras et les périls de l'em-barquement, enfin l'énormité des frais d'acquisition et de con-duite sont autant de points qui nous arrêtent et qui semblent limiter nos achats dans la Turquie d'Europe, ou nous déter-miner à nous en tenir aux étalons dont la recherche ne nous engage, ni à parcourir les déserts les plus éloignés, ni à des obstacles qui, s'ils ne sont pas invincibles, sont au moins très capables de rebuter. Aussi les chevaux arabes que l'on voit quelquefois en France ont rarement été pris sur les lieux mêmes. Ils ont été achetés à Constantinople, ou dans les en-virons, d'où l'on doit conclure que ces chevaux ne sont pas ceux de race arabe, distingués en Arabie par le nom de *khail-lan*, ou *kchhilam*; ce sont tout au plus des chevaux que les Arabes nomment *hatiks*, ou *aatiq*, c'est-à-dire des chevaux d'ancienne race et mésalliés, parmi lesquels il est certain que les connoisseurs en ont trouvé d'aussi beaux et d'aussi bons que ceux de la première sorte.

Les chevaux persans sont, après les arabes, les meilleurs chevaux de l'Orient; ils sont infiniment supérieurs aux arabes que nous connoissons; ceux qui sont élevés dans les plaines de Médie et de Persépolis, de Derbent, de Bedacham, sont en général excellens. La taille en est médiocre, mais la figure est agréable, la tête est légère, la croupe belle et la corne dure; ils ont à la vérité peu de canon, mais la force du tendon y supplée; leur docilité, leur légèreté, leur hardiesse, leur cou-rage, leur sobriété, leur vigueur, doivent les faire regarder comme des chevaux précieux. On en transporte beaucoup dans la Turquie, et l'on pourroit en tirer de Constantinople avec assez de facilité.

Le cheval barbe, ou de Barbarie, est assez fort et assez négligent dans son allure; si on le recherche, néanmoins on trouve en lui du nerf, de la finesse et de l'haleine; il est léger et propre à la course; sa taille excède rarement celle de huit pouces. On a cru observer qu'en France, en Allemagne et en Angleterre, il produit plus grand que lui, tandis qu'on pense que le cheval d'Espagne donne des productions d'une taille moins avantageuse que la sienne. Son encolure est longue, fine, peu chargée de crins et bien sortie du garot ; la tête en est belle et petite, assez souvent moutonnée ; son oreille est bien placée ; ses épaules sont plates ; le garot en est déchargé et bien relevé ; les reins sont courts et droits ; les flancs pleins ; ses côtes bien tournées ; la croupe en est un peu longue ; sa queue est placée un peu trop haut ; ses jambes sont belles , etc. , etc. Mais il est rare d'avoir en France des barbes de la belle espèce : nous n'y voyons le plus communément que de celle qu'il seroit à souhaiter que nous rejetassions , parcequ'elle est plus capable de ruiner nos haras que de les relever.

Nous donnons, en général, le nom de barbes à tous les chevaux d'Afrique , comme celui d'arabes à tous les chevaux asiatiques , syriens , égyptiens , que nous ne distinguons , par conséquent, que foiblement de ceux qui sont nés véritablement dans l'Arabie pétrée, dans l'Arabie heureuse et dans l'Arabie déserte. Cette race barbe tire son origine des races arabes. La meilleure est celle dont les royaumes de Maroc et de Fez sont peuplés. La province d'Hée , dépendante du premier, fournit des chevaux de montagnes, petits , mais excellens , ainsi que les montagnes d'Idevacal et de Menseré dans le royaume de Fez ; la province d'Alger, les montagnes de Buchinel, de Benimerassen , de Mazelesse et le désert de Garen , en voient naître d'admirables, qu'il seroit à désirer qu'on pût se procurer , parceque ce sont des chevaux de la première qualité. La plupart des meilleurs coureurs d'Angleterre étoient issus de race barbe ; mais les souverains s'opposent à ce que les vraies races distinguées soient portées au dehors.

Il y a des chevaux barbes de tout poil ; ils sont plus communément gris. J'en ai vu un de ce poil au haras de Rosières, en Lorraine, qui avoit coûté 24000 liv. On assure que ces animaux ne s'abattent jamais , et qu'ils se tiennent tranquilles , quand le cavalier descend , ou laisse tomber la bride.

Le beau cheval d'Espagne nous est assez connu ; ses défauts les plus ordinaires sont d'avoir la tête un peu trop grosse , et souvent trop longue, les reins trop bas, la croupe le plus communément comme celle des mulets , l'encolure un peu trop épaisse et trop chargée de crins , les oreilles longues et d'une rondeur qui seroit une difformité bien sensible , si d'ailleurs elles n'étoient aussi bien plantées ; le paturon trop long , le sabot trop allongé , et semblable à celui d'un mulet ; les talons trop hauts, ce qui le rend sujet à l'*encastellure*. Mais le feu, la franchise, l'agilité , les ressorts, l'académie naturelle , la fierté , la grace , le courage, la docilité , la noblesse de ces chevaux , doivent nous faire passer sur toutes ces considérations, d'autant plus que si les vices que nous leur reprochons peuvent s'accroître et augmenter insensiblement dans leurs productions, nous sommes très à portée d'y parer en renouvelant souvent les races.

Les chevaux d'Espagne ne sont pas communément de grande taille; cependant on en trouve quelques uns de 4 pieds 9 à 10 pouces. Leur poil le plus ordinaire est noir ou bai-marron, quoiqu'il y en ait quelques uns de toutes sortes de poils. Ils ont rarement les jambes blanches et le nez blanc. Les chevaux mâles d'Espagne ont les testicules plus gros et plus pendans que les chevaux des autres pays.

Du reste, les haras de ce royaume n'ont pas souffert autant que les nôtres; mais ils n'ont plus la perfection sur laquelle leur réputation étoit autrefois fondée. Quoi qu'il en soit, les vraies races espagnoles sont celles dont les chevaux sont épais, près de terre et bien étoffés. Les plus renommés se trouvent encore dans l'Andalousie. Il y en a aussi dans la Murcie et dans l'Estramadure. A l'égard de ceux qui naissent dans le Cordouan, c'est une espèce de montagnards, à encolure trop épaisse, à corps court, à membres bien fournis, à pieds très beaux et très solides, d'une très petite taille et absolument infatigables, qui nous donneroient des chevaux très propres à remonter les troupes légères.

Le cheval turc est originairement arabe, barbe, persan et tartare. Il se nourrit de peu de chose; il tient en général de la tournure des races auxquelles il doit son origine; communément l'encolure en est mince et effilée; son corps a trop de longueur; les reins sont trop élevés; mais quiconque apporte, dans le choix qu'il en fait, des connoissances et des lumières, distingue aisément le tronc dont il est sorti, et ne se trompe point sur l'espérance qu'il peut en avoir.

Les Anglais n'estiment et ne recherchent presque dans les chevaux que la célérité et la vitesse. Le cheval de la plus vilaine figure est l'animal qui est porté au plus haut prix dès qu'il a gagné une ou deux courses. Ce ne sont pas néanmoins les chevaux les plus vites que nous devons préférer pour nos haras; car quelque haleine, quelque nerf et quelque légèreté qu'ils montrent, ils ne nous donneront que de très mauvaises et de très difformes productions. Nous devons nous attacher à ceux qui ont de la figure et des membres. Parmi les chevaux anglais, il y en a qui sont issus d'arabes, de barbes et de croisés de turcs. Les premiers tiennent de leurs pères les joues et la tête; les seconds en tiennent la tête busquée, ou moutonnée, et les derniers, la force des membres. Il faut cependant convenir que quelquefois cette force n'est qu'apparente, et que beaucoup d'entre eux sont mous et sans vigueur. Les meilleurs chevaux anglais sont ceux de la province de Lincoln. Au surplus, la tête du cheval anglais est assez naturellement longue, ainsi que ses oreilles ; sa taille est plus étroite que celle des chevaux auxquels il doit sa première existence. Il est, en général, très vigoureux, capable d'une grande fatigue, excellent pour la chasse et pour la course, mais n'ayant aucune liberté dans ses épaules, nul liant dans ses reins ; le cavalier à chaque temps de trot et de galop en sent toute la dureté. Ce cheval n'a nulle souplesse, nul agrément, et ses pieds sont le plus souvent douloureux. On sait combien les Anglais mettent de soin à la multiplication de leurs chevaux. Ils en ont encore une espèce de la plus grande et de la plus forte taille, dont les membres sont superbes et les mieux fournis que l'on connoisse. Cette espèce fait de beaux chevaux de carrosse. Quant aux chevaux d'Irlande, il y en a de très bons ; mais ils sont très rares : on les appelle communément et assez mal à propos *aubins*, par la raison que leur allure la plus ordinaire est l'*amble*.

Les chevaux anglais sont de tout poil et de toute marque ; on en trouve communément de quatre pieds dix pouces, et même de cinq pieds. On assure qu'il est défendu en Angleterre de laisser saillir une jument par des chevaux dont la taille soit au-dessous de quatre pieds et demi. C'est avec des étalons barbes, turcs, napolitains, qu'ils ont produit les *guildings*, ou *gueldings*, dont la vitesse est si renommée.

Les chevaux des Tartares *Usbeks* sont d'une taille ordinaire ; l'encolure en est longue et roide ; la tête petite ; les membres en sont assez fournis ; ils n'ont ni croupe, ni ventre, ni poitrail ; le plus souvent ils sont trop haut montés ; l'ongle en est extrêmement dur, mais trop étroit ; accoutumés insensiblement à la fatigue et à la diète, et n'y étant assujettis que quand ils sont parvenus au degré d'accroissement et de force qu'ils doivent avoir, ils sont capables du plus grand travail, de la plus grande course et de la plus longue abstinence. Les chevaux des *Calmouks* sont plus grands, mais aussi forts et aussi vigoureux, et de bonne haleine. Ceux des *Nogaïs* sont plus petits, mais excellens coureurs, capables du plus grand travail et de la plus longue traite. Les Tartares fendent à leurs chevaux les naseaux et les oreilles. On conduit annuellement des chevaux calmouks au centre de la Russie. Les chevaux de la *Crimée*, du *Kuban*, ressemblent beaucoup à ceux de la grande Tartarie. Ils en ont toutes les bonnes qualités. Ceux de la petite Tartarie sont très près de terre, mais les petits Tartares en font tant de cas, qu'il est impossible à tout étranger de s'en procurer. Les Tartares, comme les

Arabes, se font une habitude de vivre avec leurs chevaux ; par conséquent ils s'occupent beaucoup de les perfectionner et de les bien soigner.

Les chevaux hongrois et les transylvains ne sont pas moins sobres que les chevaux tartares, ils sont rarement beaux : la tête en est le plus souvent carrée, la crinière longue, les flancs creux, le corps plus long qu'il n'est haut ; les naseaux peu ouverts ; ils sont en général assez pourvus de chair ; mais ils suppléeroient parmi nous aux chevaux tartares, pour en tirer une espèce très utile, et qui serviroit à la remonte de nos hussards. Il en est de même des chevaux sardes, de plusieurs chevaux des Ardennes, etc., etc.

Les chevaux allemands, et principalement ceux de la forêt du Hartz, nous procureroient d'excellens produits. Ils viennent des chevaux turcs, espagnols et barbes ; aussi en participent-ils du côté de la figure. À l'exception de ceux qui vivent dans la forêt, on leur reproche seulement de n'avoir pas assez d'haleine.

L'Italie fournissoit autrefois de beaux chevaux. Le royaume de Naples, dans cette partie de l'Europe, avoit les meilleurs ; mais la race napolitaine ne subsiste plus ; on distinguoit le cheval napolitain à l'épaisseur de son encolure, à la hauteur de sa taille, à la coupe de sa tête, ordinairement busquée, et d'un volume considérable ; à sa noblesse, à sa fierté, à la beauté de ses membres et de ses mouvemens ; les chevaux napolitains, bien appareillés, formoient d'admirables étalons. Ils tenoient beaucoup des chevaux d'Espagne. Le mauvais choix qu'on en a fait les a jetés en France dans le plus grand discrédit. Ils sont, en effet, ruinés et avilis. La province de Normandie, dans laquelle on avoit très indistinctement tenté d'en tirer race, a été trompée dans son attente, et dans le moment présent, il n'en existe pas de vestiges. Dans le royaume de Naples même, le souverain s'est vu obligé, pour relever ses haras, de recourir aux chevaux polezinès.

Les chevaux polezinès, nés dans un pays qui fait partie des états de Venise, sont de la plus grande beauté ; l'encolure en est superbe ; la tête parfaitement attachée et de la plus belle coupe ; le garot admirable ; les épaules et toutes les parties de leur corps exactement bien proportionnées ; la taille très élevée. Mais les yeux de presque tous sont petits ; la côte est légèrement serrée ; les mouvemens en sont naturellement aussi libres et aussi souples que ceux du cheval d'Espagne le mieux exercé ; ils en ont la cadence. Ces chevaux unis à des jumens danoises et à des constantines donneroient les productions les plus rares pour le carrosse.

Les chevaux russes, élevés par les paysans, sont petits, et

néanmoins très vigoureux, et presque infatigables. Ils n'ont pas la forme élégante ; ils portent la tête basse ; ils ont l'air triste, les pieds médiocrement gros. Le plus souvent leur poil est noir, quoiqu'il y en ait à poil bai-brun et à poil gris-blanc. Ces chevaux, qui sont employés à la course des traîneaux, sont les meilleurs trotteurs qu'on connoisse. Les chevaux nés dans les haras pour le service de la cour et des grands seigneurs sont produits par des races d'étalons persans, barbes, arabes et italiens, même danois et anglais ; ceux des deux dernières races sont les moins estimés. En Russie, on destine aux travaux les chevaux qu'on tire d'Ukraine, des frontières tartares et calmouks. Ce sont les plus lestes et les plus forts.

Nous pourrions attendre encore de belles productions des chevaux danois, non de ceux qui naissent dans le Holstein, mais de ceux qu'on peut tirer de la Jutlande, de la Zélande et de la Fionie. Parmi ceux du Holstein, les chevaux élevés dans les pâturages gras ont l'apparence la plus séduisante ; mais, pour l'ordinaire, ils sont mous et sans vigueur ; ceux qui sont nourris dans des pâturages secs ont plus de ressource et sont souvent aussi d'une figure distinguée. Cependant, le plus fréquemment, la cuisse en est longue et peu fournie ; l'encolure courte ; et ils ont une multitude de vices de conformation qui ne manquent jamais de passer à leurs productions et de les souiller. Le vrai danois est de belle taille et bien étoffé ; il a de la légèreté, des mouvemens, du courage et de la force, et c'est celui que nous devons préférer, et qui, d'ailleurs, a été le premier principe des races constantines.

Les chevaux d'Irlande sont courts, petits, endurcis à la fatigue et au froid. A l'approche de l'hiver, leur corps se recouvre d'un crin très long, roide et épais.

On se sert le plus communément en France, pour le carrosse, de chevaux hollandais. Les meilleurs viennent de la Frise ; il y en a aussi de fort bons dans les pays de Bergues et de Juliers.

A l'égard des chevaux flamands, que des maquignons vendent pour des chevaux hollandais, ils sont fort inférieurs à ceux-ci, et s'annoncent presque tous par une tête énorme, des pieds plats, des eaux aux jambes, etc. C'est par eux que les chevaux des haras du Vimeux, du Boulonnais et de l'Ardresis, dont on pourroit tirer des chevaux de carrosse et d'excellens chevaux de trait, ont totalement dégénéré, et rien ne seroit plus prudent que de les bannir de nos établissemens.

Il y a encore d'autres races de chevaux dont l'énumération conduiroit trop loin. J'ai indiqué ce qui distinguoit les principales. M. Desplas ayant traité des races françaises, je n'en parlerai plus.

Il sera question de la multiplication et de l'élève des che=
vaux au mot HARAS.

D'après tout ce qui précède, il paroîtroit que les chevaux les
plus parfaits du monde seroient ceux d'Arabie. C'est là où il
sembleroit que fût la race primitive, le modèle de la nature.
Tous les autres chevaux, qui ont des qualités, en seroient des
combinaisons plus ou moins imparfaites, à cause des mélanges
faits sans choix, mal assortis et dégradés par la négligence des
hommes, par l'influence des divers climats, et par la nourriture. Les Arabes, pour avoir constamment, dit-on, de beaux
chevaux, n'ont pas besoin de croiser les races. Mais pour conclure, comme on l'a fait, que c'est la preuve que le cheval
est indigène à l'Arabie, que l'Arabie est sa première patrie, il
faudroit que, dans ce pays, tous les chevaux fussent naturellement beaux, sans que les hommes prissent des précautions
pour bien assortir les individus; or, on sait que les Arabes ont
la plus grande attention pour éviter les mésalliances; ils font,
à l'égard des chevaux de l'Arabie, ce que les Européens font
à l'égard de leurs chevaux, et de ceux qu'ils tirent de l'étranger; c'est-à-dire qu'ils choisissent de beaux étalons et de belles
jumens. Les Arabes parcourent des contrées très étendues; ils
peuvent, sans recourir à l'étranger, allier les chevaux de pays
très distans les uns des autres, qui seront toujours des chevaux
arabes; mais ces alliances peuvent être regardées comme un
véritable croisement. Qui sait si des nations européennes, qui
deviendroient aussi curieuses de chevaux que les Arabes, chois-
sissant toujours ce qu'il y a de plus parfait dans leur pays, sans
jamais se négliger, ne parviendroient pas à faire et à soutenir
des races précieuses, quoiqu'elles n'eussent pas les qualités de
la race arabe et de la race barbe qui en vient? Je pourrois en
citer un exemple frappant dans une autre classe d'animaux.

Je ne crois donc pas que, malgré la perfection et la supériorité des chevaux arabes sur les autres, on puisse prononcer
que l'Arabie est la patrie des chevaux. Pour remonter des races
abâtardies, sans doute, il faut aller chercher des chevaux dans
les pays où ils ont plus de beauté et de qualité; mais cette im-
portation étant une fois faite, les peuples de l'Europe, à ce
qu'il me semble, peuvent tous, avec de l'intelligence et de la
suite dans leurs attentions, se procurer chez eux de belles races
et les entretenir long-temps. Si le contraire a lieu, c'est la
faute des gouvernemens, qui ne prennent pas les véritables
moyens.

On distingue dans le cheval trois manières de marcher : le
pas, le trot et le galop.

Le pas, la plus lente de toutes les allures, doit être prompt,
léger et un peu allongé. Dans le pas, il y a quatre temps dans

le mouvement; si la jambe droite de devant part la première, la jambe gauche de derrière part aussitôt, ensuite la jambe gauche de devant part à son tour, et est suivie de la jambe droite de derrière.

Dans le trot, il n'y a que deux temps dans le mouvement; si la jambe droite de devant part, la jambe gauche de derrière part aussi en même temps, sans qu'il y ait d'intervalle entre le mouvement de l'une et le mouvement de l'autre; ensuite la jambe gauche de devant part avec la droite de derrière, aussi en même temps, en sorte qu'il n'y a dans cette marche que deux temps et un intervalle.

« Il y a trois temps dans le galop; mais comme dans ce mouvement, qui est une espèce de saut, les parties antérieures du cheval ne se meuvent pas d'abord d'elles-mêmes, et qu'elles sont chassées par la force des hanches et des parties posté-rieures, si des deux jambes de devant, la droite doit avancer plus que la gauche, il faut auparavant que le pied gauche de derrière pose à terre, pour servir de point d'appui à ce mouve-ment d'élancement; ainsi, c'est le pied gauche de derrière qui fait le premier temps du mouvement, et qui pose à terre le pre-mier, ensuite la jambe droite se lève, conjointement avec la gauche de devant, et elles retombent à terre en même temps, et enfin la jambe droite de devant, qui s'est levée un instant après la gauche de devant et la droite de derrière, se pose à terre la dernière, ce qui fait le troisième temps; ainsi, dans ce mouvement de galop, il y a trois temps et deux intervalles, et dans le premier de ces intervalles, lorsque le mouvement se fait avec vitesse, il y a un instant où les quatre jambes sont en l'air en même temps et où on voit les quatre fers du cheval à la fois : lorsque le cheval a les hanches et les jarrets souples, et qu'il les remue avec vitesse et agilité, ce mouvement du galop est plus parfait et la cadence s'en fait à quatre temps; il pose d'abord le pied gauche de derrière qui marque le premier temps, en-suite le pied droit de derrière retombe le premier, et marque le second temps, le pied gauche de devant, tombant un instant après, marque le troisième temps; et enfin, le pied droit, qui retombe le dernier, marque le quatrième temps. »

Le pas, le trot et le galop sont les allures ordinaires du che-val. Mais il y a quelques uns de ces animaux qui en ont une particulière, qu'on appelle *amble*. Dans cette allure, la vitesse du mouvement n'est pas si grande que dans le galop et le grand trot. Le pied du cheval rase la terre de plus près que dans le pas, et chaque démarche est beaucoup plus allongée. L'amble consiste en ce que les deux pieds du même côté partent en même temps, et ensuite ceux de l'autre côté, en sorte que les deux côtés du corps manquent alternativement d'appui. Cette allure est douce pour le cavalier; mais elle fatigue beaucoup le cheval. Indépendamment de l'amble, qui doit être regardé comme une allure défectueuse, on en remarque deux autres plus défectueuses encore: l'une est *l'entrepas* et l'autre *l'aubin.* L'entrepas tient du pas et de l'amble, et l'aubin tient du trot et du galop. L'un et l'autre viennent d'un excès de fatigue et d'une grande foiblesse de reins. On les appelle *trains rompus,* désunis ou composés.

La vitesse d'un cheval est relative à son allure. Car il y a la vitesse du pas, celle du trot, celle du galop, et même celle des trains rompus. Cependant, quand on parle de vitesse, c'est toujours celle du galop qu'on entend.

Les chevaux sont d'autant plus vites qu'ils sont plus légers, plus longs de corps, et qu'ils ont plus d'haleine. On a beaucoup d'exemples curieux de la vitesse des chevaux. Je crois devoir rapporter tous ceux qui sont consignés dans un recueil manuscrit de feu M. de Fourcroy, officier de la plus grande distinction au corps royal du génie. Ils feront d'autant plus de plaisir, que les calculs ont été faits par cet habile homme.

Un cheval est vite lorsqu'il parcourt environ trente pieds par seconde, et vigoureux à proportion qu'il soutient cette course plus long-temps.

Par cette allure, il fait une lieue moyenne de 2270 toises en 7 minutes ½, ce dont il y a beaucoup d'exemples en terrain plat.

Le 29 octobre 1754, le lord Powerscourt est parti de la dernière maison de Fontainebleau, sur la route de Paris, à 7 heures 9′ 47″ du matin, et est arrivé à 8 heures 47′ 29″ à la barrière de Paris, nommée les Gobelins. Il avoit parié de faire ce chemin en deux heures, sur trois chevaux, et il parcourut environ 28 mille toises sur deux chevaux, en 1 heure 37′ 42″, ce qui fait à peu près 27 pieds 10 pouces par seconde, ou plus de 7 lieues ½ par heure. Si l'on a égard aux relais et aux inégalités de niveau de ce grand chemin, c'est une course de grande vitesse.

Dans les courses de chevaux qui se font à Rome, huit à dix chevaux barbes, d'assez petite taille, en pleine liberté, parcourent communément une carrière de 865 toises en 141 secondes, ou près de 27 pieds par seconde, ce qui feroit plus de 9 lieues ⅔ par heure, à la durée.

Dans les courses de chevaux à Newmarket, dix chevaux, montés chacun d'un cavalier, parcourent tous à peu près une carrière de 3304 toises, en 475 ou 476 secondes, ce qui fait plus de 41 pieds 8 pouces par seconde, et à raison de plus de 10 lieues ⅞ de lieue par heure.

Childres, le plus vite des chevaux anglais dont on ait mémoire, parcourut une carrière droite de 3482 toises, en 7 minutes et demie, et une carrière ronde de 5116 toises, en 6 minutes 40 secondes, ce qui fait 45 pieds 5 ou 9 pouces par seconde. Tous les autres chevaux les plus vites mettent au moins 7 minutes 5o secondes à la première carrière, et 7 minutes à la seconde; c'est à dire qu'ils parcourent 44 pieds 5 à 6 pouces par seconde.

Les Anglais disent que la carrière de Newmarket, de 3304 toises, a été plusieurs fois parcourue en 6 minutes 6 secondes, ce qui feroit plus de 54 pieds par seconde, et qu'un fameux cheval, nommé *Sterling*, avoit fait quelquefois le premier mille, de 826 toises, en une minute, ce qui feroit 82 pieds et demi par seconde. Il y a vraisemblablement à cela de l'exagération.

On peut remarquer que tous ces chevaux vites font à peu près deux élans par seconde, et que par chaque élan les Barbes de Rome parcourent environ 18 pieds, comme les Anglais montés 22 à 23 pieds. Il faut pour chaque élan le temps de s'élancer, celui de fendre l'air et celui de retomber : par conséquent six temps distincts dans chaque seconde, ce qui est à peine concevable dans un espace de temps si court. Mais il est des cas où la vérité passe les bornes de la vraisemblance, et tel est celui-ci.

Ce qui est dit ci-dessus de Sterling, cheval anglais, se trouve répété mot pour mot dans le Britisch-zoology, imprimé à Londres, *in-folio*, en 1763, 1764, etc. Ces faits y sont seulement rapportés comme d'un cheval actuellement existant.

De Pétersbourg à Tobolsk en Sibérie, les courriers ordinaires n'emploient que 12 à 14 jours.

PÉTERSBOURG.

Latitude.		Longitude du m. de P.
59° 56' 0"		28°''' 0' 0"

TOBOLSK.

58°''' 12' 30"		66°''' 5' 0"

Différences.

1° 43' 30"		38°''' 5' 0"

Le calcul fait comme ci-devant donne, l'arc entre Pétersbourg et Tobolsk, 19ᵈ 26, ce qui donneroit 481 lieues communes en ligne directe. Mais si on estime les degrés à 120 werstes de Russie, suivant la remarque de Strahlenberg, la distance de Pétersbourg à Tobolsk, par les chemins, sera de 558 à 560 lieues communes de France, et les courriers qui sont 12 à 14 jours à faire ce voyage feroient 40 à 46 lieues par jour.

On rapporte qu'un maître de poste en Angleterre fit gageure de faire 72 lieues de France en 15 heures. Il se mit en course, monta successivement 14 chevaux, dont il en remonta 7 pour la seconde fois, et fit sa course en 11 heures 32′, ce qui fait 23 pieds ¾ par seconde, en supposant ces lieues de 2282 toises, et plus de six lieues par heure. Il n'y a pas d'apparence que ce pari ait été fait en lieues françaises, mais en milles anglais, dont les 220 font 72 lieues communes et 919 toises de France ; ce qui, réduction faite, feroit toujours 23 pieds 10 pouces ¼ ou environ par seconde. On peut considérer que, dans cette course, chaque cheval auroit parcouru 11802 toises en 49′ ³⁄₇, ou 236 toises par minute ; au lieu que dans celle du lord Powerscourt, deux chevaux choisis ont parcouru chacun 14000 toises en 49′, ou 279 toises et plus par minute. On pourroit donc regarder à peu près comme un *maximum* de faire 150 lieues en 24 heures, sur 29 chevaux, puisque vraisemblablement aucun homme n'y résisteroit.

Il suit de cette course qu'un courrier à cheval doit faire très difficilement trois lieues par heure, sur des chevaux de poste, ou 6850 toises.

On lit dans la gazette du commerce de 1772, qu'à l'occasion d'une banqueroute énorme arrivée à Londres, un particulier est parti pour Edimbourg, et a fait une telle diligence, qu'il a parcouru cette distance de 850 milles en 103 heures. Les 850 milles anglais, à 826 toises 1 pied le mille, font 202,741 toises 4 pieds de France, ou 307 lieues communes des vingt-cinq au cent.

Les 103 heures font 4 jours et 7 heures, pendant lesquels il faut que cet homme se soit arrêté quelque temps au moins pour relayer, manger, et autres besoins naturels.

Mais, sans aucun égard à ce temps nécessaire, cette course seroit de 6817 toises, 5 pieds 3 pouces par heure, ou 3 lieues ; ce qui feroit 113 toises 3 pieds par minute.

Si on accorde à cet homme une demi-heure par jour pour ses besoins, il aura parcouru 6952 toises par heure, ou 116 toises par minute ; si on lui donne une heure, ce qui paroît indispensable, il aura couru à raison des 7093 toises ½ par heure, compris le temps de relais, ou 118 toises par minute.

Les relais en Angleterre sont évalués à 12 milles, qui égalent 9914 toises, lesquelles font 4 lieues communes. Ainsi on peut estimer cette course à 70 relais ; pour lesquels 3 heures, à raison de 2 minutes ½ par relais, reste 96 heures de course, ou 122 toises par minute.

Par exemple, de cette course on peut conclure que, quand

une course en poste est de plusieurs jours, il est difficile et fort rare qu'elle soit de 3 lieues par heure, toutes pertes comprises.

Dans le voyage aux îles Malouines, en 1763 et 1764, par D. Pernetty, en 2 volumes *in*-8°, 1770, t. 1, p. 77, on voit qu'un domestique de M. de Bougainville partit de Saint-Malo, vers le 5 ou le 6 septembre 1762, pour porter une lettre de son maître à M. le duc de Choiseul, ministre à Versailles, et fut de retour à Saint-Malo avec la réponse la 59e heure après son départ.

De Saint-Malo à Versailles, par Rennes, il y a 47 postes ; mais par Dol, Caen, Lisieux, Mantes et Saint-Germain, il n'y a que 42 postes et demie. Ainsi cette course est 170 lieues de poste, qui, à trois lieues par heure, toutes pertes comprises, exigent 56 heures $\frac{2}{3}$, et il y auroit eu 2 heures $\frac{1}{3}$ pour avoir réponse du ministre et reprendre haleine.

Cette course est croyable et confirme la moyenne ci-dessus.

Un cheval de selle, au pas ordinaire, chargé de son homme, a parcouru un espace de 70 toises en 80 secondes.

Un autre, chargé de même, l'a fait au grand pas en 50 secondes. Ce qui fait pour le premier 5 pieds 3 pouces par seconde, et pour celui-ci environ 8 pieds 5 pouces. Ce premier cheval à la continue auroit fait 3150 toises par heure, ce qui est le train ordinaire d'un cheval de selle. Le deuxième auroit parcouru environ 5050 toises ; il est plus rare de trouver des chevaux de cette vitesse au pas. On rencontre assez souvent des hommes de cette dernière vitesse, même pour voyager long-temps.

M. Macquart qui a voyagé en Russie m'a assuré qu'il n'est pas rare de voir des chevaux faire 20 lieues communes de France sans s'arrêter.

Presque tout ce qui concerne la force des chevaux est tiré du recueil de M. Fourcroy.

On voit à Londres des chevaux en état de tirer seuls sur un espace uni et peu étendu jusqu'à six milliers pesant, et qui en tireroient la moitié avec facilité pendant un temps considérable. Mais ces exemples paroissent être le *maximum* de la force des chevaux.

Il n'est pas rare de trouver des rouliers qui fassent tirer habituellement quinze cents pesant à chacun de leurs vigoureux chevaux entiers, sur les grands chemins de Flandre, où il se trouve peu à descendre ou à monter. On dit que des ordonnances ont fixé leurs charges beaucoup au-dessous ; mais cela n'est point vrai.

Dans l'usage ordinaire des particuliers, *une voiture attelée de forts chevaux peut porter huit cents pesant par chaque cheval* et continuer à travailler ainsi toute une année , sauf le repos des dimanches. *Si les chevaux sont médiocres, on ne leur donne que cinq cents , et c'est sur ce pied que l'on doit généralement calculer dans les entreprises pour le roi*, toujours sans compter le poids de la voiture. Cette charge de cinq cens livres est cependant forte pour de médiocres chevaux dans les mauvais chemins.

Une voiture à deux chevaux, chargée d'un millier, peut faire un voyage de 500 toises par heure; savoir, 10 pour aller, 10 pour revenir, et trente pour la charge et la décharge. Cette voiture feroit donc douze voyages en un jour d'été, depuis cinq heures du matin jusqu'à sept du soir, en donnant aux chevaux depuis onze heures jusqu'à une heure pour se reposer et manger. A 1,000 toises de distance, il faut une heure et demie pour chaque voyage ; la voiture n'en fait que huit dans la journée. A 1,500 toises, elle n'en fait que six. A 2,000 et 2,500 , elle n'en fait que quatre, dont deux le matin et deux le soir. Enfin, à 3,000 toises, il faudra trois heures et demie pour chaque voyage ; ainsi, cette voiture ne peut en faire que trois , et bien incommodément, si les chevaux n'ont une seconde écurie pour se reposer, dans le milieu du jour , ne pouvant revenir à la leur.

Deux chevaux attelés à une charrue , et par conséquent n'allant qu'au petit pas, dans une terre, ni trop aisée ni trop difficile, ont été estimés faire chacun un effort de 150 livres. Ils peuvent, avec la charrue à tourne-oreille , labourer 110 perches de terre de 22 pieds en un jour, depuis le mois de mars jusqu'à la toussaint, et depuis ce temps jusqu'au mois de mars environ 80 perches. Dans les pays à grandes charrues, ils labourent un tiers de plus; quand les terres sont en petites pièces , ils labourent un dixième de moins. Deux chevaux pourroient, en un jour, conduire douze voitures de fumier aux champs, pour engraisser 150 perches; et ramener à la ferme douze voitures de gerbes , chacune de 144 gerbes de trois pieds huit pouces de tour.

J'ai desiré connoître le chemin que pouvoient faire deux chevaux entiers, de quatre pieds onze pouces , âgés , l'un de cinq, l'autre de huit ans, attelés à une charrue, le 22 juillet, pendant treize heures et demie, déduction faite de leur dîner et du temps que le charretier a employé pour son déjeûner et son goûter ; ces chevaux, employés à un labour qui étoit le second ou *binage* , en terrain médiocre , ont fait 16,588 toises, ou environ sept lieues et un quart, la lieue de 2,283 toises.

Un cheval tirant sur le pavé une charrette, chargée d'environ quinze cents livres, a parcouru un espace de soixante-dix toises en 112 secondes. On voit que chacun de ses pieds ne faisoit qu'un mouvement de trois pieds un pouce par seconde.

Deux chevaux, tirant sur le pavé un carrosse au train ordinaire, ont parcouru un espace de soixante-dix toises en 62 secondes : deux autres ont fait le même chemin au trot en 45 secondes. Les deux premiers parcouroient environ six pieds neuf pouces par seconde, et les seconds neuf pieds quatre pouces, allure des jeunes gens et des gens mûrs.

En 1735, un cheval vigoureux fut chargé, par ordre de M. le comte de Saxe, du poids de douze cents livres, et tomba mort. On charge ordinairement les bons chevaux, pour faire route, de trois cents, et les bons mulets de cinq cents.

La position des traits la plus avantageuse au tirage des chevaux paroît être une inclinaison de quatorze à quinze pouces de l'horizontale, passant au poitrail. M. Le Camus prétendoit qu'elle devoit être horizontale; mais c'est une erreur.

On compte ordinairement qu'un cheval de moyenne taille peut employer cent quatre-vingts livres de sa force pour mouvoir une machine en travaillant quatre heures de suite, et faisant 1,800 toises de chemin par heure.

Les gens qui louent habituellement leurs chevaux et voitures pour travailler, ne donnent ordinairement à un cheval que quinze cents pesant à traîner dans un tombereau sur le pavé. C'est l'usage pour le transport des matériaux à bâtir, terres, décombres, etc.; mais la règle générale est de dix-sept cents en beau chemin ou pavé, dans une voiture légère, et douze cents dans un chemin montueux et difficile, en supposant que le cheval fasse moitié de sa journée à vide.

Six chevaux de cinq pieds deux pouces tirent sur le pavé un chariot ou voiture à quatre roues, chargé de dix mille, non compris le poids du chariot, qui est de dix-huit cents; sur terre, ils ne peuvent tirer que la moitié; avec une voiture à deux roues, qui pèseroit vide cinq cents, quatre chevaux traînent cinq mille cinq cents de marchandise. Ce sont les poids ordinaires des rouliers, qui font dix lieues par jour, et des voyages de six semaines de suite.

M. le duc de Choiseul, ministre et surintendant des courriers et relais, allant de Paris, rue de Richelieu, à Chanteloup, près Amboise, avec des chevaux de poste sur sa chaise, n'était, dit-on, jamais que treize heures en route. Cette distance est, suivant les détails de la grande carte, de quarante-huit lieues communes. Ainsi M. le duc de Choiseul faisoit trois lieues neuf treizièmes par heure, course que l'on regarde comme la plus vite en chaise.

Un courrier en chaise, avec un domestique en avant, fait, sans se presser, deux lieues communes par heure, ou 4,566 toises sur toutes les belles routes de France, ce qui, sur la route d'Orléans, fait une poste et demie, les lieues n'y étant pas de plus de 1,720 toises, ou les postes de 3,440 toises, puisque les trente-quatre postes et demie de Paris à Tours ne font pas plus de 118,600 à 118,700 toises, ou moins de trente-deux lieues et demie communes.

On lit dans le *Manuel du Dragon*, ouvrage de M. Thiroux de Montdesir, officier de cavalerie, de distinction, que le cheval d'un cavalier porte en route, le corps du cavalier compris, le poids de trois cent quatorze livres. En outre, à la guerre, deux chevaux de cavalier portent, alternativement de deux jours l'un, le poids de trois cent vingt livres. Ainsi, de deux jours l'un à la guerre, un cheval de cavalier est chargé de six cent trente-quatre livres.

Le cheval d'un dragon, l'homme compris, porte en route deux cent quatre-vingt-douze livres, et de deux jours l'un à la guerre, cent quatre-vingt-neuf livres; en tout quatre cent quatre-vingt-une livres. On verra ci-dessous la taille du cheval de cavalier et de celui de dragon. M. de Montdesir observe que, dans ce calcul, il ne met pas ce que le cavalier et le dragon portoient secrètement; il étoit d'autant plus difficile d'en apprécier le poids, qu'à l'époque où il écrivoit les soldats faisoient beaucoup la contrebande.

Rien n'est plus varié que la nourriture des chevaux. Elle diffère en qualité selon les pays, et en quantité selon la taille des chevaux et les circonstances.

Les jeunes chevaux, qui ne sont pas encore employés au service de l'homme, passent une partie de l'année dans les pâturages, où ils ne vivent que d'herbe. En hiver, on les ramène, comme il a été dit, à l'écurie, pour les y nourrir avec du foin sur-tout, et un peu de son. Ce n'est que la troisième année qu'on les accoutume aux alimens secs.

On pourroit distinguer la nourriture des chevaux en graines et tiges. Les graines sont particulièrement celles des graminées, et les tiges sont celles des graminées et des plantes des prairies naturelles ou artificielles. Ici, on leur donne pour graine de l'épeautre; là, de l'orge, ailleurs, de l'avoine, dans un autre canton, du sarrasin, souvent du son de froment, quelquefois des glands, des châtaignes, féveroles, pois, vesces, fenugrec, etc. On sait que ces animaux trouvent du goût au pain; quand ils voyagent, on leur en donne en Belgique, en Allemagne, en Suisse, en Hollande. Ils mangent les tiges vertes ou sèches des plantes céréales et celles de la luzerne, du sainfoin ou esparcette, et du trèfle. Dans les îles à sucre d'Amérique, on leur réserve les têtes de canne, pour la saison où ils ne vont pas dans les savannes. Les royaumes du nord, qui récoltent beaucoup d'avoine, et dans lesquels elle est de bonne qualité, la destinent en grande partie à ces animaux. L'orge étant plus abondante dans les pays chauds, où l'avoine est rare et vient mal, c'est l'orge qu'on donne aux chevaux. Par-tout où on peut avoir facilement du foin de pré naturel, on en garnit les râteliers. Les pays de plaine lui substituent le trèfle, ou le sainfoin, ou la luzerne, la paille d'avoine ou plutôt celle du froment, entière ou hachée, les cossats de pois, de vesces, etc., dans lesquels il reste toujours quelques graines. Enfin, une partie de ce qu'on récolte dans chaque pays est l'aliment ordinaire des animaux qu'on y élève et qu'on y entretient.

Plus un cheval a de taille, plus on doit lui donner de nourriture. Je suppose qu'un demi-boisseau d'avoine, mesure de Paris, et une demi-botte de foin (la botte pèse 10 à 12 livres) par jour, suffisent à une petite bête, il faut à une grosse jusqu'à deux boisseaux d'avoine et deux bottes de foin. Il y a des chevaux qui, à taille égale, sont plus sobres que d'autres; ce qui dépend quelquefois du pays et de la manière dont ils ont été élevés. On voit aussi parmi des chevaux de même taille, élevés dans le même haras ou le même pays, des individus qui ont plus d'appétit que d'autres, et qui digèrent plus facilement. Par exemple, on remarque dans les fermes de Beauce, que les chevaux picards ou artésiens mangent un tiers de plus que les francs-comtois, nivernois et montagnards. Ils ont donc besoin de plus de nourriture. On doit avoir égard à l'âge des chevaux pour la quantité; car un poulain qui ne travaille pas doit être peu nourri. Un cheval travaillant et croissant encore doit l'être davantage; enfin un vieux cheval doit l'être moins, et d'alimens plus tendres et plus faciles à broyer, à mesure que ses dents s'usent. Quand un animal travaille plus fort, il s'épuise davantage, on doit augmenter sa ration. Certains chevaux préfèrent le foin à la paille, ou l'avoine au foin, ou à la paille. C'est à ceux qui les gouvernent à étudier ces différences et à suivre leur goût, autant qu'il ne sera pas contraire à leur santé, observant de ne pas leur donner en trop grande quantité la nourriture qu'ils aiment le moins, afin de ne pas les dégoûter.

Nourriture d'un cheval de carrosse à Paris. Je prends pour exemple un cheval de cinq pieds deux pouces, taille ordinaire, assez occupé, sans l'être autant qu'un cheval de remise ou un cheval de fiacre. Chaque jour on lui donne un boisseau d'avoine du poids de quinze à seize livres, deux bottes de paille de froment, pesant ensemble de vingt-deux à vingt-trois livres et une botte de foin de 12 liv. Ce cheval allant en route mange quelquefois un demi-boisseau d'avoine de plus, ou à la place, dans les jours de chaleur, un boisseau de son. Les cochers ont le défaut, pour la plupart, de trop nourrir leurs chevaux, parcequ'ils ont l'amour-propre de vouloir qu'ils paroissent gras; ils en sont plus faciles à panser. Cette nourriture est distribuée ainsi : le matin, le tiers du boisseau d'avoine, puis le tiers de la botte de foin, et après le tiers des deux bottes de paille; à midi et le soir même ordre et même quantité.

Nourriture d'un cheval de ferme en Beauce. Les chevaux des fermiers de la Beauce ont communément quatre pieds dix à onze pouces de taille. Un de ces animaux mange chaque jour un boisseau et demi d'avoine, ou vingt-trois à vingt-quatre livres, une botte de sainfoin de dix livres, et huit à neuf livres de paille de froment ou de cossats de pois ou vesce.

Lorsque ces chevaux vont au marché conduire du blé, ou sont employés à d'autres charrois, plus fatigans que la charrue, on ne leur donne pas plus de nourriture, celle qu'ils ont ordinairement étant suffisante. Quand on fait traîner un rouleau par un ou deux chevaux, on doit, dans l'après-midi, parceque ce travail est pénible, ramener ces chevaux à la ferme, pour leur donner un peu d'avoine. Mais, dans ce cas, on diminue d'autant leur ration du soir. Dans les fermes d'une partie de la Beauce, on ne diminue presque pas la nourriture en hiver, à moins qu'il n'y ait des gelées de durée, ou que la terre ne soit quelque temps couverte de neige ; car on y laboure presque sans interruption. Dans le reste de la province, et dans d'autres provinces, on retranche la moitié de la nourriture des chevaux depuis la Toussaint jusqu'au mois de mars.

Nourriture d'un cheval de roulier voyageant d'Orléans dans les ci-devant Artois, Flandre, Champagne, Picardie. La taille d'un cheval de roulier est de quatre pieds dix pouces. Chaque jour on lui donne deux boisseaux d'avoine et deux bottes de foin de dix à douze livres. Il ne mange point de paille; il n'en a que pour litière.

Le matin, il mange le tiers de deux boisseaux d'avoine, à midi un second tiers, et le soir le troisième. Une demi-botte de foin le matin, autant à midi, et une botte pour la nuit.

Lorsque l'avoine est mangée, on le fait boire avant que de lui donner du foin.

La même nourriture se donne dans toutes les saisons.

Quand le roulier attentif ou propriétaire de ses chevaux arrive à la dînée dans l'été, il les désharnache, les bouchonne, les étrille et les peigne.

Les chevaux de fourgon sont plus hauts de quatre pouces que ceux des rouliers. On les nourrit de la même manière. Il en est de même sans doute de ceux des bateaux sur les rivières et des coches d'eau. Tous ces chevaux ne peuvent être employés à un aussi fort tirage qu'à cinq ou six ans.

Nourriture d'un cheval de poste. Malgré l'irrégularité du séjour des chevaux de poste dans leurs écuries, à cause de celle du passage des courriers, on règle cependant, autant qu'il est possible, la quantité d'alimens qu'on leur donne. Quand ils travaillent peu, ils mangent par jour, en trois repas, un boisseau d'avoine, une botte de foin et de la paille sans mesure. Quand ils travaillent beaucoup, on augmente l'avoine jusqu'à un boisseau et demi par jour. Alors ils font quatre repas.

Les chevaux de poste fatigués sont mis au son et à l'eau blanche pendant plusieurs jours pour les rafraîchir.

Ceux de brancard ont quatre pieds dix à onze pouces.

Les porteurs, quatre pieds sept à huit pouces.

Les bidets, quatre pieds cinq à six pouces. On emploie ces animaux à l'âge de six ans, pour qu'ils durent plus long-temps. En général, les chevaux résistent peu aux fatigues de la poste. On en voit qui périssent après avoir couru deux mois seulement. Communément on les conserve quatre ou six ans. Il y en a qui vont jusqu'à dix, et plus de vingt ans. C'est en hiver qu'il en meurt le plus, à cause des courses de l'été et de l'automne.

Nourriture d'un cheval d'escadron, de cavalerie ou de dragon. Le cheval d'un cavalier a quatre pieds huit à dix pouces, et celui d'un dragon quatre pieds six à huit. On donne à chacun une ration par jour, composée de deux tiers de boisseau d'avoine, mesure de Paris, de dix livres de foin et dix livres de paille. Lorsque la paille est rare, outre l'avoine, la ration est de douze livres de foin et de six livres de paille; enfin, à défaut de paille, on donne quinze livres de foin. L'avoine se donne en deux fois, et le fourrage en trois fois.

Quand les troupes sont en campagne, la nourriture des chevaux n'est pas réglée. Elle dépend des circonstances et de la facilité qu'on a à faire des fourrages. En général, la nourriture des chevaux de cavalerie ou de dragon est trop foible.

Les substances dont on nourrit les chevaux sont les suivantes : 1° l'épeautre. On m'a assuré qu'en Allemagne et en Suisse, où l'on cultivoit plusieurs espèces d'épeautres, on en donnoit à manger aux chevaux. Cette plante, comme on sait, est un froment, dont les grains sont tellement adhérens dans les balles, qu'on ne peut les en séparer qu'en écrasant les balles. Faire manger aux chevaux de l'épeautre, c'est comme si on composoit leur nourriture de froment et de balles. Elle doit être substantielle et fortifiante. Sans doute on en proportionne la quantité à la taille des animaux, aux travaux qu'on leur fait faire, et aux effets qu'elle produit sur eux. Je désirerois que, dans les pays où l'avoine ne vient pas parfaitement, les cultivateurs consacrassent quelques arpens de terre à un ensemencement en épeautre, pour en former une partie de la nourriture de leurs chevaux. L'épeautre n'est point une plante délicate; on peut en semer en automne et au printemps. On préféreroit celle qui est sans barbes. *Voyez* Epeautre et Froment.

2° L'orge en grain. Deux motifs déterminent à nourrir les chevaux avec de l'orge dans les pays chauds; l'un est la bonne qualité de ce grain, l'autre est la quantité qu'on en recueille, tandis que l'avoine y vient mal; car l'orge est la plante des pays chauds, comme l'avoine est celle des pays froids. En Espagne, en Portugal, l'orge est la principale nourriture des chevaux. Les Arabes du désert font des boulettes de pâte d'orge, avec lesquelles seules, dans leurs courses longues et rapides, ils les font vivre. M. Thorel (Cours complet d'agriculture de M. l'abbé Rozier) dit qu'un Français s'étant obstiné à nourrir d'orge un beau cheval, sous le prétexte qu'il y étoit habitué, cet animal fut attaqué d'une fourbure violente, d'où il conclut que ce grain a d'autres qualités en Espagne qu'en France. Je ne tirerois par cette conséquence de ce fait, même en supposant que l'usage de l'orge eût rendu le cheval fourbu; car il seroit possible qu'on lui eût donné trop d'orge, sans que ce grain fût de mauvaise qualité en France. C'est souvent la quantité qui nuit. L'orge concassée nourrit mieux que l'orge entière.

3° Sarrasin. La Sologne et quelques cantons de la Bretagne, où le sarrasin est abondant, en nourrissent leurs chevaux, qui partagent ce grain avec les hommes et les volailles. Le sarrasin a une substance farineuse très nutritive; mais son écorce dure et ligneuse le rend de difficile digestion; il vaut mieux le faire concasser ou moudre entièrement avant de le donner aux chevaux. On doit ne faire manger du sarrasin aux chevaux qu'avec beaucoup de précautions, parceque ce grain les échauffe comme il échauffe les volailles. Il ne faut pas qu'il soit très récent; il en est de même de l'orge.

4° Le maïs. Les Espagnols, quand ils voyagent, font manger à leurs chevaux du maïs en grain; cet aliment convient beaucoup à ceux qui n'ont pas les dents tendres; si on le concassoit, il conviendroit aussi aux autres.

5° Son. Le son est l'écorce du froment ou du seigle moulu, contenant plus ou moins de farine, selon qu'on a employé la mouture à la grosse ou la mouture économique, et par conséquent plus ou moins nourrissant. Il est regardé comme rafraîchissant, et on en fait la base de l'eau blanche pour les chevaux et autres bêtes lorsqu'elles sont malades. Les chevaux sains le mangent aussi avec plaisir; il leur convient sur-tout en été, et quand ils se dégoûtent d'avoine. Le son du seigle et celui du méteil, composé de froment et de seigle, rafraîchit plus que celui du froment. Pour que le son soit bon, il faut qu'il soit récent et conservé dans un lieu sec.

6° L'avoine. L'avoine est de tous les grains celui qui est destiné le plus souvent aux chevaux. Elle fait, du moins en France, le fond de leur nourriture. Il y a peu de pays où elle soit la récolte principale. Sa culture n'exige pas beaucoup d'engrais et de labours; ce n'est, pour ainsi dire, qu'un objet secondaire. On ne fait donc aucun tort à l'homme en nourrissant les chevaux d'avoine. Excepté dans les années malheureuses, où le besoin force les hommes à vivre des alimens qu'ils réservent pour les bestiaux, peu de cantons sont réduits à manger du pain d'avoine. Ce grain est nourrissant et en même temps rafraîchissant. Cependant il est bon qu'on n'en donne pas une trop grande quantité aux chevaux; elle les incommoderoit bientôt et les rendroit fourbus. Les gens soigneux pour leurs chevaux ne leur font manger de l'avoine nouvelle que trois mois après qu'elle est récoltée. Trop récente, elle leur causeroit des coliques quelquefois mortelles. On a l'attention de ne point l'entrer humide dans les granges et dans les greniers, afin qu'elle ne fermente pas et ne contracte pas une mauvaise odeur qui la feroit refuser par les animaux. Si l'avoine étoit moulue, elle se digèreroit mieux, et on en donneroit moins aux chevaux; car beaucoup de grains sortent entiers de leur corps.

7° Le foin. Les herbes des prairies naturelles desséchées et fanées portent le nom de *foin*, un des alimens le plus en usage pour les chevaux. Celui des prés hauts est le plus estimé. On fait moins de cas pour eux du regain ou seconde coupe que de la première. Un foin composé de tiges de graminées, d'herbes tendres et douces, ou foiblement aromatiques, telles que la pimprenelle, les œnanthes, la sariette, les paquerettes, le tussilage, la scabieuse, le trèfle, le sainfoin, etc., est excellent pour les animaux, et sur-tout pour les chevaux. Mais il ne vaut rien lorsqu'il s'y trouve beaucoup de carex, de joncs, de roseaux, d'iris, de renoncules, de colchiques, etc., plantes qui abondent dans les marais fangeux. Du foin nouveau ne peut se donner, sans inconvénient, avant qu'il ait été quatre mois dans le fenil. Il n'a plus de saveur, et n'est plus agréable aux chevaux s'il est trop vieux.

8° La luzerne. Le plus beau présent qu'on ait fait à l'agriculture, c'est la luzerne: on la donne en vert et sèche aux chevaux. La luzerne sèche, présentée peu de temps après la récolte pourroit être funeste, à moins qu'on ne la mêlât avec de la paille; on lui laisse jeter son feu pendant quelques mois. Elle exige encore plus de précautions quand on veut la faire manger verte. Si on la faisoit manger fraîche et à dis-

crétion, elle occasionneroit de fortes indigestions et la fourbure. On doit la laisser flétrir quelques heures, en donner peu
d'abord et y accoutumer par degrés les chevaux, en la mêlant
même avec de la paille. Une des grandes propriétés de la luzerne est d'augmenter le lait des jumens, et de rétablir des
chevaux de travail qui seroient tombés dans l'amaigrissement.

9° Le trèfle. Il y a plusieurs sortes de trèfles. Le trèfle jaune
fait partie des herbes des prairies naturelles, et c'en est une des
meilleures. On ne le cultive pas seul, ou du moins dans certains
pays. Le trèfle d'Hollande se trouve bien quelquefois mêlé aux
herbes des prairies; mais le plus souvent on en fait des cultures
particulières. C'est une des causes de la richesse du pays de Caux,
qui faisoit partie de la province de Normandie; car le trèfle y remplit une grande partie des jachères, et, fournissant aux bestiaux
une excellente nourriture, il met à portée d'avoir beaucoup
d'engrais. On le fait manger comme la luzerne, ou vert, ou sec.
Dans le pays de Caux, on coupe une partie des trèfles au mois
de juillet, pour le faner et le conserver; les chevaux le mangent en hiver. Une autre partie est broutée sur place par les bêtes
à cornes et les chevaux, depuis le mois de mai jusqu'au mois
d'août. On attache ces animaux à des piquets; on les change de
place huit ou neuf fois par jour, leur abandonnant, suivant
la force du trèfle, deux ou trois pieds; deux chevaux, en
trois mois, peuvent manger, de cette manière, le produit
d'un acre de terre, qui contient à peu près 1800 toises carrées.
S'il fait très chaud, on les retire au milieu du jour. Le trèfle
qu'on fane a aussi besoin d'être entré sec et de suer quelques
mois avant qu'on le donne aux chevaux.

On avertit, dans tous les livres d'agriculture, de ne point
laisser brouter du trèfle vert, par la rosée ou peu de temps
après la pluie, parcequ'il en résulte des indigestions graves.
Cette crainte sans doute est fondée sur des faits. Cependant,
dans le pays de Caux, on laisse manger le trèfle sur place par
tous les temps, et on ne se plaint pas du mal qu'il fait aux bestiaux. Seroit-on dans ce pays plus insensible aux pertes, ou
plus habile à guérir les chevaux gorgés de trèfle mouillé? Ou
bien le trèfle du pays de Caux, même quand la pluie ou la
rosée l'ont humecté, ne seroit-il pas aussi malfaisant qu'ailleurs? Voilà une question qu'il seroit bon d'éclaircir, et dont
les cultivateurs instruits doivent s'occuper.

10 L'esparcette ou sainfoin. Les terres sans fond et sèches,
où la luzerne et le trèfle ne peuvent végéter, en sont dédom-
magées par la facilité qu'on y trouve de cultiver le sainfoin,
plus nourrissant que les deux précédens fourrages. Il est la
ressource de la majeure partie de la Beauce, qui, ne récoltant
pas et n'achetant pas de foin, lui substitue le sainfoin pour la

nourriture de ses chevaux de ferme. On le récolte toujours suffisamment sec ; on ne donne le nouveau que quelques mois après, et on le mouille en été deux heures avant de le mettre dans le râtelier. Si, pour avoir été entré humide, il a pris de l'odeur, il faut le bien secouer ; il devient plus supportable et moins malfaisant, parceque la partie putréfiée par la fermentation s'en sépare. Le sainfoin mal soigné, et donné sans ménagement, auroit les mêmes inconvéniens que la luzerne.

11° L'orge en vert. Lorsqu'on veut mettre un cheval au vert, on lui apporte à l'écurie des tiges d'orge coupée, avant qu'elle ait épié. Si on attendoit plus tard, elle seroit trop dure et échauffante, tandis qu'on l'emploie pour rafraîchir. Cette nourriture purge les chevaux les premiers jours, moins par sa qualité évacuante que par le changement qu'elle opère en eux. Bientôt ils ne sont plus relâchés, et ils engraissent.

Il est d'usage, dans la cavalerie, de mettre tous les ans une certaine quantité de chevaux au vert. On apporte à chaque cheval quatre-vingts livres d'herbe par jour. Si on n'écarte pas de ce régime les vieux chevaux, les poussifs, les farcineux et les morveux, on en hâte la perte. Il ne faut mettre au vert que ceux qui ont la fibre trop sèche, et qui sont habituellement nourris au sec.

Les habitans des pays de communes, les débardeurs de bois et autres, par économie, laissent leurs chevaux, une bonne partie de l'année, paître dans les prairies ou dans les bois. Ces chevaux ne mangent presque que du vert. Ces chevaux ne sont pas en état de résister à de grands et forts travaux, si on ne leur donne pas en outre une nourriture plus substantielle.

12° La paille. Les tiges sèches du froment, du seigle, de l'orge et de l'avoine s'appellent *paille*. On ne fait en France aucun cas, pour les chevaux, de celle de l'orge, et très peu de celle du seigle, qu'ils mangent quelquefois dans les pays où il ne croît pas de froment. La paille d'avoine, souvent fine et tendre, analogue au grain qui en sort, leur plaît beaucoup. Mais c'est la paille de froment qu'ils préfèrent, sans doute parcequ'elle contient encore dans l'état de sécheresse une matière sucrée, plus abondante dans celle des fromens d'Espagne et des pays chauds. C'est pour cela que les chevaux des îles à sucre se nourrissent avec empressement des têtes de canne. La paille blanche et menue est mieux fourragée que la paille brune et grossière. Quand elle est mêlée de plantes, qui s'y sont attachées, telles que les liserons, les gesses, etc., elle est plus appétissante. On la rend plus agréable encore, si on y joint du trèfle qui la parfume. A la vérité la paille des pays du nord n'a point ou n'a que très peu de matière sucrée ; mais les chevaux y trouvent, pour dédommagement, beaucoup de grains adhérens dans les balles; car on ne peut jamais y battre parfaitement les épis; le froid empêche beaucoup de grains de mûrir, et beaucoup de balles de se dessécher à leur base.

La paille, en France, se donne dans toute sa longueur, soit que les épis soient tous rangés du même côté, comme dans celle qu'on apporte à Paris, soit qu'ils soient dans les deux sens, comme il est d'usage dans beaucoup de pays. Mais en Allemagne, on la hache, on la brise, pour la mêler avec le son, l'avoine ou autre grain. On mouille le tout, afin que le cheval en expirant n'en perde pas la plus grande partie. Le hache-paille est une espèce de caisse étroite, posée sur un pied à hauteur d'appui; on y place la botte de paille, on la pousse par degrés avec une main, sous un fort hachoir fixé par une boucle, et que l'autre main fait mouvoir pour couper. Il y a une espèce de bascule, qui tient la paille assujettie près du couteau. Cet instrument a été adopté et perfectionné par des particuliers en France; mais il n'est pas encore répandu comme il seroit à désirer qu'il le fût: car il est plus avantageux et plus économique de donner la paille hachée qu'entière. On peut, dans les pays où il y a disette de foin, en hacher un peu avec beaucoup de paille. Les chevaux mangeroient avec appétit ce mélange. Chaque régiment de cavalerie ou de dragons devroit avoir ses haches-paille. Les soldats auroient souvent le temps d'en faire usage. Dans les pays chauds, où les espèces de froment cultivés sont à tige forte, et remplie d'une moelle sucrée, on met la paille en état d'être mangée par les chevaux en la hachant.

Dans bien des pays, et particulièrement en Suisse, on donne du sel aux chevaux. Il n'est pas bien certain qu'il soit utile, sur-tout s'il est donné à tous les individus, et par habitude. Il y a des haras où tous les jours on fait manger aux poulains une pâtée dans laquelle on met du sel. Ces jeunes animaux accourent au son d'une cloche, avec un grand empressement, pour recevoir cette pâtée, comme des poulets qu'on appelle dans une basse-cour. Les chevaux faits s'accommodent aussi-bien du sel que les jeunes poulains. Je présume, à en juger par ce que les bêtes à cornes en consomment en Suisse, que deux gros de sel par jour seroient une dose convenable pour un cheval. On assure qu'un trop grand usage les rendroit aveugles. Mais cette assertion n'est pas plus prouvée que celle de l'utilité du sel. On peut le donner en substance, mêlé avec de l'avoine, ou dissous dans l'eau, dont on arroseroit le fourrage.

La boisson du cheval est l'eau. Moins délicat que l'âne, il boit presque toute espèce d'eau; qu'on le conduise dans des marais, à des mares, à des abreuvoirs, où se rend quelquefois le jus des fumiers, et dans lesquels se putréfient quelques animaux, tels que poules, pigeons et beaucoup d'insectes, il ne refuse pas d'y boire; il paroît même préférer ces eaux à d'autres. C'étoit aux écoles vétérinaires à rechercher, par des expériences bien positives, jusqu'à quel point une telle boisson pouvoit nuire à la santé des chevaux. Les auteurs qui ont écrit sur les maladies de ces animaux en ont attribué plusieurs à l'eau dont on les laissoit s'abreuver. Mais je n'en ai vu nulle part des preuves assez évidentes pour décider en faveur de cette opinion. Au reste, si ce sont les sels que les chevaux recherchent dans l'eau des mares, il est aisé d'y suppléer, en jetant du sel marin dans l'eau des puits, qui est la boisson la plus ordinaire de ces animaux.

Quand un cheval n'a pas chaud, on risque peu de l'incommoder en lui faisant boire de l'eau froide. Mais, s'il a chaud, elle peut lui être très nuisible, à moins qu'aussitôt après il ne continue à être en mouvement, sans cela il y auroit du danger de le mener dans cet état à une source ou à une fontaine; il vaudroit mieux qu'il allât à une eau stagnante. L'eau de rivière est, en général, bonne et salubre.

Les fermiers attentifs, dans les pays où il n'y a que des puits, ont soin de tirer le matin la boisson de leurs chevaux pour tout le jour. Ils la laissent exposée à l'air, dans des cuves ou tonneaux, pour lui ôter sa crudité.

Quelques personnes, craignant qu'une eau vive, fraîchement-tirée, ne fasse du mal à leurs chevaux, y font jeter un peu de son. Les chevaux boivent plus ou moins d'eau, selon leur taille et leur tempérament, selon qu'ils sont nourris d'alimens secs ou aqueux, et selon la saison de l'année. La différence entre un cheval de quatre pieds quatre à cinq pouces et un cheval de quatre pieds dix à onze pouces peut être au moins d'un quart, puisque le premier boit au plus soixante pintes ou cent vingt livres d'eau, tandis que le dernier boit jusqu'à quatre-vingts pintes, ou cent quarante livres d'eau dans un jour d'été; quelques chevaux boivent moitié moins que les autres; je les suppose tous nourris d'avoine, de sainfoin, de paille et de cossats de vesce, cette nourriture formant ensemble environ quarante livres d'alimens. Des animaux nourris moins largement ou mangeant du foin au lieu de sainfoin, ou paissant dans les bois ou les prairies boivent beaucoup moins. Enfin, en hiver, saison où l'air est moins sec, les alimens imprégnés de plus d'humidité, et la fibre du corps moins aride, les chevaux ne boivent pas autant qu'en été.

On partage la boisson des chevaux en plusieurs temps. Des chevaux qui restent le plus souvent à l'écurie, tels que les chevaux de cavalerie vont à l'abreuvoir seulement deux fois par jour, à sept heures et demie du matin en été, et à huit heures en hiver; et l'après-midi, à trois heures en hiver et à quatre heures en été.

Les chevaux de charrue boivent quatre fois par jour ; le matin en sortant de l'écurie, après avoir mangé; au milieu du jour, en revenant des champs ; deux heures après, en y retournant, et le soir en rentrant.

On fait aux chevaux de la litière, afin que leurs excrémens, mêlés à des substances végétales, produisent de l'engrais. Si ces animaux couchoient sur la terre ou sur le pavé de leurs écuries, ils seroient incommodés des exhalaisons et de l'humidité ; on auroit besoin de les panser plus souvent. On fait de la litière avec les pailles des plantes céréales, qui sont les meilleures, les plus douces et les plus faciles à se convertir en fumier. On en fait avec de la bruyère, de la fougère, du chaume, des branchages, des feuilles d'arbres et autres matières, selon les pays et les difficultés qu'on a de se procurer des pailles.

Il ne faut pas laisser les litières long-temps dans les écuries. Aussitôt qu'elles paroissent humectées d'urines et remplies de crottin, on les lève et on les emporte. Tout n'étant pas mouillé au même degré, le matin on relève sous les mangeoires celle qui est encore sèche pour la mettre le soir avec la nouvelle.

Il est à croire que le cheval sauvage n'éprouve aucune des incommodités résultantes du défaut de transpiration. Accoutumé dès l'enfance aux diverses températures du climat où il vit, il s'endurcit et ne souffre point de la vicissitude des saisons. Libre de ses mouvemens, il ne s'échauffe en aucun temps, et n'a besoin de rien qui rétablisse une évacuation toujours soutenue. Il n'en est pas de même du cheval domestique. Dès qu'il est sorti des prairies, où on le tient deux ou trois ans, il passe une partie de sa vie dans des écuries plus ou moins closes. On le fait travailler dehors, en l'exposant à la boue, à la poussière et à toutes sortes d'ordures; dans son écurie même, il fait tomber sur lui, en tirant son fourrage, de la terre, des fleurs de plantes desséchées, des bourres de foin, des balles de blé; en se couchant, il se salit. Si un tel cheval n'étoit point pansé, les vaisseaux transpiratoires de la peau se trouvant obstrués par la crasse, l'humeur reflueroit sur quelqu'organe intérieur, et produiroit des maladies graves.

Les chevaux les mieux pansés sont les chevaux de la cavalerie ou des dragons; ils le sont deux fois par jour. L'exactitude du service militaire ne permet pas la moindre négligence. Il doit y avoir toujours un officier qui assiste au pansement.

Après eux, ce sont les chevaux de carrosse. Les cochers se font un point d'honneur d'avoir toujours leurs chevaux très propres et d'un poil très luisant. Le plus souvent ils ne les pansent qu'une fois par jour. Quand ils se salissent dans la journée, ils les nettoient.

Les chevaux les plus négligés sont ceux des remises, des fiacres, des vignerons, marchands et autres, qui s'en servent pour porter des fumiers aux champs ou des denrées au marché. Ceux de ferme et de roulage sont un peu plus soignés. Je connois des fermiers attentifs qui font panser exactement leurs chevaux.

Les instrumens dont on se sert sont l'étrille, l'époussette, la brosse ronde, la brosse longue, le peigne et l'éponge. On pourroit y ajouter un long couteau pour abattre la sueur, quand les chevaux sont couverts d'écume.

L'étrille se passe à rebrousse poil sur les côtés, le ventre et légèrement sur les jambes. Comme elle n'emporte pas toute la crasse qu'elle a détachée, c'est avec l'époussette qu'on disperse le reste; ensuite avec la brosse ronde on frotte l'encolure et la tête, en ménageant les yeux, et on emploie la brosse longue pour les jambes; on peigne la crinière et la queue; l'éponge, abreuvée d'eau sert pour les crins, la queue, et le tour des yeux et des oreilles. Si les crins sont très mêlés on les démêle facilement avec de l'huile.

Tous ceux qui ont des chevaux en propriété ou sous leur garde doivent éviter deux extrêmes, celui de les faire travailler au-delà de leurs forces, sans leur donner le repos convenable, et celui de les laisser languir dans une molle oisiveté, qui leur occasionne de l'obésité, une abondance d'humeurs, des engorgemens, le gras fondu, et autres incommodités capables de détériorer leur constitution, et d'accélérer le terme de leur vie. Les chevaux bien conduits et bien gouvernés vivent dix-huit ou vingt ans; quelques uns seulement vont à vingt-huit ou trente ans, rarement au-delà. Le repos est nécessaire à tous les êtres vivans. Les chevaux ne le prennent pas tous en se couchant, car il y en a qui ne se couchent jamais. Ceux-ci dorment debout. En général, le sommeil des chevaux est court; il dure au plus quatre heures. Lorsqu'on ménage trop les chevaux, il arrive que, faute d'exercice et d'être en haleine, ils se lassent facilement et même succombent, si on est obligé de leur faire faire une course un peu considérable; ce vice est celui de la plupart des chevaux de carrosse.

C'est une pratique condamnable de mener à l'abreuvoir des chevaux échauffés et souvent en écume à la suite d'une course ou d'un grand travail; on peut à l'instant les rendre très malades. On tombe dans le même inconvénient lorsqu'on leur lave le ventre dans les mêmes circonstances.

En général, pour les animaux comme pour les hommes, il est bon que les heures du repos soient réglées. Le corps prend facilement cette habitude; il fait toutes ses fonctions d'une manière égale. Les animaux toujours conduits de même se portent bien et résistent plus long-temps à la fatigue. Cependant il y a des circonstances où cette vie réglée ne convient pas et doit être interrompue. Dans des climats qui seroient toujours également chauds ou froids, une fois qu'on auroit établi des heures où les animaux doivent travailler, il seroit inutile de les changer. Mais dans le nôtre, où nous avons des jours froids et des jours bien chauds, on ne peut se dispenser, en certains cas, de changer quelque chose à la règle qu'on s'est faite ; la sagesse l'exige, la raison le commande.

Il est d'usage d'attacher les chevaux à la charrue le matin, au lever du soleil, et de les ramener à onze heures à la ferme ou à la métairie. On les reconduit aux champs à une heure, jusqu'après le coucher du soleil.

Ceux qui charrient avec leurs chevaux sur les grandes routes partent de grand matin et arrivent à midi ou une heure à un lieu désigné, d'où ils repartent à trois heures jusqu'à la nuit. Dans la plus grande partie de l'année, cette manière de régler le travail des chevaux n'est sujette à aucun inconvénient ; mais, dans l'été, dans les grandes chaleurs, on sent à quoi on expose ces animaux lorsqu'on les fait travailler pendant les heures les plus chaudes de la journée. Les chevaux, il est vrai, sont à l'abri depuis onze heures jusqu'à une heure. Mais ne sait-on pas que certains jours, dès neuf heures du matin, le soleil est très vif, et que depuis une heure jusqu'à quatre on grille de chaleur ? Les chevaux éprouvent cette chaleur pendant cinq heures, deux avant et trois après midi. Les chevaux de voitures sur les routes en éprouvent autant.

Quelque force qu'on leur suppose, il est impossible qu'il n'y en ait pas qui succombent. Dans les heures de chaleur, les animaux sont plus foibles, et souvent on les fait aller du même train que s'il faisoit froid ; ils sont tourmentés des insectes, qui les piquent et augmentent leur chaleur par l'impatience qu'ils leur causent. La tête toujours baissée, ils respirent et avalent une poussière capable de les incommoder beaucoup. La terre, échauffée par les rayons du soleil, est comme une fournaise, en sorte que les chevaux sont, pour ainsi dire, entre deux feux. Aussi en voit-on souvent mourir aux champs sous le harnois, ou périr brusquement à l'écurie ou au pâturage ; d'autres, qui résistent un peu plus, gagnent des maladies inflammatoires, presque toujours mortelles, que des ignorans ne savent à quoi attribuer, tandis qu'elles sont occasionnées par cette manière de les conduire.

On préviendroit ces inconvéniens si, dans les jours de juin, de juillet ou d'août, selon le climat, lorsqu'il fait de grandes chaleurs, sur-tout lorsque le temps est disposé à l'orage, on menoit ces animaux à la charrue de grand matin, pour les ramener à neuf heures à l'écurie, d'où ils ne sortiroient qu'à quatre heures, qu'ils retourneroient aux champs jusqu'à neuf ou dix heures. Il vaudroit mieux même, en certains jours, les laisser totalement à l'écurie, que de les faire travailler. La conservation des chevaux compenseroit bien la perte du temps et du travail. Les jours où on seroit obligé de ne les pas faire sortir arriveroient rarement. Ainsi la perte seroit peu de chose.

Les conducteurs de voitures, par la chaleur, doivent avoir les mêmes attentions.

Mais ce n'est pas tout; car il ne suffit pas qu'ils ne soient pas aux champs pendant les momens de chaleur, il faut encore que, dans leurs écuries, ils soient aussi fraîchement qu'il est possible. Les fenêtres et les portes ouvertes, excepté celles qui seroient en plein midi ou à l'exposition du soleil couchant, qu'on doit fermer avec des canevas à cause des mouches; de la litière nouvelle, de l'eau jetée sur le plancher et le long des murs, une boisson abondante, les fourrages mouillés et un peu de son dans l'avoine, tels sont les moyens qui peuvent les rafraîchir dans leurs écuries et les empêcher d'être aussi sensibles aux effets de la grande chaleur.

De la manière dont on élève et dont on traite les chevaux dépendent leur douceur et leur docilité. Malheureusement la plupart de ces excellens animaux sont confiés à des hommes durs, brutaux, adonnés au vin, qui les excèdent de travail, les accablent de coups, épuisent leurs forces et les font périr d'accidens ou mourir de misère.

Dans les pays où les chevaux sont les meilleurs qu'on connoisse, c'est-à-dire en Arabie, les maîtres vivent avec eux comme avec des domestiques fidèles. Ils participent des maux les uns des autres. Les Arabes ont un caractère doux et simple.

Les chevaux sont haineux et vindicatifs. Il y a de ces animaux qui, ayant été battus par des hommes, les ont tous en horreur et ne veulent pas en être approchés. D'autres conservent de la rancune contre ceux-là seulement qui les ont maltraités, et tôt ou tard ils s'en vengent.

On doit conclure qu'un animal, susceptible de reconnoissance et de conserver le souvenir de mauvais traitemens, deviendra capable d'obéir, et sera bon lorsqu'on en exigera du service sans le frapper.

Je pourrois citer beaucoup de faits à l'appui de ces assertions; je me borne à deux :

Une maîtresse de poste des environs de Lisieux avoit des chevaux vigoureux et quelquefois difficiles; à sa voix aucun ne bronchoit; elle les touchoit tous sans difficulté, tandis que souvent ses postillons n'osoient l'imiter.

Chez un fermier du pays de Caux qui tous les ans élevoit des poulains, un seul domestique les pansoit et les accoutumoit au travail. C'étoit un homme d'un naturel doux jamais il n'employoit le fouet. En très peu de temps ces animaux étoient formés et répondoient à ce qu'il désiroit d'eux.

Rien n'est plus sage qu'une loi qui, dit-on, est en vigueur en Angleterre; elle défend, sous peine d'amende, de maltraiter sans raison des animaux utiles.

Pour faire travailler les chevaux, on leur met des harnois.

Les cavaliers n'en emploient que peu : une selle légère, garnie de ses étriers, sangles et croupière, une bride, un bridon et une longe, quelquefois un caparaçon, voilà tout ce qu'il faut. Le luxe des amateurs y a ajouté une housse plus ou moins riche, et a imaginé le reste de l'équipement en matière plus fine ou plus ornée. Les grands d'Asie ont des chevaux superbement enharnachés.

Pour équiper un cheval de carrosse, on a des harnois très chargés et plus ou moins chers.

Les harnois les plus simples sont ceux des chevaux de charrue, qui traînent aussi la voiture, soit charrette, soit chariot ou tombereau. En voici le détail :

Un collier de cuir rempli de bourre; une housse de peau de mouton qui y est attachée; une couverture en toile peinte, pour garnir le dos du cheval; une rêne en cuir, qui du collier va à la queue; une bride; une paire de billots pour tenir les traits à l'attelle du collier; des traits de charrue, en cuir de Hongrie; des traits de charrette, en corde, pesant huit livres; les fourreaux de cuir pour empêcher que les traits ne portent sur les flancs du cheval; un licol; une longe; la retraite ou le cordeau pour diriger les chevaux à la voiture. Il faut en outre au cheval de limon, ou brancard, un panneau garni de sa sellette; l'avaloire, ou serre-cuisse; la dossière; la souventrière; les mancelles de fer pour entrer dans les limons; le berceau, ou le reculement; une peau de blaireau pour couvrir la croupe. On a quelquefois pour le cheval de limon un collier à part, sa housse et une bride; mais on peut s'en dispenser.

Les harnois des chevaux de charrue ou de voiture, dont je donne le détail, sont ceux des environs de Paris, de toute la Brie et la Beauce; dans les provinces plus ou moins reculées ces harnois varient pour les formes, pour la matière, et par conséquent pour les prix.

J'ai fait voir aux articles BÊTE A CORNES et BÊTES A LAINE combien il étoit important de loger ces bestiaux convenablement pour leur santé, et combien on avoit de peine à persuader aux hommes qui les soignent qu'il falloit que les étables et les bergeries fussent très aérées. Le même degré d'importance et les mêmes difficultés ont lieu à l'égard du logement des chevaux. En rapportant les effets des constructions vicieuses des étables que j'ai été à portée de voir, et des moyens employés pour y remédier, j'indiquerai quelles attentions on doit avoir pour le logement des chevaux.

Les écuries de ferme que j'ai examinées avec le plus de soin sont celles de la Beauce. Leur construction ne diffère de celle des étables que parcequ'on y a seulement pratiqué quelques fenêtres de plus ; mais elles sont petites et rarement ouvertes. La simple analogie suffiroit pour faire connoître que ces sortes d'écuries doivent être malsaines, comme le sont les étables, en raison de la chaleur que les chevaux y éprouvent, du temps qu'ils y habitent, et de l'altération de l'air qu'ils y respirent. Mais l'expérience et l'observation viennent à l'appui de l'analogie, en sorte que ce qui n'étoit que présomption est une vérité incontestable.

J'ai vu des chevaux périr du *sang* dans quelques fermes de la Beauce. L'ouverture de leurs corps présentoit les mêmes phénomènes que celle des corps des bêtes à cornes et des bêtes à laine qui mouroient de cette maladie. C'est à la disposition des écuries qu'on doit, à ce qu'il me semble, attribuer en partie cette mortalité, puisqu'elle a cessé ou diminué dans celles où l'on a pris des précautions contre la chaleur et l'altération de l'air. A cette cause il s'en joint deux autres ; savoir, la constitution des chevaux employés dans cette province à la culture des terres, et la manière dont ils sont nourris et conduits.

Tous les chevaux qui servent en Beauce à l'exploitation des fermes sont entiers, vigoureux, ayant les muscles bien exprimés, et la plupart dans l'âge de la force. On leur donne ordinairement à manger de l'avoine et du sainfoin. Ce n'est qu'en hiver, temps où ils travaillent peu, qu'on substitue au sainfoin de la paille de froment ; il est rare qu'on les nourrisse de son. En été ces animaux, après avoir été exposés presque pendant tout le jour à l'ardeur du soleil, reviennent pour passer la nuit dans leurs écuries, où la chaleur est si grande que la sueur leur découle de toutes les parties du corps. Il fait quelquefois si chaud dans les écuries, que les domestiques qui y couchent habituellement préfèrent en été de passer les nuits à l'air ou sous des hangars. Il n'est donc pas étonnant que les chevaux soient sujets à être attaqués du *sang*.

Cette maladie n'est pas la seule qu'occasionnent aux chevaux de ferme les constructions vicieuses des écuries. Le fait suivant, qui mérite d'être rapporté, en fournit une preuve certaine. Un fermier perdoit de temps en temps des chevaux. Je sais qu'en trois ans il lui en est mort huit. Ses chevaux, au nombre de treize ordinairement, étoient placés sur deux rangs, dans une écurie qui avoit quinze pieds de longueur, dix-sept de largeur, sur une hauteur de treize pieds. Par conséquent, en supposant la longueur double, à cause des deux rangs, et en retranchant quatre pieds, largeur de la porte, l'espace entier pour les treize chevaux n'étoit que de vingt-six pieds, et chaque cheval n'avoit que deux pieds de place, tandis que partout on en donne trois ; ce qui n'est pas encore suffisant.

La hauteur de la porte étoit de six pieds. Elle se trouvoit exposée au levant, ainsi qu'une fenêtre de deux pieds sur un, la seule qu'on eût pratiquée à l'écurie. Celle-ci étoit abritée de trois côtés ; savoir, au couchant, par l'habitation du fermier, au midi, par des granges, et au nord, par un hangar. Enfin il y avoit sous l'écurie une ancienne cave, où s'écouloient et se conservoient les eaux infectes de la cour, comme si on eût voulu réunir à la fois toutes les circonstances les plus contraires à la salubrité.

La vétusté de l'écurie et les plaintes des fermiers, qui y perdoient beaucoup de chevaux, déterminèrent à la rebâtir dans un autre endroit, et avec des proportions différentes. On donna à la nouvelle soixante pieds de longueur, vingt de largeur et douze de hauteur. Elle fut placée entre le nord et le midi. La porte, de six pieds et demi sur quatre pieds et demi, se trouva à cette exposition, ainsi que deux fenêtres parallèles, de deux pieds sur un pied et demi. On ouvrit quatre autres fenêtres à l'exposition du nord, chacune de deux pieds sur six pouces, et au-dessus des râteliers. Cette écurie renferme le même nombre de chevaux que l'ancienne, c'est-à-dire treize. Ils sont tous sur un rang, du côté opposé à la porte, et peuvent avoir en largeur pour chacun un espace de quatre pieds et demi. On voit, par toutes ces proportions, combien les chevaux y sont à l'aise, et respirent un air pur et renouvelé. Aussi remarque-t-on qu'ils s'y portent bien. Ils ne sont sujets à aucune des maladies qui se manifestoient dans l'ancienne écurie.

J'ai cru devoir m'occuper aussi des moyens d'éviter des maladies aux chevaux de poste ; les pertes que les personnes auxquelles ils appartiennent éprouvent souvent sont si considérables, qu'elles font le plus grand tort à leur fortune, et nuisent même au service des courriers. D'après ce que j'ai observé précédemment, je suis porté à croire que l'état de leurs écuries influe beaucoup sur leur santé. Dans les routes fréquentées, où le nombre des chevaux de poste est grand, ils habitent des endroits dont l'étendue n'est pas suffisante, et où l'air ne se renouvelle point. Celui qu'ils respirent est altéré et échauffé par leur transpiration, plus abondante que celle des autres animaux de la même espèce, qui ne sont pas dans des circonstances semblables. Aussi chaque fois qu'ils sortent de l'écurie les entend-on s'ébrouer, effet naturel d'un air plus dense qui, en s'insinuant dans leurs naseaux, irrite la membrane pituitaire. Parmi les maladies qui peuvent être attribuées ou entièrement, ou en partie à la disposition des écuries de

poste, peu différentes de celles des fermes, je me contenterai
d'en rapporter une qui a régné dans un bourg de la route
d'Orléans.

A la fin de mars 1779, trois chevaux tombèrent malades en
même temps. Ils furent saignés sept à huit fois. En les éloignant
des autres pour éviter la communication, on les plaça, par
une précaution mal entendue, dans la partie de l'écurie la
plus chaude et la moins aérée. Deux moururent le troisième
jour; l'autre leur survécut de 19 jours.

Bientôt onze chevaux de la même écurie furent attaqués de
la maladie, et successivement quatorze autres. Cinq de ces
animaux ont perdu la vue sans ressource; tous les autres ont
été guéris parfaitement, à l'aide des moyens suivans.

Le premier soin a été de mettre les chevaux malades dans
une écurie séparée, bien nettoyée, purifiée même par le feu,
et dans laquelle l'air pouvoit se renouveler facilement.

L'écurie dans laquelle on les renfermoit auparavant étoit
chaude, sans air renouvelé, et si petite qu'à peine avoient-ils
de la place pour se coucher. On n'en ouvroit pas les fenêtres,
d'ailleurs en petit nombre. Le long d'un des murs il y avoit
du fumier de la hauteur de six pieds; de manière que la porte
même étoit bouchée en partie. On sait quelle chaleur cause
le fumier de cheval, et quelle odeur il s'en exhale. D'après
cet exposé, on croira facilement que l'état de l'écurie a dû contribuer pour beaucoup à la maladie, dont le siège principal
étoit dans la poitrine. On ne peut douter qu'elle n'ait été produite par l'alternative de l'air raréfié, que les chevaux respi-
roient lorsqu'ils ne sortoient pas, et de l'air condensé qui,
quand ils étoient en course, s'introduisoit par secousses dans
leurs poumons, sans donner le temps aux expirations de se
faire.

En supposant que cette explication ne pût être admise, il
est certain au moins que le maître de la poste, dont les chevaux ont éprouvé cette maladie, n'en perd que rarement depuis qu'il a fait pratiquer à son écurie un nombre suffisant de
fenêtres à huit pieds les unes des autres, avec l'attention de
les tenir ouvertes. On a également celle de transporter les fumiers dans une cour loin de l'écurie. Il est certain encore que
les autres maîtres de poste de la route d'Orléans, et même
d'autres routes, en suivant son exemple, y trouvent les mêmes
avantages.

On doit à des colonels et à des aides-majors éclairés des précautions particulières, qui contribuent à éviter plusieurs mor-
talités parmi les chevaux de la cavalerie française. Mais il me
semble que tout n'a pas été prévu. L'inconvénient le plus sensible des écuries de cavalerie que j'ai visitées est le défaut d'air
qui n'est pas assez renouvelé pour que les animaux y respirent à

l'aise. Les mêmes vices de construction dont je viens de parler s'y retrouvent. On peut sur cet objet, et sur ce qui précède, consulter un ouvrage que j'ai publié, en 1782, sous ce titre : *Observations sur plusieurs maladies de bestiaux.* On y verra en détail l'influence que peut avoir la construction du logement des bestiaux.

Enfin j'ai lu dans un ouvrage de M. Caseaux, habitant de l'île de la Grenade, qu'après avoir perdu beaucoup de chevaux, qu'il tenoit souvent renfermés dans une écurie, il cessa d'en perdre les laissant libres nuit et jour dans les savanes. Le même remède arrêta la perte de ses mulets, qui devenoit beaucoup plus considérable, tant l'air pur est utile aux animaux.

Ces faits prouvent que quand on est obligé de les placer dans des étables, on ne sauroit trop les y rapprocher de l'état où ils sont dehors; j'en excepte le cas où des chevaux arrivant échauffés par un temps froid, on doit fermer dans les écuries, pour le temps où ils ont chaud, les fenêtres qui les avoisinent. *Voy.* le mot ECURIE.

Les chevaux qu'on soumet au travail, soit pour tirer, soit pour porter, ont besoin d'être ferrés, sur-tout si le sol sur lequel ils marchent est dur et pierreux. Sans cette précaution la corne de leurs pieds s'useroit et se détruiroit, et la sole contracteroit des maladies, qui les feroient boiter et les rendroient incapables de servir. Comme les pieds des divers individus diffèrent les uns des autres, la ferrure ne peut être la même pour tous. On doit la régler suivant la conformation particulière du pied de chaque animal. Il n'est donc point indifférent d'employer tel ou tel maréchal. Dans les écoles vétérinaires on insiste avec raison sur l'art essentiel de bien forger des fers et de les bien appliquer. Les propriétaires de chevaux ont le plus grand intérêt à veiller à cette partie de la conduite de ces animaux. *Voyez* le mot FERRURE.

Le produit des chevaux consiste dans la vente des poulains, dans l'engrais que procure le fumier des chevaux, dans le travail qu'ils font, et enfin dans la vente de ceux qu'on ne garde plus.

Un des pays de France où on élève le plus de chevaux, c'est le Boulonnais, sur-tout le Bas-Boulonnais. Il y a quelques années, le Boulonnais entier contenoit environ 12,000 jumens, employées aux travaux de l'agriculture, et à donner des poulains ; neuf mille au moins appartenoient au Bas-Boulonnais. On ne trouvoit de chevaux entiers que ce qu'il en falloit pour couvrir les jumens. Quelques coureurs même y menoient, lors de la monte, des étalons qu'on examinoit bien, et qu'on a tolérés de tout temps, afin que le service des jumens ne manquât pas. On fait couvrir les jumens tous les ans,

pour tirer plus au produit qu'à la beauté de la race. On a remarqué que quelques jumens de 23 à 24 ans avoient donné
à leur propriétaire vingt poulains. Les habitans du Boulonnais
ne voudroient pas conserver une jument, quelque bonne
qu'elle fût, si elle étoit deux ans sans se faire remplir. Ils ne
gardent leurs poulains que jusqu'à dix-huit ou vingt mois. Ils
en vendent même à huit mois. Il n'en reste dans le pays,
au-dessus de vingt mois, que ce qui est nécessaire pour le
remplacement, ce qui n'a pas été de défaite. Des marchands
du Vimeux ou de Normandie viennent les chercher chez les
fermiers, ou à des foires qui se tiennent en octobre et novembre. Les terres du Bas-Boulonnais sont impraticables en hiver.
On ne peut donc les cultiver que dans la belle saison. Les
fermiers ont par cette raison un grand nombre de jumens,
pour pousser leurs travaux au moment favorable ; ils sont dédommagés, par le bénéfice des productions, de ce qui leur
en coûte de plus pour les entretenir. Avec des chevaux entiers
ils n'auroient pas cet avantage. On fait, dans le Boulonnais,
couvrir les jumens à l'âge de quatre ans. Le produit commun
de la province n'est que de 6000 poulains, quoiqu'il y ait environ 12,000 jumens. Mais toutes ne retiennent pas; plusieurs
avortent par divers accidens.

Les herbagers de Normandie, qui engraissent des bœufs,
ont besoin de poulains pour paître l'herbe fine, que les bœufs
ne mangent pas, et pour contribuer à l'amélioration des her-
bages. Ces jeunes animaux déchirent et arrachent certaines
plantes, qui se multiplieroient trop et se rendroient maîtresses
du terrain, au détriment de celles qui conviennent aux bœufs.
Ces herbagers achetoient, il y a vingt-cinq ans, les poulains
100 livres chacun, ou 200 livres selon leur âge, et les vendoient
à quatre ou cinq ans environ 400 livres ; ils ne leur coûtoient
à nourrir que dans l'hiver. Aujourd'hui ils les achètent plus
cher ; mais ils les vendent en proportion.

Il est rare qu'on ne fasse servir les chevaux qu'à l'âge où ils
ont acquis leur force. Beaucoup de fermiers en Normandie,
dans les provinces adjacentes et dans le Nivernais, achètent
des poulains de quinze à dix-huit mois. Ils les font travailler,
en les ménageant dans le commencement, jusqu'à l'âge de
trois ans ; alors ils les vendent, en bon état et bien vigoureux,
à d'autres fermiers ; ceux-ci les revendent lorsqu'ils marquent
encore. On a observé que ces chevaux sont plus adroits que
ceux qu'on ne commence à faire travailler qu'à quatre ou cinq
ans. Mais ils ne durent pas si long-temps, ayant travaillé trop
jeunes.

Un cheval de taille commune, c'est-à-dire de quatre pieds
huit à dix pouces, fourni convenablement de litière de paille
de froment, peut faire, si on le cure tous les jours, en une

année, douze charretées de fumier de deux pieds et demi de hauteur, sur douze à treize pieds de longueur, et deux pieds et demi de largeur. Cette quantité de fumier est suffisante pour fumer deux arpens de terre, de qualité moyenne, de cent perches à vingt-deux pieds.

Pour connoître au juste le produit qu'on retire du travail des chevaux, j'ai pensé qu'il falloit, d'une part, calculer ce qu'ils coûtent d'achat, ce qu'ils coûtent de nourriture et de harnois, l'intérêt, pendant qu'on s'en sert, de l'argent déboursé pour les acheter ; et, de l'autre part, la valeur des labours qu'ils exécutent, du charriage des fumiers aux champs, du grain au marché, des gerbes dans les granges, et de ce qui est nécessaire pour les besoins de la ferme, de la quantité d'engrais qu'ils fournissent, et du prix de ces animaux au bout d'un certain nombre d'années. Voici donc le calcul que j'ai fait avec M. Marchon, fermier à Andonville, homme instruit, et très excellent cultivateur, qui vouloit bien quelquefois concourir avec moi pour certains détails capables d'intéresser.

Je préviens que ces calculs ont été faits il y a vingt-cinq ans. Depuis ce temps les prix ont bien augmenté ; mais on pourra raisonner juste d'après ces bases.

Nous avons supposé deux chevaux de ferme de quatre pieds dix à onze pouces, âgés de trois ans, du prix de 1,200 liv.

Intérêt de cette somme pendant six ans, temps que nous choisissons pour notre calcul, ... 360
Un collier de limon et deux colliers de charrue, . 143
Deux colliers à renouveler à la quatrième année, 53
Deux couvertures par an, ... 27
D'autres parties des harnois à renouveler, . . . 50
Nourriture en avoine, trois boisseaux par jour, en tout 1,095 boisseaux du pays par an, à 7 liv. 10 sous les douze boisseaux, 684 liv. en six ans, ... 4,104
Une botte de sainfoin par cheval, depuis le mois de mars jusqu'à la toussaint, total 480 bottes, à 25 liv. le cent, 120 liv. en six ans, ... 720
Cossats pour les quatre autres mois, à 15 liv. le cent, 18 liv. en six ans, ... 108
Paille pour le fourrage de la nuit et litière, une botte par nuit, 120 liv. le cent, 73 liv. en six ans, . 438
Ferrage et rassis des fers, par an, 10 liv., . . . 60
Dans ces frais je ne comprends pas l'entretien du bourrelier.

Total de la dépense pour les deux chevaux, . . . 7,263 liv.
Ces deux chevaux peuvent servir à l'exploitation de soixante-quinze arpens de terre de cent perches, à vingt-deux pieds, et donner les produits qui suivent.

Labour de vingt-cinq arpens à mettre en froment ; trois labours et le charriage du fumier, compté pour un labour, à 7 liv. 10 sous, c'est 30 liv. par arpent ; 25 fois 30 , . . 750 liv.

Labour de 16 arpens, à une façon, pour mettre en avoine , ... 120

Labour de 9 arpens à deux façons, pour orge ou avoine, ... 135

, Amenage de gerbes des vingt-cinq arpens de froment, et de vingt-cinq de grains de mars, à 50 sous l'arpent , ... 125

Dix-huit journées de voiture , pour amener le bois pour le ménage et les matériaux des bâtimens, à 7 liv. 10 s. , ... 125

Fumier, chaque cheval produisant de quoi fumer deux arpens, à raison de 30 liv. par arpent , ... 120

Au bout des six ans, les deux chevaux marquant encore , seroient vendus ce qu'ils ont coûté, . . , . 1,200

Total de ce qu'on retire , ... 2,575 liv.

Dépense pour les chevaux , ... 7,263
Reprise , ... 2,575

Excédant de dépense , . , ... 4,688 liv.

Ainsi, d'après ce calcul, au bout de six ans, le fermier, estimation faite de ce qu'il aura déboursé, et de ce que ses chevaux lui auroient produit s'il les avoit loués pour les prix portés dans la recette, se trouveroit en avances de 4688 liv.; d'où il faut conclure seulement que dans le pays où cette estimation a été faite, il y auroit du désavantage d'acheter des chevaux uniquement pour les louer. Mais ces 4688 liv. sont des fonds placés qui, avec les autres avances du fermier, ont concouru à lui procurer six récoltes de vingt-cinq arpens en froment, autant de récoltes de seize arpens en avoine , de neuf en orge, non compris ce qu'a produit une partie des jachères ; car on ne se tromperoit pas si on imputoit la nourriture des deux chevaux sur le produit des jachères, en sorte que la récolte des fromens, avoine et orge, serviroit en entier à couvrir d'autres avances, et à former le profit du fermier.

Les chevaux sont un moyen nécessaire, sans lequel le fermier ne pourroit agir. La dépense de ce moyen fait partie des frais d'exploitation. Plus on en retirera par l'engrais et la vente de ces animaux, plus les frais seront diminués. Je n'ai voulu priser ici que la valeur pour ainsi dire *locative* de leurs travaux, afin de la faire connoître, et de la faire entrer en défalcation de la dépense. La part qu'ils ont dans le produit des soixante-quinze arpens n'est pas facile à distinguer.

La dépouille du cheval est de peu de valeur. Sa peau sert à faire des cuirs communs, d'assez mauvaise qualité, qui se rétré-cissent et deviennent secs. On emploie les crins pour des tamis, des sommiers de lit, des fauteuils, des archets d'instrumens, des cordes, etc.

Le poil de cheval, mêlé à celui de bœuf, forme la bourre dont on se sert pour des colliers de chevaux, pour faire du blanc en bourre dans les bâtimens, etc.

C'est avec sa corne qu'on fait des peignes, etc.

On n'en mange la viande que dans des disettes; le plus ordi-nairement c'est à l'armée, ou dans des villes assiégées, quand les vivres manquent. (Tes.)

CHEVAL BAYARD. Nom vulgaire du GOUET COMMUN. (B.)

FIN DU TOME TROISIÈME.

Une indisposition ayant empêché l'auteur de l'article Assolement de corriger ses épreuves, il s'y est glissé quelques fautes d'impression, dont les plus essentielles se trouvent rectifiées ci-après.

Pag. 2, lig. 44. Les préjugés mêmes, *sct*, *lisez* les préjugés même, et; Circons-tances, établissent, *lisez* circonstances établissent. — Pag. 6, lig. 14. Établit, *lisez* établissant. — Pag. 11, lig. 23. Fucatello, *lisez* Lucatello. — Pag. 15, lig. 15. Elles, *lisez* ils. — Pag. 17, lig. 42. Ainsi, *lisez* Aussi. — Pag. 20, lig. 5. M'empêchoit, *lisez* n'empêchoit. — Pag. 20, lig. 15. Ils s'étudiaient, *lisez* il s'étudiait. — Pag. 31, lig. 16. *Via*, lisez *vir*. — Pag. 31, lig. 37. D'après le rapport de Caffarelli, *mettez ces mots au commencement de l'alinéa suivant.* — Pag. 33, lig. 12. Plus d'avantage, *lisez* peu d'avantage. — Pag. 54, lig. 17. *Quiescunt*, lisez *requiescunt*. — Pag. 38, lig. 22. Comme un pain végétal, *lisez* comme engrais végétal. — Pag. 41, lig. 25. *Trifolium pratum*, lisez *trifolium pratense*. — Pag. 48, lig. 26. Gazonneuse, de graminées, *lisez* gazonneuse de graminées. — Pag. 56, lig. 43. Ressy, *lisez* Reffy. — Pag. 60, lig. 20. Supporte, coteaux qui deviennent, *lisez* supporte, deviennent. — Pag. 61, lig. 15. Fournisset, *lisez* fournissent. — Pag. 62, lig. 1. Tager, *lisez* tageant. — Pag. 64, lig. 1. Les noisetiers et les figuiers, *lisez* des noisetiers et des figuiers. — Pag. 73, lig. 21. Résolut, *lisez* résolu; lig. 44. Bichené, *lisez* bicherée.

Page 515, ligne 8 : au lieu de pacage, *lisez* parcage.

www.ingramcontent.com/pod-product-compliance
Lightning Source LLC
Chambersburg PA
CBHW031720210326
41599CB00018B/2453